환경위해
관리기사

필기+실기

한권으로 끝내기

ENGINEER ENVIRONMENTAL RISK MANAGING

SD에듀
(주)시대고시기획

머리말 PREFACE

환경위해관리 분야의 전문가를 향한 첫 발걸음!

2019년 화학물질의 유해성과 위해성을 파악하고, 그로 인한 피해를 예방하기 위하여 환경위해관리기사가 신설되었다. 화학사고예방관리계획서 및 공정안전보고서 등을 통하여 일반환경 및 산업환경 유해인자에 노출되어 나타날 수 있는 환경과 건강 위해성을 예측하고, 위해성 관리의 우선순위를 결정한 후 의사소통 및 저감대책을 수립·관리하는 환경위해관리기사는 유해화학물질을 취급하는 사업장에서 꼭 필요한 기술자격이다.

최근 화학물질관리법, 중대재해처벌법 등의 시행으로 유해화학물질 안전사고의 예방 및 관리를 위하여 환경위해관리기사 자격증 소지자에 대한 채용의 문이 넓어질 것으로 판단된다.

현재 환경위해관리기사의 자격제도는 화학물질에 대한 전문성을 평가하는 제도임에도 불구하고 화학에 대한 기초이론, 양론 등에 대한 자격기준을 입증하기에는 다소 부족한 면이 있는 것으로 보인다. 이에 환경위해관리기사 출제기준에 일반화학, 화학양론 등의 내용이 추가되어 사업장에서 실질적으로 요구하는 기술인력의 자격을 인정받는 증명이 되어야 할 것으로 생각한다.

본서는 저자가 직접 최근 5년간의 환경위해관리기사 출제경향을 분석하여 핵심이론과 적중예상문제, 과년도+최근 기출복원문제를 수험생의 입장에서 정리하고자 노력하였다. 본서를 통하여 수험생들이 위해성 평가와 유해화학물질 안전에 대한 이론을 충실히 이해한다면 자격시험에 많은 도움이 될 수 있음은 물론 사업장에서 실무를 담당하는 근로자들에게도 전문적인 도움이 될 수 있을 것이다.

끝으로 본서를 출판하기까지 많은 도움을 준 인천대학교 환경공학과 환경에너지연구실 학생들과 SD에듀 임직원 여러분께 감사의 마음을 전한다. 앞으로 본서의 내용이 보다 충실해질 수 있도록 최선의 노력을 다할 것이다.

편저자 박수영

개 요

환경과 건강 위해성을 예측하고, 위해성 관리의 우선순위를 결정한 후 의사소통 및 저감대책을 수립 · 관리하는 자격이다.

수행직무

화학물질로 인한 일반환경 및 산업환경 유해인자에 노출되어 나타날 수 있는 환경과 건강 위해성을 예측하고, 위해성 관리의 우선순위를 결정한 후 의사소통 및 저감대책을 수립 · 관리한다.

진로 및 전망

산업화의 진전으로 각종 환경오염과 전염병이 증가하고 있어 일상생활에서뿐만 아니라 사업장에서도 근로자의 건강과 안전에 대한 관심이 증가하고 있다. 또한 고령화에 따른 근로자의 연령층이 증가하고 국민 개개인의 건강에 대한 인식의 증가로 보건위생 및 환경문제를 조기에 방지하기 위하여 각종 예방조치를 강화하고 관련 법을 강화하는 등 중앙정부, 지방자치단체, 기업은 지속적으로 노력할 것으로 보인다.

시험일정

구 분	필기원서접수 (인터넷)	필기시험	필기합격 (예정자)발표	실기원서접수	실기시험	최종 합격자 발표일
제3회	6.18~6.21	7.5~7.27	8.7	9.10~9.13	10.19~11.8	12.11

※ 상기 시험일정은 시행처의 사정에 따라 변경될 수 있으니, www.q-net.or.kr에서 확인하시기 바랍니다.

시험요강

① 시행처 : 한국산업인력공단
② 관련 학과 : 대학 및 전문대학의 환경, 화학 관련 학과
③ 시험과목
   ㉠ 필기 : 유해성 확인 및 독성평가, 유해화학물질 안전관리, 노출평가, 위해성 평가, 위해도 결정 및 관리
   ㉡ 실기 : 위해성 관리실무
④ 검정방법
   ㉠ 필기 : 객관식 4지 택일형, 과목당 20문항(2시간 30분)
   ㉡ 실기 : 필답형(3시간)
⑤ 합격기준
   ㉠ 필기 : 100점을 만점으로 하여 과목당 40점 이상, 전 과목 평균 60점 이상
   ㉡ 실기 : 100점을 만점으로 하여 60점 이상

출제기준(필기)

필기과목명	주요항목	세부항목	
유해성 확인 및 독성평가	유해성 확인	• 일반환경 및 산업환경 유해인자 파악 • 화학물질 취급량 조사 • 화학물질 유해성 구분	
	용량-반응평가	• 인체독성 평가 • 생태독성 평가 • 독성모델 평가	
유해화학물질 안전관리	물질보건안전관리	• 취급물질 안전보건자료 작성 활용 • 유해화학물질 관리 우선순위 결정 • 유해화학물질 취급 • 제품의 유해성 정보 표시	
	화학사고예방관리계획	• 취급물질 및 입지정보 • 장외평가정보 • 내부 비상대응계획	• 취급시설정보 • 사전관리방침 • 외부 비상대응계획
노출평가	인체노출평가	• 인체노출수준 측정	• 유해화학물질의 노출량 산정
	제품노출평가	• 대상 제품 선정 • 제품 내 유해물질 함량 분석	• 제품노출계수 자료 수집 • 제품의 소비자노출평가
	환경노출평가 (공기, 음용수, 토양)	• 환경시료 채취 • 환경시료 분석 • 유해화학물질의 환경노출량 산정	
위해성 평가	위해성 평가 개요	• 환경유해인자의 생체지표 파악 • 환경성 질환 파악	• 환경유해인자의 인체노출 파악 • 역학자료 수집
	위해성 평가방법	• 발암성, 비발암성 물질의 위해도 결정 • 환경 위해도 결정 • 불확실성 평가	
	건강영향평가 (환경영향평가서)	• 현황 조사 • 건강영향 예측항목 결정 • 건강영향 예측	
위해도 결정 및 관리	노출 및 위해성 저감	• 사업장 누출사고위험 저감 • 환경에 대한 위해성 저감	• 제품 위해성 저감 • 노출시나리오 작성
	위해성 소통	• 사업장 위해의사 소통 • 지역사회 위해의사 소통	• 소비자 위해의사 소통 • 공급망 위해의사 소통
	관련 법규	• 관련 법률 이해하기	

출제기준(실기)

실기과목명	주요항목	세부항목
위해성 관리실무	유해성 확인	• 유해물질 목록 생산하기 • 일반환경 및 산업환경 유해인자 파악하기 • 화학물질 유해성 구분하기 • 화학물질 통계조사하기
	유해화학물질 관리	• 유해화학물질 관리 우선순위 결정하기 • 제품의 유해성 정보 표시하기 • 유해화학물질 취급하기
	용량 · 반응 평가	• 일반독성 평가하기 • 발암성, 변이원성, 생식독성(CMR) 평가하기 • 생태독성 평가하기 • 독성모델 평가하기
	인체노출평가	• 노출계수 자료 수집하기 • 인체노출수준 확인하기 • 유해화학물질의 노출량 산정하기
	제품노출평가	• 대상 제품 선정하기 • 제품 관련 노출계수 자료 수집하기 • 제품 내 유해물질 함량 분석하기 • 제품의 소비자노출평가
	환경노출평가	• 노출계수 자료 수집하기 • 유해화학물질의 환경노출량 산정하기 • 환경을 통한 인체노출량 산정하기
	환경유해인자의 위해성 평가	• 환경유해인자의 독성 파악하기 • 환경유해인자의 생체지표 파악하기 • 환경유해인자의 인체노출 파악하기 • 환경성 질환 파악하기
	건강영향평가	• 현황 조사하기 • 건강영향 예측항목 결정하기 • 건강영향 예측하기
	위해성 저감	• 제품에 대한 위해성 저감하기 • 환경에 대한 위해성 저감하기 • 노출시나리오 작성하기 • 화학사고예방관리계획서 작성하기

원소주기율표 PERIODIC TABLE OF ELEMENTS

※ 출처 : 대한화학회, 2016

범례

- 원자번호
- 원자기호(예 : a : 액체 a : 기체 a : 고체)
- 이름

20 Ca 칼슘

□ 금속 □ 비금속 □ 전이원소

1	2	3	4	5	6	7	8	9	10	11	12	13	14	15	16	17	18
1 H 수소																	2 He 헬륨
3 Li 리튬	4 Be 베릴륨											5 B 붕소	6 C 탄소	7 N 질소	8 O 산소	9 F 플루오린	10 Ne 네온
11 Na 소듐	12 Mg 마그네슘											13 Al 알루미늄	14 Si 규소	15 P 인	16 S 황	17 Cl 염소	18 Ar 아르곤
19 K 포타슘	20 Ca 칼슘	21 Sc 스칸듐	22 Ti 타이타늄	23 V 바나듐	24 Cr 크로뮴	25 Mn 망가니즈	26 Fe 철	27 Co 코발트	28 Ni 니켈	29 Cu 구리	30 Zn 아연	31 Ga 갈륨	32 Ge 저마늄	33 As 비소	34 Se 셀레늄	35 Br 브로민	36 Kr 크립톤
37 Rb 루비듐	38 Sr 스트론튬	39 Y 이트륨	40 Zr 지르코늄	41 Nb 나이오븀	42 Mo 몰리브데넘	43 Tc 테크네튬	44 Ru 루테늄	45 Rh 로듐	46 Pd 팔라듐	47 Ag 은	48 Cd 카드뮴	49 In 인듐	50 Sn 주석	51 Sb 안티모니	52 Te 텔루륨	53 I 아이오딘	54 Xe 제논
55 Cs 세슘	56 Ba 바륨	57~71 란타넘족	72 Hf 하프늄	73 Ta 탄탈럼	74 W 텅스텐	75 Re 레늄	76 Os 오스뮴	77 Ir 이리듐	78 Pt 백금	79 Au 금	80 Hg 수은	81 Tl 탈륨	82 Pb 납	83 Bi 비스무트	84 Po 폴로늄	85 At 아스타틴	86 Rn 라돈
87 Fr 프랑슘	88 Ra 라듐	89~103 악티늄족	104 Rf 러더포듐	105 Db 두브늄	106 Sg 시보귬	107 Bh 보륨	108 Hs 하슘	109 Mt 마이트너륨	110 Ds 다름슈타튬	111 Rg 뢴트게늄	112 Cn 코페르니슘	113 Nh 니호늄	114 Fl 플레로븀	115 Mc 모스코븀	116 Lv 리버모륨	117 Ts 테네신	118 Og 오가네손

Lanthanoids

57 La 란타넘	58 Ce 세륨	59 Pr 프라세오디뮴	60 Nd 네오디뮴	61 Pm 프로메튬	62 Sm 사마륨	63 Eu 유로퓸	64 Gd 가돌리늄	65 Tb 터븀	66 Dy 디스프로슘	67 Ho 홀뮴	68 Er 어븀	69 Tm 툴륨	70 Yb 이터븀	71 Lu 루테튬

Actinoids

89 Ac 악티늄	90 Th 토륨	91 Pa 프로트악티늄	92 U 우라늄	93 Np 넵투늄	94 Pu 플루토늄	95 Am 아메리슘	96 Cm 퀴륨	97 Bk 버클륨	98 Cf 캘리포늄	99 Es 아인슈타이늄	100 Fm 페르뮴	101 Md 멘델레븀	102 No 노벨륨	103 Lr 로렌슘

목 차 CONTENTS

목차 CONTENTS

PART 01

유해성 확인 및 독성평가

유해성 확인

1 개 요

(1) 유해물질

극히 미량으로도 질병이나 죽음을 유발하는 등 인간의 건강 및 생물체의 기능에 이상을 일으키는 물질이다.

(2) 유해성 확인(Hazard Identification)

① 대상 화학물질이 가지고 있는 유해성의 종류나 정도를 파악하기 위하여 대상 화학물질의 유해성에 관한 정보나 자료를 수집하는 것이다.

② 어떤 유해물질에 노출되었을 때 그 물질의 유해성 여부를 결정하는 단계이다.

㉠ 사용용도, 환경 중 생성 및 분포 특성 등 일반적인 특성 확인 : 상(고체/액체), 친수성/소수성, 휘발성/비휘발성, n-옥탄올/물 분배계수, 공기/물 분배계수, 증기압, 비중, 용해도적 등

※ 분배계수 : 2가지 물질을 동일한 양으로 섞어 융합한 후 그 액체 안에 해당 물질이 녹아 있는 정도를 나타내는 계수이다.

㉡ 물리 · 화학적, 생물학적 유해인자에 관한 정보자료 확인

• 물리 · 화학적 유해인자 : 인위적 사용물질, 자연적 발생물질

• 생물학적 유해인자 : 생물독성, 식중독균, 살모넬라균, 항생제 내성균 등

㉢ 유해물질 자체에 대한 일반적 정보자료 확인

㉣ 유해물질의 노출평가에 관한 정보자료 확인

• 경구를 통한 노출

• 피부(경피)를 통한 노출

• 흡입(휘발성/입자성)을 통한 노출

㉤ 유해물질의 위해성 평가에 관한 정보자료 확인

• 급성 · 만성 독성, 생물독성 등

• 만성 독성에 대한 발암성, 비발암성

• 생물독성에 대한 변이원성, 유전자 돌연변이, 발암성, 생식독성 등

• POD, NOEL, NOAEL, LOAEL, BMD, 역치, 불활성계수, UF, MF 등

㉥ 유해물질의 위해도 결정에 관한 정보자료 확인 : 위해지수, 노출안전역(MOE), 초과발암위해성(ECR) 등

㉦ 유해인자의 객관적 입증자료 확인

• 국내외 전문기관, 대학, 학회 등의 자료

• 유해인자별 정보자료

2 유해인자

(1) 일반환경 및 산업환경 유해인자

① 일반환경 유해인자
  ㉠ 환경보건법에 따른 환경 유해인자의 범위 및 종류
    • 환경오염(환경정책기본법 제3조) : 사업활동 및 그 밖의 사람의 활동에 의하여 발생하는 대기오염, 수질오염, 토양오염, 해양오염, 방사능오염, 소음·진동, 악취, 일조 방해, 인공조명에 의한 빛공해 등으로서 사람의 건강이나 환경에 피해를 주는 상태를 말한다.
    • 유해화학물질(화학물질관리법 제2조) : 유독물질, 허가물질, 제한물질 또는 금지물질, 사고대비물질, 그 밖에 유해성 또는 위해성이 있거나 그러할 우려가 있는 화학물질을 말한다.
  ㉡ 유해인자의 분류
    • 물리적 인자 : 소음·진동, 온도와 압력, 빛, 방사선 등
    • 화학적 인자 : 입자상·가스상 오염물질, 휘발성 유기화합물(VOCs), 농약, 중금속, 석면, 잔류성 오염물질, 생활환경·작업환경 유해화학물질
    ※ 잔류성 오염물질(잔류성 오염물질 관리법 제2조) : 독성·잔류성·생물농축성 및 장거리이동성 등의 특성을 지니고 있어 사람과 생태계를 위태롭게 하는 물질이다.
    • 생물학적 인자 : 위해동물, 위해해충, 미생물
② 산업환경 유해인자
  ㉠ 유해인자의 분류
    • 물리적 인자 : 소음·진동, 방사선, 이상기압, 이상기온
    • 화학적 인자
      - 물리적 위험성 : 폭발성 물질, 인화성 물질, 물반응성 물질, 산화성 물질, 고압가스, 자기반응성 물질, 자연발화성 물질, 자기발열성 물질, 유기과산화물, 금속부식성 물질
      - 건강 및 환경 유해성 : 급성 독성 물질, 피부 부식성/자극성 물질, 심한 눈 손상/자극성 물질, 호흡기 과민성 물질, 피부 과민성 물질, 발암성 물질, 생식세포 변이원성 물질, 생식독성 물질, 특정 표적장기 독성물질, 흡인 유해성 물질, 수생환경 유해성 물질, 오존층 유해성 물질
    • 생물학적 인자 : 혈액매개 감염인자, 공기매개 감염인자, 곤충 및 동물매개 감염인자
  ㉡ 물질안전보건자료(MSDS) 분류 및 상세 정보
    • 화학제품과 회사에 관한 정보 : 제품명, 제품의 권고 용도와 사용상의 제한, 공급자 정보
    • 유해성·위험성 : 유해성·위험성 분류, 예방조치문구를 포함한 경고표지 항목, 유해성·위험성 분류기준에 포함되지 않는 기타 유해성·위험성
    • 구성성분의 명칭 및 함유량 : 화학물질명, 관용명 및 이명(異名), CAS 번호 또는 식별번호, 함유량(%)

- 응급조치 요령 : 눈에 들어갔을 때, 피부에 접촉했을 때, 흡입했을 때, 먹었을 때, 기타 의사의 주의사항
- 폭발·화재 시 대처방법 : 적절한 (및 부적절한) 소화제, 화학물질로부터 발생되는 특정 유해성, 화재 진압 시 착용할 보호구 및 예방조치
- 누출사고 시 대처방법 : 인체를 보호하기 위해 필요한 조치사항 및 보호구, 환경을 보호하기 위해 필요한 조치사항, 정화 또는 제거방법
- 취급 및 저장방법 : 안전취급 요령, 안전한 저장방법
- 노출방지 및 개인보호구 : 화학물질의 노출기준·생물학적 노출기준 등, 적절한 공학적 관리, 개인보호구(호흡기 보호, 눈 보호, 손 보호, 신체 보호)
- 물리·화학적 특성 : 외관(물리적 상태, 색 등), 냄새, 냄새 역치, pH, 녹는점/어는점, 초기 끓는점과 끓는점 범위, 인화점, 증발속도, 인화성(고체, 기체), 인화 또는 폭발범위의 상한/하한, 증기압, 용해도, 증기밀도, 비중, n-옥탄올/물 분배계수, 자연발화온도, 분해온도, 점도, 분자량
- 안정성 및 반응성 : 화학적 안정성 및 유해반응의 가능성, 피해야 할 조건, 피해야 할 물질, 분해 시 생성되는 유해물질
- 독성에 관한 정보 : 가능성이 높은 노출경로에 관한 정보, 건강 유해성 정보(급성 독성, 피부 부식성 또는 자극성, 심한 눈 손상 또는 자극성, 호흡기 과민성, 피부 과민성, 발암성, 생식세포 변이원성, 생식독성, 특정 표적장기 독성, 흡인 유해성)
- 환경에 미치는 영향 : 생태독성, 잔류성 및 분해성, 생물 농축성, 토양 이동성, 기타 유해 영향
- 폐기 시 주의사항 : 폐기방법, 폐기 시 주의사항
- 운송에 필요한 정보 : UN 번호, UN 적정 선적명, 운송에서의 위험성 등급, 용기등급, 해양오염 물질, 사용자가 운송 또는 운송수단에 관련하여 알 필요가 있거나 필요한 특별한 안전대책
- 법적 규제현황 : 산업안전보건법, 화학물질관리법, 위험물안전관리법, 폐기물관리법, 기타 국내 및 외국 법에 의한 규제
- 그 밖의 참고사항 : 자료의 출처, 최초 작성일자, 개정횟수 및 최종 개정일자, 기타

(2) 일반적 특성

① 평가대상 유해인자에 대한 사용용도, 환경 중 생성 및 분포 특성 등 일반적인 특성을 확인한다.
  예 공업적으로 생산되는 화학물질의 경우 기능적으로는 식품첨가제, 농약, 산업화학물질 등으로 분류할 수 있으며, 사용목적에 따라서는 보존제, 살균제 등으로 다양하게 구분할 수 있다.
② 생산량과 소비량, 제품을 비롯한 식품 및 생태계 중 분포 농도, 기존 위해성 평가 결과 및 기준치 존재 여부 등에 대한 자료를 확보한다.

(3) 물리 · 화학적 특성

물질명, CAS 번호, 동의어, 화학식, 분자량, 구조식, 성상 및 색상, 녹는점/어는점, 끓는점, 인화점, 증기밀도, 증기압, pH, 물에 대한 용해도, 비중, n-옥탄올/물 분배계수, 용매가용성(해리상수), 이온화(헨리상수) 등을 정리하며, 필요한 경우 유해인자에 대한 안정성과 반응성 등을 파악한다.

[화학적 유해물질의 물리 · 화학적 특성(예)]

글루타르알데하이드(Glutaraldehyde)	
CAS No.	111-30-8
동의어	• 1,3-Diformylpropane • 1,5-Pentanedial • Glutaral • Glutaraldehyde • Glutaric acid dialdehyde
화학식	$C_5H_8O_2$
분자량	100.12
구조식	
성상 및 색상	액체, 무색
녹는점/어는점	-14℃(어는점)
끓는점	188℃
인화점	66℃
증기밀도	3.4
증기압	0.6mmHg, 30℃
pH	-
물에 대한 용해도	220,000mg/L, 25℃(예측값)
비 중	0.72
n-옥탄올/물 분배계수	$\log K_{ow} = -0.33$
해리상수	-
헨리상수	2.4×10^{-8}atm-m^3/mol, 25℃(예측값)

(4) 체내 동태

① 유해인자의 체내 동태 자료를 시험대상에 대한 정보와 함께 확보하고 해당 출처를 파악한다.

> **참고** 체내 동태 실험에 사용되는 Rat
> - 근교계 Rat : 일반적으로 F344 Rat을 사용하며, 털색은 흰색, 눈은 빨간색이다. 회전운동성이 좋지 않고 혈청 인슐린 함량이 낮으며, 뇌하수체가 큰 종류로서 발암성 연구에 많이 사용된다.
> - 비근교계 Rat : 일반적으로 번식률이 높고 활력 및 출산력이 뛰어나며, 항병력이 강하다. SD Rat, Wistar, Long Evans 품종이 있는데, 이 중 SD Rat은 털색은 흰색, 눈은 빨간색으로 생식력이 강하며 자발적인 종양 발생률이 낮고 성호르몬에 대한 감수성이 높아 심혈관계, 신경계, 영양학, 내분비학, 독성학의 연구에 적합하다.

② 물질의 체내 동태학적 특성은 흡수(Absorption), 분포(Distribution), 대사(Metabolism), 배설(Excretion)로 설명되며, 시험 조건이 최적화된 경우 생체 내(In Vivo) 시험의 적절한 용량 결정 등에서 중요한 요소가 될 수 있다.

③ 유해인자의 전반적인 체내 동태는 체내 노출 후의 혈중농도 변화 정보를 이용해 정리한다. 대표적인 지표로는 최고혈중농도(C_max), 최고혈중농도도달시간(T_max), 혈중소실반감기(Half Life, $t_{1/2}$), 시간별 혈중농도곡선하면적(AUC ; Area Under the Curve) 등이 있다.

④ 분포 및 대사와 관련해서는 유해인자와 주요 대사체들의 조직 및 장기 내 분포와 축적에 관한 정보를 파악해야 하며, 유해인자 투여 후 혈중농도나 조직분포의 시간적 변화 등을 정량적으로 파악하여야 한다.

⑤ 체내에 흡수된 유해인자는 일정한 작용을 발휘한 다음 체외로 배출된다. 생체 중 체외 배출과 관련한 대표적인 장기 및 조직으로는 신장, 간장, 호흡기, 피부 등이 있으며, 경구투여물질은 주로 담즙, 소변, 대변의 경로를 통해 배설된다. 배설은 청소율(Cl ; Clearance)로 표현되며, 이는 단위시간당 소실되는 유해요소의 용량으로 각 장기의 청소율을 합산해 총 청소율로 표현한다.

(5) 역학연구 자료

① 역학연구를 통해 인간집단을 대상으로 평가대상 화학물질에 의한 질병의 발생 원인이나 분포, 경향 등을 파악한다.

② 역학연구 결과에서 용량–반응 관계가 나타나지 않더라도 노출군과 대조군의 노출량 차이와 건강영향에 유의한 차이가 발견되면 노출군의 농도 수준을 위해성 평가에 참조할 수 있다.

③ 인체연구는 동물독성시험보다 신뢰도가 높으므로 불확실성계수의 재평가 및 안전역의 타당성 평가에 반영되어야 하며, 역학연구에는 다음과 같은 종류가 있다.

    ㉠ 임상연구(Clinical Study)

    ㉡ 단면조사 연구(Cross-Sectional Study)

    ㉢ 환자대조군 연구(Case-Control Study)

    ㉣ 코호트 연구(Cohort Study)

(6) 독성시험 자료

① 유해성 확인에서는 역학연구 자료를 동물독성시험 자료보다 우선적으로 평가한다. 인체 유해성 정보는 역학연구 자료, 지원자에 의한 임상시험, 시판 후 조사를 포함한 조사연구 및 개인의 사례보고서 등에서 얻을 수 있다.

② 인체 관련 자료를 얻기가 어려울 경우 확보한 동물독성시험 자료를 검토하여 그 결과를 파악한다.

③ 동물독성시험 자료는 국제공인시험법 및 우수실험실기준(GLP ; Good Laboratory Practice)을 준수한 결과의 사용을 우선으로 하며, 시험에 이용된 동물의 종 및 개체수, 노출방법 및 용량 등을 검토한다.

  ㉠ 단회투여독성시험
   • 단회투여독성시험은 유해인자를 실험동물에 단회투여(24시간 이내 분할투여 포함)하였을 때 단기간 내에 나타나는 독성을 질적·양적으로 검사하는 시험이다.
   • 이 시험은 반수치사량(LD_{50} ; Lethal Dose 50%)을 통해 반복투여독성시험의 적정 용량 설정 기준을 제공하는 것이 목적이므로 반수치사량 결정에 관한 결과를 파악한다.

  ㉡ 반복투여독성시험
   • 반복투여독성시험은 유해인자를 실험동물에 반복투여하여 중·장기간 동안 나타나는 독성을 질적·양적으로 검사하는 시험이다.
   • 이 시험을 통해 유해평가 중 독성기준값 설정의 주요 지표인 최대무독성용량을 도출하게 되는데, 투여는 일반적으로 4주, 13주, 1년, 2년 등의 기간 동안 수행되며, 시험결과는 도표로 요약한다.
   • 시험결과는 가능한 최대내성용량(Maximum Tolerated Dose) 및 무해용량(No Effect Dose Level) 등을 포함하여 용량–반응 관계가 나타나 있어야 한다. 또한 체중, 장기 무게, 혈액 및 뇨 검사지표, 병리조직학적 검사결과 및 주요 표적장기에 대한 정보도 파악할 수 있다.

  ㉢ 발암성 시험
   • 발암성 시험은 이용된 동물의 종, 개체수 및 노출기간 등을 제외하고는 반복투여독성시험과 비슷하며, 시험결과에 유해물질의 발암성 여부 및 종양 발생기전의 유전성 유무 판단과 관련한 결과가 필수적으로 포함되어 있다.
   • 발암성은 식품 내 화학적 유해인자의 위해성 평가에서 가장 중요한 고려요인이며, 특히 유전적인 기전이 알려져 있을 때에는 더욱 중요하다. 양성결과가 관찰되었을 경우에는 그 결과에 대한 일관성과 재현성에 대한 평가결과의 기술 또한 중요한 검토대상이다.
   • 단회시험에서는 특정 종양에 대한 용량–반응 관계, 종양의 자연발생 유형, 성별과 관련이 없는 조직에서의 종양발생, 비종양과의 관련성 등에 대한 내용이 포함되어 있다. 특히, 발암물질의 영향에 대한 모든 가능성에 대해 완전히 검토하여야 하므로 가급적 다음과 같은 사항들을 파악한다.
    – 유해인자의 성질

- 실험디자인의 인체독성과의 연관성(노출경로, 빈도 등)
- 유해인자와 종양발생의 관련성
- 종양발생 작용 기전
- 대조군에 대한 배경자료 등

② 유전독성시험
- 유전독성이란 기존에는 세포 또는 개체 수준에서 돌연변이를 유발하는 성질(Mutagenicity)을 나타내었으나 현재는 세포유전물질(DNA 등)에 유해성을 나타내는 성질(Genotoxicity)을 포함하는 광범위한 의미로 이용되고 있다.
- 유전독성시험에서 일반적으로 인정되는 시험으로는 생체 외(In Vitro) 시험의 경우 복귀돌연변이시험(Bacterial Reverse Mutation Assay)과 염색체이상시험(Chromosome Aberration Test), 생체 내(In Vivo) 시험의 경우 소핵시험(Micronucleus Test)이 있다.
- 유전독성시험은 유해인자의 발암성을 예측하기 위한 단기 검색법의 하나로 중요한 역할을 하고 있으므로 가능한 그 활성을 정량적으로 파악하는 것이 중요하다.

⑩ 생식 및 발달독성시험
- 생식독성은 부모세대 또는 자손세대의 번식 또는 생식능력을 감소시켜 결과적으로 형태학적, 생화학적, 유전적, 물리적인 영향을 발생시키는 것을 의미하므로 성욕 저하, 불임증, 임신 방해 등에 관한 결과가 나타나 있다.
- 발달독성은 생화학적, 물리적인 변화 또는 돌연변이로 인한 구조적, 기능적인 변화가 발생하여 배아나 태아의 발달에 대한 독성을 일으키는 것을 말하므로 임신의 실패, 자연 유산 또는 사산을 포함하는 배치사작용(Embryolethality), 성장지연 또는 특정 장기의 성장이 지연되는 배자독성(Embryotoxicity), 살아 있는 자손에게 영구적인 결함이 나타나는 비가역적인 상태를 의미하는 최기형성(Teratogenicity) 결과 등이 나타나 있다.
- 생식 및 발달독성시험의 목적은 일반 성인에 대한 영향을 관찰하기 보다는 생식 혹은 발달단계에 미치는 영향을 관찰하는 것이므로 임신부, 수유부, 영유아 등 민감군 노출에 대한 연구를 중심으로 발달단계별 노출시기, 노출방식(모체를 통한 노출 혹은 직접 신생아에 노출), 관찰기간(생식독성 ; 부모·자손세대, 발달독성 ; 배아·태아·영유아기), 유해인자 노출에 따른 생식독성의 발현시기 등에 대한 검토결과를 포함하고 있다.
- 생식 기능의 범위에는 교배, 번식력, 임신의 유지 및 기간, 출산, 자손의 수, 자손의 생존 및 성장기간 등이 포함되므로, 부모 및 자손세대에서 다음과 같은 항목을 검토하고 그 결과가 나타나 있다.
  - 부모 및 자손세대 : 정자 측정(수, 활동성, 형태, 생산속도), 질 세포 검사(발정 주기), 호르몬 측정, 교배의 증거, 임신속도, 장기 무게(생식선, 자궁, 부고환 등), 생식 관련 조직병리학 및 생식과 관련된 행동
  - 자손세대 : 자손의 수와 생존율, 체중, 성비, 항문-성기의 거리, 수컷에서의 젖꼭지-유륜의 보존, 질 개구, 고환 기능 저하, 포피 분리

- 생식 및 발달독성시험을 통해 유해인자의 생식 및 발달에 관한 유해영향이 관찰되지 않는 최고농도인 최대무독성용량을 파악할 수 있다.
  - ⑭ 기타 독성
    - 신경독성 : 신경독성은 유해인자에의 노출이 중추 신경계의 기능 및 구조에 영향을 발생시키는 것을 말하며 신경계의 형태학적, 생리학적, 생화학적, 행동학적 요소 및 신경계를 구성하고 있는 부분들의 상호작용 등에 대한 평가가 나타나 있다.
    - 면역독성
      - 면역독성은 유해인자가 면역체계에 작용하여 나타나는 이상면역반응으로 평가결과에는 면역억제, 면역자극, 과민반응 및 자가면역반응 등의 영향이 포함되며, 1차적으로 면역체계의 억제에 대한 잠재성 평가 결과가 나타나 있다.
      - 면역독성은 동물독성시험, 표준독성연구, 면역학연구 등을 통해 그 결과를 나타낼 수 있으며, 이외에도 피부 자극성 및 과민성, 안점막 자극성 등의 독성시험 결과가 포함되어 있다.

3 화학물질의 유해성 구분

(1) 화학물질의 유해성 분류에 관한 일반 원칙

① 물질의 유해성 분류
- ㉠ 이용 가능한 유해성·위험성 평가자료를 통하여 화학물질의 물리적 위험성, 건강 및 환경 유해성을 분류한다.
- ㉡ 유해성·위험성 평가 시험자료를 이용하여 분류한다.
- ㉢ 사람에서의 역학 또는 경험자료를 고려하여 분류한다.
- ㉣ 하나의 유해성·위험성을 평가하기 위해 여러 종류의 자료가 있는 경우에는 다음 사항을 고려하여 전문가적 판단에 근거하여 분류한다.
  - 사람 또는 동물에서의 자료가 2개 이상이면서 그 결과가 서로 다른 경우, 이들 자료의 질과 신뢰성을 평가하여 신뢰성이 우수한 사람에서의 자료를 우선 적용한다.
  - 노출경로, 작용 기전 및 대사에 관한 연구 결과, 사람에게 유해성을 일으키지 않을 것이 명확하다면 유해성 물질로 분류하지 않을 수 있다.
  - 양성 결과와 음성 결과가 모두 있는 경우 양쪽 모두를 조합하여 증거의 가중치에 따라 분류한다.

② 혼합물의 유해성 분류
- ㉠ 혼합물 전체로서 시험된 자료가 있는 경우에는 그 시험결과에 따라 단일물질의 분류기준을 적용한다.
- ㉡ 혼합물 전체로서 시험된 자료는 없지만, 유사 혼합물의 분류자료 등을 통하여 혼합물 전체로서 판단할 수 있는 근거자료가 있는 경우에는 가교원리를 적용하여 분류한다.

ⓒ 혼합물 전체로서 유해성을 평가할 자료는 없지만 구성성분의 유해성 평가자료가 있는 경우에는 건강 유해성 및 환경 유해성별 혼합물의 분류방법에 따른다.

[혼합물의 유해성 구분 및 한계농도]

유해성 항목 및 구분	한계농도
급성 독성	
• 구분 1부터 구분 3	0.1%
• 구분 4	1%
피부 부식성/자극성	1%
심한 눈 손상/눈 자극성	1%
수생환경 유해성	
• 급성 구분 1	0.1%
• 만성 구분 1	0.1%
• 만성 구분 2부터 구분 4	1%

③ 가교원리에 따른 분류

ⓐ 희석(Dilution) : 혼합물이 유해성이 가장 낮은 성분보다 동등 이하의 유해성 분류에 해당하는 물질로 희석되고, 그 물질이 다른 성분의 유해성에 영향을 미치지 않을 것으로 예상되는 경우에는 다음 중 어느 하나의 방법을 적용한다.
- 새로운 혼합물을 원래의 혼합물과 동일하게 분류한다.
- 혼합물의 모든 구성성분 또는 일부 구성성분에 대한 자료가 있는 경우의 혼합물 분류방법

ⓑ 배치(Batch) : 혼합물에 대한 제조 배치의 유해성은 같은 제조업자에 의해서 생산·관리되는 같은 상품의 다른 제조 배치의 유해성과 실질적으로 동등하다고 간주할 수 있다. 다만, 배치 간의 유해성 분류가 변경되는 유의적인 변동이 있다고 생각할 수 있는 이유가 있는 경우는 제외한다. 이러한 경우에는 새로운 분류가 필요하다.

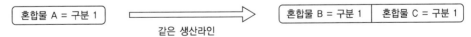

ⓒ 고유해성 혼합물의 농축(Concentration) : 혼합물이 '구분 1'로 분류되고, 혼합물 내 '구분 1'로 분류되는 구성성분의 농도가 증가하는 경우에는 새로운 혼합물은 추가적인 시험 없이 '구분 1'로 분류한다.

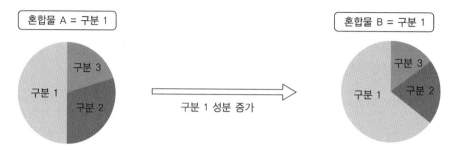

ⓓ 하나의 독성구분 내에서 내삽(Interpolation) : 동일한 성분을 함유한 3가지 혼합물에서 혼합물 A와 B가 동일한 유해성 구분에 속하고, 혼합물 C가 가지고 있는 독성학적으로 활성인 성분의 농도가 혼합물 A와 B의 중간 정도에 해당하는 경우, 혼합물 C는 혼합물 A 및 B와 동일한 유해성 구분에 속하는 것으로 가정한다.

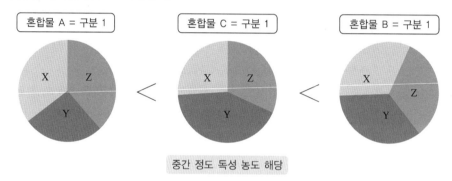

중간 정도 독성 농도 해당

ⓜ 실질적으로 유사한 혼합물 : 다음과 같은 경우, 혼합물 (i)이 이미 시험자료를 통해 분류되었다면, 혼합물 (ii)는 혼합물 (i)과 동일한 유해성 구분에 해당될 수 있다.
- 두 가지 혼합물 : (i) A + B, (ii) C + B
- 두 혼합물 (i) 및 (ii) 내에서 성분 B의 농도가 실질적으로 동일하다.
- 혼합물 (i)내 성분 A의 농도는 혼합물 (ii) 내 성분 C의 농도와 동일하다.
- 성분 A와 C에 대한 독성자료는 이용 가능하며 실질적으로 독성 정도가 동등하다. 즉, A와 C는 같은 유해성 구분을 가지며, B의 독성에 영향을 주지 않는다.

A 독성 농도 = C 독성 농도

ⓗ 에어로졸(Aerosol) : 에어로졸 형태의 혼합물은 첨가된 추진제가 분무 시에 혼합물의 유해성에 영향을 미치지 않으며 에어로졸 형태가 비에어로졸 형태보다 유독하지 않다는 과학적인 증거가 있는 조건하에서, 비에어로졸 형태로 시험한 혼합물과 동일한 유해성 구분으로 분류할 수 있다.

| 구분 1 비에어로졸 | ⟹ 추진제 독성 영향 없음 | 구분 1 에어로졸 |

(2) 화학물질의 분류 및 표시에 관한 세계조화시스템(GHS ; Globally Harmonized System of classification and labelling of chemicals)

① 목 적
 ㉠ 국제적으로 일치하지 않는 화학물질의 분류와 표시의 통일화

  예 LD_{50}(경구, 쥐)이 250mg/kg인 화학물질

GHS 적용 전	GHS 적용 후
• 유럽 : 'Harmful(유해함)' • 미국 : 'Toxic(유독함)' • 인도 : 'Non-toxic(유독하지 않음)' • 뉴질랜드 : 'Hazardous(유해한)' • 중국 : 'Not Dangerous(위험하지 않음)'	급성 독성물질, 경구, 구분 3

 ㉡ 세계적으로 통일된 분류기준에 따라 화학물질의 유해성 및 위험성 분류
 ㉢ 통일된 형태의 경고표지 및 MSDS로 정보 전달
 ㉣ 물리적 위험성, 건강 유해성, 환경 유해성으로 분류
 ㉤ H-code(Hazard Statement) : 유해・위험문구, P-code(Precautionary Statement) : 예방조치문구
 ※ GHS 도입으로 국제적으로 화학물질에 관한 표시가 통일됨으로써 국제교역이 용이해졌다.

> **참고** 화학물질의 분류 및 표시 등에 관한 규정 [별표 3]
> • 유해・위험문구(H-code) : H200~H290(물리적 위험성), H300~H373(건강 유해성), H400~H420(환경 유해성)
> • 예방조치문구(P-code) : P101~P103(일반), P201~P284(예방), P301~P391(대응), P401~P420(저장), P501/P502(폐기)

[화학물질정보처리시스템]

출처 : https://kreach.me.go.kr

[KMS물질안전보건자료시스템(안전보건공단)]

출처 : https://msds.kosha.or.kr/

(산업안전보건법 제37조, 산업안전보건법 시행규칙 제38조 [별표 7]에 의한 경고표시 예시)

벤젠(CAS No. 71-43-2)

신호어

• 위 험

유해 · 위험문구

• 고인화성 액체 및 증기
• 삼키면 유해함
• 삼켜서 기도로 유입되면 치명적일 수 있음
• 피부에 자극을 일으킴
• 눈에 심한 자극을 일으킴
• 유전적인 결함을 일으킬 수 있음
• 암을 일으킬 수 있음
• 장기간 또는 반복 노출되면 신체 중 (중추신경계, 조혈계)에 손상을 일으킴
• 장기적인 영향에 의해 수생생물에게 유해함

예방조치문구

예방 │ • 열, 스파크, 화염, 고열로부터 멀리한다. – 금연
      • 이 제품을 사용할 때에는 먹거나, 마시거나 흡연하지 않는다.
      • 미스트, 증기, 스프레이를 흡입하지 않는다.
      • 보호장갑, 보호의, 보안경을 착용한다.

대응 │ • 피부(또는 머리카락)에 묻으면 오염된 모든 의복은 벗거나 제거한다.
        피부를 물로 씻는다. / 샤워한다.
      • 눈에 묻으면 몇 분간 물로 조심해서 씻는다.
        가능하면 콘택트렌즈를 제거한 후 계속 씻는다.
      • 입을 씻어낸다.
      • 토하게 하지 않는다.

저장 │ • 환기가 잘 되는 곳에 보관하고 저온으로 유지한다.
      • 잠금장치가 있는 저장장소에 저장한다.

폐기 │ • (관련 법규에 명시된 내용에 따라) 내용물 · 용기를 폐기한다.

※ 기타 자세한 사항은 물질안전보건자료(MSDS)를 참조한다.

[GHS에 의한 경고표시(例 벤젠)]

② 유해성 분류

㉠ 물리적 위험성(화학물질의 분류 및 표시 등에 관한 규정 별표 1)

분 류	구 분		그림문자	신호어	유해 · 위험문구
폭발성 물질	불안정한 폭발성 물질			위 험	불안정한 폭발성 물질(H200)
	등급 1.1			위 험	폭발성 물질 ; 대폭발 위험(H201)
	등급 1.2			위 험	폭발성 물질 ; 심한 분출 위험(H202)
	등급 1.3			위 험	폭발성 물질 ; 화재, 폭풍 또는 분출 위험(H203)
	등급 1.4			경 고	화재 또는 분출 위험(H204)
	등급 1.5		주황색 바탕에 숫자 1.5	위 험	화재 시 대폭발 할 수 있음(H205)
	등급 1.6		주황색 바탕에 숫자 1.6	없 음	없 음
인화성 가스	인화성 가스	구분 1		위 험	극인화성 가스(H220)
		구분 2	없 음	경 고	인화성 가스(H221)
	자연발화성 가스			위 험	공기에 노출되면 자연발화할 수 있음(H232)

분 류	구 분	그림문자	신호어	유해·위험문구
에어로졸	구분 1		위 험	극인화성 에어로졸(H222), 압력용기 ; 가열하면 터질 수 있음(H229)
	구분 2		경 고	인화성 에어로졸(H223), 압력용기 ; 가열하면 터질 수 있음(H229)
	구분 3	없 음	경 고	압력용기 ; 가열하면 터질 수 있음(H229)
산화성 가스	구분 1		위 험	화재를 일으키거나 강렬하게 함 ; 산화제(H270)
고압가스	압축가스		경 고	고압가스 포함 ; 가열하면 폭발할 수 있음(H280)
	액화가스		경 고	
	냉동액화가스		경 고	냉동액화가스 포함 ; 극저온의 화상 또는 손상을 일으킬 수 있음(H281)
	용해가스		경 고	고압가스 포함 ; 가열하면 폭발할 수 있음(H280)
인화성 액체	구분 1		위 험	극인화성 액체 및 증기(H224)
	구분 2		위 험	고인화성 액체 및 증기(H225)
	구분 3		경 고	인화성 액체 및 증기(H226)
인화성 고체	구분 1		위 험	인화성 고체(H228)
	구분 2		경 고	
자기반응성 물질 및 혼합물	형식 A		위 험	가열하면 폭발할 수 있음(H240)
	형식 B		위 험	가열하면 화재 또는 폭발할 수 있음(H241)
	형식 C 및 D		위 험	가열하면 화재를 일으킬 수 있음(H242)
	형식 E 및 F		경 고	
	형식 G	없 음	없 음	없 음
자연발화성 액체	구분 1		위 험	공기에 노출되면 자연발화함(H250)
자연발화성 고체	구분 1		위 험	공기에 노출되면 자연발화함(H250)
자기발열성 물질 및 혼합물	구분 1		위 험	자기발열성 ; 화재를 일으킬 수 있음(H251)
	구분 2		경 고	대량으로 존재 시 자기발열성 ; 화재를 일으킬 수 있음(H252)
물반응성 물질 및 혼합물	구분 1		위 험	물과 접촉 시 자연발화하는 인화성 가스를 발생시킴(H260)
	구분 2		위 험	물과 접촉 시 인화성 가스를 발생시킴(H261)
	구분 3		경 고	

분 류	구 분	그림문자	신호어	유해·위험문구
산화성 액체	구분 1		위 험	화재 또는 폭발을 일으킬 수 있음 ; 강산화제 (H271)
	구분 2		위 험	화재를 강렬하게 함 ; 산화제(H272)
	구분 3		경 고	
산화성 고체	구분 1		위 험	화재 또는 폭발을 일으킬 수 있음 ; 강산화제 (H271)
	구분 2		위 험	화재를 강렬하게 함 ; 산화제(H272)
	구분 3		경 고	
유기과산화물	형식 A		위 험	가열하면 폭발할 수 있음(H240)
	형식 B		위 험	가열하면 화재 또는 폭발을 일으킬 수 있음 (H241)
	형식 C 및 D		위 험	가열하면 화재를 일으킬 수 있음(H242)
	형식 E 및 F		경 고	
	형식 G	없 음	없 음	없 음
금속부식성 물질	구분 1		경 고	금속을 부식시킬 수 있음(H290)

- 폭발성 물질 : 자체의 화학반응에 의하여 주위환경에 손상을 입힐 수 있는 온도, 압력과 속도를 가진 가스를 발생시키는 고체·액체상태의 물질이나 그 혼합물을 말한다. 다만, 화공물질의 경우 가스가 발생하지 않더라도 폭발성 물질에 포함된다.
- 인화성 가스 : 20℃, 표준압력 101.3kPa에서 공기와 혼합하여 인화범위에 있는 가스와 54℃ 이하 공기 중에서 자연발화하는 가스를 말한다.
- 에어로졸 : 재충전이 불가능한 금속·유리 또는 플라스틱 용기에 압축가스·액화가스 또는 용해가스를 충전하고 내용물을 가스에 현탁시킨 고체나 액상 입자로, 액상 또는 가스상에서 폼·페이스트·분말상으로 배출하는 분사장치를 갖춘 것을 말한다.
- 산화성 가스 : 일반적으로 산소를 발생시켜 다른 물질의 연소가 더 잘되도록 하거나 연소에 기여하는 가스를 말한다.
- 고압가스 : 20℃, 200kPa 이상의 압력하에서 용기에 충전되어 있는 가스 또는 액화되거나 냉동액화된 가스를 말한다.
- 인화성 액체 : 표준압력(101.3kPa)에서 인화점이 93℃ 이하인 액체를 말한다.
- 인화성 고체 : 가연 용이성 고체(분말, 과립상, 페이스트 형태의 물질로 성냥불씨와 같은 점화원을 잠깐 접촉하여도 쉽게 점화되거나 화염이 빠르게 확산되는 물질) 또는 마찰에 의해 화재를 일으키거나 화재를 돕는 고체를 말한다.
- 자기반응성 물질과 혼합물 : 열적으로 불안정하여 산소의 공급없이도 강렬하게 발열 분해하기 쉬운 액체·고체물질 또는 그 혼합물을 말한다.

- 자연발화성 액체 : 적은 양으로도 공기와 접촉하여 5분 안에 발화할 수 있는 액체를 말한다.
- 자연발화성 고체 : 적은 양으로도 공기와 접촉하여 5분 안에 발화할 수 있는 고체를 말한다.
- 자기발열성 물질 및 혼합물 : 주위에서 에너지를 공급받지 않고 공기와 반응하여 스스로 발열하는 고체·액체물질 또는 그 혼합물을 말한다(자기발화성 물질을 제외한다).
- 물반응성 물질 및 혼합물 : 물과의 상호작용에 의하여 자연발화하거나 인화성 가스의 양이 위험한 수준으로 발생하는 고체·액체상태의 물질이나 그 혼합물을 말한다.
- 산화성 액체 : 그 자체로는 연소하지 않더라도, 일반적으로 산소를 발생시켜 다른 물질을 연소시키거나 연소를 촉진하는 액체를 말한다.
- 산화성 고체 : 그 자체로는 연소하지 않더라도 일반적으로 산소를 발생시켜 다른 물질을 연소시키거나 연소를 촉진하는 고체를 말한다.
- 유기과산화물 : 1개 혹은 2개의 수소원자가 유기라디칼에 의하여 치환된 과산화수소의 유도체인 2가의 −O−O− 구조를 가지는 액체 또는 고체 유기물을 말한다.
- 금속부식성 물질 : 화학적인 작용으로 금속에 손상 또는 부식을 일으키는 물질 또는 그 혼합물을 말한다.

ⓛ 건강 유해성(화학물질의 분류 및 표시 등에 관한 규정 별표 1)

분 류	구 분		그림문자	신호어	유해·위험문구
급성 독성	구분 1			위 험	• 경구 : 삼키면 치명적임(H300) • 경피 : 피부와 접촉하면 치명적임(H310) • 흡입 : 흡입하면 치명적임(H330)
	구분 2			위 험	
	구분 3			위 험	• 경구 : 삼키면 유독함(H301) • 경피 : 피부와 접촉하면 유독함(H311) • 흡입 : 흡입하면 유독함(H331)
	구분 4			경 고	• 경구 : 삼키면 유해함(H302) • 경피 : 피부와 접촉하면 유해함(H312) • 흡입 : 흡입하면 유해함(H332)
피부 부식성/자극성	구분 1 (1A, 1B, 1C)			위 험	피부에 심한 화상과 눈에 손상을 일으킴(H314)
	구분 2			경 고	피부에 자극을 일으킴(H315)
심한 눈 손상/ 눈 자극성	구분 1			위 험	눈에 심한 손상을 일으킴(H318)
	구분 2	구분 2A		경 고	눈에 심한 자극을 일으킴(H319)
		구분 2B	없 음	경 고	눈에 자극을 일으킴(H320)

분 류	구 분		그림문자	신호어	유해·위험문구
호흡기 또는 피부 과민성	호흡기 과민성 구분 1 (1A, 1B)			위 험	흡입 시 알레르기성 반응, 천식 또는 호흡 곤란 등을 일으킬 수 있음(H334)
	피부 과민성 구분 1 (1A, 1B)			경 고	알레르기성 피부 반응을 일으킬 수 있음(H317)
생식세포 변이원성	구분 1	구분 1A		위 험	유전적인 결함을 일으킬 수 있음[1](H340)
		구분 1B		위 험	
	구분 2			경 고	유전적인 결함을 일으킬 것으로 의심됨[1](H341)
발암성	구분 1	구분 1A		위 험	암을 일으킬 수 있음[2](H350)
		구분 1B		위 험	
	구분 2			경 고	암을 일으킬 것으로 의심됨[2](H351)
생식독성	구분 1	구분 1A		위 험	태아 또는 생식능력에 손상을 일으킬 수 있음(알려진 특정한 영향을 명시한다)[3](H360)
		구분 1B		위 험	
	구분 2			경 고	태아 또는 생식능력에 손상을 일으킬 것으로 의심됨(알려진 특정한 영향을 명시한다)[3](H361)
	추가 구분		없 음	없 음	모유를 먹는 아이에게 유해할 수 있음(H362)
특정 표적장기 독성-1회 노출	구분 1			위 험	장기(영향을 받는 것으로 알려진 모든 장기를 명시한다)에 손상을 일으킴[4](H370)
	구분 2			경 고	장기(영향을 받는 것으로 알려진 모든 장기를 명시한다)에 손상을 일으킬 수 있음[4](H371)
	구분 3	호흡기 자극		경 고	호흡기 자극을 일으킬 수 있음(H335)
		마취 영향		경 고	졸음 또는 현기증을 일으킬 수 있음(H336)
특정 표적장기 독성-반복 노출	구분 1			위 험	장기간 또는 반복 노출되면 장기(영향을 받는 것으로 알려진 모든 장기를 명시한다)에 손상을 일으킴[5](H372)
	구분 2			경 고	장기간 또는 반복 노출되면 장기(영향을 받는 것으로 알려진 모든 장기를 명시한다)에 손상을 일으킬 수 있음[5](H373)
흡인 유해성	구분 1			위 험	삼켜서 기도로 유입되면 치명적일 수 있음(H304)
	구분 2			경 고	삼켜서 기도로 유입되면 유해할 수 있음(H305)

※ 1. 유전적인 결함을 일으키는 노출 경로를 기재한다. 단, 다른 노출 경로에 의해 유전적인 결함을 일으키지 않는다는 결정적인 증거가 있는 경우에 한한다.
2. 암을 일으키는 노출 경로를 기재한다. 단, 다른 노출경로에 의해 암을 일으키지 않는다는 결정적인 증거가 있는 경우에 한한다.
3. 생식독성을 일으키는 노출 경로를 기재한다. 단, 다른 노출경로에 의해 생식독성을 일으키지 않는다는 결정적인 증거가 있는 경우에 한한다.
4. 특정표적장기독성(1회 노출)을 일으키는 노출 경로를 기재. 단, 다른 노출경로에 의해 특정표적기독성(1회 노출)을 일으키지 않는다는 결정적인 증거가 있는 경우에 한한다.
5. 특정표적장기독성(반복노출)을 일으키는 노출 경로를 기재한다. 단, 다른 노출경로에 의해 특정표적장기독성(반복노출)을 일으키지 않는다는 결정적인 증거가 있는 경우에 한한다.

• 급성 독성 : 입 또는 피부를 통하여 1회 또는 24시간 이내에 수회로 나누어 투여되거나 호흡기를 통하여 4시간 동안 노출 시 나타나는 유해한 영향을 말한다.

[물질에 대한 급성 독성 분류기준(한계값)]

구 분	노출경로별 급성 독성값				
	경구 (ATE, mg/kg)	경피 (ATE, mg/kg)	흡입(ATE, 4시간)		
			가스 (ppm)	증기 (mg/L)	분진/미스트 (mg/L)
1	5	50	100	0.5	0.05
2	50	200	500	2.0	0.5
3	300	1,000	2,500	10	1.0
4	2,000	2,000	20,000	20	5

• 피부 부식성/자극성
  - 피부 부식성 : 피부에 비가역적인 손상이 생기는 것을 말한다. 여기서, 비가역적인 손상이란 피부에 시험물질이 4시간 동안 노출됐을 때 표피에서 진피까지 눈으로 식별 가능한 괴사가 생기는 것을 말한다. 또한 피부 부식성 반응은 전형적으로 궤양, 출혈, 혈가피를 유발하며, 노출 14일 후 표백작용이 일어나 피부 전체에 탈모와 상처 자국이 생긴다.
  - 피부 자극성 : 피부에 가역적인 손상이 생기는 것을 말한다. 여기서, 가역적인 손상이란 피부에 시험물질이 4시간 동안 노출됐을 때 회복이 가능한 손상을 말한다.
• 심한 눈 손상/눈 자극성
  - 심한 눈 손상 : 눈에 시험물질을 노출했을 때 눈 조직 손상 또는 시력 저하 등이 나타나 21일의 관찰기간 내에 완전히 회복되지 않는 경우를 말한다.
  - 눈 자극성 : 눈에 시험물질을 노출했을 때 눈에 변화가 발생하여 21일의 관찰기간 내에 완전히 회복되는 경우를 말한다.
• 호흡기 또는 피부 과민성
  - 호흡기 과민성 : 물질을 흡입한 후 발생하는 기도의 과민증을 말한다.
  - 피부 과민성 : 물질과 피부의 접촉을 통한 알레르기성 반응을 말한다.
• 생식세포 변이원성 : 자손에게 유전될 수 있는 사람의 생식세포에서 돌연변이를 일으키는 성질을 말한다. 돌연변이란 생식세포 유전물질의 양 또는 구조에 영구적인 변화를 일으키는 것으로, 형질의 유전학적인 변화와 DNA 수준에서의 변화 모두를 포함한다.
• 발암성 : 암을 일으키거나 그 발생을 증가시키는 성질을 말한다.
• 생식독성 : 생식기능 및 생식능력에 대한 유해영향을 일으키거나 태아의 발생·발육에 유해한 영향을 주는 성질을 말한다. 생식기능 및 생식능력에 대한 유해영향이란 생식기능 및 생식능력에 대한 모든 영향 즉, 생식기관의 변화, 생식가능 시기의 변화, 생식체의 생성 및 이동, 생식주기, 성적 행동, 수태나 분만, 수태결과, 생식기능의 조기노화, 생식계에 영향을 받는 기타 기능들의 변화 등을 포함한다. 태아의 발생·발육에 유해한 영향은 출생 전 또는 출생 후에 태아의 정상적인 발생을 방해하는 모든 영향 즉, 수태 전 부모의 노출로부터 발생 중인 태아의 노출, 출생 후 성숙기까지의 노출에 의한 영향을 포함한다.

- 특정 표적장기 독성-1회 노출 : 1회 노출에 의하여 급성 독성, 피부 부식성/자극성, 심한 눈 손상/눈 자극성, 호흡기 과민성, 피부 과민성, 생식세포 변이원성, 발암성, 생식독성, 흡인 유해성 이외의 특이적이며 비치사적으로 나타나는 특정 표적장기의 독성을 말한다.
- 특정 표적장기 독성-반복 노출 : 반복 노출에 의하여 급성 독성, 피부 부식성/자극성, 심한 눈 손상/눈 자극성, 호흡기 과민성, 피부 과민성, 생식세포 변이원성, 발암성, 생식독성, 흡인 유해성 이외의 특이적이며 비치사적으로 나타나는 특정 표적장기의 독성을 말한다.
- 흡인 유해성 : 액체나 고체 화학물질이 직접적으로 구강이나 비강을 통하거나 간접적으로 구토에 의하여 기관 및 하부호흡기계로 들어가 나타나는 화학적 폐렴, 다양한 단계의 폐손상 또는 사망과 같은 심각한 급성 영향을 말한다.

ⓒ 환경 유해성(화학물질의 분류 및 표시 등에 관한 규정 별표 1)

분 류	구 분		그림문자	신호어	유해·위험문구
수생환경 유해성	급 성	구분 1		경 고	수생생물에 매우 유독함(H400)
	만 성	구분 1		경 고	장기적 영향에 의해 수생생물에 매우 유독함(H410)
		구분 2		없 음	장기적 영향에 의해 수생생물에 유독함(H411)
		구분 3	없 음	없 음	장기적 영향에 의해 수생생물에 유해함(H412)
		구분 4			장기적 영향에 의해 수생생물에 유해의 우려가 있음(H413)
오존층 유해성	구분 1			경 고	대기 상층부의 오존층을 파괴하여 공공의 건강 및 환경에 유해함(H420)

- 수생환경 유해성 : 급성 수생환경 유해성이란 단기간의 노출에 의해 수생환경에 유해한 영향을 일으키는 유해성을 말하며, 만성 수생환경 유해성이란 수생생물의 생활주기에 상응하는 기간 동안 물질 또는 혼합물을 노출시켰을 때 수생생물에 나타나는 유해성을 말한다.
- 오존층 유해성 : 오존을 파괴하여 오존층을 고갈시키는 성질을 말하며, 오존 파괴 잠재성(Ozone Depleting Potential)은 오존에 대한 교란 정도의 비 즉, 특정화합물의 트라이클로로플루오르메테인(CFC-11)과 동등 방출량의 비이다.

01 어떤 유해물질에 노출되었을 때 그 물질의 유해성 여부를 결정하는 단계는 무엇인가?

① 유해성 확인
② 용량-반응 평가
③ 노출평가
④ 위해도 평가

02 다음 중 대상 화학물질이 가지고 있는 유해성의 종류나 정도를 파악하기 위하여 수집해야 할 대상 화학물질의 유해성에 관한 정보나 자료와 가장 관계가 먼 것은?

① 사용용도
② 노출경로
③ 생물독성
④ 취급시설

03 다음 중 일반환경 유해인자 중 물리적 유해인자에 해당되지 않는 것은?

① 소음·진동
② 중금속
③ 방사선
④ 빛

[해설]
일반환경 유해인자 중 물리적 유해인자에는 소음·진동, 온도와 압력, 빛, 방사선 등이 있으며, 중금속은 화학적 유해인자이다.

04 일반환경 유해인자 중 화학적 유해인자인 잔류성 오염물질의 특성과 가장 관계가 먼 것은?

① 잔류성
② 생물농축성
③ 장거리이동성
④ 위해성

[해설]
잔류성오염물질 관리법 제2조(정의)
'잔류성 오염물질'이란 독성·잔류성·생물농축성 및 장거리이동성 등의 특성을 지니고 있어 사람과 생태계를 위태롭게 하는 물질이다.

05 사업장에서 유해화학물질을 선정할 때 고려사항으로 그 중요도가 가장 낮은 것은 다음 중 무엇인가?

① 화학물질의 등록 및 평가 등에 관한 법률에 따라 등록하여야 하는 화학물질
② 인체나 환경적으로 피해가 발생하여 사회적으로 문제가 야기되었던 화학물질
③ 건강 유해성이 있는 화학물질
④ 작업환경 측정결과 노출농도가 높은 화학물질

06 물질안전보건자료(MSDS)에 관한 설명으로 옳지 않은 것은?

① 운송에 필요한 정보로서 UN 번호, 운송에서의 위험성 등급 등이 있다.
② 노출경로에 따른 응급조치 요령이 제시되어 있다.
③ 16개 항목에 대한 정보가 GHS에 의하여 규정되어 있다.
④ 유해성(H-code) 및 위험성(P-code)에 관한 문구가 제시되어 있다.

[해설]
• 유해·위험문구 : H-code(Hazard Statement)
• 예방조치문구 : P-code(Precautionary Statement)

07 다음 중 물질안전보건자료(MSDS)에 제시해야 할 법적 규제현황과 가장 관련이 적은 것은?

① 화학물질관리법
② 중대재해처벌법
③ 위험물안전관리법
④ 폐기물관리법

> **해설**
>
> 화학물질의 분류·표시 및 물질안전보건자료에 관한 기준 [별표 4] 물질안전보건자료(MSDS)의 작성항목 및 기재사항
> 법적 규제현황
> • 산업안전보건법에 의한 규제
> • 화학물질관리법에 의한 규제
> • 위험물안전관리법에 의한 규제
> • 폐기물관리법에 의한 규제
> • 기타 국내 및 외국법에 의한 규제

08 물질안전보건자료에 제시해야 할 내용 중 가장 거리가 먼 것은?

① 화학제품과 공급자 정보
② 화학물질의 안정성 및 반응성
③ 폐기 시 주의사항
④ 생물학적 유해인자

> **해설**
>
> 화학물질의 분류·표시 및 물질안전보건자료에 관한 기준 [별표 4] 물질안전보건자료(MSDS)의 작성항목 및 기재사항
> • 화학제품과 회사에 관한 정보 : 제품명, 제품의 권고 용도와 사용상의 제한, 공급자 정보
> • 유해성·위험성
> • 구성성분의 명칭 및 함유량
> • 응급조치 요령
> • 폭발·화재 시 대처방법
> • 누출사고 시 대처방법
> • 취급 및 저장방법
> • 노출방지 및 개인보호구
> • 물리·화학적 특성
> • 안정성 및 반응성
> • 독성에 관한 정보
> • 환경에 미치는 영향
> • 폐기 시 주의사항
> • 운송에 필요한 정보
> • 법적 규제현황
> • 그 밖의 참고사항
> ※ 산업환경 유해인자로 분류되는 생물학적 유해인자 : 혈액매개 감염인자, 공기매개 감염인자, 곤충 및 동물매개 감염인자

09 다음 중 물질안전보건자료에서 제공해야 할 화학물질의 물리·화학적 특성에 포함되지 않아도 되는 항목으로 가장 적절한 것은?

① CAS 번호
② n-옥탄올/물 분배계수
③ 벤젠에 대한 용해도
④ 증기압

해설

화학물질의 물리·화학적 특성으로 물질명, CAS 번호, 동의어, 화학식, 분자량, 구조식, 성상 및 색상, 녹는점/어는점, 끓는점, 인화점, 증기밀도, 증기압, pH, 물에 대한 용해도, 비중, n-옥탄올/물 분배계수, 용매가용성, 이온화 등을 파악한다.

10 다음 중 유해성 확인 단계에서의 체내 동태에 관한 설명으로 틀린 것은?

① 유해인자의 체내 동태학적 특성은 흡수, 분포, 대사, 배설로 설명된다.
② 유해인자의 체내 동태 실험에 사용되는 Rat은 근교계와 비근교계로 구분되며, 비근교계는 일반적으로 F344 Rat을 사용한다.
③ 유해인자의 체내 동태는 체내 노출 후의 혈중농도 변화 정보를 이용해 정리한다.
④ 체내 동태학적 특성 중 배설은 청소율로 표현된다.

해설

② 체내 동태 실험에 사용되는 Rat은 근교계와 비근교계로 구분할 수 있다. 근교계는 일반적으로 F344 Rat을 사용하며, 비근교계는 Sd Rat, Wistar, Long Evans 품종을 사용한다.

11 다음 중 역학연구 자료에 관한 설명으로 틀린 것은?

① 역학연구를 통하여 인간집단을 대상으로 평가대상 화학물질에 의한 질병의 발생 원인이나 분포, 경향 등을 파악한다.
② 역학연구 결과에서 용량-반응 관계가 나타나지 않더라도 노출군과 대조군의 노출량 차이와 건강 영향에 유의한 차이가 발견되면 노출군의 농도 수준을 위해성 평가에 참조할 수 있다.
③ 인체연구는 동물독성시험보다 신뢰도가 높으므로 불확실성계수의 재평가 및 안전역의 타당성 평가에 반영하지 않아도 된다.
④ 임상연구, 단면조사 연구, 환자-대조군 연구, 코호트 연구가 있다.

해설

③ 인체연구는 동물독성시험보다 신뢰도가 높으므로 불확실성계수의 재평가 및 안전역의 타당성 평가에 반영되어야 한다.

12 다음 중 독성시험 자료에 관한 설명으로 가장 옳지 않은 것은?

① 반복투여독성시험은 유해인자를 실험동물에 반복투여하여 독성기준값 설정의 주요 지표인 최대무독성용량을 도출한다.

② 인체 관련 자료를 얻기가 어려울 경우 확보할 수 있는 동물독성시험 자료를 검토하여 그 결과를 파악한다.

③ 동물독성시험 자료는 국제공인시험법 및 우수실험실기준을 준수한 결과의 사용을 우선으로 한다.

④ 발암성 시험은 단회투여독성시험과 비슷하며, 시험결과에 유해물질의 발암성 여부 및 종양 발생기전의 유전성 유무 판단과 관련한 결과가 포함될 수 있도록 권장하고 있다.

> **해설**
> ④ 발암성 시험은 반복투여독성시험과 비슷하며, 시험결과에 유해물질의 발암성 여부 및 종양 발생기전의 유전성 유무 판단과 관련한 결과가 필수적으로 포함되어 있다.

13 다음 중 독성시험 자료에 관한 설명으로 옳은 것은?

① 유전독성시험은 유해인자의 발암성을 예측하기 위한 단기 검색법의 하나로 중요한 역할을 하고 있으므로 가능한 그 활성을 정량적으로 파악하는 것이 중요하다.

② 단회투여독성시험은 유해인자를 실험동물에 분할투여하지 않고 단회투여하였을 때 나타나는 독성을 검사하는 시험이다.

③ 발암성은 생활화학제품 내 화학적 유해인자의 위해성 평가에서 가장 중요한 고려요인이다.

④ 생식 및 발달독성시험을 통하여 유해인자의 생식 및 발달에 관한 유해영향이 관찰되지 않는 혈중소실반감기를 파악할 수 있다.

> **해설**
> ② 단회투여독성시험은 유해인자를 실험동물에 단회투여(24시간 이내 분할투여 포함)하였을 때 단기간 내에 나타나는 독성을 질적·양적으로 검사하는 시험이다.
> ③ 발암성은 식품 내 화학적 유해인자의 위해성 평가에서 가장 중요한 고려요인이다.
> ④ 생식 및 발달독성시험을 통하여 유해인자의 생식 및 발달에 관한 유해영향이 관찰되지 않는 최대무독성용량을 파악한다.

14 다음 중 화학물질의 유해성 분류 원칙에 대한 내용으로 틀린 것은?

① 노출경로, 작용 기전 및 대사에 관한 연구 결과, 사람에게 유해성을 일으키지 않을 것이 명확하다면 유해성 물질로 분류하지 않을 수 있다.

② 화학물질의 유해성에 대한 양성 결과와 음성 결과가 모두 있는 경우 양성으로 분류한다.

③ 이용 가능한 유해성·위험성 평가자료를 통하여 화학물질의 물리적 위험성, 건강 및 환경 유해성을 분류한다.

④ 사람에서의 역학 또는 경험자료를 고려하여 분류한다.

> **해설**
> ② 화학물질의 유해성에 대한 양성 결과와 음성 결과가 모두 있는 경우 양쪽 모두를 조합하여 증거의 가중치에 따라 분류한다.

15 다음 중 혼합물의 유해성 분류 원칙에 관한 내용으로 틀린 것은?

① 혼합물 전체로서 시험된 자료가 있는 경우에는 그 시험결과에 따라 단일물질의 분류기준을 적용한다.

② 혼합물 전체로서 시험된 자료는 없지만, 유사 혼합물의 분류자료 등을 통하여 혼합물 전체로서 판단할 수 있는 근거자료가 있는 경우에는 가교원리를 적용하여 분류한다.

③ 혼합물 전체로서 유해성을 평가할 자료는 없지만 구성 성분의 유해성 평가자료가 있는 경우에는 가교원리를 적용하여 분류한다.

④ 혼합물에 대한 피부 부식성/자극성 및 심한 눈 손상/눈 자극성의 한계농도는 1%이다.

> **해설**
> ③ 혼합물 전체로서 유해성을 평가할 자료는 없지만 구성성분의 유해성 평가자료가 있는 경우에는 건강 유해성 및 환경 유해성별 혼합물의 분류방법에 따른다.

16 혼합물 전체로서 시험된 자료는 없지만 유사 혼합물의 분류자료 등을 통하여 혼합물 전체로서 판단할 수 있는 근거자료가 있는 경우 가교원리를 적용하여 유해성을 분류한다. 다음 중 가교원리에 해당되지 않는 것은?

① 외삽(Extrapolation)

② 농축(Concentration)

③ 에어로졸(Aerosol)

④ 배치(Batch)

> **해설**
> 가교원리에는 희석(Dilution), 배치(Batch), 농축(Concentration), 내삽(Interpolation), 유사한 혼합물, 에어로졸(Aerosol)이 있다.

17 다음 중 화학물질의 분류 및 표시에 관한 세계조화시스템(GHS)에 관한 내용으로 틀린 것은?

① 국제적으로 화학물질에 관한 표시가 통일됨으로써 국제교역이 용이해진다.

② 물리적 위험성, 건강 유해성, 환경 유해성으로 분류한다.

③ H-code(유해문구)와 P-code(위험문구)를 나타낸다.

④ 통일된 형태의 경고표지 및 MSDS로 정보를 전달한다.

[해설]
• H-code(Hazard Statement) : 유해·위험문구
• P-code(Precautionary Statement) : 예방조치문구

18 GHS 규정에서 건강 유해성의 그림문자에 해당되지 않는 것은?

①

②

③

④

[해설]
④ 환경 유해성의 그림문자에 해당한다.

19 다음 그림문자의 의미를 순서대로 올바르게 나열한 것은?

① 오존층 유해성 – 심한 눈 손상 – 산화성 액체 – 흡인 유해성 – 수생환경 유해성(급성 독성)
② 호흡기 과민성 – 피부 부식성 – 산화성 가스 – 특정 표적장기 독성 – 수생환경 유해성(만성 독성)
③ 생식독성 – 금속부식성 물질 – 산화성 액체 – 발암성 – 수생환경 유해성(급성 독성)
④ 피부 자극성 – 눈 자극성 – 산화성 가스 – 급성 독성 – 수생환경 유해성(만성 독성)

해설

• : 급성 독성, 피부 자극성, 눈 자극성, 피부 과민성, 특정 표적장기 노출–1회 노출(호흡기 자극, 마취 영향),
오존층 유해성

• : 금속부식성 물질, 피부 부식성, 심한 눈 손상

• : 산화성 가스, 산화성 액체, 산화성 고체

• : 호흡기 과민성, 생식세포 변이원성, 발암성, 생식독성, 특정 표적장기 독성(1회 노출), 특정 표적장기 독성(반
복 노출), 흡인 유해성

• : 수생환경 유해성(급성 독성, 만성 독성)

20 다음 그림문자에 포함되지 않는 것은?

① 흡인 유해성
② 심한 눈 손상
③ 특정 표적장기 독성
④ 호흡기 과민성

21 다음 그림문자에 포함되지 않는 분류는 어느 것인가?

① 에어로졸
② 자기반응성 물질
③ 자연발화성 고체
④ 폭발성 물질

22 다음 중 각 물질에 대한 설명으로 틀린 것은?

① 인화성 가스란 20℃ 이하 공기 중에서 자연발화하는 가스를 말한다.
② 에어로졸이란 재충전이 불가능한 금속·유리 또는 플라스틱 용기에 압축·액화가스 또는 용해가스를 충전하고 내용물을 가스에 현탁시킨 고체나 액상 입자를 말한다.
③ 인화성 액체란 표준압력(101.3kPa)에서 인화점이 93℃ 이하인 액체를 말한다.
④ 인화성 고체란 가연 용이성 고체 또는 마찰에 의해 화재를 일으키거나 화재를 돕는 고체를 말한다.

[해설]
① 인화성 가스란 20℃, 표준압력 101.3kPa에서 공기와 혼합하여 인화범위에 있는 가스와 54℃ 이하 공기 중에서 자연발화하는 가스를 말한다.

23 다음 중 산화성 가스의 정의가 바르게 설명된 것은?

① 주위에서 에너지를 공급받지 않고 공기와 반응하여 스스로 발열하는 물질이다.
② 일반적으로 산소를 발생시켜 다른 물질의 연소가 더 잘되도록 하거나 연소에 기여하는 물질이다.
③ 열적으로 불안정하여 산소의 공급없이도 강렬하게 발열·분해하기 쉬운 물질이다.
④ 쉽게 연소되거나 마찰에 의하여 화재를 일으키거나 연소할 수 있는 물질이다.

[해설]
① 자기발열성 물질
③ 자기반응성 물질
④ 인화성 물질

24 다음 중 고압가스의 정의가 바르게 설명된 것은?

① 0℃, 101.3kPa 이상의 압력하에서 용기에 충전되어 있는 가스 또는 액화되거나 냉동액화된 가스를 말한다.
② 0℃, 200kPa 이상의 압력하에서 용기에 충전되어 있는 가스 또는 액화되거나 냉동액화된 가스를 말한다.
③ 20℃, 101.3kPa 이상의 압력하에서 용기에 충전되어 있는 가스 또는 액화되거나 냉동액화된 가스를 말한다.
④ 20℃, 200kPa 이상의 압력하에서 용기에 충전되어 있는 가스 또는 액화되거나 냉동액화된 가스를 말한다.

25 다음 중 알레르기성 피부 반응을 일으킬 수 있다고 '경고'하는 그림문자에 해당되는 것은?

①
②
③
④

26 다음 중 눈에 심한 손상을 일으킬 수 있다고 '위험'이라는 신호어를 사용하는 그림문자에 해당되는 것은?

①

②

③

④

27 다음 중 GHS에 따라 건강 유해성으로 분류된 그림문자에 대한 설명으로 가장 잘못된 것은?

① 화학물질이 직접적으로 구강이나 비강을 통하거나 간접적으로 구토에 의하여 기관 및 하부호흡 기계로 들어가 나타나는 심각한 급성 영향

② 눈에 시험물질을 노출했을 때 눈에 변화가 발생하여 21일의 관찰기간 내에 완전히 회복되는 경우

③ 물질을 흡입한 후 발생하는 기도의 과민증

④ 자손에게 유전될 수 있는 사람의 생식세포에서 유전물질의 양 또는 구조에 일시적인 변화를 일으키는 성질

해설
① 흡인 유해성
② 눈 자극성
③ 호흡기 과민성
④ 생식세포 변이원성 : 자손에게 유전될 수 있는 사람의 생식세포에서 유전물질의 양 또는 구조에 영구적인 변화를 일으키는 성질을 말한다.

28 다음 중 오존층 유해성과 관련이 없는 것은?

①

② 몬트리올 의정서

③ 공공의 건강 및 환경에 유해함

④ '경고'

29 세계조화시스템(GHS)의 예방조치문구(P-code)에 대한 설명 중 옳지 않은 것은?

① P201~P284는 예방에 관한 문구이다.
② P301~P391는 대피에 관한 문구이다.
③ P401~P420는 저장에 관한 문구이다.
④ P501/P502는 폐기에 관한 문구이다.

> **해설**
> 화학물질의 분류 및 표시 등에 관한 규정 [별표 3]
> 예방조치문구(P-code) : P101~P103(일반), P201~P284(예방), P301~P391(대응), P401~P420(저장), P501/P502(폐기)

30 다음은 인화성 액체에 대한 정의이다. 옳지 않은 것은?

① 화학물질 등록 및 평가 등에 관한 법률 – 인화점이 60℃ 이하인 액체
② NFPA Code – 37.8℃ 미만의 인화점을 가지는 액체
③ 화학물질관리법 – 인화점이 60℃ 이하인 액체
④ 산업안전보건법 – 표준압력에서 인화점이 60℃ 이하인 액체

> **해설**
> ④ 산업안전보건법 시행규칙 [별표 18] – 표준압력에서 인화점이 93℃ 이하인 액체
> ① 화학물질 등록 및 평가 등에 관한 법률 시행규칙 [별표 7]
> ② NFPA(National Fire Protection Association) : 미국 국립화재예방협회
> ③ 화학물질관리법 시행규칙 [별표 3]

31 다음 중 유해화학물질의 영업허가 등과 관련하여 유해화학물질관리자의 자격기준으로 가장 옳지 않은 것은?

① 가스기능장 자격 소지자
② 환경위해관리기사 자격 소지자
③ 유독물취급기능사 자격 소지자
④ 취급시설이 있는 유해화학물질 판매업의 경우 유해화학물질 안전교육을 8시간 이상 받은 사람

해설

유해화학물질의 영업허가 등에 관한 규정 제7조(유해화학물질관리자의 자격)
• 가스기능장 또는 위험물기능장 자격을 소지한 사람
• 환경위해관리기사 자격을 소지한 사람
• 유독물취급기능사 자격을 소지한 사람
• 유해화학물질 판매업(취급시설이 없는 경우만 해당)의 경우 유해화학물질 안전교육을 8시간 이상 받은 사람

참고 화학물질관리법 시행령 제12조(유해화학물질관리자)
• 화공안전·화공·가스·대기관리·수질관리·폐기물처리·산업위생관리 또는 표면처리기술사 자격을 소지한 사람
• 가스·위험물 또는 표면처리기능장 자격을 소지한 사람
• 화공·정밀화학·화약류제조·환경위해관리·화학분석·산업안전·가스·수질환경·대기환경·폐기물처리 또는 산업위생관리기사 자격을 소지한 사람
• 화약류제조·산업안전·수질환경·대기환경·폐기물처리·위험물·가스·산업위생관리 또는 표면처리산업기사 자격을 소지한 사람
• 가스·환경·위험물·화학분석 또는 표면처리기능사 자격을 소지한 사람
• 전문대학 이상의 대학에서 화학 관련 교과목을 이수한 사람으로서 유해화학물질 안전교육을 32시간 이상 받은 사람
• 산업수요 맞춤형 고등학교와 특성화고등학교의 화학 관련 학과를 졸업한 사람으로서 유해화학물질 안전교육을 32시간 이상 받은 사람
• 화학물질 취급현장에서 3년 이상 종사한 사람으로서 유해화학물질 안전교육을 32시간 이상 받은 사람

32 세계조화시스템(GHS)의 유해·위험문구에 대한 설명으로 옳지 않은 것은?

① H220~H227은 폭발성 물질에 대한 유해·위험문구이다.
② H240~H242는 자기반응성 물질 및 혼합물, 유기과산화물에 대한 유해·위험문구이다.
③ H310~H320은 급성독성, 피부부식성/자극성, 피부과민성, 심한 눈 손상/눈 자극성에 대한 유해·위험문구이다.
④ H400~H413은 수생환경 유해성의 급성 또는 만성에 대한 유해·위험문구이다.

해설

H220~H227은 인화성 가스, 에어로졸, 인화성 액체에 대한 유해·위험문구이다(화학물질의 분류 및 표시 등에 관한 규정 별표 3).

33 건강 유해성 GHS 그림문자 중 "위험" 신호어가 아닌 것은?

①

②

③

④

[해설]
③ "경고"
① "위험" 또는 "경고"로 구분됨
② "위험"
④ "위험"

02 용량 – 반응 평가

1 개 요

(1) 용량-반응 평가(Dose-Response Assessment)

① 투여하거나 투여 받은 용량과 생물학적인 반응 관계를 양적으로 나타내는 과정으로, 평가는 개인이나 집단을 기초로 수행한다.

② 노출강도 및 연령, 성, 투여경로, 종, 노출경로 등의 보정요소를 포함한다. 즉, 동물에서 사람으로, 높은 용량에서 낮은 용량으로의 외삽은 매우 어려운 과정이지만 거의 모든 자료가 동물에서 얻어지기 때문에 이러한 외삽은 용량-반응 평가 단계에서의 평가결과가 반응을 나타내리라고 예측되는 용량의 추정과 사람에서의 발생 가능성을 추측하기 위해서는 필수 불가결한 과정이다. 그러나 이러한 예측치는 제한된 수의 동물실험에 근거하기 때문에 사람노출 시의 반응에는 부적절할 수도 있으므로 이 단계에서는 많은 모형·모델, 방법들에 대한 검토, 불확실성에 대한 결정 등에 기초를 하여 수행하게 된다.

③ 정량적 위해성 평가 단계는 다음과 같이 2단계로 시행된다.

  ㉠ 1단계 : 독성자료를 정리하는 단계로서, 자료가 부족하면 독성시험을 통하여 자료를 생산한다.

  ㉡ 2단계 : 독성자료와 독성시험 자료를 종합하여 용량-반응 곡선(Dose-Response Curve)으로부터 유해영향을 초래하는 용량 수준인 독성값을 산정한다. 즉, 1단계에서 파악한 화학물질의 무영향관찰용량(NOAEL)에 불확실성계수 또는 보정계수를 적용하여 인간 혹은 환경에서 예상되는 예측무영향수준(RfC, RfD, PNEC 등)을 산출한다.

  ㉢ 이와 같이 실험을 통하여 획득한 결과는 모든 반응을 반영하지 못하여 과학적 불확실성을 내포하므로 적절한 계수를 적용해야 한다.

④ 독성값은 용량-반응 곡선으로부터 산정된다.

  ㉠ 용량-반응 곡선

  • 특정 노출 시간 후 화학물질에 대한 노출(또는 용량)의 함수로서 유기체 반응의 크기를 설명한다.

  • 투여 용량(적용 용량) 또는 내부 용량의 규모와 특정 생물학적 반응 사이의 관계를 정량적으로 분석하는 것이다.

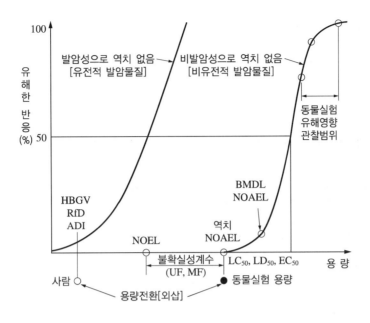

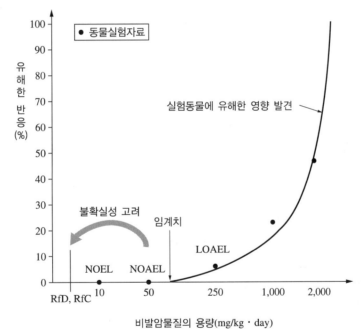

[용량-반응 곡선]

ⓛ 선형 용량-반응(Linear Dose-Response)

$$Y = a \times D$$

여기서, Y : 예상 또는 평균 반응

D : 용량

a : 기울기(또는 선형계수)

• 용량과 생물학적 반응 사이의 관계를 직선으로 나타내는 것이다.

• 반응의 변화율(기울기)이 어느 용량이든지 동일하다.

ⓒ 2차 선형 용량-반응(Linear-Quadratic Dose-Response)

$$Y = a \times D + b \times D^2$$

여기서, Y : 예상 또는 평균 반응

D : 용량

a : 기울기(또는 선형계수)

b : 이차계수(또는 곡률)

• 용량과 생물학적 반응 사이의 관계를 곡선형으로 나타내는 것이다.

• 반응의 변화율이 용량별로 다르다는 의미이다.

예 저용량에서는 반응이 느리게 변하다가 고용량에서는 빠르게 변할 수 있다.

2 인체독성

(1) 용량-반응 평가

① 비발암성으로 역치가 있는 물질

ⓐ 독성값(POD ; Point Of Departure)

• 독성이 나타나기 시작되는 값으로, 독성시험의 용량이다.

• 반응자료를 수학적 모델에 입력하여 산정된 기준용량값(mg/kg · day)으로 NOEL, NOAEL, LOAEL 등이 있다.

ⓑ 무영향용량(NOEL ; No Observed Effect Level) : 노출량에 대한 반응이 없고 영향도 없는 노출량이다.

ⓒ 무영향관찰용량(NOAEL ; No Observed Adverse Effect Level) : 노출량에 대한 반응이 관찰되지 않고 영향이 없는 최대노출량이다.

ⓓ 역치(Threshold) : 유해물질의 노출량에 대한 반응이 관찰되지 않는 무영향관찰용량(NOAEL)을 말한다. 유전자 변이를 하지 않는 비유전적 발암물질은 어느 정도 용량까지는 노출되어도 반응이 관찰되지 않으므로 역치가 존재한다.

ⓜ 최소영향관찰용량(LOAEL ; Lowest Observed Adverse Effect Level) : 최소영향관찰농도 (LOEC ; Lowest Observed Effect Concentration)라고도 하며, 노출량에 대한 반응이 처음으로 관찰되기 시작하는 통계적으로 유의한 영향을 나타내는 최소한의 노출량이다.

ⓗ 외삽(Extrapolation) : 무영향관찰용량에 불확실성계수(UF ; Uncertainly Factor)와 보정계수 (또는 변형상수, MF ; Modifying Factor)를 보정하여 인체노출안전수준을 추정하는 것이다.

ⓢ 불확실성계수(UF) 및 보정계수(MF) : 동물시험 자료를 사람에 적용할 경우 여러 불확실성(종, 성, 개인 간 차이, 내성 등)이 존재하므로 인체노출안전율로서 불확실성계수 및 보정계수를 고려 하여야 한다.

[불확실성계수 사용지침]

불확실성계수	자 료
1~10	NOAEL 대신에 LOAEL을 대신 사용할 경우
10	인체연구 결과 타당성이 인정된 경우
100	인체연구 결과 없음, 동물실험 결과 만성 유해영향이 관찰되는 경우
1,000	인체연구 결과 없음, 동물실험 결과 만성 유해영향이 관찰되지 않는 경우
기 타	과학적 판단에 의한 기타 불확실성계수

ⓞ 인체노출안전수준(HBGV ; Health Based Guidance Value) : 역치가 있는 비유전적 발암물질의 위해도를 판단하며, 인체무영향수준의 노출량으로서 독성값(POD)에 불확실성계수(UF) 및 보정 계수(MF)를 보정하여 산출한다. 인체노출안전수준에는 RfD(독성참고용량), RfC(독성참고농 도), ADI(일일섭취허용량), TDI(일일섭취한계량) 등이 있다.

$$HBGV = \frac{POD(NOAEL \text{ 또는 } LOAEL \text{ 등})}{UF \text{ 또는 } UF \times MF}$$

$$RfD \text{ 또는 } RfC = \frac{POD(NOAEL \text{ 또는 } LOAEL \text{ 등})}{UF \text{ 또는 } UF \times MF}$$

ⓩ 경구독성참고용량(RfD ; Reference Dose) : 일생 동안 매일 섭취해도 건강에 무영향수준의 노출 량이다(1일 경구 노출허용량).

• 독성참고용량(RfD) : 민감인구를 포함하는 인구집단이 일생 동안 매일 노출되어도 건강에 유해 영향을 일으키지 않는 노출량이다(mg/kg·day). 노출빈도 또는 노출량이 RfD를 초과할수록 인구집단에서 건강영향을 일으킬 확률이 높아진다. 흡입, 섭취, 피부접촉 등 노출방식과 노출경 로에 따라 구분된다.

※ 특정 유해인자에 대한 ADI, TDI 등도 RfD와 동일 개념으로 사용할 수 있다.

ⓩ 흡입독성참고농도(RfC ; Reference Concentration) : 일생 동안 매일 흡입해도 건강에 무영향수 준의 노출농도이다(1일 호흡 노출허용농도).

• 독성참고농도(RfC) : 환경매체 중의 유해인자 농도를 의미한다.

※ RfD와 RfC를 통틀어 독성참고치라고 한다.

㉠ 일일섭취허용량(ADI ; Acceptable Daily Intake) : 의도적으로 일생 동안 매일 섭취해도 건강에 무영향수준의 노출량이다. 식품첨가물과 같이 의도적으로 사용되는 경우에 적용되며, 식품이나 음용수에 포함된 여러 성분의 노출기준으로 사용된다.

$$ADI \text{ 또는 } TDI = \frac{POD(NOAEL \text{ 또는 } LOAEL \text{ 등})}{UF \text{ 또는 } UF \times MF}$$

$$ADI = POD(NOAEL \text{ 등}) \times \text{안전계수}$$

㉡ 일일섭취량(TDI ; Tolerable Daily Intake) : 일생 동안 매일 섭취해도 건강에 무영향수준의 노출량이다(의도하지 않은 섭취).

㉢ 잠정주간섭취허용량(PTWI ; Provisional Tolerable Weekly Intake) : 일생 동안 매주 섭취해도 건강에 무영향수준의 노출량이다.

㉣ 이론적 일일최대섭취량(TMDI ; Theoretical Maximum Daily Intake)

㉤ 일일최대추정섭취량(EMDI ; Estimated Maximum Daily Intake)

㉥ 위해지수(HI ; Hazard Index) : 역치가 있는 비유전적 발암물질의 위해도를 판단하며, 용량-반응 평가 및 노출평가 결과를 바탕으로 인체노출위해수준을 추정하는 데 있다.

$$HI = \frac{\text{일일노출량(mg/kg} \cdot \text{day)}}{RfD \text{ 또는 } ADI \text{ 또는 } TDI(\text{mg/kg} \cdot \text{day})}$$

- 위해지수가 1 이상일 경우는 유해영향이 발생한다는 것을 의미한다.
- 위해지수가 1 이하일 경우에는 유해영향이 없다는 것을 의미한다.
- 단일 화학물질에 대한 위해도 판정일 경우 : 유해지수(HQ ; Hazard Quotient)라고도 한다.
- 혼합된 화학물질에 대한 위해도 판정일 경우 : 단일 화학물질의 HQ에 대한 총합

$\left[HI = \sum_{i}^{n}(HQ)_i \right]$ 으로 산정한다.

㉦ 독성점수(TS ; Toxicity Score) : 여러 가지 독성물질이 공존하는 경우 독성점수를 산정하여 전체 점수의 99%에 해당하는 유해물질을 선별(Screening)하는 것으로 독성물질의 우선순위를 선정한다.

- 비발암물질인 경우

$$TS = \frac{C_{\max}(\text{노출최대농도})}{RfD}$$

- 발암물질의 경우

$$TS = C_{\max} \times SF(\text{Slope Factor})$$

② 발암성으로 역치가 없는 물질

㉠ 벤치마크용량(BMD ; BenchMark Dose) : 독성시험의 용량-반응 자료를 수학적 모델에 입력하여 산정된 기준용량값(mg/kg · day)으로, 비발암성 물질의 위해성 평가에도 활용된다.

ⓛ 벤치마크용량하한값(BMDL ; BenchMark Dose Lower bound)
- 독성시험의 용량–반응 평가 자료를 수학적 모델에 입력하여 산정된 기준용량값이다.
- 95% 신뢰구간의 하한값을 나타내며 암 발생 확률이 5%, 10%인 경우 각각 $BMDL_5$, $BMDL_{10}$으로 나타낸다.
- 발암성 유전독성물질은 일반적으로 BMDL을 위해성 결정에 적용한다.
- 동물독성시험에서 산출된 $BMDL_{10}$ 값을 독성값(POD)으로 활용한 경우에는 노출안전역이 1×10^4 이상이면 위해도가 낮다고 판단하며, 1×10^6 이상이면 위해도를 무시할 수준으로 판단할 수 있다.

ⓒ 비역치(Non–threshold) : 역치가 없는 물질로서, 유전자 변이를 통하여 발암성을 나타내는 유전적 독성(Genotoxicity)발암물질은 결국 암을 유발할 수 있기 때문에 역치가 없다.

ⓔ 노출한계(MOE ; Margin Of Exposure)/노출안전역(MOS ; Margin Of Safety)

$$노출한계(MOE) = \frac{독성값(POD)(NOAEL,\ BMDL,\ T_{25}\ 등)}{일일노출량(EED)}$$

- 일반적으로 역치가 없는 유전적 발암물질의 위해도를 판단하지만, 만성 노출인 NOAEL값을 적용한 경우 비유전적 발암물질의 위해도를 판단할 수 있다.
- 노출안전 여부의 판단기준은 아니며, 현재의 노출수준을 판단하는 기준이다.
- T_{25}는 실험동물 25%에 종양을 일으키는 체중 1kg당 일일용량(mg/kg·day)이다.
  ⓔ 종양이 15% 발생하였다면 그 용량에 25/15를 곱하여 발생용량을 산출한다.
- 일반적으로 일생 동안 발암확률이 25%인 T_{25}값을 독성값으로 활용한 경우 노출한계가 2.5×10^4 이상이면 위해도가 낮다고 판단한다.
- 기준값을 인체노출평가에 사용되는 독성기준치인 RfD, TDI 등을 사용하는 경우 노출안전역 (MOS)이라고 하며, 독성실험에서 도출된 NOAEL, BMDL을 사용하면 노출한계(MOE)라고 한다.
- 환경보건법의 환경 위해성 평가 지침에 따르면 만성 노출인 NOAEL값을 적용한 경우 노출한계가 100 이하이면 위해가 있다고 판단한다.
- 일일노출량(EED)값이 낮을수록 MOE값은 상대적으로 크게 되어 관심대상물질로 결정될 가능성은 낮아진다.
- 위해도를 설명하는 다른 접근법으로, 노출한계 또는 노출안전역 개념이 상대적인 위해도 차이를 나타내기 위하여 사용되기도 한다.
- 노출한계값은 규제를 위한 관심대상물질을 결정하는 데에도 활용된다.

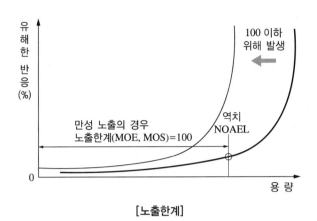

[노출한계]

ⓜ 초과발암위해도(ECR ; Excess Cancer Risk)

$$초과발암위해도(ECR) = 평생일일평균노출량(LADD)[\text{mg/kg} \cdot \text{day}] \times 발암력(q)[(\text{mg/kg} \cdot \text{day})^{-1}]$$

- 역치가 없는 유전적 발암물질의 위해도를 판단한다.
- 평생 동안 발암물질 단위용량(mg/kg · day)에 노출되었을 때 잠재적인 발암가능성이 초과할 확률이다.
- 초과발암확률이 10^{-4} 이상인 경우 발암위해도가 있으며, 10^{-6} 이하는 발암위해도가 없다고 판단한다. 즉, 인구 백만명당 1명 이하의 사망은 자연재해로 판단한다.

ⓗ 발암력(발암잠재력, CSF ; Cancer Slope Factor)

- 용량-반응(발암률) 곡선에서 95% 상한값에 해당하는 기울기이다.
- 평균 체중의 성인이 기대수명 동안 잠재적인 발암물질 단위용량(mg/kg · day)에 평생 동안 노출되었을 때 이로 인한 초과발암확률의 95% 상한값(Upper Bound Probability)에 해당되며, 기울기가 클수록 발암력이 크다는 것을 의미한다.
- 이 곡선의 기울기를 발암력, 발암계수, 발암잠재력이라고 하며, 단위는 노출량의 역수(kg · day/mg)로서 체중 1kg당 하루에 1mg 만큼의 화학물질에 노출되었을 때 증가하는 발암확률(인구의 비율)을 표현한다.
- 인체를 대상으로 발암가능성을 평가할 수 없으므로, 급성 고농도 동물실험값으로부터 만성 저농도 사람독성값을 외삽하여 산출한다.
- 발암력은 경구, 흡입, 피부 등 노출경로에 따라 구분하여 사용한다.

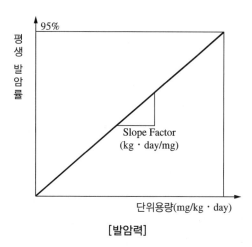

[발암력]

ⓢ 최소영향수준(DMEL ; Derived Minimal Effect Levels)
- 해당 화학물질의 독성 역치가 존재하지 않는 발암물질의 경우에 도출하며, 매우 낮은 우려 수준을 나타내기 위한 참고치(mg/kg·day)이다.
- 만약 노출수준이 DMEL값보다 낮은 경우 위해 우려가 매우 낮다고 판정할 수 있다.

◎ 변이원성 : 유전자의 DNA 구조가 손상되거나 그 양이 변하는 것을 의미한다.

(2) 발암성, 변이원성, 생식독성(CMR)

발암성(Carcinogenic), 변이원성(Mutagenic), 생식독성(Reproduction Toxicity)을 초래하는 물질들은 독성의 측면에서 구분하기는 하지만 실제로는 동시에 초래하는 경우가 있고 이들 간의 유사성이 크므로 'CMR 물질'이라는 하나의 군으로 묶어 표시한다.

[유럽연합(EU)의 CMR 화학물질의 분류 및 내용]

구 분	내 용
Category 1A	인체독성확인물질(Known to have CMR potential for humans, based largely on human evidence)
Category 1B	인체독성추정물질(Presumed to have CMR potential for humans, based largely on experimental animal data)
Category 2	인체독성의심물질(Suspected to have CMR potential for humans)
Effects on or via lactation	모유 수유를 통한 전이가능 생식독성물질(Evidence of adverse effects in the offspring due to transfer in the milk and/or on the quality of the milk and/or the substance is present in potentially toxic levels in breast milk)

※ REACH(Registration, Evaluation, Authorization and Restriction of Chemicals)
- 화학물질의 등록, 평가, 허가, 제한에 관한 제도로서 EU 내에서 연간 1ton 이상 제조 또는 수입되는 모든 화학물질에 대하여 제조량, 수입량과 위해성에 따라 등록, 평가, 허가, 제한을 받도록 하는 화학물질 규정이다.
- CMR 물질이나 PBT 물질과 같이 위해가 우려되는 물질은 별도의 허가를 받은 후 제조하거나 수입하여야 한다.
※ PBT : Persistent(잔류성), Bioaccumulative(생물농축성)이 높고 Toxicity(독성)도 강한 물질이다.

① 발암성

　㉠ 발암물질이란 인체에 노출되었을 때 암을 유발하거나 암 발생 가능성을 높이는 물질이다.

　　※ 암(癌, Cancer) : 이상세포들의 세포주기가 조절되지 않아 세포분열을 계속하는 질병이다.

　　• 암세포는 정상세포보다 빠르게 비정상적인 증식을 계속하여 불규칙한 덩어리를 만들며, 증식된 세포는 결합조직이 뒤따르지 않아 생명을 유지할 수 없게 되므로 사멸하게 된다.

　　• 종양(Tumor, Neoplasm ; New Growth)은 양성(Benign)과 악성(Malignant)으로 구분하는 데, 양성종양은 천천히 자라며 피막을 형성하여 주위 조직으로 침입이 일어나지 않는 반면 악성종양은 빠르게 자라며 피막을 형성하지 않아 주변 조직으로 침입할 수 있으며, 혈관이나 림프관을 따라 신체의 다른 조직으로 전이(Metastasis)가 가능하다.

　　• 악성종양은 발생 부위에 따라 암종(Carcinoma)과 육종(Sarcoma)으로 구분하며, 암종은 점막, 피부와 같은 상피성 세포에서 발생한 악성종양을 의미하고, 육종은 근육, 결합조직, 뼈, 연골, 혈관 등의 비상피성 세포에서 발생한 악성종양을 의미한다.

　㉡ 유전자 변이를 통하여 발암성을 나타내는 물질을 유전적 발암원이라고 하고, 반대로 유전자에 영향을 주지 않으면서 암 발생 후 암의 진행을 촉진시키는 물질은 비유전적 발암원이라고 한다.

　　• 비유전적 발암원은 그 기작이 간접적이기 때문에 발암의 활성화에 역치가 있는 반면, 유전적 발암원은 세포 내의 DNA를 변이시키고 잠복성 신생세포로 변환시켜 결국 암을 유발할 수 있기 때문에 역치가 존재하지 않으므로 적은 용량에 노출되어도 암 발생 가능성이 증가한다고 가정한다.

　　• 비발암물질은 어느 정도 용량까지는 지속적으로 노출되어도 건강에 영향이 없는 역치가 있으며, 일반적으로 S자 형태의 양-반응 관계를 갖는다고 가정한다.

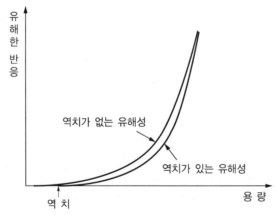

[역치 유무에 따른 유해성]

ⓒ 국제적으로 여러 기관(IARC, ACGIH, EU, NTP, USEPA 등)에서 화학물질의 발암등급을 2~5단계 정도로 분류하고 있으며, 일반적으로 IARC(국제암연구소, International Agency for Research on Cancer)의 등급 중 Group 1, 2A, 2B까지 인체발암성으로 간주된다.

[국제공인기관별 발암물질의 분류]

기 준	IARC	ACGIH	EU	NTP	USEPA
인간 발암확정물질(Human Carcinogen) ; 충분한 인간 대상 연구와 충분한 동물실험 자료가 있는 경우	Group 1	Group A1	Category 1	K	A
인간 발암우려물질(Probable Human Carcinogen) ; 제한적 인간 대상 연구와 충분한 동물실험 자료가 있는 경우	Group 2A	Group A2	Category 2	R	B1, B2
인간 발암가능물질(Possible Human Carcinogen) ; 제한적 인간 대상 연구와 불충분한 동물실험 자료가 있는 경우	Group 2B	Group A3	Category 3	–	C
발암 미분류물질(Not Classifiable) ; 불충분한 인간 대상 연구와 불충분한 동물실험 자료가 있는 경우	Group 3	Group A4	–	–	D
인간 비발암물질(Probably not Carcinogen to Human) ; 인간에게 발암 가능성이 없으며, 동물실험 자료가 부족한 경우	Group 4	Group A5	–	–	E

• ACGIH(American Conference of Governmental Industrial Hygienists) : 미국 산업위생전문가협의회
• NTP(National Toxicological Program) : 미국 국립독성프로그램
• USEPA(US Environmental Protection Agency) : 미국 환경청
• – : 해당 없음

[세계보건기구 산하 국제암연구소(IARC)의 화학물질 발암원성 분류체계]

구 분	평가내용	대표적 화학물질
1	• 인체발암성이 있음 • 인체발암성에 대한 충분한 근거자료가 있음	콜타르, 석면, 벤젠 등
2A	• 인체에 발암성이 있는 것으로 추정 • 시험동물에서 발암성 자료 충분, 인체발암성에 대한 자료는 제한적임	아크릴아마이드, 폼알데하이드, 디젤엔진 배기가스 등
2B	• 인체발암가능성이 있음 • 인체발암성에 대한 자료가 제한적이고 시험동물에서도 발암성에 대한 자료가 충분하지 않음	DDT, 나프탈렌, 가솔린 등
3	• 인체발암물질로 분류하기 어려움 • 인체나 시험동물 모두에서 발암성 자료가 불충분함	안트라센, 카페인, 콜레스테롤 등
4	• 인체에 대한 발암성이 없음 • 인체나 시험동물의 발암성에 대한 자료가 없음	카프로락탐 등

ⓔ 발암성 시험
- 경제협력개발기구(OECD)는 화학물질에 대한 유해성 시험의 지침을 제공하고 있으며, 시험지침 (TG ; Test Guide) 451이 발암성 시험에 해당된다.
  - 이유기(離乳期 ; 젖을 떼는 시기)가 지난 쥐(Rat)나 생쥐(Mouse)를 시험물질에 전 생애(Rat ; 적어도 2년, Mouse ; 18개월) 동안 주기적(일반적으로 5회/주)으로 노출하고, 조직병리학적 검사를 시행하여 판단한다.
  - 최대내성용량(Maximum Tolerance Dose) 이하의 고농도에 동물을 노출시키므로 비역치를 가정한 수학적 모델에 자료를 입력하여 만성, 저농도에 노출 시의 영향을 추정한다.
  - 동물실험에 의한 용량을 사람에 해당하는 용량으로 전환하여 위해성 평가를 위한 발암력 (CSF)을 평가한다.
- 그 외 발암성 시험에 대한 지침은 미국 환경청(EPA)의 OPPTS 870.8355, EU REACH의 Commission Regulation No 440/2008이 있으며, 우리나라의 경우에는 국립환경과학원 및 식품의약품안전처가 화학물질의 유해성 시험방법에 대한 기준을 제시하고 있다.

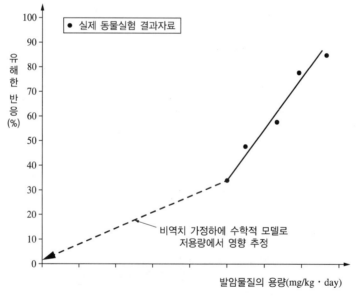

[비역치를 가정한 발암물질의 용량-반응 평가]

② 변이원성
- ㉠ 유전자(Gene) : 유전형질을 규정하는 최소단위로서, 복제를 통하여 부모로부터 자식에게 계대적으로 정확히 계승되고 형질발현에 대한 유전정보를 전달하는 기능을 가지는 것을 말한다.
- ㉡ 유전독성(Genetic Toxicity) : 화학물질이 생명체의 유전적 결함을 유도하거나 이를 촉진시키는 성질을 말한다.
- ㉢ 돌연변이(Mutation) : 유전자의 물질적 기초인 DNA의 염기배열이 바뀌어 자손세대에 전달되는 현상 및 이로 인한 암, 기형, 유전병 등 일체의 이상현상을 총칭한다.

② 변이원성

- 유전자의 DNA 구조가 손상되거나 그 양이 영구적으로 바뀌는 것으로, 변이원성 물질은 우리 몸을 구성하는 다양한 세포의 염색체 수, 염색체의 구조 또는 염기쌍의 변이를 초래한다.
- 세포의 종류에 따라 체세포에 대한 변이원성과 생식세포에 대한 변이원성으로 구분할 수 있는데, 발암성을 가진 대부분의 물질은 변이원성을 갖는 것으로 알려져 있다.

[변이원성시험법]

구 분	평가내용
유전자 변이시험	
원핵동물 시험	• 박테리아 돌연변이시험(OECD TG 471)
진핵동물 시험	• *Saccharomyces cerevisiae* 유전자 돌연변이시험(OECD TG 480) • 시험관 내 포유동물 유전자 돌연변이시험(OECD TG 476) • *Drosophila melanogaster*의 생체 내 성별관련 열성치사시험(OECD TG 477)
염색체 손상시험	
시험관 내 시험	• 포유동물 세포발생시험(OECD TG 473) • 포유동물 세포의 염색분체교환시험(OECD TG 479)
생체 내 시험	• 염색체 분석을 위한 포유동물 골수 세포발생시험(OECD TG 475) • 미소핵시험(OECD TG 474)
염색체 손상/복구 및 결합체 형성검정	• 포유동물 세포의 시험관 내 DNA 손상/복구, 미예정 DNA 합성(OECD TG 482) • 1차 간세포에서 DNA 복구시험 • 생체 내 DNA 복구시험

③ 생식독성

- ⓐ 생식세포의 염색체 내에는 세포의 성장, 분화, 기관의 형성과 조절을 담당하는 유전정보들이 있는데, 이 유전정보가 다음 세대로 전달되므로 다음 세대에 대한 독성을 초래할 수 있고, 생식세포가 손상될 경우 유산, 기형, 불임 등의 문제가 발생할 수 있다.
- ⓑ 다음 세대에 미치는 발생독성과 생식기관의 구조, 기능 성숙 또는 행태에 미치는 독성을 모두 포함한다.
- ⓒ 생식독성시험 : 주로 포유동물(쥐, 토끼)을 대상으로 실험한다.
  - 수정 및 일반적인 생식기능(임신, 성적 성숙 등)
  - 배아독성 및 최기형성(출산 직후 태아의 형태, 구조적 이상)
  - 출생 전과 출생 후의 발육(임신 3개월, 분만기 및 수유기로 구분하여 비교)
  - 다세대 연구(두 세대에 걸친 생식독성시험)

(3) 독성지표

① 위해성 평가는 발암물질과 비발암물질로 구분하여 평가한다. 발암성인 경우에는 발암잠재력(CSF) 또는 최소영향수준(DMEL ; Derived Minimal Effect Levels)을, 비발암성인 경우에는 무영향수준(DNEL ; Derived No-Effect Levels), RfD, RfC를 도출하여 활용한다.

[독성지표 단위]

발암성	비발암성
• Oral Slope Factor[$(mg/kg \cdot day)^{-1}$] • Inhalation Unit Risk[$(\mu g/m^3)^{-1}$] • Derived Minimal Effect Level[$mg/kg \cdot day, mg/m^3$]	• Derived No Effect Level[$mg/kg \cdot day, mg/m^3$] • Reference Concentration[mg/m^3] • Reference Dose[$mg/kg \cdot day$] • Acceptable Daily Intake[$mg/kg \cdot day$] • Tolerable Daily Intake[$mg/kg \cdot day$]

② DMEL의 도출 절차

㉠ 용량기술자(Dose Descriptor) 선정 : 평가 대상물질과 관련한 연구로부터 용량기술자를 선정한다. 발암물질인 경우 발암성 및 유전독성시험 결과값으로부터 용량기술자를 선정하는데, 가장 낮은 영향 농도를 용량기술자로 선정한다.

※ 용량기술자 : 인체 역학연구에서는 상대위험도(RR ; Relative Risk), 교차비(OR ; Odds Ratio), 실험동물연구에서는 기준용량(BMD ; BenchMark Dose)/기준용량하한값(BMDL$_{10}$; BenchMark Dose Lower bound 10%) 또는 BMCL$_{10}$(BenchMark Concentration Lower bound 10%) 등이 있다.

㉡ T_{25} 또는 BMD$_{10}$ 산출 : 1단계에서 선정된 용량기술자의 시험결과를 검토하여 용량–반응 곡선이 선형에 해당하는 경우 T_{25}를 이용하며, 용량–반응 곡선이 급격히 변화하거나 불규칙한 경우에는 BMD$_{10}$을 산출한다.

㉢ 독성(시작)값 보정 : 2단계에서 산출된 값의 시험동물, 노출경로, 노출시간 등 시험조건을 검토하여 노출경로가 같은 경우 실험동물과 인간의 흡수율 차이, 노출지속시간 및 호흡량 차이 등을 고려하여 독성값을 보정한다. 노출경로가 다른 경우에는 실험동물과 인간의 흡수율 차이와 경로별 외삽을 함께 고려하여 독성값을 보정한다.

㉣ DMEL 도출 : 1~3단계까지 보정된 값이 T_{25}인 경우, 고용량에서 저용량으로의 위해도 외삽인자 또는 '큰 평가계수방법'에서의 평가계수를 적용하여 DMEL값을 도출한다.

[고용량에서 저용량으로의 위해도 외삽인자]

위해도	T_{25}	BMD$_{10}$
10^{-5}	25,000	10,000
10^{-6}	250,000	100,000

[DMEL 도출을 위한 '큰 평가계수방법'에서의 평가계수]

평가계수(AF)의 종류		전신종양에 대한 기본값
종내 다양성		10
종간 다양성	소비자(일반인)	10
	작업자	5
발암성 과정의 기원		10
비교점(예 BMD/T_{25})		10

3 불확실성 평가

(1) 불확실성 평가 개요

① 불확실성은 다양한 가정(Assumption), 사용된 변수의 불완전성 등 때문에 발생하며, 불확실성에는 현재 지식의 한계, 현실을 반영하지 못한 과학기술 등이 있다.

② 불확실성에는 자료의 불확실성, 모델의 불확실성, 입력변수 변이, 노출시나리오의 불확실성, 평가의 불확실성 등이 있다.

③ 정량적 불확실성의 평가조건

　㉠ 모델 변수로 단일값을 이용한 위해성 평가와 잠재적인 오류를 확인할 필요가 있는 경우

　㉡ 보수적인 추정값을 활용한 초기 위해성 평가 결과 추가적인 확인 조치가 필요하다고 판단되는 경우

　㉢ 오염지역, 오염물질, 노출경로, 독성, 위해성 인자 중에서 우선순위 결정을 위해 추가적인 연구가 필요한 경우

　㉣ 초기 위해성 평가 결과는 매우 보수적으로 도출되기 때문에 오류가 있을 가능성이 높으므로, 초기 위해성 평가에서 위해성이 높다고 판단되는 경우에는 정량적 불확실성 평가를 통해 추가 연구를 위한 정보를 제공해야 한다.

④ 불확실성 평가를 위한 단계적 접근법

단계 구분	내 용
전단계 (스크리닝)	• 초기 위해성 평가 단계에서 가정의 적절성 • 예측 노출수준과 위해도 평가에 사용된 결과값들의 검토
1단계 (정성적 평가)	• 불확실성의 정도와 방향에 따른 정성적 평가의 기술 • 불확실성의 요인별 과학적 근거 및 주관성에 대한 판단
2단계 (결정론적/정량적 평가)	• 점 추정값에 대한 정량적 불확실성 분석 • 민감도 분석을 통한 입력값의 상대기여도
3단계 (확률론적/정량적 평가)	• 확률론적 평가를 통한 위해도 분포 확인 • 민감도 분석/상관분석을 통한 입력값의 분포 및 상대기여도 • 확률론적 노출평가를 통한 불확실성의 정도와 신뢰구간 제시

4 생태독성 평가

(1) 생태독성 평가 개요

① 생태독성(Ecotoxicity)시험은 화학물질이 자연환경에 유입되었을 때 그 화학물질로 인하여 생태계를 구성하는 여러 종류의 생물(수서 및 육상생물)들에게 급성·만성 또는 직접적·간접적으로 영향을 줄 수 있는 화학물질이 가지고 있는 내재적인 독성을 평가하는 것이다.

② 용어 정의

    ㉠ 급성 독성 : 수서동물에 대한 유해성 정도를 표시하는 지표로서, 반수치사농도인 LC_{50}, LD_{50}, EC_{50} 등이 있다.

    ㉡ LC_{50}(Lethal Concentration for 50%) : 시험용 물고기나 동물에 독성물질을 경구 투여하였을 때 50% 치사농도이다.

    ㉢ LD_{50}(Lethal Dose for 50%) : 시험동물에 독성물질을 경구 투여 시 50% 치사투여량이다.

    ㉣ EC_{50}(half maximal Effective Concentration) : 시험생물의 50%를 치사시키는 반수치사농도이다.

    ㉤ TLm(median Tolerance Limit) : 독성물질 투여 시 일정 시간(96, 48, 24h) 후 시험용 물고기가 50% 생존할 수 있는 농도이다.

    ㉥ 만성 독성 : 수서동물에 대한 유해성 정도를 표시하는 지표로서, EC_{10}(10% 영향농도), LOEC(최소영향농도), NOEC(최대무영향농도) 등이 있다.

    ㉦ 독성단위(TU ; Toxicity Unit)

$$TU = \sum \frac{독성물질의\ 농도}{각\ 물질별\ TLm} = \frac{100}{EC_{50}}$$

    ㉧ 예측무영향농도(PNEC ; Predicted No Effect Concentration)

$$PNEC = \frac{Lowest\ LC_{50}\ or\ NOEC}{AF}, \quad HQ = \frac{예측환경농도}{예측무영향농도(PNEC)}$$

- 생태독성값 중에서 가장 낮은 농도의 독성값을 평가계수(AF ; Assessment Factor)로 나누어 산출한다.
- 일반 생태독성의 특성을 갖는 화학물질의 경우 물, 토양, 퇴적물 등 환경매체별 예측무영향농도를 도출하여야 한다.
- 인체 위해성 평가 단계 중 용량–반응 평가 단계와 동일하며, 위해지수(HQ ; Hazard Quotient)가 1보다 클 경우에는 생태계에 유해성이 있는 것으로 판단한다.

[평가계수 사용지침]

평가계수(AF)	가용 자료
1,000	급성 독성값 1개(1개 영양단계)
100	급성 독성값 3개(3개 영양단계 각각)
100	만성 독성값 1개(1개 영양단계)
50	만성 독성값 2개(2개 영양단계 각각)
10	만성 독성값 3개(3개 영양단계 각각)

영양단계 분류 : 1단계 – 조류, 2단계 – 물벼룩, 3단계 – 어류

    ㉨ 종민감도분포 : 종민감도분포 평가는 특정 생물종을 보호하기 위한 수질기준을 도출하는 데 목적이 있으며, LC_{50} 또는 EC_{50}에 해당하는 독성값을 추출하여 종·속별로 정리한 후 산정한다.

[종민감도분포 이용을 위한 최소 자료 요건(화학물질 위해성 평가의 구체적 방법 등에 관한 규정 별표 4)]

매 체	최소 자료 요건
물	4개 분류군에서 최소 5종 이상(조류, 무척추동물* 2, 어류 등)
토 양	4개 분류군에서 최소 5종 이상(미생물, 식물류, 톡토기류, 지렁이류 등)
퇴적물	4개 분류군에서 최소 5종 이상(미생물, 빈모류, 깔따구류, 단각류 등)

* 무척추동물 : 갑각류, 연체류 등

ⓧ 영향농도(EC_X, X% Effective Concentration) : 시험조류의 성장 또는 성장률이 대조군에 비하여 X%가 감소될 때의 시험물질 농도이며, 일반적으로 노출시간을 앞에 나타낸다.

ⓚ 대조물질(Reference Substance) : 독성시험이 정상적인 조건에서 수행되었는가를 확인하기 위하여 사용하는 물질이며, 대조물질로 병행시험을 한 경우에는 그 결과를 보고한다.

ⓣ 생물량(Biomass) : 일반적으로 주어진 부피 내에서 살아 있는 생물체의 건조중량을 나타내며, 본 시험에서는 일정 부피당 조류의 세포수 또는 형광방출량 등도 생물량에 포함된다.

ⓟ 성장률(Growth Rate) : 시험기간 중 생물량의 대수적 증가를 의미한다. 즉, 단위시간당 세포 농도의 증가를 말하며, 특히 단위시간당 대수학적 생물량의 변화율을 비성장률(Specific Growth Rate)이라고 한다.

ⓗ 수율(Yield) : 시험 종료 시 조류의 생물량에서 시험 개시기 조류의 생물량을 뺀 값의 백분율이다.

㉮ 최소영향관찰농도(LOEC ; Lowest Observed Effect Concentration) : 최소영향농도를 지칭하는 것으로, 여기서는 대조군의 값과 처리군의 값을 비교하여 통계적으로 유의한 차이가 있는(성장에 저해를 받은) 처리군 농도 중 가장 낮은 농도를 의미한다.

㉯ 무영향관찰농도(NOEC ; No Observed Effect Concentration) : 무영향농도를 지칭하는 것으로, 여기서는 대조군의 값과 처리군의 값을 비교하여 통계적으로 유의한 차이가 없는 처리군 농도 중 가장 높은 농도를 의미한다.

㉰ 변동계수(Coefficient of Variation) : 여러 값의 표준편차를 그 평균값으로 나눈 것으로, 단위는 없지만 백분율로 표기하기도 한다.

(2) 생태독성 자료의 확인

① 생태독성 자료는 독성정보제공서비스(Tox-info, Toxicity information service system)를 이용하여 검색할 수 있다.

② 미국 국립보건원에서 제공하는 독성정보제공서비스(TOXNET DB ; TOXicology data NETwork)에서는 약 5,000개의 물질에 대한 독성정보를 확인할 수 있다.

[Tox-Info 독성정보제공시스템(식품의약품안전평가원)]

출처 : https://www.nifds.go.kr/toxinfo/

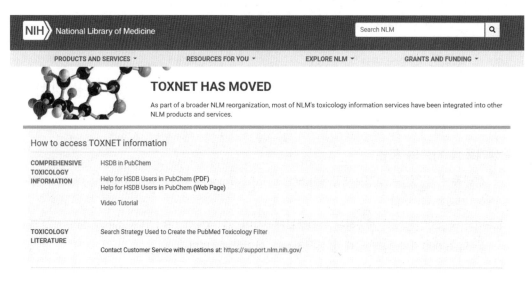

[독성정보제공서비스(미국 NIH)]

출처 : https://www.nlm.nih.gov/toxnet/index.html

(3) 수서생물의 생태독성

① 시험물질을 시험수에 녹여 노출시키면 시험물질은 시험생물의 피부, 아가미를 통하여 생물체 내부로 이동하게 된다.
  ㉠ 시험물질의 적절한 농도범위를 알기 위하여 예비시험(농도설정시험)을 실시하고, 그 결과에 기초하여 본 시험을 실시한다.
  ㉡ 원칙적으로 시험조건하에서 시험물질의 물에 대한 용해도 자료 및 적절한 정량분석 방법을 확보하는 것이 필요하다.
  ㉢ 이 시험방법은 물에 잘 녹는 화학물질을 기준으로 하였기 때문에 용해도가 매우 낮은 물질의 경우 영향농도값을 구할 수 없는 경우도 있다.
  ㉣ 물질의 구조식, 순도, 물과 빛에서의 안정성, 증기압 및 분해성 시험결과 등의 자료는 본 시험에 유용한 정보를 제공할 수 있다.
  ㉤ 급성 독성은 유해물질에 단기노출로 독성이 발생하며, 시험방법으로는 LC_{50}, LD_{50}, EC_{50}이 있다.
  ㉥ 만성 독성은 유해물질에 장기노출로 독성이 발생하며, 시험방법으로는 LOAEL, NOAEL, NOEL이 있다.
  ㉦ 시험수의 농도로 표기하며, 노출방법은 유수식, 지수식, 반지수식 시험 등이 있다.
    • 유수식 시험(Flow-through Test) : 시험기간 중 시험용액을 연속적으로 교환하는 시험이다.
    • 지수식 시험(Static Test) : 시험기간 중 시험용액을 교환하지 않는 시험이다.
    • 반지수식 시험(Semi-static Test) : 시험기간 중 시험용액을 일정 기간마다 전량을 교환하는 시험이다.
② 수서생물의 유해성은 조류, 물벼룩류, 어류의 급·만성 독성시험을 통하여 평가한다.
  ㉠ 급성 독성은 단시간 노출되었을 때 성장저해, 치사 등의 독성영향을 관찰하고 LC_{50}, LD_{50}, EC_{50} 등을 산출한다.
  ㉡ 만성 독성은 장시간 노출되었을 때 성장저해, 유영저해, 치사, 민감한 시기에 노출, 전 생애시험 등의 독성영향 등을 관찰하고 NOEC, LOEC, EC_{10} 등을 산출한다.

[수서생물의 급·만성 독성시험 분류]

구 분	급성 독성		만성 독성	
조 류	72h, 96h, EC_{50}	성장저해	72h, 96h, NOEC, EC_{10}	성장저해
물벼룩류	24h, 48h, EC_{50}, LC_{50}	유영저해	7일 이상, NOEC	치사, 번식, 성장
어 류	96h, LC_{50}	치 사	21일 이상, NOEC, EC_{10}	치사, 번식, 성장, 발달

  ㉢ 조 류
    • 화학물질의 수서생물에 대한 영향을 평가하기 위하여 수서생물 중 단세포 담수조류 및 시아노박테리아의 성장에 대한 영향을 평가하는 데 있다.

- 성장저해시험의 원리
  - 지수성장기에 있는 조류를 여러 농도의 시험물질에 노출시킨 후 일정 조건하에서 배양을 하면서 조류의 성장 또는 성장률에 미치는 시험물질의 영향을 보는 것으로, 노출시간은 일반적으로 72시간이며 결과는 EC_X값으로 나타낸다.
  - 조류의 생태독성은 노출–반응 평가로 성장저해를 평가한다.

② 물벼룩류
- 화학물질의 수서무척추동물군에 대한 영향을 평가하기 위하여 수서무척추동물 중에서 물벼룩류($Daphnia\ sp.$)를 선정하여 유영능력에 대한 영향을 평가하는 데 있다.
- 반수영향농도(EC_{50}) : 일정 시험기간 동안 시험생물의 50%가 유영저해를 일으키는 농도이다.
- 유영저해(Immobilization) : 시험용기를 조용히 움직여 준 다음 약 15초 후에 관찰하였을 때 일부 기관(촉각, 후복부 등)은 움직이지만 유영하지 않는 것을 말한다.
- 급성 독성시험의 원리
  - 물벼룩에 시험물질을 처리한 후 48시간 동안 관찰하여 처리한 물벼룩의 50%가 유영저해를 받는 농도(48시간 EC_{50})를 산출한다.
  - 물벼룩의 생태독성은 노출–반응 평가로 유영저해를 평가한다.

③ 어 류
- 화학물질의 수서생물에 대한 영향을 평가하기 위하여 수서생물 중 어류에 대한 화학물질의 영향을 평가하는 데 목적이 있다.
- 반수치사농도(EC_{50}) : 시험생물의 50%를 치사시키는 수용액상의 시험물질 농도이며, 이때 시험기간을 명기한다.
- 급성 독성시험의 원리
  - 어류를 일정 조건하에서 시험물질에 노출시킨 후 24, 48, 72, 96시간 경과 시의 치사율을 기록하여 어류의 50%를 치사시키는 농도(EC_{50})를 산출한다.
  - 96시간 동안 먹이는 주지 않는다.
  - 어류의 생태독성은 노출–반응 평가로 번식과 성장속도를 평가한다.

(4) 퇴적물독성

① 화학물질이 수계로 유입되면 퇴적물에 흡수되어 농축·잔류되는 경우가 많으므로, 퇴적물에서의 화학물질의 거동과 저서생물에 미치는 독성평가가 요구된다.

② 퇴적물은 이화학적 조성이 물에 비하여 복잡하고 퇴적층뿐만 아니라 수층의 조건에 따라 오염 영향이 달라지므로, 퇴적물의 오염물질 농도가 높아도 환경평가나 생태계 위해성 평가에 불확실성이 상대적으로 클 수밖에 없다.

③ 퇴적물독성시험은 저서생물의 생존, 성장, 생식능력이 퇴적물에 영향을 받았는지 평가하는 시험법으로, 화학물질을 인위적으로 오염시킨 퇴적물(스파이크 퇴적물, Spike Sediment)을 만들고 여기에 시험생물을 노출시킨다. 주로 깔따구(*Chironomidae, Dipera*) 종을 10일 또는 21일간 노출시켜 치사, 유충의 발생, 성장 등에 대한 독성값을 산출한다.

(5) 토양독성

① 토양은 고체, 액체, 기체를 모두 포함하고 있으며, 수평적으로나 수직적으로 매우 이질적인 특성을 가지고 있다.

② 토양독성 평가는 주로 박테리아, 곰팡이, 토양무척추동물(원생동물, 지렁이 등), 관속 식물종 등을 이용하며, 자연노출경로를 모사하여 토양과 화학물질을 혼합하는 방식으로 노출시킨다.

③ 토양환경에서 독성은 산소농도, 온도, 경도, pH 등에 영향을 받으므로 OECD에서 수립한 표준화된 인공토양을 조성하여 이용한다.

④ 국제적으로 인정되고 있는 지렁이 급성 독성시험법은 여과지 접촉시험(Filter Paper Contact Test), 인공토양시험(Artificial Soil Test)이 활용되고 있다.

　㉠ 여과지 접촉시험은 *Eisenia* 종 지렁이 10마리를 시험물질 용액에 적신 여과지를 이용하여 48시간 노출시킨 후 치사율을 관찰하는 것으로, 비교적 시험이 쉽고 빠르며 재현성은 좋지만 스크리닝시험으로 토양에서의 독성치로 활용하기에는 한계가 있다.

　㉡ 인공토양시험은 인공토양에 화학물질을 뿌리고 *Eisenia* 종 지렁이를 토양 표면에서 사육하는 방법으로, 6주간 화학물질에 노출시킨 후 성체 지렁이의 무게를 측정하고 성장과 번식에 대한 영향을 평가한다.

(6) 생태독성 영향인자

생물종이 화학물질을 흡수하는 속도나 체내에서 대사되는 양 등이 서식하는 환경조건에 따라 달라질 수 있다.

① 산소농도 : 산소농도가 낮으면 암모니아의 독성이 증가한다.

② 온도 : 온도가 증가하면 아연의 독성은 증가한다.

③ 독성물질의 농도 : Phenol, Permethrin의 농도가 낮으면 독성이 감소한다.

④ pH : pH가 낮으면 중금속은 용해도가 증가하여 생체이용률과 독성이 증가한다.

⑤ 경도 : 경도가 증가하면 납, 구리, 카드뮴 등의 중금속은 독성이 감소한다.

⑥ 기타 산화-환원전위(ORP), 이온교환능(Ion Exchange Capacity), 유기물 함량, 염분 등의 인자를 고려하여야 한다.

[생태독성시험에 관계되는 OECD 지침[1]]

시험번호 (Test No.)	내 용
201	담수 조류 생장저해시험(Freshwater Alga and Cyanobacteria, Growth Inhibition Test)
202	물벼룩류 급성 유영저해시험(*Daphnia sp.*, Acute Immobilisation Test)
203	어류 급성 독성시험(Fish, Acute Toxicity Test)
204	어류 14일 연장 독성시험(Fish, Prolonged Toxicity Test : 14-Day Study)
207	지렁이 급성 독성시험(Earthworm, Acute Toxicity Tests)
210	어류의 초기 생활단계 독성시험(Fish, Early-life Stage Toxicity Test)
211	물벼룩 번식시험(*Daphnia magna* Reproduction Test)
212	어류의 배아, 치어기의 단기 독성시험(Fish, Short-term Toxicity Test on Embryo and Sac-Fry Stages)
215	어류 치어성장 독성시험(Fish, Juvenile Growth Test)
218	저질에 의한 깔따구 독성시험(Sediment-Water Chironomid Toxicity Using Spiked Sediment)
219	수질에 의한 깔따구 독성시험(Sediment-Water Chironomid Toxicity Using Spiked Water)
221	수생식물 성장저해시험(*Lemna sp.* Growth Inhibition Test)
222	지렁이 번식시험(Earthworm Reproduction Test ; *Eisenia fetida*/Eisenia andrei)
229	어류의 단기 번식시험(Fish Short Term Reproduction Assay)
230	어류의 21일 시험(21-day Fish Assay)

1) OECD Guidelines for the Testing of Chemicals, Section 2

출처 : https://www.oecd.org/chemicalsafety/testing/

(7) 독성 예측모델

① 위해성 평가 시 유해물질에 대한 독성정보를 기존 자료를 통하여 확보하거나 정보가 없는 경우에는 독성시험을 수행하여 독성값을 산출하여야 한다. 그러나 수많은 화학물질에 대한 독성시험을 수행하기 어려운 한계가 있으므로, 유해물질의 구조와 특성을 기반으로 하여 독성값을 예측할 수 있는 독성 예측모델이 널리 이용되고 있다.

② 독성 평가모델에서는 구조가 유사한 물질의 정보를 이용함으로써 트레이닝 세트(Training Set)하여 독성 예측값을 제시하기도 하며, 유사 구조물질의 독성값과 유사계수를 제공하기도 한다.

[주요 독성 예측모델]

모델명	분류군 기반	독성 예측값
QSAR	화학물질의 구조/특성, 원자 개수, 분자량, 생성열, 반데르발스 표면적 등	무영향예측농도
ECOSAR	화학물질의 구조	어류, 물벼룩, 조류의 급·만성 독성 예측, 수생태 독성값 예측에 널리 활용
TOPKAT®	분자구조의 수치화, 암호화	기존 어류, 물벼룩의 독성시험 자료를 이용하여 예측
MCASE	물리·화학적 특성, 활성/비활성 특성	기존 어류, 물벼룩의 독성시험 자료로 예측
OASIS	화학물질의 구조/특성, 생물농축계수	기존 급성 독성자료로 예측
TEST	화학물질의 구조, CAS 번호	어류, 물벼룩의 LC_{50}, 쥐의 LD_{50}, 생물농축계수, 발달독성, 변이원성 등을 예측
VEGA	인체독성	유전독성, 발생독성, 피부감작성, 내분비계독성 예측
ConsExpo	생활화학제품	소비자노출평가

- QSAR : Quantitative Structure-Activity Relationship
- ECOSAR : ECOlogical Structure Activity Relationships, version 2.0, USEPA
- TOPKAT® : TOxicity Prediction by Komputer Assisted Technology
- MCASE : Multiple Computer Automated Structure Evaluation
- OASIS : Optimized Approach based on Structural Indices Set
- TEST : Toxicity Estimation Software Tool, version 4.1, USEPA
- ConsExpo : Dutch RIVM(National Institute of Public Health and the Environment)에서 개발한 프로그램
- 기 타
  - OASIS(OASIS-LMC), VEGA는 독성 프로그램 전문업체로 관련 프로그램 다수
  - DEREK® : Deductive Estimation of Risk from Existing Knowledge

[화학물질 유해성 예측프로그램의 특징 및 예측범위]

모델명	특 징	입력 쿼리	예측범위	적용분야
Derek Nexus	• Knowledge 기반의 소프트웨어 • 독성을 나타내는 Fragment로부터 물질의 독성가능성 평가 • 결과에 대한 근거 및 전문가 의견 제시	SMILES string, Mol file	변이원성, 발암성, 생식독성, 피부 및 호흡기 과민성	변이원성, 발암성
Danish QSAR	• Repository 기반의 모델 • 60만 종 이상의 화학물질 DB 보유 • 200여 개의 QSAR 모델 적용 가능	화학물질명, 구조, SMILES string, Mol file, CAS No.	물리·화학적 특성, 변이원성, 발암성, 급성독성, 피부부식성 및 자극성, 환경독성	변이원성, 발암성, 급성독성(경구)
Vega QSAR	• REACH 요구조건에 최적화된 예측결과 제공 • 40,000종의 화학물질 DB 보유 • Batch process 적용으로 물질 동시예측 가능 • Read-across 방식 지원	SMILES string	변이원성, 발암성, 피부과민성, BCF, logP	변이원성, 발암성
TEST (EPA)	• The Chemistry Development Kit(CDK) 자바 오픈 소스 사이트와 화학물질 DB 연동 • 8개의 특징적 QSAR 방식 적용	화학물질명, Structure text file, CAS No.	급성독성, 환경독성	변이원성, 급성독성(경구)
QSAR Toolbox	• 화학물질의 구조적·메커니즘적 특징 이용 • 55개의 DB에서 7만여종의 약 2백만개의 시험자료 탑재		급성독성, 변이원성, 피부과민성, 생식독성	변이원성, 급성독성(경구)
Toxtree	• Decision tree 형식으로 분자구조 독성 성질을 계산하는 오픈소스 프로그램 • 14개 Plug-in으로 33개의 구조 규칙을 통해 독성예측	SMILES string, CAS No.	유전독성, 발암성, 피부과민성, 화학물질의 독성정도	화학물질의 독성정도

• SMILES : Simplified Molecular Input Line Entry Specification
• 쿼리(Query) : DB에게 특정한 데이터를 보여달라는 클라이언트(사용자)의 요청
• BCF : Bioconcentration Factor, 생물농축성
• logP : 섞이지 않는 두 용매인 물과 옥탄올(Octanol)에 화합물을 녹였을 때 물과 옥탄올층에 녹아 있는 화합물 농도의 비를 분배계수로 나타낸 것. 이 값은 주로 체내로 화합물이 유입될 때의 체내 흡수, 분포, 대사, 배설과 밀접한 관련이 있으며, 단백질과의 상호작용에서도 주도적인 역할을 하는 소수성 상호작용을 표현할 수 있음($logK_{ow}$)

출처 : 급성독성 화학물질의 유해성 예측프로그램 적용연구, 안전보건공단, 2019.11.30

적중예상문제

01 다음은 무엇에 대한 설명인가?

> 투여하거나 투여 받은 용량과 생물학적인 반응 관계를 양적으로 나타내는 과정

① 유해성 확인
② 용량-반응 평가
③ 노출평가
④ 위해도 평가

02 다음 중 용량-반응 평가에 관한 내용으로 틀린 것은?

① 독성자료를 정리하는 단계로서 자료가 부족하면 독성시험을 수행하여야 한다.
② 평가 시에는 노출강도 및 연령, 성, 투여경로, 종, 노출경로 등의 보정요소를 포함한다.
③ 평가결과가 반응을 나타내리라고 예측되는 용량의 추정을 위하여 내삽과정을 거쳐야 한다.
④ 유해영향을 초래하는 용량 수준인 독성값을 산정한다.

해설

③ 예측되는 용량의 추정과 사람에서의 발생 가능성을 추측하기 위해서는 외삽이 필수 불가결한 과정이다.

03 다음 중 용량-반응 곡선에 대한 설명으로 틀린 것은?

① 특정 노출 시간 후 화학물질에 대한 용량의 함수로서 유기체 반응의 크기를 설명한다.
② 적용 용량의 규모와 특정 생물학적 반응 사이의 관계를 정량적으로 분석한다.
③ 인체노출수준인 RfD, RfC, ADI, TDI값을 산정한다.
④ 용량과 생물학적 반응 사이의 관계를 직선이나 곡선형으로 나타낸다.

해설

③ 용량-반응 곡선으로부터 독성값(독성이 나타나기 시작되는 값)을 산정한다.

04 역치(Threshold)를 가장 옳게 설명한 것은?

① 유해물질의 노출량에 대한 반응이 관찰되지 않는 무영향관찰용량
② 노출량에 대한 반응이 처음으로 관찰되기 시작하는 통계적으로 유의한 영향을 나타내는 최소한의 노출량
③ 인체노출안전율
④ 여러 가지 독성물질이 공존하는 경우 독성물질의 우선순위를 나타낸 값

[해설]
② 최소영향관찰용량(LOAEL)
③ 불확실성계수(UF)
④ 독성점수(TS)

05 어떤 화학물질의 독성실험 결과가 다음과 같을 때 최소영향관찰용량(LOAEL)은 얼마인가?

용량(mg/kg·day)	0	10	50	100	500
치사율(%)	0	0	5	15	30

① 10
② 50
③ 100
④ 500

[해설]
LOAEL은 LOEC(최소영향관찰농도)라고도 하며, 노출량에 대한 반응이 처음으로 관찰되기 시작하는 통계적으로 유의한 영향을 나타내는 최소한의 노출량을 말한다.

06 비발암성 물질에 대한 독성실험 결과 다음과 같은 그래프를 얻었다. NOAEL과 LOAEL값으로 가장 적절한 것은?

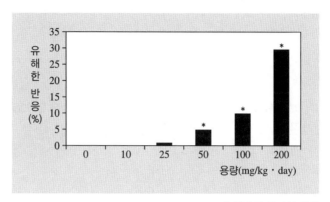

* 통계적 유의성 있음

	NOAEL(mg/kg · day)	LOAEL(mg/kg · day)
①	10	25
②	10	50
③	25	50
④	25	100

해설

무영향관찰용량(NOAEL)은 노출량에 대한 반응이 관찰되지 않고 영향이 없는 최대노출량을 의미하고, 최소영향관찰용량(LOAEL)은 노출량에 대한 반응이 처음으로 관찰되기 시작하는 통계적으로 유의한 영향을 나타내는 최소한의 노출량을 말한다.

07 휘발성 유기화합물인 폼알데하이드(HCHO)의 NOAEL이 0.2mg/kg · day라면 1일 경구 노출허용량인 RfD(mg/kg · day)는 얼마인가?(단, 폼알데하이드에 관한 인체연구 결과 타당성이 인정되었음)

① 0.0002

② 0.002

③ 0.02

④ 0.2

해설

인체연구 결과 타당성이 인정된 경우 불확실성계수(UF)는 10을 사용한다.

$$\therefore RfD = \frac{NOAEL \text{ or } LOAEL}{UF} = \frac{0.2\text{mg/kg} \cdot \text{day}}{10} = 0.02\text{mg/kg} \cdot \text{day}$$

08 트라이클로로에테인(1.1.1-trichloroethane)은 인체연구 결과가 없고 동물실험 결과에서도 만성 유해영향이 관찰되지 않았다. 트라이클로로에테인의 NOAEL이 40mg/kg·day이라면 RfD(mg/kg·day)는 얼마인가?

① 4.0
② 0.4
③ 0.04
④ 0.004

[해설]

인체연구 결과가 없고 동물실험 결과 만성 유해영향이 관찰되지 않는 경우 불확실성계수(UF)는 1,000을 사용한다.

$$\therefore RfD = \frac{NOAEL \text{ or } LOAEL}{UF} = \frac{40mg/kg \cdot day}{1,000} = 0.04mg/kg \cdot day$$

09 어떤 화학물질에 대하여 쥐를 사용한 만성 경구독성실험에서 NOAEL은 15mg/kg·day로 나타났으며, 만성 유해영향이 없는 것으로 판단하였다. 이를 근거로 하여 인체위해성 평가를 위한 RfD값으로 변환한 양(mg/kg·day)은 얼마인가?(단, 인체노출안전율로서 0.75값을 사용한다)

① 0.002
② 0.02
③ 0.2
④ 2.0

[해설]

동물실험 결과 만성 유해영향이 관찰되지 않는 경우 불확실성계수(UF)는 1,000을 사용한다.

$$\therefore RfD = \frac{NOAEL \text{ or } LOAEL}{UF \times MF} = \frac{15mg/kg \cdot day}{1,000 \times 0.75} = 0.02mg/kg \cdot day$$

10 일생 동안 매일 흡입해도 건강에 무영향수준의 노출농도를 나타내며, 환경매체 중의 유해인자 농도를 의미하는 것은?

① RfC
② RfD
③ ADI
④ TDI

[해설]

② RfD : 경구독성참고용량
③ ADI : 일일섭취허용량
④ TDI : 일일섭취량

11 의도하지 않고 일생 동안 매일 섭취해도 건강에 무영향 수준의 노출량을 나타낸 것은?

① Acceptable Daily Intake
② Tolerable Daily Intake
③ Theoretical Maximum Daily Intake
④ Estimated Maximum Daily Intake

해설
① 일일섭취허용량(의도적)
② 일일섭취량(비의도적)
③ 이론적 일일최대섭취량
④ 일일최대추정섭취량

12 다음 중 위해지수(HI)에 대한 설명으로 틀린 것은?

① 역치가 없는 유전적 발암물질의 위해도를 판단한다.
② 단일 화학물질에 대한 위해도 판정일 경우 유해지수(HQ)라고도 한다.
③ 혼합된 화학물질의 경우 단일 화학물질의 HQ에 대한 총합으로 산정한다.
④ 1 이상일 경우 유해영향이 있고, 1 이하일 경우 유해영향이 없다는 것을 의미한다.

해설
① 역치가 있는 비유전적 발암물질의 위해도를 판단한다.

13 비유전적 발암물질로 분류된 화학물질에 대한 RfD가 0.03mg/kg·day이고 일일섭취량이 150g/day인 화학물질의 일일노출량(μg/kg·day)을 산정하고 비발암위해도를 판단하시오(단, 평균 체중은 70kg, 화학물질의 농도는 0.4mg/kg이다).

① 0.587, 위해 있음
② 0.857, 위해 있음
③ 0.587, 위해 없음
④ 0.857, 위해 없음

해설

$$일일노출량 = \frac{0.4\text{mg}}{\text{kg}} \mid \frac{150\text{g}}{\text{day}} \mid \frac{1,000\mu g}{\text{mg}} \mid \frac{}{70\text{kg}} \mid \frac{\text{kg}}{1,000\text{g}} = 0.857\mu g/\text{kg}\cdot\text{day}$$

$$\therefore \ HI = \frac{일일노출량(\text{mg/kg}\cdot\text{day})}{RfD} = \frac{0.857\mu g}{\text{kg}\cdot\text{day}} \mid \frac{\text{kg}\cdot\text{day}}{0.03\text{mg}} \mid \frac{\text{mg}}{1,000\mu g} = 0.0286 < 1 \rightarrow 잠재적\ 위해\ 없음$$

14 다음 조건에서 성인과 아동의 비발암위해도를 판단하시오.

> • 성인 체중 : 70kg, 아동 체중 : 30kg
> • 섭취량 : 0.01mg/day
> • RfD : 0.0002mg/kg · day

① 모두 없음
② 아동은 위해 없고, 성인은 위해 있음
③ 아동은 위해 있고, 성인은 위해 없음
④ 모두 있음

해설

• 일일노출량

$$- \text{성인} = \frac{0.01\text{mg}}{\text{day}} \mid \frac{1,000\mu g}{\text{mg}} \mid \frac{1}{70\text{kg}} = 0.1429\mu g/\text{kg} \cdot \text{day}$$

$$- \text{아동} = \frac{0.01\text{mg}}{\text{day}} \mid \frac{1,000\mu g}{\text{mg}} \mid \frac{1}{30\text{kg}} = 0.3333\mu g/\text{kg} \cdot \text{day}$$

• 위해지수

$$- \text{성인} = \frac{0.1429\mu g}{\text{kg} \cdot \text{day}} \mid \frac{\text{kg} \cdot \text{day}}{0.0002\text{mg}} \mid \frac{\text{mg}}{1,000\mu g} = 0.7145 < 1 \rightarrow \text{위해 없음}$$

$$- \text{아동} = \frac{0.3333\mu g}{\text{kg} \cdot \text{day}} \mid \frac{\text{kg} \cdot \text{day}}{0.0002\text{mg}} \mid \frac{\text{mg}}{1,000\mu g} = 1.6665 > 1 \rightarrow \text{위해 있음}$$

15 여러 가지 독성물질이 공존하는 경우 독성점수(TS)를 산정하여 유해물질을 선별할 수 있다. 독성점수 산정 시 고려되지 않는 것은 어느 것인가?

① 노출최소농도($C_{\min}$)
② 노출최대농도($C_{\max}$)
③ RfD
④ SF(Slope Factor)

해설

독성점수 산정 시 기본적으로 $C_{\max}$, RfD, SF를 고려한다.

16 비발암물질의 독성점수가 가장 높은 것은 어느 것인가?

물 질	C_{max} (mg/kg)	SF	RfD
벤 젠	10	0.055	4×10^{-3}
톨루엔	150	0.832	8×10^{-2}
비 소	60	1.5	3×10^{-4}
납	300	2.3	5×10^{-4}

① 벤 젠　　　　　　　　　② 톨루엔
③ 비 소　　　　　　　　　④ 납

해설

$$TS(\text{비발암물질}) = \frac{C_{max}(\text{노출최대농도})}{RfD}$$

① $TS = \dfrac{10}{4 \times 10^{-3}} = 2,500$

② $TS = \dfrac{150}{8 \times 10^{-2}} = 1,875$

③ $TS = \dfrac{60}{3 \times 10^{-4}} = 200,000$

④ $TS = \dfrac{300}{5 \times 10^{-4}} = 600,000$

17 역치가 없는 발암성 물질의 평가에 활용되는 독성지표가 아닌 것은?

① 벤치마크용량하한값(BMDL)　　　② 노출한계(MOE)
③ 초과발암위해도(ECR)　　　　　　④ 인체노출안전수준(HBGV)

해설

④ 인체노출안전수준(HBGV ; Health Based Guidance Value)은 역치가 있는 비발암성 물질의 평가에 이용된다.

18 발암성 물질에 대한 독성시험의 용량-평가 자료를 수학적 모델에 입력하여 산정된 기준용량 값으로, 95% 신뢰구간의 하한값을 나타내는 것은?

① BMDL　　　　　　　　　② MOE
③ ECR　　　　　　　　　　④ HBGV

해설

암 발생할 확률이 5%, 10%인 경우 각각 BMDL$_5$, BMDL$_{10}$으로 나타낸다.

19 NOEC, LOEC값은 시험에 사용된 농도 범위에 따라 결정되는 한계점이 있다. 이를 보완하기 위하여 독성영향이 대조군에 비하여 특정 증가분이 발생했을 때 이에 해당되는 노출량을 수학적으로 추정한 값은 어느 것인가?

① RfD
② NOAEL
③ TDI
④ BMD

20 다음 중 특징이 다른 하나는 무엇인가?

① POD
② LOAEL
③ RfD
④ MOE

[해설]
① POD : 독성값
② LOAEL : 최소영향관찰용량
③ RfD : 경구독성참고용량
④ MOE : 노출한계 → 역치가 없는 유전적 발암물질의 위해도를 판단한다.

21 다음 중 노출한계(MOE)에 대한 설명으로 옳은 것은?

① 일반적으로 유전적 발암물질의 위해도를 판단하지만, 만성 노출인 NOAEL값을 적용한 경우 비유전적 발암물질의 위해도를 판단할 수 있다.
② 노출안전 여부의 판단기준이다.
③ 독성값 대신에 T_{25}값을 사용할 수 있으며, T_{25}는 실험동물 25%에 종양을 일으키는 화학물질의 농도를 말한다.
④ T_{25}값을 독성값으로 활용한 경우 노출한계가 1 이상이면 위해도가 낮다고 판단한다.

[해설]
② 노출안전 여부의 판단기준은 아니며, 현재의 노출수준을 판단하는 기준이다.
③ T_{25}는 실험동물 25%에 종양을 일으키는 체중 1kg당 일일용량(mg/kg·day)이다.
④ T_{25}값을 독성값으로 활용한 경우 노출한계가 2.5×10^4 이상이면 위해도가 낮다고 판단한다.

22 다음 중 노출한계(MOE)에 대한 설명으로 틀린 것은?

① 기준값을 인체노출평가에 사용되는 독성기준치인 RfD, TDI 등을 사용하는 경우 노출안전역 (MOS)이라고 한다.

② 환경보건법의 환경 위해성 평가 지침에 따르면 만성 노출인 NOAEL값을 적용한 경우 노출한계 가 100 이하이면 위해가 있다고 판단한다.

③ 일일노출량이 적을수록 관심대상물질로 결정될 가능성은 낮아진다.

④ 상대적인 위해도의 차이를 나타낼 수는 없으며, 규제를 위한 관심대상물질을 결정하는 데에는 활용될 수 있다.

〔해설〕
④ 노출한계는 상대적인 위해도의 차이를 나타내기 위하여 사용되기도 한다.

23 다음 중 역치가 없는 유전적 발암물질의 위해도를 판단하는 것은?

① RfD

② TDI

③ HBGV

④ ECR

〔해설〕
① RfD : 경구독성참고용량
② TDI : 일일섭취량
③ HBGV : 인체노출안전수준
④ ECR : 초과발암위해도 → 역치가 없는 유전적 발암물질의 위해도를 판단한다.

24 다음 중 초과발암위해도(ECR)에 대한 설명으로 틀린 것은?

① 역치가 없는 유전적 발암물질의 위해도를 판단한다.

② 인구 10,000명당 1명 이하의 사망은 자연재해로 판단한다.

③ 평생 동안 발암물질 단위용량에 노출되었을 때 잠재적인 발암가능성이 초과할 확률을 나타낸다.

④ 초과발암확률이 10^{-4} 이상인 경우 발암위해도가 있으며, 10^{-6} 이하는 발암위해도가 없다고 판단 한다.

〔해설〕
② 인구 백만명당 1명 이하의 사망은 자연재해로 판단한다.

25 초과발암위해도(ECR)를 적용할 경우 위해성 평가기준으로 옳은 것은?

① $10^{-4} \sim 10^{-2}$

② $10^{-4} \sim 10^{-3}$

③ $10^{-6} \sim 10^{-3}$

④ $10^{-6} \sim 10^{-4}$

26 다음 중 초과발암위해도(ECR)를 산정하는 식은 어느 것인가?

① 독성값(POD) ÷ 일일노출량(EED)

② 평생일일평균노출량(LADD) × 발암력

③ 일일노출량 ÷ 일일섭취허용량(ADI)

④ 독성값(POD) ÷ 불확실성계수(UF)

[해설]
① 노출한계(MOE)
③ 위해지수(HI)
④ 일일섭취허용량(ADI)

27 어떤 물질에 대한 평생일일평균노출량이 50mg/kg·day일 때 용량-반응 곡선의 기울기값이 4×10^{-8}(mg/kg·day)$^{-1}$이었다. 이 물질에 대한 인구 백만명당 위해도는 얼마인가?

① 2명

② 13명

③ 20명

④ 1,250명

[해설]
$(50\text{mg/kg·day})(4 \times 10^{-8}\text{kg·day/mg}) = 2 \times 10^{-6}$ → 2명

28 다음 조건에서 초과발암위해도(ECR)를 산정하시오.

> • 평균 체중 : 50kg
> • 평균 수명 : 70년
> • 식품의 평균 섭취량 : 0.4kg/day
> • 식품의 발암물질 농도 : 0.5mg/kg
> • 식품 섭취기간 : 35년
> • 발암력 : 0.4(mg/kg·day)$^{-1}$

① 5×10^{-3}　　　　　　　　　　　② 8×10^{-3}

③ 5×10^{-4}　　　　　　　　　　　④ 8×10^{-4}

해설

평생일일평균노출량$(LADD) = \dfrac{오염도 \times 접촉률 \times 노출기간 \times 흡수율}{체중 \times 평균\ 수명}$

$$= \frac{0.5\text{mg}}{\text{kg}} \left| \frac{0.4\text{kg}}{\text{day}} \right| \frac{35\text{yr}}{} \left| \frac{1}{50\text{kg}} \right| \frac{1}{70\text{yr}} = 0.002\text{mg/kg} \cdot \text{day}$$

∴ 초과발암위해도$(ECR) = $ 평생일일평균노출량$(LADD) \times $ 발암력(q)

$$= \frac{0.002\text{mg}}{\text{kg} \cdot \text{day}} \left| \frac{0.4\text{kg} \cdot \text{day}}{\text{mg}} = 8.0 \times 10^{-4} \right.$$

29 다음 중 발암력(CSF)에 대한 설명으로 틀린 것은?

① 용량–반응 곡선에서 기울기가 작을수록 발암력이 크다는 것을 의미한다.
② 경구, 흡입, 피부 등 노출경로에 따라 구분하여 사용한다.
③ 용량–반응 곡선에서 95% 상한값에 해당하는 기울기이다.
④ 급성 고농도 동물 실험값으로부터 만성 저농도 사람독성값을 외삽하여 산출한다.

해설

① 용량–반응 곡선에서 기울기가 클수록 발암력이 크다는 것을 의미한다.

30 EU의 화학물질 등록, 평가, 허가, 제한에 관한 제도인 REACH에 의하면 PBT 물질과 같은 위해가 우려되는 물질은 별도의 허가를 받은 다음 제조하거나 수입하여야 한다. 다음 중 PBT 물질의 특성이 아닌 것은?

① 잔류성　　　　　　　　　　　② 생물농축성

③ 발암성　　　　　　　　　　　④ 독 성

해설

PBT : Persistent(잔류성), Bioaccumulative(생물농축성), Toxicity(독성)

31 독성물질 중 독성의 측면에서 구분하기는 하지만 실제로는 동시에 초래하는 경우가 있고 이들 간의 유사성이 커서 'CMR 물질'이라고 하나의 군으로 묶어 표시한다. 다음 중 CMR에 포함되지 않는 것은?

① 발암성　　　　　　　　　　　② 변이원성
③ 생식독성　　　　　　　　　　　④ 생태독성

> **해설**
> CMR : Carcinogenic(발암성), Mutagenic(변이원성), Reproduction toxicity(생식독성)

32 국제적으로 여러 기관에서 화학물질의 발암등급을 2~5단계 정도로 분류하고 있다. '인간 발암우려 물질'인 경우 해당 기관과 분류의 구분이 바르게 연결되지 않은 것은?

① 국제암연구소 – Group 2A　　　　② 유럽연합 – Category 2
③ 미국 국립독성프로그램 – Group 2　④ 미국 환경청 – B1, B2

> **해설**
> ③ 미국 국립독성프로그램(NTP) – R

33 유전자의 DNA 구조가 손상되거나 그 양이 영구적으로 바뀌는 독성을 가장 잘 설명한 것은 어느 것인가?

① 생식독성　　　　　　　　　　　② 변이원성
③ 발암성　　　　　　　　　　　　④ 생태독성

34 다음 중 변이원성시험법의 염색체 손상시험에 해당하지 않는 것은?

① 포유동물 세포발생시험(OECD TG 473)
② 포유동물 세포의 염색분체교환시험(OECD TG 479)
③ 미소핵시험(OECD TG 474)
④ 시험관 내 포유동물 유전자 돌연변이시험(OECD TG 476)

> **해설**
> 변이원성시험법은 유전자 변이시험, 염색체 손상시험, 염색체 손상/복구 및 결합체 형성검정이 있으며, ④번은 유전자 변이시험에 해당된다.

35 다음 중 발암성 물질의 위해성 평가에 활용되는 독성지표로 옳지 않은 것은?

① Derived Minimal Effect Level[mg/kg · day]
② Oral Slope Factor[(mg/kg · day)$^{-1}$]
③ Inhalation Unit Risk[(μg/m^3)$^{-1}$]
④ Derived No Effect Level[mg/kg · day]

[해설]
④ 비발암성 물질의 위해성 평가에 사용되는 독성지표이다.

36 발암성 물질의 최소영향수준(DMEL)의 도출 절차로 옳은 것은?

① 용량기술자 선정 → T$_{25}$ 또는 BMD$_{10}$ 산출 → 독성값 보정 → DMEL 도출
② T$_{25}$ 또는 BMD$_{10}$ 산출 → 용량기술자 선정 → 독성값 보정 → DMEL 도출
③ 용량기술자 선정 → 독성값 보정 → T$_{25}$ 또는 BMD$_{10}$ 산출 → DMEL 도출
④ T$_{25}$ 또는 BMD$_{10}$ 산출 → 독성값 보정 → 용량기술자 선정 → DMEL 도출

[해설]
발암성 물질의 최소영향수준(DMEL)의 도출 절차는 용량기술자 선정, T$_{25}$ 또는 BMD$_{10}$ 산출, 독성값 보정, DMEL 도출 순으로 이루어진다.

37 독성 평가에 있어서 현재 지식의 한계나 현실을 반영하지 못하는 과학기술 등으로 인하여 활용되는 다양한 가정(Assumption) 및 사용된 변수의 불완전성 등 때문에 발생하는 것은 무엇인가?

① 스크리닝
② 민감도
③ 불확실성
④ 평가계수

[해설]
불확실성 평가에 대한 설명이다.

38 다음 중 예측무영향농도(PNEC)에 관한 내용으로 틀린 것은?

① 예측무영향농도를 예측환경농도로 나누어주면 위해지수를 산출할 수 있다.

② 위해지수가 1보다 클 경우에는 생태계에 유해성이 있는 것으로 판단한다.

③ 가장 낮은 농도의 독성값을 평가계수로 나누어 산출한다.

④ 일반 생태독성의 특성을 갖는 화학물질의 경우 물, 토양, 퇴적물 등 환경매체별로 예측무영향농도를 산출하여야 한다.

해설
① 위해지수 = 예측환경농도 ÷ 예측무영향농도

39 다음 중 생태독성 평가에서 수서동물에 대한 만성 독성과 관련된 지표는 어느 것인가?

① LC_{50}

② LD_{50}

③ EC_{10}

④ EC_{50}

해설
수서동물에 대한 유해성 정도를 표시하는 만성 독성지표로는 EC_{10}, LOEC, NOEC 등이 있다.

40 수서생물의 생태독성시험방법에 관한 설명으로 가장 옳지 않은 것은?

① 이 시험방법은 물에 잘 녹는 화학물질을 기준으로 하였기 때문에 용해도가 매우 낮은 물질의 경우 영향농도값을 구할 수 없는 경우도 있다.

② 급성 독성의 시험방법으로는 LC_{50}, LD_{50}, EC_{50}이 있다.

③ 수서생물의 유해성은 조류, 물벼룩류, 어류의 급·만성 독성시험을 통하여 평가한다.

④ 급성 독성은 수서생물에 대한 성장저해, 유영저해, 치사, 번식 및 발달저해 등을 평가한다.

해설
수서생물의 급·만성 독성시험 분류

구 분	급성 독성		만성 독성	
조 류	72h, 96h, EC_{50}	성장저해	72h, 96h, NOEC, EC_{10}	성장저해
물벼룩류	24h, 48h, EC_{50}, LC_{50}	유영저해	7일 이상, NOEC	치사, 번식, 성장
어 류	96h, LC_{50}	치 사	21일 이상, NOEC, EC_{10}	치사, 번식, 성장, 발달

41 수서생물의 생태독성시험방법 중 노출방법이 아닌 것은?

① 유수식(Flow-through Test) ② 반유수식(Semi Flow-through Test)
③ 지수식(Static Test) ④ 반지수식(Semi-static Test)

| 해설 |

노출방법은 유수식, 지수식, 반지수식으로 구분한다.

42 다음의 수서생물에 대한 급·만성 독성시험결과로부터 산출한 예측무영향농도(PNEC)로 옳은 것은?

수서생물	급·만성	평가방법	독성값(ng/mL)	평가계수	가용 자료
조 류	급 성	EC_{50}	10	1,000	급성 독성값 1개(1개 영양단계)
조 류	만 성	EC_{10}	8	100	급성 독성값 3개(3개 영양단계 각각)
물벼룩	급 성	EC_{50}	7	100	만성 독성값 1개(1개 영양단계)
물벼룩	만 성	NOEC	5	50	만성 독성값 2개(2개 영양단계 각각)
어 류	급 성	LC_{50}	100	10	만성 독성값 3개(3개 영양단계 각각)

① 0.5ng/mL ② 0.1ng/mL
③ 0.05ng/mL ④ 0.005ng/mL

| 해설 |

가장 민감한 독성값은 물벼룩 만성 5ng/mL이고, 조류와 물벼룩의 자료 2개가 만성에 대한 자료이므로 평가계수는 50으로 판단할 수 있다.

$$\therefore PNEC = \frac{\text{Lowest } LC_{50} \text{ or } NOEC}{AF} = \frac{5ng/mL}{50} = 0.1ng/mL$$

43 생태독성평가에 관한 설명으로 옳지 않은 것은?

① 화학물질의 수서무척추동물군에 대한 영향을 파악하기 위하여 물벼룩류(*Daphnia sp.*)의 유영 능력에 대한 영향을 평가한다.
② 퇴적물은 이화학적 조성이 물에 비하여 간단하므로 환경평가나 생태계 위해성 평가에 불확실성이 상대적으로 작다.
③ 토양환경에서 독성은 산소농도, 온도, 경도, pH 등에 영향을 받으므로 OECD에서 수립한 표준화된 인공토양을 조성하여 이용한다.
④ 여과지 접촉시험은 비교적 시험이 쉽고 빠르며, 재현성은 좋지만 스크리닝시험으로 토양에서의 독성치로 활용하기에는 한계가 있다.

| 해설 |

② 퇴적물은 이화학적 조성이 물에 비하여 복잡하고 퇴적층뿐만 아니라 수층의 조건에 따라서도 오염 영향이 달라지므로 불확실성이 상대적으로 클 수밖에 없다.

44 다음 중 생태독성에 영향을 주는 인자에 대한 설명으로 틀린 것은?

① 온도가 증가하면 아연의 독성이 감소한다.
② 산소농도가 낮으면 암모니아의 독성이 증가한다.
③ pH가 낮으면 중금속은 생체이용률과 독성이 증가한다.
④ 경도가 증가하면 중금속은 독성이 감소한다.

[해설]
① 온도가 증가하면 아연의 독성이 증가한다.

45 화학물질의 구조와 CAS 번호로 구분하고 어류, 물벼룩의 LC_{50}, 쥐의 LD_{50}, 생물농축계수, 발달독성, 변이원성 등을 예측하기 위하여 미국 환경청에서 제공하는 독성 예측모델은 어느 것인가?

① OASIS
② QSAR
③ TEST
④ TOPKAT

46 화학물질의 구조를 분류군 기반으로 독성을 예측하는 평가모델과 가장 거리가 먼 것은?

① ConsExpo
② QSAR
③ OASIS
④ ECOSAR

[해설]
ConsExpo 모델은 생활화학제품을 분류군 기반으로 하여 소비자노출평가에 활용된다.

47 먹는물에 함유된 아트라진(Atrazine)의 최대오염수준(MCL)이 0.003mg/L이고, RfD가 3.5 mg/kg · day라고 한다면 평균 체중이 70kg인 사람이 MCL 기준의 아트라진이 함유된 물을 매일 얼마나 마시면 RfD를 초과할 수 있는가?

① 17L/day
② 6,667L/day
③ 23,667L/day
④ 81,667L/day

[해설]
$$\text{MCL(Maximum Contaminant Level)} = \frac{(3.5\text{mg/kg} \cdot \text{day})(70\text{kg})}{0.003\text{mg/L}} = 81,667\text{L/day}$$

※ Atrazine은 제초제에 널리 이용되는 유기화합물이다.

48 선정된 용량기술자의 시험결과 어떤 화학물질의 투여용량이 0.35mg/kg·day일 때 종양이 15% 발생하였다. T₂₅는 얼마인가?

① 0.21   ② 0.28

③ 0.44   ④ 0.58

[해설]

$$T_{25} = \frac{0.35mg}{kg \cdot day} \Big| \frac{25}{15} = 0.58mg/kg \cdot day$$

※ T_{25}는 실험동물 25%에 종양을 일으키는 체중 1kg당 일일용량(mg/kg·day)으로, 예를 들어 종양이 15% 발생하였다면 그 용량에 25/15를 곱하여 발생용량을 산출한다.

49 다음 중 휘발성 유기화합물(VOCs)의 유해성 구분이 다른 것은?

① Formaldehyde   ② Benzene

③ Chloroform   ④ Toluene

[해설]

휘발성 유기화합물 중에서 발암성이 있는 것은 1,3-Butadiene, Carbon tetrachloride, Benzene, Trichloroethylene, Formaldehyde, Ethylbenzene, Chloroform 등이 있으며, 생식독성이 있는 것은 Toluene, n-Hexane 등으로 알려져 있다.

50 독성 예측 모델인 QSAR에서 표현자(Descriptor)로 이용하기에 가장 부적절한 것은?

① 용해도   ② 반데르발스 표면적

③ 생성열   ④ HOMO

[해설]

표현자(Descriptor)는 화합물의 구조적 특징을 표현해 줄 수 있는 값으로 원자개수, 결합개수, 반데르발스 표면적/부피, 생성열, HOMO, LUMO 등이 있다.

※ HOMO(LUMO) : Highest(Lowest) Occupied Molecular Orbital

51 발암성 시험에 관한 설명으로 옳지 않은 것은?

① OECD는 화학물질에 대한 유해성 시험의 지침을 제공하고 있으며, TG 451이 발암성 시험에 해당된다.
② 이유기가 지난 쥐나 생쥐를 시험물질에 전 생애 동안 주기적으로 노출하고 조직병리학적 검사를 시행하여 판단한다.
③ 최대내성용량 이하의 고농도에 동물을 노출시키므로 비역치를 가정한 수학적 모델에 자료를 입력하여 만성, 저농도에 노출 시 영향을 추정한다.
④ 동물실험에 의한 용량으로 위해성 평가를 위한 발암력을 평가한다.

[해설]
④ 동물실험에 의한 용량을 사람에 해당하는 용량으로 전환하여 위해성 평가를 위한 발암력을 평가한다.

52 반복투여 독성시험에 관한 설명으로 옳지 않은 것은?

① 반복투여 독성시험(28일)을 아급성 독성시험이라 한다.
② 반복투여 독성시험(90일)을 장기 독성시험이라 한다.
③ 시험물질을 시험동물에 반복투여하여 중·장기간 동안 나타나는 독성의 NOEL, NOAEL 등을 검사한다.
④ 평가항목은 기간에 따라 크게 투여 전 평가, 투여기간 중 평가, 부검일 평가, 부검 후 평가로 나눌 수 있다.

[해설]
시험기간이 1년 미만인 독성시험은 아급성 독성시험 또는 단기 독성시험이라고 한다.

53 OECD TG에 의한 변이원성을 확인하기 위한 시험법에 해당하지 않는 것은?

① 생식독성 시험
② 미소핵시험
③ 포유동물 세포발생시험
④ 생체 내 DNA 복구시험

[해설]
OECD TG에 의한 변이원성 시험법

구 분	시험법	
유전자변이 시험	원핵동물 시험	박테리아 돌연변이 시험
	진핵동물 시험	포유동물 유전자 돌연변이 시험
염색체 손상 시험	시험관 내 시험	포유동물 세포발생시험
	생체 내 시험	미소핵시험
	염색체 손상/복구 결합체 형성검정	생체 내 DNA 복구시험

54 화학물질의 등록 및 평가 등에 관한 법령상 화학물질의 용도에 따른 분류와 그에 대한 설명이 옳지 않은 것은?

① 부유제 : 광물질의 제련 공정 중에서 광물질을 농축·수거하기 위해 사용하는 물질
② 발포제 : 주로 플라스틱이나 고무 등에 첨가해서 작업공정 중 가스를 발생시켜 기포를 형성하게 하는 물질
③ 환원제 : 주어진 조건에서 산소를 공급하거나 또는 화학반응에서 전자를 수용하는 물질
④ 접착제 : 두 물체의 접촉면을 접착시키는 물질

해설
환원제 : 주어진 조건에서 산소를 제거하거나 화학반응에서 전자를 제공하는 물질(PART 05 참고, 화학물질의 등록 및 평가 등에 관한 법률 시행령 별표 2)

교육은 우리 자신의 무지를 점차 발견해 가는 과정이다.

– 윌 듀란트 –

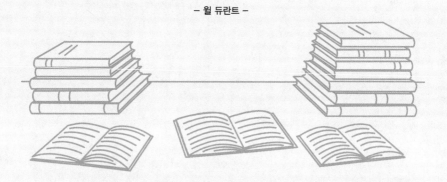

PART 02

유해화학물질 안전관리

01 화학물질의 분류 · 표시 및 물질안전보건자료

1 화학물질의 분류 · 표시 및 물질안전보건자료에 관한 기준

(1) 목적(제1조)

화학물질의 분류, 물질안전보건자료(MSDS ; Material Safety Data Sheet), 대체자료 기재 승인, 경고표시 및 근로자에 대한 교육 등에 필요한 사항을 정한다.

(2) 용어 정의(제2조)

① 화학물질 : 원소와 원소 간의 화학반응에 의하여 생성된 물질을 말한다.

② 혼합물 : 두 가지 이상의 화학물질로 구성된 물질 또는 용액을 말한다.

③ 제조 : 직접 사용 또는 양도 · 제공을 목적으로 화학물질 또는 혼합물을 생산, 가공 또는 혼합 등을 하는 것, 직접 사용 또는 양도 · 제공을 목적으로 화학물질 또는 혼합물을 직접 기획(성능 · 기능, 원재료 구성 설계 등)하여 다른 생산업체에 위탁해 자기명의로 생산하게 하는 것을 말한다.

④ 수입 : 직접 사용 또는 양도 · 제공을 목적으로 외국에서 국내로 화학물질 또는 혼합물을 들여오는 것을 말한다.

⑤ 용기 : 고체, 액체 또는 기체의 화학물질 또는 혼합물을 직접 담은 합성강제, 플라스틱, 저장탱크, 유리, 비닐포대, 종이포대 등을 말한다. 다만, 레미콘, 콘테이너는 용기로 보지 아니한다.

⑥ 포장 : ⑤에 따른 용기를 싸거나 꾸리는 것을 말한다.

⑦ 반제품용기 : 같은 사업장 내에서 상시적이지 않은 경우로서 공정 간 이동을 위하여 화학물질 또는 혼합물을 담은 용기를 말한다.

(3) 화학물질 등의 분류(제4조)

① 화학물질의 분류별 세부 구분기준은 [별표 1]과 같다.

② 화학물질의 분류에 필요한 시험의 세부기준은 국제연합(UN)에서 정하는 화학물질의 분류 및 표지에 관한 세계조화시스템(GHS) 지침을 따른다.

(4) 경고표지의 부착(제5조)

① 물질안전보건자료대상물질을 양도 · 제공하는 자는 해당 물질안전보건자료대상물질의 용기 및 포장에 한글로 작성한 경고표지(같은 경고표지 내에 한글과 외국어가 함께 기재된 경우를 포함한다)를 부착하거나 인쇄하는 등 유해 · 위험 정보가 명확히 나타나도록 하여야 한다. 다만, 실험실에서 시험 · 연구목적으로 사용하는 시약으로서 외국어로 작성된 경고표지가 부착되어 있거나 수출하기 위하여 저장 또는 운반 중에 있는 완제품은 한글로 작성한 경고표지를 부착하지 아니할 수 있다.

② ①에도 불구하고 국제연합(UN)의 위험물 운송에 관한 권고(RTDG)에서 정하는 유해성·위험성 물질을 포장에 표시하는 경우에는 위험물 운송에 관한 권고(RTDG)에 따라 표시할 수 있다.

　※ RTDG(Recommendations on the Transport of Dangerous Goods)

③ 포장하지 않는 드럼 등의 용기에 국제연합(UN)의 위험물 운송에 관한 권고(RTDG)에 따라 표시를 한 경우에는 경고표지에 그림문자를 표시하지 아니할 수 있다.

④ 용기 및 포장에 경고표지를 부착하거나 경고표지의 내용을 인쇄하는 방법으로 표시하는 것이 곤란한 경우에는 경고표지를 인쇄한 꼬리표를 달 수 있다.

⑤ 물질안전보건자료대상물질을 사용·운반 또는 저장하고자 하는 사업주는 경고표지의 유무를 확인하여야 하며, 경고표지가 없는 경우에는 경고표지를 부착하여야 한다.

⑥ ⑤에 따른 사업주는 물질안전보건자료대상물질의 양도·제공자에게 경고표지의 부착을 요청할 수 있다.

(5) 경고표지의 작성방법(제6조)

① 경고표지의 그림문자, 신호어, 유해·위험문구, 예방조치문구는 [별표 2]와 같다.

② 물질안전보건자료대상물질의 내용량이 100g 이하 또는 100mL 이하인 경우에는 경고표지에 명칭, 그림문자, 신호어 및 공급자 정보만을 표시할 수 있다.

③ 물질안전보건자료대상물질을 해당 사업장에서 자체적으로 사용하기 위하여 담은 반제품용기에 경고표시를 할 경우에는 유해·위험의 정도에 따른 '위험' 또는 '경고'의 문구만을 표시할 수 있다. 다만, 이 경우 보관·저장장소의 작업자가 쉽게 볼 수 있는 위치에 경고표지를 부착하거나 물질안전보건자료를 게시하여야 한다.

(6) 경고표지 기재항목의 작성방법(제6조의2)

① 명칭은 물질안전보건자료상의 제품명을 기재한다.

② 그림문자는 해당되는 것을 모두 표시한다. 다만 다음의 어느 하나에 해당되는 경우에는 이에 따른다.

　㉠ '해골과 X자형 뼈' 그림문자와 '감탄부호(!)' 그림문자에 모두 해당되는 경우에는 '해골과 X자형 뼈' 그림문자만을 표시한다.

　㉡ 부식성 그림문자와 피부 자극성 또는 눈 자극성 그림문자에 모두 해당되는 경우에는 부식성 그림문자만을 표시한다.

　㉢ 호흡기 과민성 그림문자와 피부 과민성, 피부 자극성 또는 눈 자극성 그림문자에 모두 해당되는 경우에는 호흡기 과민성 그림문자만을 표시한다.

　㉣ 5개 이상의 그림문자에 해당되는 경우에는 4개의 그림문자만을 표시할 수 있다.

③ 신호어는 '위험' 또는 '경고'를 표시한다. 다만, 물질안전보건자료대상물질이 '위험'과 '경고'에 모두 해당되는 경우에는 '위험'만을 표시한다.

④ 유해·위험문구는 해당되는 것을 모두 표시한다. 다만, 중복되는 유해·위험문구를 생략하거나 유사한 유해·위험문구를 조합하여 표시할 수 있다.

⑤ 예방조치문구는 해당되는 것을 모두 표시한다. 다만 다음의 어느 하나에 해당되는 경우에는 이에 따른다.

    ㉠ 중복되는 예방조치문구를 생략하거나 유사한 예방조치문구를 조합하여 표시할 수 있다.

    ㉡ 예방조치문구가 7개 이상인 경우에는 예방·대응·저장·폐기 각 1개 이상(해당 문구가 없는 경우는 제외한다)을 포함하여 6개만 표시해도 된다. 이때 표시하지 않은 예방조치문구는 물질안전보건자료를 참고하도록 기재하여야 한다.

(7) 물질안전보건자료의 작성항목(제10조)

① 물질안전보건자료 작성 시 포함되어야 할 항목 및 그 순서는 다음에 따른다.

㉠ 화학제품과 회사에 관한 정보	㉡ 유해성·위험성
㉢ 구성성분의 명칭 및 함유량	㉣ 응급조치 요령
㉤ 폭발·화재 시 대처방법	㉥ 누출사고 시 대처방법
㉦ 취급 및 저장방법	㉧ 노출방지 및 개인보호구
㉨ 물리·화학적 특성	㉩ 안정성 및 반응성
㉪ 독성에 관한 정보	㉫ 환경에 미치는 영향
㉬ 폐기 시 주의사항	㉭ 운송에 필요한 정보
㉮ 법적 규제현황	㉯ 그 밖의 참고사항

② ①에 대한 세부작성 항목 및 기재사항은 [별표 4]와 같다. 다만, 물질안전보건자료의 작성자는 근로자의 안전보건의 증진에 필요한 경우에는 세부항목을 추가하여 작성할 수 있다.

[물질안전보건자료(MSDS)의 작성항목 및 기재사항(별표 4)]

MSDS 번호 :

화학제품과 회사에 관한 정보

- 제품명(경고표지상에 사용되는 것과 동일한 명칭 또는 분류코드를 기재한다)
- 제품의 권고 용도와 사용상의 제한
- 공급자 정보(제조자, 수입자, 유통업자 관계없이 해당 제품의 공급 및 물질안전보건자료 작성을 책임지는 회사의 정보를 기재하되, 수입품의 경우 문의사항 발생 또는 긴급 시 연락 가능한 국내 공급자 정보를 기재) :
  - 회사명
  - 주 소
  - 긴급전화번호

유해성·위험성

- 유해성·위험성 분류
- 예방조치문구를 포함한 경고표지 항목 :
  - 그림문자
  - 신호어
  - 유해·위험문구
  - 예방조치문구
- 유해성·위험성 분류기준에 포함되지 않는 기타 유해성·위험성(예 분진폭발 위험성)

구성성분의 명칭 및 함유량

- 화학물질명
- 관용명 및 이명(異名)
- CAS 번호 또는 식별번호
- 함유량(%)

※ 대체자료 기재 승인(부분승인) 시 승인번호 및 유효기간

응급조치 요령

- 눈에 들어갔을 때 :
- 피부에 접촉했을 때 :
- 흡입했을 때 :
- 먹었을 때 :
- 기타 의사의 주의사항 :

폭발 · 화재 시 대처방법

- 적절한 (및 부적절한) 소화제 :
- 화학물질로부터 생기는 특정 유해성(예 연소 시 발생 유해물질) :
- 화재 진압 시 착용할 보호구 및 예방조치 :

누출사고 시 대처방법

- 인체를 보호하기 위해 필요한 조치사항 및 보호구 :
- 환경을 보호하기 위해 필요한 조치사항 :
- 정화 또는 제거방법 :

취급 및 저장방법

- 안전취급 요령 :
- 안전한 저장방법(피해야 할 조건을 포함함) :

노출방지 및 개인보호구

- 화학물질의 노출기준, 생물학적 노출기준 등 :
- 적절한 공학적 관리 :
- 개인보호구
  - 호흡기 보호 :
  - 눈 보호 :
  - 손 보호 :
  - 신체 보호 :

물리 · 화학적 특성

- 외관(물리적 상태, 색 등) :
- 냄새 :
- 냄새 역치 :
- pH :
- 녹는점/어는점 :
- 초기 끓는점과 끓는점 범위 :
- 인화점 :
- 증발속도
- 인화성(고체, 기체)
- 인화 또는 폭발범위의 상한/하한

- 증기압 :
- 용해도 :
- 증기밀도 :
- 비중 :
- n 옥탄올/물 분배계수 :
- 자연발화온도 :
- 분해온도 :
- 점도 :
- 분자량 :

안정성 및 반응성

- 화학적 안정성 및 유해반응의 가능성 :
- 피해야 할 조건(정전기 방전, 충격, 진동 등) :
- 피해야 할 물질 :
- 분해 시 생성되는 유해물질 :

독성에 관한 정보

- 가능성이 높은 노출경로에 관한 정보
- 건강 유해성 정보
  - 급성 독성(노출 가능한 모든 경로에 대해 기재) :
  - 피부 부식성 또는 자극성 :
  - 심한 눈 손상 또는 자극성 :
  - 호흡기 과민성 :
  - 피부 과민성 :
  - 발암성 :
  - 생식세포 변이원성 :
  - 생식독성 :
  - 특정 표적장기 독성(1회 노출) :
  - 특정 표적장기 독성(반복 노출) :
  - 흡인 유해성 :

※ 가능성이 높은 노출경로에 관한 정보 및 건강 유해성 정보를 합쳐서 노출경로와 건강 유해성 정보를 함께 기재할 수 있음

환경에 미치는 영향

- 생태독성 :
- 잔류성 및 분해성 :
- 생물 농축성 :
- 토양 이동성 :
- 기타 유해 영향 :

폐기 시 주의사항

- 폐기방법 :
- 폐기 시 주의사항(오염된 용기 및 포장의 폐기방법을 포함함) :

운송에 필요한 정보

- 유엔 번호 :
- 유엔 적정 선적명 :
- 운송에서의 위험성 등급 :
- 용기등급(해당하는 경우) :
- 해양오염물질(해당 또는 비해당으로 표기) :
- 사용자가 운송 또는 운송수단에 관련해 알 필요가 있거나 필요한 특별한 안전대책 :

법적 규제현황

- 산업안전보건법에 의한 규제 :
- 화학물질관리법에 의한 규제 :
- 위험물안전관리법에 의한 규제 :
- 폐기물관리법에 의한 규제 :
- 기타 국내 및 외국법에 의한 규제 :

그 밖의 참고사항

- 자료의 출처 :
- 최초 작성일자 :
- 개정횟수 및 최종 개정일자 :
- 기타 :

※ 옥탄올/물 분배계수(K_{ow}, Octanol–Water Partition Coefficient) : 서로 혼합되지 않는 물과 옥탄올 사이에서 용질의 농도비로서, 용질의 친수성과 소수성을 파악하기 위해 이용된다. 단위는 mol/L이며, K_{ow}값이 1보다 큰 물질은 소수성이 강한 물질로, 1보다 작은 물질은 친수성이 강한 물질로 판단한다.

(8) 물질안전보건자료의 작성원칙(제11조)

① 물질안전보건자료는 한글로 작성하는 것을 원칙으로 하되 화학물질명, 외국기관명 등의 고유명사는 영어로 표기할 수 있다.

② ①에도 불구하고 실험실에서 시험·연구목적으로 사용하는 시약으로서 물질안전보건자료가 외국어로 작성된 경우에는 한국어로 번역하지 아니할 수 있다.

③ 물질안전보건자료에 포함되어야 할 항목을 작성 시 시험결과를 반영하고자 하는 경우에는 해당 국가의 우수실험실기준(GLP) 및 국제공인시험기관 인정(KOLAS)에 따라 수행한 시험결과를 우선적으로 고려하여야 한다.

④ 외국어로 되어 있는 물질안전보건자료를 번역하는 경우에는 자료의 신뢰성이 확보될 수 있도록 최초 작성기관명 및 시기를 함께 기재하여야 하며, 다른 형태의 관련 자료를 활용하여 물질안전보건자료를 작성하는 경우에는 참고문헌의 출처를 기재하여야 한다.

⑤ 물질안전보건자료 작성에 필요한 용어, 작성에 필요한 기술지침은 한국산업안전보건공단이 정할 수 있다.

⑥ 물질안전보건자료의 작성단위는 계량에 관한 법률이 정하는 바에 의한다.

⑦ 각 작성항목은 빠짐없이 작성하여야 한다. 다만, 부득이 어느 항목에 대해 관련 정보를 얻을 수 없는 경우에는 작성란에 '자료 없음'이라고 기재하고, 적용이 불가능하거나 대상이 되지 않는 경우에는 작성란에 '해당 없음'이라고 기재한다.

⑧ 화학제품에 관한 정보 중 용도는 [별표 5]에서 정하는 용도분류체계에서 하나 이상을 선택하여 작성할 수 있다. 다만, 작성된 물질안전보건자료를 제출할 때에는 [별표 5]에서 정하는 용도분류체계에서 하나 이상을 선택하여야 한다.

⑨ 혼합물 내 함유된 화학물질 중 물리적 위험성 분류기준에 해당하는 화학물질의 함유량이 한계농도인 1% 미만이거나 건강 및 환경 유해성 분류기준에 해당하는 화학물질의 함유량이 [별표 6]에서 정한 한계농도 미만인 경우 작성항목에 대한 정보를 기재하지 아니할 수 있다. 이 경우 화학물질이 물리적 위험성 분류기준과 건강 및 환경 유해성 분류기준 모두 해당할 때에는 낮은 한계농도를 기준으로 한다.

⑩ 구성성분의 함유량을 기재하는 경우에는 함유량의 ±5%P 내에서 범위(하한값~상한값)로 함유량을 대신하여 표시할 수 있다.

⑪ 물질안전보건자료를 작성할 때에는 취급근로자의 건강보호목적에 맞도록 성실하게 작성하여야 한다.

(9) 혼합물의 유해성·위험성 결정(제12조)

① 물질안전보건자료를 작성할 때에는 혼합물의 유해성·위험성을 다음과 같이 결정한다.

　㉠ 혼합물에 대한 유해성·위험성의 결정을 위한 세부 판단기준은 [별표 1]에 따른다.

　㉡ 혼합물에 대한 물리적 위험성 여부가 혼합물 전체로서 시험되지 않는 경우에는 혼합물을 구성하고 있는 단일화학물질에 관한 자료를 통해 혼합물의 물리적 잠재 유해성을 평가할 수 있다.

② 혼합물인 제품들이 다음의 요건을 모두 충족하는 경우에는 해당 제품들을 대표하여 하나의 물질안전
보건자료를 작성할 수 있다.

　㉠ 혼합물인 제품들의 구성성분이 같을 것. 다만, 향수, 향료 또는 안료(이하 '향수 등'이라 한다)
성분의 물질을 포함하는 제품으로서 다음의 요건을 모두 충족하는 경우에는 그러하지 아니하다.

　　• 제품의 구성성분 중 향수 등의 함유량(2가지 이상의 향수 등 성분을 포함하는 경우에는 총함유량
을 말한다)이 5% 이하일 것

　　• 제품의 구성성분 중 향수 등 성분의 물질만 변경될 것

　㉡ 각 구성성분의 함유량 변화가 10%P 이하일 것

　㉢ 유사한 유해성을 가질 것

(10) 물질안전보건자료의 양도 및 제공(제13조)

① 물질안전보건자료대상물질을 양도하거나 제공하는 자는 다음의 어느 하나에 해당하는 방법으로 물질
안전보건자료를 제공할 수 있다. 이 경우 물질안전보건자료대상물질을 양도하거나 제공하는 자는
상대방의 수신 여부를 확인하여야 한다.

　㉠ 등기우편

　㉡ 정보통신망 이용촉진 및 정보보호 등에 관한 법률에 따른 정보통신망 및 전자문서(물질안전보건
자료를 직접 첨부하거나 저장하여 제공하는 것에 한한다)

② 화학물질의 분류기준에 해당하지 아니하는 화학물질 또는 혼합물을 양도하거나 제공할 때에는 해당
화학물질 또는 혼합물이 화학물질의 분류기준에 해당하지 않음을 서면으로 통보하여야 한다. 이 경우
해당 내용을 포함한 물질안전보건자료를 제공한 경우에는 서면으로 통보한 것으로 본다.

③ ②에 따른 화학물질 또는 혼합물을 양도하거나 제공하는 자와 그 양도・제공자로부터 해당 화학물질
또는 혼합물이 화학물질에 따른 분류기준에 해당되지 않음을 서면으로 통보받은 자는 해당 서류(②의
후단에 따라 물질안전보건자료를 제공한 경우에는 해당 물질안전보건자료를 말한다)를 사업장 내에
갖추어 두어야 한다.

2 화학물질의 분류 및 표시 등에 관한 규정

(1) 목적(제1조)

화학물질의 분류 및 표시에 관한 세부사항, 그 밖에 필요한 사항을 규정한다.

(2) 용어 정의(제2조)

① 유해성 항목 : 물리적 위험성, 건강 유해성 또는 환경 유해성의 고유한 성질이다.

② 공급자 : 유해화학물질의 용기・포장에 표시해야 하는 유해화학물질영업자 또는 유해화학물질수입자
를 말한다.

③ 단일 용기·포장 : 이중 용기·포장 외의 용기·포장을 말한다.

④ 이중 용기·포장 : 1개의 용기·포장 안에 1개 이상의 용기·포장이 들어 있는 용기·포장을 말한다.

⑤ 외부 용기·포장 : 이중 용기·포장에서 가장 바깥쪽의 용기·포장을 말하며, 그 안쪽의 용기·포장을 담고 보호하기 위하여 사용된 흡수재 및 완충재를 포함한다.

⑥ 내부 용기·포장 : 운송을 위하여 외부 용기·포장을 필요로 하는 용기·포장을 말한다.

⑦ GHS(Globally Harmonized System of Classification and Labelling of Chemicals) : 국제연합(UN)에서 규정한 화학물질의 분류 및 표시에 관한 세계조화시스템을 말한다.

⑧ 국제연합번호 : 유해위험물질 및 제품의 국제적 운송보호를 위해 국제연합(UN)이 지정한 물질분류번호이다.

⑨ 혼합물 : 두 종류 이상의 성분을 섞은 것 또는 두 종류 이상이 서로 녹아 있는 용액을 말하며, 본 규정에 의한 분류 목적상 최종 분류에 영향을 주는 불순물 또는 기타 부산물 등도 구성성분으로 본다.

⑩ 화공품(火工品, Pyrotechnic Article) : 하나 이상의 화공물질 또는 혼합물을 포함한 제품(Article)을 말한다.

⑪ 폭굉(暴轟, Detonation) : 분해되는 물질에서 생겨난 충격파를 수반하며 발생하는 초음속의 열분해를 말한다.

⑫ 화공품에 사용되는 물질(또는 혼합물) : 비폭굉성의 지속성 발열반응에 의해 열, 빛, 소리, 가스 또는 연기 등이 발생되도록 만들어진 물질 또는 혼합물을 말한다.

⑬ 폭발성 제품(Explosive Article) : 하나 이상의 폭발성 물질 또는 혼합물을 함유하는 제품을 말한다.

⑭ 의도적인 폭발성 물질 또는 화약류 : 실질적으로 폭발 또는 화공품의 효과를 일으키도록 만들어진 물질, 혼합물과 제품을 말한다.

⑮ 대폭발(Mass Explosion) : 실질적으로 동시에 거의 모든 양(量)에 영향을 주는 폭발을 말한다.

⑯ 에어로졸(에어로졸 분무기) : 재충전이 불가능한 금속, 유리 또는 플라스틱 용기에 압축가스, 액화가스 또는 용해가스(액체, 페이스트 또는 분말을 포함하는 경우도 있다)를 충전하고, 내용물을 가스에 현탁시킨 고체·액상 입자 또는 액체나 가스에 폼(Foam), 페이스트 또는 분말상으로 배출하는 분사 장치를 갖춘 것을 말한다.

⑰ 폭연(爆煙, Deflagration) : 충격파를 방출하지 않으면서 급격하게 진행되는 연소를 말한다.

⑱ 쉽게 연소되는 고체 : 분말, 과립 또는 페이스트 형태의 물질이나 혼합물로서 점화원과 단시간의 접촉에 의해 쉽게 연소되거나 화염이 급속히 확산되는 고체를 말한다.

⑲ 분진 : 일반적으로 기계적인 가공에 의해 형성되는 가스(통상 공기) 중에 분산된 물질 또는 혼합물의 고체 입자를 말한다.

⑳ 미스트(Mist) : 일반적으로 과잉 포화된 증기의 응축 또는 액체의 물리적인 전단가공에 의해 형성되는 가스(통상 공기) 중에 분산된 물질 또는 혼합물의 액체방울을 말한다.

㉑ 증기 : 액체 또는 고체상태의 물질 또는 혼합물로부터 방출된 물질 또는 혼합물의 가스형태를 말한다.

㉒ 가중치 : 피부 부식성/자극성, 심한 눈 손상/눈 자극성 및 수생환경 유해성의 혼합물 분류기준에서 유해성이 강한 성분에 적용하는 값을 말한다.

㉓ 곱셈계수 : 수생환경 유해성의 혼합물 분류기준에서 고독성 성분에 적용하는 값을 말한다.

[혼합물 중의 고독성 성분에 대한 곱셈계수(M) (별표 1)]

급성 독성	M계수	만성 독성	M계수	
L(E)C$_{50}$(단위 : mg/L)		NOEC(단위 : mg/L)	성분 a	성분 b
0.1 < L(E)C$_{50}$ ≤ 1	1	0.01 < NOEC ≤ 0.1	1	–
0.01 < L(E)C$_{50}$ ≤ 0.1	10	0.001 < NOEC ≤ 0.01	10	1
0.001 < L(E)C$_{50}$ ≤ 0.01	100	0.0001 < NOEC ≤ 0.001	100	10
0.0001 < L(E)C$_{50}$ ≤ 0.001	1,000	0.00001 < NOEC ≤ 0.0001	1,000	100
0.00001 < L(E)C$_{50}$ ≤ 0.0001	10,000	0.000001 < NOEC ≤ 0.00001	10,000	1,000
(이하 10배씩 계속)		(이하 10배씩 계속)		

a : 빠르게 분해되지 않는 성분, b : 빠르게 분해되는 성분

(3) 적용규정(제4조)

본 규정에서 정하지 아니한 사항에 대하여는 다음의 규정을 적용한다.

① GHS

② 유엔 위험물 운송에 관한 권고, 시험 및 판정기준(UN RTDG ; Recommendations on the Transport of Dangerous Goods, Manual of Tests and Criteria)

(4) 유해성 항목의 분류기준(제6조)

화학물질의 등록 및 평가 등에 관한 법률 시행규칙 [별표 7]과 화학물질관리법 시행규칙 [별표 3]을 따른다.

① 물리적 위험성

ⓐ 폭발성 물질 : 자체의 화학반응에 의하여 주위환경에 손상을 줄 수 있는 정도의 온도·압력 및 속도를 가진 가스를 발생시키는 고체·액체상태의 물질이나 그 혼합물을 말한다.

ⓑ 인화성 가스 : 20℃, 표준압력 101.3kPa에서 공기와 혼합하여 인화되는 범위에 있는 가스 및 54℃ 이하 공기 중에서 자연발화하는 가스를 말한다.

ⓒ 에어로졸 : 재충전이 불가능한 금속·유리 또는 플라스틱 용기에 압축가스·액화가스 또는 용해가스를 충전하고 내용물을 그 가스에 현탁시킨 고체나 액상 입자로, 액상 또는 가스상에서 폼·페이스트·분말상으로 배출하는 분사장치를 갖춘 것을 말한다.

ⓓ 산화성 가스 : 일반적으로 산소를 공급함으로써 공기와 비교하여 다른 물질의 연소를 더 잘 일으키거나 연소를 돕는 가스를 말한다.

ⓔ 고압가스 : 200kPa 이상의 게이지압력 상태로 용기에 충전되어 있는 가스 또는 액화되거나 냉동액화된 가스를 말한다.

ⓕ 인화성 액체 : 인화점이 60℃ 이하인 액체를 말한다.

ⓢ 인화성 고체 : 쉽게 연소되는 고체(분말, 과립 또는 페이스트 형태의 물질로 성냥과 같은 점화원을 잠깐 접촉하여도 쉽게 점화되거나 화염이 빠르게 확산되는 물질을 말한다) 또는 마찰에 의하여 화재를 일으키거나 화재를 돕는 고체를 말한다.

ⓞ 자기반응성(自己反應性) 물질 및 혼합물 : 열적(熱的)으로 불안정하여 산소의 공급이 없어도 강하게 발열 분해하기 쉬운 액체·고체물질이나 혼합물을 말한다.

ⓩ 자연발화성 액체 : 적은 양으로도 공기와 접촉하여 5분 안에 발화할 수 있는 액체를 말한다.

ⓒ 자연발화성 고체 : 적은 양으로도 공기와 접촉하여 5분 안에 발화할 수 있는 고체를 말한다.

ⓚ 자기발열성(自己發熱性) 물질 및 혼합물 : 자연발화성 물질이 아니면서 주위에서 에너지를 공급받지 않고 공기와 반응하여 스스로 발열하는 고체·액체물질이나 혼합물을 말한다.

ⓣ 물반응성 물질 및 혼합물 : 물과의 상호작용에 의하여 자연발화성이 되거나 인화성 가스를 위험한 수준의 양으로 발생하는 고체·액체물질이나 혼합물을 말한다.

ⓟ 산화성 액체 : 그 자체로는 연소하지 않더라도 일반적으로 산소를 발생시켜 다른 물질을 연소시키거나 연소를 돕는 액체를 말한다.

ⓗ 산화성 고체 : 그 자체로는 연소하지 않더라도 일반적으로 산소를 발생시켜 다른 물질을 연소시키거나 연소를 돕는 고체를 말한다.

㉮ 유기과산화물 : 1개 또는 2개의 수소원자가 유기라디칼에 의하여 치환된 과산화수소의 유도체인 2개의 -O-O- 구조를 갖는 액체나 고체 유기물질을 말한다.

㉯ 금속부식성 물질 : 화학적인 작용으로 금속을 손상 또는 파괴시키는 물질이나 혼합물을 말한다.

② 건강 유해성

㉠ 급성 독성 물질 : 입이나 피부를 통하여 1회 또는 24시간 이내에 수회로 나누어 투여하거나 4시간 동안 흡입노출시켰을 때 유해한 영향을 일으키는 물질을 말한다.

㉡ 피부 부식성 또는 자극성 물질 : 최대 4시간 동안 접촉시켰을 때 비가역적(非可逆的)인 피부손상을 일으키는 물질(피부 부식성 물질) 또는 회복 가능한 피부손상을 일으키는 물질(피부 자극성 물질) 을 말한다.

㉢ 심한 눈 손상 또는 눈 자극성 물질 : 눈 앞쪽 표면에 접촉시켰을 때 21일 이내에 완전히 회복되지 않는 눈 조직 손상을 일으키거나 심한 물리적 시력감퇴를 일으키는 물질(심한 눈 손상 물질) 또는 21일 이내에 완전히 회복 가능한 어떤 변화를 눈에 일으키는 물질(눈 자극성 물질)을 말한다.

㉣ 호흡기 또는 피부 과민성 물질 : 호흡을 통하여 노출되어 기도에 과민 반응을 일으키거나 피부 접촉을 통하여 알레르기 반응을 일으키는 물질을 말한다.

㉤ 생식세포 변이원성 물질 : 자손에게 유전될 수 있는 사람의 생식세포에 돌연변이를 일으킬 수 있는 물질을 말한다.

㉥ 발암성 물질 : 암을 일으키거나 암의 발생을 증가시키는 물질을 말한다.

㉦ 생식독성 물질 : 생식기능, 생식능력 또는 태아 발육에 유해한 영향을 일으키는 물질을 말한다.

㉧ 특정 표적장기 독성 물질(1회 노출) : 1회 노출에 의하여 특이한 비치사적(죽음에 이르지 않는 정도) 특정 표적장기 독성을 일으키는 물질을 말한다.

      ② 특정 표적장기 독성 물질(반복 노출) : 반복 노출에 의하여 특정 표적장기 독성을 일으키는 물질을 말한다.

      ③ 흡인 유해성 물질 : 액체나 고체 화학물질이 입이나 코를 통하여 직접적으로 또는 구토로 인하여 간접적으로 기관(氣管) 및 더 깊은 호흡기관(呼吸器官)으로 유입되어 화학폐렴, 다양한 폐 손상이나 사망과 같은 심각한 급성 영향을 일으키는 물질을 말한다.

③ 환경 유해성

      ㉠ 수생환경 유해성 물질 : 단기간 또는 장기간 노출에 의하여 물속에 사는 수생생물과 수생생태계에 유해한 영향을 일으키는 물질을 말한다.

      ㉡ 오존층 유해성 물질 : 몬트리올 의정서의 부속서에 등재된 모든 관리대상 물질을 말한다.

④ 화학물질의 표시내용

      ㉠ 명칭 : 화학물질의 이름이나 제품(상품)의 이름 등에 관한 정보

      ㉡ 그림문자 : 유해성의 내용을 나타내는 그림

      ㉢ 신호어 : 유해성의 정도에 따라 위험 또는 경고로 표시하는 문구

      ㉣ 유해 · 위험문구 : 유해성을 알리는 문구

      ㉤ 예방조치문구 : 부적절한 저장 · 취급 등으로 인한 유해성을 막거나 최소화하기 위한 조치를 나타내는 문구

      ㉥ 공급자 정보 : 제조자 또는 수입자의 이름 · 전화번호 · 주소 등에 관한 정보

      ㉦ 국제연합번호 : 유해위험물질 및 제품의 국제적 운송보호를 위하여 국제연합이 정한 물질 분류번호

3 유해화학물질의 표시대상 및 방법

(1) 유해화학물질의 표시대상(화학물질관리법 시행규칙 제12조)

① 유해화학물질을 취급하는 자가 유해화학물질에 관한 표시를 해야 할 대상은 다음과 같다.

      ㉠ 유해화학물질 보관 · 저장시설과 진열 · 보관장소

      ㉡ 유해화학물질 운반차량(컨테이너, 이동식 탱크로리 등을 포함한다)

      ㉢ 유해화학물질의 용기 · 포장

      ㉣ 유해화학물질 취급시설(모든 취급시설이 화학물질안전원장이 정하여 고시하는 규모 미만으로서, 화학사고예방관리계획서의 제출 의무가 없는 사업장의 취급시설은 제외한다)을 설치 · 운영하는 사업장

② 유해화학물질에 관한 표시를 하는 경우에는 유해성 항목에 따라 구분하여 표시하여야 한다.

(2) 유해화학물질의 표시방법(화학물질관리법 시행규칙 별표 2)

① 유해화학물질의 보관·저장시설 또는 진열·보관장소에 표시하는 경우

　　㉠ 양 식

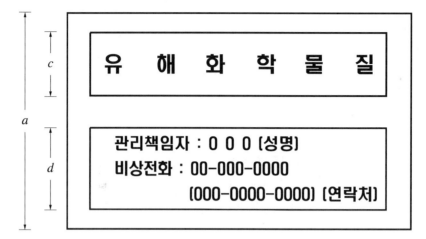

물질명	국제연합번호	그림문자

　　㉡ 양식크기 : $a = 50\text{cm}$ 이상, $b = \dfrac{3}{2}a$, $c = \dfrac{1}{4}a$, $d = \dfrac{1}{4}a$

　　㉢ 글자크기 : 유해화학물질 등 글자의 높이는 테두리 전체 높이의 65% 이상이 되도록 해야 한다.

　　㉣ 색상 : 바탕은 흰색, 테두리는 검은색, 글자는 빨간색으로 하고, 관리책임자와 비상전화의 글자는 검은색으로 해야 한다.

　　㉤ 표시위치 : 유해화학물질의 보관·저장시설 또는 진열·보관장소의 입구 또는 쉽게 볼 수 있는 위치에 부착해야 한다.

② 운반차량(컨테이너, 이동식 탱크로리 등을 포함한다)에 표시하는 경우
  ㉠ 1ton 초과 운반차량의 경우
    • 양 식

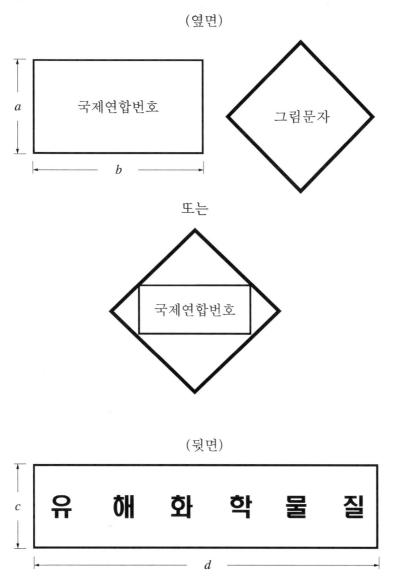

(옆면)

또는

(뒷면)

• 양식크기
  – 1ton 초과 4ton 이하 운반차량의 경우 : 옆면의 그림문자 네 변의 길이는 각각 12cm 이상, a = 10cm 이상, b = 25cm 이상, c = 12cm 이상, d = 50cm 이상으로 한다.
  – 4ton 초과 운반차량의 경우 : 옆면의 그림문자 네 변의 길이는 각각 20cm 이상, a = 10cm 이상, b = 25cm 이상, c = 20~30cm, d = 80~100cm로 한다.

- 글자크기 : 국제연합번호의 글자 높이는 테두리 전체 높이의 65% 이상이 되도록 해야 한다.
- 그림문자 : 국제연합(UN)의 위험물 운송에 관한 권고 기준(RTDG ; Recommendations on the Transport of Dangerous Goods), 위험물 선박운송 및 저장규칙, 항공안전법에 따라 국토교통부장관이 정하여 고시하는 위험물취급의 절차 및 방법 등 위험물 운송과 관련된 기준에 따른 운송그림문자(이하 '운송그림문자'라 한다)를 사용할 수 있다. 다만, 그림문자와 관련된 유해성·위험성이 두 가지 이상인 경우에는 유해성·위험성 우선순위가 높은 두 개의 물질에 대해서만 국제연합번호 및 그림문자를 표시할 수 있다.
- 색상 : 테두리는 검은색으로, 글자(그림문자는 제외한다)는 검은색으로 하고, 뒷면의 유해화학물질 글자는 빨간색으로, 국제연합번호의 바탕은 주황색으로 해야 한다.
- 표시위치 : 양 옆면과 뒷면의 쉽게 볼 수 있는 위치에 표시를 부착 또는 각인해야 한다.
- 유해성·위험성 우선순위
  - 방사성 물질
  - 폭발성 물질 및 제품
  - 가스류
  - 인화성 액체 중 둔감한 액체 화약류
  - 자체반응성 물질 및 둔감한 고체 화약류
  - 자연발화성 물질
  - 유기과산화물
  - 독성물질 또는 인화성 액체류
ⓛ 1ton 이하 운반차량의 경우
- 양 식

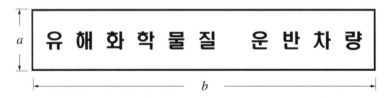

- 양식크기 : $a = 10 \sim 20cm$, $b = 30 \sim 80cm$이어야 한다.

③ 용기 또는 포장에 표시하는 경우
　㉠ 양식 및 규격
　　• 양 식

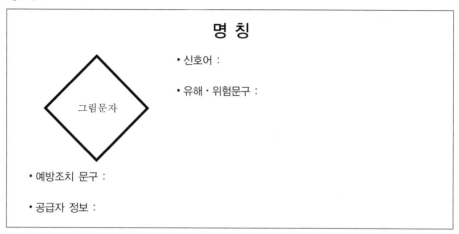

　• 규 격
　　– 용기의 용량별 크기

용기 · 포장의 용량	크 기
5L 미만	용기 · 내부 포장의 상하면적을 제외한 전체 표면적의 5% 이상
5L 이상 50L 미만	90cm^2 이상
50L 이상 200L 미만	180cm^2 이상
200L 이상 500L 미만	300cm^2 이상
500L 이상	450cm^2 이상

　　– 그림문자의 크기는 전체 크기의 40분의 1 이상으로 하되, 최소한 0.5cm^2 이상이어야 한다.
　　– 유해화학물질의 내용량이 100g 이하 또는 100mL 이하인 경우에는 명칭, 그림문자, 신호어 및 공급자 정보만을 표시할 수 있다.
　　– 전체 크기의 바탕은 흰색 또는 용기 · 포장 자체의 표면색으로 하고, 글자(그림문자는 제외한 다)와 테두리는 검은색으로 한다. 다만, 용기 · 포장 자체의 표면색이 검은색에 가까운 경우에 는 글자와 테두리를 바탕색과 대비되는 색상으로 해야 한다.
　　– 1L 미만의 소량 용기로서 용기에 직접 인쇄하려는 경우에는 그 용기 표면의 색상이 두 가지 이하로 착색되어 있는 경우만 용기에 주로 사용된 색상(검은색계통은 제외한다)을 그림문자 의 바탕색으로 할 수 있다.

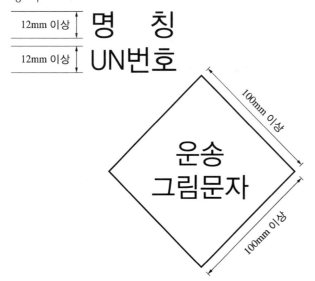

염 산

신호어 : 위험

유해·위험문구
- 고압가스 포함 : 가열하면 폭발할 수 있음
- 삼키면 유독함
- 피부에 심한 화상과 눈 손상을 일으킴
- 눈에 심한 손상을 일으킴
- 흡입하면 유독함
- 흡입 시 알레르기성 반응, 천식 또는 호흡 곤란을 일으킬 수 있음
- 신체 중 (...)에 손상을 일으킴
- 장기간 또는 반복노출 되면 신체 중 (...)에 손상을 일으킴
- 수생생물에 매우 유독함

예방조치문구
- (분진·흄·가스·미스트·증기·스프레이)를(을) 흡입하지 마시오.
- (분진·흄·가스·미스트·증기·스프레이)의 흡입을 피하시오.
- 취급 후에는 취급 부위를 철저히 씻으시오.
- 이 제품을 사용할 때에는 먹거나, 마시거나 흡연하지 마시오.
- 옥외 또는 환기가 잘 되는 곳에서만 취급하시오.
- 환경으로 배출하지 마시오.
- (보호장갑·보호의·보안경·안면보호구)를(을) 착용하시오.
- 환기가 잘 되지 않는 경우 호흡기 보호구를 착용하시오.

공급자 정보 :

ⓛ 운반을 위한 외부 용기의 양식 및 규격

- 양 식

12mm 이상 | 명 칭
12mm 이상 | UN번호

100mm 이상

운송
그림문자

100mm 이상

- 규 격
  - 그림문자의 크기는 100mm × 100mm 이상의 마름모꼴로 한다.
  - 명칭 및 UN 번호의 문자 높이는 12mm 이상으로 하되, 용량이 30L 이하 또는 최대 순질량이 30kg 이하인 포장화물 및 수용량이 60L 이하인 실린더의 경우에는 6mm 이상의 높이여야 하며, 용량이 5L 이하 또는 최대 순질량이 5kg 이하인 포장화물인 경우에는 적절한 높이여야 한다.
  - 명칭을 기재할 때 고유번호(또는 CAS 번호)와 유해화학물질의 함량(혼합물인 경우)은 제외할 수 있다.
④ 유해화학물질 취급시설을 설치·운영하는 사업장에 표시하는 경우
  ㉠ 양 식

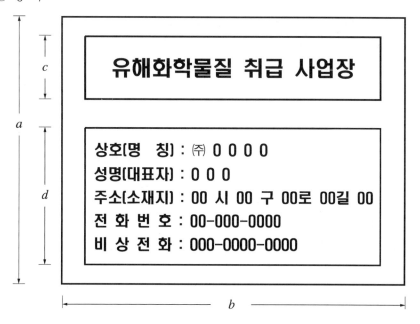

  ㉡ 양식크기 : $a = 50cm$ 이상, $b = \dfrac{3}{2}a$, $c = \dfrac{1}{4}a$, $d = \dfrac{1}{2}a$
  ㉢ 글자크기 : 유해화학물질 등 글자의 높이는 테두리 전체 높이의 65% 이상이 되어야 한다.
  ㉣ 색상 : 바탕은 흰색으로, 테두리는 검은색으로, 글자는 빨간색으로, 상호, 성명, 주소, 전화번호, 비상전화의 글자는 검은색으로 해야 한다.
  ㉤ 표시위치 : 유해화학물질 취급 사업장의 출입구, 사업장의 부지경계선 등 외부로부터 쉽게 볼 수 있는 장소에 게시해야 한다. 이 경우 해당 유해화학물질 취급 사업장에 출입 또는 접근할 수 있는 장소가 여러 방향일 때에는 그 장소마다 게시해야 한다.

(3) 유해화학물질의 표시사항(화학물질관리법 제16조 관련)

유해화학물질을 취급하는 자는 해당 유해화학물질의 용기나 포장에 다음의 사항이 포함되어 있는 유해화학물질에 관한 표시를 하여야 한다. 제조하거나 수입된 유해화학물질을 소량으로 나누어 판매하려는 경우에도 또한 같다.

① **명칭** : 유해화학물질의 이름이나 제품의 이름 등에 관한 정보

　㉠ 유해화학물질의 이름(또는 일반명) 및 고유번호(또는 CAS 번호)

　㉡ 혼합물인 유해화학물질의 경우는 제품이름 또는 혼합물의 이름 및 유해화학물질의 함량(%)

　㉢ 혼합물인 유해화학물질의 표시에 유해화학물질이 아닌 구성성분으로 인해 급성 독성, 피부 부식성, 심한 눈 손상, 생식세포 변이원성, 발암성, 생식독성, 피부 과민성, 호흡기 과민성 또는 표적장기 독성에 관한 유해성을 표시하는 경우 해당 화학물질의 명칭을 기재할 수 있다.

　㉣ 유해화학물질의 이름을 기재하기 어려운 경우에 CAS 번호로 대신 기재할 수 있다.

② **그림문자(Pictogram)** : 유해성의 내용을 나타내는 그림

　㉠ 해골과 X자형 뼈가 사용되는 경우에는, 감탄부호는 사용해서는 안 된다.

　㉡ 부식성 심벌이 사용되는 경우에는, 피부 또는 눈 자극성을 나타내는 감탄부호는 사용해서는 안 된다.

　㉢ 호흡기 과민성에 관한 건강 유해성 심벌이 사용되는 경우에는, 피부 과민성 또는 피부/눈 자극성을 나타내는 감탄부호는 사용해서는 안 된다.

　㉣ 물리적 위험성에 관한 그림문자의 우선순위는 '유엔 위험물 운송에 관한 권고 모델 규칙'에 의한다.

③ **신호어** : 유해성의 정도에 따라 위험 또는 경고로 표시하는 문구

　㉠ 위험 : 보다 심각한 유해성 구분을 나타냄

　㉡ 경고 : 상대적으로 심각성이 낮은 유해성 구분을 나타냄

④ **유해·위험문구** : 유해성을 알리는 문구

⑤ **예방조치문구** : 부적절한 저장·취급 등으로 인한 유해성을 막거나 최소화하기 위한 조치를 나타내는 문구

　㉠ 선택한 예방조치문구가 7개 이상인 경우, 유해성의 심각성을 고려하여 최대 6개까지 나타낼 수 있다.

　㉡ 선택한 예방조치문구가 서로 중복되거나 유사한 경우, 이를 조합하여 기재할 수 있다.

⑥ **공급자 정보** : 제조자 또는 공급자의 이름(법인인 경우에는 명칭을 말한다)·전화번호·주소 등에 관한 정보

⑦ **국제연합번호** : 유해위험물질 및 제품의 국제적 운송보호를 위하여 국제연합이 지정한 물질분류번호

[GHS, RTDG 그림문자]

폭발성 물질	
인화성 가스	
에어로졸	
산화성 가스, 산화성 액체, 산화성 고체	
고압가스	
인화성 액체	
인화성 고체	
자기반응성 물질 및 혼합물	
자연발화성 액체, 자연발화성 고체, 자기발열성 물질 및 혼합물	
물반응성 물질 및 혼합물	
유기과산화물	

금속부식성 물질	
급성 독성	
피부 부식성/자극성	
심한 눈 손상/눈 자극성	
호흡기 또는 피부 과민성, 특정 표적장기 독성(1회 노출)	
생식세포 변이원성, 발암성, 생식독성, 특정 표적장기 독성(반복 노출), 흡인 유해성	
수생환경 유해성	
오존층 유해성	

[UN 위험물 등급]

폭발성 물질	
가스류	
인화성 액체	

인화성 고체	
산화성 물질	
독성, 감염성 물질	
방사성 물질	
부식성 물질	
기타 위험물	

4 우선순위 관리대상 화학물질 및 화학물질의 유통량 조사

(1) 우선순위 관리대상 화학물질

① 화학물질 유해성 분류 대상물질
② 환경부령으로 정하는 유해화학물질(화학물질관리법 제2조)
  ㉠ 유독물질
  ㉡ 허가물질
  ㉢ 제한물질
  ㉣ 금지물질
  ㉤ 사고대비물질
③ 노출 가능성이 높은 물질
④ 직업적 노출로 직업병 발생, 사망, 사회적 문제 등이 확인된 물질

(2) 화학물질의 유통량 조사

① 국내 유통되고 있는 화학물질의 종류와 물질별 제조·수입·수출량, 사용용도 등을 조사하여 화학물질 관리대상 우선순위 물질을 선정하고 위해성 평가 및 배출량 조사 등 안전관리를 위한 기초자료로 활용한다.

② 환경통계포털에서 화학물질과 관련하여 제공하는 조사자료는 다음과 같으며, 환경부는 최근 자료의 제공을 위하여 노력할 필요가 있다.

ⓐ 화학물질 유통 현황

ⓑ 화학물질 전체량과 1,000ton 이상 유통 현황

ⓒ 화학물질 제조량 상위 50위 물질

ⓓ 화학물질 수출량 상위 50위 물질

ⓔ 업종별 화학물질 유통 현황

ⓕ 용도별 화학물질 유통 현황

ⓖ 주요 내분비계 장애추정물질 유통량

ⓗ 주요 발암물질 유통량

ⓘ 환경관리청별 화학물질 사용·수입·수출·제조 현황

ⓙ 시·도별 화학물질 사용·수입·수출·제조 현황

ⓚ 수계별 화학물질 사용·제조 현황

ⓛ OECD 통보 대량생산 화학물질 등

> **참고** 대량생산 화학물질(HPV ; High Production Volume) : OECD는 한 회원국에서 연간 1,000ton 이상 제조 또는 수입되는 기존화학물질에 대하여 대량생산화학물질 위해성 평가 사업을 수행한다.
> • '99.6부터 우리나라는 7개 물질을 분담·사업 수행 중이다.
> • OECD는 회원국에게 제조 HPV 목록 및 제조·수입 HPV 목록 제출을 요청한다.

[환경통계포털]

출처 : http://stat.me.go.kr/portal/main/indexPage.do

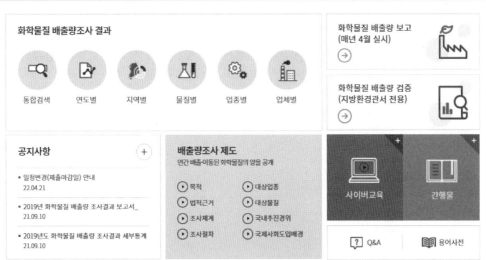

[화학물질 배출 · 이동량(PRTR) 정보공개]

출처 : https://icis.me.go.kr/prtr/main.do

적중예상문제

01 다음 중 유해성 항목을 물리적 위험성, 건강 유해성, 환경 유해성으로 구분하여 제시한 규정과 가장 거리가 먼 것은?

① 화학물질 등록 및 평가 등에 관한 법률 시행규칙 [별표 7]
② 화학물질의 분류 및 표시 등에 관한 규정
③ 화학물질의 분류·표시 및 물질안전보건자료에 관한 기준 [별표 1]
④ 화학물질관리법 시행규칙 [별표 3]

[해설]
유해성 항목을 물리적 위험성, 건강 유해성, 환경 유해성으로 구분하여 제시한 규정은 화학물질 등록 및 평가 등에 관한 법률 시행규칙 [별표 7], 화학물질관리법 시행규칙 [별표 3], 화학물질의 분류 및 표시 등에 관한 규정이며, 화학물질의 분류·표시 및 물질안전보건자료에 관한 기준 [별표 1]에는 화학물질의 분류별 세부 구분기준을 정하고 있다.

02 다음 중 화학물질의 분류·표시 및 물질안전보건자료에 관한 기준에서 규정한 '반제품용기'의 정의로 옳은 것은?

① 화학물질 또는 혼합물을 생산하여 담은 용기
② 고체, 액체 또는 기체의 화학물질 또는 혼합물을 직접 담은 합성강제, 플라스틱, 저장탱크(레미콘, 컨테이너 포함) 등
③ 완전 포장을 하지 않은 화학물질 또는 혼합물을 담은 용기
④ 같은 사업장 내에서 일시적으로 공정 간 이동을 위하여 화학물질 또는 혼합물을 담은 용기

[해설]
화학물질의 분류·표시 및 물질안전보건자료에 관한 기준 제2조(정의)
반제품용기 : 같은 사업장 내에서 상시적이지 않은 경우로서 공정 간 이동을 위하여 화학물질 또는 혼합물을 담은 용기를 말한다.

03 다음 중 화학물질의 분류·표시 및 물질안전보건자료에 관한 기준에서 규정한 경고표지의 부착에 대한 내용으로 **틀린** 것은?

① 물질안전보건자료대상물질을 양도·제공하는 자는 해당 물질안전보건자료대상물질의 용기 및 포장에 한글 또는 외국어로 작성한 경고표지를 부착해야 한다.

② 실험실에서 시험·연구목적으로 사용하는 시약으로서 외국어로 작성된 경고표지가 부착되어 있다면 한글로 작성한 경고표지를 부착하지 아니할 수 있다.

③ 포장하지 않는 드럼 등의 용기에 국제연합의 위험물 운송에 관한 권고에 따라 표시를 한 경우에는 경고표지에 그림문자를 표시하지 아니할 수 있다.

④ 용기 및 포장에 경고표지를 부착하는 것이 곤란한 경우에는 경고표지를 인쇄한 꼬리표를 달 수 있다.

> **해설**
>
> 화학물질의 분류·표시 및 물질안전보건자료에 관한 기준 제5조(경고표지의 부착)
> 물질안전보건자료대상물질을 양도·제공하는 자는 해당 물질안전보건자료대상물질의 용기 및 포장에 한글로 작성한 경고표지(같은 경고표지 내에 한글과 외국어가 함께 기재된 경우를 포함한다)를 부착하거나 인쇄하는 등 유해·위험 정보가 명확히 나타나도록 하여야 한다. 다만, 실험실에서 시험·연구목적으로 사용하는 시약으로서 외국어로 작성된 경고표지가 부착되어 있거나 수출하기 위하여 저장 또는 운반 중에 있는 완제품은 한글로 작성한 경고표지를 부착하지 아니할 수 있다.

04 다음 중 화학물질의 분류·표시 및 물질안전보건자료에 관한 기준에서 규정한 경고표지에 대한 내용으로 **옳은** 것은?

① '해골과 X자형 뼈' 그림문자와 '감탄부호(!)' 그림문자에 모두 해당되는 경우에는 '감탄부호(!)' 그림문자만을 표시한다.

② 물질안전보건자료대상물질의 내용량이 100g 이하 또는 100mL 이하인 경우에는 경고표지에 명칭, 그림문자, 신호어 및 공급자 정보만을 표시할 수 있다.

③ 7개 이상의 그림문자에 해당되는 경우에는 6개의 그림문자만을 표시할 수 있다.

④ 물질안전보건자료대상물질을 양도·제공하는 자는 해당 물질안전보건자료대상물질의 용기 및 포장에 한글 또는 외국어로 작성한 경고표지를 부착해야 한다.

> **해설**
>
> ② 화학물질의 분류·표시 및 물질안전보건자료에 관한 기준 제6조(작성방법)
> 화학물질의 분류·표시 및 물질안전보건자료에 관한 기준 제6조의2(경고표지 기재항목의 작성방법)
> • '해골과 X자형 뼈' 그림문자와 '감탄부호(!)' 그림문자에 모두 해당되는 경우에는 '해골과 X자형 뼈' 그림문자만을 표시한다.
> • 5개 이상의 그림문자에 해당되는 경우에는 4개의 그림문자만을 표시할 수 있다.
> 화학물질의 분류·표시 및 물질안전보건자료에 관한 기준 제5조(경고표지의 부착)
> 물질안전보건자료대상물질을 양도·제공하는 자는 해당 물질안전보건자료대상물질의 용기 및 포장에 한글로 작성한 경고표지(같은 경고표지 내에 한글과 외국어가 함께 기재된 경우를 포함한다)를 부착하거나 인쇄하는 등 유해·위험 정보가 명확히 나타나도록 하여야 한다.

05 다음 중 화학물질의 분류·표시 및 물질안전보건자료에 관한 기준에서 규정한 경고표지 기재항목의 작성방법에 대한 내용으로 틀린 것은?

① 명칭은 물질안전보건자료상의 제품명을 기재한다.

② 호흡기 과민성 그림문자와 피부 과민성, 피부 자극성 또는 눈 자극성 그림문자에 모두 해당되는 경우에는 호흡기 과민성 그림문자만을 표시한다.

③ 신호어는 '위험' 또는 '경고'를 표시한다. 다만, 물질안전보건자료대상물질이 '위험'과 '경고'에 모두 해당되는 경우에는 '위험'만을 표시한다.

④ 예방조치문구가 5개 이상인 경우에는 예방·대응·저장·폐기 각 1개 이상을 포함하여 4개만 표시해도 된다.

[해설]

화학물질의 분류·표시 및 물질안전보건자료에 관한 기준 제6조의2(경고표지 기재항목의 작성방법)

예방조치문구가 7개 이상인 경우에는 예방·대응·저장·폐기 각 1개 이상(해당 문구가 없는 경우는 제외한다)을 포함하여 6개만 표시해도 된다. 이때 표시하지 않은 예방조치문구는 물질안전보건자료를 참고하도록 기재하여야 한다.

06 다음 중 물질안전보건자료의 세부 작성항목에 대한 설명으로 가장 옳지 않은 것은?

① 독성물질에 관한 가능성이 높은 노출경로에 관한 정보

② 폭발·화재 발생 시 적절한 소화제에 관한 정보

③ 화학물질의 노출기준 및 생물학적 노출기준

④ 유해성·위험성 분류기준에 포함되지 않는 기타 유해성·위험성

[해설]

화학물질의 분류·표시 및 물질안전보건자료에 관한 기준 [별표 4] 물질안전보건자료(MSDS)의 작성항목 및 기재사항

폭발·화재 발생 시 적절한 소화제에 관한 정보는 물론 부적절한 소화제에 관한 정보도 제공되어야 한다.

07 다음 중 물질안전보건자료에서 누출사고 시 대처방법에 대한 작성항목이 아닌 것은?

① 적절한 공학적 관리방법

② 인체를 보호하기 위해 필요한 조치사항 및 보호구

③ 정화 또는 제거방법

④ 환경을 보호하기 위해 필요한 조치사항

[해설]

화학물질의 분류·표시 및 물질안전보건자료에 관한 기준 [별표 4] 물질안전보건자료(MSDS)의 작성항목 및 기재사항

누출사고 시 대처방법

• 인체를 보호하기 위해 필요한 조치사항 및 보호구

• 환경을 보호하기 위해 필요한 조치사항

• 정화 또는 제거방법

08 다음 중 물질안전보건자료에 작성해야 하는 해당 화학물질과 관련 있는 '법적 규제현황' 항목의 내용으로 가장 거리가 먼 것은?

① 위험물안전관리법에 의한 규제
② 화학물질등록평가법에 관한 규제
③ 폐기물관리법에 의한 규제
④ 산업안전보건법에 의한 규제

[해설]
화학물질의 분류·표시 및 물질안전보건자료에 관한 기준 [별표 4] 물질안전보건자료(MSDS)의 작성항목 및 기재사항
법적 규제현황
• 산업안전보건법에 의한 규제
• 화학물질관리법에 의한 규제
• 위험물안전관리법에 의한 규제
• 폐기물관리법에 의한 규제
• 기타 국내 및 외국법에 의한 규제

09 다음 중 물질안전보건자료에 작성해야 하는 해당 화학물질의 '안정성 및 반응성' 항목의 내용으로 가장 거리가 먼 것은?

① 화학적 안정성 및 유해반응의 가능성
② 피해야 할 조건
③ 분해 시 생성되는 유해물질
④ 건강 유해성 정보

[해설]
화학물질의 분류·표시 및 물질안전보건자료에 관한 기준 [별표 4] 물질안전보건자료(MSDS)의 작성항목 및 기재사항
안정성 및 반응성
• 화학적 안정성 및 유해반응의 가능성
• 피해야 할 조건(정전기 방전, 충격, 진동 등)
• 피해야 할 물질
• 분해 시 생성되는 유해물질

10 다음 중 물질안전보건자료에 작성해야 하는 해당 화학물질의 '환경에 미치는 영향' 항목의 내용으로 가장 거리가 먼 것은?

① 생태독성
② 생물 농축성
③ 토양 이동성
④ 유기물 오염 가능성

해설

화학물질의 분류·표시 및 물질안전보건자료에 관한 기준 [별표 4] 물질안전보건자료(MSDS)의 작성항목 및 기재사항
환경에 미치는 영향
• 생태독성
• 잔류성 및 분해성
• 생물 농축성
• 토양 이동성
• 기타 유해 영향

11 다음 중 물질안전보건자료에 작성해야 하는 해당 화학물질의 '물리·화학적 특성' 항목의 내용으로 가장 거리가 먼 것은?

① 냄 새
② 증기압
③ 용해도
④ 중금속 농도

해설

화학물질의 분류·표시 및 물질안전보건자료에 관한 기준 [별표 4] 물질안전보건자료(MSDS)의 작성항목 및 기재사항
물리·화학적 특성
• 외관(물리적 상태, 색 등)
• 냄새 역치
• 녹는점/어는점
• 인화점
• 인화성(고체, 기체)
• 증기압
• 증기밀도
• n 옥탄올/물 분배계수
• 분해온도
• 분자량
• 냄 새
• pH
• 초기 끓는점과 끓는점 범위
• 증발속도
• 인화 또는 폭발범위의 상한/하한
• 용해도
• 비 중
• 자연발화온도
• 점 도

12 다음 중 물질안전보건자료에 작성해야 하는 해당 화학물질의 '물리·화학적 특성' 항목 중 옥탄올/물 분배계수(K_{ow})에 대한 설명으로 틀린 것은?

① K_{ow}값이 1보다 큰 물질은 친수성이 강한 물질이다.

② 서로 혼합되지 않는 물과 옥탄올 사이에서 용질의 농도비를 말한다.

③ 용질의 친수성과 소수성을 파악하기 위해 이용된다.

④ 단위는 mol/L이다.

[해설]

옥탄올/물 분배계수(K_{ow}, Octanol–Water Partition Coefficient) : 서로 혼합되지 않는 물과 옥탄올 사이에서 용질의 농도비로서, 용질의 친수성과 소수성을 파악하기 위해 이용된다. 단위는 mol/L이며, K_{ow} 값이 1보다 큰 물질은 소수성이 강한 물질로, 1보다 작은 물질은 친수성이 강한 물질로 판단한다.

13 다음 중 물질안전보건자료의 작성원칙에 관한 내용으로 옳은 것은?

① 실험실에서 시험·연구목적으로 사용하는 시약으로서 물질안전보건자료가 외국어로 작성된 경우에는 한국어로 번역하여 작성하여야 한다.

② 물질안전보건자료 작성에 필요한 용어, 작성에 필요한 기술지침은 화학물질안전원이 정할 수 있다.

③ 구성성분의 함유량을 기재하는 경우에는 함유량의 ±5%P 내에서 범위(하한값~상한값)로 함유량을 대신하여 표시할 수 있다.

④ 어느 항목에 대해 관련 정보를 얻을 수 없는 경우 또는 적용이 불가능한 경우에는 작성란에 '자료 없음'이라고 기재한다.

[해설]

화학물질의 분류·표시 및 물질안전보건자료에 관한 기준 제11조(작성원칙)

• 실험실에서 시험·연구목적으로 사용하는 시약으로서 물질안전보건자료가 외국어로 작성된 경우에는 한국어로 번역하지 아니할 수 있다.

• 물질안전보건자료 작성에 필요한 용어, 작성에 필요한 기술지침은 한국산업안전보건공단이 정할 수 있다.

• 어느 항목에 대해 관련 정보를 얻을 수 없는 경우에는 작성란에 '자료 없음'이라고 기재하고, 적용이 불가능하거나 대상이 되지 않는 경우에는 작성란에 '해당 없음'이라고 기재한다.

14 다음 중 물질안전보건자료 작성 시 화학물질 혼합물의 유해성·위험성 결정에 대한 내용으로 틀린 것은?

① 혼합물에 대한 물리적 위험성 여부가 혼합물 전체로서 시험되지 않는 경우에는 혼합물을 구성하고 있는 단일화학물질에 관한 자료를 통해 혼합물의 물리적 잠재 유해성을 평가할 수 있다.

② 제품의 구성성분 중 향수, 향료 또는 안료의 함유량이 5% 이하이고 향수, 향료 또는 안료 성분의 물질만 변경된 경우 해당 제품들을 대표하여 하나의 물질안전보건자료를 작성할 수 있다.

③ 혼합물인 제품들의 구성성분이 같고, 각 구성성분의 함유량 변화가 10%P 이하이면서 유사한 유해성을 가지는 경우 해당 제품들을 대표하여 하나의 물질안전보건자료를 작성할 수 있다.

④ 혼합물에 대한 물리적 위험성 여부는 혼합물 전체로서 시험되는 것을 원칙으로 한다.

> **해설**
> 화학물질의 분류·표시 및 물질안전보건자료에 관한 기준 제12조(혼합물의 유해성·위험성 결정)
> 혼합물인 제품들이 다음의 요건을 모두 충족하는 경우에는 해당 제품들을 대표하여 하나의 물질안전보건자료를 작성할 수 있다.
> • 혼합물인 제품들의 구성성분이 같을 것. 다만, 향수, 향료 또는 안료(이하 '향수 등'이라 한다) 성분의 물질을 포함하는 제품으로서 다음의 요건을 모두 충족하는 경우에는 그러하지 아니하다.
> – 제품의 구성성분 중 향수 등의 함유량(2가지 이상의 향수 등 성분을 포함하는 경우에는 총함유량을 말한다)이 5% 이하일 것
> – 제품의 구성성분 중 향수 등 성분의 물질만 변경될 것
> • 각 구성성분의 함유량 변화가 10%P 이하일 것
> • 유사한 유해성을 가질 것

15 다음 중 화학물질의 분류 및 표시 등에 관한 규정에서 규정하지 않은 '용기'는 어느 것인가?

① 단일 용기
② 반제품용기
③ 내부 용기
④ 외부 용기

> **해설**
> 반제품용기는 화학물질의 분류·표시 및 물질안전보건자료에 관한 기준 제2조에 규정되어 있다.

16 UN에서 규정한 '화학물질의 분류 및 표시에 관한 세계조화시스템'은 무엇인가?

① RTDG

② PRTR

③ HPV

④ GHS

[해설]

Globally Harmonized System of Classification and Labelling of Chemicals

17 화학물질의 분류 및 표시 등에 관한 규정에서 폭굉(Detonation)의 정의로 옳은 것은?

① 실질적으로 동시에 거의 모든 양(量)에 영향을 주는 폭발

② 충격파를 방출하지 않으면서 급격하게 진행되는 연소

③ 분해되는 물질에서 생겨난 충격파를 수반하며 발생하는 초음속의 열분해

④ 점화원과 단시간의 접촉에 의해 쉽게 연소되거나 화염이 급속히 확산되는 폭발

[해설]

화학물질의 분류 및 표시 등에 관한 규정 제2조(정의)

① 대폭발(Mass Explosion)

② 폭연(爆煙, Deflagration)

18 다음 중 화학물질의 분류 및 표시 등에 관한 규정상 용어의 설명으로 틀린 것은?

① 폭굉(Detonation) : 실질적으로 동시에 거의 모든 양(量)에 영향을 주는 폭발을 말한다.

② 폭연(Deflagration) : 충격파를 방출하지 않으면서 급격하게 진행되는 연소를 말한다.

③ 미스트 : 일반적으로 과잉 포화된 증기의 응축 또는 액체의 물리적인 전단가공에 의해 형성되는 가스(통상 공기) 중에 분산된 물질 또는 혼합물의 액체방울을 말한다.

④ 증기 : 액체 또는 고체상태의 물질 또는 혼합물로부터 방출된 물질 또는 혼합물의 가스형태를 말한다.

[해설]

화학물질의 분류 및 표시 등에 관한 규정 제2조(정의)

• 폭굉(暴轟, Detonation) : 분해되는 물질에서 생겨난 충격파를 수반하며 발생하는 초음속의 열분해를 말한다.

• 대폭발(Mass Explosion) : 실질적으로 동시에 거의 모든 양(量)에 영향을 주는 폭발을 말한다.

19 다음 중 화학물질의 분류 및 표시 등에 관한 규정상 재충전이 불가능한 금속, 유리 또는 플라스틱 용기에 압축가스, 액화가스 또는 용해가스를 충전하고, 내용물을 가스에 현탁시킨 고체 또는 액상 입자로 배출하는 분사장치를 갖춘 것을 무엇이라고 하는가?

① 미스트(Mist)

② 증 기

③ 에어로졸(Aerosol)

④ 폼(Foam)

해설

화학물질의 분류 및 표시 등에 관한 규정 제2조(정의)

- '에어로졸(에어로졸 분무기)'이란 재충전이 불가능한 금속, 유리 또는 플라스틱 용기에 압축가스, 액화가스 또는 용해가스(액체, 페이스트 또는 분말을 포함하는 경우도 있다)를 충전하고, 내용물을 가스에 현탁시킨 고체 또는 액상 입자로 또는 액체나 가스에 폼, 페이스트 또는 분말상으로 배출하는 분사장치를 갖춘 것을 말한다.
- '미스트'란 일반적으로 과잉 포화된 증기의 응축 또는 액체의 물리적인 전단가공에 의해 형성되는 가스(통상 공기) 중에 분산된 물질 또는 혼합물의 액체방울을 말한다.
- '증기'란 액체 또는 고체상태의 물질 또는 혼합물로부터 방출된 물질 또는 혼합물의 가스형태를 말한다.

20 수생환경 유해성의 혼합물 분류기준에서 고독성 성분에 적용하는 값을 무엇이라고 하는가?

① 고독성계수

② 곱셈계수

③ 안전계수

④ 평가계수

해설

화학물질의 분류 및 표시 등에 관한 규정 제2조(정의)

21 유해성 항목 중 물리적 위험성 물질에 대한 설명으로 틀린 것은?

① 인화성 가스 : 표준상태(0℃, 101.3kPa)에서 공기와 혼합하여 인화되는 범위에 있는 가스 및 50℃ 이하 공기 중에서 자연발화하는 가스

② 고압가스 : 200kPa 이상의 게이지압력 상태로 용기에 충전되어 있는 가스 또는 액화되거나 냉동액화된 가스

③ 자기반응성 물질 : 열적으로 불안정하여 산소의 공급이 없어도 강하게 발열 분해하기 쉬운 액체·고체물질

④ 자연발화성 고체 : 적은 양으로도 공기와 접촉하여 5분 안에 발화할 수 있는 고체

해설
화학물질관리법 시행규칙 [별표 3] 유해화학물질 표시를 위한 유해성 항목
인화성 가스 : 20℃, 표준압력 101.3kPa에서 공기와 혼합하여 인화범위에 있는 가스와 54℃ 이하 공기 중에서 자연발화하는 가스를 말한다.

22 다음 중 자손에게 유전될 수 있는 사람의 생식세포에 돌연변이를 일으킬 수 있는 물질을 무엇이라고 하는가?

① 특정 표적장기 독성 물질
② 생식세포 변이원성 물질
③ 생식독성 물질
④ 흡인 유해성 물질

해설
화학물질관리법 시행규칙 [별표 3] 유해화학물질 표시를 위한 유해성 항목

23 다음 (   ) 안에 들어갈 내용은?

심한 눈 손상 또는 눈 자극성 물질 : 눈 앞쪽 표면에 접촉시켰을 때 (   )일 이내에 완전히 회복되지 않는 눈 조직 손상을 일으키거나 심한 물리적 시력감퇴를 일으키는 물질(심한 눈 손상 물질) 또는 (   )일 이내에 완전히 회복 가능한 어떤 변화를 눈에 일으키는 물질(눈 자극성 물질)

① 7
② 14
③ 21
④ 28

해설
화학물질관리법 시행규칙 [별표 3] 유해화학물질 표시를 위한 유해성 항목

24 다음 중 건강 유해성 물질에 대한 설명으로 가장 옳은 것은?

① 급성 독성 물질 : 입이나 피부를 통하여 1회 투여하였을 때 유해한 영향을 일으키는 물질
② 피부 부식성 : 최대 8시간 동안 접촉시켰을 때 가역적인 피부손상을 일으키는 물질
③ 피부 과민성 물질 : 피부 접촉을 통하여 알레르기 반응을 일으키는 물질
④ 흡인 유해성 물질 : 입이나 코를 통하여 직접적으로 기관으로 유입되어 폐 손상을 일으키는
   물질

[해설]

화학물질관리법 시행규칙 [별표 3] 유해화학물질 표시를 위한 유해성 항목
• '급성 독성 물질'이란 입이나 피부를 통하여 1회 또는 24시간 이내에 수회로 나누어 투여하거나 4시간 동안 흡입노출시
  켰을 때 유해한 영향을 일으키는 물질을 말한다.
• '피부 부식성 물질'이란 최대 4시간 동안 접촉시켰을 때 비가역적(非可逆的)인 피부손상을 일으키는 물질을 말한다.
• '흡인 유해성 물질'이란 액체나 고체 화학물질이 입이나 코를 통하여 직접적으로 또는 구토로 인하여 간접적으로
  기관(氣管) 및 더 깊은 호흡기관(呼吸器官)으로 유입되어 화학폐렴, 다양한 폐 손상이나 사망과 같은 심각한 급성
  영향을 일으키는 물질을 말한다.

25 다음 중 오존층 유해성 물질과 가장 관련이 깊은 것은?

① 바젤협약
② 몬트리올 의정서
③ 제네바 의정서
④ 런던협약

[해설]

화학물질관리법 시행규칙 [별표 3] 유해화학물질 표시를 위한 유해성 항목
'오존층 유해성 물질'이란 몬트리올 의정서의 부속서에 등재된 모든 관리대상 물질을 말한다.

26 다음 중 몬트리올 의정서에서 정한 오존층 유해성 물질로 규제대상이 아닌 것은?

① Bromochloromethane
② CCl_4
③ 1,1,1-trichloroethane
④ SLCP

[해설]

SLCP(Short Lived Climate Pollutant)
단기 체류성 기후변화 유발물질(CO_2, Methane, SF_6, N_2O, HFCs, PFCs 등)

27 유해화학물질의 표시대상으로 틀린 것은?

① 유해화학물질 보관·저장 시설과 진열·보관장소

② 유해화학물질 용기·포장

③ 유해화학물질 운반차량(컨테이너, 이동식 탱크로리 제외)

④ 유해화학물질 취급시설을 설치·운영하는 사업장

[해설]

화학물질관리법 시행규칙 제12조(유해화학물질의 표시대상 및 방법)

유해화학물질을 취급하는 자가 유해화학물질에 관한 표시를 해야 할 대상은 다음과 같다.

• 유해화학물질 보관·저장시설과 진열·보관장소

• 유해화학물질 운반차량(컨테이너, 이동식 탱크로리 등을 포함한다)

• 유해화학물질의 용기·포장

• 유해화학물질 취급시설(모든 취급시설이 화학물질안전원장이 정하여 고시하는 규모 미만으로서, 화학사고예방관리계
  획서의 제출 의무가 없는 사업장의 취급시설은 제외한다)을 설치·운영하는 사업장

28 유해화학물질의 표시방법 중 유해화학물질의 보관·저장시설에 표시하는 경우 '유해화학물질' 등
글자의 높이는 테두리 전체 높이의 몇 % 이상이어야 하는가?

① 45

② 55

③ 65

④ 75

[해설]

화학물질관리법 시행규칙 [별표 2] 유해화학물질의 표시방법

유해화학물질의 보관·저장시설 또는 진열·보관장소에 표시하는 경우

글자크기 : 유해화학물질 등 글자의 높이는 테두리 전체 높이의 65% 이상이 되도록 해야 한다.

29 다음 중 1ton 초과 유해화학물질 운반차량을 기준으로 유해성 · 위험성 우선순위가 가장 높은 것은?

① 독성물질

② 자연발화성 물질

③ 유기과산화물

④ 폭발성 물질

해설

화학물질관리법 시행규칙 [별표 2] 유해화학물질의 표시방법
1ton 초과 운반차량의 경우-유해성 · 위험성 우선순위

• 방사성 물질
• 폭발성 물질 및 제품
• 가스류
• 인화성 액체 중 둔감한 액체 화약류
• 자체반응성 물질 및 둔감한 고체 화약류
• 자연발화성 물질
• 유기과산화물
• 독성물질 또는 인화성 액체류

30 다음 중 용기 또는 포장 시 유해화학물질의 표시방법에 대한 설명으로 틀린 것은?

① 그림문자의 크기는 전체 크기의 1/40 이상으로 하되, 최소한 $0.5cm^2$ 이상이어야 한다.

② 유해화학물질의 내용량이 1kg 이하 또는 1L 이하인 경우에는 명칭, 그림문자, 신호어 및 공급자 정보만을 표시할 수 있다.

③ 전체 크기의 바탕은 흰색 또는 용기 · 포장 자체의 표면색으로 하고, 글자와 테두리는 검은색으로 한다.

④ 1L 미만의 소량 용기로서 용기에 직접 인쇄하려는 경우에는 그 용기 표면의 색상이 두 가지 이하로 착색되어 있는 경우만 용기에 주로 사용된 색상(검은색계통 제외)을 그림문자의 바탕색으로 할 수 있다.

해설

화학물질관리법 시행규칙 [별표 2] 유해화학물질의 표시방법
용기 또는 포장에 표시하는 경우 : 유해화학물질의 내용량이 100g 이하 또는 100mL 이하인 경우에는 명칭, 그림문자, 신호어 및 공급자 정보만을 표시할 수 있다.

31 다음 중 유해화학물질의 표시기준 및 표시사항에 대한 설명으로 틀린 것은?

① GHS에 근거한 그림문자를 표시하여야 한다.

② 유해화학물질의 이름이나 제품의 이름 등에 관한 정보를 표시하여야 하며, 유해화학물질의 이름을 기재하기 어려운 경우에는 CAS 번호로 대신 기재할 수 있다.

③ 유해성의 정도에 따라 '위험', '경고', '주의', '유해' 등으로 표시하는 신호어를 표시하여야 한다.

④ 선택한 예방조치문구가 7개 이상인 경우, 유해성의 심각성을 고려하여 최대 6개까지 나타낼 수 있다.

[해설]
화학물질관리법 제16조(유해화학물질의 표시 등)
신호어 : 유해성의 정도에 따라 위험 또는 경고로 표시하는 문구

32 UN에서 규정한 '위험물 운송에 관한 권고, 시험 및 판정기준'은 무엇인가?

① RTDG

② PRTR

③ HPV

④ GHS

[해설]
Recommendations on the Transport of Dangerous Goods, Manual of Tests and Criteria

33 다음 중 환경부가 환경통계포털을 통해 제공하고 있는 화학물질과 관련된 조사자료에 해당하지 않는 것은?

① 화학물질 전체량과 1,000ton 이상 유통 현황

② 화학물질 제조량 상위 100위 물질

③ 주요 내분비계 장애추정물질 유통량

④ OECD 통보 대량생산 화학물질

[해설]
② 화학물질 제조량 및 수출량 상위 각각 50위 물질

34 대기 중에 누출된 인화성 기체가 점화하여 폭발되는 현상으로 높은 과압을 동반하여 사람이나 구조물에 피해를 주는 현상은?

① Pool Fire
② Jet Fire
③ VCE
④ BLEVE

> **해설**
>
> 사고 영향범위 산정에 관한 기술지침(화학물질안전원지침 제2021-2호)
> - Pool Fire(액면화재) : 인화성 액체가 저장탱크 또는 파이프라인으로부터 유출되었을 때 액체액면이 형성된다. 액체액면이 형성되면 액체의 일정 부분이 기화되고 발화상한과 발화하한 사이의 농도에 있는 기화된 인화성 물질이 발화원을 만나게 되면 액면화재가 발생할 수 있다.
> - Jet Fire(고압분출) : 인화성 물질이 고압으로 분출과 동시에 점화되면서 발생하는 화염으로 바람의 영향을 거의 받지 않는다.
> - BLEVE(비등액체폭발, Boiling Liquid Expanding Vapor Explosion) : 인화성의 과열된 액체-기체 혼합물이 대기 중에 누출되어 점화원에 의해 점화된 경우에 일어나게 된다. 대부분의 비등액체폭발은 화구에 의한 복사열을 발생시키기 때문에 화구(Fire Ball)라고도 한다.

35 유해화학물질 용기의 용량별 표시 크기에 대한 설명이다. 옳지 않은 것은?

① 5L 이상 50L 미만 – 90cm^2 이상
② 50L 이상 200L 미만 – 180cm^2 이상
③ 200L 이상 500L 미만 – 360cm^2 이상
④ 500L 이상 – 450cm^2 이상

> **해설**
>
> 화학물질관리법 시행규칙 [별표 2] 유해화학물질의 표시방법
> 200L 이상 500L 미만 – 300cm^2 이상

36 다음 중 화학물질의 종류와 물질별로 유통량을 산정하는 식으로 옳은 것은?

① 제조량 + 수입량 – 수출량
② 제조량 + 재고량 + 수입량 – 수출량
③ 제조량 – 수출량
④ 재고량 + 수입량 – 수출량

> **해설**
>
> 국내 유통되고 있는 화학물질의 종류와 물질별 제조·수입·수출량, 사용용도 등을 조사하여 화학물질 관리대상 우선순위 물질을 선정하고 위해성 평가 및 배출량 조사 등 안전관리를 위한 기초자료로 활용한다.

37 다음은 화학물질의 분류 및 표시 등에 관한 규정에 정의된 용어이다. 옳지 않은 것은?

① 화공품 : 하나 이상의 화공물질 또는 혼합물을 포함한 제품
② 폭굉 : 분해되는 물질에서 생겨난 충격파를 수반하며 발생하는 초음속의 열분해
③ 에어로졸 : 재충전이 불가능한 금속, 유리 또는 플라스틱 용기에 압축가스, 액화가스 또는 용해
가스를 충전하고, 내용물을 가스에 현탁시킨 고체 또는 액상 입자로, 또는 액체나 가스에 폼,
페이스트 또는 분말상으로 배출하는 분사장치를 갖춘 것
④ 폭연 : 충격파를 방출하면서 서서히 진행하는 연소

[해설]
폭연 : 충격파를 방출하지 않으면서 급격하게 진행하는 연소

38 유해화학물질의 표시방법에 대한 설명이다. 옳은 것은?

① 바탕은 흰색, 테두리는 빨간색, 글자는 검은색으로 해야 한다.
② 관리책임자와 비상전화의 글자는 빨간색으로 해야 한다.
③ 유해화학물질 등 글자의 높이는 테두리 전체 높이의 65% 이상이 되도록 해야 한다.
④ 유해화학물질의 보관·저장시설 또는 진열·보관 장소의 출구 또는 벽면에 부착해야 한다.

[해설]
화학물질관리법 시행규칙 [별표 2] 유해화학물질의 표시방법
바탕은 흰색, 테두리는 검은색, 글자는 빨간색으로 해야 하고, 관리책임자와 비상전화의 글자는 검은색으로 해야 한다.
유해화학물질의 보관·저장시설 또는 진열·보관 장소의 입구 또는 쉽게 볼 수 있는 위치에 부착해야 한다.

39 다음과 같은 혼합물 분류기준을 가지는 건강유해성 항목은?

구 분	분류기준
1	구분 1인 성분의 함량이 10% 이상인 혼합물
2	① 구분 1인 성분의 함량이 1.0% 이상 10% 미만인 혼합물 또는 ② 구분 2인 성분의 함량이 10% 이상인 혼합물
3	구분 3인 성분의 함량이 20% 이상인 혼합물

① 발암성
② 생식독성
③ 생식세포 변이원성
④ 특정표적장기독성 – 1회 노출

[해설]
화학물질의 분류 및 표시에 관한 규정 [별표 1] 화학물질의 분류 및 표시사항

[참고] **건강유해성 혼합물 분류기준**
• 발암성/생식세포 변이원성

구 분		분류기준
1	구분 1인 성분의 함량이 0.1% 이상인 혼합물	
	구분 1A	구분 1A인 성분의 함량이 0.1% 이상인 혼합물
	구분 1B	구분 1B인 성분의 함량이 0.1% 이상인 혼합물
2	구분 2인 성분의 함량이 1.0% 이상인 혼합물	

• 생식독성

구 분	구분기준
1A	구분 1A인 성분의 함량이 0.3% 이상인 혼합물
1B	구분 1B인 성분의 함량이 0.3% 이상인 혼합물
2	구분 2인 성분의 함량이 3.0% 이상인 혼합물
수유독성	수유독성을 가지는 성분의 함량이 0.3% 이상인 혼합물

40 흡입물질에 대한 급성독성 분류기준에 따른 물질과 단위가 잘못 연결된 것은?

① 가스 – ppm
② 증기 – mg/L
③ 분진 – $\mu g/m^3$
④ 미스트 – mg/L

[해설]
분진/미스트 – mg/L

유해화학물질 영업자

1 유해화학물질 영업구분 및 영업허가

(1) 유해화학물질 영업의 구분(화학물질관리법 제27조)

① 유해화학물질 제조업 : 판매할 목적으로 유해화학물질 중 허가물질 및 금지물질을 제외한 나머지 물질을 제조하는 영업

② 유해화학물질 판매업 : 유해화학물질 중 허가물질 및 금지물질을 제외한 나머지 물질을 상업적으로 판매하는 영업

③ 유해화학물질 보관·저장업 : 유해화학물질 중 허가물질 및 금지물질을 제외한 나머지 물질을 제조, 사용, 판매 및 운반할 목적으로 일정한 시설에 보관·저장하는 영업

④ 유해화학물질 운반업 : 유해화학물질 중 허가물질 및 금지물질을 제외한 나머지 물질을 운반(항공기·선박·철도를 이용한 운반은 제외한다)하는 영업

⑤ 유해화학물질 사용업 : 유해화학물질 중 허가물질 및 금지물질을 제외한 나머지 물질을 사용하여 제품을 제조하거나 세척(洗滌)·도장(塗裝) 등 작업과정 중에 이들 물질을 사용하는 영업

(2) 유해화학물질 영업허가(화학물질관리법 제28조 관련)

① 유해화학물질 영업을 하려는 자는 환경부령으로 정하는 바에 따라 사업장마다 사전에 다음의 서류를 제출하여야 한다.

㉠ 유해화학물질 취급시설의 설치·운영에 관하여 적합 통보를 받은 화학사고예방관리계획서

㉡ 유해화학물질 취급시설에 관하여 적합 판정을 받은 검사결과서

② ①에 따른 서류를 제출한 자는 환경부령으로 정하는 기준에 맞는 유해화학물질별 취급시설·장비 및 기술인력을 갖추어 사업장마다 영업구분에 따라 환경부장관의 허가를 받아야 한다.

㉠ 취급시설·장비 기준

• 유해화학물질 운반차량을 주차할 수 있는 규모의 주차장(유해화학물질 운반업의 경우에만 해당된다)

• 폐수를 모을 수 있는 집수조가 있는 세차시설(유해화학물질 운반업의 경우에만 해당된다)

• 작업복을 탈의하고 세탁 등이 가능한 탈의시설

• 해당 작업자가 착용할 수 있는 개수의 개인보호장구

• 화재예방, 소방시설 설치·유지 및 안전관리에 관한 법률 시행령에 따른 소화설비, 경보설비, 피난설비, 소화용수설비 및 소화활동설비

• 누출·배출된 유해화학물질을 측정할 수 있는 감지·경보장치 또는 CCTV

• 차량 충돌로부터 배관이나 취급설비의 피해를 방지할 수 있는 충돌방지벽 등

- 물질의 특성에 맞는 적정한 온도·습도 또는 압력 등을 유지하기 위해 필요한 계측장치
- 물질의 누출·유출 시 물질의 차단이 가능한 긴급 차단설비

ⓒ 기술인력 기준 : 다음의 어느 하나에 해당하는 사람 1인 이상을 두어야 한다(화학물질관리법 시행규칙 별표 6).

- 국가기술자격법에 따른 화공안전·화공·가스·대기관리·수질관리·폐기물처리·산업위생 관리·표면처리 기술사 또는 표면처리·위험물·가스기능장을 취득한 사람
- 산업안전·기계·화공·수질환경·대기환경·폐기물처리·위험물 또는 가스 분야 석사학위 이상을 취득한 사람 중에서 해당 실무 경력 3년 이상인 사람
- 국가기술자격법에 따른 화공·정밀화학·화약류제조·환경위해관리·화학분석·산업안전· 가스·산업위생관리·수질환경·대기환경 또는 폐기물처리기사 자격증을 취득한 사람 중에서 해당 실무 경력 5년 이상인 사람
- 국가기술자격법에 따른 화약류제조·산업안전·수질환경·대기환경·폐기물처리·위험물· 가스·산업위생관리·표면처리 산업기사 또는 환경·위험물·가스·화학분석·표면처리·유 독물취급 기능사 자격증을 취득한 사람 중에서 해당 실무 경력 7년 이상인 사람
- 다음의 어느 하나에 해당하는 사람으로서 화학물질안전원장이 개설하는 유해화학물질 취급시설 기술인력에 대한 교육과정을 이수한 사람(종업원이 30명 미만인 유해화학물질 영업을 하는 자의 경우만 해당)
  - 기술인력 기준 중 두 번째에 해당하는 학력을 갖추거나 세 번째 또는 네 번째에 해당하는 자격을 갖춘 사람
  - 유해화학물질을 취급한 경력이 5년 이상인 사람
  - 초·중등교육법 시행령에 따른 산업수요 맞춤형 고등학교의 화학 관련 학과 또는 특성화고등 학교의 화학 관련 학과를 졸업한 사람
- 비고 : 다음의 어느 하나에 해당하는 유해화학물질 영업을 하는 자는 기술인력의 기준을 적용하지 않는다.
  - 유해화학물질 운반업
  - 유해화학물질 판매업(유해화학물질 취급시설이 없거나 종업원이 10명 미만인 경우만 해당)
  - 유해화학물질 사용업(종업원이 10명 미만인 경우만 해당)

③ 유해화학물질 영업허가를 받은 자가 허가받은 사항 중 환경부령으로 정하는 중요 사항을 변경하려면 변경허가를 받아야 하고, 그 밖의 사항을 변경하려면 변경신고를 하여야 한다. 이 경우 변경허가나 변경신고의 절차는 환경부령으로 정한다.

ⓐ 변경허가 대상 : 다음의 어느 하나에 해당하는 경우

- 영업구분별 보관·저장시설의 총 용량 또는 운반시설 용량이 증가된 경우(허가 또는 변경허가를 받은 후 누적된 증가량이 100분의 50 이상인 경우로 한정)
- 연간 제조량 또는 사용량이 증가된 경우(허가 또는 변경허가를 받은 후 누적된 증가량이 100분의 50 이상인 경우로 한정)

- 허가받은 유해화학물질 품목이 추가된 경우(ⓒ의 시범생산인 경우는 제외)
- 같은 사업장 내에서의 유해화학물질 취급시설의 신설·증설·위치 변경 또는 취급하는 유해화학물질의 변경이 있는 경우(변경된 화학사고예방관리계획서를 제출해야 하는 경우로 한정)
- 사업장의 소재지가 변경된 경우(사무실만 있는 경우는 제외)
- 사업장의 유해화학물질 취급량이 유해화학물질별 수량 기준의 하위 규정수량 이상으로 증가된 경우

ⓒ 변경신고 대상 : 다음의 어느 하나에 해당하는 경우
- 사업장의 명칭·대표자 또는 사무실 소재지가 변경된 경우
- 시장출시와 직접적인 관계가 없는 시범생산(생산기간이 60일 이내인 경우로 한정)으로서 취급하는 유해화학물질이 일시적으로 변경된 경우
- 같은 사업장 내에서의 유해화학물질 취급시설의 신설·증설·부지 경계로의 위치 변경 또는 취급하는 유해화학물질의 변경이 있는 경우(총괄영향범위가 확대되지 않는 경우로 한정)
- 유해화학물질 운반차량의 종류가 변경되거나 대수 또는 용량이 증가한 경우(영업구분별 보관·저장시설의 총 용량 또는 운반시설 용량이 증가된 경우는 제외)
- 기술인력을 변경한 경우

(3) 유해화학물질 통신판매(화학물질관리법 제28조의2)

다음의 어느 하나에 해당하는 자가 전자상거래 등에서의 소비자보호에 관한 법률에 따른 통신판매를 하는 경우 구매자에 대한 실명·연령 확인 및 본인 인증을 거쳐야 한다.
① 유해화학물질 판매업을 하는 자
② 유해화학물질에 해당하는 시험용·연구용·검사용 시약을 그 목적으로 판매하는 자

(4) 유해화학물질 영업허가의 면제(화학물질관리법 제29조 관련)

다음 어느 하나에 해당하는 자에 대하여는 화학물질관리법 제28조(유해화학물질 영업허가)를 적용하지 아니한다.
① 기계나 장치에 내장되어 있는 유해화학물질을 판매, 보관·저장, 운반 또는 사용하는 영업을 하는 자
② 유해화학물질에 해당하는 시험용·연구용·검사용 시약을 그 목적으로 판매, 보관·저장, 운반 또는 사용하는 영업을 하는 자
③ 항만, 역구내(驛區內) 등 일정한 구역에서 유해화학물질을 하역하거나 운반하는 자
④ ①부터 ③까지의 규정에 준하여 유해화학물질 영업허가가 필요 없다고 인정하여 환경부령으로 정한 자
  ㉠ 한 번에 1ton 이하의 유해화학물질을 운반하는 자

ⓒ 수도법에 따른 상수원보호구역 밖의 사업장에서 연간 120ton 이하의 유독물질(유독물질 중 사고대비물질은 제외한다)을 사용하는 자. 다만, 사업장이 환경정책기본법에 따른 특별대책지역에 있는 경우에는 연간 60ton 이하로, 국토의 계획 및 이용에 관한 법률에 따른 지구단위계획구역(주거형으로 지정된 구역은 제외한다) 또는 국토의 계획 및 이용에 관한 법률 시행령에 따른 전용공업지역에 있는 경우에는 연간 240ton 이하로 한다.

ⓒ 수도법에 따른 상수원보호구역 또는 환경정책기본법에 따른 특별대책지역 밖의 사업장에서 연간 60ton 이하의 제한물질(제한물질 중 사고대비물질은 제외한다)을 사용하는 자

ⓔ 사고대비물질(유독물질이 아닌 것에 한정한다)을 사용하는 자 중 다음에 모두 해당하지 아니하는 자. 다만, 수도법에 따른 상수원보호구역 또는 환경정책기본법에 따른 특별대책지역에서 사고대비물질을 사용하는 자는 제외한다.
- 화학사고예방관리계획서를 제출해야 하는 자
- 환경부장관이 정하여 고시하는 규모 이상의 유해화학물질 취급시설을 설치·운영하는 자

ⓜ 산업안전보건법에 따른 허가대상물질의 제조 또는 사용허가를 받은 자 중 다음의 어느 하나에 해당하는 자
- 연구실 안전환경 조성에 관한 법률의 연구실만 설치·운영하는 자
- 유해화학물질 취급시설을 설치·운영하지 않는 자

ⓗ 약사법에 따른 약국개설자 또는 의약품판매업자 중 유해화학물질을 가정용품으로 판매하는 자

ⓘ ⓐ부터 ⓗ까지에서 규정한 자 외에 환경부장관이 유해화학물질 영업허가가 필요없다고 인정하여 고시하는 자

(5) 유해화학물질 영업자의 결격사유(화학물질관리법 제30조)

다음의 어느 하나에 해당하는 자는 유해화학물질 영업을 할 수 없다. 다만, ④에 해당하는 자의 경우에는 그 취소된 해당 유해화학물질 영업의 경우에 한정하여 유해화학물질 영업을 할 수 없다.

① 피성년후견인 또는 피한정후견인

② 파산선고를 받고 복권되지 아니한 자

③ 화학물질관리법을 위반하여 금고 이상의 실형을 선고받고 그 집행이 끝나거나(집행이 끝난 것으로 보는 경우를 포함한다) 집행을 받지 아니하기로 확정된 후 2년이 지나지 아니한 자

④ 허가가 취소(① 또는 ②에 해당하여 허가가 취소된 경우는 제외한다)된 날부터 2년이 지나지 아니한 자

⑤ 임원 중에 ①부터 ③까지의 규정 중 어느 하나에 해당하는 자가 있는 법인

2 유해화학물질 영업자에 대한 관리

(1) 유해화학물질관리자(화학물질관리법 제32조 관련)

① 유해화학물질 영업자는 유해화학물질 취급시설의 안전 확보와 유해화학물질의 위해 방지에 관한 직무를 수행하게 하기 위하여 사업 개시 전에 해당 영업자의 유해화학물질 취급량 및 종사자수 등 환경부령으로 정하는 기준에 따라 유해화학물질관리자를 선임하여야 한다.

② 유해화학물질 영업자가 유해화학물질 취급시설 관리를 전문으로 하는 자에게 위탁하여 관리하게 할 경우에는 그 유해화학물질 취급시설의 관리업무를 위탁받은 자(이하 '수탁관리자'라 한다)가 ①에 따른 유해화학물질관리자를 선임하여야 한다.

③ ①이나 ②에 따라 유해화학물질관리자를 선임한 자는 유해화학물질관리자를 선임 또는 해임하거나 유해화학물질관리자가 퇴직한 경우에는 지체 없이 이를 환경부장관에게 신고하고, 해임 또는 퇴직한 날부터 30일 이내에 다른 유해화학물질관리자를 선임하여야 한다. 다만, 그 기간 내에 선임할 수 없으면 환경부장관의 승인을 받아 그 기간을 연장할 수 있다.

④ ①이나 ②에 따라 유해화학물질관리자를 선임한 자는 유해화학물질관리자가 여행 또는 질병, 그 밖의 사유로 인하여 일시적으로 그 직무를 수행할 수 없으면 대리자를 지정하여 그 직무를 대행하게 하여야 한다.

⑤ 유해화학물질관리자는 유해화학물질 취급시설 종사자에게 해당 유해화학물질에 대한 안전관리 정보를 제공하고 수탁관리자 및 취급시설 종사자가 화학물질관리법 또는 화학물질관리법에 따른 명령을 위반하지 아니하도록 지도·감독하여야 한다.

⑥ 유해화학물질 영업자, 수탁관리자 및 종사자는 유해화학물질관리자의 안전에 관한 의견을 존중하고 권고에 따라야 한다.

⑦ 유해화학물질관리자의 종류·자격·인원·직무범위 및 유해화학물질관리자의 대리자 대행 기간과 그 밖에 필요한 사항은 대통령령으로 정한다.

　㉠ 유해화학물질관리자의 종류
- 유해화학물질관리 책임자
- 유해화학물질관리 점검원

　㉡ 유해화학물질관리자의 직무범위
- 유해화학물질 취급기준 준수에 필요한 조치
- 취급자의 개인보호장구 착용에 필요한 조치
- 유해화학물질의 진열·보관에 필요한 조치
- 유해화학물질의 표시에 필요한 조치
- 화학사고예방관리계획서의 작성·제출, 이행 및 지역사회 고지에 필요한 조치
- 유해화학물질 취급시설의 설치 및 관리기준 준수에 필요한 조치
- 유해화학물질 취급시설 등의 자체 점검에 필요한 조치
- 수급인의 관리·감독에 필요한 조치

- 사고대비물질의 관리기준 준수에 필요한 조치
- 화학사고 발생신고 등에 필요한 조치
- 그 밖에 유해화학물질 취급시설의 안전 확보와 위해 방지 등에 필요한 조치
  ⓒ 유해화학물질관리자의 대리자 대행 기간은 30일 이내로 하되, 한 차례만 연장할 수 있다.

(2) 유해화학물질 안전교육(화학물질관리법 제33조 관련)

① 유해화학물질 취급시설의 기술인력, 유해화학물질관리자, 그 밖에 대통령령으로 정하는 유해화학물질 취급 담당자는 환경부령으로 정하는 교육기관이 실시하는 유해화학물질 안전교육(이하 '유해화학물질 안전교육'이라 한다)을 받아야 한다.
  ㉠ 유해화학물질 취급 담당자
  - 유해화학물질 영업자가 고용한 사람으로서 유해화학물질을 직접 취급하는 사람
  - 화학사고예방관리계획서의 작성 담당자
  - 수급인과 수급인이 고용한 사람으로서 유해화학물질을 직접 취급하는 사람
  - 그 밖에 환경부장관이 화학사고 예방을 위하여 필요하다고 인정하여 고시한 사람
② 유해화학물질 영업자는 유해화학물질 안전교육을 받아야 할 사람을 고용한 때에는 그 해당자에게 유해화학물질 안전교육을 받게 하여야 한다. 이 경우 유해화학물질 영업자는 교육에 드는 경비를 부담하여야 한다.
③ 유해화학물질 영업자는 해당 사업장의 모든 종사자에 대하여 환경부령으로 정하는 바에 따라 정기적으로 유해화학물질 안전교육을 실시하여야 한다.
  ㉠ 유해화학물질 안전교육 대상자별 교육시간

교육대상		교육시간
유해화학물질 취급시설의 기술인력		매 2년마다 16시간
유해화학물질 관리자	취급시설이 없는 판매업의 유해화학물질관리자	매 2년마다 8시간
	위에 해당하지 않는 유해화학물질관리자	매 2년마다 16시간
유해화학물질 취급 담당자	유해화학물질 영업자가 고용한 사람으로서 유해화학물질을 직접 취급하는 사람	매 2년마다 16시간(유해화학물질을 운반하는 자는 매 2년마다 8시간)
	수급인과 수급인이 고용한 사람으로서 유해화학물질을 직접 취급하는 사람	매 2년마다 16시간(유해화학물질을 운반하는 자는 매 2년마다 8시간)
	화학사고예방관리계획서 작성 담당자	매 2년마다 16시간
	그 밖에 환경부장관이 화학사고 예방 등을 위하여 필요하다고 인정하여 고시한 사람	매 2년마다 16시간

- 유해화학물질 취급시설의 기술인력 또는 유해화학물질관리자에 해당하는 자는 해당 구분에 따른 기술인력이 되거나 유해화학물질관리자로 선임된 날부터 2년 이내에 안전교육을 받아야 한다. 다만, 해당 구분에 따른 기술인력이 되거나 유해화학물질관리자로 선임될 수 있는 자격을 갖추게 된 날부터 2년이 지난 후에 그 기술인력이 되거나 유해화학물질관리자로 선임된 경우에는 1년 이내에 안전교육을 받아야 한다.

- 유해화학물질 취급 담당자는 해당 업무를 수행하기 전에 안전교육을 받아야 하며, 교육시간 중 8시간을 화학물질안전원에서 실시하는 인터넷을 이용한 교육으로 대체할 수 있다. 다만, 유해화학물질을 운반하는 자는 인터넷을 이용한 교육으로 대체할 수 없다.
- 유해화학물질 취급 담당자(유해화학물질을 운반하는 자는 제외한다)가 안전교육을 받아야 하는 날부터 2년 전까지의 기간에 산업안전보건법 및 산업안전보건법 시행규칙에 따른 특별교육 중 화학물질안전원장이 유해화학물질 안전교육과 유사하다고 인정하여 고시하는 교육과정을 16시간 이상 이수한 경우에는 그 받아야 하는 안전교육 시간 중 8시간을 면제한다.
- 감염병 등의 재난 발생으로 유해화학물질 안전교육을 정상적으로 실시하기 어렵다고 환경부장관이 인정하는 경우에는 이수시기 및 교육방법 등을 변경할 수 있다.

ⓛ 유해화학물질 안전교육 대상자별 교육내용
- 유해화학물질관리자 자격취득 대상자
  - 화학물질관리법 및 일반 화학안전관리에 관한 사항
  - 유해화학물질 취급시설 기준 및 자체 점검에 관한 사항
  - 화학사고예방관리계획서, 사업장 위험도 분석 및 안전관리에 관한 사항
  - 화학물질의 유해성 분류 및 표시방법에 관한 사항
  - 화학물질이 인체와 환경에 미치는 영향에 관한 사항
  - 화학사고 시 대피·대응방법에 관한 사항
  - 개인보호구, 방제장비 등 선정 기준과 방법에 관한 사항
- 유해화학물질 취급시설의 기술인력 및 유해화학물질관리자
  - 화학물질관리법 및 일반 화학안전관리에 관한 사항
  - 유해화학물질 취급시설 기준 및 자체 점검에 관한 사항
  - 유해화학물질 유해성 및 분류·표시방법에 관한 사항
  - 유해화학물질 취급형태별 준수사항 및 취급기준에 관한 사항
  - 화학사고예방관리계획의 수립 및 이행에 관한 사항
  - 화학사고 시 대피·대응방법 및 개인보호구 착용 실습에 관한 사항
  - 화학물질 노출 시 응급조치 요령에 관한 사항
- 유해화학물질 취급 담당자
  - 화학물질관리법 및 일반 화학안전관리에 관한 사항
  - 유해화학물질 취급시설 기준 및 자체 점검에 관한 사항
  - 화학물질의 유해성 및 분류·표시방법에 관한 사항
  - 유해화학물질 상·하차, 이동, 취급, 보관·저장 시 준수사항 및 취급기준에 관한 사항
  - 화학사고예방관리계획의 수립 및 이행에 관한 사항
  - 화학사고 시 대피·대응방법 및 개인보호구 착용 실습에 관한 사항
  - 화학물질 노출 시 응급조치 요령에 관한 사항

- 유해화학물질 운반자
  - 화학물질관리법 및 일반 화학안전관리에 관한 사항
  - 유해화학물질 운반차량 표시 및 운반계획서 작성에 관한 사항
  - 유해화학물질 상·하차, 이동 시 준수사항
  - 화학사고 시 대피·대응방법 및 개인보호구 착용 실습에 관한 사항
  - 화학물질 노출 시 응급조치 요령에 관한 사항
- 유해화학물질 사업장 종사자
  - 화학물질의 유해성 및 안전관리에 관한 사항
  - 화학사고 대피·대응방법 및 사고 시 행동요령에 관한 사항
  - 업종별 유해화학물질 취급방법에 관한 사항

(3) 유해화학물질 영업자에 대한 개선명령(화학물질관리법 제34조의2)

환경부장관은 유해화학물질 영업자가 다음의 어느 하나에 해당하는 경우에는 기간을 정하여 개선을 명할 수 있다.

① 화학물질 통계조사 또는 화학물질 배출량조사에 필요한 자료의 제출을 하지 아니한 경우
② 유해화학물질 취급기준을 위반한 경우
③ 개인보호장구를 착용하지 아니한 경우
④ 보관·저장시설을 보유하지 아니하고 유해화학물질을 진열·보관한 경우
⑤ 유해화학물질에 관한 표시를 하지 아니한 경우
⑥ 화학사고예방관리계획서를 고지하지 아니한 경우
⑦ 취급시설 및 장비 등을 점검하지 아니하거나 그 결과를 5년간 기록·비치하지 아니한 경우
⑧ 영업구분과 영업내용의 범위를 벗어나는 영업을 한 경우
⑨ 영업허가 받은 사항 중 환경부령으로 정하는 중요 사항을 변경할 때 변경허가를 받지 아니한 경우
⑩ 유해화학물질관리자를 선임하지 아니한 경우
⑪ 사고대비물질의 관리기준을 지키지 아니한 경우
⑫ 환경부장관에게 화학물질에 대한 보고를 하지 아니하거나 자료를 제출하지 아니한 경우
⑬ 유해화학물질의 취급과 관련된 사항을 기록·보존하지 아니한 경우

(4) 유해화학물질 영업허가의 취소 등(화학물질관리법 제35조)

① 환경부장관은 유해화학물질 영업자가 다음의 어느 하나에 해당하면 그 허가를 취소하여야 한다.
  ㉠ 금지물질을 취급한 경우
  ㉡ 다른 법령에 따라 유해화학물질 영업과 관계되는 인가·허가 등이 취소되어 영업을 계속할 수 없다고 인정되는 경우
  ㉢ 거짓이나 그 밖의 부정한 방법으로 영업허가를 받은 경우

ⓔ 유해화학물질 영업허가를 받은 자가 유해화학물질 취급에 적정한 관리를 위하여 필요한 조건을 준수하지 아니한 경우

ⓜ 유해화학물질 영업자가 결격사유의 어느 하나에 해당하게 된 경우. 다만, 법인의 임원 중 다음의 어느 하나에 해당하는 자가 있는 경우 6개월 이내에 그 임원을 바꾸어 임명한 경우에는 그러하지 아니하다.
  • 피성년후견인 또는 피한정후견인
  • 파산선고를 받고 복권되지 아니한 자
  • 화학물질관리법을 위반하여 금고 이상의 실형을 선고받고 그 집행이 끝나거나(집행이 끝난 것으로 보는 경우를 포함한다) 집행을 받지 아니하기로 확정된 후 2년이 지나지 아니한 자

ⓗ 2년에 3회 이상 영업정지 처분을 받은 경우

② 환경부장관은 유해화학물질 영업자가 다음의 어느 하나에 해당하면 그 영업허가를 취소하거나 6개월 이내의 기간을 정하여 영업의 전부 또는 일부의 정지를 명할 수 있다.

ⓐ 다른 사람에게 명의를 대여하여 해당 영업을 하게 하거나 허가증을 사용하게 한 경우

ⓑ 화학물질 통계조사 또는 화학물질 배출량조사에 필요한 자료의 제출을 하지 아니한 경우

ⓒ 유해화학물질 취급기준을 준수하지 아니한 경우

ⓓ 개인보호장구를 착용하지 아니한 경우

ⓔ 유해화학물질 취급량을 초과하여 진열·보관하거나 보관·저장시설을 보유하지 아니하고 유해화학물질을 진열·보관한 경우

ⓑ 운반계획서를 제출하지 아니하고 유해화학물질을 운반한 경우

ⓢ 유해화학물질에 관한 표시를 하지 아니한 경우

ⓞ 유해화학물질 취급의 중지명령을 위반하여 유해화학물질로 인하여 사람의 건강이나 환경에 위해가 발생한 경우

ⓩ 화학사고예방관리계획서를 이행하지 아니한 경우

ⓧ 화학사고예방관리계획서를 고지하지 아니한 경우

ⓚ 유해화학물질 취급시설 검사 또는 안전진단을 실시하지 아니하고 취급시설을 설치·운영한 경우

ⓣ 안전진단결과보고서를 제출하지 아니하거나 적합 판정을 받지 아니하고 취급시설을 설치·운영한 경우

ⓟ 취급시설 및 유해화학물질 영업자에 대한 개선명령을 이행하지 아니한 경우

ⓗ 취급시설 및 장비 등을 점검하지 아니하거나 그 결과를 5년간 기록·비치하지 아니한 경우

ⓖ 영업구분과 영업내용의 범위를 벗어나는 영업을 한 경우

ⓝ 영업허가를 받은 후 2년 이내에 영업을 시작하지 아니하거나 정당한 사유 없이 계속하여 2년 이상 휴업한 경우

ⓓ 영업허가 받은 사항 중 환경부령으로 정하는 중요 사항을 변경할 때 변경허가를 받지 아니한 경우

ⓡ 유해화학물질 취급의 도급신고나 변경신고를 하지 아니한 경우

ⓜ 능력과 기준을 갖추지 못한 자에게 도급한 경우

ⓑ 무리한 취급시설의 운영 등을 요구한 경우

ⓢ 유해화학물질관리자를 선임하지 아니한 경우

ⓐ 사고대비물질의 관리기준을 지키지 아니한 경우

ⓩ 화학사고 발생 시 즉시 신고를 하지 아니한 경우

ⓒ 보고를 하지 아니하거나 거짓으로 보고한 경우와 자료를 제출하지 아니하거나 거짓으로 제출한 경우

ⓚ 유해화학물질의 취급과 관련된 사항을 기록·보존하지 아니한 경우

ⓣ 업무상 과실 또는 중대한 과실로 화학사고가 발생하여 사상자가 발생하거나 환경부령으로 정하는 기준에 따른 재산·환경에 영향이 발생한 경우

(5) 영업정지 처분을 갈음하여 부과하는 과징금 처분(화학물질관리법 제36조 관련)

① 환경부장관은 유해화학물질 영업자에 대하여 영업정지를 명하여야 하는 경우에는 대통령령으로 정하는 바에 따라 영업정지 처분을 갈음하여 해당 사업장 매출액의 100분의 5 이하의 과징금을 부과할 수 있다. 다만, 단일 사업장을 보유하고 있는 기업의 경우에는 매출액의 1천분의 25를 초과하지 못한다.

> **참고** • 과징금 : 행정법상 의무를 위반한 사람에게 부과를 하는 금전적 제재조치
> • 과태료 : 형벌의 성질을 가지지 않는 행정상 벌과금

② ①에 따른 과징금은 위반행위의 종류, 사업규모, 위반횟수 등을 참작하여 대통령령으로 정하는 기준에 따라 과징금을 부과하되, 그 금액의 2분의 1의 범위에서 가중(加重)하거나 감경(減輕)할 수 있다.

㉠ 과징금의 산정기준

• 영업정지 처분을 갈음하여 부과하는 과징금의 금액은 영업정지 기간에 산정한 1일당 과징금의 금액을 곱하여 얻은 금액으로 한다.

• 영업정지 기간은 위반행위의 종류별로 위반횟수를 고려하여 산정된 기간(가중 또는 감경을 한 경우에는 그에 따라 가중 또는 감경된 기간을 말한다)을 말하며, 영업정지 1개월은 30일을 기준으로 한다.

• 1일당 과징금의 금액은 위반행위를 한 사업자의 연간 매출액에 3,600분의 1(단일 사업장을 보유한 기업의 경우에는 연간 매출액의 7,200분의 1을 말한다)을 곱하여 산정한다.

• 연간 매출액의 산정 기준은 다음과 같다.

– 영업의 전부를 정지하는 경우 : 해당 업체에 대한 처분일이 속한 연도의 직전 3개 사업연도의 연평균매출액을 기준으로 산정한다.

– 영업의 일부를 정지하는 경우 : 해당 업체에 대한 처분일이 속한 연도의 직전 3개 사업연도의 영업정지 대상 영업에서 발생한 연평균매출액을 기준으로 산정한다.

- 위에 따라 연간 매출액을 산정할 때 해당 업체가 사업을 시작한지 3년이 되지 아니하거나 휴업 등의 이유로 연간 매출액을 산정하기 곤란한 경우 또는 영업정지 대상 영업에서 발생한 연평균매출액 산정이 곤란한 등의 경우에는 분기별, 월별 또는 일별 매출금액이나, 영업정지 대상 영업의 전체 매출액 기여도 등을 고려하여 환경부장관이 산정한다.
  - 사업장이란 인적 설비 또는 물적 설비를 갖추고 사업 또는 사무가 이루어지는 장소(사업소를 포함한다)를 말한다.
  ㉡ 과징금의 가중 또는 감경기준 : 환경부장관은 과징금 부과 대상자의 위반행위의 종류, 사업규모, 위반횟수 등을 고려하여 산정된 과징금 금액의 2분의 1 범위에서 그 금액을 가중하거나 감경할 수 있다.
③ 환경부장관은 ①에 따른 과징금을 부과하기 위하여 필요한 경우에는 다음의 사항을 적은 문서로 관할 세무관서의 장에게 과세정보 제공을 요청할 수 있다.
  ㉠ 납세자의 인적사항
  ㉡ 과세 정보의 사용 목적
  ㉢ 과징금 부과기준이 되는 매출금액
④ ①에 따른 과징금을 내야 하는 자가 납부기한까지 내지 아니하면 환경부장관은 대통령령으로 정하는 바에 따라 ①에 따른 과징금 부과처분을 취소하고 영업정지 처분을 하거나 국세 체납처분의 예에 따라 징수한다. 다만, 폐업 또는 휴업으로 영업정지 처분을 할 수 없는 경우에는 국세 체납처분의 예에 따라 징수한다.
⑤ ①에 따라 환경부장관이 부과 · 징수한 과징금은 환경정책기본법에 따른 환경개선특별회계의 세입으로 한다.

3 벌 칙

(1) 10년 이하의 금고나 2억원 이하의 벌금(화학물질관리법 제57조)

업무상 과실 또는 중과실로 화학사고를 일으켜 사람을 사상(死傷)에 이르게 한 자

(2) 5년 이하의 징역 또는 1억원 이하의 벌금(화학물질관리법 제58조)

① 유해화학물질 취급의 중지명령을 위반하여 그 취급을 중지하지 아니한 자
② 금지물질을 취급한 자
③ 제한물질을 취급한 자
④ 허가를 받지 아니하거나 거짓으로 허가를 받고 허가물질을 제조 · 수입 · 사용한 자
⑤ 화학사고예방관리계획서를 제출하지 아니하거나 거짓으로 제출한 자
⑥ 화학사고예방관리계획서를 이행하지 아니한 자
⑦ 화학사고예방관리계획서를 고지하지 아니한 자

⑧ 유해화학물질 영업허가를 받지 아니하거나 거짓으로 허가를 받고 유해화학물질을 영업 또는 취급한 자

⑨ 사업장의 잔여 유해화학물질을 처분하지 아니한 자

⑩ 사고대비물질의 관리기준을 지키지 아니한 자

⑪ 피해의 최소화 및 제거 조치, 복구조치 명령을 이행하지 아니한 자

(3) 3년 이하의 징역 또는 5천만원 이하의 벌금(화학물질관리법 제59조)

① 유해화학물질 취급기준을 지키지 아니한 자

② 개인보호장구를 착용하지 아니한 자

③ 유해화학물질 취급량을 초과하여 진열·보관하거나 보관·저장시설을 보유하지 아니하고 유해화학물질을 진열·보관한 자

④ 유해화학물질에 관한 표시를 하지 아니한 자

⑤ 제한물질의 수입허가를 받지 아니하거나 거짓으로 수입허가를 받고 수입한 자

⑥ 환각물질을 섭취·흡입하거나 이러한 목적으로 소지한 자 또는 환각물질을 섭취하거나 흡입하려는 자에게 그 사실을 알면서 이를 판매 또는 제공한 자

　※ 환각물질(화학물질관리법 시행령 제11조)
- 톨루엔, 초산에틸 또는 메틸알코올
- 위의 물질이 들어 있는 시너(도료의 점도를 감소시키기 위하여 사용되는 유기용제를 말한다), 접착제, 풍선류 또는 도료
- 뷰테인가스
- 아산화질소(의료용으로 사용되는 경우는 제외한다)

⑦ 안전진단결과보고서를 제출하지 아니하거나 거짓으로 제출하고 취급시설을 설치·운영한 자

⑧ 적합 판정을 받지 아니하고 취급시설을 설치·운영한 자

⑨ 개선명령 또는 가동중지 명령을 이행하지 아니한 자

⑩ 취급시설 및 장비 등을 점검하지 아니하거나 그 결과를 5년간 기록·비치하지 아니한 자

⑪ 유해화학물질의 취급중단 및 휴업·폐업 시 조치를 하지 아니한 자

⑫ 휴업·폐업 전에 조치명령을 이행하지 아니한 자

⑬ 가동중지명령을 받은 화학물질 취급시설의 가동을 즉시 중단하지 아니하거나 가동중지명령이 해제되기 전에 해당 화학물질 취급시설을 가동한 자

(4) 2년 이하의 징역 또는 1억원 이하의 벌금(화학물질관리법 제60조)

화학사고 발생 시 즉시 신고를 하지 아니한 자

(5) 1년 이하의 징역 또는 3천만원 이하의 벌금(화학물질관리법 제61조)

① 허가조건을 이행하지 아니한 자
② 유독물질 수입신고를 하지 아니하거나 거짓으로 신고하고 수입한 자
③ 제한물질의 수출승인을 받지 아니하거나 거짓으로 승인을 받고 수출한 자
④ 변경된 화학사고예방관리계획서를 제출하지 아니하거나 거짓으로 제출한 자
⑤ 화학사고예방관리계획서를 수정·보완하여 제출하지 아니한 자
⑥ 시정명령 등에 따르지 아니한 자
⑦ 유해화학물질 영업의 변경허가를 받지 아니하거나 거짓으로 변경허가를 받고 영업을 한 자
⑧ 유해화학물질에 해당하는 시험용·연구용·검사용 시약의 판매업 신고를 하지 아니하거나 거짓으로 신고한 자

(6) 6개월 이하의 징역 또는 500만원 이하의 벌금(화학물질관리법 제62조)

① 금지물질의 제조·수입·판매 허가를 받지 아니하거나 거짓으로 허가를 받은 자
② 변경허가를 받지 아니하거나 거짓으로 변경허가를 받고 금지물질을 수입한 자
③ 제한물질·금지물질의 수출에 대한 변경승인을 받지 아니하거나 거짓으로 변경승인을 받아 수출한 자
④ 구매자의 실명·연령 확인 또는 본인 인증을 거치지 아니하고 유해화학물질을 판매한 자

(7) 양벌규정(화학물질관리법 제63조)

법인의 대표자나 법인 또는 개인의 대리인, 사용인, 그 밖의 종업원이 그 법인 또는 개인의 업무에 관하여 화학물질관리법 제57조부터 제62조까지의 어느 하나에 해당하는 위반행위를 하면 그 행위자를 벌하는 외에 그 법인 또는 개인에게도 해당 조문의 벌금형을 과(科)한다. 다만, 법인 또는 개인이 그 위반행위를 방지하기 위하여 해당 업무에 관하여 상당한 주의와 감독을 게을리하지 아니한 경우에는 그러하지 아니하다.

(8) 과태료(화학물질관리법 제64조 관련)

① 1천만원 이하의 과태료
  ㉠ 화학물질확인 내용을 제출하지 아니하거나 거짓으로 제출한 자
  ㉡ 화학물질 통계조사에 필요한 자료제출 명령에 따르지 아니하거나 거짓으로 제출한 자
  ㉢ 화학물질 배출량조사에 필요한 자료제출 명령에 따르지 아니하거나 거짓으로 제출한 자
  ㉣ 배출저감계획서를 제출하지 아니하거나 거짓으로 제출한 자
  ㉤ 배출저감계획서에 필요한 자료 제출을 하지 아니하거나 거짓으로 한 자 또는 관계 공무원의 출입·조사를 거부·방해 또는 기피한 자
  ㉥ 심의 또는 소명에 필요한 자료를 거짓으로 제출한 자
  ㉦ 환각물질을 판매하거나 제공한 자

ⓞ 유해화학물질 영업의 변경신고를 하지 아니하거나 거짓으로 변경신고를 하고 영업을 한 자

ⓩ 유해화학물질 취급의 도급신고를 하지 아니한 자

ⓒ 유해화학물질관리자 선임, 해임, 퇴직신고를 하지 아니한 자 또는 직무 대리자를 지정하지 아니한 자

ⓚ 신고를 하지 아니하고 폐업·휴업하거나 유해화학물질 취급시설의 가동을 중단한 자

ⓣ 승계신고를 하지 아니한 자

ⓟ 신고를 하지 아니하거나 거짓으로 신고하고 유해화학물질 영업을 한 자

ⓗ 보고 또는 자료의 제출을 하지 아니하거나 거짓으로 한 자, 관계 공무원의 출입·검사를 거부·방해 또는 기피한 자

② 300만원 이하의 과태료

㉠ 배출저감계획서를 수정·보완하여 제출하지 아니한 자

㉡ 시약 구매자에게 다음의 고지의무 사항을 알려주지 아니한 자
- 시험용·연구용·검사용 시약은 해당 용도로만 사용하여야 한다는 것
- 취급 시 유해화학물질 취급기준을 준수하여야 한다는 것

㉢ 도급신고한 사항 중 환경부령으로 정하는 중요한 사항을 변경하려는 경우 변경신고를 하지 아니하거나 거짓으로 변경신고를 한 자

㉣ 유해화학물질 안전교육을 받게 하지 아니하거나 유해화학물질 안전교육을 실시하지 아니한 유해화학물질 영업자

㉤ 서류의 기록·보존 의무를 위반한 자

③ 과태료의 부과기준

㉠ 일반기준
- 위반행위의 횟수에 따른 과태료의 부과기준은 최근 1년간 같은 위반행위로 과태료 부과처분을 받은 경우에 적용한다. 이 경우 기간의 계산은 위반행위에 대하여 과태료 부과처분을 받은 날과 그 처분 후 다시 같은 위반행위를 하여 적발된 날을 기준으로 한다.
- 위에 따라 가중된 부과처분을 하는 경우 가중처분의 적용 차수는 그 위반행위 전 부과처분 차수(위에 따른 기간 내에 과태료 부과처분이 둘 이상 있었던 경우에는 높은 차수를 말한다)의 다음 차수로 한다.
- 과태료의 부과권자는 다음의 어느 하나에 해당하는 경우에는 개별기준에 따른 과태료 금액의 2분의 1 범위에서 그 금액을 감경할 수 있다. 다만, 과태료를 체납하고 있는 위반행위자의 경우에는 감경할 수 없다.
  - 위반행위자가 질서위반행위규제법 시행령 제2조의2제1항 각 호의 어느 하나에 해당하는 경우
  - 위반행위가 사소한 부주의나 오류 등으로 인한 것으로 인정되는 경우
  - 위반행위를 바로 정정하거나 시정하여 해소한 경우
  - 그 밖에 위반행위의 정도, 위반행위의 동기와 그 결과 등을 고려하여 과태료를 감경할 필요가 있다고 인정되는 경우

- 과태료의 부과권자는 다음의 어느 하나에 해당하는 경우에는 개별기준에 따른 과태료 금액의 2분의 1 범위에서 그 금액을 가중할 수 있다. 다만, 과태료 금액의 상한을 넘을 수 없다.
  - 위반의 내용 및 정도가 중대하여 이로 인한 피해가 크다고 인정되는 경우
  - 법 위반상태의 기간이 6개월 이상인 경우
  - 그 밖에 위반행위의 정도, 위반행위의 동기와 그 결과 등을 고려하여 과태료를 가중할 필요가 있다고 인정되는 경우
ⓛ 개별기준

위반행위	과태료 금액 (단위 : 만원)		
	1차 위반	2차 위반	3차 이상 위반
화학물질확인 내용을 제출하지 않거나 거짓으로 제출한 경우	600	800	1,000
화학물질 통계조사에 필요한 자료제출 명령에 따르지 않거나 거짓으로 제출한 경우	600	800	1,000
화학물질 배출량조사에 필요한 자료제출 명령에 따르지 않거나 거짓으로 제출한 경우	600	800	1,000
화학물질 배출저감계획서를 제출하지 않거나 거짓으로 제출한 경우	600	800	1,000
화학물질 배출저감계획서를 수정·보완하여 제출하지 않은 경우	180	240	300
배출저감계획서에 필요한 자료 제출을 하지 않거나 거짓으로 한 경우 또는 관계 공무원의 출입·조사를 거부·방해 또는 기피한 경우	600	800	1,000
심의 또는 소명에 필요한 자료를 거짓으로 제출한 경우	600	800	1,000
환각물질을 판매하거나 제공한 경우	600	800	1,000
유해화학물질 영업의 변경신고를 하지 않거나 거짓으로 변경신고를 하고 영업을 한 경우			
• 사업장의 명칭·대표자 또는 사무실 소재지의 변경에 따른 변경신고를 하지 않거나 거짓으로 변경신고를 하고 영업을 한 경우	300	400	500
• 위의 사항 외의 변경신고 대상에 대한 변경신고를 하지 않거나 거짓으로 변경신고를 하고 영업을 한 경우	600	800	1,000
시약 구매자에게 고지의무 사항을 알려주지 않은 경우	180	240	300
유해화학물질 취급의 도급신고를 하지 않은 경우	600	800	1,000
변경신고를 하지 않거나 거짓으로 변경신고를 한 경우	180	240	300
유해화학물질관리자 선임, 해임, 퇴직신고를 하지 않은 경우 또는 직무 대리자를 지정하지 않은 경우	600	800	1,000
유해화학물질 안전교육을 받게 하지 않거나 유해화학물질 안전교육을 실시하지 않은 경우	180	240	300
신고를 하지 않고 폐업·휴업하거나 유해화학물질 취급시설의 가동을 중단한 경우	600	800	1,000
승계신고를 하지 않은 경우	600	800	1,000
신고를 하지 않거나 거짓으로 신고하고 유해화학물질 영업을 한 경우	600	800	1,000
보고 또는 자료의 제출을 하지 않거나 거짓으로 한 경우, 관계 공무원의 출입·검사를 거부·방해 또는 기피한 경우	600	800	1,000
서류의 기록·보존 의무를 위반한 경우	180	240	300

적중예상문제

01 다음 중 유해화학물질 영업의 구분에 대한 내용으로 틀린 것은?

① 유해화학물질 사용업 : 유해화학물질 중 허가물질 및 금지물질을 제외한 나머지 물질을 사용하여 제품을 제조하거나 세척·도장 등 작업과정 중에 이들 물질을 사용하는 영업

② 유해화학물질 운반업 : 유해화학물질 중 허가물질 및 금지물질을 제외한 나머지 물질을 트럭·탱크로리·컨테이너·항공기·선박·철도를 이용하여 운반하는 영업

③ 유해화학물질 제조업 : 판매할 목적으로 유해화학물질 중 허가물질 및 금지물질을 제외한 나머지 물질을 제조하는 영업

④ 유해화학물질 판매업 : 유해화학물질 중 허가물질 및 금지물질을 제외한 나머지 물질을 상업적으로 판매하는 영업

해설

화학물질관리법 제27조(유해화학물질 영업의 구분)
유해화학물질 운반업 : 유해화학물질 중 허가물질 및 금지물질을 제외한 나머지 물질을 운반(항공기·선박·철도를 이용한 운반은 제외한다)하는 영업

02 다음 중 유해화학물질 영업을 하려는 자가 환경부장관의 허가를 받기 위하여 사전에 제출해야 하는 서류나 갖추어야 할 기준으로 틀린 것은?

① 유해화학물질 취급시설의 설치·운영에 관하여 적합 통보를 받은 화학사고예방관리계획서

② 유해화학물질 취급시설에 관하여 적합 판정을 받은 검사결과서

③ 유해화학물질 제조업의 경우 유해화학물질 운반차량을 주차할 수 있는 규모의 주차장

④ 물질의 누출·유출 시 물질의 차단이 가능한 긴급 차단설비

해설

화학물질관리법 시행규칙 [별표 6] 유해화학물질별 취급시설·장비 및 기술인력 기준
취급시설·장비 기준 : 유해화학물질 운반차량을 주차할 수 있는 규모의 주차장(유해화학물질 운반업의 경우에만 해당된다)

03 다음 중 유해화학물질을 영업하려는 자가 갖추어야 할 시설이나 장비로 가장 거리가 먼 것은?

① 폐수를 모을 수 있는 집수조가 있는 세차시설
② 해당 작업자가 착용할 수 있는 개수의 개인보호장구
③ 누출·유출된 유해화학물질을 측정할 수 있는 감지·경보장치 또는 CCTV
④ 물질의 누출·유출 시 물질의 차단이 가능한 긴급 차단설비

해설

화학물질관리법 시행규칙 [별표 6] 유해화학물질별 취급시설·장비 및 기술인력 기준
취급시설·장비 기준 : 폐수를 모을 수 있는 집수조가 있는 세차시설(유해화학물질 운반업의 경우에만 해당된다)

04 다음 중 종업원이 30명 미만인 유해화학물질 영업을 하는 자가 갖추어야 할 기술인력에 대한 설명으로 틀린 것은?

① 산업수요 맞춤형 고등학교의 화학 관련 학과를 졸업하고 화학물질안전원장이 개설하는 유해화학물질 취급시설 기술인력에 대한 교육과정을 이수한 사람
② 특성화고등학교의 화학 관련 학과를 졸업하고 화학물질안전원장이 개설하는 유해화학물질 취급시설 기술인력에 대한 교육과정을 이수한 사람
③ 유해화학물질을 취급한 경력이 5년 이상인 화학물질안전원장이 개설하는 유해화학물질 취급시설 기술인력에 대한 교육과정을 이수한 사람
④ 환경·위험물·가스기능사 자격증을 취득하고 해당 실무 경력 7년 이상인 사람

해설

화학물질관리법 시행규칙 [별표 6] 유해화학물질별 취급시설·장비 및 기술인력 기준
기술인력 기준 : 환경·위험물·가스기능사 자격증을 취득하고 해당 실무 경력 7년 이상인 화학물질안전원장이 개설하는 유해화학물질 취급시설 기술인력에 대한 교육과정을 이수한 사람

05 다음 중 유해화학물질 영업을 하는 자에 대한 기술인력 기준을 적용하지 않는 경우가 아닌 것은?

① 유해화학물질 운반업
② 종업원이 10명 미만인 유해화학물질 보관 · 저장업
③ 유해화학물질 취급시설이 없거나 종업원이 10명 미만인 유해화학물질 판매업
④ 종업원이 10명 미만인 유해화학물질 사용업

해설
화학물질관리법 시행규칙 [별표 6] 유해화학물질별 취급시설 · 장비 및 기술인력 기준
기술인력 기준 : 다음의 어느 하나에 해당하는 유해화학물질 영업을 하는 자는 기술인력의 기준을 적용하지 않는다.
• 유해화학물질 운반업
• 유해화학물질 판매업(유해화학물질 취급시설이 없거나 종업원이 10명 미만인 경우만 해당한다)
• 유해화학물질 사용업(종업원이 10명 미만인 경우만 해당한다)

06 다음 중 유해화학물질 영업 변경허가 대상이 아닌 것은?

① 시범생산이 아닌 허가받은 유해화학물질 품목이 추가된 경우
② 허가 또는 변경허가를 받은 후 누적된 증가량이 100분의 50 이상으로 연간 제조량 또는 사용량이 증가된 경우
③ 사업장의 소재지가 변경된 경우
④ 기술인력을 변경한 경우

해설
화학물질관리법 시행규칙 제29조(유해화학물질 영업의 변경허가 및 변경신고)
기술인력을 변경한 경우는 영업 변경신고 대상이다.

07 다음 중 유해화학물질 영업 변경신고 대상이 아닌 것은?

① 사업장의 명칭 · 대표자 또는 사무실 소재지가 변경된 경우
② 유해화학물질 운반차량의 종류가 변경된 경우
③ 사업장의 유해화학물질 취급량이 유해화학물질별 수량 기준의 하위 규정수량 이상으로 증가된 경우
④ 기술인력을 변경한 경우

해설
화학물질관리법 시행규칙 제29조(유해화학물질 영업의 변경허가 및 변경신고)
사업장의 유해화학물질 취급량이 유해화학물질별 수량 기준의 하위 규정수량 이상으로 증가된 경우는 영업 변경허가 대상이다.

08 다음 중 유해화학물질 영업허가의 면제 대상이 아닌 사람은?

① 기계나 장치에 내장되어 있는 유해화학물질을 판매, 보관·저장, 운반 또는 사용하는 영업을 하는 자

② 유해화학물질에 해당하는 시험용·연구용·검사용 시약을 그 목적으로 판매, 보관·저장, 운반 또는 사용하는 영업을 하는 자

③ 한 번에 10ton 이하의 유해화학물질을 운반하는 자

④ 항만, 역구내 등 일정한 구역에서 유해화학물질을 하역하거나 운반하는 자

[해설]
화학물질관리법 시행규칙 제31조(유해화학물질 영업허가의 면제)
한 번에 1ton 이하의 유해화학물질을 운반하는 자

09 다음 중 유해화학물질 영업허가가 필요 없다고 인정하여 환경부령으로 정한 자가 아닌 것은?

① 상수원보호구역 밖의 사업장에서 연간 120ton 이하의 유독물질(유독물질 중 사고대비물질은 제외)을 사용하는 자

② 전용공업지역에서 연간 500ton 이하로 유해화학물질을 사용하는 자

③ 특별대책지역 밖의 사업장에서 연간 60ton 이하의 제한물질(제한물질 중 사고대비물질은 제외)을 사용하는 자

④ 허가대상물질의 제조 또는 사용허가를 받은 자 중 유해화학물질 취급시설을 설치·운영하지 않는 자

[해설]
화학물질관리법 시행규칙 제31조(유해화학물질 영업허가의 면제)
수도법에 따른 상수원보호구역 밖의 사업장에서 연간 120ton 이하의 유독물질(유독물질 중 사고대비물질은 제외한다)을 사용하는 자. 다만, 사업장이 환경정책기본법에 따른 특별대책지역에 있는 경우에는 연간 60ton 이하로, 국토의 계획 및 이용에 관한 법률에 따른 지구단위계획구역(주거형으로 지정된 구역은 제외한다) 또는 국토의 계획 및 이용에 관한 법률 시행령에 따른 전용공업지역에 있는 경우에는 연간 240ton 이하로 한다.

10 다음 중 유해화학물질관리자에 대한 설명으로 틀린 것은?

① 유해화학물질 영업자가 유해화학물질 취급시설 관리를 전문으로 하는 자에게 위탁하여 관리하게 할 경우에는 그 유해화학물질 취급시설의 관리업무를 위탁받은 수탁관리자가 유해화학물질 관리자를 선임하여야 한다.

② 유해화학물질관리자를 선임한 자는 유해화학물질관리자를 선임 또는 해임하거나 유해화학물질 관리자가 퇴직한 경우에는 지체 없이 이를 환경부장관에게 신고하고, 해임 또는 퇴직한 날부터 60일 이내에 다른 유해화학물질관리자를 선임하여야 한다.

③ 유해화학물질관리자는 유해화학물질 취급시설 종사자에게 해당 유해화학물질에 대한 안전관리 정보를 제공하여야 한다.

④ 유해화학물질관리자는 유해화학물질 취급시설 수탁관리자 및 종사자가 화학물질관리법 또는 화학물질관리법에 따른 명령을 위반하지 아니하도록 지도·감독하여야 한다.

해설

화학물질관리법 제32조(유해화학물질관리자)
유해화학물질관리자를 선임한 자는 유해화학물질관리자를 선임 또는 해임하거나 유해화학물질관리자가 퇴직한 경우에는 지체 없이 이를 환경부장관에게 신고하고, 해임 또는 퇴직한 날부터 30일 이내에 다른 유해화학물질관리자를 선임하여야 한다. 다만, 그 기간 내에 선임할 수 없으면 환경부장관의 승인을 받아 그 기간을 연장할 수 있다.

11 다음 중 유해화학물질관리자의 직무범위로 가장 거리가 먼 것은?

① 유해화학물질 취급시설 등의 자체 점검에 필요한 조치
② 사고대비물질의 관리기준 준수에 필요한 조치
③ 유해화학물질 취급기준 준수에 필요한 조치
④ 유해화학물질 영업허가에 필요한 기술인력 채용에 관한 조치

해설

화학물질관리법 시행령 제12조(유해화학물질관리자)
유해화학물질관리자의 직무범위는 다음과 같다.
• 유해화학물질 취급기준 준수에 필요한 조치
• 취급자의 개인보호장구 착용에 필요한 조치
• 유해화학물질의 진열·보관에 필요한 조치
• 유해화학물질의 표시에 필요한 조치
• 화학사고예방관리계획서의 작성·제출, 이행 및 지역사회 고지에 필요한 조치
• 유해화학물질 취급시설의 설치 및 관리기준 준수에 필요한 조치
• 유해화학물질 취급시설 등의 자체 점검에 필요한 조치
• 수급인의 관리·감독에 필요한 조치
• 사고대비물질의 관리기준 준수에 필요한 조치
• 화학사고 발생신고 등에 필요한 조치
• 그 밖에 유해화학물질 취급시설의 안전 확보와 위해 방지 등에 필요한 조치
※ 유해화학물질 영업허가에 필요한 사항은 대표자의 책무이다.

12 다음 중 유해화학물질 취급 담당자로 볼 수 없는 사람은?

① 유해화학물질 영업자가 고용한 사람으로서 사업장 내 산업안전 업무를 대표하는 사람
② 화학사고예방관리계획서의 작성 담당자
③ 유해화학물질 영업자가 고용한 사람으로서 유해화학물질을 직접 취급하는 사람
④ 수급인과 수급인이 고용한 사람으로서 유해화학물질을 직접 취급하는 사람

[해설]
화학물질관리법 시행령 제13조(유해화학물질 취급 담당자)
• 유해화학물질 영업자가 고용한 사람으로서 유해화학물질을 직접 취급하는 사람
• 화학사고예방관리계획서의 작성 담당자
• 수급인과 수급인이 고용한 사람으로서 유해화학물질을 직접 취급하는 사람
• 그 밖에 환경부장관이 화학사고 예방을 위하여 필요하다고 인정하여 고시한 사람

13 다음 중 유해화학물질 안전교육 시 교육대상과 교육시간이 잘못 연결된 것은?

① 유해화학물질 취급시설의 기술인력 - 매 2년마다 16시간
② 취급시설이 없는 판매업의 유해화학물질관리자 - 매 2년마다 8시간
③ 유해화학물질 영업자가 고용한 사람으로서 유해화학물질을 운반하는 자 - 매 2년마다 8시간
④ 화학사고예방관리계획서 작성 담당자 - 매 2년마다 8시간

[해설]
화학물질관리법 시행규칙 [별표 6의2] 유해화학물질 안전교육 대상자별 교육시간
화학사고예방관리계획서 작성 담당자 - 매 2년마다 16시간

14 다음 중 유해화학물질 안전교육에 대한 설명으로 틀린 것은?

① 기술인력이 되거나 유해화학물질관리자로 선임될 수 있는 자격을 갖추게 된 날부터 2년이 지난 후에 그 기술인력이 되거나 유해화학물질관리자로 선임된 경우에는 2년 이내에 안전교육을 받아야 한다.

② 유해화학물질 취급 담당자는 해당 업무를 수행하기 전에 안전교육을 받아야 하며, 교육시간 중 8시간을 화학물질안전원에서 실시하는 인터넷을 이용한 교육으로 대체할 수 있다.

③ 감염병 등의 재난 발생으로 유해화학물질 안전교육을 정상적으로 실시하기 어렵다고 환경부장관이 인정하는 경우에는 이수시기 및 교육방법 등을 변경할 수 있다.

④ 유해화학물질 취급 담당자(유해화학물질을 운반하는 자는 제외)가 안전교육을 받아야 하는 날부터 2년 전까지의 기간에 산업안전보건법에 따른 특별교육 중 화학물질안전원장이 유해화학물질 안전교육과 유사하다고 인정하여 고시하는 교육과정을 16시간 이상 이수한 경우에는 그 받아야 하는 안전교육 시간 중 8시간을 면제한다.

> **해설**
> 화학물질관리법 시행규칙 [별표 6의2] 유해화학물질 안전교육 대상자별 교육시간
> 유해화학물질 취급시설의 기술인력 또는 유해화학물질관리자에 해당하는 자는 해당 구분에 따른 기술인력이 되거나 유해화학물질관리자로 선임된 날부터 2년 이내에 안전교육을 받아야 한다. 다만, 해당 구분에 따른 기술인력이 되거나 유해화학물질관리자로 선임될 수 있는 자격을 갖추게 된 날부터 2년이 지난 후에 그 기술인력이 되거나 유해화학물질관리자로 선임된 경우에는 1년 이내에 안전교육을 받아야 한다.

15 다음 중 유해화학물질 안전교육에서 '화학물질관리법 및 일반 화학안전관리에 관한 사항'이 이수해야 할 교육내용에 포함되어 있지 않은 대상자는?

① 유해화학물질 사업장 종사자
② 유해화학물질 취급시설의 기술인력 및 유해화학물질관리자
③ 유해화학물질 취급 담당자
④ 유해화학물질 운반자

> **해설**
> 화학물질관리법 시행규칙 [별표 6의3] 유해화학물질 안전교육 대상자별 교육내용
> 유해화학물질 사업장 종사자
> • 화학물질의 유해성 및 안전관리에 관한 사항
> • 화학사고 대피 · 대응방법 및 사고 시 행동요령에 관한 사항
> • 업종별 유해화학물질 취급방법에 관한 사항

16 다음 중 유해화학물질 안전교육에서 유해화학물질 취급시설의 기술인력 및 유해화학물질관리자가 이수해야 할 교육내용이 아닌 것은?

① 유해화학물질 취급시설 기준 및 자체 점검에 관한 사항
② 화학물질의 유해성 분류·표시방법에 관한 사항
③ 화학물질이 인체와 환경에 미치는 영향에 관한 사항
④ 화학사고예방관리계획의 수립 및 이행에 관한 사항

> **해설**
> 화학물질관리법 시행규칙 [별표 6의3] 유해화학물질 안전교육 대상자별 교육내용
> 화학물질이 인체와 환경에 미치는 영향에 관한 사항은 유해화학물질관리자 자격취득 대상자가 이수해야 할 교육내용이다.

17 다음 중 환경부장관이 유해화학물질 영업자에게 행정조치로서 기간을 정하여 개선을 명령할 수 있는 경우에 해당되지 않는 것은?

① 거짓으로 영업허가를 받은 경우
② 개인보호장구를 착용하지 아니한 경우
③ 화학사고예방관리계획서를 고지하지 아니한 경우
④ 변경허가를 받지 아니한 경우

> **해설**
> 화학물질관리법 제35조(유해화학물질 영업허가의 취소 등)
> 환경부장관은 유해화학물질 영업자가 거짓이나 그 밖의 부정한 방법으로 영업허가를 받은 경우 그 허가를 취소하여야 한다.
> ②·③·④ 화학물질관리법 제34조의2(유해화학물질 영업자에 대한 개선명령)

18 다음 중 환경부장관이 유해화학물질 영업자에게 그 허가를 취소해야 하는 경우에 해당되지 않는 것은?

① 금지물질을 취급한 경우
② 취급시설 및 장비 등을 점검하지 아니하거나 그 결과를 5년간 기록·비치하지 아니한 경우
③ 2년에 3회 이상 영업정지 처분을 받은 경우
④ 다른 법령에 따라 유해화학물질 영업과 관계되는 인가·허가 등이 취소되어 영업을 계속할 수 없다고 인정되는 경우

> **해설**
> 화학물질관리법 제34조의2(유해화학물질 영업자에 대한 개선명령)
> 환경부장관은 유해화학물질 영업자가 취급시설 및 장비 등을 점검하지 아니하거나 그 결과를 5년간 기록·비치하지 아니한 경우 기간을 정하여 개선을 명할 수 있다.
> ①·③·④ 화학물질관리법 제35조(유해화학물질 영업허가의 취소 등)

19 유해화학물질 영업자가 다른 사람에게 명의를 대여하여 해당 영업을 하게 하거나 허가증을 사용하게 한 경우 환경부장관이 조치할 수 있는 것은?

① 개선명령 또는 영업정지
② 영업취소 또는 영업정지
③ 영업취소
④ 경고 또는 개선명령

[해설]
화학물질관리법 제35조(유해화학물질 영업허가의 취소 등)
환경부장관은 유해화학물질 영업자가 다른 사람에게 명의를 대여하여 해당 영업을 하게 하거나 허가증을 사용하게 한 경우 그 영업허가를 취소하거나 6개월 이내의 기간을 정하여 영업의 전부 또는 일부의 정지를 명할 수 있다.

20 다음 ( ) 안에 들어갈 내용은?

> 환경부장관은 유해화학물질 영업자에 대하여 영업정지를 명하여야 하는 경우에는 대통령령으로 정하는 바에 따라 영업정지 처분을 갈음하여 해당 사업장 매출액의 ( ) 이하의 과징금을 부과할 수 있다.

① 100분의 1
② 100분의 5
③ 100분의 15
④ 100분의 25

[해설]
화학물질관리법 제36조(영업정지 처분을 갈음하여 부과하는 과징금 처분)

144 PART 02 유해화학물질 안전관리   19 ②   20 ②   정답

21 다음 중 적용되는 벌칙이 가장 엄한 것은?

① 제한물질의 수입허가를 받지 아니하거나 거짓으로 수입허가를 받고 수입한 자
② 유해화학물질에 해당하는 시험용·연구용·검사용 시약의 판매업 신고를 하지 아니하거나 거짓으로 신고한 자
③ 화학사고예방관리계획서를 제출하지 아니하거나 거짓으로 제출한 자
④ 금지물질의 제조·수입·판매 허가를 받지 아니하거나 거짓으로 허가를 받은 자

해설
① 3년 이하의 징역 또는 5천만원 이하의 벌금(화학물질관리법 제59조)
② 1년 이하의 징역 또는 3천만원 이하의 벌금(화학물질관리법 제61조)
③ 5년 이하의 징역 또는 1억원 이하의 벌금(화학물질관리법 제58조)
④ 6개월 이하의 징역 또는 500만원 이하의 벌금(화학물질관리법 제62조)

22 환각물질을 판매하거나 제공한 경우 3차 이상 위반하였을 때 부과될 수 있는 과태료는 얼마인가?

① 300만원
② 600만원
③ 800만원
④ 1,000만원

해설
화학물질관리법 시행령 [별표 2] 과태료의 부과기준
개별기준

위반행위	과태료 금액(단위 : 만원)		
	1차 위반	2차 위반	3차 이상 위반
환각물질을 판매하거나 제공한 경우	600	800	1,000

유해화학물질의 취급

1 유해화학물질의 물리 · 화학적 특성

(1) 폭발성(Explosive)

① 분자 내에 산소 · 수소를 포함한 물질이 매우 빠른 속도로 반응하는 현상이다(화학적 폭발).

※ 분해폭발 : 산소 없이도 높은 온도 · 압력으로 인해 발생하는 폭발이다.

② 폭발성 물질(Explosive Substance)

㉠ 자체의 화학반응으로 주위 환경에 손상을 입힐 수 있는 온도 · 압력 · 속도의 가스를 발생시키는 고체 · 액체 물질이나 혼합물이다.

㉡ 모두 가연성 물질이며, 연소를 시작하면 매우 빠르게 진행되며 폭발 현상을 나타낸다.

㉢ 화학적 폭발 물질 : 나이트로셀룰로스[$C_6H_9(NO_2)O_5]_n$, 나이트로글리세린[$C_3H_5(NO_3)_3$], 2,4,6-트라이나이트로톨루엔[$CH_3(NO_2)_3C_6H_2$], 과산화벤조일($C_{14}H_{10}O_4$) 등

※ 분해폭발 물질 : 아세틸렌, 에틸렌, 하이드라진, 오존, 산화질소 등

㉣ 취급방법

• 화염 · 불꽃 등의 점화원과 가열 · 마찰 · 충격 등을 피하고 접지하여 정전기를 방지한다.

• 소화(消化)는 물로 냉각시켜 분해온도 이하로 낮추는 방법 등을 고려한다.

(2) 인화성(Inflammability)

① 가연성 물질(공기 중에서 연소하는 물질)이 주변 온도에서 쉽게 연소하는 성질이다.

※ 인화점(Flash Point) : 가연성 액체 · 고체가 주변 온도에서 그 표면 가까이에 연소하는 데 충분한 농도의 증기를 발생시키는 최저 온도이다.

② 인화성 물질(Inflammable Substance)

㉠ 인화점이 낮은 물질과 인화점이 높더라도 인화점 이상으로 가열시키면 인화점이 낮은 물질과 같은 위험성이 있는 물질이다.

• 인화점 −30℃ 미만 : 아세트알데하이드, 이황화탄소, 다이에틸에터, 휘발유 등

• 인화점 −30~0℃ : 메틸에틸케톤, 벤젠, 산화에틸렌, 노말헥세인, 아세톤 등

• 인화점 0~30℃ : 메틸알코올, 자일렌, 에틸알코올, 아세트산아밀 등

• 인화점 30℃ 이상 : 등유, 경유, 테레빈유 등

※ 인화성 액체 : 인화점 60℃ 이하

㉡ 취급방법

• 불꽃 · 스파크 · 고온체 등과의 접근을 피하고 과열을 주의한다.

• 증기의 발생이 있을 경우에는 통풍 · 환기가 충분히 잘 되는 곳에 보관한다.

(3) 발화성(Ignitability)

① 쉽게 불이 붙는 성질이다.

※ 자연발화(自然發火) : 공기 중에서 물질이 산화·분해 또는 흡착·중합 등에 의하여 반응열이 축적됨으로써 상온에서 스스로 발열하고 불이 붙어 연소되는 현상이다.

② 발화성 물질(Ignitable Substance)

㉠ 물과 접촉하여 쉽게 불이 붙거나 스스로 불이 붙어 가연성 가스가 발생하는 물질이다.

  • 가연성 고체 : 황화인, 적린, 황, 철분, 금속분, 마그네슘, 인화성 고체 등
  • 자연발화성 및 물반응성 물질
    – 적린, 황화인, 금속분, 마그네슘 및 무기과산화물(Na_2O_2, MgO_2 등) 등
    – 알칼리금속(칼륨, 나트륨 등), 탄화칼슘, 알루미늄의 탄화물 등
    – 황산, 질산, 과산화수소, 과염소산, 다이에틸에터 등
    ※ 물반응성 물질(Substances which, in contact with water, emit flammable gases) : 물과 상호작용에 의하여 자연발화하거나 인화성 가스가 위험한 수준의 양으로 발생하며 독성가스를 생성하기도 하는 고체·액체 물질이나 혼합물이다.

㉡ 취급방법

  • 금속 등 견고한 저장용기에 완전히 밀폐·보관하고, 공기와 물 등 수분과 접촉을 방지한다.
    ※ 황린은 물속에 저장하고, 칼륨·나트륨 등 알칼리금속은 석유류에 저장한다.
  • 자연발화성 물질은 불티·불꽃·고온체의 접근을 금지한다.

(4) 산화성(Oxidizability)

① 다른 물질에 산소를 공급하거나 수소를 빼앗아 다른 물질의 연소를 유발하거나 도와주는 성질이다.

※ 급격한 산화반응은 연소(빛·열 수반)이며, 매우 급격한 산화반응은 폭발(빛·열·압력 수반)이다.

② 산화성 물질(Oxidizing Substance)

㉠ 산화성이 강하고 가열, 충격 및 다른 화학물질과의 접촉 등에 의해 격렬하게 분해·발열반응하는 고체·액체이다.

㉡ 산화제(酸化劑)라고도 부르며, 일반적으로 불연성 물질이다.

㉢ 염소산($HClO_3$) 및 그 염류($NaClO_3$ 등), 질산(HNO_3) 및 그 염류[$Fe(NO_3)_2$ 등], 과산화수소(H_2O_2) 및 무기과산화물(K_2O_2, MgO_2 등), 과망간산염류($KMnO_4$, $BaMnO_4$ 등), 중크로뮴산염류($K_2Cr_2O_7$ 등) 등이 있다.

㉣ 취급방법

  • 가연성 물질의 접촉, 화기, 직사광선을 피한다.
  • 소화(消化)는 물로 냉각시켜 분해온도 이하로 낮추는 방법 등을 고려한다.

(5) 부식성(Corrosion)

① 화학반응으로 물질을 원자로 분해시키는 성질이다.

 ※ 부식 : 일반적으로 금속이 산소와 같은 산화제와 반응하여 전기화학적으로 산화되는 것이다.

② 부식성 물질(Corrosive Substance)

 ㉠ 화학적 또는 전기적 작용으로 물질을 분해시키는 물질 또는 피부조직에 대한 파괴작용이 강한 물질이다(강산, 강염기 등).

 ㉡ 염화수소, 황산, 질산, 플루오린화수소, 과산화수소, 폼알데하이드, 염소, 플루오린, 포스핀, 페놀, 브로민, 염화사이안, 옥시염화인, 삼염화인, 테트라클로로실리콘, 트라이메틸아민, 암모니아, 수산화나트륨, 수산화칼륨, 나트륨 등이 있다.

 ㉢ 취급방법

 • 금속, 가연성・산화성 물질과 따로 보관한다.

 • 피부・의복 등에 접촉되지 않도록 주의한다.

2 유해화학물질의 취급기준 등

(1) 유해화학물질 취급기준(화학물질관리법 제13조 관련)

누구든지 유해화학물질을 취급하는 경우에는 다음의 유해화학물질 취급기준을 지켜야 한다.

① 유해화학물질 취급시설이 본래의 성능을 발휘할 수 있도록 적절하게 유지・관리할 것

② 유해화학물질의 취급과정에서 안전사고가 발생하지 아니하도록 예방대책을 강구하고, 화학사고가 발생하면 응급조치를 할 수 있는 방재장비(防災裝備)와 약품을 갖추어 둘 것 → 화학사고는 사전 방지할 수 있도록 하며, 사고 시에는 적정한 방재장비・약품을 사용하여 신속하게 응급조치함으로써 피해를 최소화할 수 있도록 한다.

[방재장비]

[방재약품]

㉠ 방재장비 : 누출방지밴드, 누출방지백, 누출물 진공수거기 및 수거용기 등

[누출방지밴드]　　[누출방지백]　　[진공수거기]　　[수거용기]

㉡ 방재약품 : 알코올형 포소화약제, 중화제(산, 알칼리), 흡착포, 모래 등

※ 약품은 반응성을 기준으로 중화제, 산화·환원제 및 흡착제로 구분·관리한다.

  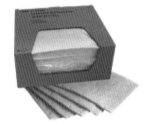

[포소화약제]　　　[중화제]　　　[흡착포]

③ 유해화학물질을 보관·저장하는 경우 종류가 다른 유해화학물질을 혼합하여 보관·저장하지 말 것
→ 종류가 다른 화학물질이 누출·혼합될 경우 상호 반응하여 더 위험한 화학물질 또는 유해가스가
생성될 수 있으며, 화재·폭발 또는 중독사고 등이 발생할 수 있다.

[혼합적재금지물질(예)]

번 호	화학물질	특 성	주요 혼합적재금지물질
3	과산화수소	강산화제	가연성 액체, 연소성 물질, 유기물질, 알코올류 등
14	메틸알코올	알코올 및 글리콜	산화성 물질, 클로로폼 등
17	무수암모니아	부식성	과산화수소, 무수플루오린화수소산, 할로겐류 등
30	염화수소	비산화성 무기산	황산, 암모니아, 나트륨, 플루오린, 과염소산 등
38	질 산	산화성 무기산	가연성 액체·가스, 유기물질, 황산, 암모니아 등
46	톨루엔	방향족 탄화수소	황산, 질산, 이산화질소 등
51	플루오린화수소	비산화성 무기산, 무기플루오린화물	황산, 암모니아, 나트륨 등
53	황 산	산화성 무기산, 물반응성	염산, 유기물류, 염소산류, 물, 과염소산염류, 과망간산염류 등

④ 유해화학물질을 차에 싣거나 내릴 때나 다른 유해화학물질 취급시설로 옮길 때에는 해당 유해화학물
질 운반자·작업자 외에 유해화학물질관리자 또는 유해화학물질관리자가 지정하는 유해화학물질
안전교육을 받은 자가 참여하도록 할 것 → 화학사고는 유해화학물질을 상·하차 또는 이송할 때에
발생하는 경우가 많다.

⑤ 유해화학물질을 운반하는 사람은 유해화학물질관리자 또는 유해화학물질 안전교육을 받은 사람일 것 → 유해화학물질 운반 중에 화학사고가 상당수 발생하고 있으므로, 운반자는 화학사고 대비·대응에 대한 충분한 안전교육을 수료할 필요가 있다.

⑥ 그 밖에 ①부터 ⑤까지의 규정에 준하는 사항으로서 유해화학물질의 안전관리를 위하여 필요하다고 인정하여 환경부령으로 정하는 사항

(2) 유해화학물질 세부 취급기준(화학물질관리법 시행규칙 별표 1 관련)

① 취급시설 적정 유지·관리

　ㄱ 부식성 유해화학물질을 취급하는 장소에서 가까운 거리 내에 비상시를 대비하여 샤워시설 또는 세안시설을 갖추고, 정상 작동하도록 유지할 것 → 눈에 들어가거나 얼굴 또는 몸에 묻었을 경우 실명이나 화상을 초래하므로, 신속하게 씻어내어 피해를 최소화할 수 있는 시설이 필요하다.

[긴급샤워시설]

[긴급세안시설]

　ㄴ 물과 반응할 수 있는 유해화학물질을 취급하는 경우에는 보관·저장시설 주변에 설치된 방류벽, 집수시설(集水施設) 및 집수조 등에 물이 괴어 있지 않도록 할 것

　　→ 누출물질의 확산을 차단하기 위한 방류벽 등에 물이 괴어 있으면 누출물질이 물과 반응으로 화재·폭발 또는 유해가스가 발생하여 오히려 피해가 커질 수 있다.

　　→ 액체 유해화학물질의 누출·확산을 방지하기 위한 방류벽, 방지턱, 트렌치, 건축물 벽체 등을 활용한 집수시설을 설치한다.

[방류벽 및 트렌치]

[집수 피트]

ⓒ 폭발 위험이 높은 유해화학물질을 취급할 때 사용되는 장비는 반드시 접지(接地)하고, 정상적인 작동 여부를 점검할 것. 다만, 화학사고 발생 우려가 없는 경우에는 그렇지 않다. → 취급장비 등에서 발생할 수 있는 정전기는 점화원이 되어 폭발성 물질에 화재·폭발사고를 초래할 수 있다.

[접지설비]　　　　　　[저장탱크 접지]

ⓓ 유해화학물질 용기는 온도, 압력, 습도와 같은 대기조건에 영향을 받지 않도록 하고, 파손 또는 부식되거나 균열이 발생하지 않도록 관리할 것 → 파손·균열 또는 부식된 유해화학물질 보관 용기는 언제라도 내용물질이 누출될 수 있다.

[훼손 용기]　　　　　　[부식 용기]

ⓔ 앞서 저장한 화학물질과 다른 유해화학물질을 저장하는 경우에는 미리 탱크로리, 저장탱크 내부를 깨끗이 청소하고 폐액(廢液)은 폐기물관리법에 따라 처리할 것 → 화학물질의 저장시설에 이전의 내용물이나 증기 등이 잔존하면 나중에 저장되는 물질과 반응으로 화재·폭발 또는 유해가스가 발생하여 사고를 초래할 수 있다.

※ 폐액은 성분 등에 따라 지정폐기물 또는 사업장일반폐기물로 수집·운반 및 처리해야 한다(폐기물관리법 시행규칙 별표 5).

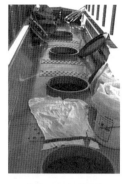

[탱크로리 청소]　　　　[저장탱크 청소]　　　　[수탁폐수 위탁처리]

ⓑ 유해화학물질을 사용하고 남은 빈 용기는 폐기물관리법에 따라 처리할 것 → 빈 용기에 남아있거
나 묻어 있는 유해화학물질은 인체·환경 피해 또는 화재·폭발사고 등의 2차 피해를 유발할
수 있다.

[폐용기 : 지정폐기물]

② 화학사고 예방 및 응급조치

　ⓐ 유해화학물질의 취급 중에 음식물, 음료 등을 섭취하지 말 것 → 혼돈하여 유해화학물질을 섭취하
　거나 오염된 음식물, 음료 등을 섭취함으로써 인체 피해를 유발할 수 있다.

　ⓑ 유해화학물질은 식료품, 사료, 의약품, 음식과 함께 혼합 보관하거나 운반, 접촉하지 말 것 →
　유해화학물질이 누출되면 혼합 보관 또는 운반·접촉한 음식, 사료 등이 오염될 수 있으며, 이를
　사람이나 가축이 섭취할 경우 피해를 초래할 수 있다.

　ⓒ 유해화학물질을 취급하는 경우 콘택트렌즈를 착용하지 말 것. 다만, 적절한 보안경을 착용한
　경우에는 그렇지 않다. → 화학물질이 눈에 들어갔을 때 흐르는 물 등으로 씻어내면 피해를 줄일
　수 있으나, 콘택트렌즈를 착용한 경우에는 화학물질이 콘택트렌즈와 각막 사이에 정체되어 각막
　을 지속적으로 자극하게 됨으로써 실명까지 초래할 수 있다.

　ⓓ 물과 반응할 수 있는 유해화학물질을 취급하는 경우에는 물과의 접촉을 피하도록 해당 물질을
　관리할 것

　ⓔ 화재, 폭발 등 위험성이 높은 유해화학물질은 가연성 물질과 접촉되지 않도록 하고, 열·스파크·
　불꽃 등의 점화원(點火源)을 제거할 것

ⓑ 유해화학물질을 제조, 보관·저장, 사용하는 장소 주변이나 하역하는 동안 차량 안 또는 주변에서 흡연을 하지 말 것 → 유해화학물질 취급장소에는 인화성·폭발성 유증기가 존재할 수 있으므로, 취급 장소 주변이나 하역 차량 안에서 흡연하다가 무심코 꽁초를 버리는 경우 담배 불티가 점화원이 되어 화재·폭발이 발생할 수 있다.

ⓢ 용접·용단작업으로 인해 발생하는 불티의 비산(飛散)거리 이내에서 유해화학물질을 취급하지 말 것 → 유해화학물질 취급장소에는 인화성·폭발성 증기가 존재할 수 있으므로, 용접·용단작업 시 비산되는 불티가 점화원이 되어 화재·폭발을 유발할 수 있다.

[용접·용단 시 불티 비산거리]

높이 (m)	철판 두께 (mm)	작업의 종류	불티의 비산거리(m)				풍속 (m/s)
			바람을 향할 때		바람을 등질 때		
			1차 불티	2차 불티	1차 불티	2차 불티	
8.25	4.5	세로방향	4.5	6.5	7.0	9.0	1~2
		아래방향	3.5	6.0	–	–	
12.25		세로방향	5.5	7.0	6.0	9.5	
		아래방향	3.5	6.0	–	–	
15.00		세로방향	4.5	6.0	8.0	11.0	2~3

• 1차 불티 : 용접·용단 시 발생하는 불티이다.
• 2차 불티 : 1차 불티가 지면에 낙하하여 반사되면서 2차적으로 비산하는 불티이다.

ⓞ 유해화학물질이 묻어 있는 표면에 용접을 하지 말 것. 다만, 화기 작업허가 등 안전조치를 취한 경우에는 그렇지 않다. → 표면에 묻어 있는 유해화학물질이 인화성·폭발성 액체·고체일 경우 용접 불꽃은 점화원이 되어 화재·폭발을 유발할 수 있다.

ⓩ 열, 스파크 등 점화원과 접촉 시 화재, 폭발 등 위험성이 높은 유해화학물질을 담은 용기에 용접·용단작업을 실시하지 말 것. 다만, 부득이 용접·용단작업을 실시할 경우에는 용기 내를 불활성가스로 대체하거나 중화, 세척 등으로 안전성을 확인한 이후에 실시할 수 있다.

→ 유해화학물질을 담은 용기는 빈 용기일지라도 그 속에 증기가 남아있을 수 있으므로 용접·용단 불꽃이 점화원이 되어 화재·폭발이 발생할 수 있다.

※ 불활성화(Purge) : 용기에 불활성가스(Inert Gas : N_2, CO_2 등)를 주입하여 산소를 MOC(최소 산소농도, Minimum Oxygen Concentration-10%) 이하(6%)로 낮추는 것이다.

ⓩ 밀폐된 공간에서는 공기 중에 가연성, 폭발성 기체나 유독한 가스의 존재 여부 및 산소 결핍 여부를 점검한 이후에 유해화학물질을 취급할 것 → 유해화학물질이 보관·저장된 밀폐 공간에서 충분한 환기가 안 되는 경우 공기 중에 가연성·폭발성 기체 또는 유독가스가 잔존하거나 산소가 결핍될 수 있고 화재·폭발 또는 중독·질식사고가 발생할 수 있으므로 상시 점검·측정이 필요하다.

안전한계, 연속환기 要	맥박 증가, 두통	어지럼증, 추락위험	안면창백, 의식불명	실신혼절, 7분 이내 사망	순간혼절, 6분 이내 사망
18%	16%	12%	10%	8%	6%

㉠ 고체 유해화학물질을 호퍼(Hopper : 밑에 깔대기 출구가 있는 큰 통)나 컨베이어, 용기 등에 낙하시킬 때에는 낙하거리가 최소화될 수 있도록 할 것. 이 경우 고체 유해물질의 낙하로 인해 분진이 발생하는 때에는 분진을 포집(捕執)하기 위한 분진 포집시설을 설치할 것 → 낙하거리가 크면 날리는 분진이 다량 발생하며, 분진 포집시설을 설치하여 날리는 유해분진을 포집함으로써 인체 및 환경 피해를 방지한다.

㉡ 고체 유해화학물질을 용기에 담아 이동할 때에는 용기 높이의 90% 이상을 담지 않도록 할 것 → 용기 내 고체물질은 이동 시 용기 내 표면과의 마찰로 발생한 열이 화학반응을 유발하고 유해가스 등이 발생할 수 있다. 또한 유해가스는 용기를 파손하여 누출될 수 있으므로, 용기 내 가스가 머무를 수 있는 10%의 여유 공간을 확보한다.

㉢ 인화성을 지닌 유해화학물질은 그 물질이 반응하지 않는 액체나 공기 분위기에서 취급할 것 → 인화성 물질을 인화점보다 높은 온도에서 취급할 경우 유증기가 발생함으로써 작은 점화원에 의해서도 화재·폭발이 발생할 수 있다.

㉣ 유해화학물질을 계량하고 공정에 투입할 때 증기가 발생하는 경우에는 해당 증기를 포집하기 위한 국소배기장치를 설치하고, 작업 시 상시 가동할 것 → 액체물질은 투입 등 유동 시 증기가 다량 발생하므로, 국소배기장치를 설치하고 발생 증기를 포집·처리·배출할 수 있도록 한다.

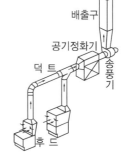

[국소배기장치]

㉮ 용기에 들어 있는 유해화학물질을 공정에 모두 투입한 경우에는 용기에서 증기 등이 발생하지 않도록 밀봉(密封)하여 두거나 국소배기장치가 설치된 곳에 둘 것 → 투입한 유해화학물질 용기에는 내용물의 잔존 등으로 증기가 발생할 수 있으므로, 용기를 밀봉하거나 국소배기장치에서 발생 증기를 포집·처리할 수 있도록 한다.

㉯ 유해화학물질이 발생하는 반응, 추출, 교반(휘저어 섞음), 혼합, 분쇄, 선별, 여과, 탈수, 건조 등의 공정은 밀폐 또는 격리된 상태로 이루어지도록 할 것 → 각 공정은 밀폐하여 유해화학물질에 대한 작업 근로자 노출을 원천 차단하고, 각 공정을 격리하여 한 공정에서 누출 시 전체 작업자가 노출되지 않도록 한다.

[밀폐공정]

㉰ 유해화학물질이 유출된 경우에는 유출된 유해화학물질이 넓은 지역으로 퍼지지 않도록 차단하는 조치를 할 것 → 차단, 우회 및 제방쌓기 등으로 유출물질의 확산을 억제하여 피해를 최소화한다.

[차단 : 우수로 유입방지]   [제방쌓기]

㉱ 유해화학물질이 유출·누출된 경우에는 다른 사람과 차량의 접근을 통제할 것 → 유출·누출된 유해화학물질로 인하여 사람과 차량에 피해를 줄 수 있다.

㉲ 유해화학물질을 취급하는 경우 개인보호장구를 착용할 것
→ 유출·누출되는 유해화학물질로부터 작업자의 직접적인 신체 접촉을 차단하여 피해를 최소화 하고 사고를 응급조치할 수 있는 골든타임을 확보한다.
→ 호흡보호구 등 개인보호장구는 작업 상황에 적합하게 착용하여야 한다.

③ 보관·저장
   ⑦ 종류가 다른 화학물질을 같은 보관시설 안에 보관하는 경우에는 화학물질 간의 반응성을 고려하여 칸막이나 바닥의 구획선 등으로 구분하여 상호 간에 필요한 간격을 둘 것 → 취급 혼란을 예방하고, 다른 종류의 보관 화학물질들이 혼합·반응하지 않도록 칸막이나 구획선으로 적정한 간격을 두도록 한다.

[칸막이, 바닥 구획선]

   ⑥ 폭발성 물질과 같이 불안정한 물질은 폭발 반응을 방지하는 방법으로 보관할 것 → 폭발성 물질 등은 약간의 가열, 마찰, 충격 또는 화기에 의해 폭발이 발생할 수 있으며, 산소나 산화제가 없는 상태에서도 자체 함유 산소에 의해 화재·폭발이 발생할 수 있다.

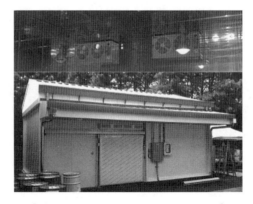

[방폭등, 방폭쿨러 등이 설치된 보관시설]

   ⑥ 고체 유해화학물질은 밀폐한 상태로 보관하고 액체, 기체인 경우에는 완전히 밀폐상태로 보관할 것 → 유해화학물질의 노출 피해를 방지하도록 하며, 특히 액체·기체는 쉽게 누출·유출되어 노출될 수 있으므로 밀봉 등 완전히 밀폐하도록 한다.

④ 상차·하차 및 용기·포장
   ⑦ 유해화학물질을 취급하거나 저장·적재·입출고 중에는 내용물이 환경 중으로 유출되지 않도록 포장할 것 → 포장되지 않은 용기는 굴러다님으로써 파손되어 내용물이 누출될 수 있으며, 저장·적재·입출고 작업자에 노출 피해가 발생할 위험이 있다.

[Wrapping 또는 Box 포장]

ⓛ 뚜껑을 포함한 용기는 유해화학물질의 반응 등으로 인한 변형 및 손상이 없는 재질이어야 하고, 유해화학물질의 성질에 따라 적당한 재질, 두께 및 구조를 갖출 것 → 용제는 플라스틱성분을 변형시킬 수 있고 부식성 물질은 금속성분을 손상시킬 수 있으며, 플루오린화수소산 등은 유리성분을 부식시킬 수 있다. 특히, 가스는 압력을 증가시킬 수 있다는 특징 등을 고려하여 적정 용기를 사용하도록 한다.

ⓒ 운반 도중 파손되거나 유출·누출 위험이 있는 용기를 사용하지 말 것. 다만, 유해화학물질의 성질상 유리 등 파손 우려가 있는 용기를 불가피하게 사용한 경우에는 운송 시 충격에 견딜 수 있도록 하고 포장을 견고히 하여 운반 도중 파손되지 않도록 할 것 → 유리용기 등은 운반 중에 움직임으로 파손되어 내용물질이 누출될 수 있다.

[유리용기 이중 포장]

ⓔ 용기는 취급자가 사용 후 다시 잠글 수 있는 밀봉 뚜껑을 갖출 것 → 뚜껑 없는 유해화학물질 용기를 뜯어서 사용할 경우, 사용 후 적정하게 밀봉할 수 없으므로 잔여 유해화학물질 또는 잔여 유해화학물질의 증기가 유출·누출될 우려가 있다.

⑤ 운 반

ⓐ 유해화학물질을 보관·운반하는 경우 해당 물질이 유출되거나 누출되었을 때 상호반응을 일으켜 화재, 유독가스 생성, 발열 등의 사고를 일으킬 수 있는 물질과 함께 보관·운반하지 말 것 → 종류가 다른 화학물질이 누출·혼합될 경우 상호반응하여 더 위험한 화학물질 또는 유해가스가 생성될 수 있으며, 화재·폭발 또는 중독사고 등이 발생할 수 있다.

ⓛ 차량을 이용하여 유해화학물질을 운반할 때에는 규정된 제한속도를 준수하고, 200km 이상(고속국도를 이용하는 경우에는 340km 이상)의 거리를 운행하는 경우에는 다른 운전자를 동승시키거나 운행 중에 2시간마다 20분 이상 휴식을 취할 것 → 과속 또는 운전자 과로·졸음운전으로 인하여 유해화학물질의 운반차량 사고가 발생할 경우 화학물질의 누출 또는 화재·폭발로 인하여 피해가 확대될 수 있다.

ⓒ 버스, 철도, 지하철 등 대중 교통수단을 이용하여 유해화학물질을 운반하지 말 것 → 많은 사람들이 밀집된 공간에서 유해화학물질이 누출되면 다수의 인명 피해가 발생할 수 있다.

ⓛ 유해화학물질을 우편 또는 택배로 보내지 말 것. 다만, 다음에 해당하는 유해화학물질(폭발성, 인화성이 있거나 급성 흡입독성이 높은 물질로서 화학물질안전원장이 정하여 고시하는 물질은 제외한다)을 화학물질안전원 고시로 정하는 바에 따라 택배로 보내는 경우는 그렇지 않다. → 택배 과정에서 유해화학물질 취급이 부주의할 수 있으므로 용기 파손 등으로 인한 누출 또는 화재·폭발사고가 유발되어 인체 및 우편물 등에 피해가 발생할 수 있다.

• 시험용·연구용·검사용 시약
• 유해화학물질 영업허가를 받거나, 유해화학물질 시약판매업 신고를 한 사업장이 판매의 목적이 아닌 연구개발, 시범사용 등을 위해 제조 또는 수입한 견본품

ⓜ 차량의 운전석이나 승객이 타는 자리 옆에 유해화학물질을 두지 말고 반드시 지정된 화물칸으로 이송하고 화물칸은 덮개를 씌울 것 → 유해화학물질 누출로 인한 차량 운전자나 승객의 피해를 방지한다.

ⓗ 유해화학물질을 이송할 때에는 화학물질의 증기, 가스가 대기 중으로 누출되지 않도록 할 것 → 액체 유해화학물질을 탱크로리 등으로 이송할 경우에는 해당 물질 또는 액체의 유동으로 인해 발생한 증기, 가스가 대기 중으로 누출될 수 있으므로 맨홀 등을 완전히 밀봉하도록 한다.

ⓢ 유해화학물질을 운반하는 도중에 발생할 우려가 있는 화재, 폭발, 유출·누출에 대한 위험방지 조치를 할 것 → 운행 전에 운반물질의 적정 적재 또는 운송차량의 누출 유발 여부를 점검하고 이상 시 보완·보수하여 사고를 예방하며, 운반물질의 내용과 누출·유출, 화재·폭발사고에 대한 대응 매뉴얼을 숙지하여 사고 시 응급조치를 할 수 있도록 한다.

◎ 고체 유해화학물질을 이송 시에는 비산하는 분진이 없도록 할 것 → 고체 유해화학물질을 운반하는 경우 유해화학물질이 비산하여 분진이 발생할 수 있으므로, 차량에 덮개를 설치·사용하거나 용기에 담아 적재·이송하도록 한다.

(3) 유해화학물질의 진열량·보관량 제한 등(화학물질관리법 제15조 관련)

① 유해화학물질을 취급하는 자가 유해화학물질을 환경부령으로 정하는 일정량을 초과하여 진열·보관하고자 하는 경우에는 사전에 진열·보관계획서를 작성하여 환경부장관의 확인을 받아야 한다.
  ㉠ '환경부령으로 정하는 일정량'이란 다음의 구분에 따른 양을 말한다.
   • 유독물질 : 500kg
   • 허가물질, 제한물질, 금지물질 또는 사고대비물질 : 100kg
  ㉡ 지방환경관서의 장은 진열·보관계획서를 받은 날부터 10일 이내에 현장에 방문하여 외부인 접근 차단 여부, 화학사고 발생 가능성 및 보관·저장시설의 위험성 등을 확인한 후 진열·보관에 따른 주의사항 등을 적어 확인증명서를 제출자에게 내주어야 한다.
② ①에도 불구하고 유해화학물질을 취급하는 자가 유해화학물질의 보관·저장시설을 보유하지 아니한 경우에는 진열하거나 보관할 수 없다.

(4) 관련 벌칙(화학물질관리법 제59조)

① 행정처분
② **사법처분** : 3년 이하의 징역 또는 5천만원 이하의 벌금
  ㉠ 유해화학물질 취급기준을 지키지 아니한 자
  ㉡ 유해화학물질 취급량을 초과하여 진열·보관하거나 보관·저장시설을 보유하지 아니하고 유해화학물질을 진열·보관한 자

3 사고대비물질의 지정 등

(1) 사고대비물질의 지정(화학물질관리법 제39조 관련)

① 환경부장관은 화학사고 발생의 우려가 높거나 화학사고가 발생하면 피해가 클 것으로 우려되는 다음의 어느 하나에 해당하는 화학물질 중에서 대통령령으로 정하는 바에 따라 사고대비물질을 지정·고시하여야 한다.
  ㉠ 인화성, 폭발성 및 반응성, 유출·누출 가능성 등 물리적·화학적 위험성이 높은 물질
  ㉡ 경구(經口) 투입, 흡입 또는 피부에 노출될 경우 급성 독성이 큰 물질
  ㉢ 국제기구 및 국제협약 등에서 사람의 건강 및 환경에 위해를 미칠 수 있다고 밝혀진 물질
  ㉣ 그 밖에 화학사고 발생의 우려가 높아 특별한 관리가 필요하다고 인정되는 물질

② 환경부장관은 사고대비물질을 지정·고시하려는 경우에는 화학물질의 등록 및 평가 등에 관한 법률에 따른 화학물질평가위원회의 의견을 들은 후 관리위원회의 심의를 거쳐야 한다.

(2) 사고대비물질의 관리기준(화학물질관리법 제40조 관련)

① 사고대비물질을 취급하는 자는 외부인 출입관리 기록 등 환경부령으로 정하는 사고대비물질의 관리기준을 지켜야 한다. 다만, 사고대비물질의 취급시설이 연구실 안전환경 조성에 관한 법률에 따른 연구실인 경우에는 그러하지 아니하다.

② 사고대비물질 취급자 준수사항

　　㉠ 해당 사고대비물질을 인계하는 자는 인수자의 신분증을 확인하여 해당 사항을 화학물질 관리대장에 기록하고 보존해야 한다.

　　㉡ 취급시설 및 판매시설의 출입자와 방문차량을 확인하여 해당 사항을 화학물질 관리대장에 기록하고 보존해야 한다.

　　㉢ 해당 사고대비물질에 대한 취급시설 운영자·관리자 또는 관계자가 아닌 사람의 접근을 엄격히 차단하고 저장·보관시설, 진열·보관장소 및 운반차량에 경보장치 또는 잠금장치 등 물리적인 보안장치를 설치하여 정상적으로 작동하도록 관리해야 한다.

　　㉣ 해당 사고대비물질을 청소년 보호법에 따른 청소년에게 판매해서는 안 된다. 다만, 실험 등의 용도로 사용하려는 경우로서 보호자의 동의서를 제출하는 때는 제외하며, 5년간 동의서를 보존해야 한다.

　　㉤ 해당 사고대비물질을 도난당하거나 분실한 때에는 그 내용을 즉시 경찰서, 국가정보원 또는 화학물질안전원에 신고해야 한다.

③ 관련 벌칙(화학물질관리법 제58조)

　　㉠ 행정처분

　　㉡ 사법처분 : 사고대비물질의 관리기준을 지키지 아니한 자 → 5년 이하 징역 또는 1억원 이하 벌금

(3) 사고대비물질별 수량 기준(화학물질관리법 시행규칙 별표 3의2)

(단위 : ton)

번 호	사고대비물질[영문명 및 화학물질 식별번호(CAS No.)]	하위 규정수량	상위 규정수량
1	포르말린 또는 폼알데하이드[Formalin ; Formaldehyde ; 50-00-0] 및 이를 1% 이상 함유한 혼합물	2	400
2	메틸하이드라진[Methylhydrazine ; 60-34-4] 및 이를 1% 이상 함유한 혼합물	1	20
3	폼산[Formic Acid ; 64-18-6] 및 이를 25% 이상 함유한 혼합물	5	40
4	메틸알코올[Methylalcohol ; 67-56-1] 및 이를 85% 이상 함유한 혼합물	2	400
5	벤젠[Benzene ; 71-43-2] 및 이를 85% 이상 함유한 혼합물	2	20
6	염화메틸[Methyl Chloride ; 74-87-3] 및 이를 1% 이상 함유한 혼합물	2	20
7	메틸아민[Methylamine ; 74-89-5] 및 이를 25% 이상 함유한 혼합물	2	20
8	사이안화수소[Hydrogen Cyanide ; 74-90-8] 및 이를 1% 이상 함유한 혼합물	0.6	3
9	염화바이닐[Vinyl Chloride ; 75-01-4] 및 이를 0.1% 이상 함유한 혼합물	2	400
10	이황화탄소[Carbon Disulfide ; 75-15-0] 및 이를 0.1% 이상 함유한 혼합물	2	20
11	산화에틸렌[Ethylene Oxide ; 75-21-8] 및 이를 0.1% 이상 함유한 혼합물	2	20
12	포스겐[Phosgene ; 75-44-5] 및 이를 1% 이상 함유한 혼합물	0.3	1.5
13	트라이메틸아민[Trimethylamine ; 75-50-3] 및 이를 25% 이상 함유한 혼합물	2	20
14	산화프로필렌[Propylene Oxide ; 75-56-9] 및 이를 0.1% 이상 함유한 혼합물	2	20
15	메틸에틸케톤[Methyl Ethyl Ketone ; 78-93-3] 및 이를 25% 이상 함유한 혼합물	2	400
16	메틸바이닐케톤[Methyl Vinyl Ketone ; 78-94-4] 및 이를 1% 이상 함유한 혼합물	1	400
17	아크릴산[Acrylic Acid ; 79-10-7] 및 이를 25% 이상 함유한 혼합물	5	40
18	메틸아크릴레이트[Methyl Acrylate ; 96-33-3] 및 이를 25% 이상 함유한 혼합물	2	400
19	나이트로벤젠[Nitrobenzene ; 98-95-3] 및 이를 25% 이상 함유한 혼합물	5	40
20	4-나이트로톨루엔[4-Nitrotoluene ; 99-99-0] 및 이를 25% 이상 함유한 혼합물	5	40
21	벤질클로라이드[Benzyl Chloride ; 100-44-7] 및 이를 25% 이상 함유한 혼합물	1	20
22	아크롤레인[Acrolein ; 107-02-8] 및 이를 1.0% 이상 함유한 혼합물	1	20
23	알릴클로라이드[Allyl Chloride ; 107-05-1] 및 이를 25% 이상 함유한 혼합물	2	20
24	아크릴로나이트릴[Acrylonitrile ; 107-13-1] 및 이를 0.1% 이상 함유한 혼합물	2	20
25	에틸렌다이아민[Ethylenediamine ; 107-15-3] 및 이를 25% 이상 함유한 혼합물	5	20
26	알릴알코올[Allyl Alcohol ; 107-18-6] 및 이를 25% 이상 함유한 혼합물	2	40
27	m-크레졸(m-크레솔)[m-Cresol ; 108-39-4] 및 이를 5% 이상 함유한 혼합물	8	40
28	톨루엔[Toluene ; 108-88-3] 및 이를 85% 이상 함유한 혼합물	2	400
29	페놀[Phenol ; 108-95-2] 및 이를 5% 이상 함유한 혼합물	8	40
30	n-뷰틸아민[n-Butylamine ; 109-73-9] 및 이를 25% 이상 함유한 혼합물	2	400
31	트라이에틸아민[Triethylamine ; 121-44-8] 및 이를 25% 이상 함유한 혼합물	2	20
32	아세트산에틸[Ethyl Acetate ; 141-78-6] 및 이를 25% 이상 함유한 혼합물	2	400

번호	사고대비물질[영문명 및 화학물질 식별번호(CAS No.)]	하위 규정수량	상위 규정수량
33	사이안화나트륨[Sodium Cyanide ; 143-33-9] 및 이를 1% 이상 함유한 혼합물. 다만, 베를린청(Ferric Ferrocyanide)·황혈염(Potassium Ferrocyanide)·적혈염(Potassium Ferricyanide) 및 그 중 하나를 함유한 혼합물질은 제외한다.	2	20
34	에틸렌이민[Ethylenimine ; 151-56-4] 및 이를 25% 이상 함유한 혼합물	1	40
35	톨루엔-2,4-다이아이소사이아네이트[Toluene-2,4-diisocyanate(2,4-TDI) ; 584-84-9] 및 이를 25% 이상 함유한 혼합물	5	40
36	일산화탄소[Carbon Monoxide ; 630-08-0] 및 이를 25% 이상 함유한 혼합물	2	20
37	아크릴로일클로라이드[Acryloyl Chloride ; 814-68-6] 및 이를 25% 이상 함유한 혼합물	1	40
38	인화아연[Zinc Phosphide ; 1314-84-7] 및 이를 1% 이상 함유한 혼합물	4	20
39	메틸에틸케톤과산화물[Methyl Ethyl Ketone Peroxide ; 1338-23-4] 및 이를 25% 이상 함유한 혼합물	4	20
40	다이아이소사이안산아이소포론[Isophorone Diisocyanate ; 4098-71-9] 및 이를 25% 이상 함유한 혼합물	4	20
41	나트륨[Sodium ; 7440-23-5] 및 이를 25% 이상 함유한 혼합물	0.4	2
42	염화수소[Hydrogen Chloride ; 7647-01-0] 및 이를 10% 이상 함유한 혼합물	5	40
		5*	400*
43	플루오린화수소[Hydrogen Fluoride ; 7664-39-3] 및 이를 1% 이상 함유한 혼합물	0.4	2
		4*	20*
44	암모니아[Ammonia ; 7664-41-7] 및 이를 10% 이상 함유한 혼합물	2	40
		20*	400*
45	황산[Sulfuric Acid ; 7664-93-9] 및 이를 10% 이상 함유한 혼합물	5	400
46	질산[Nitric Acid ; 7697-37-2] 및 이를 10% 이상 함유한 혼합물	5	400
47	삼염화인[Phosphorus Trichloride ; 7719-12-2] 및 이를 25% 이상 함유한 혼합물	5	20
48	플루오린[Fluorine ; 7782-41-4] 및 이를 25% 이상 함유한 혼합물	0.4	2
49	염소[Chlorine ; 7782-50-5] 및 이를 25% 이상 함유한 혼합물	4	20
50	황화수소[Hydrogen Sulfide ; 7783-06-4] 및 이를 25% 이상 함유한 혼합물	0.4	2
51	아르신 또는 삼수소화비소[Arsine ; Arsenic Trihydride ; 7784-42-1] 및 이를 0.1% 이상 함유한 혼합물	0.2	1
52	클로로설폰산[Chlorosulfonic Acid ; 7790-94-5] 및 이를 25% 이상 함유한 혼합물	4	20
53	포스핀[Phosphine ; 7803-51-2] 및 이를 1% 이상 함유한 혼합물	0.2	1
54	옥시염화인[Phosphorus Oxychloride ; 10025-87-3] 및 이를 25% 이상 함유한 혼합물	5	40
55	이산화염소[Chlorine Dioxide ; 10049-04-4] 및 이를 25% 이상 함유한 혼합물	1	40
56	다이보레인[Diborane ; 19287-45-7] 및 이를 25% 이상 함유한 혼합물	0.3	1.5
57	산화질소[Nitric Oxide ; 10102-43-9] 및 이를 1% 이상 함유한 혼합물	0.3	1.5
58	나이트로메테인[Nitromethane ; 75-52-5] 및 이를 25% 이상 함유한 혼합물	5	40
59	질산암모늄[Ammonium Nitrate ; 6484-52-2] 및 이를 33% 이상 함유한 혼합물	5	60

번호	사고대비물질[영문명 및 화학물질 식별번호(CAS No.)]	하위 규정수량	상위 규정수량
60	헥사민[Hexamine ; 100-97-0] 및 이를 25% 이상 함유한 혼합물	12	60
61	과산화수소[Hydrogen Peroxide ; 7722-84-1] 및 이를 35% 이상 함유한 혼합물	5	60
62	염소산칼륨[Potassium Chlorate ; 3811-04-9] 및 이를 98% 이상 함유한 혼합물	2	10
63	질산칼륨[Potassium Nitrate ; 7757-79-1] 및 이를 98% 이상 함유한 혼합물	5	60
64	과염소산칼륨[Potassium Perchlorate ; 7778-74-7] 및 이를 98% 이상 함유한 혼합물	2	10
65	과망간산칼륨[Potassium Permanganate ; 7722-64-7] 및 이를 98% 이상 함유한 혼합물	5	200
66	염소산나트륨[Sodium Chlorate ; 7775-09-9] 및 이를 98% 이상 함유한 혼합물	2	10
67	질산나트륨[Sodium Nitrate ; 7631-99-4] 및 이를 98% 이상 함유한 혼합물	5	60
68	사린[O-Isopropyl Methyl Phosphonofiuoridate ; 107-44-8] 및 이를 1% 이상 함유한 혼합물	0.2	1
69	염화사이안[Cyanogen Chloride ; 506-77-4] 및 이를 1% 이상 함유한 혼합물	0.3	1.5
70	니켈카르보닐[Nickel Carbonyl ; 13463-39-3] 및 이를 0.1% 이상 함유한 혼합물	0.3	1.5
71	모노게르만 또는 사수소화게르마늄[Germane ; Germanium Tetrahydride ; 7782-65-2] 및 이를 1% 이상 함유한 혼합물	0.2	1
72	테트라플루오로에틸렌[Tetrafluoroethylene ; 116-14-3] 및 이를 25% 이상 함유한 혼합물	0.2	1
73	트라이플루오로보레인[Trifluoroborane ; 7637-07-2] 및 이를 1% 이상 함유한 혼합물	0.4	2
74	트라이클로로붕소[Boron Trichloride ; 10294-34-5] 및 이를 10% 이상 함유한 혼합물	0.4	2
75	헥사플루오로-1,3-뷰타다이엔[Hexafluoro-1,3-butadiene ; 685-63-2] 및 이를 25% 이상 함유한 혼합물	0.2	1
76	브로민[Bromine ; 7726-95-6] 및 이를 1% 이상 함유한 혼합물	0.3	1.5
77	셀레늄화수소[Hydrogen Selenide ; 7783-07-5] 및 이를 1% 이상 함유한 혼합물	0.2	1
78	아이소프렌[Isoprene ; 78-79-5] 및 이를 25% 이상 함유한 혼합물	2	40
79	1,1-다이클로로에틸렌[1,1-Dichloroethylene ; 75-35-4] 및 이를 25% 이상 함유한 혼합물	0.3	1.5
80	헥사메틸다이실록산[Hexamethyl Disiloxane ; 107-46-0] 및 이를 25% 이상 함유한 혼합물	0.3	1.5
81	펜타카르보닐철[Pentacarbonyl Iron ; 13463-40-6] 및 이를 0.1% 이상 함유한 혼합물	0.3	1.5
82	오플루오린화브로민[Bromine Pentafluoride ; 7789-30-2] 및 이를 1% 이상 함유한 혼합물	0.3	1.5
83	염화싸이오닐[Thionyl Chloride ; 7719-09-7] 및 이를 25% 이상 함유한 혼합물	0.3	1.5
84	사염화타이타늄[Titanium Tetrachloride ; 7550-45-0] 및 이를 1% 이상 함유한 혼합물	0.3	1.5
85	클로로피크린[Chloropicrin ; 76-06-2] 및 이를 1% 이상 함유한 혼합물	0.3	1.5
86	바이닐에틸에터[Vinyl Ethyl Ether ; 109-92-2] 및 이를 25% 이상 함유한 혼합물	2	40
87	실레인[Silane ; 7803-62-5] 및 이를 10% 이상 함유한 혼합물	0.2	1
88	다이실레인[Disilane ; 1590-87-0] 및 이를 10% 이상 함유한 혼합물	0.2	1

번 호	사고대비물질[영문명 및 화학물질 식별번호(CAS No.)]	하위 규정수량	상위 규정수량
89	다이클로로실레인[Dichlorosilane ; 4109-96-0] 및 이를 10% 이상 함유한 혼합물	0.2	1
90	트라이클로로실레인[Trichlorosilane ; 10025-78-2] 및 이를 10% 이상 함유한 혼합물	0.3	1.5
91	메틸다이클로로실레인[Methyldichlorosilane ; 75-54-7] 및 이를 10% 이상 함유한 혼합물	0.3	1.5
92	메틸트라이클로로실레인[Methyltrichlorosilane ; 75-79-6] 및 이를 10% 이상 함유한 혼합물	0.3	1.5
93	트라이클로로바이닐실레인[Trichlorovinylsilane ; 75-94-5] 및 이를 10% 이상 함유한 혼합물	0.3	1.5
94	에틸트라이클로로실레인[Trichloroethylsilane ; 115-21-9] 및 이를 10% 이상 함유한 혼합물	0.3	1.5
95	테트라메틸실레인[Tetramethylsilane ; 75-76-3] 및 이를 25% 이상 함유한 혼합물	0.3	1.5
96	테트라클로로실리콘[Silicon Tetrachloride ; 10026-04-7] 및 이를 10% 이상 함유한 혼합물	0.3	1.5
97	테트라플루오로실리콘[Silicon Tetrafluoride ; 7783-61-1] 및 이를 1% 이상 함유한 혼합물	0.2	1

[비 고]
- 규정수량은 사업장 내 유해화학물질의 제조·사용시설과 보관·저장시설에서 최대로 체류(일시적으로 체류하는 경우도 포함한다)할 수 있는 양을 말한다.
- 위의 규정수량에도 불구하고 42번, 43번 및 44번의 물질은 상온·상압조건에서 성상이 액체인 경우 *표시된 값을 규정수량으로 한다.
- 규정수량의 구체적인 산정방법 등에 관하여는 화학물질안전원장이 정하여 고시한다.

4 유해화학물질 취급시설 설치 및 관리 기준(화학물질관리법 시행규칙 별표 5)

(1) 일반기준

① 유해화학물질 취급시설의 각 설비는 온도·압력 등 운전조건과 유해화학물질의 물리적·화학적 특성을 고려하여 설비의 성능이 유지될 수 있는 구조 및 재료로 설치해야 한다.

② 유해화학물질 취급시설의 제어설비는 유해화학물질 취급시설의 정상적인 운전조건이 유지될 수 있는 구조로 설치되어야 하고, 현장에서 직접 또는 원격으로 관리할 수 있도록 해야 한다.

③ 유해화학물질이 누출·유출되어 환경이나 사람에게 피해를 주지 않도록 사고예방을 위한 설비를 갖추고 사고 방지를 위해 적절한 조치를 해야 한다.

④ 취급시설을 설치·운영하는 자는 적합통보를 받은 화학사고예방관리계획서를 해당 사업장에 보관하고, 화학사고예방관리계획서의 안전관리계획을 준수해야 한다.

(2) 제조·사용시설의 경우

① 설치기준

    ㉠ 유해화학물질 중독이나 질식 등의 피해를 예방할 수 있도록 환기설비를 설치해야 한다. 다만, 설비의 기능상 환기가 불가능하거나 불필요한 경우에는 그렇지 않다.

    ㉡ 유해화학물질 체류로 인한 사고를 예방하기 위하여 분진, 액체 또는 기체 등 유해화학물질의 물리적·화학적 특성에 적합한 배출설비를 갖추어야 한다.

    ㉢ 금속부식성 물질을 취급하는 설비는 부식이나 손상을 예방하기 위하여 해당 물질에 견디는 재질을 사용해야 한다.

    ㉣ 액체나 기체 상태의 유해화학물질은 누출·유출 여부를 조기에 인지할 수 있도록 검지·경보설비를 설치하고, 해당 물질의 확산을 방지하기 위한 긴급차단설비를 설치해야 한다.

    ㉤ 액체 상태의 유해화학물질 제조·사용시설은 방류벽, 방지턱 등 집수설비(集水設備)를 설치해야 한다.

    ㉥ 유해화학물질이 사업장 주변의 하천이나 토양으로 흘러 들어가지 않도록 차단시설 및 집수설비 등을 설치해야 한다.

    ㉦ 유해화학물질에 노출되거나 흡입하는 등의 피해를 예방할 수 있도록 긴급세척시설과 개인보호장구를 갖추어야 한다.

② 관리기준

    ㉠ ①의 ㉡에 따른 배출설비에서 배출된 유해화학물질은 중화, 소각 또는 폐기 등의 방법으로 처리하여 환경이나 사람에 영향을 주지 않도록 해야 한다.

    ㉡ 자연발화성 물질 또는 자기발열성 물질의 발화로 인한 사고를 예방하기 위하여 공기와 접촉하지 않도록 조치해야 한다.

    ㉢ 금속부식성 물질로 설비가 부식되거나 손상되지 않도록 예방하기 위하여 필요한 조치를 해야 한다.

    ㉣ 자기반응성 물질 또는 폭발성 물질의 과열이나 폭발로 인한 사고를 예방하기 위하여 그 물질이 자체 반응을 일으키지 않도록 조치해야 한다.

    ㉤ 인화성 물질로 인한 화재나 폭발사고를 예방하기 위하여 점화원이 될 수 있는 요인은 분리하여 관리하고, 사고 피해를 줄이기 위하여 필요한 조치를 해야 한다.

    ㉥ 대기 중으로 확산될 수 있는 유해화학물질은 그 확산을 최소화하기 위하여 필요한 조치를 해야 한다.

    ㉦ 사업장에서는 유해화학물질의 필요 최소한의 양만 취급해야 한다.

    ㉧ 그 밖에 제조·사용시설에서 유해화학물질 누출·유출로 인한 피해를 예방할 수 있도록 사고예방을 위한 조치를 해야 한다.

(3) 저장ㆍ보관시설의 경우

① 설치기준

    ㉠ 유해화학물질 저장ㆍ보관시설이 설치된 건축물에는 환기설비를 설치해야 한다. 다만, 설비의 기능상 환기가 불가능하거나 불필요한 경우에는 그렇지 않다.

    ㉡ 유해화학물질 체류로 인한 사고를 예방하기 위하여 분진, 액체 또는 기체 등 유해화학물질의 물리적ㆍ화학적 특성에 적합한 배출설비를 갖추어야 한다.

    ㉢ 금속부식성 물질을 취급하는 설비는 부식이나 손상을 예방하기 위하여 해당 물질에 견디는 재질을 사용해야 한다.

    ㉣ 액체나 기체 상태의 유해화학물질은 누출ㆍ유출 여부를 조기에 인지할 수 있도록 검지ㆍ경보설비를 설치하고, 해당 물질의 확산을 방지하기 위한 긴급차단설비를 설치해야 한다.

    ㉤ 액체 상태의 유해화학물질 저장ㆍ보관시설은 방류벽, 방지턱 등 집수설비를 설치해야 한다.

    ㉥ 유해화학물질이 사업장 주변의 하천이나 토양으로 흘러 들어가지 않도록 차단시설 및 집수설비 등을 설치해야 한다.

    ㉦ 유해화학물질에 노출되거나 흡입하는 등의 피해를 예방할 수 있도록 긴급세척시설과 개인보호장구를 갖추어야 한다.

    ㉧ 저장설비는 그 설비의 압력이 최고사용압력을 초과하는 경우 즉시 그 압력을 최고사용압력 이하로 돌릴 수 있도록 안전장치를 설치해야 한다.

    ㉨ 저장ㆍ보관시설은 바닥에 유해화학물질이 스며들지 않도록 하는 재료를 사용해야 한다.

② 관리기준

    ㉠ ①의 ㉡에 따른 배출설비에서 배출된 유해화학물질은 중화, 소각 또는 폐기 등의 방법으로 처리하여 환경이나 사람에 영향을 주지 않도록 해야 한다.

    ㉡ 자연발화성 물질 또는 자기발열성 물질의 발화로 인한 사고를 예방하기 위하여 공기와 접촉하지 않도록 조치해야 한다.

    ㉢ 금속부식성 물질로 설비가 부식되거나 손상되지 않도록 예방하기 위하여 필요한 조치를 해야 한다.

    ㉣ 자기반응성 물질 또는 폭발성 물질의 과열이나 폭발로 인한 사고를 예방하기 위하여 그 물질이 자체 반응을 일으키지 않도록 조치해야 한다.

    ㉤ 인화성 물질로 인한 화재나 폭발 사고를 예방하기 위하여 점화원이 될 수 있는 요인은 분리하여 관리하고, 사고 피해를 줄이기 위하여 필요한 조치를 해야 한다.

    ㉥ 대기 중으로 확산될 수 있는 유해화학물질은 그 확산을 최소화하기 위하여 필요한 조치를 해야 한다.

    ㉦ 사업장에서는 유해화학물질의 필요 최소한의 양만 취급해야 한다.

    ㉧ 물리적ㆍ화학적 특성이 서로 다른 유해화학물질을 같은 보관시설 안에 보관하려는 경우에는 유해화학물질 간의 반응성을 고려하여 칸막이나 바닥의 구획선 등으로 구분하여 보관해야 한다.

ⓩ 그 밖에 저장·보관시설에서 유해화학물질 누출·유출로 인한 피해를 예방할 수 있도록 사고예방을 위한 조치를 해야 한다.

(4) 운반시설(유해화학물질 운반차량·용기 및 그 부속설비를 포함한다)

① 설치기준

    ㉠ 유해화학물질 운반차량은 유해화학물질을 안전하게 운반하기 위해 설계·제작된 차량이어야 한다.

    ㉡ 운반차량을 주차할 수 있는 차고지는 누출·유출 사고 피해를 예방할 수 있는 안전한 곳으로 확보해야 한다.

② 관리기준

    ㉠ 운반시설에 유해화학물질을 적재(積載) 또는 하역(荷役)하려는 경우에는 유해화학물질이 외부로 누출·유출되지 않도록 지정된 장소에서 해야 한다.

    ㉡ 운반과정에서 운반시설에 적재된 유해화학물질이 쏟아지지 않도록 유해화학물질 및 그 운반용기를 고정해야 한다.

    ㉢ 운반차량은 유해화학물질 누출·유출로 인한 피해를 줄일 수 있도록 안전한 곳에 주·정차해야 한다.

    ㉣ 그 밖에 운반시설에서 유해화학물질 누출·유출로 인한 피해를 줄이거나 피해의 확대를 방지할 수 있도록 필요한 조치를 해야 한다.

(5) 그 밖의 시설

① 사업장 밖에 있는 배관을 통해 유해화학물질을 이송하는 시설 및 그 부대시설(이하 '사업장 외 배관이송시설'이라 한다)은 다음 기준에 따라 설치해야 한다.

    ㉠ 배관설비는 운전조건과 유해화학물질의 성질을 고려하여 설비의 성능이 유지될 수 있는 구조 및 재료로 설치해야 한다.

    ㉡ 배관 및 그 지지물 등의 설비는 물리적·환경적 영향 등 외부요인으로 파손되거나 부식되지 않도록 안전하게 설치해야 한다.

    ㉢ 유해화학물질 유출·누출로 인한 피해를 줄일 수 있도록 확산 방지 또는 차단장치를 설치해야 한다.

② 그 밖에 사업장 외 배관이송시설에서 유해화학물질 누출·유출로 인한 피해를 예방할 수 있도록 사고 예방을 위한 조치를 해야 한다.

5 취급시설 등의 자체 점검

(1) 취급시설 등의 자체 점검(화학물질관리법 제26조 관련)

① 유해화학물질 취급시설을 설치·운영하는 자(가동중단 또는 휴업 중인 자를 포함한다)는 주 1회 이상 해당 유해화학물질의 취급시설 및 장비 등에 대하여 환경부령으로 정하는 바에 따라 정기적으로 점검을 실시하고 그 결과를 5년간 기록·비치하여야 한다.

　㉠ 점검 결과는 점검대장에 기록하고 유해화학물질 취급자가 쉽게 볼 수 있거나 접근할 수 있도록 하여야 한다.

② ①에 따른 점검의 내용은 다음과 같다.

　㉠ 유해화학물질의 이송배관·접합부 및 밸브 등 관련 설비의 부식 등으로 인한 유출·누출 여부

　㉡ 고체상태 유해화학물질의 용기를 밀폐한 상태로 보관하고 있는지 여부

　㉢ 액체·기체상태의 유해화학물질을 완전히 밀폐한 상태로 보관하고 있는지 여부

　㉣ 유해화학물질의 보관용기가 파손 또는 부식되거나 균열이 발생하였는지 여부

　㉤ 탱크로리, 트레일러 등 유해화학물질 운반 장비의 부식·손상·노후화 여부

　㉥ 그 밖에 환경부령으로 정하는 유해화학물질 취급시설 및 장비 등에 대한 안전성 여부

　　• 물반응성 물질이나 인화성 고체의 물 접촉으로 인한 화재·폭발 가능성이 있는지 여부

　　• 인화성 액체의 증기 또는 인화성 가스가 공기 중에 존재하여 화재·폭발 가능성이 있는지 여부

　　• 자연발화의 위험이 있는 물질이 취급시설 및 장비 주변에 존재함에 따라 화재·폭발 가능성이 있는지 여부

　　• 누출감지장치, 안전밸브, 경보기 및 온도·압력계기가 정상적으로 작동하는지 여부

　　• 개인보호장구가 본래의 성능을 유지하는지 여부

　　• 유해화학물질 저장·보관설비의 부식·손상·균열 등으로 인한 유출·누출이 있는지 여부

> **참고** 주의사항
> • 해당 시설·설비를 주 1회 이상 정기점검한다.
> 　– 서식(시행규칙 별지 제42호)을 임의로 변경해서는 안 된다. 다만, 전자문서로 자체 점검 서식관리는 가능하다.
> 　– 해당 시설·설비의 점검자가 쉽게 보거나 접근할 수 있도록 조치한다.
> • 유해화학물질관리자가 자체 점검을 총괄한다.
> 　– 시설·설비가 다수인 경우 점검에 필요한 인력을 선정하여 자체 점검을 실시할 수 있다. 다만, 유해화학물질 관리자는 다음 사항을 총괄 관리한다.
> 　　ⓐ 점검 책임자가 적절하게 점검을 했는지의 점검상태
> 　　ⓑ 점검 시 이상사태 발견사항
> 　　ⓒ 사고예방을 위한 조치사항
> 　　ⓓ 작업 진행 또는 완료상태 등

(2) 자체 점검의 유형별 항목

① 취급시설의 부식·균열·손상·노후화 확인
  ㉠ 변색·탈색·균열·녹·노후화로 인한 유출·누출상태 확인 등 육안검사, 가스검지기를 활용한 가스·증기유출 검사, pH미터·유량계 등 계측기를 활용한 유출검사 등이 있다.
  ㉡ 연결 부위의 비누방울검사는 취급물질의 물반응성에 대하여 반드시 사전 확인이 필요하다.
② 보관용기의 밀폐상태 확인 : 보관용기 밀폐·완전밀폐상태 육안검사, 용기를 보관하는 시설 주변에 가스·증기·미분의 체류 여부를 가스검지기·열화상 카메라 등을 활용하여 확인한다.
③ 화재·폭발의 위험성 확인 : 시설 주변에 가스·증기·미분의 체류 여부를 가스검지기, 온도계 등을 활용하여 확인한다.
④ 설비·장비의 위험성 확인 : 유해화학물질 취급자의 적절한 개인보호장구 착용 여부, 필터 유효기간 및 청결상태를 확인한다.

(3) 관련 벌칙(화학물질관리법 제59조)

① 행정처분
② 사법처분 : 취급시설 및 장비 등을 점검하지 아니하거나 그 결과를 5년간 기록·비치하지 아니한 자 → 3년 이하의 징역 또는 5천만원 이하의 벌금

6 화학사고의 대비·대응

(1) 화학사고의 정의(화학물질관리법 제2조)

시설의 교체 등 작업 시 작업자의 과실, 시설 결함·노후화, 자연재해, 운송사고 등으로 인하여 화학물질이 사람이나 환경에 유출·누출되어 발생하는 모든 상황을 말한다.

(2) 화학사고 발생신고 등(화학물질관리법 제43조 관련)

① 화학사고가 발생하거나 발생할 우려가 있으면 해당 화학물질을 취급하는 자는 즉시 화학사고예방관리계획서에 따라 위해방제에 필요한 응급조치를 하여야 한다. 다만, 화학사고의 중대성·시급성이 인정되는 경우에는 취급시설의 가동을 중단하여야 한다.
② 화학사고가 발생하면 해당 화학물질을 취급하는 자는 즉시 관할 지방자치단체, 지방환경관서, 국가경찰관서, 소방관서 또는 지방고용노동관서에 신고하여야 한다.
  ㉠ 화학사고가 발생하면 해당 화학물질을 취급하는 자는 화학물질별 유출량·누출량 및 화학사고 양태(樣態) 등을 고려하여 환경부장관이 정한 기준에 따라 즉시 신고하여야 한다.

ⓛ 화학사고 발생 시 즉시 신고 기준

• 화학사고의 상황별 즉시 신고 기준

화학사고의 상황	즉시 신고 기준
ⓐ 화학물질이 유출·누출되어 인명 피해(병원입원 또는 병원진단서 등으로 증명)가 발생한 경우	15분 이내 즉시 신고
ⓑ 화학물질이 화학사고의 상황별 신고 기준이 되는 유출·누출량 이상으로 유출·누출된 경우(화재·폭발사고를 포함한다)	15분 이내 즉시 신고
ⓒ ⓐ 및 ⓑ에도 불구하고 다음과 같이 긴급한 사유가 있는 경우(신고가 가능한 다른 화학물질 취급 종사자가 있는 경우 제외) – 화학물질 취급자가 현장에서 중상을 입은 경우 – 인명피해가 발생하여 인명구조를 하는 경우 – 화학물질 유출·누출 확대 방지를 위한 긴급조치(밸브 개폐작업, 누출부위 봉쇄작업 등)를 하는 경우	해당 사유 해소 시 빠른 시간 내에 신고
ⓓ 화학물질이 화학사고의 상황별 신고 기준이 되는 유출·누출량 미만으로 유출·누출된 경우(화재·폭발사고를 포함한다)	빠른 시간 내에 신고
ⓔ ⓑ 및 ⓓ에 해당하지 않는 화학물질이 유출·누출된 경우(화재·폭발사고를 포함한다)	관련 법 등에 따라 신고 또는 빠른 시간 내에 신고

• 화학사고의 상황별 신고 기준이 되는 유출·누출량

– 유해화학물질 : 5kg 또는 5L

– 인체 및 환경 유해성과 이화학적 특성에 대한 충분한 자료가 확보된 다음의 물질

물질군	물질명	유출·누출량 (kg, L)
산(5)	플루오린화수소산, 염산	50
	클로로설폰산, 질산, 황산	500
염기(5)	노말-뷰틸아민, 수산화나트륨, 수산화칼륨, 피리딘, 수산화암모늄	500
가스(13)	염소, 플루오린, 포스겐, 사린, 산화에틸렌	5
	황화수소, 암모니아, 포스핀, 아르신, 다이보레인, 메틸아민, 트라이메틸아민, 폼알데하이드	50
유기용제(20)	벤젠, 클로로폼, 다이클로로에틸이스, 메틸바이닐케톤, 메틸에틸케톤 과산화물	5
	톨루엔-2,4-다이아이소사이아네이트, 알릴알코올, 벤젠싸이올, 염화벤질, 클로로페놀, p-자이렌, m-크레졸	50
	페놀, 톨루엔, 알릴클로라이드, 나이트로벤젠, o-자일렌, m-자일렌, p-나이트로톨루엔	500
기타(2)	과산화수소, 삼염화인	500

비고 : 화학물질(사고대비물질 제외)의 유출·누출량이 1kg 또는 1L 미만(실험실의 경우 100g 또는 100mL)이고 인명·환경 피해 없이 방재 조치가 완료된 경우에는 관계 행정기관에 신고하지 아니할 수 있다.

③ ②에 따라 신고를 받은 기관의 장은 즉시 이를 환경부령으로 정하는 바에 따라 화학사고의 원인·규모 등을 환경부장관에게 통보하여야 한다.

④ ②에 따른 신고 또는 ③에 따른 통보를 한 경우에는 재난 및 안전관리 기본법에 따른 신고 또는 통보를 각각 마친 것으로 본다.

(3) 화학사고 현장 대응(화학물질관리법 제44조)

① 환경부장관은 화학사고의 신속한 대응 및 상황 관리, 사고정보의 수집과 통보를 위하여 해당 화학사고 발생현장에 환경부령으로 정하는 요건을 갖춘 현장수습조정관을 파견할 수 있다.

② 현장수습조정관의 역할

    ㉠ 화학사고의 대응 관련 조정·지원

    ㉡ 화학사고 대응, 영향조사, 피해의 최소화·제거, 복구 등에 필요한 조치

    ㉢ 화학사고 대응, 복구 관련 기관과의 협조 및 연락 유지

    ㉣ 화학사고 원인, 피해규모, 조치사항 등에 대한 대국민 홍보 및 브리핑

    ㉤ 그 밖에 화학사고 수습에 필요한 조치

(4) 화학사고 발생시설에 대한 가동중지명령(화학물질관리법 제44조의2)

① 현장수습조정관은 업무의 효율적인 수행을 위하여 필요하다고 인정되는 경우 해당 화학물질 취급시설에 대한 가동중지를 명령(이하 '가동중지명령'이라 한다)할 수 있다.

② 가동중지명령을 받은 사업자는 즉시 해당 화학물질 취급시설의 가동을 중지하여야 하고, 환경부장관이 그 가동중지명령을 해제할 때까지는 해당 화학물질 취급시설을 가동하여서는 아니 된다.

(5) 화학사고 영향조사(화학물질관리법 제45조)

환경부장관은 화학사고의 원인 규명, 사람의 건강이나 환경 피해의 최소화 및 복구 등을 위하여 필요한 경우 관계 기관의 장과 협의하여 다음의 사항에 대하여 영향조사를 실시하여야 한다.

① 화학사고의 원인, 규모, 경과 및 인적·물적 피해사항

② 화학사고 원인이 되는 화학물질의 특성 및 유해성·위해성

③ 화학사고 발생지역 인근 주민의 건강 및 주변 환경에 대한 영향

④ 화학사고 원인이 되는 화학물질의 노출량 및 오염정도

⑤ 화학사고 원인이 되는 화학물질의 대기·수질·토양·자연환경 등으로의 이동 및 잔류 형태

⑥ 화학사고가 추가로 발생할 가능성

⑦ 그 밖에 화학사고의 피해구제에 필요한 사항

(6) 조치명령 등(화학물질관리법 제46조)

환경부장관은 해당 화학사고의 원인이 되는 사업자에 대하여 환경부령으로 정하는 기한 내에 다음의 조치를 명할 수 있다.

① 화학사고로 인한 사람의 건강이나 주변 환경에 대한 피해의 최소화 및 제거
② 화학물질로 오염된 지역에 대한 복구

(7) 화학사고 특별관리지역의 지정(화학물질관리법 제47조)

환경부장관은 화학사고 발생에 따른 현장 대응을 강화하기 위하여 산업단지 등 화학사고 발생 우려가 높은 지역을 대통령령으로 정하는 바에 따라 화학사고 특별관리지역으로 지정할 수 있다.

(8) 관련 벌칙(화학물질관리법 제60조)

① 행정처분
② 사법처분 : 화학사고 발생 시 즉시 신고를 하지 아니한 자 → 2년 이하의 징역 또는 1억원 이하의 벌금

7 취급자의 개인보호장구 착용

(1) 취급자의 개인보호장구 착용(화학물질관리법 제14조 관련)

유해화학물질을 취급하는 자는 다음 어느 하나에 해당하는 경우 해당 유해화학물질에 적합한 개인보호장구를 착용하여야 한다.
※ 개인보호장구 : 장갑, 마스크/호흡기, 가운/앞치마, 안면보호구, 고글(눈 보호) 등
① 기체의 유해화학물질을 취급하는 경우
② 액체 유해화학물질에서 증기가 발생할 우려가 있는 경우
③ 고체상태의 유해화학물질에서 분말이나 미립자 형태 등이 체류하거나 날릴 우려가 있는 경우
④ 그 밖에 환경부령으로 정하는 경우

(2) 개인보호장구의 착용

① 취급자의 개인보호장구 착용(화학물질관리법 시행규칙 제9조)
  '환경부령으로 정하는 경우'란 다음의 어느 하나에 해당하는 경우를 말한다.
  ㉠ 실험실 등 실내에서 유해화학물질을 취급하는 경우
  ㉡ 유해화학물질을 다른 취급시설로 이송하는 과정에서 안전조치를 하여야 하는 경우
  ㉢ 흡입독성이 있는 유해화학물질을 취급하는 경우
  ㉣ 유해화학물질을 하역(荷役)하거나 적재(積載)하는 경우
  ㉤ 눈이나 피부 등에 자극성이 있는 유해화학물질을 취급하는 경우

ⓑ 유해화학물질 취급시설에 대한 정비·보수작업을 하는 경우

ⓢ ⊙부터 ⓑ까지에서 규정한 사항 외에 환경부장관이 유해화학물질의 안전관리를 위하여 필요하다고 인정하여 고시하는 경우

② 유해화학물질 취급자의 개인보호장구 착용에 관한 규정

ⓕ 사고대비물질 이외의 유해화학물질 취급자의 보호장구 착용(제5조) : 사고대비물질 이외의 유해화학물질 취급자는 보호구 안전인증 고시의 성능기준에 맞는 호흡보호구, 보호복 및 안전장갑을 착용하여야 한다.

ⓛ 보호장구 착용의 예외(동 규정 제6조)

- 유해화학물질 취급자는 다음의 어느 하나에 해당하는 경우 보호장구를 착용하는 대신 유사시 즉시 착용할 수 있도록 근거리에 비치하거나 소지하여야 한다.
  - 탱크로리 등 유해화학물질을 운반·운송하는 차량을 운전 중일 경우
  - 국소배기장치 등이 설치되어 가동되는 장소에서 유해화학물질을 취급하는 경우(호흡보호구와 보호복에 한한다)
  - 유해화학물질의 위험요인으로부터 취급자를 보호할 수 있는 설비가 갖춰져 있거나 장치가 설치된 경우
  - 사방이 막혀있는 지게차를 이용하여 밀폐용기를 운반하는 작업을 하는 경우
  - 밀폐형 기기 주변 또는 시설에 대한 일상점검 및 감독하는 경우
  - 취급시설 순찰 등 보안경비 업무를 수행하는 경우
- 유해화학물질 취급자는 다음의 어느 하나에 해당하는 경우에는 산업안전보건법 등 관련 규정에 따라 보호장구를 착용할 수 있다.
  - 연구실 안전환경 조성에 관한 법률에 따른 연구실에서 유해화학물질을 취급하는 경우
  - 국소배기장치가 가동되고 있는 실험실에서 저용량(5L 용기 이하) 유해화학물질을 실험용으로 사용하는 경우

ⓒ 사고대응을 위한 보호장구의 비치(동 규정 제7조) : 유해화학물질을 취급하는 사업장은 화학사고 발생 시 누출 차단 등 신속한 초기 대응조치를 위하여 전면형 송기마스크 또는 공기호흡기와 1 또는 2형식 보호복을 비치하여야 한다. 단, 취급하는 유해화학물질이 방독마스크 및 3 또는 4형식 보호복으로 충분히 대응조치가 가능한 경우에는 해당 보호장구로 비치할 수 있다.

※ 사고대비물질 취급자의 보호장구 착용(동 규정 제4조)
- 사고대비물질별 개인보호장구 종류(동 규정 [별표 1] 참고)
- 작업상황별 호흡보호구의 종류(동 규정 [별표 2] 참고)

(3) 화학물질 노출경로

① 피부접촉 : 독성연기, 가스 또는 증기 형태로 접촉(흡수)한다.

② 흡입 : 분진, 액체 증기, 에어로졸 등 호흡기를 통하여 흡입한다.

③ 섭취 : 음식물, 타액 등 혼합되어 섭취한다.

[피부접촉]

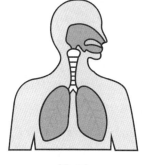

[흡 입]

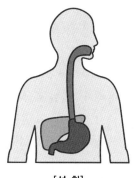

[섭 취]

(4) 신체부위별 보호구 종류

① 머리보호구 : 안전모

② 눈, 안면보호구 : 보안경, 보안면

③ 청력보호구 : 귀마개, 귀덮개

④ 호흡보호구 : 방진마스크, 방독마스크, 송기마스크, 공기호흡기

⑤ 손보호구 : 안전장갑, 내진장갑, 고무장갑

⑥ 신체보호구 : 방열복, 방열두건, 방열장갑, 보호복(전신·부분)

⑦ 안전대 : 벨트식, 그네식, 안전블록, 떨어짐 방지대

⑧ 발보호구 : 안전화, 절연화, 정전화

[손보호구]

[발보호구]

[신체보호구]

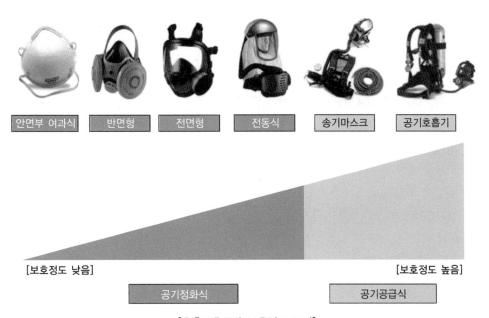

[호흡보호구와 보호정도 크기]

출처 : 유해화학물질 취급자의 개인보호장구 착용 안내서, 2022, 화학물질안전원

01 다음 중 폭발성 물질에 대한 설명으로 잘못된 것은?

① 자체의 화학반응으로 주위 환경에 손상을 입힐 수 있는 온도·압력·속도의 가스를 발생시키는 고체·액체 물질이나 혼합물이다.

② 모두 가연성 물질이며, 연소를 시작하면 매우 빠르게 진행되며 폭발 현상을 나타낸다.

③ 산소가 없이도 높은 온도·압력으로 인한 화학적 폭발을 일으킨다.

④ 화염·불꽃 등의 점화원과 가열·마찰·충격 등을 피하고 접지하여 정전기를 방지하여야 한다.

> **해설**
> • 화학적 폭발 : 분자 내에 산소·수소를 포함한 물질이 매우 빠른 속도로 반응하는 현상이다.
> • 분해폭발 : 산소 없이도 높은 온도·압력으로 인해 발생하는 폭발이다.

02 다음에서 설명하는 것은?

> 가연성 액체·고체가 주변 온도에서 그 표면 가까이에 연소하는 데 충분한 농도의 증기를 발생시키는 최저 온도이다.

① 발화점   ② 증기임계점

③ 표면연소점   ④ 인화점

03 다음 중 인화점과 해당되는 주요 물질이 잘못 연결된 것은?

① 인화점 30℃ 이상 – 아세틸렌, 에틸렌, 하이드라진, 오존, 산화질소 등

② 인화점 0~30℃ – 메틸알코올, 자일렌, 에틸알코올, 아세트산아밀 등

③ 인화점 −30~0℃ – 메틸에틸케톤, 벤젠, 산화에틸렌, 노말헥세인, 아세톤 등

④ 인화점 −30℃ 미만 – 아세트알데하이드, 이황화탄소, 다이에틸에터, 휘발유 등

> **해설**
> ① 인화점 30℃ 이상 – 등유, 경유, 테레빈유 등
> ※ 분해폭발 물질 : 아세틸렌, 에틸렌, 하이드라진, 오존, 산화질소 등

1 ③   2 ④   3 ①   **정답**

04 다음에서 설명하는 것은?

> 공기 중에서 물질이 산화·분해 또는 흡착·중합 등에 의하여 반응열이 축적됨으로써 상온에서 스스로 발열하고 불이 붙어 연소되는 현상이다.

① 물반응성
② 자연발화
③ 자기발열
④ 금속부식성

05 다음 물질의 공통적인 물리·화학적 특성으로 가장 적절한 것은?

> 과산화나트륨, 과산화마그네슘, 칼륨, 나트륨, 탄화칼슘, 알루미늄의 탄화물, 과산화수소, 과염소산, 다이에틸에터

① 폭발성
② 물반응성
③ 부식성
④ 인화성

[해설]
자연발화성 또는 물반응성을 가진 대표 물질이다.

06 취급 시 금속 등 견고한 저장용기에 완전히 밀폐·보관하고, 수분과 접촉을 방지하여야 하는 물질은 어떤 것인가?

① 물반응성 물질
② 폭발성 물질
③ 인화성 물질
④ 산화성 물질

07 다음에서 설명하는 것은?

다른 물질에 산소를 공급하거나 수소를 빼앗아 다른 물질의 연소를 유발하거나 도와주는 성질

① 물반응성
② 산화성
③ 부식성
④ 발화성

08 다음 물질의 공통적인 물리 · 화학적 특성으로 가장 적절한 것은?

염소산($HClO_3$) 및 그 염류($NaClO_3$ 등), 질산(HNO_3) 및 그 염류[$Fe(NO_3)_2$ 등], 과산화수소(H_2O_2) 및 무기과산화물(K_2O_2, MgO_2 등), 과망간산염류($KMnO_4$, $BaMnO_4$ 등)

① 부식성
② 폭발성
③ 발화성
④ 산화성

09 다음 중 화학적 또는 전기적 작용으로 물질을 분해시키는 물질 또는 피부조직에 대한 파괴작용이 강한 물질은 어떤 것인가?

① 부식성 물질
② 물반응성 물질
③ 인화성 물질
④ 산화성 물질

10 다음 물질의 공통적인 물리 · 화학적 특성으로 가장 적절한 것은?

> 플루오린화수소, 폼알데하이드, 염소, 플루오린, 포스핀, 페놀, 브로민, 염화사이안, 옥시염화인, 테트라클로로실리콘, 트라이메틸아민, 암모니아, 수산화나트륨, 수산화칼륨, 나트륨 등

① 부식성
② 물반응성
③ 발화성
④ 산화성

11 다음 중 유해화학물질 취급기준에 대한 설명으로 가장 거리가 먼 것은?

① 유해화학물질 취급시설이 본래의 성능을 발휘할 수 있도록 적절하게 유지 · 관리할 것
② 유해화학물질의 취급과정에서 안전사고가 발생하지 아니하도록 예방대책을 강구하고, 화학사고가 발생하면 응급조치를 할 수 있는 방재장비(防災裝備)와 약품을 갖추어 둘 것
③ 유해화학물질을 보관 · 저장하는 경우 종류가 다른 유해화학물질을 혼합하여 보관 · 저장하지 말 것
④ 유해화학물질을 차에 싣거나 내릴 때나 다른 유해화학물질 취급시설로 옮길 때에는 해당 유해화학물질 운반자 · 작업자 외에 유해화학물질관리자는 참여하지 않을 것

[해설]
화학물질관리법 제13조(유해화학물질 취급기준)
유해화학물질을 차에 싣거나 내릴 때나 다른 유해화학물질 취급시설로 옮길 때에는 해당 유해화학물질 운반자 · 작업자 외에 유해화학물질관리자 또는 유해화학물질관리자가 지정하는 유해화학물질 안전교육을 받은 자가 참여하도록 할 것

12 다음 중 물반응성 물질인 황산과 혼합적재를 금지해야 되는 물질로 가장 거리가 먼 것은?

① 클로로폼　　　　　　　　　　② 과망간산염류
③ 유기물류　　　　　　　　　　④ 염소산류

[해설]
물반응성 물질인 황산과 대표적인 혼합적재 금지물질은 염산, 유기물류, 염소산류, 물, 과염소산염류, 과망간산염류 등이다.

13 다음 중 유해화학물질 취급시설의 적정 유지·관리에 대한 설명으로 틀린 것은?

① 물과 반응할 수 있는 유해화학물질을 취급하는 경우에는 보관·저장시설 주변에 설치된 방류벽, 집수시설 및 집수조 등에 물이 괴어 있지 않도록 할 것
② 유해화학물질 용기는 온도, 압력, 습도와 같은 대기조건에 영향을 받지 않도록 하고, 파손 또는 부식되거나 균열이 발생하지 않도록 관리할 것
③ 앞서 저장한 화학물질과 다른 유해화학물질을 저장하는 경우에는 미리 탱크로리, 저장탱크 내부를 깨끗이 청소하고 폐액은 화학물질관리법에 따라 처리할 것
④ 부식성 유해화학물질을 취급하는 장소에서 가까운 거리 내에 비상시를 대비하여 샤워시설 또는 세안시설을 갖추고, 정상 작동하도록 유지할 것

[해설]
화학물질관리법 시행규칙 [별표 1] 유해화학물질 취급기준
취급시설의 적정 유지·관리 : 앞서 저장한 화학물질과 다른 유해화학물질을 저장하는 경우에는 미리 탱크로리, 저장탱크 내부를 깨끗이 청소하고 폐액(廢液)은 폐기물관리법에 따라 처리할 것

14 다음 중 유해화학물질 화학사고 예방 및 응급조치에 대한 설명으로 틀린 것은?

① 유해화학물질을 취급하는 경우 콘택트렌즈를 착용하지 말 것. 다만, 적절한 보안경을 착용한 경우에는 그렇지 않다.
② 고체 유해화학물질을 용기에 담아 이동할 때에는 용기 높이의 80% 이상을 담지 않도록 할 것
③ 유해화학물질을 제조, 보관·저장, 사용하는 장소 주변이나 하역하는 동안 차량 안 또는 주변에서 흡연하지 말 것
④ 밀폐된 공간에서는 공기 중에 가연성, 폭발성 기체나 유독한 가스의 존재 여부 및 산소 결핍 여부를 점검한 이후에 유해화학물질을 취급할 것

[해설]
화학물질관리법 시행규칙 [별표 1] 유해화학물질 취급기준
화학사고 예방 및 응급조치 : 고체 유해화학물질을 용기에 담아 이동할 때에는 용기 높이의 90% 이상을 담지 않도록 할 것

15 다음 중 유해화학물질 운반 시 지켜야 할 취급기준으로 틀린 것은?

① 차량을 이용하여 유해화학물질을 운반할 때에는 규정된 제한속도를 준수하고, 200km 이상(고속국도를 이용하는 경우에는 340km 이상)의 거리를 운행하는 경우에는 다른 운전자를 동승시키거나 운행 중에 2시간마다 20분 이상 휴식을 취할 것

② 버스, 철도, 지하철 등 대중 교통수단을 이용하여 유해화학물질을 운반할 경우에는 반드시 이중포장을 할 것

③ 유해화학물질 영업허가를 받거나, 유해화학물질 시약판매업 신고를 한 사업장이 판매의 목적이 아닌 연구개발, 시범사용 등을 위해 제조 또는 수입한 견본품은 화학물질안전원장의 고시로 정하는 바에 따라 택배로 보낼 수 있음

④ 차량의 운전석이나 승객이 타는 자리 옆에 유해화학물질을 두지 말고 반드시 지정된 화물칸으로 이송하고 화물칸은 덮개를 덮을 것

> **해설**
> 화학물질관리법 시행규칙 [별표 1] 유해화학물질 취급기준
> 운반 : 버스, 철도, 지하철 등 대중 교통수단을 이용하여 유해화학물질을 운반하지 말 것

16 다음 중 유해화학물질의 진열량·보관량 제한에 관한 내용으로 틀린 것은?

① 유해화학물질을 취급하는 자가 유해화학물질을 환경부령으로 정하는 일정량을 초과하여 진열·보관하고자 하는 경우에는 사전에 진열·보관계획서를 작성하여 환경부장관의 확인을 받아야 한다.

② 진열·보관할 경우 '환경부령으로 정하는 일정량'이란 유독물질은 100kg, 허가물질·제한물질·금지물질 또는 사고대비물질은 50kg이다.

③ 유해화학물질을 취급하는 자가 유해화학물질의 보관·저장시설을 보유하지 아니한 경우에는 진열하거나 보관할 수 없다.

④ 유해화학물질 취급량을 초과하여 진열·보관하거나 보관·저장시설을 보유하지 아니하고 유해화학물질을 진열·보관한 자는 3년 이하 징역 또는 5천만원 이하의 벌금에 처한다.

> **해설**
> 화학물질관리법 시행규칙 제10조(유해화학물질의 진열량·보관량 제한 등)
> '환경부령으로 정하는 일정량'이란 다음의 구분에 따른 양을 말한다.
> • 유독물질 : 500kg
> • 허가물질, 제한물질, 금지물질 또는 사고대비물질 : 100kg
> ①·③ 화학물질관리법 제15조(유해화학물질의 진열량·보관량 제한 등)
> ④ 화학물질관리법 제59조(벌칙)

17 다음 중 사고대비물질 취급자의 준수사항에 관한 내용으로 틀린 것은?

① 해당 사고대비물질을 인계하는 자는 인수자의 신분증을 확인하여 해당 사항을 화학물질 관리대장에 기록하고 보존해야 한다.

② 취급시설 및 판매시설의 출입자와 방문차량을 확인하여 해당 사항을 화학물질 관리대장에 기록하고 보존해야 한다.

③ 해당 사고대비물질을 도난당하거나 분실한 때에는 그 내용을 즉시 경찰서, 국가정보원 또는 화학물질안전원에 신고해야 한다.

④ 해당 사고대비물질을 청소년에게 판매해서는 안 된다. 다만, 실험 등의 용도로 사용하려는 경우로서 보호자의 동의서를 제출하는 때는 제외하며, 1년간 동의서를 보존해야 한다.

> **해설**
>
> 화학물질관리법 시행규칙 [별표 9] 사고대비물질의 관리기준
> 해당 사고대비물질을 청소년 보호법에 따른 청소년에게 판매해서는 안 된다. 다만, 실험 등의 용도로 사용하려는 경우로서 보호자의 동의서를 제출하는 때는 제외하며, 5년간 동의서를 보존해야 한다.

18 다음 사고대비물질 중 하위 규정수량이 가장 작은 것은 어느 것인가?

① 폼알데하이드
② 나이트로벤젠
③ 페 놀
④ 실레인

> **해설**
>
> 화학물질관리법 시행규칙 [별표 3의2] 유해화학물질별 수량 기준
> 사고대비물질별 수량 기준(단위 : ton)
>
> | 사고대비물질[영문명 및 화학물질 식별번호(CAS No.)] | 하위 규정수량 |
> |---|---|
> | 포르말린 또는 폼알데하이드[Formalin ; Formaldehyde ; 50-00-0] 및 이를 1% 이상 함유한 혼합물 | 2 |
> | 나이트로벤젠[Nitrobenzene ; 98-95-3] 및 이를 25% 이상 함유한 혼합물 | 5 |
> | 페놀[Phenol ; 108-95-2] 및 이를 5% 이상 함유한 혼합물 | 8 |
> | 실레인[Silane ; 7803-62-5] 및 이를 10% 이상 함유한 혼합물 | 0.2 |

19 다음 중 유해화학물질 취급시설 및 장비 등에 대한 안전성 여부와 가장 거리가 먼 것은?

① 물반응성 물질이나 인화성 고체의 물 접촉으로 인한 화재·폭발 가능성이 있는지 여부

② 자연발화의 위험이 있는 물질이 취급시설 및 장비 주변에 존재함에 따라 화재·폭발 가능성이 있는지 여부

③ 유해화학물질의 상·하차 시 유출·누출이 있는지 여부

④ 유해화학물질 저장·보관설비의 부식·손상·균열 등으로 인한 유출·누출이 있는지 여부

[해설]

유해화학물질의 상·하차 시 유출·누출이 있는지 여부는 자체 점검 시 확인해야 하는 안전성 여부에 포함되지 않음

①·②·④ 화학물질관리법 시행규칙 제26조(취급시설 등의 자체 점검)

20 다음 중 유해화학물질 취급시설 및 장비 등을 점검하지 아니하거나 그 결과를 5년간 기록·비치하지 아니한 자에 대한 벌칙으로 옳은 것은?

① 3년 이하의 징역 또는 5천만원 이하의 벌금

② 5년 이하의 징역 또는 1억원 이하의 벌금

③ 10년 이하의 금고 또는 2억원 이하의 벌금

④ 1년 이하의 징역 또는 3천만원 이하의 벌금

[해설]

화학물질관리법 제59조(벌칙)

취급시설 및 장비 등을 점검하지 아니하거나 그 결과를 5년간 기록·비치하지 아니한 자는 3년 이하의 징역 또는 5천만원 이하의 벌금에 처한다.

21 다음은 화학사고 발생 시 즉시 신고 기준에 관한 내용이다. 옳지 않은 것은?

① 화학물질 유출·누출로 인명 피해(병원입원 또는 병원진단서 등으로 증명)가 발생하면 15분 이내로 즉시 신고하여야 한다.

② 사고대비물질이 아닌 화학물질의 유출·누출량이 1kg 또는 1L 미만(실험실의 경우 100g 또는 100mL)이고 인명·환경 피해 없이 방재조치가 완료된 경우 관계 행정기관에 신고하지 아니할 수 있다.

③ 화학물질 유출·누출 확대 방지를 위한 긴급조치(밸브 개폐작업 등)를 하는 경우에 신고가 가능한 다른 화학물질 취급 종사자가 없을 경우 해당 사유 해소 시 빠른 시간 내에 신고하여야 한다.

④ 유해화학물질이 10kg 또는 10L 미만으로 유출·누출된 경우 빠른 시간 내에 신고하여야 한다.

[해설]
화학사고 즉시 신고에 관한 규정 [별표 1] 화학사고 발생 시 즉시 신고 기준
유해화학물질이 5kg 또는 5L 미만으로 유출·누출된 경우 빠른 시간 내에 신고하여야 한다.

22 다음 중 인체 및 환경 유해성과 이화학적 특성에 대한 충분한 자료가 확보된 물질과 신고 기준이 잘못 연결된 것은?

① 질산 - 500kg, L
② 플루오린화수소산 - 500kg, L
③ 수산화나트륨 - 500kg, L
④ 페놀 - 500kg, L

[해설]
화학사고 즉시 신고에 관한 규정 [별표 1] 화학사고 발생 시 즉시 신고 기준
플루오린화수소산 - 50kg, L

23 다음 중 화학사고의 신속한 대응 및 상황 관리, 사고정보의 수집과 통보를 위하여 해당 화학사고 발생현장에 환경부장관이 파견한 현장수습조정관의 역할이 아닌 것은?

① 화학사고 대응, 영향조사, 피해의 최소화·제거, 복구 등에 필요한 조치
② 화학사고 원인조사를 위한 조사팀의 구성
③ 화학사고 원인, 피해규모, 조치사항 등에 대한 대국민 홍보 및 브리핑
④ 화학사고 대응, 복구 관련 기관과의 협조 및 연락 유지

해설
화학물질관리법 제44조(화학사고 현장 대응)
현장수습조정관의 역할은 다음과 같다.
• 화학사고의 대응 관련 조정·지원
• 화학사고 대응, 영향조사, 피해의 최소화·제거, 복구 등에 필요한 조치
• 화학사고 대응, 복구 관련 기관과의 협조 및 연락 유지
• 화학사고 원인, 피해규모, 조치사항 등에 대한 대국민 홍보 및 브리핑
• 그 밖에 화학사고 수습에 필요한 조치

24 다음 중 화학사고 발생 시 환경부장관이 실시해야 하는 영향조사 항목이 아닌 것은?

① 화학사고 발생지역 인근 주민의 건강 및 주변 환경에 대한 영향조사
② 화학사고 원인이 되는 화학물질의 특성 및 유해성·위해성
③ 화학사고의 대응 관련 조정·지원
④ 화학사고의 원인, 규모, 경과 및 인적·물적 피해사항

해설
화학물질관리법 제45조(화학사고 영향조사)
환경부장관은 화학사고의 원인 규명, 사람의 건강이나 환경 피해의 최소화 및 복구 등을 위하여 필요한 경우 관계 기관의 장과 협의하여 다음의 사항에 대하여 영향조사를 실시하여야 한다.
• 화학사고의 원인, 규모, 경과 및 인적·물적 피해사항
• 화학사고 원인이 되는 화학물질의 특성 및 유해성·위해성
• 화학사고 발생지역 인근 주민의 건강 및 주변 환경에 대한 영향
• 화학사고 원인이 되는 화학물질의 노출량 및 오염정도
• 화학사고 원인이 되는 화학물질의 대기·수질·토양·자연환경 등으로 이동 및 잔류 형태
• 화학사고가 추가로 발생할 가능성
• 그 밖에 화학사고의 피해구제에 필요한 사항

25 다음은 화학사고 발생 시 신고 기준에 대한 설명이다. 옳지 않은 것은?

① 화학물질 유출·누출로 인명 피해(병원입원 또는 병원진단서 등으로 증명)가 발생하면 15분 이내로 신고하여야 한다.

② 사고대비물질이 아닌 화학물질의 유출·누출량이 1kg·L(실험실 100g·mL) 미만이고 인명·환경 피해 없이 방재 조치가 완료된 경우, 신고하지 않아도 된다.

③ 화학물질 유출·누출 확대 방지를 위한 긴급조치(밸브 개폐작업 등)를 하는 경우, 신고 가능한 종사자가 없다면, 해당 사유 해소 시 빠른 시간 내 신고하여야 한다.

④ 유해화학물질이 10kg·L 미만으로 유출·누출된 경우, 빠른 시간 내에 신고하여야 한다.

해설

화학사고 즉시 신고에 관한 규정 [별표 1] 화학사고 발생 시 즉시 신고 기준
유해화학물질이 5kg 또는 5L 미만으로 유출·누출된 경우 빠른 시간 내에 신고하여야 한다.

26 다음 중 공정안전보고서의 세부 내용에 포함해야 할 사항으로 가장 옳지 않은 것은?

① 유해·위험물질에 대한 물질안전보건자료
② 공정위험성평가서
③ 사고대비물질의 안전조건
④ 근로자 등 교육계획

해설

산업안전보건법 시행규칙 제50조(공정안전보고서의 세부 내용 등)
• 공정안전자료(유해·위험물질에 대한 물질안전보건자료 등)
• 공정위험성평가서 및 잠재위험에 대한 사고예방·피해 최소화 대책
• 안전운전계획(근로자 등 교육계획 등)
• 비상조치계획

27 다음 중 화학물질관리법령상 유해화학물질 운반차량 중 1ton 초과 차량에 표시하는 유해·위험성 우선순위가 가장 높은 것은?

① 가스류
② 자연 발화성 물질
③ 인화성 액체
④ 유기과산화물

해설

화학물질관리법 시행규칙 [별표 2] 유해화학물질의 표시방법
1ton 초과 운반차량의 경우 유해성·위험성 우선순위
• 방사성 물질
• 폭발성 물질 및 제품
• 가스류
• 인화성 액체 중 둔감한 액체 화약류
• 자체 반응성 물질 및 둔감한 고체 화학류
• 자연 발화성 물질
• 유기과산화물
• 독성물질 또는 인화성 액체류

28 다음은 화학사고 발생 시 신고 기준에 대한 설명이다. 빈칸에 적합한 것은?

> 유해화학물질이 (가)kg·L 미만으로 유출·누출된 경우 빠른 시간 내에 신고하여야 하며, 사고대비물질이 아닌 화학물질의 유출·누출량이 (나)kg·L[실험실 (다)g·mL] 미만이고 인명·환경 피해 없이 방재 조치가 완료된 경우 신고하지 않아도 됨

	가	나	다
①	5	1	100
②	5	0.5	500
③	500	1	100
④	500	0.5	500

해설

화학사고 즉시 신고에 관한 규정 [별표 1] 화학사고 발생 시 즉시 신고 기준
• 유해화학물질이 5kg 또는 5L 미만으로 유출·누출된 경우 빠른 시간 내에 신고하여야 한다.
• 사고대비물질이 아닌 화학물질의 유출·누출량이 1kg 또는 1L(실험실 100g 또는 100mL) 미만이고 인명·환경 피해 없이 방재 조치가 완료된 경우 신고하지 않아도 된다.

화학사고예방관리계획

> **참고**
> • 관련 규정 및 지침
>   – 화학물질관리법 제23조, 시행규칙 제19조
>   – 화학사고예방관리계획서 작성 등에 관한 규정
>   – 유해화학물질 소량 취급시설에 관한 고시
>   – 사고시나리오 선정 및 위험도 분석에 관한 기술지침
>   – 사고영향범위 산정에 관한 기술지침
> • 화학사고 위험(Risk) 관리제도
>   – 1976년 이탈리아 세베소 ICMESA社 사고(Dioxin) → 1982년 세베소 지침(Seveso-Richtlinie) 제정
>   – 1984년 인도 보팔 Union Carbide社 사고(MIC)
>   – 1985년 미국 West Virginia주 Union Carbide社 사고 → 1986년 EPCRA 제정
>   – 1989년 미국 필립스社 폭발사고 → 1992년 OSHA, PSM 규정 수립 → 1999년 RMP 시행
>   ※ EPCRA(Emergency Planning and Community Right-to-Know Act) : 주민알권리법
>   OSHA(Occupational Safety and Health Act) : 미국 직업안전위생법
>   PSM(Process Safety Management) : 공정안전보고서
>   RMP(Risk Management Plan) : 위해성 관리계획
>   – 2012년 한국 구미 휴브글로벌社 플루오린화수소 유출사고 → 2015년 장외영향평가, 위해관리계획 시행 →
>   2021년 화학사고예방관리계획 시행

1 화학사고예방관리계획 제도의 도입

① 도입 필요성

　㉠ 제도간 유사중복자료 제출에 따른 기업의 이행부담 감소 및 제도의 효율화가 필요하다.

　　• 장외영향평가 및 위해관리계획 제도는 작성 의무 사업장과 작성 서류가 중복되는 측면이 있어 사업장의 서류제출 부담을 완화하기 위해 필요하다.

　　• 장외영향평가와 위해관리계획 제도의 취지는 다르나 하나의 흐름으로 제도의 개선 및 보고서의 일원화가 필요하다.

　㉡ 사고대비물질이 아닌 유해화학물질도 물질의 양이나 특성에 따라 외부 영향이 클 수 있으나 위해관리계획 마련 의무가 없어 비상대응계획 수립에 한계가 있다.

　㉢ 취급량·취급형태에 따라 사업장을 구분하여 이행 수준을 차등화하고, 화학사고예방관리계획서 면제 대상 취급시설의 지정이 필요하다.

　　• 연구실 및 학교 등 사고 시 외부영향이 적은 소량취급시설 등은 화학사고예방관리계획서 제출을 면제한다.

② 추진경과

    ㉠ 화학물질관리법 제23조, 제23조의2~제23조의4 개정 공포('20.3.31)

    ㉡ 하위법령(시행령 및 시행규칙) 입법예고('20.11.24~'21.1.4)

    ㉢ 환경부 고시 행정예고 : 유독물질, 제한물질, 금지물질 및 허가물질의 규정수량에 관한 규정

    ㉣ 화학물질안전원 고시 행정예고

       • 화학사고예방관리계획서 작성 등에 관한 규정

       • 화학사고예방관리계획서 검토 등에 관한 규정

       • 화학사고예방관리계획서 이행 등에 관한 규정

       • 유해화학물질 영업허가 등에 관한 규정

      → 화학물질관리법 및 관련 규정 개정·시행('21.4.1)

2 관련 용어(화학사고예방관리계획서 작성 등에 관한 규정 제2조)

① **화학사고** : 시설의 교체 등 작업 시 작업자의 과실, 시설 결함·노후화, 자연재해, 운송사고 등으로 인하여 화학물질이 사람이나 환경에 유출·누출되어 발생하는 모든 상황을 말한다.

② **장외** : 유해화학물질 취급시설을 설치·운영하는 사업장 부지의 경계를 벗어난 지역을 말한다.

③ **영향범위** : 화학사고로 인해 유해화학물질이 화재·폭발 또는 유출·누출되어 사고지점으로부터 사람이나 환경에 영향을 미칠 수 있는 구역을 말한다.

④ **유해화학물질** : 유독물질, 허가물질, 제한물질, 금지물질, 사고대비물질, 그 밖에 유해성 또는 위해성이 있거나 그러할 우려가 있는 화학물질을 말한다.

⑤ **취급시설** : 화학물질을 제조, 보관·저장, 운반(항공기·선박·철도를 이용한 운반은 제외한다) 또는 사용하는 시설이나 설비를 말한다.

⑥ **주요취급시설** : 화학물질관리법 시행규칙 [별표 3의2] 또는 유독물질, 제한물질, 금지물질 및 허가물질의 규정수량에 관한 규정에 따른 상위 규정수량 이상 취급하는 사업장 내 취급시설을 말한다.

⑦ **1군 유해화학물질 취급시설 사업장(이하 '1군 사업장')** : 사업장에서 취급하는 유해화학물질 중 어느 한 물질이라도 화학물질관리법 시행규칙 [별표 3의2] 또는 유독물질, 제한물질, 금지물질 및 허가물질의 규정수량에 관한 규정에 따른 상위 규정수량 이상으로 취급하는 사업장을 말한다.

⑧ **2군 유해화학물질 취급시설 사업장(이하 '2군 사업장')** : 사업장에서 취급하는 유해화학물질 중 어느 한 물질이라도 화학물질관리법 시행규칙 [별표 3의2] 또는 유독물질, 제한물질, 금지물질 및 허가물질의 규정수량에 관한 규정에 따른 하위 규정수량 이상 상위 규정수량 미만으로 취급하면서, 상위 규정수량 이상으로 취급하는 물질은 없는 사업장을 말한다.

⑨ **단위설비** : 탑류, 반응기, 드럼류, 열교환기류, 탱크류, 가열로류 등과 이에 연결되어 있는 펌프, 압축기, 배관 등 부속장치 또는 설비 일체를 말한다.

⑩ **단위공정** : 원료처리공정, 반응공정, 증류추출, 분리공정, 회수공정, 제품저장·출하공정 등과 같이 단위공장을 구성하고 있는 각각의 공정을 말한다.

⑪ **단위공장** : 동일 사업장 내에서 제품 또는 중간제품(다른 제품의 원료)을 생산하는 데 필요한 원료처리 공정에서부터 제품의 생산·저장(부산물 포함)까지의 일련의 공정을 이루는 시설을 말한다.

⑫ **사업장** : 일정 지역 내에서 일련의 공정을 이루는 시설들이 단일 혹은 다수의 단위공장으로 이루어져 하나의 운영자에 의해 관리되는 취급시설 단위를 말한다. 다만, 도로나 하천 등으로 인하여 구분된 다수의 단위공장으로 구성된 사업장의 경우 도로나 하천 등을 포함한 전체 단위공장을 하나의 사업장 으로 간주할 수 있다.

⑬ **사고시나리오** : 유해화학물질 취급시설에서 화재, 폭발 및 유출·누출사고로 인한 영향범위가 사업장 외부로 벗어나, 보호대상에 영향을 줄 수 있는 사고를 기술하는 것을 말한다.

⑭ **총괄영향범위** : 사업장 주변 지역의 사람이나 환경 등에 미치는 영향범위로, 사업장 내 유해화학물질 취급시설별로 화재·폭발 또는 독성물질 누출사고 각각에 대하여 장외의 가장 큰 영향범위의 외곽을 연결한 구역을 말한다.

⑮ **위험도** : 위해성을 기반으로 한 사고 영향과 사고 발생 가능성을 모두 고려하여 산정한 위험수준을 말한다.

⑯ **사고시나리오 시설빈도** : 사고시나리오에 대하여 취급시설에서 발생할 수 있는 사고개시사건을 고려한 결과를 말한다.

⑰ **주민** : 근로자와 거주민을 모두 포함한다.
  ㉠ 근로자 : 화학사고예방관리계획서를 제출한 사업장 인근에 위치한 기업의 종사자
  ㉡ 거주민 : 총괄영향범위 내 주거하는 사람

⑱ **지역사회 고지** : 사업장이 취급하는 유해화학물질 정보와 화학사고 대응정보 등을 지역주민들에게 알려주는 것을 말한다.

⑲ **실내** : 사면과 천정이 물리적 격벽으로 분리되고 출입구·비상구 등이 상시 닫혀 있는 공간을 말한다.

⑳ **보호대상** : 유해화학물질 취급시설 외벽으로부터 보호대상까지의 안전거리 고시의 갑종 및 을종 보호 대상인 공공수용체와 하천, 산림지 및 유적지 등을 포함하는 환경수용체를 말한다.

[갑종 보호대상(유해화학물질 취급시설 외벽으로부터 보호대상까지의 안전거리 고시 별표 2)]

구 분	보호대상의 종류
문화·집회시설	영화상영관, 공연장, 예식장·장례식장, 전시장(박물관, 미술관, 과학관, 문화관, 체험관, 기념관, 산업전시장, 박람회장, 그 밖에 이와 비슷한 것), 관람장, 동·식물원, 운동장, 그 밖에 이와 유사한 시설로서 300명 이상 수용할 수 있거나 바닥면적의 합계가 1,000m² 이상인 것
종교시설	교회, 그 밖에 이와 유사한 종교시설로서 300명 이상 수용할 수 있는 건축물
판매시설	도매시장(농수산물 유통 및 가격안정에 관한 법률에 따른 농수산물도매시장, 농수산물공판장), 소매시장(유통산업발전법에 따른 대규모 점포), 백화점, 쇼핑몰, 그 밖에 이와 유사한 공간으로 300명 이상 수용할 수 있거나 사실상 독립된 부분의 연면적이 1,000m² 이상인 것
운수시설	여객자동차터미널, 철도역사, 공항터미널, 항만터미널, 그 밖에 이와 유사한 공간으로 일일 300명 이상이 이용하는 시설
의료시설	병원(종합병원, 병원, 치과병원, 한방병원, 정신병원 및 요양병원과 의원을 포함한다)
교육·연구시설	학교(유치원, 초등학교, 중학교, 고등학교, 전문대학, 대학, 대학교, 그 밖에 이에 준하는 각종 학교), 교육원(연수원, 그 밖에 이와 유사한 시설), 도서관, 연구소, 그 밖에 이와 유사한 시설
노유자시설	어린이집, 아동복지시설, 노인복지시설, 장애인복지시설, 그 밖에 이와 비슷한 것으로서 20명 이상 수용할 수 있는 건축물
숙박시설	관광호텔, 여관, 휴양시설, 공중목욕탕, 고시원, 기숙사, 그 밖에 이와 비슷한 시설로서 300명 이상 수용할 수 있는 시설
관광휴게시설	야외음악당, 야외극장, 어린이회관, 공원·유원지 또는 관광지에 부수되는 시설로서 바닥면적의 합계가 1,000m² 이상인 것
수련시설	청소년활동진흥법에 따른 청소년수련관, 청소년문화의집, 청소년특화시설, 청소년수련원, 청소년 야영장 및 유스호스텔
주택 등	사람을 수용하는 건축물로서 300명 이상 수용할 수 있거나 바닥면적의 합계가 1,000m² 이상인 것

[을종 보호대상(동 고시 별표 3)]

구 분		보호대상의 종류
건축물	주택·업무 시설	단독주택, 공동주택(300명 이상 수용할 수 있는 시설은 제외한다), 공공업무시설, 일반업무시설, 교정시설, 갱생보호시설
	근린생활시설	제1종 근린생활시설, 제2종 근린생활시설
	위험물 저장 및 처리시설	주유소 및 석유판매소, 액화석유가스 충전소·판매소·저장소, 고압가스 충전소·판매소·저장소, 그 밖에 이와 비슷한 시설
	기 타	사람을 수용하는 건축물로서 독립된 부분의 연면적이 100m² 이상 1,000m² 미만인 것
생태·경관보호지역		자연환경보전법에 따라 지정된 생태·경관보호지역

취급시설 외벽으로부터 보호대상까지 안전거리(유해화학물질 취급시설 외벽으로부터 보호대상까지의 안전거리 고시 별표 1)

- 인화성 가스 및 인화성 액체 저장시설은 다음 표에 의한 거리 이상을 유지하여야 한다. 이 경우 사업장 내부에 있는 보호대상은 제외한다.
  - 인화성 가스 및 인화성 액체

구 분	시설용량	갑종 보호대상	을종 보호대상
인화성 가스	1만m³ 이하	17m	12m
	1만m³ 초과~2만m³ 이하	21m	14m
	2만m³ 초과~3만m³ 이하	24m	16m
	3만m³ 초과~4만m³ 이하	27m	18m
	4만m³ 초과~5만m³ 이하	30m	20m
	5만m³ 초과~99만m³ 이하	30m [저온저장탱크는 $3/25\sqrt{(X^2+10,000)}$]	20m [저온저장탱크는 $2/25\sqrt{(X+10,000)}$]
	99만m³ 초과	30m (인화성 가스 저온저장탱크는 120m)	20m (인화성 가스 저온저장탱크는 80m)
인화성 액체	–	30m	10m

[비 고]
- 인화성 가스란 20℃, 표준압력(101.3kPa)에서 공기와 혼합하여 인화범위에 있는 가스로서 화학물질의 분류 및 표시 등에 관한 규정에서 인화성 가스 구분 1, 구분 2로 분류된 것에 한정한다.
- X는 해당 취급시설의 최대 취급량을 말하며, 압축가스의 경우에는 m³, 액화가스의 경우에는 kg으로 한다.
- 인화성 액체란 인화점이 60℃ 이하인 액체를 말하며, 화학물질의 분류 및 표시 등에 관한 규정에서 인화성 액체 구분 1, 구분 2, 구분 3으로 분류된 것에 한정한다.

- 급성 흡입 독성물질을 취급하는 시설·설비는 그 외벽으로부터 보호대상까지 다음 표에 의한 거리 이상을 유지하여야 한다. 이 경우 사업장 내부에 있는 보호대상은 제외한다.

구 분	시설용량	갑종 보호대상	을종 보호대상
가 스	1만m³ 이하	17m	12m
	1만m³ 초과~2만m³ 이하	21m	14m
	2만m³ 초과~3만m³ 이하	24m	16m
	3만m³ 초과~4만m³ 이하	27m	18m
	4만m³ 초과	30m	20m
휘발성 액체	–	17m	12m

[비 고]
- 급성 흡입 독성물질이란 흡입 노출되어 유해한 영향을 일으키는 물질을 말하며 화학물질의 분류 및 표시 등에 관한 규정에서 구분 1, 구분 2, 구분 3으로 분류된 것에 한한다.
- 가스란 끓는점이 20℃ 이하인 물질을 말한다.
- 휘발성 액체란 20℃에서 증기압이 26.7kPa 이상인 물질을 말한다.

- 물리적 위험성 및 건강 유해성을 동시에 가진 경우에는 물리적 위험성을 우선 적용한다.

3 화학사고예방관리계획서의 작성ㆍ제출(화학물질관리법 제23조 관련)

① 유해화학물질 취급시설을 설치ㆍ운영하려는 자는 사전에 화학사고 발생으로 사업장 주변 지역의 사람이나 환경 등에 미치는 영향을 평가하고 그 피해를 최소화하기 위한 화학사고예방관리계획서(이하 '화학사고예방관리계획서'라 한다)를 작성하여 환경부장관에게 제출하여야 한다. 다만, 다음의 어느 하나에 해당하는 유해화학물질 취급시설을 설치ㆍ운영하려는 자는 그러하지 아니하다.

㉠ 연구실 안전환경 조성에 관한 법률의 연구실

㉡ 학교안전사고 예방 및 보상에 관한 법률의 학교

㉢ 화학사고 발생으로 사업장 주변 지역의 사람이나 환경에 미치는 영향이 크지 아니하거나 유해화학물질 취급 형태ㆍ수량 등을 고려할 때 화학사고예방관리계획서의 작성 필요성이 낮은 유해화학물질 취급시설로서 환경부령으로 정하는 기준에 해당하는 시설(동 법 시행규칙 제19조)

• 유해화학물질(폭발성, 인화성이 있거나 급성 흡입독성이 높은 물질로서 화학물질안전원장이 정하여 고시하는 물질을 제외한다)을 택배로 보내는 방법으로 운반ㆍ보관하는 시설

• 유해화학물질별 수량 기준의 하위 규정수량 미만의 유해화학물질을 취급하는 사업장 내 취급시설

• 유해화학물질을 운반하는 차량(유해화학물질을 차량에 싣거나 내리는 경우는 제외한다)

• 군사기지 및 군사시설 보호법에 따른 군사기지 및 군사시설 내 유해화학물질 취급시설

• 의료법에 따른 의료기관 내 유해화학물질 취급시설

• 항만법에 따른 항만시설 내에서 유해화학물질이 담긴 용기ㆍ포장을 보관하는 시설(선박의 입항 및 출항 등에 관한 법률에 따라 자체안전관리계획을 수립하여 관리청의 승인을 받은 경우만 해당한다)

• 철도산업발전기본법에 따른 철도시설 내에서 유해화학물질이 담긴 용기ㆍ포장을 보관하는 시설(위험물철도운송규칙에 따라 지체 없이 역외로 반출하는 경우만 해당한다)

• 농약관리법에 따라 판매업을 등록한 자가 사용하는 유해화학물질을 보관ㆍ저장하는 시설

• 항공보안법에 따라 지정된 보호구역 내에서 항공사업법의 항공운송사업자 또는 공항운영자가 설치ㆍ운영하는 유해화학물질 취급시설

• 위에서 규정한 시설 외에 화학물질안전원장이 정하여 고시하는 시설(화학사고예방관리계획서 작성 등에 관한 규정 제6조)

 - 유해화학물질이 포함된 제품을 포장하여 소비자기본법에 따른 소비자(소비자기본법 시행령 제2조제2호는 제외한다)에게 판매하기 위해 보관ㆍ진열하는 시설

 - 폐기물관리법 및 폐기물관리법 시행규칙에 따른 유해화학물질 폐기물 처리(수집ㆍ운반ㆍ보관ㆍ재활용ㆍ처분)를 위해 임시 보관하는 시설

 - 대기 및 수질오염 방지시설 등과 같이 공정의 마지막 단계에서 대기나 수질로 배출되는 오염물질을 제거 및 감소시키는 취급시설 끝단의 배출시설(다만, 오염물질의 중화 또는 제거 등 처리를 위해 방지시설에 유해화학물질을 투입하기 위한 저장 또는 사용시설은 제외한다)

    – 유해화학물질 취급 시 다음에 해당하는 경우

        ⓐ 기계 및 장치에 내장(內臟)되어 정상적 사용과정 중 누출이 없는 경우

        ⓑ 특정한 기능을 발휘하는 고체 형태의 제품에 함유되어 있는 경우

        ⓒ 사업장 시설의 유지보수를 위해 도료, 염료를 구매 및 취급하는 경우

화학사고예방관리계획서의 신규 제출(화학사고예방관리계획서 작성 등에 관한 규정 제7조)

- 운영자가 다음에 해당하는 경우에는 화학사고예방관리계획서를 설치검사 개시일 60일 이전에 화학사고 예방관리계획서를 안전원장에게 제출해야 한다.
  - 유해화학물질 취급시설을 설치·운영하려는 경우
  - 화학사고예방관리계획서를 제출하지 않은 운영자가 유해화학물질 최대보유량이 화학물질관리법 시행 규칙 [별표 3의2] 또는 유독물질, 제한물질, 금지물질 및 허가물질의 규정수량에 관한 규정에서 정하는 규정수량 이상으로 증가하는 경우
  - 화학사고예방관리계획서를 제출한 운영자가 유해화학물질 취급시설이 있는 사업장의 이전 등으로 주소지가 변경되는 경우
  - 유해화학물질을 취급하지 않던 운영자가 화학물질관리법 시행규칙 [별표 3의2] 또는 유독물질, 제한물 질, 금지물질 및 허가물질의 규정수량에 관한 규정에서 정하는 규정수량 이상으로 하나 이상의 유해화 학물질을 취급하게 되는 경우
- 화학사고예방관리계획서를 신규로 제출하는 경우 다음의 서류를 안전원장에게 제출해야 한다.
  - 화학사고예방관리계획서 검토신청서 1부
  - 화학사고예방관리계획서 1부

최대보유량 산정방법(화학사고예방관리계획서 작성 등에 관한 규정 별표 1)

- 유해화학물질별 최대보유량 산정은 사업장 내에서 해당 유해화학물질을 취급하는 모든 제조·사용시설 및 저장·보관시설에서 해당 물질이 어느 순간 최대로 체류할 수 있는 양의 합으로 산정한다. 또한, 취급시설별 최대보유량(탱크로리 등 운송·운반차량, 사외배관, 취급중단을 신고한 시설은 제외)은 취급 시설의 설계용량과 순수 유해화학물질의 상온에서의 비중값 등을 고려하여 산정하는 것을 원칙으로 한다.
- 제조·사용시설의 경우
  - 제조·사용시설에서 유해화학물질이 함량기준 이상으로 존재하는 경우 유해화학물질의 투입순서와 관계없이 취급시설의 설계용량과 유해화학물질의 비중을 고려하여 산정한다. 다만, 단순 혼합의 경우 에는 투입 완료 후 최종함량을 기준으로 산정하고, 투입 후 반응이 일어나는 경우에는 반응이 일어나지 전 최종함량을 기준으로 산정한다.
  - 탑조류 또는 냉각기 등과 같이 서로 다른 물질의 성상이 두 개 이상으로 존재하여 사업장에서 근거를 들어 증빙하는 경우, 각각의 성상이 차지하는 부피를 고려하여 용량을 산정할 수 있다. 다만, 증빙이 불가능할 경우 설계용량과 액상의 비중을 이용하여 산정한다.
- 저장·보관시설의 경우
  - 저장탱크의 경우에는 저장탱크의 설계용량과 유해화학물질의 상온에서의 비중값을 이용하여 산정한다.
  - 보관시설의 경우에는 유해화학물질의 보관 구획도를 기준으로 최대보유량을 산정한다. 다만, 보관시설 의 일일최대보관량을 고려하여 일일최대보관량 이상으로 산정해야 한다.

[비 고]
- 기상물질의 경우
  - 제조·사용시설에서 기상으로 존재하는 유해화학물질의 취급량은 운전조건(온도, 압력)을 고려하여 산정한다.
  - 고압가스 사용시설의 경우 압축 및 액화 등의 저장방식을 고려하여 물질의 성상에 따라 설계용량과 유해화학물질의 비중을 고려하여 최대보유량을 산정한다.
- 혼합물의 경우
  - 유해화학물질을 함유한 혼합물의 취급 규모를 산정할 경우에는 규제대상 함량(농도) 이상의 유해화학 물질을 모두 고려하여야 한다.
  - 이 경우 유해화학물질의 양은 해당 유해화학물질을 포함한 전체혼합물의 총량으로 산정하되 혼합물 비중값에 대한 시험값이나 계산값 등 증빙이 가능한 경우 혼합물 비중을 고려할 수 있다.
- 유독물질, 제한물질, 금지물질 및 허가물질의 규정수량에 관한 규정 각 별표에서 *로 표시되어 있는 하위 규정수량이 400ton인 물질은 상위 규정수량이 없으므로 최대보유량을 다음과 같이 산정한다.
  - *로 표시되어 있는 물질만 취급하는 사업장 : 해당 물질의 양을 기준으로 최대보유량을 산정한다.
  - *로 표시되어 있는 물질과 다른 유해화학물질을 같이 취급하는 사업장 : 화학물질관리법 시행규칙 [별표 3의2] 또는 유독물질, 제한물질, 금지물질 및 허가물질의 규정수량에 관한 규정에서 상위 규정수 량이 규정되어 있는 물질로 최대보유량을 산정한다.
- 화학물질안전원장이 인정하는 경우로 화학사고예방관리계획서를 예방·대비·대응·복구 운영단위 두 개 이상으로 구분하여 제출하는 경우에도 최대보유량 산정은 사업장 내의 모든 취급시설의 합으로 산정 한다.

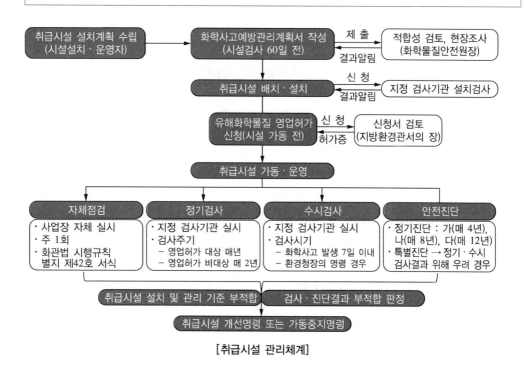

[취급시설 관리체계]

② 화학사고예방관리계획서에 포함되어야 하는 내용은 다음의 내용을 포함하여 환경부령으로 정한다.
  이 경우 취급하는 유해화학물질의 유해성 및 취급수량 등을 고려하여 화학사고예방관리계획서에
  포함되어야 하는 내용을 달리 정할 수 있다.
  ㉠ 취급하는 유해화학물질의 목록 및 유해성 정보
  ㉡ 화학사고 발생으로 유해화학물질이 사업장 주변 지역으로 유출·누출될 경우 사람의 건강이나
    주변 환경에 영향을 미치는 정도
  ㉢ 유해화학물질 취급시설의 목록 및 방재시설과 장비의 보유현황
  ㉣ 유해화학물질 취급시설의 공정안전정보, 공정위험성 분석자료, 공정운전절차, 운전책임자, 작업
    자 현황 및 유의사항에 관한 사항
  ㉤ 화학사고 대비 교육·훈련 및 자체 점검 계획
  ㉥ 화학사고 발생 시 비상연락체계 및 가동중지에 대한 권한자 등 안전관리 담당조직
  ㉦ 화학사고 발생 시 유출·누출 시나리오 및 응급조치 계획
  ㉧ 화학사고 발생 시 영향 범위에 있는 주민, 공작물·농작물 및 환경매체 등의 확인
  ㉨ 화학사고 발생 시 주민의 소산계획
  ㉩ 화학사고 피해의 최소화·제거 및 복구 등을 위한 조치계획
  ㉪ 그 밖에 유해화학물질의 안전관리에 관한 사항
③ 화학사고예방관리계획서를 제출한 자가 다음의 어느 하나에 해당하는 경우에는 환경부령으로 정하는
  바에 따라 변경된 화학사고예방관리계획서를 환경부장관에게 제출하여야 한다.
  ㉠ 유해화학물질의 취급량 또는 취급시설 용량이 증가하거나 새로운 유해화학물질 취급시설을 설치
    하는 경우
  ㉡ 유해화학물질의 품목, 농도, 성상 또는 취급시설의 위치가 변경되는 등 환경부령으로 정하는
    중요사항이 변경되는 경우
  ㉢ 사업장 소재지를 관할하는 지방자치단체의 장이 주민의 소산계획의 보완이 필요하다고 요청한
    경우로서 환경부장관이 그 필요성을 인정하여 제출자에게 변경제출을 통지한 경우

화학사고예방관리계획서의 변경 제출(화학사고예방관리계획서 작성 등에 관한 규정 제9조)

본문의 ③의 ㉠에 따라 변경된 화학사고예방관리계획서를 제출해야 하는 대상은 취급시설의 용량이 사고시
나리오 규정수량(이하 '사고시나리오 규정량'이라 한다) 이상이고, 새로운 총괄영향범위가 기존의 총괄영
향범위보다 확대되는 경우, 취급시설의 용량이 사고시나리오 규정량 이상으로 증가되고 새로운 총괄영향범
위가 기존의 총괄영향범위보다 확대되는 경우로 한다.

• 위의 본문의 ③의 ㉡에 따라 변경된 화학사고예방관리계획서를 제출해야 하는 대상은 취급시설의 용량이
  사고시나리오 규정량 이상인 경우를 그 대상으로 한다.
• 주요취급시설을 운영하지 않았던 화학사고예방관리계획서 제출 사업장이 주요취급시설을 설치·운영하려
  는 경우는 총괄영향범위의 확대와 관계없이 변경된 화학사고예방관리계획서를 제출해야 한다.

④ 취급하는 유해화학물질의 유해성 및 취급수량 등을 고려하여 환경부령으로 정하는 기준 이상의 유해화학물질 취급시설(이하 '주요취급시설'이라 한다)을 설치·운영하는 자는 5년마다 화학사고예방관리계획서를 환경부령으로 정하는 바에 따라 작성하여 환경부장관에게 제출하여야 한다.

> **화학사고예방관리계획서의 재제출(화학사고예방관리계획서 작성 등에 관한 규정 제11조)**
> 화학사고예방관리계획서를 재제출하여야 하는 경우 제출 기간은 다음과 같다(유해화학물질 취급중단 및 휴업·폐업 등 신고가 수리된 사업장에 대하여 신고된 기간은 산입하지 아니한다).
> • 화학사고예방관리계획서를 최초 제출한 뒤 변경사항이 발생하지 않은 경우 : 최초 적합을 받은 날로부터 5년이 되는 날 이전
> • 화학사고예방관리계획서를 최초 제출한 뒤 변경사항이 발생하여 화학사고예방관리계획서를 변경제출한 경우 : 변경 제출하여 적합을 받은 날로부터 5년이 되는 날 이전

⑤ 환경부장관은 제출된 화학사고예방관리계획서(변경된 화학사고예방관리계획서를 포함한다)를 환경부령으로 정하는 바에 따라 검토한 후 이를 제출한 자에게 해당 유해화학물질 취급시설의 위험도 및 적합 여부를 통보하여야 한다. 이 경우 적합통보를 받은 자는 해당 화학사고예방관리계획서를 사업장 내에 비치하여야 한다.

⑥ 환경부장관은 적합 여부를 결정할 때 유해화학물질 취급시설의 사고위험성 등을 고려하여 환경부령으로 정하는 시설에 대하여 현장조사를 실시할 수 있다. 이 경우 해당 유해화학물질 취급시설에 대한 화학사고예방관리계획서를 제출한 자는 현장조사에 성실히 협조하여야 한다.

⑦ 환경부장관은 화학사고예방관리계획서를 검토한 결과 이를 수정·보완할 필요가 있는 경우에는 해당 화학사고예방관리계획서를 제출한 자에게 수정·보완을 요청할 수 있다. 이 경우 요청을 받은 자는 특별한 사유가 없으면 화학사고예방관리계획서를 수정·보완하여 제출하여야 한다.

⑧ 환경부장관은 검토를 위하여 필요하다고 인정하는 경우에는 해당 지방자치단체의 장에게 협의를 요청할 수 있다. 이 경우 협의를 요청받은 지방자치단체의 장은 화학사고예방관리계획서를 검토한 후 그 검토의견을 환경부장관에게 통보하여야 한다.

4 화학사고예방관리계획서 이행 등(화학물질관리법 제23조의2 관련)

① 화학사고예방관리계획서를 제출하여 유해화학물질 취급시설을 설치·운영하는 자는 화학사고예방관리계획서를 성실히 이행하여야 한다.

② 환경부장관은 주요취급시설에 대하여 화학사고예방관리계획서의 이행 여부를 정기적으로 점검하여야 한다.

③ 환경부장관은 ②에 따른 점검 결과 주요취급시설 등을 개선·보완할 필요가 있다고 인정하는 경우에는 주요취급시설을 설치·운영하는 자에게 시정조치나 그 밖에 필요한 조치를 명할 수 있다.

④ ②에 따른 화학사고예방관리계획서의 이행 여부의 점검 방법 및 주기는 다음과 같다(화학물질관리법 시행규칙 제19조의3).

  ㉠ 서면점검 : 1년 주기

ⓒ 현장점검('가' 위험도에 해당하는 사업장만 해당한다) : 5년 주기

⑤ ④에도 불구하고 다음의 어느 하나에 해당하는 때에는 화학물질안전원장이 특별이행점검을 실시할 수 있다. 이 경우 특별이행점검을 받은 사업장은 ④에 따른 현장점검을 받은 것으로 본다.

　ⓐ 화학사고가 발생한 사업장 중 특별한 조치의 이행 여부를 확인할 필요가 있는 때

　ⓑ ④에 따른 서면점검 결과 특별이행점검을 실시할 필요가 있는 때

　ⓒ 화학사고의 예방을 위하여 특정 유해화학물질이나 공정을 대상으로 화학사고예방관리계획서의 이행 여부를 중점적으로 점검할 필요가 있는 때

⑥ 화학물질안전원장은 ④의 현장점검 및 ⑤에 따라 점검을 완료한 때에는 해당 유해화학물질 취급시설을 설치·운영하는 자에게 그 점검 결과를 통지해야 한다. 이 경우 화학물질안전원장은 그 점검 결과를 관할 지방환경관서의 장 및 지방자치단체의 장에게 알려야 한다.

⑦ 시정조치나 그 밖에 필요한 조치의 명령을 받은 자는 조치기한 내에 해당 조치를 완료하여 그 결과를 화학물질안전원장에게 제출해야 한다.

⑧ ④부터 ⑦까지에서 규정한 사항 외에 점검의 내용·방법·시기 및 점검 결과의 통보 등에 필요한 세부사항은 화학물질안전원장이 정하여 고시한다.

⑨ 화학사고예방관리계획서의 이행점검 대상(화학사고예방관리계획서 이행 등에 관한 규정 제4조)

　ⓐ 화학물질안전원장(이하 '안전원장'이라 한다)은 취급시설을 포함하는 사업장을 대상으로 다음과 같이 정기이행점검을 실시한다.

　　• 공통 : ④의 서면점검은 화학사고예방관리계획서 작성 등에 관한 규정의 자체 점검계획에 따라 사업장이 실시한다. 안전원장은 화학사고예방관리계획서 적합통보를 한 다음 연도부터 서면점검 결과를 매년 제출받는다. 이 경우, 제출시기는 최초 또는 재제출하여 적합 받은 날을 기준으로 적합을 받은 해당 분기의 마지막 날까지(3월 31일, 6월 30일, 9월 30일, 12월 31일)로 한다.

　　• '가' 위험도 사업장 : 적합통보를 받은 후 5년 이내 현장점검을 실시하고, 이후는 직전 이행점검 결과 통보일부터 5년이 되는 날을 기준으로 12개월 내 실시한다.

　　• '나' 및 '다' 위험도 사업장 : 위의 '공통' 기준에 따라 제출받은 자체 점검 결과로 갈음한다.

　ⓑ 안전원장은 ⑤에 따라 다음의 사업장에 해당하는 경우 특별이행점검을 실시할 수 있다.

　　• ⑤의 ⓐ에 따른 화학사고 발생 사업장. 이때 별도의 조치의 이행여부 확인이란 내·외부 비상대응계획의 이행여부 확인을 말한다.

　　• ⑤의 ⓑ에 따른 사업장. 이 경우, 안전원장이 현장점검의 필요성이 있다고 인정하는 경우란 ⓐ의 '공통' 기준에 따라 제출받은 자체 점검 결과를 검토한 결과 자체 평가 결과의 적정성, 개선사항 도출 및 반영, 계획 이행여부 등의 추가 확인이 필요한 경우 등을 말한다.

　　• ⑤의 ⓒ에 따라 이행여부를 중점적으로 점검할 필요가 있는 사업장. 이 경우, 중점적으로 점검할 필요란 국가안전대진단이나 화학안전관리에 대한 현안 발생으로 인한 수시 점검계획, 화학사고 예방 강화를 위해 특정 업종, 공정, 물질 등을 정하여 정기 점검계획을 수립한 경우를 말한다.

5 화학사고예방관리계획서의 지역사회 고지(화학물질관리법 제23조의3)

① 주요취급시설을 설치·운영하려는 자로서 화학사고예방관리계획서에 대하여 적합통보를 받은 자는 취급사업장 인근 지역주민에게 다음의 정보를 알기 쉽게 명시하여 고지하여야 한다. 이 경우 고지는 ②에 따른 방법으로 매년 1회 이상 실시하여야 하며, 고지된 사항이 변경된 때에는 그 사유가 발생한 날부터 1개월 이내에 변경사항에 대하여 고지하여야 한다.
　㉠ 취급하는 유해화학물질의 유해성 정보 및 화학사고 위험성
　㉡ 화학사고 발생 시 대기·수질·지하수·토양·자연환경 등의 영향 범위
　㉢ 화학사고 발생 시 조기경보 전달방법, 주민 대피 등 행동요령
② ①에 따른 고지는 세부정보를 화학물질 종합정보시스템에 등록하는 방법으로 하여야 한다. 이 경우 서면통지, 개별설명 또는 집합전달 등의 방법 중 하나 이상의 방법을 함께 사용하여야 한다.
③ 지방자치단체의 장은 ①에 따른 고지가 원활히 이행될 수 있도록 필요한 지원을 할 수 있다.
④ ①에 따라 지역주민에게 고지하여야 하는 자는 ②의 방법에 따른 고지 외에도 지역주민의 요청이 있을 경우 ①의 세부정보를 지역주민에게 개별적으로 통지하여야 한다.

6 화학사고예방관리계획서의 작성 내용 및 방법(화학사고예방관리계획서 작성 등에 관한 규정 관련)

(1) 기본정보

① 사업장 일반정보 및 취급시설 개요(제14조)
　㉠ 사업장 일반정보는 사업장명(공장명), 사업장 소재지(도로명 주소, 산업단지명), 1군·2군 사업장 해당 여부 등을 포함하여 작성한다.
　㉡ 취급시설 개요는 사업장 총괄개요와 단위공장별 세부 취급개요를 구분하여 작성한다.
　　• 단위공장명에는 유해화학물질이 사용되는 단위공장명을 작성한다.
　　• 공정개요에는 단위공장에서 유해화학물질을 사용하는 공정의 간략한 개요를 작성한다.
　　• 장치·설비 종류에는 저장시설, 반응시설 등 단위공장에서 사용되는 시설의 종류를 표기한다.
　　• 입·출하 및 운반시설에는 해당되는 시설을 표기하고 탱크로리 보유 여부를 표시한다.
　　• 유해화학물질명에는 한글로 작성하고 화학물질의 분류 및 표시 등에 관한 규정에 따른 고유의 화학물질 명칭으로 작성한다.
　　• 화학물질식별번호(CAS 번호)에는 유해화학물질 함량기준 이상인 화학물질의 화학물질식별번호를 작성한다.
　　• 유해화학물질의 최대보유량에는 사업장 내의 저장·보관 및 사용시설 등에서 사용되는 개별물질별 최대보유량을 작성하며, 산정된 최대보유량을 작성한다.
　㉢ 화학사고 예방·대비·대응·복구 체계를 구분하여 제출할 경우 사업장 전체 취급시설에 대한 개요를 작성하고 제출하는 단위의 취급시설 개요를 추가로 작성한다.

② 유해화학물질의 목록 및 유해성 정보(제15조)

　㉠ 유해화학물질의 목록 및 명세

　　• 유해화학물질명에는 한글로 작성하고 화학물질의 분류 및 표시 등에 관한 규정에 따른 고유의 화학물질 명칭으로 작성한다.

　　• 화학물질식별번호(CAS 번호)에는 유해화학물질 함량기준 이상인 화학물질의 화학물질식별번호(CAS 번호)를 작성하며, 고유번호에는 화학물질의 분류 및 표시 등에 관한 규정에 따른 고유번호를 작성한다.

　　• 물질상태에는 취급물질의 상온, 상압에서의 상태를 기체, 액체 및 고체로 구분하여 작성한다.

　　• 물질의 비중은 취급물질의 상온에서의 비중을 작성하되, 이외의 비중을 제시할 경우 근거자료를 제출해야 한다.

　　• 물질의 농도는 취급물질의 입·출하, 저장·보관, 사용 및 제조 등의 공정에서 함량기준 이상으로 존재하는 물질의 농도 범위를 표시하고, 단위를 명확히 표기한다.

　　• 폭발한계는 공기 중에서 연소 및 폭발이 발생할 수 있는 농도(%)를 작성하되, 하한값과 상한값을 구분하여 작성한다.

　　• 독성값은 화학물질의 분류 및 표시 등에 관한 규정의 유해성 분류를 기준으로 항목과 구분을 모두 작성한다.

　　• 위험노출수준에는 ERPG값을 우선으로 작성하고 ERPG값이 없는 경우 AEGL, PAC, IDHL 순으로 사업장에서 확인 가능한 값을 작성한다.

> **참고** 유해화학물질별 끝점 농도기준의 적용 우선순위[사고시나리오 선정 및 위험도 분석에 관한 기술지침(화학물질안전원지침 제2021-3호)]
> • 미국산업위생학회(AIHA)의 ERPG-2(Emergency Response Planning Guideline)
> • 미국 환경보호청(EPA)의 1시간 AEGL-2(Acute Exposure Guideline Level)
> • 미국 에너지부(DOE)의 PAC-2(Protective Action Criteria)
> • 미국 직업안전보건청(NIOSH)의 IDLH(Immediately Dangerous to Life or Health) 수치의 10% (IDLH × 0.1)
>
> **사고시나리오 분석 조건[사고시나리오 선정 및 위험도 분석에 관한 기술지침(화학물질안전원지침 제2021-3호)]**
> 유해화학물질의 물리·화학적 특성에 따른 화재·폭발 및 유출·누출의 위험에 따라 끝점은 다음에 의하여 결정하여야 한다.
> • 독성물질 : 독성값의 농도가 끝점 농도(mg/m^3 또는 ppm)에 도달하는 지점으로 한다(붙임 1).
> • 인화성 가스 및 인화성 액체
> 　- 폭발 : 1psi의 과압이 걸리는 지점을 적용한다.
> 　- 화재 : 40초 동안 $5kW/m^2$의 복사열에 노출되는 지점을 적용한다.
> 　※ 끝점(종말점) : 사람이나 환경에 영향을 미칠 수 있는 독성농도, 과압, 복사열 등의 수치에 도달하는 지점

　　• 허용농도에는 TWA값을 작성한다(PART 05 CHAPTER 01 참고).

　　• 증기압은 20℃에서의 증기압을 기재하거나 증기압과 해당온도를 함께 작성한다.

　　• 부식성은 금속부식성 여부를 작성한다.

ⓛ 유해화학물질의 대표 유해성 정보는 유해화학물질의 독성, 장외영향 범위, 누출 시 환경영향 등을 고려하여 사고유형별 유해성이 가장 큰 대표 물질 2종에 대하여 선정 사유 및 인체 유해성, 물리적 위험성, 환경 유해성을 포함하여 작성한다.

③ 취급시설의 입지정보(제16조)

ㄱ 취급시설의 입지정보는 축척이 표기되어 있는 도면을 포함하여 작성한다.

ㄴ 한 사업장에서 화학사고 예방·대비·대응·복구 운영단위 체계를 두 개 이상으로 구분하여 제출할 경우 사업장 전체배치도 및 제출하는 체계 단위별 전체배치도를 작성한다.

ㄷ 전체배치도는 사업장, 단위공장, 설비배치도 순으로 위치와 규모를 파악할 수 있도록 다음의 내용을 포함하여 작성한다.

- 사업장 전체배치도는 건물단위로 단위공장, 사무동, 화학물질 보관·저장창고 등의 위치 및 거리를 개략적으로 작성한다.
- 유해화학물질 취급 단위공장별 배치도는 다음의 내용을 포함하여 작성한다.
  - 건물과 유해화학물질 취급시설의 위치
  - 건물과 건물 사이 거리
  - 단위공정 간 거리
  - 유해화학물질 보관·저장창고 위치
  - 조정실, 사무실 등 기타시설의 위치
- 설비배치도는 단위공장 내 유해화학물질 취급시설의 위치를 표기하여 제출한다.

ㄹ 주변 환경정보는 영향범위가 가장 큰 시나리오 원점을 기준으로 반경 500m 범위 내에 있는 주변 정보를 다음의 내용이 포함되도록 작성한다. 단, 선정 시나리오가 없거나 영향범위가 가장 큰 시나리오 원점을 기준으로 반경 500m 범위가 사업장 경계를 벗어나지 않는 경우 사업장 경계 외부 500m 범위 내에 있는 주변 정보를 작성해야 한다.

- 사업장 주변의 총 주민수
- 주거용·상업용·공공건물 위치도 및 명세
- 농경지, 산림, 하천, 저수지 등 현황
- 상수원·취수원 및 자연보호구역 위치도

(2) 시설정보

① 공정안전정보(제17조)

ㄱ 공정개요는 유해화학물질을 취급하는 절차와 방법의 흐름에 따라 이해가 되도록 단위공정별 공정설명을 작성하되, 반응식, 반응조건, 발열반응 여부 등을 포함하여 작성한다.

ㄴ 공정도면

- 공정흐름도(PFD ; Process Flow Diagram)
  - 주요 장치·설비 및 동력기계 등 주요 설비의 표시 및 명칭
  - 주요 계장설비 및 제어설비

- 물질 및 에너지 수지
- 주요 설비의 운전온도 및 운전압력
- 도면에 포함되어야 할 사항
  ⓐ 공정 처리순서 및 흐름의 방향(Flow Scheme & Direction)
  ⓑ 주요 장치 및 기계류의 배열(Symbol & Outline Drawing)
  ⓒ 기본 제어논리(Basic Control Logic)
  ⓓ 장치 및 배관 내의 온도, 압력 등 공정변수의 정상상태값
  ⓔ 압력용기, 저장탱크 등 주요 용기류의 간단한 사양
  ⓕ 열교환기, 가열로 등의 간단한 사양
  ⓖ 펌프, 압축기 등 주요 동력기계의 간단한 사양
  ⓗ 물질수지 및 열수지
  ⓘ 비중, 밀도, 점도 등 기타 물리적 특성 등

- 공정배관계장도(P&ID ; Piping & Instrument Diagram) : 단위공정 또는 단위설비들이 배관으로 연결되어 있는 경우로 한정한다.
  - 주요 장치·설비, 동력기계 등 주요 설비의 명칭, 기기번호 및 주요 명세
  - 배관의 호칭 직경, 배관분류기호, 재질, 플랜지의 호칭압력 등
  - 밸브류와 배관의 부속품
  - 제어밸브의 작동 중지 시의 상태
  - 안전밸브 및 파열판 등의 성능
  - 도면에 포함되어야 할 사항
    ⓐ 모든 기계·장치류 표시
    ⓑ 기계·장치류의 이름, 번호, 횟수, Elevation 등
    ⓒ 회전기기의 동력원
    ⓓ 모든 배관의 Size, Line Number, 재질, Flange Rating
    ⓔ 기계장치 및 배관의 보온 및 Tracing 여부
    ⓕ 모든 배관의 밸브 등 Accessory
    ⓖ 모든 계기류(계기번호, 종류, 기능)
    ⓗ Control Valve의 Size 및 Failure Position
    ⓘ 안전밸브의 크기 및 설정압력
    ⓙ Interlock 및 Shutdown Logic 등

ⓒ 다음의 사항은 작성하여 자체관리를 해야 한다. 다만, 안전원에 제출하지 않으나 화학사고예방관리계획서의 이행점검 시 작성·관리·변경사항 등을 확인 받을 수 있다.
  - 공정운전절차(정상·비상시 운전절차, 정상·비상시 운전정지절차 등을 포함)
  - 유해화학물질을 취급하는 시설별 또는 공정별 운전책임자 및 작업자 현황

② 안전장치 현황(제18조)

　㉠ 확산방지 설비 현황 및 배치도는 방류벽, 방류턱 및 트렌치 등 확산방지 시설의 목록, 위치 및 배치도를 작성한다. 이 경우 배치도에는 각 저장탱크 등의 설비 용량과 확산방지시설의 용량을 알 수 있는 정보를 포함하여 작성한다.

　㉡ 고정식 유해감지시설 명세 및 배치도는 해당 유해화학물질의 누출을 조기에 감지할 수 있는 장치의 목록, 감지시설 및 경보설비 위치, 경보설정값 등을 작성하고 배치도를 첨부한다. 이 경우 해당 유해화학물질의 누출을 조기에 감지할 수 있는 검지·경보설비는 다음과 같다.

- 독성 가스감지기
- 인화성 가스감지기
- 누액감지기
- 그 밖에 누출을 조기에 감지할 수 있는 설비

　㉢ 안전밸브 및 파열판 등 추가정보는 사업장에서 관리하는 자료를 제출한다.

　㉣ 배출물질 처리시설 현황은 공정이나 시설 등에서 배출되는 유해화학물질을 적절하게 처리하기 위한 비상배출탱크, 플레어스택, 흡착탑 및 스크러버 등의 목록과 각 시설이 배출물질을 처리하는 데 충분한 용량인지 확인이 가능하도록 작성한다.

(3) 장외평가정보

① 사고시나리오 선정(제19조)

　㉠ 사고시나리오 대상설비 선정 시 다음의 내용을 고려한다.

- 취급하는 유해화학물질의 농도
- 취급하는 유해화학물질의 성상
- 취급시설의 설계용량 및 취급량
- 유해화학물질의 위험 유형(독성, 화재·폭발)
- 운전온도 및 운전압력 등의 운전조건

　㉡ 사고시나리오 선정 대상설비는 사고시나리오 규정량 이상인 설비로 한다.

[사고시나리오 규정 수량(별표 2)]

성 상	유해성 분류	규정 수량
고 체	유해성 구분 없음	2,000kg
액 체	유해성 구분 없음	400kg
기 체	독성 구분* 1	5kg
	독성 구분 2	5kg
	독성 구분 3	100kg

* 화학물질의 분류 및 표시 등에 관한 규정 [별표 4]에 따른 건강 유해성 급성 독성 구분
* 독성 구분이 없거나 구분 1~3 이외 구분의 기체의 경우 독성 구분 3의 규정 수량을 따른다.
* 액화 가스의 경우 기체의 규정 수량을 따른다.

[비 고]
• 사고시나리오 규정 수량은 유해화학물질 제조・사용시설에서 어느 순간이라도 최대로 체류할 수 있는 양 및 보관・저장시설에서 보관・저장할 수 있는 최대수량을 위 표의 성상별 규정 수량과 비교하여 규정 수량 이상인 시나리오에 대해 분석하기 위한 규정 수량을 말한다.
• 위 표는 상온・상압상태의 순수 유해화학물질의 성질・상태(고체, 액체, 기체)와 관계없이 취급시설 내 혼합물 상태에서의 성상 또는 운전조건에서 성질과 상태를 기준으로 적용하되 기체의 경우는 화학물질의 분류 및 표시 등에 관한 규정 [별표 4]에 따른 건강 유해성 독성 구분에 따라 다르게 적용한다.
• 2가지 이상의 유해화학물질을 취급하거나 2가지 이상의 유해화학물질을 포함한 혼합물을 취급하는 시설로서 해당 시설에서 취급하는 유해화학물질별 사고시나리오 규정량이 다른 경우에는 가장 작은 규정량을 적용한다.

ⓒ 제조・사용 및 저장시설에서의 취급량은 부피가 아닌 무게단위이므로, 시설의 설계용량과 유해화학물질의 비중을 이용하여 산정하고, 유해화학물질을 보관하는 보관창고 등에서의 취급량은 저장・보관 구획도를 기준으로 유해화학물질별 총합으로 취급량(무게단위)을 산정한다.

ⓓ 선정된 대상설비별로 유해화학물질의 취급량, 시설정보, 운전조건, 기상조건 등을 이용하여 영향범위를 산정한다.

ⓔ 독성사고의 사고시나리오는 모든 유해화학물질에 대하여 분석하여야 하며, 화재・폭발사고의 사고시나리오는 화재・폭발의 가능성이 있는 유해화학물질에 대하여 추가적으로 분석해야 한다.

ⓕ 사고시나리오의 영향범위 평가는 화학물질안전원에서 배포하는 화학사고예방관리계획서 작성 지원 도구(KORA ; Korea Off-site Risk Assessment supporting tool)를 이용하여 산정한다. 다만, 이와 동등하다고 인정할 수 있는 프로그램 등을 이용하여 선정할 수도 있으며, 이때는 관련 근거를 제출해야 한다.

ⓖ 산정된 영향범위 가운데 장외로 나가는 시나리오를 사고시나리오로 선정한다. 이 경우 선정된 시나리오에 대해서는 누출조건, 장외영향 거리 등을 확인할 수 있는 자료를 제출한다.

ⓗ 선정된 개별 사고시나리오들에 대한 총괄영향범위를 지도에 표시해야 한다. 이 경우, 총괄영향범위는 화재・폭발 시 총괄영향범위와 독성물질의 유출・누출 시 총괄영향범위로 각각 구분하여 작성해야 하며, 이를 함께 표기한 지도를 같이 제출해야 한다.

ⓘ 탱크로리의 경우 최대보유량 산정에는 포함되지 않으나 사고시나리오 선정에 포함해야 하며, 사고시나리오 규정량과 관계없이 사업장 내 입・출하 되는 탱크로리의 최대 체류할 수 있는 용량으로 취급량을 산정한다.

ⓩ 유독물질, 제한물질, 금지물질 및 허가물질의 규정수량에 관한 규정 각 별표에서 *로 표시되어 있는 하위 규정수량이 400ton인 물질을 취급하는 시설의 경우 장외평가정보는 작성하지 않는다.

② 사업장 주변지역 영향 평가(제20조)
ⓐ 사고시나리오의 영향범위 내 주민수와 보호대상은 다음과 같이 구분하여 작성한다.
 • 주민수는 거주민의 수와 근로자의 수로 구분하여 작성해야 한다.
 • 보호대상은 공공수용체 및 환경수용체로 구분하여 표시하고 지도상에 위치를 표기해야 한다.
  – 공공수용체 : 주거용, 상업용, 공공건물, 공공휴양지, 학교, 병원 등
  – 환경수용체 : 생태·경관보호지역, 상수·취수원, 자연공원, 습지보호지역 등
ⓑ 지도상에 보호대상을 표기하는 경우 보호대상의 명칭이 아닌 일련번호로 표기하며 보호대상의 정보는 취급시설 입지 내 보호대상 목록 및 명세에 작성한다.

③ 위험도 분석(제21조)
ⓐ 위험도 분석을 위한 구간점수 도출 요소는 사고시나리오 개수, 사고시나리오 시설빈도, 사고시나리오 거리, 영향범위 내 주민수를 말한다.
 • 사고시나리오 개수 : 선정된 영향범위가 장외로 벗어나는 사고시나리오의 총 개수
 • 사고시나리오 시설빈도 : 사고시나리오별로 발생 가능한 각 개시사건을 이용하여 구한 취급시설 사고시나리오별 시설빈도의 총합
 • 사고시나리오 거리의 합 : 각 사고시나리오에서 나온 영향범위의 장외 거리의 합
 • 사고시나리오 영향범위 내 주민수 합 : 각 사고시나리오에 포함된 거주민수와 근로자수의 합을 말하며, 중복되는 주민수도 포함한다. 다만, 산업단지에 입주한 사업장의 경우 근로자수는 제외한다.
ⓑ 각 요소들의 합을 구하고, 그 값을 구간별로 점수화한 다음 구간별 점수를 가로축의 사고빈도점수와 세로축의 사고영향점수로 하여 위험도 판정표에 적용하여 확인하며, 사고빈도점수와 사고영향점수는 다음과 같다.
 • 사고빈도점수 : 사고시나리오 개수 합의 구간점수와 사고시나리오 시설빈도 합의 구간점수의 합
 • 사고영향점수 : 사고시나리오 거리의 합 구간점수와 사고시나리오 영향범위 내 주민 수 합의 구간점수의 합

위험도 판단 기준(별표 3)
• 다음의 구간별 점수표를 이용하여 각각의 구간점수 도출 요소들의 합을 점수화한다.

구간 점수 (점)	사고시나리오(장외) 개수 합(개)	사고시나리오 시설빈도(/연)	사고시나리오 거리의 합(m)	영향범위 내 주민수 합(명)
0	4 미만	0.1 미만	10 미만	10 미만
1	16 미만	1 미만	100 미만	100 미만
2	64 미만	10 미만	1,000 미만	1,000 미만
3	64 이상	10 이상	1,000 이상	1,000 이상

• 위험도는 다음의 위험도 판정표에서 확인한다.

[위험도 판정표]

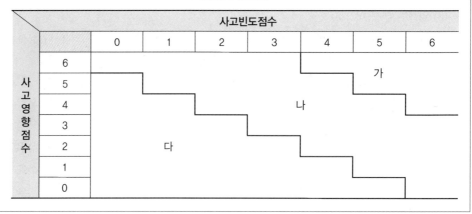

ⓒ 위험도를 최종적으로 결정하기 위해 활용되는 증감요인인 안전성확보설비, 환경수용체 및 갑종 포함 여부를 표기해야 하며, 표기된 안전성확보설비의 목록 및 증빙자료를 제출해야 한다.

ⓔ 위험도는 물질별 최대보유량 산정 단위인 사업장 단위로 산정하고, 두 개 이상으로 구분하여 화학사고예방관리계획서를 작성·제출할 경우에도 위험도는 사업장 단위로 산정한다.

(4) 사전관리방침

① 안전관리계획(제22조)

ⓐ 안전관리 운영계획은 화학사고 예방을 위한 사업장의 종합적인 방향을 세우고, 위험도를 줄이기 위한 기술적·관리적 안전관리 방침과 대책 등을 다음 내용을 포함하여 사업장 상황에 맞게 작성한다.

• 사업장의 종합적인 화학사고에 대한 안전관리 방향 및 목표를 작성한다.
• 설정된 목표를 달성하기 위한 구체적인 실행과제를 작성한다.
• 세부추진계획은 관리적·기술적 대책으로 구분하여 작성한다.
  – 관리적 대책 : 사내 안전문화 정착을 위한 계획, 안전관리 운영계획을 실행하기 위한 조직, 화학안전 관련 예산

－ 기술적 대책 : 시설 투자 및 개선 계획, 시설 자체점검 및 공정운전절차에 대한 계획 수립·사후관리

ⓛ 화학사고예방관리계획 변경사항 및 다음 내용에 대한 변경관리는 별지 제2호 서식을 활용하여 작성한다.
　• 공정운전절차 변경내역
　• 운전책임자, 작업자 현황
　• 기 타

ⓒ 화학사고 대비 교육·훈련 계획은 실행 가능하고 효과적인 내용으로 작성해야 하며, 다음 사항을 포함하여 작성해야 한다.
　• 화학사고예방관리계획서의 작성과 화학사고의 예방·대비·대응·수습을 위한 내용을 포함하되 연간계획으로 작성한다.
　• 다음 화학사고예방관리계획서 전문교육 과정을 포함해야 한다. 이 경우, 화학사고예방관리계획서 전문교육 과정의 대상자는 운영자가 정하고 교육에 대한 수료 계획은 적합 후 5년을 넘기지 않도록 한다.
　　－ 화학사고예방관리계획서 이행에 관련된 안전원에서 운영하는 교육
　　－ 교육전문기관의 교육 중 안전원장이 화학사고예방관리계획서 전문교육으로 인정하는 교육
　• 다음의 경우는 전문교육의 일부로 인정하고 안전교육기관에서 운영하는 3시간의 화학사고예방관리계획서 보수교육을 이수해야 한다.
　　－ 고압가스 안전관리법 및 고압가스 안전관리법 시행규칙에 따른 전문교육(단, 운반책임자 및 검사기관의 기술인력 교육은 제외)
　　－ 공정안전보고서의 제출·심사·확인 및 이행상태평가 등에 관한 규정 제6조 제2항 제1호, 제2호, 제5호, 제6호의 교육
　　－ 종전 규정에 따라 장외영향평가서 또는 위해관리계획서 작성자 교육
　• 수립한 화학사고 비상대응조직의 역할(임무)에 맞는 교육·훈련 내용으로 작성해야 한다.
　• 교육·훈련의 평가 방법과 평가 결과에 따른 보완계획 등을 포함하여 작성한다.

ⓔ 화학사고예방관리계획서 자체점검계획은 화학사고예방관리계획서의 이행 여부에 대한 자체 확인, 평가와 보완 실시, 제출 등 다음의 내용을 작성한다.
　• 자체점검반 구성, 점검시기, 점검항목 등 구체적인 자체점검 계획 수립 내용
　• 자체점검실시 및 자체점검결과 내부 보고체계
　• 자체점검결과를 활용하여 사업장 안전관리운영계획을 보완하고 화학사고예방관리계획서를 변경하는 등 환류 계획
　• 자체점검결과를 화학물질안전원에 서면으로 제출하기 위한 계획(1군 유해화학물질 취급시설 사업장만 해당)

② 비상대응체계(제23조)

　㉠ 화학사고 발생에 대비한 비상연락체계 및 비상대응조직도는 사업장의 실정에 맞춰 기 수립된 내용을 활용할 수 있다.

　㉡ 비상연락체계를 새롭게 작성해야 하는 경우에는 다음의 내용을 반영하되 주·야간 및 공휴일의 사고신고체계를 구분하여 최초 사고 발견자로부터 비상대응 연락 담당자, 유관기관 및 인근 사업장 등으로 신속하게 전파될 수 있도록 전체 연락망으로 작성해야 한다.

　　• 사업장 내·외부 사고신고 체계(사고발생 시 15분 이내 유관기관에 신고사항 포함)

　　• 유관기관 목록 및 유관기관의 사고신고 체계(유관기관별 신고 담당자 지정)

　　• 인근 사업장과 공조체계를 구축한 경우 해당 사업장 목록 및 연락 체계

　　• 총괄영향범위 내 다른 시·군 경계가 포함되는 경우 해당 시·군의 사고신고 체계

　㉢ 비상대응조직도를 새롭게 작성해야 하는 경우에는 화학사고 발생 시 다음의 내용을 포함하도록 작성해야 한다.

　　• 비상대응조직별 편성인원 및 임무(대응·수습·복구 단계별 임무)

　　• 협력업체 비상대응조직도 및 임무(해당하는 경우에 한한다)

　㉣ 화학사고 발생 시 비상대응조직을 신속하고 원활하게 운영하고 사고상황을 통제할 수 있는 장소에 비상통제실을 지정해야 한다. 다만, 사고발생 시 사고영향이 사업장 전체에 미쳐 비상대응 통제가 어려울 것으로 예상되는 경우, 비상대응의 안전한 통제를 위하여 협의된 인근 장소를 활용할 수 있다.

　㉤ 비상통제실에는 화학사고예방관리계획서, 개인보호장구, 통신장비 등 운영에 필요한 물품을 상시 비치해야 하고, 부득이하게 상시 비치하지 못하는 경우에는 관련 물품을 신속하게 설치할 수 있는 방안을 마련해야 한다.

(5) 내부 비상대응계획

① 사고대응 및 응급조치계획(제25조)

　㉠ 가동중지 권한 및 절차는 화학사고에 대비하여 비상상황이 발생하는 경우의 비상운전정지 권한 및 절차 등을 작성한다.

　㉡ 화학사고 발생 시 투입되는 방재 인력 및 장비·물품 운용 계획은 다음의 내용을 포함하여 작성한다.

　　• 화학사고 초기 대응을 위한 자체 방재인력 현황

　　• 방재장비·물품 및 개인보호장구 보유현황 및 배치도

　　• 방재장비·물품 등의 관리·유지 및 확충 계획

　　• 방재인력 및 장비·물품 운영에 필요한 추가적인 기타 사항

　㉢ 사업장 내부 경보전달체계는 화학사고 발생 시 상황전파와 사고신고가 신속하고 정확하게 전달될 수 있도록 다음의 내용을 포함하여 작성한다.

　　• 사내 경보시설의 종류 및 경보발령지점

- 경보전달체계 및 경보전달 담당자
- 경보시설 유지관리방법
- 기타 사업장 내부 경보전달체계에 필요한 사항

② 대표 공정별 공통 적용이 가능한 응급조치계획은 취급시설 중 사업장의 상황에 맞는 화학사고 유형(독성누출 또는 화재·폭발)을 고려하여 취급시설 유형별로 각각 작성한다.

⑩ 취급시설 유형별 응급조치계획은 다음의 내용을 고려하여 작성해야 한다.
- 해당 시설의 자동·수동 차단시스템
- 단계별 내·외부 확산차단 또는 방지대책
- 2차 오염 방지대책
- 사내·외 비상대피, 응급의료 및 환자수송 계획
- 기타 응급조치에 필요한 사항

② 화학사고 사후조치(제26조)

㉠ 유해화학물질 취급시설 운영자는 다음의 내용을 포함하여 사고원인 조사 및 재발 방지 계획을 작성한다.
- 사고조사팀의 구성 및 팀원의 역할
- 사고조사보고서의 작성항목 및 작성방법
- 개선대책, 이행방법
- 기타 사고원인 파악 및 재발방지를 위해 필요한 추가적인 사항

㉡ 유해화학물질 취급시설 운영자는 화학사고 후 사고현장을 원상태로 복구하기 위하여 다음의 내용을 포함하여 사고복구 계획을 작성한다.
- 사고복구의 조직 및 역할
- 책임보험 가입계획(환경오염피해 배상책임 및 구제에 관한 법률 시행령에 따른 의무가입대상 사업장만 해당)
- 폐기물처리 및 토양환경복원 업체 목록, 협의 내용 등 환경복원 전문업체 활용계획
- 기타 사고복구에 필요한 추가적인 사항

(6) 외부 비상대응계획

① 지역사회와의 공조계획(제28조)

㉠ 지역사회와의 소통 계획은 비상시 및 평상시 정보 공유에 대한 내용을 다음과 같이 구분하여 작성한다.
- 화학사고 발생 시 대외소통 계획은 신속한 사고대응과 정보 제공에 필요한 내용을 다음을 포함하여 작성한다.
  - 대외소통 담당 조직 및 임무
  - 정보 제공 방법 또는 절차

- 정보 제공이 필요한 이해당사자 목록 : 지역비상대응기관, 인근 사업장, 지역주민, 언론 등
- 이행당사자별 제공할 정보(양식 포함)
- 평상시 화학사고 예방·대비를 위한 지역사회와의 소통은 다음의 방법 중 사업장의 상황에 맞는 방법을 통해 실시할 수 있도록 작성한다.
  - 주민협의체, 지역협의체, 산단협의회 운영 또는 참여 계획
  - 환경안전관리 회의 운영 또는 참여 계획
  - 화학안전 문화활동
  - 지역주민과의 간담회 운영
  - 기 타
- ⓒ 지역비상대응기관, 인근 사업장 등과의 공조계획은 다음 중 실행 가능한 사항을 포함하여 작성한다.
  - 화학사고 시 비상대응을 위한 협정 내역
  - 자사 보유 자원의 타사 지원 계획
  - 지역 비상대응기관 및 인근사업장과의 합동훈련계획
  - 지역사회와의 공조를 위하여 필요한 기타 사항
② 주민 보호·대피 계획(제29조)
  - ㉠ 사고 발생 시 대피경보 및 전달체계는 총괄영향범위 내 주민들이 사고 상황을 인지하고 신속하게 대처할 수 있도록 다음의 내용을 포함하여 작성한다.
    - 사고유형에 따른 대피경보 방법
    - 인근 사업장, 주민 등 경보전달 대상별 경보전달 방법
    - 주민대피 경보전달을 위한 기초지방자치단체 등 해당 부서 및 연락처
  - ㉡ 화학사고 발생 시 주민행동 요령은 물질특성, 사고유형, 사고규모, 영향범위, 지역특성 등을 고려하여 실내대피 및 실외대피 시 유의사항을 작성한다.
  - ㉢ 화학사고 발생에 따라 주민이 유해화학물질에 노출될 경우에 대비하여 다음의 내용을 포함하여 응급의료 계획을 작성한다.
    - 유해화학물질 노출 시 우선적으로 조치해야 할 응급조치 사항
    - 응급의료기관의 목록 및 비상연락망
    - 응급의료기관까지 이동경로 및 이동시간
    - 환자후송계획
    - 기타 응급의료 계획에 필요한 사항
  - ㉣ 화학사고 발생 시 주민대피장소 및 방법은 인근 사업장과 주민을 구분하여 다음의 내용을 고려하여 작성한다.
    - 대피에 적합한 장소의 사전 사용협의사항 및 수용인원
    - 지역의 주풍향을 고려하되 서로 다른 방향의 두 곳 이상 대피장소
    - 대피장소로 이동을 위한 집결지 선정 여부

- 집결지 인원의 수송을 위한 차량 제공 방법
- 기타 대피에 필요한 사항

③ **지역사회 고지계획(제30조)** : 지역사회 고지의 의무가 있는 사업장은 다음에 따라 지역사회 고지계획을 수립해야 한다.

　㉠ 고지대상 : 총괄영향범위 내 주민 목록을 작성한다(대표전달이 가능한 경우 각 공공수용체 목록 작성).

　㉡ 고지방법 : 화학물질 종합정보시스템 등록 방법은 필수로 하고, 추가적으로 개별통지 방법·개별 설명 방법·집합전달 방법·그 밖의 고지방법 중 1가지 이상의 방법을 선택하여 작성한다.

　㉢ 고지정보 : 화학사고예방관리계획서 작성 내용 중 다음의 내용을 주민들이 알기 쉽게 정리하여 작성한다. 다만, 사고시나리오 총괄영향범위가 사업장 밖을 벗어나지 않는 경우 사업장 일반 정보·유해화학물질 목록 및 대표 유해성·사고시나리오 총괄영향범위까지 작성하여 고지할 수 있다.

- 사업장 일반 정보 : 사업장명, 주소, 대표 전화
- 유해화학물질 목록 및 대표 유해성
- 사고시나리오 총괄영향범위 : 화재·폭발 사고 및 독성 누출사고의 총괄영향범위를 합친 행정구역명(법정동, 읍면동 단위) 및 이를 표시한 지도
- 비상연락체계 : 사업장 비상전화, 지역 비상대응기관 연락처, 응급의료기관 연락처 등
- 사고 발생 시 대피경보 방법
- 사고 발생 시 주민대피 장소 및 방법

04 적중예상문제

01 다음 중 세베소 입법지침 제정과 직접적으로 관련 있는 화학사고는?

① 이탈리아 ICMESA社 사고

② 인도 Union Carbide社 사고

③ 미국 필립스社 사고

④ 한국 휴브글로벌社 사고

[해설]

1976년 이탈리아 세베소 ICMESA社 사고(Dioxin) → 1982년 세베소 지침(Seveso-Richtlinie) 제정

02 다음 중 화학사고 위험 관리제도와 가장 거리가 먼 것은?

① EPCRA

② ERA

③ OSHA

④ PSM

[해설]

② ERA(Ecological Risk Assessment) : 생태위해성평가(미국)

1 ① 2 ② **정답**

03 다음 중 화학사고예방관리계획 제도의 도입 필요성과 가장 거리가 먼 것은?

① 사고대비물질이 아닌 유해화학물질도 물질의 양이나 특성에 따라 외부 영향이 클 수 있으나 위해관리계획 마련 의무가 없어 비상대응계획 수립에 한계가 있다.

② 취급량·취급형태에 따라 사업장을 구분하여 이행 수준을 차등화할 필요가 있다.

③ 화학사고예방관리계획서 면제 대상 취급시설의 지정이 필요하다.

④ 장외영향평가, 위해관리계획, 공정안전보고서 등의 유사중복자료 제출에 따른 기업의 이행부담 감소 및 제도의 효율화가 필요하다.

해설

④ 장외영향평가, 위해관리계획 제도간 유사중복자료 제출에 따른 기업의 이행부담 감소 및 제도의 효율화가 필요하다.

04 다음 중 화학사고예방관리계획에 관한 용어의 정의로 옳지 않은 것은?

① 사고시나리오 – 유해화학물질 취급시설에서 화재, 폭발 및 유출·누출사고로 인한 영향범위가 사업장 외부로 벗어나, 보호대상에 영향을 줄 수 있는 사고를 기술하는 것

② 총괄영향범위 – 사업장 주변 지역의 사람이나 환경 등에 미치는 영향범위로, 사업장 내 유해화학물질 취급시설별로 화재·폭발 또는 독성물질 누출사고 각각에 대하여 장외의 가장 큰 영향범위의 외곽을 연결한 구역

③ 장외 – 유해화학물질 취급시설을 설치·운영하는 사업장 내 단위공장 부지의 경계를 벗어난 지역

④ 위험도 – 위해성을 기반으로 한 사고 영향과 사고 발생 가능성을 모두 고려하여 산정한 위험수준

해설

화학사고예방관리계획서 작성 등에 관한 규정 제2조(정의)

장외 – 유해화학물질 취급시설을 설치·운영하는 사업장 부지의 경계를 벗어난 지역을 말한다.

05 다음은 '사고시나리오 시설빈도'의 정의이다. (   ) 안에 들어갈 내용으로 가장 적당한 것은?

> 사고시나리오에 대하여 취급시설에서 발생할 수 있는 (   )을(를) 고려한 결과를 말한다.

① 화학사고
② 총괄영향범위
③ 사고개시사건
④ 유출·누출

해설

화학사고예방관리계획서 작성 등에 관한 규정 제2조(정의)

사고시나리오 시설빈도 : 사고시나리오에 대하여 취급시설에서 발생할 수 있는 사고개시사건을 고려한 결과를 말한다.

06 다음 중 유해화학물질 취급시설 외벽으로부터 보호대상까지의 안전거리 고시상 갑종 보호대상이 아닌 것은?

① 종교시설로서 300명 이상 수용할 수 있는 건축물
② 여객자동차터미널 등 일일 300명 이상이 이용하는 운수시설
③ 주유소 및 석유판매소 등 위험물 저장 및 처리시설
④ 관광호텔 등 300명 이상 수용할 수 있는 숙박시설

[해설]
유해화학물질 취급시설 외벽으로부터 보호대상까지의 안전거리 고시 [별표 2] 갑종 보호대상

구 분	보호대상의 종류
종교시설	교회, 그 밖에 이와 유사한 종교시설로서 300명 이상 수용할 수 있는 건축물
운수시설	여객자동차터미널, 철도역사, 공항터미널, 항만터미널, 그 밖에 이와 유사한 공간으로 일일 300명 이상이 이용하는 시설
숙박시설	관광호텔, 여관, 휴양시설, 공중목욕탕, 고시원, 기숙사, 그 밖에 이와 비슷한 시설로서 300명 이상 수용할 수 있는 시설

유해화학물질 취급시설 외벽으로부터 보호대상까지의 안전거리 고시 [별표 3] 을종 보호대상

구 분		보호대상의 종류
건축물	위험물 저장 및 처리시설	주유소 및 석유판매소, 액화석유가스 충전소·판매소·저장소, 고압가스 충전소·판매소·저장소, 그 밖에 이와 비슷한 시설

07 시설용량이 5만m³ 초과~99만m³ 이하인 인화성 가스 저온저장탱크의 갑종 보호대상까지의 안전거리는 $3/25\sqrt{(X^2+10,000)}$ 의 식으로 산출한다. 이 식에서 X는 무엇인가?

① 최대 취급량
② 저장탱크의 부피
③ 인화성 가스의 무게
④ 위험도

[해설]
유해화학물질 취급시설 외벽으로부터 보호대상까지의 안전거리 고시 [별표 1] 취급시설 외벽으로부터 보호대상까지 안전거리
인화성 가스 및 인화성 액체

구 분	시설용량	갑종 보호대상	을종 보호대상
인화성 가스	5만m³ 초과 ~99만m³ 이하	30m [저온저장탱크는 $3/25\sqrt{(X^2+10,000)}$]	20m [저온저장탱크는 $2/25\sqrt{(X+10,000)}$]

X는 해당 취급시설의 최대 취급량을 말하며, 압축가스의 경우에는 m³, 액화가스의 경우에는 kg으로 한다.

08 다음 중 급성 흡입 독성물질을 취급하는 시설·설비의 취급시설 외벽으로부터 보호대상 안전거리에 관한 내용으로 틀린 것은?

① 가스란 끓는점이 20℃ 이하인 물질로서, 시설용량이 4만m³ 초과할 경우 갑종 보호대상까지의 안전거리는 30m 이상 유지하여야 한다.

② 휘발성 액체란 20℃에서 증기압이 101.3kPa 이상인 물질로서, 갑종 보호대상까지의 안전거리는 20m 이상 유지하여야 한다.

③ 가스란 끓는점이 20℃ 이하인 물질로서, 시설용량이 1만m³ 이하인 경우 갑종 보호대상까지의 안전거리는 17m 이상 유지하여야 한다.

④ 사업장 내부에 있는 보호대상은 제외한다.

> **해설**
> 유해화학물질 취급시설 외벽으로부터 보호대상까지의 안전거리 고시 [별표 1] 취급시설 외벽으로부터 보호대상까지 안전거리
>
> 급성 흡입 독성물질을 취급하는 시설·설비

구 분	시설용량	갑종 보호대상	을종 보호대상
휘발성 액체	–	17m	12m

> 휘발성 액체란 20℃에서 증기압이 26.7kPa 이상인 물질을 말한다.

09 다음 중 취급시설 외벽으로부터 보호대상까지의 안전거리에 관한 내용으로 틀린 것은?

① 물리적 위험성 및 건강 유해성을 동시에 가진 경우에는 건강 유해성을 우선 적용한다.

② 인화성 가스 저온저장탱크의 시설용량이 99만m³를 초과할 경우 갑종 보호대상까지의 안전거리는 120m 이상 유지하여야 한다.

③ 급성 흡입 독성물질인 가스의 시설용량이 4만m³를 초과할 경우 갑종 보호대상까지의 안전거리는 30m 이상 유지하여야 한다.

④ 급성 흡입 독성물질인 휘발성 액체에 대한 갑종 보호대상까지의 안전거리는 17m 이상 유지하여야 하며 시설용량과 관계없다.

> **해설**
> 유해화학물질 취급시설 외벽으로부터 보호대상까지의 안전거리 고시 [별표 1] 취급시설 외벽으로부터 보호대상까지 안전거리
> 물리적 위험성 및 건강 유해성을 동시에 가진 경우에는 물리적 위험성을 우선적용한다.

10 다음 중 화학사고예방관리계획서의 작성·제출 제외 대상이 아닌 것은?

① 연구실 안전환경 조성에 관한 법률의 연구실
② 유해화학물질을 운반하는 차량(유해화학물질을 차량에 싣거나 내리는 경우를 포함한다)
③ 군사기지 및 군사시설 보호법에 따른 군사기지 및 군사시설 내 유해화학물질 취급시설
④ 유해화학물질별 수량 기준의 하위 규정수량 미만의 유해화학물질을 취급하는 사업장 내 취급
시설

해설

화학물질관리법 제23조(화학사고예방관리계획서의 작성·제출)
유해화학물질 취급시설을 설치·운영하려는 자는 사전에 화학사고 발생으로 사업장 주변 지역의 사람이나 환경 등에 미치는 영향을 평가하고 그 피해를 최소화하기 위한 화학사고예방관리계획서(이하 '화학사고예방관리계획서'라 한다)를 작성하여 환경부장관에게 제출하여야 한다. 다만, 다음의 어느 하나에 해당하는 유해화학물질 취급시설을 설치·운영하려는 자는 그러하지 아니하다.
• 연구실 안전환경 조성에 관한 법률의 연구실
• 학교안전사고 예방 및 보상에 관한 법률의 학교
• 화학사고 발생으로 사업장 주변 지역의 사람이나 환경에 미치는 영향이 크지 아니하거나 유해화학물질 취급 형태·수량 등을 고려할 때 화학사고예방관리계획서의 작성 필요성이 낮은 유해화학물질 취급시설로서 환경부령으로 정하는 기준에 해당하는 시설

화학물질관리법 시행규칙 제19조(화학사고예방관리계획서의 작성·제출)
'환경부령으로 정하는 기준에 해당하는 시설'이란 다음의 어느 하나에 해당하는 시설을 말한다.
• 유해화학물질(폭발성, 인화성이 있거나 급성 흡입독성이 높은 물질로서 화학물질안전원장이 정하여 고시하는 물질을 제외한다)을 택배로 보내는 방법으로 유해화학물질을 운반·보관하는 시설
• 유해화학물질별 수량 기준의 하위 규정수량 미만의 유해화학물질을 취급하는 사업장 내 취급시설
• 유해화학물질을 운반하는 차량(유해화학물질을 차량에 싣거나 내리는 경우는 제외한다)
• 군사기지 및 군사시설 보호법에 따른 군사기지 및 군사시설 내 유해화학물질 취급시설
• 의료법에 따른 의료기관 내 유해화학물질 취급시설
• 항만법에 따른 항만시설 내에서 유해화학물질이 담긴 용기·포장을 보관하는 시설(선박의 입항 및 출항 등에 관한 법률에 따라 자체안전관리계획을 수립하여 관리청의 승인을 받은 경우만 해당한다)
• 철도산업발전기본법에 따른 철도시설 내에서 유해화학물질이 담긴 용기·포장을 보관하는 시설(위험물철도운송규칙에 따라 지체 없이 역외로 반출하는 경우만 해당한다)
• 농약관리법에 따라 판매업을 등록한 자가 사용하는 유해화학물질 보관·저장시설
• 항공보안법에 따라 지정된 보호구역 내에서 항공사업법의 항공운송사업자 또는 공항운영자가 설치·운영하는 유해화학물질 취급시설
• 위에서 규정한 시설 외에 화학물질안전원장이 정하여 고시하는 시설

11 다음 중 화학사고예방관리계획서의 작성 면제 대상이 아닌 것은?

① 유해화학물질이 포함된 제품을 포장하여 소비자에게 판매하기 위해 보관·진열하는 시설
② 폐기물관리법에 따른 유해화학물질 폐기물 처리를 위해 임시 보관하는 시설
③ 공정의 마지막 단계에서 오염물질의 처리를 위해 수질 및 대기오염 방지시설에 유해화학물질을 투입하기 위한 저장 또는 사용시설
④ 연구실 안전환경 조성에 관한 법률에 따른 연구실

> **[해설]**
> 화학사고예방관리계획서 작성 등에 관한 규정 제6조(화학사고예방관리계획서의 작성 면제 시설)
> 대기 및 수질오염 방지시설 등과 같이 공정의 마지막 단계에서 대기나 수질로 배출되는 오염물질을 제거 및 감소시키는 취급시설 끝단의 배출시설(다만, 오염물질의 중화 또는 제거 등 처리를 위해 방지시설에 유해화학물질을 투입하기 위한 저장 또는 사용시설은 제외한다)
> ④ 화학물질관리법 제23조(화학사고예방관리계획서의 작성·제출)

12 다음 중 화학사고예방관리계획서를 작성·제출해야 하는 경우가 아닌 것은?

① 유해화학물질 취급시설을 설치·운영하려는 경우
② 유해화학물질을 취급하지 않던 운영자가 비록 규정수량 미만이라고 할지라도 둘 이상의 유해화학물질을 취급하게 되는 경우
③ 화학사고예방관리계획서를 제출하지 않은 운영자가 유해화학물질 최대보유량이 규정수량 이상으로 증가하는 경우
④ 화학사고예방관리계획서를 제출한 운영자가 유해화학물질 취급시설이 있는 사업장의 이전 등으로 주소지가 변경되는 경우

> **[해설]**
> 화학사고예방관리계획서의 신규 제출(화학사고예방관리계획서 작성 등에 관한 규정 제7조)
> 운영자가 다음에 해당하는 경우에는 화학사고예방관리계획서를 설치검사 개시일 60일 이전에 화학사고예방관리계획서를 안전원장에게 제출해야 한다.
> • 유해화학물질 취급시설을 설치·운영하려는 경우
> • 화학사고예방관리계획서를 제출하지 않은 운영자가 유해화학물질 최대보유량이 화학물질관리법 시행규칙 [별표 3의 2] 또는 유독물질, 제한물질, 금지물질 및 허가물질의 규정수량에 관한 규정에서 정하는 규정수량 이상으로 증가하는 경우
> • 화학사고예방관리계획서를 제출한 운영자가 유해화학물질 취급시설이 있는 사업장의 이전 등으로 주소지가 변경되는 경우
> • 유해화학물질을 취급하지 않던 운영자가 화학물질관리법 시행규칙 [별표 3의2] 또는 유독물질, 제한물질, 금지물질 및 허가물질의 규정수량에 관한 규정에서 정하는 규정수량 이상으로 하나 이상의 유해화학물질을 취급하게 되는 경우

13 유해화학물질 취급시설을 설치·운영하려는 자는 해당 시설의 설치검사 개시일 며칠 전에 화학사고 예방관리계획서를 제출하여야 하는가?

① 7일

② 15일

③ 30일

④ 60일

해설

화학사고예방관리계획서 작성 등에 관한 규정 제7조(화학사고예방관리계획서의 신규 제출)

운영자가 유해화학물질 취급시설을 설치·운영하려는 경우에는 화학사고예방관리계획서를 설치검사 개시일 60일 이전에 화학사고예방관리계획서를 안전원장에게 제출해야 한다.

14 다음 중 유해화학물질별 최대보유량 산정방법에 관한 내용으로 틀린 것은?

① 사업장 내에서 해당 유해화학물질을 취급하는 모든 제조·사용시설 및 저장·보관시설에서 해당 물질이 어느 순간 최대로 체류할 수 있는 양의 합으로 산정한다.

② 제조·사용시설 및 저장·보관시설, 탱크로리 등의 운송시설, 사외배관 등 모든 취급시설의 설계용량을 고려하여 산정한다.

③ 취급시설의 설계용량과 순수 유해화학물질의 상온에서의 비중값 등을 고려하여 산정한다.

④ 탑조류 또는 냉각기 등과 같이 서로 다른 물질의 성상이 두 개 이상으로 존재하는 경우 각각의 성상이 차지하는 부피를 고려하여 용량을 산정할 수 있으며, 이때 사업장에서 근거를 들어 증빙하여야 한다.

해설

화학사고예방관리계획서 작성 등에 관한 규정 [별표 1] 최대보유량 산정방법

취급시설별 최대보유량(탱크로리 등 운송·운반차량, 사외배관, 취급중단을 신고한 시설은 제외)은 취급시설의 설계용량과 순수 유해화학물질의 상온에서의 비중값 등을 고려하여 산정하는 것을 원칙으로 한다.

15 유독물질, 제한물질, 금지물질 및 허가물질의 규정수량에 관한 규정에서 하위 규정수량이 400ton이고 상위 규정수량이 없는 물질과 다른 유해화학물질을 같이 취급할 경우 최대보유량 산정방법으로 옳은 것은?

① 모든 유해화학물질을 고려하여 산정한다.
② 하위 규정수량만 규정되어 있는 물질로 최대보유량을 산정한다.
③ 모든 유해화학물질의 총량으로 산정하되 혼합물 비중값에 대한 시험값 등을 고려하여 산정한다.
④ 상위 규정수량이 규정되어 있는 물질로 최대보유량을 산정한다.

> **해설**
>
> 화학사고예방관리계획서 작성 등에 관한 규정 [별표 1] 최대보유량 산정방법
> 유독물질, 제한물질, 금지물질 및 허가물질의 규정수량에 관한 규정 각 별표에서 *로 표시되어 있는 하위 규정수량이 400ton인 물질은 상위 규정수량이 없으므로 최대보유량을 다음과 같이 산정한다.
> • *로 표시되어 있는 물질만 취급하는 사업장 : 해당 물질의 양을 기준으로 최대보유량을 산정한다.
> • *로 표시되어 있는 물질과 다른 유해화학물질을 같이 취급하는 사업장 : 화학물질관리법 시행규칙 [별표 3의2] 또는 유독물질, 제한물질, 금지물질 및 허가물질의 규정수량에 관한 규정에서 상위 규정수량이 규정되어 있는 물질로 최대보유량을 산정한다.

16 다음 중 화학사고예방관리계획서에 포함되어야 할 사항으로 가장 거리가 먼 것은?

① 화학사고 대비 자체 점검 계획
② 해당 유해화학물질의 화학사고 사례
③ 화학사고 발생 시 가동중지에 대한 권한자
④ 화학사고 발생 시 주민의 소산계획

> **해설**
>
> 화학물질관리법 제23조(화학사고예방관리계획서의 작성 · 제출)
> 화학사고예방관리계획서에 포함되어야 하는 내용은 다음의 내용을 포함하여 환경부령으로 정한다. 이 경우 취급하는 유해화학물질의 유해성 및 취급수량 등을 고려하여 화학사고예방관리계획서에 포함되어야 하는 내용을 달리 정할 수 있다.
> • 취급하는 유해화학물질의 목록 및 유해성 정보
> • 화학사고 발생으로 유해화학물질이 사업장 주변 지역으로 유출 · 누출될 경우 사람의 건강이나 주변 환경에 영향을 미치는 정도
> • 유해화학물질 취급시설의 목록 및 방재시설과 장비의 보유현황
> • 유해화학물질 취급시설의 공정안전정보, 공정위험성 분석자료, 공정운전절차, 운전책임자, 작업자 현황 및 유의사항에 관한 사항
> • 화학사고 대비 교육 · 훈련 및 자체 점검 계획
> • 화학사고 발생 시 비상연락체계 및 가동중지에 대한 권한자 등 안전관리 담당조직
> • 화학사고 발생 시 유출 · 누출 시나리오 및 응급조치 계획
> • 화학사고 발생 시 영향 범위에 있는 주민, 공작물 · 농작물 및 환경매체 등의 확인
> • 화학사고 발생 시 주민의 소산계획
> • 화학사고 피해의 최소화 · 제거 및 복구 등을 위한 조치계획
> • 그 밖에 유해화학물질의 안전관리에 관한 사항

17 다음 중 화학사고예방관리계획서의 변경 제출 및 재제출에 관한 내용으로 틀린 것은?

① 취급시설의 용량이 사고시나리오 규정 수량 이상으로 증가하고, 영향범위가 기존의 총괄영향범위 밖으로 넓어지거나 새로운 영향범위가 생기는 경우 재제출하여야 한다.

② 취급시설의 용량이 사고시나리오 규정량 이상인 경우 변경 제출하여야 한다.

③ 화학사고예방관리계획서를 최초 제출한 뒤 변경사항이 발생하지 않은 경우 최초적합을 받은 날로부터 5년이 되는 날 이전에 재제출하여야 한다.

④ 주요취급시설을 운영하지 않았던 화학사고예방관리계획서 제출 사업장이 주요취급시설을 설치·운영하려는 경우는 총괄영향범위의 확대와 관계없이 변경 제출하여야 한다.

> **해설**
> 화학사고예방관리계획서 작성 등에 관한 규정 제9조(화학사고예방관리계획서의 변경 제출)
> 변경된 화학사고예방관리계획서를 제출해야 하는 대상은 다음과 같다.
> • 취급시설의 용량이 사고시나리오 규정 수량(이하 '사고시나리오 규정량'이라 한다) 이상이고, 새로운 총괄영향범위가 기존의 총괄영향범위보다 확대되는 경우
> • 취급시설의 용량이 사고시나리오 규정량 이상으로 증가되고, 새로운 총괄영향범위가 기존의 총괄영향범위보다 확대되는 경우
> ②·④ 화학사고예방관리계획서 작성 등에 관한 규정 제9조(화학사고예방관리계획서의 변경 제출)
> ③ 화학사고예방관리계획서 작성 등에 관한 규정 제11조(화학사고예방관리계획서의 재제출)

18 다음 (   ) 안에 들어갈 내용으로 옳은 것은?

> 취급하는 유해화학물질의 유해성 및 취급수량 등을 고려하여 환경부령으로 정하는 기준 이상의 유해화학물질 취급시설을 설치·운영하는 자는 (   )마다 화학사고예방관리계획서를 환경부령으로 정하는 바에 따라 작성하여 환경부장관에게 제출하여야 한다.

① 3년

② 5년

③ 10년

④ 15년

> **해설**
> 화학물질관리법 제23조(화학사고예방관리계획서의 작성·제출)
> 취급하는 유해화학물질의 유해성 및 취급수량 등을 고려하여 환경부령으로 정하는 기준 이상의 유해화학물질 취급시설을 설치·운영하는 자는 5년마다 화학사고예방관리계획서를 환경부령으로 정하는 바에 따라 작성하여 환경부장관에게 제출하여야 한다.

19 화학물질관리법상 유해화학물질별 수량 기준의 상위 규정수량 이상을 취급하는 사업장 내 취급시설을 설치·운영하는 자는 화학사고예방관리계획서를 작성하여 몇 년마다 환경부장관에게 제출하여야 하는가?

① 3년   ② 5년

③ 7년   ④ 10년

해설

화학물질관리법 제23조(화학사고예방관리계획서의 작성·제출)

취급하는 유해화학물질의 유해성 및 취급수량 등을 고려하여 환경부령으로 정하는 기준 이상의 유해화학물질 취급시설(이하 '주요취급시설'이라 한다)을 설치·운영하는 자는 5년마다 화학사고예방관리계획서를 환경부령으로 정하는 바에 따라 작성하여 환경부장관에게 제출하여야 한다.

화학물질관리법 시행규칙 제19조(화학사고예방관리계획서의 작성·제출)

환경부령으로 정하는 기준 이상의 유해화학물질 취급시설(이하 '주요취급시설'이라 한다)이란 유해화학물질별 수량 기준의 상위 규정수량 이상의 유해화학물질을 취급하는 사업장 내 취급시설을 말한다.

20 다음 (　　) 안에 들어갈 내용으로 옳은 것은?

> 환경부장관은 제출된 화학사고예방관리계획서(변경된 화학사고예방관리계획서를 포함한다)를 환경부령으로 정하는 바에 따라 검토한 후 이를 제출한 자에게 해당 유해화학물질 취급시설의 (　　) 및 적합 여부를 통보하여야 한다.

① 영향범위   ② 가동 여부

③ 제한사항   ④ 위험도

해설

화학물질관리법 제23조(화학사고예방관리계획서의 작성·제출)

환경부장관은 제출된 화학사고예방관리계획서(변경된 화학사고예방관리계획서를 포함한다)를 환경부령으로 정하는 바에 따라 검토한 후 이를 제출한 자에게 해당 유해화학물질 취급시설의 위험도 및 적합 여부를 통보하여야 한다.

21 다음 중 유해화학물질 취급시설 설치·운영에 대한 이행점검에 관한 내용으로 틀린 것은?

① 영업허가 대상은 매년, 비대상은 매 2년마다 정기검사를 실시한다.
② 화학사고 발생 즉시 수시검사를 실시한다.
③ 위험도 '가'급은 4년마다 정기진단을 실시한다.
④ 정기·수시 검사에서 위해 우려가 있다고 판단되는 경우 특별진단을 실시한다.

해설

② 화학사고 발생 7일 이내에 수시검사를 실시한다(화학물질관리법 시행규칙 제23조).

22 다음 중 화학사고예방관리계획서의 이행점검에 관한 내용으로 틀린 것은?

① 화학사고예방관리계획서의 이행 여부는 1년 주기로 서면점검한다.

② '다' 위험도 사업장은 매년 자체 점검 결과를 서면으로 제출하고 5년마다 현장 정기이행점검을 실시한다.

③ 화학사고예방관리계획서의 이행 여부를 중점적으로 점검할 필요가 있는 사업장은 특별이행점검을 실시할 수 있다.

④ 서면점검은 화학사고예방관리계획서 작성 등에 관한 규정의 자체 점검계획에 따라 사업장이 실시한다.

[해설]

화학사고예방관리계획서 이행 등에 관한 규정 제4조(점검대상)
화학물질안전원장(이하 '안전원장'이라 한다)은 취급시설을 포함하는 사업장을 대상으로 다음과 같이 정기이행점검을 실시한다.

• 공통 : 서면점검은 화학사고예방관리계획서 작성 등에 관한 규정의 자체 점검계획에 따라 사업장이 실시한다. 안전원장은 화학사고예방관리계획서 적합통보를 한 다음 연도부터 서면점검 결과를 매년 제출받는다. 이 경우, 제출시기는 최초 또는 재제출하여 적합 받은 날을 기준으로 적합을 받은 해당 분기의 마지막 날까지(3월 31일, 6월 30일, 9월 30일, 12월 31일)로 한다.

• '가' 위험도 사업장 : 적합통보를 받은 후 5년 이내 현장점검을 실시하고, 이후는 직전 이행점검 결과 통보일부터 5년이 되는 날을 기준으로 12개월 내 실시한다.

• '나' 및 '다' 위험도 사업장 : 위의 '공통' 기준에 따라 제출받은 자체 점검 결과로 갈음한다.

23 다음 중 화학사고예방관리계획서의 지역사회 고지에 관한 내용으로 틀린 것은?

① 세부정보를 화학물질 종합정보시스템에 등록하는 방법으로 하여야 하며, 이 경우 서면통지, 개별설명 또는 집합전달 등의 방법 중 하나 이상의 방법을 함께 사용하여야 한다.

② 고지된 사항이 변경된 때에는 그 사유가 발생한 날부터 1개월 이내에 변경사항에 대하여 고지하여야 한다.

③ 적합통보를 받은 화학사고예방관리계획서에 대하여 인근 지역주민에게 5년마다 1회 이상 고지하여야 한다.

④ 지역주민의 요청이 있을 경우 세부정보를 지역주민에게 개별적으로 통지하여야 한다.

[해설]

화학물질관리법 제23조의3(화학사고예방관리계획서의 지역사회 고지)
주요취급시설을 설치·운영하려는 자로서 화학사고예방관리계획서에 대하여 적합통보를 받은 자는 취급사업장 인근 지역주민에게 알기 쉽게 명시하여 고지하여야 한다. 이 경우 고지는 매년 1회 이상 실시하여야 하며, 고지된 사항이 변경된 때에는 그 사유가 발생한 날부터 1개월 이내에 변경사항에 대하여 고지하여야 한다.

24 다음 중 화학사고예방관리계획서의 지역사회 고지에 포함될 세부정보로 가장 거리가 먼 것은?

① 취급하는 유해화학물질의 유해성 정보 및 화학사고 위험성

② 화학사고 발생 시 대기·수질·지하수·토양·자연환경 등의 영향 범위

③ 화학사고 발생 시 지역사회 보상 대책

④ 화학사고 발생 시 조기경보 전달방법, 주민 대피 등 행동요령

해설

화학물질관리법 제23조의3(화학사고예방관리계획서의 지역사회 고지)

주요취급시설을 설치·운영하려는 자로서 화학사고예방관리계획서에 대하여 적합통보를 받은 자는 취급사업장 인근 지역주민에게 다음의 정보를 알기 쉽게 명시하여 고지하여야 한다.

- 취급하는 유해화학물질의 유해성 정보 및 화학사고 위험성
- 화학사고 발생 시 대기·수질·지하수·토양·자연환경 등의 영향 범위
- 화학사고 발생 시 조기경보 전달방법, 주민 대피 등 행동요령

25 화학사고예방관리계획서의 기본정보 중 사업장 일반정보에 포함되어야 할 정보와 가장 거리가 먼 것은?

① 1군·2군 사업장 해당 여부   ② 단위공장명

③ 탱크로리 보유 여부   ④ UN 번호

해설

화학사고예방관리계획서 작성 등에 관한 규정 제14조(일반정보 및 취급시설 개요)

CAS 번호

26 화학사고예방관리계획서의 기본정보 중 유해화학물질의 목록 및 명세에 포함되어야 할 내용으로 틀린 것은?

① 유해화학물질명은 한글로 작성하고 화학물질의 분류 및 표시 등에 관한 규정에 따른 고유의 화학물질 명칭으로 작성한다.

② 폭발한계는 공기 중에서 연소 및 폭발이 발생할 수 있는 농도(%)를 작성하되, 하한값과 상한값으로 구분하여 작성한다.

③ 위험노출수준에는 AEGL값을 우선으로 작성하고 AEGL값이 없는 경우 ERPG, PAC, IDHL 순으로 사업장에서 확인 가능한 값을 작성한다.

④ 허용농도는 TWA값으로 작성한다.

해설

화학사고예방관리계획서 작성 등에 관한 규정 제15조(유해화학물질 목록 및 유해성 정보)

위험노출수준에는 ERPG값을 우선으로 작성하고 ERPG값이 없는 경우 AEGL, PAC, IDHL 순으로 사업장에서 확인 가능한 값을 작성한다.

27 다음 (   ) 안에 들어갈 내용이 알맞게 짝지어진 것은?

> 대표 유해성 정보는 사업장에서 취급하는 유해화학물질 중 (   ), 장외영향 범위, 누출 시 환경영향 등을 고려하여 사고유형별 유해성이 가장 큰 대표 물질 (   )에 대하여 선정 사유 및 인체 유해성, 물리적 위험성, 환경 유해성을 포함하여 작성한다.

① 독성 - 1종
② 독성 - 2종
③ 위험성 - 1종
④ 위험성 - 2종

해설
화학사고예방관리계획서 작성 등에 관한 규정 제15조(유해화학물질 목록 및 유해성 정보)
대표 유해성 정보는 사업장에서 취급하는 유해화학물질 중 독성, 장외영향 범위, 누출 시 환경영향 등을 고려하여 사고유형별 유해성이 가장 큰 대표 물질 2종에 대하여 선정 사유 및 인체 유해성, 물리적 위험성, 환경 유해성을 포함하여 작성한다.

28 다음 중 화학사고예방관리계획서 작성 시 전체배치도에 관한 내용으로 틀린 것은?

① 사업장 전체배치도는 건물단위로 단위공장, 사무동, 화학물질 보관·저장창고 등의 위치 및 거리를 정확하게 측량하여 작성한다.
② 설비배치도는 단위공장 내 유해화학물질 취급시설의 위치를 표기하여 제출한다.
③ 유해화학물질 취급 단위공장별 배치도는 건물과 유해화학물질 취급시설의 위치를 포함하여 작성한다.
④ 유해화학물질 취급 단위공장별 배치도는 단위공정 간 거리를 포함하여 작성한다.

해설
화학사고예방관리계획서 작성 등에 관한 규정 제16조(취급시설 입지정보)
사업장 전체배치도는 건물단위로 단위공장, 사무동, 화학물질 보관·저장창고 등의 위치 및 거리를 개략적으로 작성한다.

29 화학사고예방관리계획서의 기본정보 중 주변 환경정보 작성의 기준은 무엇인가?

① 영향범위가 가장 큰 시나리오 원점을 기준으로 반경 500m 범위 내
② 영향범위가 가장 큰 시나리오 원점을 기준으로 반경 1,000m 범위 내
③ 취급시설 원점을 기준으로 반경 500m 범위 내
④ 취급시설 원점을 기준으로 반경 1,000m 범위 내

해설

화학사고예방관리계획서 작성 등에 관한 규정 제16조(취급시설 입지정보)
주변 환경정보는 영향범위가 가장 큰 시나리오 원점을 기준으로 반경 500m 범위 내에 있는 주변 정보를 작성한다.

30 다음 중 주요 장치·설비 및 동력기계 등 주요 설비의 표시 및 명칭을 나타내는 도면은 무엇인가?

① P&ID
② PFD
③ UBD
④ UFD

해설

① P&ID(Piping & Instrument Diagram) : 공정배관계장도
② PFD(Process Flow Diagram) : 공정흐름도
③ UBD(Utility Balance Diagram) : 유틸리티계통도
④ UFD(Utility Flow Diagram) : 유틸리티배관공정도

31 다음 중 공정흐름도의 도면에 포함되어야 할 사항으로 가장 거리가 먼 것은?

① 장치 및 배관 내의 온도, 압력 등 공정변수의 정상상태값
② 압력용기, 저장탱크 등 주요 용기류의 간단한 사양
③ 안전밸브의 크기 및 설정압력
④ 물질수지 및 열수지

해설

③ 공정배관계장도(P&ID)에 포함된다.

32 다음 중 공정배관계장도의 도면에 포함되어야 할 사항으로 가장 거리가 먼 것은?

① 기계 · 장치류의 이름, 번호, 횟수, Elevation 등
② 모든 배관의 Size, Line Number, 재질, Flange Rating
③ Control Valve의 Size 및 Failure Position
④ 기본 제어논리(Basic Control Logic)

[해설]
④ 공정흐름도(PFD)에 포함된다.

33 다음 중 안전원에 제출하지 않으나 화학사고예방관리계획서의 이행점검 시 작성 · 관리 · 변경사항 등을 확인받을 수 있으므로 자체관리를 해야 하는 것은 어느 것인가?

① 물질수지 및 열수지
② 기본 제어논리
③ 공정운전절차
④ 안전장치 현황

[해설]
화학사고예방관리계획서 작성 등에 관한 규정 제17조(공정안전정보)
다음의 사항은 작성하여 자체관리를 해야 한다. 다만, 안전원에 제출하지 않으나 화학사고예방관리계획서의 이행점검 시 작성 · 관리 · 변경사항 등을 확인 받을 수 있다.
• 공정운전절차(정상 · 비상시 운전절차, 정상 · 비상시 운전정지절차 등을 포함)
• 유해화학물질을 취급하는 시설별 또는 공정별 운전책임자 및 작업자 현황

34 화학사고예방관리계획서의 시설정보 중 안전장치 현황에 포함되지 않는 것은?

① 확산방지 설비 현황 및 배치도
② 고정식 유해감지시설 명세 및 배치도
③ 안전밸브 및 파열판 등 추가정보
④ 대기 및 수질오염 방지시설 현황 및 배치도

[해설]
화학사고예방관리계획서 작성 등에 관한 규정 제18조(안전장치 현황)

35 다음 중 사고시나리오 규정 수량이 잘못 짝지어진 것은?

① 고체 – 1,000kg
② 액체 – 400kg
③ 기체 – 100kg
④ 기체(독성 구분 1) – 5kg

해설

화학사고예방관리계획서 작성 등에 관한 규정 [별표 2] 사고시나리오 규정 수량

성 상	유해성 분류	규정 수량
고 체	유해성 구분 없음	2,000kg
액 체	유해성 구분 없음	400kg
기 체	독성 구분* 1	5kg
	독성 구분 2	5kg
	독성 구분 3	100kg

* 독성 구분이 없거나 구분 1~3 이외 구분의 기체의 경우 독성 구분 3의 규정 수량을 따른다.

36 장외평가정보 중 사고시나리오 선정에 관한 내용으로 틀린 것은?

① 제조·사용 및 저장시설에서의 취급량은 시설의 설계용량과 유해화학물질의 비중을 이용하여 무게단위로 산정한다.
② 독성사고의 사고시나리오는 급성 중독의 가능성이 있는 유해화학물질에 대하여 분석한다.
③ 사고시나리오의 영향범위 평가는 KORA를 이용하여 산정한다.
④ 산정된 영향범위 가운데 장외로 나가는 시나리오를 사고시나리오로 선정한다.

해설

화학사고예방관리계획서 작성 등에 관한 규정 제19조(사고시나리오 선정)
독성사고의 사고시나리오는 모든 유해화학물질에 대하여 분석하여야 한다.

37 장외평가정보 중 사고시나리오 선정에 관한 내용으로 틀린 것은?

① 선정된 대상설비별로 유해화학물질의 취급량, 시설정보, 운전조건, 기상조건 등을 이용하여 영향범위를 산정한다.

② 탱크로리의 경우 최대보유량 산정에 포함되지 않으므로 사고시나리오 선정에도 포함하지 않는다.

③ 하위 규정수량이 400ton인 물질을 취급하는 시설의 경우 장외평가정보는 작성하지 않는다.

④ 선정된 사고시나리오의 누출조건, 장외영향 거리 등을 확인할 수 있는 자료를 제출한다.

[해설]

화학사고예방관리계획서 작성 등에 관한 규정 제19조(사고시나리오 선정)

탱크로리의 경우 최대보유량 산정에는 포함되지 않으나 사고시나리오 선정에 포함해야 한다.

38 다음 중 위험도 분석을 위한 구간점수 도출 요소가 아닌 것은?

① 사고시나리오 개수

② 사고시나리오 시설빈도

③ 사고시나리오 개시사건

④ 영향범위 내 주민수

[해설]

화학사고예방관리계획서 작성 등에 관한 규정 제21조(위험도 분석)

위험도 분석을 위한 구간점수 도출 요소는 사고시나리오 개수, 사고시나리오 시설빈도, 사고시나리오 거리, 영향범위 내 주민수를 말한다.

39 다음 중 사고시나리오 영향범위 내 주민수의 합을 산정할 때 제외되어야 하는 것은?

① 거주민수

② 근로자수

③ 중복되는 주민수

④ 산업단지에 입주한 사업장의 경우 근로자수

> **[해설]**
> 화학사고예방관리계획서 작성 등에 관한 규정 제21조(위험도 분석)
> 사고시나리오 영향범위 내 주민수 합 : 각 사고시나리오에 포함된 거주민수와 근로자수의 합을 말하며, 중복되는 주민수도 포함한다. 다만, 산업단지에 입주한 사업장의 경우 근로자수는 제외한다.

40 다음 중 위험도를 최종 결정하기 위한 요소와 가장 거리가 먼 것은?

① 사고빈도점수

② 환경수용체 및 을종 보호대상 포함 여부

③ 사고영향점수

④ 안전성확보설비

> **[해설]**
> 화학사고예방관리계획서 작성 등에 관한 규정 제21조(위험도 분석)
> 구간별 점수를 가로축의 사고빈도점수와 세로축의 사고영향점수로 하여 위험도 판정표에 적용하여 확인하며, 위험도를 최종적으로 결정하기 위해 활용되는 증감요인인 안전성확보설비, 환경수용체 및 갑종 포함 여부를 표기해야 한다.

41 화학사고예방관리계획서의 안전관리 운영계획에 포함되어야 하는 내용과 가장 거리가 먼 것은?

① 교육·훈련 연간계획
② 사내 안전 문화 정착을 위한 계획
③ 설정된 목표를 달성하기 위한 구체적인 실행과제
④ 시설 자체점검 및 공정운전절차에 대한 계획 수립·사후관리

해설

화학사고예방관리계획서 작성 등에 관한 규정 제22조(안전관리계획)
안전관리 운영계획은 화학사고 예방을 위한 사업장의 종합적인 방향을 세우고, 위험도를 줄이기 위한 기술적·관리적 안전관리 방침과 대책 등을 다음 내용을 포함하여 사업장 상황에 맞게 작성한다.
• 사업장의 종합적인 화학사고에 대한 안전관리 방향 및 목표를 작성한다.
• 설정된 목표를 달성하기 위한 구체적인 실행과제를 작성한다.
• 세부추진계획은 관리적·기술적 대책으로 구분하여 작성한다.
 − 관리적 대책 : 사내 안전문화 정착을 위한 계획, 안전관리 운영계획을 실행하기 위한 조직, 화학안전 관련 예산
 − 기술적 대책 : 시설 투자 및 개선 계획, 시설 자체점검 및 공정운전절차에 대한 계획 수립·사후관리

42 비상연락체계를 새롭게 작성해야 하는 경우 반영해야 하는 내용으로 가장 거리가 먼 것은?

① 사업장 내·외부 사고신고 체계(사고발생 시 15분 이내 유관기관에 신고사항 포함)
② 유관기관 목록 및 유관기관의 사고신고 체계(유관기관별 신고 담당자 지정)
③ 시·군 경계를 중심으로 반경 1km 이내에 인접하여 위치한 경우 각 범위 내 시·군의 사고신고 체계
④ 인근 사업장과 공조체계를 구축한 경우 해당 사업장 목록 및 연락 체계

해설

화학사고예방관리계획서 작성 등에 관한 규정 제23조(비상대응체계)
비상연락체계를 새롭게 작성해야 하는 경우에는 다음의 내용을 반영하되 주·야간 및 공휴일의 사고신고체계를 구분하여 최초 사고 발견자로부터 비상대응 연락 담당자, 유관기관 및 인근 사업장 등으로 신속하게 전파될 수 있도록 전체 연락망으로 작성해야 한다.
• 사업장 내·외부 사고신고 체계(사고발생 시 15분 이내 유관기관에 신고사항 포함)
• 유관기관 목록 및 유관기관의 사고신고 체계(유관기관별 신고 담당자 지정)
• 인근 사업장과 공조체계를 구축한 경우 해당 사업장 목록 및 연락 체계
• 총괄영향범위 내 다른 시·군 경계가 포함되는 경우 해당 시·군의 사고신고 체계

43 화학사고 발생 시 상황전파와 사고신고가 신속하고 정확하게 전달될 수 있도록 사업장 내부 경보전달 체계를 작성하여야 하는데, 이때 포함되어야 할 사항과 가장 거리가 먼 것은?

① 사내 경보시설의 종류 및 경보발령지점
② 경보발령 시 근로자 비상대피계획
③ 경보전달체계 및 경보전달 담당자
④ 경보시설 유지관리방법

> **해설**
> 화학사고예방관리계획서 작성 등에 관한 규정 제25조(사고대응 및 응급조치계획)
> 사업장 내부 경보전달체계는 화학사고 발생 시 상황전파와 사고신고가 신속하고 정확하게 전달될 수 있도록 다음의 내용을 포함하여 작성한다.
> • 사내 경보시설의 종류 및 경보발령지점
> • 경보전달체계 및 경보전달 담당자
> • 경보시설 유지관리방법
> • 기타 사업장 내부 경보전달체계에 필요한 사항

44 화학사고 발생에 따라 주민이 유해화학물질에 노출될 경우에 대비한 응급의료 계획에 포함되어야 할 사항과 가장 거리가 먼 것은?

① 유해화학물질 노출 시 우선적으로 조치해야 할 응급조치 사항
② 응급의료기관까지 이동경로 및 이동시간
③ 기초지방자치단체 등 해당 부서 및 연락처
④ 환자후송계획

> **해설**
> 화학사고예방관리계획서 작성 등에 관한 규정 제29조(주민 보호·대피 계획)
> 화학사고 발생에 따라 주민이 유해화학물질에 노출될 경우에 대비하여 다음의 내용을 포함하여 응급의료 계획을 작성한다.
> • 유해화학물질 노출 시 우선적으로 조치해야 할 응급조치 사항
> • 응급의료기관의 목록 및 비상연락망
> • 응급의료기관까지 이동경로 및 이동시간
> • 환자후송계획
> • 기타 응급의료 계획에 필요한 사항

45 화학사고예방관리계획서의 구성요소에서 2군 유해화학물질 취급사업장이 작성하지 않아도 되는 것은 어느 것인가?

① 위험도 분석   ② 화학사고 사후조치

③ 비상대응체계   ④ 주민 보호·대피 계획

해설

화학사고예방관리계획서 작성 등에 관한 규정 제31조(비상대응분야 요약)

화학사고예방관리계획서를 제출할 경우에는 작성내용을 고려하여 비상대응분야 요약서를 작성한다. 이때 2군 유해화학물질 취급사업장은 제6절의 내용을 생략할 수 있다.

※ 제6절 외부비상대응계획의 내용
- 제27조(지역화학사고대응계획의 활용)
- 제28조(지역사회와의 공조계획)
- 제29조(주민 보호·대피 계획)
- 제30조(지역사회 고지계획)
- 제31조(비상대응분야 요약)

46 다음 중 안전확인생활화학제품 내에 함유될 수 없는 물질로 옳지 않은 것은?

① 폴리헥사메틸렌구아니딘(PHMG)

② 메틸아이소싸이아졸리논(MIT)

③ 1,2-다이클로로프로페인(DCP)

④ 이염화아이소사이아눌산나트륨(NaDCC)

해설

③ 1,2-다이클로로프로페인(DCP) : 세정제 함량제한물질

안전확인대상생활화학제품 지정 및 안전·표시기준 [별표 2] 품목별 화학물질에 대한 안전기준

제품 내 함유금지물질

1	폴리헥사메틸렌구아니딘(PHMG)
2	염화에톡시에틸구아니딘(PGH)
3	폴리(헥사메틸렌비구아니드)하이드로클로라이드(PHMB)
4	메틸아이소싸이아졸리논(MIT)
5	5-클로로메틸아이소싸이아졸리논(CMIT)
6	염화벤잘코늄류
7	이염화아이소사이아눌산나트륨(NaDCC)
8	잔류성 오염물질 관리법 등 관련 법령에서 사용을 금지하고 있는 물질

47 사고시나리오에 따라 발생할 수 있는 사고에 대한 응급조치계획서 작성 시 포함되는 내용으로 옳지 않은 것은?

① 사고복구 및 2차오염 방지계획
② 내·외부 확산 차단 또는 방지 대책
③ 방재자원(인원 또는 장비) 투입 등의 방재계획
④ 사고시설의 자동차단시스템 혹은 비상운전(단계별 차단) 계획

[해설]
응급조치계획서
• 사고시설의 자동차단시스템 혹은 비상운전(단계별 차단) 계획
• 내·외부 확산 차단 또는 방지대책
• 방재자원(인원 또는 장비) 투입 등의 방재계획
• 비상대피 및 응급의료계획

48 사고시나리오 분석조건에서 유해화학물질별 끝점 농도기준으로 사용하지 않는 것은?

① PAC-2
② ERPG-2
③ AEGL-2
④ RTDG-2

[해설]
④ RTDG는 위험물 운송에 관한 권고이다.
유해화학물질별 끝점 농도기준의 적용 우선순위
• ERPG-2(Emergency Response Planning Guideline)
• AEGL-2(Acute Exposure Guideline Level)
• PAC-2(Protective Action Criteria)
• IDLH(Immediately Dangerous to Life or Health) 수치 10%

49 인화성 가스를 3만m³ 저장하는 시설의 외벽으로부터 을종 보호대상까지의 안전거리는?

① 14m
② 16m
③ 18m
④ 20m

[해설]
유해화학물질 취급시설 외벽으로부터 보호대상까지의 안전거리 고시 [별표 1]
인화성 가스의 시설용량이 2만m³ 초과~3만m³ 이하일 때 을종 보호대상까지의 안전거리는 16m이다.

50 다음은 위험도에 따른 유해화학물질 취급시설 설치·운영에 대한 이행점검에 관한 내용이다. 옳은 것은?

① '나' 위험도는 6년마다 정기진단을 실시한다.
② '다' 위험도는 8년마다 정기진단을 실시한다.
③ '가' 위험도는 4년마다 정기진단을 실시한다.
④ '다' 위험도는 10년마다 정기진단을 실시한다.

[해설]
'가' 위험도는 4년, '나' 위험도는 8년, '다' 위험도는 12년마다 정기진단을 실시한다.

51 영향범위 내 주민수가 55명이고 사고 발생빈도가 1.4×10^{-2}일 때 영향범위의 위험도는?

① 0.55
② 55
③ 0.77
④ 77

[해설]
위험도 = 영향범위 내 주민수 × 사고 발생빈도
= $55 \times (1.4 \times 10^{-2}) = 0.77$

PART 03

노출평가

노출평가(노출시나리오)

1 노출평가

(1) 노출평가의 정의

화학물질은 다양한 경로를 통하여 수용체로 유입될 수 있는데, 화학물질과 수용체 간의 접촉인 노출을 통하여 수용체가 화학물질에 노출된 양을 산출하는 것이 노출평가(Exposure Assessment)이다. 노출평가는 정량적 위해성 평가 단계로, 어떤 유해물질에 노출되었을 경우 그 물질에 노출된 농도(양)를 결정하는 단계이다.

(2) 노출량 산정방법의 구분

① 피부를 통한 노출량
② 흡입을 통한 노출량
③ 경구를 통한 노출량

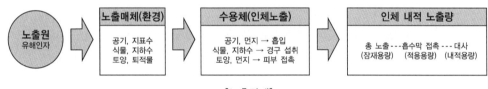

[노출단계]

(3) 용어 정의

① 노출(Exposure)/섭취(Intake) : 유해물질이 수용체와 접촉하는 것을 말하며 피부접촉, 호흡접촉, 경구접촉이 있다.
② 노출기간(Exposure Duration) : 유해물질에 노출되는 총 기간이다.
③ 노출빈도(Exposure Frequency) : 특정 기간 동안 노출이 발생하는 횟수이다.
④ 수용체(Receptor) : 유해물질에 직접 노출되거나 영향을 받는 인체 또는 생태계의 구성요소이다.
⑤ 노출경로(Exposure Route)/노출과정(Exposure Pathway) : 유해물질이 매체를 통해 수용체로 전달되는 과정으로 매체에는 공기, 물, 토양, 음식 등이 있으며 수용체로는 인체, 생물 등이 있다.
⑥ 노출시나리오(Exposure Scenario) : 유해물질이 매체를 통해 수용체로 전달되는 과정 또는 과정의 추정이다.
⑦ 노출알고리즘(Exposure Algorithm) : 노출과정에 따라 노출량을 산정하는 것이다.
⑧ 노출계수(Exposure Factor) : 노출량을 산출하는 데 필요한 계수로 체중, 오염도, 섭취량, 체내 흡수율 등이 포함된다.

⑨ 급성 노출(Acute Exposure) : 유해물질에 대한 단기노출로서, 1회 노출 또는 24시간 이내의 노출을 의미한다.

⑩ 만성 노출(Chronic Exposure) : 유해물질에 대한 장기노출로서, 사람의 일생(Lifetime)은 70년을 기준으로 한다.

⑪ 급성 독성(Acute Toxicity) : 유해물질에 대한 단기노출 독성이다.

⑫ 만성 독성(Chronic Toxicity) : 유해물질에 대한 장기노출 독성이다.

⑬ 평생일일평균노출량(LADD ; Lifetime Average Daily Dose) : 일생동안 평균적인 일일노출량을 말하며, 일생동안 평균적인 일일노출농도(LADC ; Lifetime Average Daily Concentration)라고도 한다.

⑭ 일일평균노출량(ADD ; Average Daily Dose) : 일일 평균적인 노출량을 말하며, 일일평균섭취량(CDI ; Chronic Daily Intake)이라고도 한다.

⑮ 일일노출량(DI ; Daily Intake) : 일일노출(섭취)량이다.

⑯ 노출평가(Exposure Assessment) : 노출수준을 정량적 또는 정성적으로 결정하는 것이다.

2 노출시나리오

(1) 인체노출평가 과정

① 노출시나리오는 유해물질이 매체를 통해 수용체로 전달되는 과정을 추정·추론·가정하는 것으로, 노출평가 시 평가 목적에 가장 적합하도록 노출시나리오를 작성하여야 한다.

※ 효율적인 노출평가를 위해서는 단계적 접근방법을 포함한 평가가 권장된다.

② 노출시나리오를 통한 인체노출평가 과정

㉠ 자료를 수집하여 보수적인 낮은 단계의 단순하고 잠재적인 노출시나리오를 작성한다.

㉡ 사용자 또는 판매자, 대상 인구집단에 적합한지 확인하고 특성을 평가한다.

㉢ 노출경로 및 노출방식을 결정한다.

㉣ 노출원의 오염수준을 결정하고 문제가 있다면 수정하여 재평가한다.

㉤ 체중, 오염도, 노출기간 등 노출계수를 도출한다.

㉥ 노출방식에 의한 오염물질 섭취량(용량)을 추정한다.

(2) 노출계수

① 노출계수의 자료 선정

㉠ 노출계수는 노출량을 산출하는데 필요한 기본값으로 체중, 오염도, 섭취량, 체내 흡수율 등이 포함된다.

[국내외 노출계수 관련 자료]

구 분	자료명
미 국	EPA's Exposure Factors Handbook(EFH)[1]
	Child-Specific Exposure Factors Handbook[2]
유 럽	European Exposure Factors(ExpoFacts) Sourcebook[3]
중 국	Highlights of the Chinese Exposure Factors Handbook(Adults)[4]
우리나라	한국인의 노출계수 핸드북(국립환경과학원)
	한국 어린이의 노출계수 핸드북(국립환경과학원)

1) https://www.epa.gov/expobox/about-exposure-factors-handbook
2) https://cfpub.epa.gov/ncea/risk/recordisplay.cfm?deid=199243
3) https://ec.europa.eu/jrc/en/expofacts
4) https://www.sciencedirect.com/book/9780128031254/highlights-of-the-chinese-exposure-factors-handbook-adults

㉡ 노출계수는 국내 자료를 우선적으로 적용하되, 자료가 없는 경우 외국의 평가기관에서 발표된 자료, 공개된 학술문헌자료를 활용할 수 있다. 이를 통하여 특정 노출경로에 대한 노출계수 자료를 수집하고 노출평가 계획에 따라 필요한 노출계수를 선정한다.

㉢ 인체의 표준체중은 국민건강영양조사 결과 등 체중 실측값을 근거로 산출된 값을 사용할 수 있다.

㉣ 식품섭취량, 화장품 사용량, 제품 사용량 등의 계수는 식약처, 복지부, 환경부 등 신뢰성 있는 기관에서 제공하는 노출계수값을 적용할 수 있다.

㉤ 체내 흡수율, 이행률 등 기본계수값에 대한 자료가 부족할 경우 기본값을 100%로 하는 보수적인 가정값을 적용하여 노출평가를 할 수 있다.

㉥ 유해요소의 함량, 노출경로, 노출기간 및 빈도, 체내 축적성, 환경요인 등 노출과 관련된 요인을 고려한다.

㉦ 연령, 성별, 체중, 영양상태, 호르몬 상태, 심리적 상태, 유전적 혹은 면역학적 상태 등 개인의 민감도에 영향을 줄 수 있는 요인을 고려한다.

㉧ 노출계수 조사방법에는 면접조사, 전화조사, 우편조사, 온라인조사, 관찰조사 등이 있다.

[노출계수 조사방법 및 특징]

조사방법	특 징
면접조사	• 조사자가 대상자를 직접 방문하여 조사하는 방법이다. • 조사자가 응답자의 신뢰도, 응답환경 등을 직접적으로 관찰 가능하다. • 조사자가 직접 설명하므로, 신뢰성이 높은 응답을 얻을 수 있다. • 조사원의 영향이 크게 작용하며, 시간과 비용면에서 비효율적이다.
전화조사	• 넓은 지역에 적용이 가능하다. • 시간적 측면에서 효율적이다. • 그림이나 도표 등의 질문 내용에 제한이 있다. • 표본의 대표성 유지가 어렵다.
우편조사	• 표본에 대한 정보를 어느 정도 알고 있는 경우에 적용한다. • 최소의 비용으로 광범위한 조사가 가능하다. • 응답자가 충분한 시간을 가지고 응답할 수 있어 신뢰성이 높다. • 시간과 회수율 측면에서 비효율적이다.
온라인조사	• 인터넷이나 전자메일을 이용하여 수행한다. • 단기간에 저렴한 비용으로 조사가 가능하다. • 응답자가 관심 집단에 국한될 수 있어 표본의 대표성과 신뢰성이 낮다.
관찰조사	• 조사자가 직접 관찰하며 수행한다. • 시간과 비용 측면에서 비효율적이지만, 정확한 값을 얻을 수 있다.

② 노출계수의 종류

　㉠ 일반계수 : 피부흡수, 호흡량, 섭취량, 체중, 수명, 노출기간 등 일반적인 사항이다.

　㉡ 섭취계수 : 식품, 과일, 채소, 어류, 육류 등 섭취 관련 사항이다.

　㉢ 활동계수 : 실내 거주기간, 작업시간, 소비자 제품 사용 양상 등 행동 관련 사항이다.

(3) 노출량

① 노출시나리오를 활용한 노출량 산정

　㉠ 종합노출평가(Aggregate Exposure Assessment) : 수용체가 하나의 화학물질에 대해 여러 노출원과 여러 노출경로를 통하여 노출된 경우 노출량의 총합을 평가하는 것으로, 수용체의 행동학적 양상을 복합적으로 고려하여 노출시나리오를 작성해야 한다.

　㉡ 누적노출평가(Cumulative Exposure Assessment) : 수용체의 단일 생물학적 표적에 영향을 미치는 여러 화학물질이 다양한 노출경로를 통하여 노출되는 양을 시간 경과에 따라 누적하여 노출량의 총합을 평가하는 것이다.

> **참고 누적분포함수(CDF ; Cumulative Distribution Function)**
> 확률변수 x가 특정한 값보다 작거나 같을 확률을 나타내는 함수이다.
> $F(1) = p(x \leq 1)$,
> $F(2) = p(x \leq 2) = p(x \leq 1) + p(x \leq 2)$,
> $F(3) = p(x \leq 3) = p(x \leq 1) + p(x \leq 2) + p(x \leq 3)$, …

ⓒ 통합노출평가(Integrated Exposure Assessment) : 종합노출평가와 누적노출평가를 합하여 평가하는 개념으로 다물질(Multi-chemical), 다환경매체(Multi-media), 다경로(Multi-pathway)로 노출되는 모든 유해화학물질 노출의 총합을 의미한다.

[노출평가 방법의 비교]

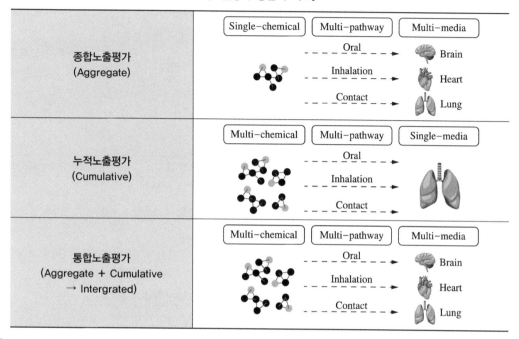

② **확률론적/결정론적 노출량 평가** : 노출평가에는 확률론적 접근법 또는 결정론적 접근법(점추정 접근법)을 사용할 수 있다.

ⓐ 확률론적 접근법
- 노출량을 하나의 값이 아닌 분포로 표현하는 방법으로, 과도한 가정과 예측을 하지 않도록 하는 장점이 있으나 통계적으로 적절한 분포도를 확인할 수 있도록 양적 · 질적으로 우수한 자료가 요구된다.
- 단계적 접근방법의 마지막 단계에서 검토될 수 있다.

ⓑ 결정론적 접근법
- 만성적인 노출을 가정하면 전체 자료원에서 산술평균 또는 중간값을 추출하여 사용하되, 대상물질의 검출 분포나 자료의 특성 등을 고려하여 적절한 값을 적용한다.
- 한편, 인체시료 바이오 모니터링의 경우에는 검출 분포를 고려하여 기하평균 등을 사용할 수 있다.

③ **개인/집단 노출량 평가**

ⓐ 개인 노출량 평가
- 개인이 노출되는 다양한 노출경로들에 대해 직접 조사하여 개인별 총 노출량을 평가하는 것이다.
- 생체지표를 활용하여 개인의 내적 노출량을 추정할 수 있다.

- 개인의 실제에 가까운 노출량을 파악하는데 도움이 되지만 전체 혹은 다른 집단의 노출과 다를 수 있으며, 비용과 시간이 많이 소요된다.
  - ⓛ 집단 노출량 평가
    - 해당 집단의 노출 정보와 노출계수 정보를 활용하여 집단의 노출량을 평가하는 방법이다.
    - 확률론적 방법은 유해인자의 농도나 노출계수 등 각각의 지표가 가지고 있는 자료 분포를 활용하여 노출량의 분포를 새롭게 도출한다.
    - 결정론적 방법에서는 전형적 또는 일반적인 노출집단과 고노출집단의 노출수준을 예측하는데 있다.
    - 상대적으로 적은 비용과 시간이 소요된다.

④ 노출경로에 따른 노출량 산정
  - ㉠ 일반적인 노출알고리즘은 다음과 같다.

$$\text{피부를 통한 노출량} = \frac{\text{노출물질의 농도} \times \text{피부투과상수} \times \text{피부노출면적} \times \text{노출기간}}{\text{체중}}$$

$$\text{흡입을 통한 노출량(휘발성 물질)} = \frac{\text{흡입물질의 농도} \times \text{호흡률} \times \text{폐에서의 체류량} \times \text{노출기간}}{\text{체중}}$$

$$\text{흡입을 통한 노출량(입자상 물질)} = \frac{\text{입자의 농도} \times \text{호흡물질 비율} \times \text{호흡률} \times \text{흡수율} \times \text{노출기간}}{\text{체중}}$$

$$\text{경구를 통한 노출량} = \frac{\text{노출물질의 농도} \times \text{섭취량} \times \text{흡수율} \times \text{노출기간}}{\text{체중}}$$

  - ㉡ 일일평균노출량(ADD) 또는 일일평균섭취량(CDI)

$$ADD(\text{mg/kg} \cdot \text{day}) = \frac{C_{medium} \times IR \times EF \times ED \times abs}{BW \times AT}$$

여기서, C_{medium} : 특정 매체의 오염도(Medium Concentration)

[공기($\mu g/m^3$), 물($\mu g/L$), 토양·식품(mg/kg)]

IR : 섭취율(Intake Rate) [m^3/day]

EF : 연간 노출빈도(Exposure Frequency) [days/year]

ED : 노출기간(Exposure Duration) [years]

abs : 흡수계수(Absorption Factor) [-] → 흡입률, 흡수율이 결정되지 않은 물질은 인체에 노출된 양의 100%가 흡수된다고 가정한다.

BW : 평균 체중(Body Weight) [kg]

AT : 평균 노출시간(Average Time) [days]

  - ㉢ 일일섭취량(DI) : 인체 내적 노출량이라고도 하며 피부접촉, 호흡, 섭취를 통해 유해물질이 체내로 흡수된 후 장기에 남아 있는 물질의 양을 의미한다.

㉣ 평생일일평균노출량(LADD)

$$LADD(\mathrm{mg/kg \cdot day}) = \frac{C_{medium} \times IR \times EF \times ED \times abs}{BW \times AT}$$

여기서, AT : 평균 노출시간(Average Time) [days] → 통상 70년

㉤ 실내공기 중 오염물질로부터 흡입경로를 통한 인체노출량(농도)

$$E_{inh}(\mathrm{mg/kg \cdot day}) = \sum \frac{C_{air} \times RR \times IR \times EF \times ED \times abs}{BW \times AT}$$

$$C_{inh}(\mathrm{mg/m^3}) = \sum \frac{C_{air} \times ET \times EF \times ED}{AT}$$

여기서, E_{inh} : 흡입 노출량[mg/kg·day]

C_{inh} : 흡입 노출농도[mg/m^3]

C_{air} : 실내공기 중 오염물질 농도[μg/m^3]

RR : 폐에 남아있는 비율[-]

㉥ 실내공기 중 오염물질로부터 흡입경로를 통한 인체노출의 비발암위해도

$$위해지수(HI) = \frac{일일평균흡입 \ 인체노출농도(\mathrm{mg/m^3 \cdot day})}{흡입노출 \ 참고치 \ RfC(\mathrm{mg/m^3})}$$

$$총 \ 비발암위해지표 = \sum 평가대상 \ 공간별 \ 비발암위해지수$$

㉦ 실내공기 중 오염물질로부터 흡입경로를 통한 인체노출의 발암위해도

$$발암위해도 = E_{inh}(흡입노출량) \times q(발암잠재력)$$

$$초과발암확률(단위위해도) = \frac{q \times IR(평균호흡률)}{BW}$$

㉧ 경피노출의 인체노출량 산정

• 피부접촉(Dermal Contact)은 비이온화, 친지질성 물질의 중요한 노출경로이다.
• 물에 의한 노출경로는 세척, 샤워, 수영 등이 있으며, 토양에 의한 노출은 외부 활동 중에 발생할 수 있다.

$$E_{der}(\mathrm{mg/kg \cdot day}) = \sum \frac{AD_{event} \times EV \times SA \times EF \times ED \times abs}{BW \times AT}$$

여기서, E_{der} : 한번 노출에 경피흡수용량(Absorbed Dose per Event) [mg/cm^3·event]

EV : 사건빈도(Event Frequency) [events/day]

SA : 피부접촉면적(Skin surface Area available for contact) [cm^2]

01 노출평가에 관한 내용 중 가장 옳지 않은 것은?

① 유해인자에 대한 환경노출매체, 인체노출경로 및 내적 노출량을 고려한다.
② 화학물질과 수용체 간의 접촉을 통하여 수용체가 화학물질에 노출된 양을 산출한다.
③ 정성적 위해성 평가의 단계이다.
④ 노출량 산정 시 노출경로를 구분하여야 한다.

해설
③ 정량적 위해성 평가의 단계이다.

02 유해물질이 매체를 통하여 수용체로 전달되는 과정 또는 과정의 추정을 무엇이라고 하는가?

① 노출빈도
② 노출시나리오
③ 노출알고리즘
④ 노출오염도

03 노출시나리오를 통한 인체노출평가의 과정을 가장 옳게 나열한 것은?

> ㉠ 노출시나리오 조사·분석
> ㉡ 노출계수 자료수집
> ㉢ 대상 유해물질의 선정
> ㉣ 노출계수 적용 타당성 평가
> ㉤ 노출경로에 따른 유해성 자료수집
> ㉥ 노출알고리즘 조사·분석

① ㉠ → ㉡ → ㉢ → ㉤ → ㉥ → ㉣
② ㉢ → ㉤ → ㉠ → ㉥ → ㉡ → ㉣
③ ㉢ → ㉤ → ㉠ → ㉣ → ㉡ → ㉥
④ ㉠ → ㉢ → ㉤ → ㉥ → ㉡ → ㉣

04 노출계수에 관한 내용 중 가장 옳지 않은 것은?

① 외국의 평가기관에서 발표된 자료, 공개된 학술문헌자료를 우선적으로 적용한다.

② 기본값으로 체중, 오염도, 섭취량, 체내 흡수율 등이 포함된다.

③ 체내 흡수율, 이행률 등 기본계수값에 대한 자료가 부족할 경우 기본값을 100%로 하는 보수적인 가정값을 적용한다.

④ 조사방법으로 면접조사, 전화조사, 우편조사, 온라인조사, 관찰조사 등이 있다.

해설

① 노출계수는 국내 자료를 우선적으로 적용하되, 자료가 없는 경우 외국의 평가기관에서 발표된 자료, 공개된 학술문헌 자료를 활용할 수 있다.

05 다음과 같은 특징이 있는 노출계수 조사방법은 어느 것인가?

- 넓은 지역에 적용 가능하다.
- 시간적 측면에서 효율적이다.
- 그림이나 도표 등의 질문 내용에 제한이 있다.
- 표본의 대표성 유지가 어렵다.

① 우편조사   ② 면접조사

③ 온라인조사   ④ 전화조사

06 다음 중 노출계수의 종류로 틀린 것은?

① 일반계수 : 피부흡수, 호흡량, 섭취량, 체중, 수명, 노출기간 등 일반적인 사항

② 수용체계수 : 성, 나이, 거주환경, 질환 등 인체 관련 사항

③ 섭취계수 : 식품, 과일, 채소, 어류, 육류 등 섭취 관련 사항

④ 활동계수 : 실내 거주기간, 작업시간, 소비자 제품 사용 양상 등 행동 관련 사항

해설

노출계수의 종류에는 일반계수, 섭취계수, 활동계수가 있다.

07 노출시나리오를 활용한 노출량을 산정하고자 할 때 종합노출평가와 누적노출평가를 합하여 평가하는 개념으로 다물질, 다환경매체, 다경로로 노출되는 모든 유해화학물질 노출의 총합을 의미하는 평가방법을 무엇이라고 하는가?

① 종합누적평가
② 확률결정평가
③ 통합노출평가
④ 생체누적평가

08 다음 중 사람에 대한 일일평균노출량(ADD) 산정 시 고려사항과 가장 거리가 먼 것은?

① 노출기간
② 평균 신장
③ 특정 매체의 오염도
④ 평균 체중

해설

일일평균노출량 산정 시 특정 매체의 오염도, 섭취율, 연간 노출빈도, 노출기간, 흡수계수, 평균 체중, 평균 노출시간 등을 고려해야 한다.

09 농경지가 유기인계 농약인 다이아지논(Diazinon)에 오염되었다. 주민들이 해당 지역에서 생산된 쌀 섭취를 통하여 노출되는 다이아지논의 일일평균노출량(mg/kg·day)은 얼마인가?

• 쌀의 다이아지논 농도 : 1.8mg/kg
• 쌀 섭취량 : 300g/day
• 노출빈도 : 365day/year
• 노출기간 : 30year
• 평균 체중 : 70kg
• 100% 인체에 흡수된다고 가정

① 7.71×10^{-3}
② 8.45×10^{-3}
③ 7.71×10^{-4}
④ 8.45×10^{-4}

해설

$$ADD(\mathrm{mg/kg \cdot day}) = \frac{1.8\mathrm{mg}}{\mathrm{kg}} \times \frac{0.3\mathrm{kg}}{\mathrm{day}} \times \frac{1}{70\mathrm{kg}} = 7.71 \times 10^{-3} \mathrm{mg/kg \cdot day}$$

10 다음 중 노출계수 핸드북으로 이용할 수 없는 것은?

① 한국 – 어린이 노출계수 핸드북
② 중국 – Highlights of the Chineese Exposure Factors Handbook(Adults)
③ 유럽 – European Exposure Factors(ExpoFacts) Sourcebook
④ 미국 질병관리청 – Mannual of Analytical Methods

[해설]
미국 : EPA's Exposure Factors Handbook(EFH), Child-Specific Exposure Factors Handbook

11 다음은 집단 노출량 평가에 관한 내용이다. 옳지 않은 것은?

① 개인 노출량 평가에 비해 상대적으로 많은 비용과 시간이 소요된다.
② 해당 집단의 노출 및 노출계수 정보를 활용하여 집단의 노출량을 평가하는 방법이다.
③ 확률론적 방법은 유해인자의 농도나 노출계수 등 각각의 지표가 가지고 있는 자료 분포를 활용하여 노출량의 분포를 새롭게 도출한다.
④ 결정론적 방법은 전형적이거나 일반적인 노출집단과 고노출집단의 노출수준을 예측하는 데 있다.

[해설]
집단 노출량 평가는 개인 노출량 평가에 비해 상대적으로 적은 비용과 시간이 소요된다.

12 다음 중 어린이 노출계수를 수집할 목적으로 가장 신뢰성이 높은 응답을 얻을 수 있는 조사방법은?

① 부모 면담   ② 온라인 조사
③ CCTV 관찰   ④ 어린이 면접

인체노출평가

1 바이오 모니터링

① 바이오 모니터링(Biomonitoring)은 생체지표의 농도를 측정하는 것으로, 인체시료에서 노출경로에 따른 노출수준을 반영할 수 있다.

② 생체지표(Biomarker or Biological Marker)란 생체 내에서의 노출, 위해영향, 민감성을 예측하기 위한 지표로서 노출 생체지표, 위해영향 생체지표, 민감성 생체지표로 구분하며, 생체지표에 대한 모니터링을 통해 측정되는 유해물질의 농도기준으로는 권고치와 참고치가 있다.

㉠ 노출 생체지표

- 유해물질의 노출에 대한 용량은 생체 내에서 측정된 유해인자의 잠재용량이나 대사과정에서 생성된 내적용량을 반영한 지표이다.
- 노출 생체지표는 일반적으로 많이 사용되는 생체지표이며, 분석용 매질은 혈액과 소변이다.
  예 벤젠에 노출된 경우 매질은 혈액 또는 소변이며, 프탈레이트(Phthalate)처럼 체내에서 빠르게 대사되는 물질의 매질은 소변으로 노출 정도를 추정한다.

[노출 생체지표의 장단점]

장 점	단 점
• 시간에 따라 누적된 노출을 반영할 수 있다. • 흡입, 경구, 피부노출 등 모든 노출경로를 반영할 수 있다. • 생리학 및 생물학적으로 이용된 대사산물이다. • 경우에 따라 환경시료보다 분석이 용이하다. • 특정한 개인의 생체시료는 노출 생체지표와 민감성 생체지표, 위해영향 생체지표의 상관성을 파악하는데 중요한 정보를 제공한다.	• 분석시점 이전의 노출수준을 이해하기 어렵다. • 특히 반감기가 짧은 물질의 경우 장기적인 노출을 이해하기 어렵다. • 주요 노출원을 파악하기 어렵다. • 생체시료를 통해 파악한 노출수준은 잠재용량, 적용용량, 내적용량 등이 다를 수 있다. • 초기 건강영향이나 질병의 종말점과 직접적으로 연계하기가 어렵다.

㉡ 위해영향 생체지표

- 유해물질의 잠재적인 독성으로부터 나타나는 생화학적인 변화를 나타내는 지표이다.
- 유해물질의 노출에 대한 반응의 증상은 생화학적, 생리학적, 행동학적 등의 변화가 나타나게 되므로, 이 변화로부터 건강영향 또는 질병을 추정한다.
  예 유기인계 농약에 노출되면 혈액 내 Acetylcholinesterase 활성이 낮아지게 되므로 이 변화로부터 초기 농약중독을 추정한다.

㉢ 민감성 생체지표

- 특정 유해물질에 민감성을 가지고 있는 개인을 구별하는 데 이용된다.

- 유해물질의 노출에 대한 반응의 민감성은 개인의 유전적 또는 후천적인 영향을 받는데, 이 반응의 민감성을 평가하는 지표이다.

    예 Glutathione-S-transferase enzyme M은 유해물질의 해독능력이 우수하여 유전형으로 개인의 민감성을 평가하는 지표로 활용할 수 있다.

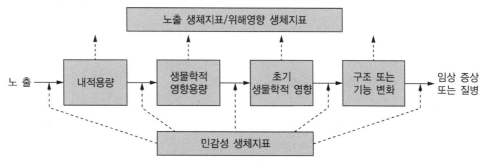

[환경유해인자 노출에 따른 생체지표의 분류]

③ 개인의 총노출량과 내적 노출량에 대한 자료를 확보할 수 있으며, 노출과 건강위해영향과의 상관성을 설명하기 위한 체내 작용기전을 규명하는 데 매우 효율적이다. 다만, 위해도가 여러 유해화학물질과 관련하여 복잡하게 존재할 경우에 바이오 모니터링을 적용한다면 그 결과가 단지 한 면의 문제만을 부각시키는 등 왜곡된 결과를 나타낼 가능성이 있으므로 주의하여야 한다.

　㉠ 노출농도(Exposure Concentration)는 접촉하는 시점의 운반매체에 포함된 유해물질의 농도(예 섭취하는 식품 중의 중금속 농도)를 의미하며, 환경농도(Environmental Concentration)는 환경매체가 함유하고 있는 유해물질의 농도(예 토양 중의 중금속 농도)를 의미한다.

　㉡ 용량(Dose)은 실제로 인체에 들어가는 유해물질의 양을 의미하며, 노출경로인 입·코·피부와 접촉하여 흡수되는 노출량을 외적 노출량이라고 하고, 장기 내로 흡수되는 노출량을 내적 노출량이라고 한다.

④ 반감기가 짧은 물질의 경우 장기적인 노출을 이해하기 어려우며, 위해지수가 클수록 우선적으로 관리해야 한다.

⑤ 인체 노출/흡수 메커니즘

　㉠ 인체의 주요 노출 방식에는 흡입(Inhalation), 경구섭취(Intake/Ingestion), 피부 접촉(Dermal Contact)이 있다.

　㉡ 환경농도(Environmental Concentration)는 공기, 토양, 지표수, 지하수 등 환경매체에 포함되어 있는 유해인자의 농도를 의미하고, 노출농도(Exposure Concentration)는 접촉하는 시점의 공기, 음용수, 식품, 먼지, 토양 등의 노출매체에 포함된 유해인자의 농도를 의미한다.

　㉢ 유해인자가 외부에서 내부, 즉 체내로 이동하기 위해서는 섭취(Intake) 또는 흡수(Uptake) 과정이 일어나야 하며, 흡수는 섭취된 인자가 피부나 기도, 소화기관과 같은 흡수막(Absorption Barrier)을 통과하여 이동할 때 발생하는 것을 의미한다.

② 실제로 인체에 들어가는 유해인자의 양을 용량(Dose)이라고 한다.

- 잠재용량(Potential or Administered Dose) : 노출된 유해인자가 소화기 또는 호흡기로 들어오거나 피부에 접촉한 실제 양을 의미한다.
- 적용용량(Applied Dose) : 섭취를 통해 들어온 인자가 체내의 흡수막에 직접 접촉한 양을 의미한다.
- 내적용량(Internal or Absorbed Dose) : 흡수막을 통과하여 체내에서 대사, 이동, 저장, 제거 등의 과정을 거치게 되는 인자의 양을 의미한다. 내적용량 중 일부는 우리가 관심있는 특정 조직 또는 표적기관으로 이동한 다음(이동용량, Delivered Dose) 독성 반응을 일으키게 되는데 이를 생물학적 영향용량(Biologically Effective Dose)이라고도 한다.

⑩ 흡수막을 기준으로 흡수 이전의 용량인 잠재용량과 적용용량을 외적 노출량(External Dose)이라고 하며, 장기 내로 흡수되는 내적용량을 내적 노출량(Internal Dose)이라고도 한다.

⑪ 결과적으로 이러한 용량의 개념은 유해인자의 생물학적 영향을 예측하는 데에는 용이하지만 용량의 크기를 파악하기 어려울 경우 보수적으로 섭취량(Intake)을 용량(Dose)과 동일한 것으로 가정할 수 있다.

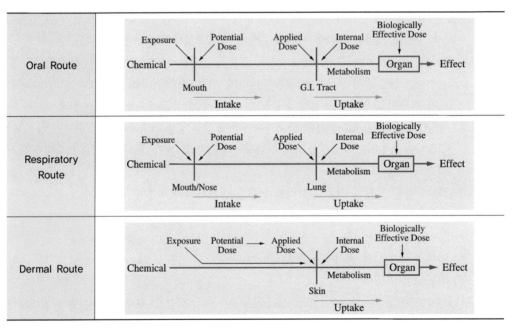

[인체노출경로]

출처 : https://www.epa.gov

2 인체노출평가의 계획

인체노출평가의 계획에서는 연구 목적을 고려하여 가설을 설정하고 연구대상 집단, 연구대상 물질, 측정방법, 노출시기 등을 결정해야 한다. 또한 세부적으로 표본 수집방법, 통계 분석방법, 신뢰도 검증 및 정도관리 등을 고려하여 계획을 수립해야 하며 의학연구윤리심의위원회(IRB)로부터 필요한 승인절차를 받아야 한다(생명윤리 및 안전에 관한 법률).

※ IRB(Institutional Review Board) : 임상연구에 참여하는 연구대상자의 권리·안전·복지를 위하여 인간을 대상으로 하는 모든 생명의과학연구의 윤리적·과학적 측면을 심의하여 연구 계획을 승인할 수 있는 시험기관 내의 독립된 합의제 의결기구이다(例 서울대학교병원, http://hrpp.snuh.org/irb/introirb/_/singlecont/view.do).

① 연구대상 집단의 선정 : 조사방법을 선정한 후 표본수와 검정력(Power)에 대하여 고려하여야 한다.
  ㉠ 조사방법
  - 전수조사(Comprehensive Study) : 연구대상 집단의 모든 구성원을 대상으로 실행하는 방법으로, 연구대상 집단이 크면 비용이 많이 소요되기 때문에 대상자의 수가 적을 경우 이루어진다.
  - 확률표본조사(Survey Study) : 연구대상 집단을 대표할 수 있는 표본을 선정하여 실행하는 방법으로, 일반적으로 연구대상 집단에서 무작위로 표본을 층화(Stratified) 추출하여 조사한다.
  - 일화적 조사(Anecdotal Study) : 확률적인 면을 고려하지 않고 연구대상 집단에서 무작위로 표본을 선정하여 실행하는 방법으로, 자원자들로 구성되기 때문에 연구결과를 일반인에게 적용하는데 한계가 있다.
  ㉡ 표본수와 검정력
  - 표본수
    - 노출집단과 비노출집단 간에 통계적인 유의성을 보이기 위한 최소한의 연구대상자 수를 의미한다.
    - 측정한계 및 과학적인 원리에 입각하여 통계적으로 의미가 있는 노출의 가장 작은 차이를 결정하고, 그 근거를 이용하여 필요한 표본수를 결정한다.
    - 정확도를 향상시키고 정밀한 노출량을 도출하기 위해서는 표본수를 증가시키는 것이 좋지만 비용적인 면을 고려해야 한다.
  - 검정력 : 정해진 신뢰수준(주로 95%)에서 그룹 간의 노출 차이를 측정할 수 있는 능력을 말하는 것이다. 그룹 간에 차이가 없는 것을 있다고 결론 지을 가능성에서 발생되는 오류인 유의수준(a), 측정되는 차이의 크기, 연구대상 집단의 다양성, 표본수에 의하여 결정된다.
    例 검정력 0.80은 유의수준이 0.05(95%의 신뢰수준)일 때 노출의 차이를 측정할 수 있는 가능성이 80%라는 뜻으로, 일반적으로 표본수가 크면 해당 연구의 검정력은 높아진다.

② 연구계획
  ㉠ 측정대상 물질
    • 기존의 자료를 검토하여 연구대상 집단이 노출되었을 가능성이 있는 유해물질을 선정한다.
    • 이때 수집해야 할 시료의 종류, 고려해야 할 노출경로 등을 결정해야 하며, 유해물질에 따라서는 다중매체, 다중경로에 대한 노출평가를 수행할 수도 있다.
    • 어느 곳(주거지역, 작업장 등)에서 연구를 수행할 것인지, 그곳이 실내인지 실외인지 등을 결정해야 하며 참고적으로 지형 및 기상 특성도 고려해야 한다.
    • 유해물질에 대한 노출량은 하루단위, 주간단위 또는 계절에 따라 차이가 있고, 건강위해영향은 현재의 노출에 의한 급성 영향인지 만성 영향(축적노출)인지를 고려해야 한다.
  ㉡ 시료 수집 및 분석방법
    • 어떤 시간 간격으로 시료를 반복적으로 채취할 것인지, 관심 대상 유해물질의 측정 가능여부 및 분석기기에 대한 민감도, 정확성, 정밀성이 어떤지에 대한 판단을 해야 한다.
    • 연구자는 수집된 다양한 자료에 대하여 기본적인 지식과 시료채취 시의 방법적 한계점, 채취된 시료의 대표성, 특정 환경매체 내의 유해물질 노출량 측정에 영향을 미치는 요인들에 대하여 이해하여야 한다.
③ **자료수집과 저장** : 자료분석을 위하여 수집된 자료를 컴퓨터에 입력하는 과정이다. 간단한 형식의 입력 양식을 선택함으로써 입력 시의 오류를 피하여야 하며, 입력자는 자료를 해석하여 임의대로 입력하여서는 안 된다.
  ㉠ 자료를 입력할 때 개인인식번호(PIN)와 연계하여 모든 기록을 입력함으로써 설문지나 실험결과와 같은 기록과 연동시킨다면 편리하다.
  ㉡ 사업단위가 큰 연구에서는 자료입력을 자동화하는 방식을 선택하면 편리하다.
    예 설문지의 광학판독장치(OCR) 기술이나 입력자료가 엑셀(Excel) 프로그램과 연동될 수 있는 프로그램을 이용하면 매우 편리하다.
④ **사전시행연구(Pilot Study)** : 본 연구를 수행하기 전에 가장 노출량이 많은 인구집단에서 제한적으로 선정된 노출대상과 대조군을 선정하여 관심대상 물질의 노출이 증가되었는지를 평가해보는 것으로, 그 결과에 따라 현장에서의 연구 수행과정을 평가하는 데 도움이 된다.
  ㉠ 사전시행연구에서는 특정 소수그룹에서 수집된 노출자료의 결과가 전체 연구대상 집단에게 일반화될 수 있는지 고려해야 하는데, 만약 표본이 무작위로 추출되지 않았다면 연구결과는 대표성을 잃게 되는 경우가 있다.
  ㉡ 체계적으로 계획된 사전시행연구에서 선정된 두 군(Group) 간에 노출량의 차이가 나타나지 않는다면 본 연구를 수행할 필요성이 없어지게 된다. 반대로 노출대상에서 고노출이 확인된다면 노출을 감소시키기 위한 즉각적인 조치가 이루어져야 하고, 노출을 감소시키기 위한 관리방안의 효과에 대해서도 검토되어야 한다.

3 **인체(생체)시료**

유해물질의 반감기를 고려하여 수집할 인체시료를 선정하는데, 혈액과 소변은 인체노출평가에서 가장 흔하게 사용되는 인체시료이다.

① 혈액시료

ㄱ 소화관이나 폐에서 흡수된 물질은 혈액을 통하여 다른 조직과 기관들로 운반되어 축적 또는 대사과정을 거친 다음 방출되는데, 결국 노폐물을 포함한 혈액은 콩팥과 방광을 통하여 다시 체외로 배출된다.

ㄴ 혈액 내 물질의 농도는 노출량과 체내 축적량에 의해 영향을 받으며, 이 두 요인의 중요성은 각 유해물질의 종류와 노출 정도에 따라 다르다. 혈액 내의 유해물질들은 적혈구나 혈장 단백질과 결합한다.

• 철, 구리, 아연과 같은 금속은 각각 Transferrin, Ceruloplasmin, $\alpha-2-microgloburin$과 같은 운반 단백질과 결합하며 카드뮴, 납 같은 유해금속들은 적혈구와 잘 결합하는 경향이 있다.

• 개인이나 그룹 간에 혈액 내 금속의 농도를 비교할 때에는 헤모글로빈 또는 적혈구 용적률(Hematocrit)의 농도로 보정해주는 작업이 필요하며, PCB(PolyChlorinated Biphenyl)와 같은 고친지질(Lipophilic) 물질들의 혈액 내 농도는 콜레스테롤, 중성지방산(Triglyceride), 저밀도 지방(LDL ; Low Density Lipid) 농도로 보정해 주어야 한다.

ㄷ 채취 시 고려사항

• 휘발성 물질시료의 손실방지를 위하여 최대용량을 채취해야 한다.

• 채취 시 고무마개의 혈액 흡착을 고려하여야 한다.

• 생물학적으로 정맥혈을 기준치로 하며, 동맥혈에는 적용할 수 없다.

• 환경보건법에 근거하여 수행하는 국민환경보건기초조사에서 중금속의 인체노출평가를 위해 납(Pb)은 혈액시료에서만 분석한다.

② 소변(Urine)시료

ㄱ 소변은 많은 유해물질의 중요한 배출경로이며, 많은 양을 채취하기 쉽기 때문에 인체노출평가에 시료로 이용된다.

ㄴ 소변시료에서 유해물질의 농도는 희석 정도, 신장 기능, 체내 축적량, 대사 및 동태 경로, 현재 또는 과거의 노출 정도 등 많은 요인들에 의해 영향을 받으며, 사구체(Glomerulus ; 신장에서 혈액을 여과하는 기본단위인 모세혈관 덩어리)의 여과속도가 떨어지면 유해물질의 제거 능력이 감소하여 유해물질의 체내 축적량을 증가시킨다(특히, 알루미늄).

ㄷ 많은 유해물질들은 분자량이 작은 단백질과 결합하여 소변이 생성될 때 소변 속 체액과 무기질이 신장 내 세뇨관에서 재흡수되는데, 세뇨관이 손상되면 재흡수 기능이 저하되어 소변을 통한 카드뮴과 구리의 배출이 증가한다.

ㄹ 소변시료는 비교적 정확하고 안정적인 분석값을 얻기 위하여 일정 기간(24시간) 동안 채취하는 것을 원칙으로 하지만, 현실적인 한계가 있으므로 실제로는 1회 채취한 소변시료에서 크레아티닌(Creatinine) 농도와 비중을 고려하고 희석 정도를 보정한 노출량을 산출하기도 한다.

ⓜ 채취 시 고려사항
- 비파괴적으로 시료채취가 가능하다.
- 많은 양의 시료확보가 가능하다.
- 시료채취 과정에서 오염될 가능성이 높다.
- 불규칙한 소변 배설량으로 농도 보정이 필요하다.
- 채취시료는 신속하게 검사하여야 한다.
- 보존방법은 냉동상태(-20~-10℃)가 원칙이다.
- 크레아티닌(Creatinine)은 근육의 대사산물로 소변 중 일정량이 배출되는데, 희석으로 0.3g/L 이하인 경우 새로운 시료를 채취해야 한다.

4 인체시료의 전처리와 분석

① 인체시료 내의 유기물이나 간섭물질을 제거하여 분석법에 적합하도록 만들기 위하여 전처리를 시행한다.
② 전처리 방법에는 고체상 추출(SPE ; Solid Phase Extraction), 액-액 추출(LLE ; Liquid-Liquid Extraction), 액-기 추출(LGE ; Liquid-Gas Extraction), 침전(Precipitation), 투석(Dialysis)/한외여과(Ultrafiltration), 증류(Distillation)/증발산(Evaporation), 전기영동(Electrophoresis), 초임계 유체 추출(Supercritical Fluid Extraction) 등이 있으며, 일반적으로 용매를 이용하여 표적물질을 분리해 내는 고체상 추출과 액-액 추출법이 많이 사용된다.
㉠ 고체상 추출 : 액체 또는 기체시료의 분석대상 물질을 흡착제에 선택적으로 흡착시켜 전처리하는 방법이다.
㉡ 액-액 추출 : 액체시료의 분석대상 물질을 분배계수의 차이로 친수성과 소수성을 분리한 다음 농축하는 전처리 방법이다.
㉢ 전기영동법 : 비슷한 전하를 가진 분자들이 매질을 통해 크기에 따라 분리되게 하는 전처리 방법이다.

[인체시료의 분석항목 및 분석방법]

시 료	분석항목			분석방법
혈 액	중금속		Pb, Mn	GF-AAS
			Hg	Gold Amalgam Method
소 변	중금속		Hg	Gold Amalgam Method
			Cd	GF-AAS
			As	HG-AAS
	PAHs 대사물질		2-Naphthol, 1-OHP	GC-MS
	담배연기(ETS)		Cotinine	GC-MS
	농약류(Pyrethroid)계		3-PBA	GC-MS
	VOCs 대사물질		trans,trans-Muconic Acid	친수성, HPLC-MS
			Hippuric Acid Phenylglyoxylic Acid Methylhippuric Acid Mandelic Acid	휘발성, GC-MS

- PAHs(Polycyclic Aromatic Hydrocarbons) : 다환방향족탄화수소류
- ETS(Environmental Tobacco Smoke, 환경성 담배연기) : 궐련, 담배, 파이프 담배, 시가의 끝부분이 탈 때 방출되는 연기와 흡연자의 폐에서 배출되는 연기의 혼합물(US EPA)
- Pyrethroid : 살충제로 이용됨
- VOCs(Volatile Organic Compounds) : 휘발성 유기화합물
- PBA(PhenoxyBenzoic Acid)
- GF(Graphite Furnace) : 흑연로
- Gold Amalgam Method : 수은이 금과 반응하여 아말감이 형성되는 원리를 이용하는 추출법
- AAS(Atomic Absorption Spectroscopy) : 원자흡광광도계
- HG(Hydride Generation) : 수소화물 발생장치
- GC(Gas Chromatography) : 가스크로마토그래피
- MS(Mass Spectrometer) : 질량분광계
- LC(Liquid Chromatography) : 액체크로마토그래피

출처 : 국민환경보건기초조사 DB, 국립환경과학원, 2020

적중예상문제

01 생체지표의 농도를 측정하는 것을 무엇이라고 하는가?

① 생물확장
② 노출알고리즘
③ 내적용량
④ 바이오 모니터링

02 다음 중 바이오 모니터링에 관한 내용으로 잘못된 것은?

① 인체시료에서 노출경로에 따른 노출수준을 반영할 수 있다.
② 생체 모니터링을 통하여 측정되는 유해물질의 농도기준에는 권고치와 참고치가 있다.
③ 반감기가 짧은 물질의 경우 장기적인 노출을 이해하기 어렵다.
④ 노출과 건강위해영향과의 상관성을 설명하기 위한 체내 작용기전을 구명하기에는 비효율적이다.

> **해설**
> ④ 노출과 건강위해영향과의 상관성을 설명하기 위한 체내 작용기전을 구명하는 데 매우 효율적이다.

03 다음 중 생체지표(Biomarker)가 아닌 것은?

① 환경영향 생체지표
② 노출 생체지표
③ 위해영향 생체지표
④ 민감성 생체지표

> **해설**
> 생체지표는 노출 생체지표, 위해영향 생체지표, 민감성 생체지표로 구분한다.

1 ④ 2 ④ 3 ① **정답**

04 다음 중 생체지표에 관한 설명으로 옳지 않은 것은?

① 혈액 내 아세틸콜린에스터레이스 활성은 신경독성에 대한 생체지표로 농약중독 초기의 위해영향에 포함된다.

② 프탈레이트처럼 체내에서 빠르게 대사되는 물질의 노출 생체지표 분석을 위해서 많이 활용되는 매질은 혈액이다.

③ 노출 생체지표 활용으로는 분석 시점 이전의 노출수준이나 변이를 이해하기 어렵다.

④ 특징 화학물질 노출에 반응하는 개인의 유전적 또는 후천적 능력을 나타내는 것은 민감성 생체지표이다.

해설

② 프탈레이트처럼 체내에서 빠르게 대사되는 물질의 노출 생체지표 분석을 위해서 많이 활용되는 매질은 소변이다.

05 실제로 인체에 들어가는 유해인자의 양을 용량(Dose)이라고 한다. 용량의 구분으로 가장 거리가 먼 것은?

① 잠재(Potential)용량

② 적용(Applied)용량

③ 내적(Internal)용량

④ 영향(Effective)용량

해설

용량은 잠재용량, 적용용량, 내적용량으로 구분할 수 있으며, 내적용량 중 일부를 생물학적 영향용량이라고 한다.

06 다음 중 노출 생체지표에 대한 설명으로 옳은 것은?

① 유해물질의 잠재적인 독성으로부터 나타나는 생화학적인 변화를 나타내는 지표이다.

② 일반적으로 많이 사용되는 생체지표이며, 분석용 매질은 혈액과 소변이다.

③ 유해물질의 노출에 대한 반응의 증상은 생화학적, 생리학적, 행동학적 등의 변화가 나타나게 되므로, 이 변화로부터 건강영향 또는 질병을 추정한다.

④ 특정 유해물질에 민감성을 가지고 있는 개인을 구별하는 데 이용된다.

해설

노출 생체지표는 생체 내에서 측정된 유해인자의 잠재용량이나 대사과정에서 생성된 내적용량을 반영한 지표로서, 분석용 매질은 혈액과 소변이다.
① · ③ 위해영향 생체지표
④ 민감성 생체지표

07 다음 중 민감성 생체지표와 가장 관계가 깊은 것은?

① Acetylcholinesterase

② Pseudoenzyme

③ Glutathione-S-transferase enzyme M

④ α-amylase

[해설]
Glutathione-S-transferase enzyme M은 유해물질의 해독능력이 우수하여 유전형으로 개인의 민감성을 평가하는 지표로 활용할 수 있다.

08 인체노출평가의 계획에서 연구대상 집단을 선정하기 위한 조사방법이 아닌 것은?

① 관찰조사

② 전수조사

③ 확률표본조사

④ 일화적 조사

[해설]
인체노출평가의 계획에서 연구대상 집단을 선정하기 위한 조사방법으로는 전수조사, 확률표본조사, 일화적 조사가 있다.

09 인체노출평가의 계획에서 연구대상 집단을 선정하기 위한 조사방법을 선정한 후 표본수에 대하여 고려할 내용으로 틀린 것은?

① 노출집단과 비노출집단 간에 통계적인 유의성을 보이기 위한 최소한의 연구대상자 수를 의미한다.

② 측정한계 및 과학적인 원리에 입각하여 통계적으로 의미가 있는 노출의 가장 작은 차이를 결정하고, 그 근거를 이용하여 결정한다.

③ 정확도를 향상시키고 정밀한 노출량을 도출하기 위해서는 표본수를 증가시키는 것이 좋지만 비용적인 면을 고려해야 한다.

④ 정해진 신뢰수준(주로 95%)에서 그룹 간의 노출 차이를 측정할 수 있는 능력을 고려해야 한다.

[해설]
④ 검정력에 대한 설명이다.

10 다음 중 인체시료인 혈액에 대한 설명으로 틀린 것은?

① 혈액 내 물질의 농도는 노출량과 체내 축적량에 의해 영향을 받는다.
② 생물학적으로 동맥혈을 기준치로 한다.
③ 혈액 내의 유해물질들은 적혈구나 혈장 단백질과 결합한다.
④ 개인이나 그룹 간에 혈액 내 금속의 농도를 비교할 때에는 헤모글로빈 또는 적혈구 용적률의 농도로 보정해주는 작업이 필요하다.

해설
② 생물학적으로 정맥혈을 기준치로 하며, 동맥혈에는 적용할 수 없다.

11 환경보건법에 근거하여 수행하는 국민환경보건기초조사에서 중금속의 인체노출평가를 위하여 혈액 시료에서만 분석하는 중금속은 어느 것인가?

① As
② Hg
③ Cu
④ Pb

12 다음 중 인체시료인 소변시료 내 카드뮴과 구리의 농도가 증가하는 것과 가장 관계가 깊은 것은?

① 사구체 기능 저하
② 근육 대사기능 저하
③ 백혈구의 증가
④ 세뇨관 손상

해설
많은 유해물질들은 분자량이 작은 단백질과 결합하여 소변이 생성될 때 소변 속 체액과 무기질이 신장 내 세뇨관에서 재흡수되는데, 세뇨관이 손상되면 재흡수 기능이 저하되어 소변을 통한 카드뮴과 구리의 배출이 증가한다.

13 인체시료의 분석항목과 분석방법이 잘못 짝지어진 것은?

① As : HG-AAS
② Cotinine : GF-AAS
③ Hg : Gold Amalgam Method
④ PAHs : GC-MS

해설
② Cotinine : GC-MS

14 다음은 인체노출평가의 계획에 관한 내용이다. 옳지 않은 것은?

① 연구목적을 고려하여 가설을 설정하고 연구대상 집단, 연구대상 물질, 측정방법, 노출시기 등 결정하고 수립된 계획은 의학연구윤리심의회로부터 반드시 승인을 받아야 한다.

② 조사방법으로는 전수조사, 확률표본조사, 일화적조사가 있다.

③ 검정력 0.80은 유의수준이 0.05(95% 신뢰수준)일 때 노출의 차이를 측정할 수 있는 가능성이 80%라는 뜻이다.

④ 측정한계 및 과학적인 원리에 입각하여 통계적으로 의미가 있는 노출의 가장 작은 차이를 결정하고, 그 근거를 이용하여 필요한 표본수를 결정한다.

> **해설**
> ① 연구대상자 및 공공에 미치는 위험이 미미한 경우로서 국가위원회의 심의를 거쳐 보건복지부령으로 정한 기준에 맞는 연구는 기관위원회의 심의를 면제할 수 있다(생명윤리 및 안전에 관한 법률 제15조).
> 생명윤리 및 안전에 관한 법률 시행규칙 제13조(기관위원회의 심의를 면제할 수 있는 인간대상연구)
> 일반 대중에게 공개된 정보를 이용하는 연구 또는 개인 식별정보를 수집·기록하지 않는 연구
> • 연구대상자를 직접 조작하거나 그 환경을 조작하는 연구 중 다음의 어느 하나에 해당하는 연구
>   – 약물투여, 혈액채취 등 침습적 행위를 하지 않는 연구
>   – 신체적 변화가 따르지 않는 단순 접촉 측정장비 또는 관찰장비만을 사용하는 연구
>   – 판매 등이 허용되는 식품 또는 식품첨가물을 이용하여 맛 또는 질을 평가하는 연구
>   – 안전기준에 맞는 화장품을 이용하여 사용감 또는 만족도 등을 조사하는 연구
> • 연구대상자 등을 직접 대면하더라도 연구대상자 등이 특정되지 않고 민감정보를 수집하거나 기록하지 않는 연구
> • 연구대상자 등에 대한 기존의 자료나 문서를 이용하는 연구

15 다음은 인체시료에 대한 설명이다. 옳지 않은 것은?

① 소변시료는 일정기간(24시간) 동안 채취하는 것을 원칙으로 하지만 현실적인 한계가 있으므로 실제로는 1회 채취한 소변시료에서 크레아티닌 농도와 비중을 고려하고 희석 정도를 보정한 노출량을 산출하기도 한다.

② 개인이나 그룹 간의 혈액 내 금속의 농도를 비교할 때는 헤모글로빈 또는 적혈구 용적률의 농도로 보정해 주는 작업이 필요하다.

③ 크레아티닌은 근육의 대사산물로 소변 중 일정량이 배출되는데, 희석으로 1.0g/L 이하인 경우 새로운 시료를 채취해야 한다.

④ 혈액 내의 유해물질들은 적혈구나 혈장 단백질과 결합한다.

> **해설**
> 크레아티닌은 근육의 대사산물로 소변 중 일정량이 배출되는데, 희석으로 0.3g/L 이하인 경우 새로운 시료를 채취해야 한다.

14 ① 15 ③ **정답**

03 제품노출평가

1 개 요

① 제품노출평가는 소비자가 제품을 사용할 때 발생하는 유해물질의 노출량을 정량적으로 추정하는 과정으로, 독성기작에 따라 유해성이 발생되는 화학물질의 양을 추정하는 것이다. 물리적 기작을 통한 위험성은 제품노출평가의 범위에 포함되지 않는다.

② 용어 정의

　　㉠ 생활화학제품 : 가정, 사무실, 다중이용시설 등 일상적인 생활공간에서 사용되는 화학제품으로서 사람이나 환경에 화학물질의 노출을 유발할 가능성이 있는 것을 말한다.

　　㉡ 살생물제품 : 유해생물의 제거 등을 주된 목적으로 하는 다음의 어느 하나에 해당하는 제품을 말한다.

　　　• 한 가지 이상의 살생물물질로 구성되거나 살생물물질과 살생물물질이 아닌 화학물질·천연물질 또는 미생물이 혼합된 제품

　　　• 화학물질 또는 화학물질·천연물질 또는 미생물의 혼합물로부터 살생물물질을 생성하는 제품

　　㉢ 살생물처리제품 : 제품의 주된 목적 외에 유해생물 제거 등의 부수적인 목적을 위하여 살생물제품을 사용한 제품을 말한다.

　　㉣ 어린이제품 : 만 13세 이하의 어린이가 사용하거나 만 13세 이하의 어린이를 위하여 사용되는 물품 또는 그 부분품이나 부속품이다.

　　㉤ 생활용품 : 공업적으로 생산된 물품으로서 별도의 가공(단순한 조립은 제외한다) 없이 소비자의 생활에 사용할 수 있는 제품이나 그 부분품 또는 부속품(전기용품은 제외한다)을 말한다.

　　㉥ 위생용품 : 보건위생을 확보하기 위하여 특별한 위생관리가 필요한 용품이다.

　　㉦ 계면활성제 : 친수성과 소수성 부분으로 이루어진 화합물로서 성질이 다른 두 물질이 맞닿을 경우, 표면장력을 크게 감소시켜 세정 등의 작용을 나타내게 하는 물질을 말한다.

　　㉧ 제품노출계수 : 제품에 함유된 화학물질에 대한 노출평가를 할 때 노출량 결정과 관련된 계수를 말한다.

　　㉨ 독성종말점 : 화학물질의 위해성과 관련된 특정한 독성을 정성 및 정량적으로 표현한 것을 말한다.

　　㉩ 무영향관찰용량/농도(NOAEL, NOEC) : 만성 독성 등 노출량-반응 시험에서 노출집단과 적절한 무처리 집단 간 악영향의 빈도나 심각성이 통계적으로 또는 생물학적으로 유의한 차이가 없는 노출량 또는 노출농도를 말한다. 다만, 이러한 노출량에서 어떤 영향이 일어날 수도 있으나 특정 악영향과 직접적으로 관련성이 없으면 악영향으로 간주되지 않는다.

　　㉪ 최소영향관찰용량/농도(LOAEL, LOEC) : 노출량-반응 시험에서 노출집단과 적절한 무처리 집단 간 악영향의 빈도나 심각성이 통계적으로 또는 생물학적으로 유의성 있는 증가를 보이는 노출량 중 처음으로 관찰되기 시작하는 가장 최소의 노출량을 말한다.

ⓔ 기준용량 : 독성영향이 대조집단에 비해 5% 혹은 10%와 같은 특정 증가분이 발생했을 때 이에 해당되는 노출량을 추정한 값을 말한다. 또한, '기준용량 하한값'이란 노출량–반응 모형에서 추정된 기준용량의 신뢰구간의 하한값을 말하며 BMDL(Benchmark Dose Lower bound)로 나타낸다.

ⓕ 노출한계 : 무영향관찰용량, 무영향관찰농도 또는 기준용량 하한값을 노출수준으로 나눈 비율(값)을 말한다.

ⓗ 상대독성계수 : 화학물질 중 독성이 유사한 동종계(同種系) 화합물을 대상으로 이성체 중 가장 독성이 강한 물질의 독성을 기준으로 하여 각 이성체의 상대적인 독성값을 나타낸 계수를 말한다.

㉮ 독성참고치 : 식품 및 환경매체 등을 통하여 화학물질이 인체에 유입되었을 경우 유해한 영향이 나타나지 않는다고 판단되는 노출량을 말하며, RfD로 나타낸다. 일일섭취량(TDI), 일일섭취허용량(ADI), 잠정주간섭취허용량(PTWI) 또는 흡입독성참고치(RfC)값도 충분한 검토를 거쳐 RfD와 동일한 개념으로 사용할 수 있다.

㉯ 불확실성계수 : 화학물질의 독성에 대한 동물실험 결과를 인체에 외삽하거나 민감한 대상까지 적용하기 위한 임의적 보정값을 말한다.

㉰ 상대노출기여도 : 총 노출량에 대한 노출경로별 또는 노출매체별 노출량의 비율을 말한다.

㉱ 위해지수(Hazard Quotient) : 단일화학물질의 위해도를 표현하기 위해 인체노출량을 RfD로 나누거나 PEC을 PNEC으로 나눈 수치를 말한다.

㉲ 수용체(Receptor) : 화학물질로 인해 영향을 받을 수 있는 생태계 내의 개체군 또는 해당 종(種)을 말한다.

㉳ 생물농축(Bioconcentration) : 생물의 조직 내 화학물질의 농도가 환경매체 내에서의 농도에 비해 상대적으로 증가하는 것을 말하며, 이를 농도비로 나타낸 것을 생물농축계수라 한다.

㉴ 생물확장(Biomagnification) : 화학물질이 생태계의 먹이 연쇄를 통해 그 물질의 농도가 포식자로 갈수록 증가하는 것을 말한다.

㉵ 예측무영향농도(PNEC ; Predicted No Effect Concentration) : 인간 이외의 생태계에 서식하는 생물에게 유해한 영향이 나타나지 않는다고 예측되는 환경 중 농도를 말한다.

㉶ 예측환경농도(PEC ; Predicted Environment Concentration) : 예측 모형에 의해 추정된 환경 중 화학물질의 농도를 말한다.

㉷ 종민감도분포 : 특정 화학물질에 대한 독성반응 및 스트레스에 대한 생물종 간 민감도, 다양성을 나타내는 누적분포를 말한다.

[살생물제품유형(생활화학제품 및 살생물제의 안전관리에 관한 법률 시행규칙 별표 1)]

분 류	살생물제품유형	설 명
살균제류 (소독제류)	살균제	가정, 사무실, 다중이용시설 등 일상적인 생활공간 또는 그 밖의 공간에서 살균, 멸균, 소독, 항균 등의 용도로 사용하는 제품
	살조제(殺藻劑)	수영장 등 실내·실외 물놀이시설, 수족관, 어항 등 수중에 존재하는 조류의 생육을 억제하여 사멸하는 용도로 사용하는 제품(공공수역에 사용하는 것은 제외한다)
구제제류	살서제(殺鼠劑)	쥐 등 설치류를 제거하기 위한 용도로 사용하는 제품
	기타 척추동물 제거제	설치류를 제외한 그 밖에 유해한 척추동물을 제거하기 위한 용도로 사용하는 제품
	살충제	파리, 모기, 개미, 바퀴벌레, 진드기 등 곤충을 제거하기 위한 용도로 사용하는 제품
	기타 무척추동물 제거제	곤충을 제외한 그 밖에 유해한 무척추동물을 제거하기 위한 용도로 사용하는 제품
	기피제	기피의 방법을 이용하여 유해생물을 무해(無害)하게 하거나 억제하기 위한 용도로 사용하는 제품(인체에 직접 적용하는 것은 제외한다)
보존제류 (방부제류)	제품보존용 보존제	제품의 유통기한을 보장하기 위하여 제품의 보관 또는 보존을 위한 용도로 사용하는 제품
	제품표면처리용 보존제	제품 표면의 초기 속성을 보호하기 위하여 제품 표면 또는 코팅을 보존하기 위한 용도로 사용하는 제품
	섬유·가죽류용 보존제	섬유, 가죽, 고무 등을 보존하기 위한 용도로 사용하는 제품
	목재용 보존제	목재 또는 목재 제품을 보존하기 위한 용도로 사용하는 제품
	건축자재용 보존제	목재를 제외한 다른 건축자재, 석조, 복합재료를 보존하기 위한 용도로 사용하는 제품
	재료·장비용 보존제	다음의 재료·장비 등을 보존하기 위한 용도로 사용하는 제품 • 산업공정에서 이용되는 재료·장비·구조물 • 냉각 또는 처리 시스템에 사용되는 담수 등의 액체 • 금속·유리 또는 그 밖의 재료를 가공하거나 자르거나 깎는 데 사용되는 유체(流體)
	사체·박제용 보존제	인간 또는 동물의 사체나 그 일부를 보존하기 위한 용도로 사용하는 제품
기 타	선박·수중시설용 오염방지제	선박, 양식장비, 그 밖의 수중용 구조물에 대한 유해생물의 생장 또는 정착을 억제하기 위한 용도로 사용하는 제품

[어린이용품의 분류(환경유해인자의 위해성 평가를 위한 절차와 방법 등에 관한 지침 별표 13)]

대분류	소분류	제품군
완구류	유아용 장난감	오뚝이, 딸랑이, 삑삑이, 치아발육기, 모빌류, 촉각놀이완구
	놀이용 장난감	플라스틱인형, 봉제인형, 플라스틱장난감, 블럭류, 목재완구, 점토완구, 가루놀이용품, 풍선류
	교육용 완구	교구놀이, 퍼즐류, 실험·학습완구
	게임기구	카드게임, 보드, 전자게임, 기타 게임도구
	승용 완구	자동차, 유아자전거, 소서, 기타 승용 완구
	미디어완구	악기류, 영상완구, 음향완구
	롤플레이완구	변장용품, 무대놀이, 소도구
	물놀이용품	튜브, 물놀이용 공, 물안경, 목욕완구, 기타 물놀이도구
	악세서리	팔찌, 반지, 목걸이, 귀걸이, 핀, 머리장식품, 발목장식품, 소매장식품, 기타 어린이용 장신구류
생활용품	수유용품	젖병, 젖꼭지, 유축기, 젖병소독기, 분유케이스, 비닐팩
	위생용품	기저귀, 물티슈, 칫솔, 치아티슈(유아용), 면봉, 타올류, 손수건
	식품용기	식판, 그릇, 보관용기, 도시락, 스푼세트, 물통, 컵
	화장품	로션·크림, 파우더류, 오일류, 메이크업류, 립케어, 향수
	세정제	샴푸, 배스, 비누류
	안전용품	카시트, 어린이보호장치류
	승용제품	유모차, 보행기, 기타 캐리어
	의류/가방류	속옷, 가운류, 외출복, 신발, 가방류
	가구	침대, 책상, 의자, 옷장, 서랍장, 기타 어린이용 가구
	스포츠/여가용품	공, 글러브, 자전거, 롤러스케이트류, 스케이트보드, 씽씽카, 야외용 매트, 기타 어린이 운동용품
문구/도서류	문구용품	공책류, 볼펜, 샤프·연필, 사인펜, 지우개, 수정액, 풀, 접착제, 가위, 필통, 기타 문구용품
	회화용품	물감, 크레파스, 색연필류, 파스텔, 팔레트
	공예용품	종이접기·공예, 점토공예, 자수공예, 비즈공예, 조각용품, 모형제작도구, 색종이류, 기타 공예용품
	도서류	그림책, 스티커북, 색칠책, 스케치북, 학습지류
놀이기구	실내놀이기구	미끄럼틀, 그림벽타기, 에어바운스, 놀이용 집
	물놀이기구	실내물놀이욕조
	놀이방매트	실내놀이용 바닥매트

2 제품군별 유해인자

① 노출평가 대상 유해물질은 국내의 화학물질의 등록 및 평가 등에 관한 법률, 생활화학제품 및 살생물제의 안전관리에 관한 법률, 환경보건법, 어린이제품 안전특별법, 전기용품 및 생활용품 안전관리법, 위생용품 관리법 및 국외 화학물질 관리제도에서 규제하는 모든 화학물질이 해당된다.

② 소비자 제품의 위해성 평가는 대부분 제품 내의 화학물질 함량과 전이량을 기반으로 이루어진다. 함량은 제품에 함유되어 있는 유해물질의 총량을 의미하지만, 전이량은 제품에 함유되어 있는 유해물질의 총량 중에서 인체로 실제 이동하는 양을 의미한다.

　㉠ 제품에 함유되어 있는 화학물질과 유해한 영향은 별개의 문제로 함유되어 있는 화학물질이 인체로 전이되지 않는 경우 인체는 실질적으로 노출되지 않기 때문에 위해성이 없을 수 있다.

　㉡ 함량은 전이량에 비하여 비교적 시험이 쉽고, 노출평가에 쉽게 적용할 수 있는 장점이 있다.

　㉢ 함량은 화학물질의 질량 대 제품질량의 비율로서 mg/kg, %의 단위로 표시한다.

　㉣ 전이량은 함량 기준보다 측정은 어렵지만 정확한 정보를 제공할 수 있으므로 전이량 기반의 위해성 평가가 요구된다.

　㉤ 전이량은 시간에 따른 면적당 화학물질의 이동비율인 전이율에 따라 추정되며, 단위는 제품의 표면적(cm^2)과 제품 사용시간(min)을 고려하여 $mg/cm^2 \cdot min$으로 나타낸다.

　㉥ 함유량 제한물질의 분석결과값이 각 항목별 정량한계 미만일 경우 '불검출'로 표시하고 그 이상일 경우 정량한계 자릿수까지 표시하며, 제품 내 사용 가능한 화학물질의 시험결과를 표시할 경우에는 소수점 셋째자리까지 구하고 반올림하여 둘째자리까지 표시한다.

　㉦ 제품 내 유해물질의 안전기준 부적합 여부는 안전기준 초과시료에 대해서는 3회 이상 반복 시험한 결과의 산술평균값으로 처리한다. 다만, 반복시험의 결과값이 상대표준편차 30% 초과 시에는 2회 반복시험(총 5회)을 추가로 진행하여 최솟값과 최댓값을 제외한 나머지 시험결과의 산술평균값으로 그 결과를 처리한다.

[제품함유 화학물질의 인체 및 환경 유해성 확인 항목
(생활화학제품 위해성 평가의 대상 및 방법 등에 관한 규정 별표 1)]

인체 유해성 평가항목	세부시험항목
독성동태, 대사 및 분포	• 흡 수 • 분 포 • 대 사 • 배 출
급성 독성	• 급성 경구독성 • 급성 흡입독성 • 급성 경피독성 • 기타 경로에 따른 급성 독성
자극/부식성/과민성	• 피부 자극성/부식성 • 눈 자극성/부식성 • 피부 과민성 • 호흡기 과민성
반복투여독성/만성 독성	• 반복투여(경구, 흡입, 경피)독성 • 표적기관에 대한 독성
생식/발달독성	• 생식독성 • 발달독성/최기형성
신경독성	• 신경독성 및 행동이상
유전독성(변이원성)	• 시험관 내(In Vitro)시험 • 생체 내(In Vivo) 시험
면역독성	• 세포매개성 면역시험 • 체액성 면역시험 • 대식세포 기능시험 • 자연살해세포 기능시험
발암성	• 동물실험(인체 대상 포함) • 발암기작 연구
역학연구	• 코호트 연구 • 환자-대조군 연구
환경 유해성 평가항목	세부시험항목
수서생태계	• 조류(일차 생산자), 갑각류/물벼룩(일차 소비자), 어류(이차 소비자) 및 기타 종에 대한 급/만성 독성 • 저서생물에 대한 급/만성 독성
육상생태계	• 토양 내 서식하는 동물, 미생물, 식물종, 기타 종에 대한 급/만성 독성 • 조류(Avian)에 대한 급/만성 독성
생물축적성	• 생물농축성 • 생물확장성

[제품함유 화학물질의 인체 및 환경 유해성 확인 절차
(생활화학제품 위해성 평가의 대상 및 방법 등에 관한 규정 별표 2)]

1단계 자료 현황 조사	• 국내외에서 개발되어 현재 독성연구기관 및 독성학자들이 보편적으로 이용하는 독성 데이터베이스를 이용하여 검색 및 자료 선별 • 경제협력개발기구(OECD), 유엔환경계획(UNEP), 세계보건기구(WHO) 등 국제기구에서 발간되는 화학물질 위해성 평가 보고서를 검색, 해당 자료를 수집하고 평가 • 미국 환경청(US EPA), 일본 환경청, 유럽화학물질청(ECHA) 등 각 국가 정부보고서 및 데이터베이스를 검색하여 해당 자료를 수집하고 평가 • 국내 화학물질 유관 정부부처 및 산하기관들의 보고서 등을 수집하고 평가 • 국내 GLP 기관의 자료 중 관련 자료의 유무를 검토하고 기업비밀과 무관한 경우 이에 대한 제공 요청 • 최근의 학술지에 개제된 인체 유해성에 관한 연구자료
2단계 연구 요약문 작성	• 인체 유해성에 대한 기본 개념을 정리하고, 각 독성항목과 사용된 동물종별로, 급성 및 만성 독성자료를 이용하여 유해성을 검토 • 수집한 원문의 제목, 출처, 실험물질, 실험 유형, 실험 종, 노출농도, 노출시간, 종말점, 실험방법 출처, 통계방법, 결과, 고찰 등의 항목에 대해서 평가한다. 평가된 원문자료의 항목을 바탕으로 요약문을 작성하고, 신뢰도를 1에서 3까지 부여 – 신뢰도 1 : 공인된 시험방법에 따라 GLP 인증기관에서 수행된 연구자료 – 신뢰도 2 : GLP 인증기관에서 생산된 자료는 아니나 평가 목적에 타당한 독성자료 – 신뢰도 3 : 위의 신뢰도 1, 2를 제외한 나머지 독성자료에 적용
3단계 유해성 확인	• 작성된 요약문을 바탕으로 각 독성항목의 반수치사농도, 무영향관찰수준을 결정하고 그 유해성을 기술 • 각 평가결과에 있어 근거가 되는 연구자료의 신뢰성과 민감한 독성반응을 근거로 가장 중요한 유해성과 그 크기를 정량화하여 제시

[사용제한 환경유해인자 명칭 및 제한내용
(어린이용품 환경유해인자 사용제한 등에 관한 규정 별표)]

환경유해인자 명칭 (영문명, CAS 번호)	제한내용	용 도
다이-n-옥틸프탈레이트 (Di-n-Octyl Phthalate ; DNOP, 000117-84-0)	경구노출에 따른 전이량 $9.90 \times 10^{-1} \mu g/cm^2/min$ 및 경피노출에 따른 전이량 $5.50 \times 10^{-2} \mu g/cm^2/min$을 초과하지 않아야 함	어린이용품 (어린이용 플라스틱 제품)
다이아이소노닐프탈레이트 (DilosoNonyl Phthalate ; DINP, 028553-12-0)	경구노출에 따른 전이량 $4.01 \times 10^{-1} \mu g/cm^2/min$ 및 경피노출에 따른 전이량 $2.20 \times 10^{-2} \mu g/cm^2/min$을 초과하지 않아야 함	어린이용품 (어린이용 플라스틱 제품)
트라이뷰틸주석 (Tributyltin Compounds, 688-73-3)	트라이뷰틸주석 및 이를 0.1% 이상 함유한 혼합물질 사용을 금지	어린이용품 (어린이용 목재 제품)
노닐페놀 (Nonylphenol, 025154-52-3)	노닐페놀 및 이를 0.1% 이상 함유한 혼합물질 사용을 금지	어린이용품 (어린이용 잉크 제품)

[비 고]
• 환경유해인자 측정방법은 환경유해인자 공정시험기준에 따른다.
• 어린이제품 공통안전기준의 프탈레이트 가소제 허용 기준을 준수한 어린이용품은 사용제한 환경유해인자(DNOP, DINP)의 제한내용을 준수한 것으로 본다.

[유해화학물질 안전요건(어린이제품 공통안전기준)]

항 목		허용치
유해원소 용출	안티모니(Sb)	60mg/kg 이하
	비소(As)	25mg/kg 이하
	바륨(Ba)	1,000mg/kg 이하
	카드뮴(Cd)	75mg/kg 이하
	크로뮴(Cr)	60mg/kg 이하
	납(Pb)	90mg/kg 이하
	수은(Hg)	60mg/kg 이하
	셀레늄(Se)	500mg/kg 이하

[비고] 입에 넣어 사용할 용도로 제작된 어린이제품 혹은 36개월 미만이 사용할 어린이제품 중 제품의 도장면(코팅 포함) 또는 합성수지제, 종이제에 적용한다.

유해원소 함유량	총 납(Pb)[1], [2]	100mg/kg 이하
	총 카드뮴(Cd)[2]	75mg/kg 이하

[비 고]
1) 페인트 및 표면코팅 경우 90mg/kg 이하로 적용. 다만, 전기·전자제품의 기능성 부품(전기연결용 소자 등)과 필기구의 팁이 금속인 경우에는 적용하지 않는다.
2) 섬유원단에는 적용하지 않는다.

프탈레이트 가소제	DEHP[Di-(2-EthylHexyl) Phthalate]	총합 0.1% 이하
	DBP(DiButyl Phthalate)	
	BBP(Benzyl Butyl Phthalate)	
	DINP(DiIsoNonyl Phthalate)	
	DIDP(DiIsoDecyl Phthalate)	
	DnOP(Di-n-Octyl Phthalate)	
	DIBP(DiIsoButyl Phthalate)	

[비고] 합성수지제(섬유 또는 가죽 등에 코팅된 것을 포함)에 적용한다.

나이트로사민류 및 나이트로사민류 생성 가능 물질	N-나이트로소다이메틸아민(N-nitrosodimethylamine)	• 나이트로사민류 총합 : 0.01[1]/0.05[2]mg/kg 이하 • 나이트로사민류 생성 가능 물질 총합 : 0.1[1]/1.0[2]mg/kg 이하
	N-나이트로소다이에틸아민(N-nitrosodiethylamine)	
	N-나이트로소다이-n-프로필아민(N-nitrosodi-n-propylamine)	
	N-나이트로소다이-n-뷰틸아민(N-nitrosodi-n-buthylamine)	
	N-나이트로소피페리딘(N-nitrosopiperidine)	
	N-나이트로소피롤리딘(N-nitrosopyrrolidine)	
	N-나이트로소몰폴린(N-nitrosomorpholine)	

[비 고]
1) 입에 넣어 사용할 용도로 제작된 36개월 미만의 어린이제품 중 제품의 탄성중합체(Elastomer)(예 유아용 노리개 젖꼭지, 치발기, 칫솔 등)에 적용한다.
2) 1)에 해당되지 않는 36개월 미만의 어린이제품 중 제품의 탄성중합체(Elastomer)와 36개월 이상의 어린이제품 중 입에 넣어 사용하거나 입으로 사용하는 제품의 탄성중합체(Elastomer)(예 마우스피스, 고무풍선 등)에 한하여 적용한다.

항 목		허용치
폼알데하이드, 아릴아민, pH	폼알데하이드[1]	75mg/kg 이하
	아릴아민[2]	각각 30mg/kg 이하
	pH[1]	4.0~7.5

[비 고]
1) 개별안전기준이 없는 섬유제품의 경우로, 피부에 접촉하는 경우에 한해 적용한다.
2) 개별안전기준이 없는 섬유제품의 경우로, 피부에 접촉하는 경우에 한하며 염색한 섬유 부분에만 적용한다. 대상물질은 KS K 0147, KS K 0739에 따른다.

3 제품노출계수 선정

① 제품노출평가의 기본대상 : 소비자 제품이다.
  ㉠ 일상적인 생활공간에서 사용되는 생활화학제품이다.
  ㉡ 사람이나 환경에 화학물질의 노출을 유발할 가능성이 있는 것이다.
  ㉢ 물리적 기작을 통한 노출은 제품노출평가의 대상이 아니다.
  ㉣ 제품과 소비자의 접촉을 통해 유해성이 발생한다.
  ㉤ 제품노출평가는 일반 대중을 대상으로 실시한다.
② 제품노출시나리오 개발 : 노출시나리오 개발은 대상 제품이 어떠한 형태로 사용되는지를 판단하여 화학물질이 인체에 노출 가능한 상황을 시나리오로 구성하는 것으로, 노출시나리오에 따라 노출알고리즘을 구성함으로써 노출계수를 산정할 수 있다.

단계 구분	내 용
노출시나리오 개발	• 국내외 노출시나리오 조사·분석 • 없을 경우 노출시나리오 개발
유해성 자료 수집	• 대상 유해물질의 선정 • 노출경로에 따른 유해성 자료수집 ⎫ • 유해성 자료의 신뢰도 평가 ⎭ ⇨ 용량 – 반응 평가
노출알고리즘 구성	• 국내외 노출알고리즘 조사·분석 • 없을 경우 노출알고리즘 개발
노출계수 수집	• 국내외 노출계수 자료수집 • 노출계수 적용 타당성 평가(국내외 차이점, 노출시나리오와의 상관성 등)
위해도 평가	• 위해지수, 초과발암력 또는 MOE에 따른 유해물질 위해도 평가

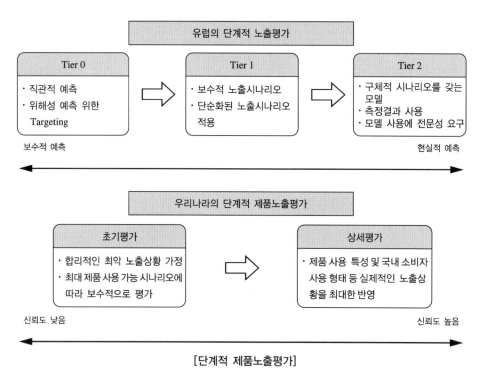

[단계적 제품노출평가]

③ 제품 내 화학물질의 노출경로에 따른 노출시나리오

　㉠ 소비자 제품의 인체노출경로는 용도, 형태, 특성, 안전 사용조건, 함유물질의 물리·화학적 특성, 사용 인구집단의 특성 등을 근거로 하여 결정한다.

　㉡ 혈관에 직접 주사하는 주사약 등 특별한 경우가 아니라면 흡입, 경구, 경피노출을 주요 경로로 활용한다.

[제품 내 화학물질의 노출경로에 따른 노출시나리오]

노출경로	주요 노출시나리오	대상 제품
흡 입	지속적 방출	거치식 방향제
	공기 중 분사	스프레이 탈취제
	표면휘발	욕실 세정제
	휘발성 물질 흡인	휘발물질 방출 제품
	먼지 흡입	미세입자 방출 제품
경 구	제품의 섭취(제품의 비의도적 섭취)	액상 제품, 크기가 작거나 코팅된 제품
	빨거나 씹음	–
	손을 입으로 가져감(제품 내 유해물질이 손에 묻어 입으로 섭취)	어린이 제품
경 피	액체형 접촉	손세탁(합성세제)
	반고상형 접촉	광택제 및 본드
	분사 중 접촉	스프레이
	섬유를 통한 접촉	섬유유연제

④ **제품함유 시료채취** : 제품 내 분석을 위한 시료채취는 전체 시료를 대표할 수 있도록 균질하게 잘 흔들어야 한다. 이것이 불가능한 경우 서로 다른 곳에서 채취하여 혼합하는 것을 원칙으로 한다.

　㉠ 액체류는 시료를 잘 혼합한 후 한 번에 일정량씩 채취한다.

　㉡ 채취한 시료는 전체의 시료 성질을 대표할 수 있도록 균질하게 잘 흔들어 혼합한다.

　㉢ 고체류는 전체의 성질을 대표할 수 있도록 다섯지점에서 채취한 다음 혼합하여 일정량을 시료로 사용한다.

　㉣ 스프레이류는 잘 혼합하여 용기에 분사한 후 바로 시료를 채취한다.

[안전확인대상생활제품 함유금지 물질 주시험법
(안전확인대상생활화학제품 시험·검사 기준 및 방법 등에 관한 규정 별표)]

연 번	항목명		정량한계 (mg/kg)	주시험법
1	금속류	납	0.4	유도결합플라스마-질량분석법
		비 소	0.4	
		카드뮴	1	
		크로뮴	0.2	
		붕 소	5	
		니 켈	0.4	
		안티모니	1	
		베릴륨	1	
		수 은	0.2	유도결합플라스마-질량분석법, 냉증기-원자흡수분광광도법
		6가크로뮴	0.2	액체크로마토그래피-유도결합 플라스마-질량분석법
2	알데하이드류	폼알데하이드	5 (100)[1]	액체크로마토그래피-질량분석법
		아세트알데하이드	5 (100)[1]	
		글루타르알데하이드	5	
3	나프탈렌		2	기체크로마토그래피-질량분석법

연 번	항목명		정량한계 (mg/kg)	주시험법
4	휘발성 유기화합물	테트라클로로에틸렌	5	기체크로마토그래피-질량분석법
		트라이클로로에틸렌	5	
		벤 젠	5	
		다이메틸폼아마이드	50	
		1,2-이염화에테인	10	
		클로로폼	10	
		다이클로로메테인	5	
		산화에틸렌	50	
		2-부톡시에탄올	50	
		1,4-다이클로로벤젠	10	
		브로민화에틸	10	
		아크릴로나이트릴	10	
		염화바이닐	5	
		메틸메타크릴에이트	20	
5	비스(2-에틸헥실)프탈레이트		10	기체크로마토그래피-질량분석법
	다이뷰틸프탈레이트		10	
6	다환방향족 탄화수소	1,2-벤즈안트라센	0.05	기체크로마토그래피-질량분석법
		안트라센	0.05	
		1,2-벤즈페난트렌	0.05	
7	메틸아이소싸이아졸리논		1	액체크로마토그래피-질량분석법
	5-클로로메틸아이소싸이아졸리논		1	
8	염화벤잘코늄류		각 2	액체크로마토그래피-질량분석법
9	노닐페놀류	Nonylphenol	10	기체크로마토그래피-질량분석법
		4-Nonylphenol	10	
		4-Nonylphenol, branched	10	
10	구아디닌계 고분자화합물	PHMG	3	매트릭스보조레이저탈착이온화 시간비행형 질량분석법, 액체크로마토그래피-질량분석법
		PHMB	3	
		PGH	3	
11	글리콜류	다이에틸렌글리콜 모노뷰틸에테르	100	기체크로마토그래피-질량분석법
12	에탄올아민류	2,2'-이미노다이에탄올	10	액체크로마토그래피-질량분석법

연 번	항목명		정량한계 (mg/kg)	주시험법
13	알킬페놀 에톡실 레이트류 및 알킬페놀류	4-tert-옥틸페놀(OP)	10	기체크로마토그래피-질량분석법
		4-tert-옥틸페놀 모노에톡실레이트(OP1EO)	10	
		4-tert-옥틸페놀 다이에톡실레이트(OP2EO)	10	
		4-노닐페놀[이성질체 혼합물]	10	
		아이소-노닐페놀 모노에톡실레이트(NP1EO)	10	
		아이소-노닐페톨 다이에톡실레이트(NP2EO)	10	
14	형광증백제		–	UV 조사법
15	유기주석화합물	트라이뷰틸주석	1	기체크로마토그래피-질량분석법
		트라이페닐주석	1	
16	금속화합물류	붕소산사나트륨염	30	유도결합플라스마-원자발광분광법
		무수크로뮴산	30	
		중크로뮴산나트륨	30	
		트라이뷰틸주석산화물	30	
		유기수은	0.2	냉증기-원자흡수분광광도법
17	톨루엔-2,4-다이아이소사이아네이트		10	기체크로마토그래피-질량분석법
18	아조염료		각 5	기체크로마토그래피-질량분석법
19	다이알킬(C12-18)다이메틸암모늄		각 2	액체크로마토그래피-질량분석법
20	d,d-시스/트랜스프랄레트린		10	기체크로마토그래피-질량분석법
21	d-시스/트랜스알레트린(d-알레트린)		10	기체크로마토그래피-질량분석법
22	d-트랜스알레트린(바이오알레트린)		10	기체크로마토그래피-질량분석법
23	d-페노트린		10	기체크로마토그래피-질량분석법
24	델타메트린		10	고성능액체크로마토그래피법
25	메토플루트린		10	기체크로마토그래피-질량분석법
26	트랜스플루트린		10	기체크로마토그래피-질량분석법
27	퍼메트린		10	기체크로마토그래피-질량분석법
28	차아염소산		1	적정법
29	이염화아이소사이아눌산나트륨		0.5	액체크로마토그래피-질량분석법
30	아크릴산		50	고성능액체크로마토그래피법
31	에틸렌다이클로라이드		10	기체크로마토그래피-질량분석법
32	2-아미노-6-에토실나프탈렌		90	고성능액체크로마토그래피법
33	4-아미노-3-플루오로페놀		25	고성능액체크로마토그래피법
34	옥타클로로다이프로필에테르		5	기체크로마토그래피-질량분석법

연 번	항목명	정량한계 (mg/kg)	주시험법
35	클로시아니딘	5	액체크로마토그래피–질량분석법
36	쿠마테트라릴	10	고성능액체크로마토그래피법
37	플로쿠마펜	20	고성능액체크로마토그래피법
38	4-클로로벤젠메테인아민	5	기체크로마토그래피–질량분석법

1) 사이아노아크릴레이트 계열 순간 접착제의 경우 폼알데하이드, 아세트알데하이드의 정량한계 : 100mg/kg

⑤ 노출계수의 선정

  ㉠ 노출계수는 제품에 함유된 화학물질에 대한 노출평가를 할 때 노출량 결정과 관련된 계수로, 신뢰성이 높고 대표성이 있는 것을 사용해야 한다.

  ㉡ 제품노출계수는 제품의 용도가 동일하면 같은 노출계수를 갖는 것으로 판단하므로 그 제품의 브랜드, 향기, 색상 등을 고려하지 않는다. 다만, 용도가 세분화되어(예 구강 세정제, 피부 세정제, 세탁 세정제 등) 있는 경우 다른 노출계수를 적용하는 것은 가능하다.

  ㉢ 노출계수는 노출평가 및 노출시나리오의 목적에 따라 사용하는 값이 달라지기 때문에 화학물질 및 제품의 용도를 정확히 이해한 다음 목적에 적합한 노출계수를 선정하여야 한다.

  ㉣ 일반노출계수 및 제품노출계수는 생활화학제품 위해성 평가의 대상 및 방법 등에 관한 규정 [별표 6]과 [별표 7]을 참고하여 선정하고, 어린이용품에 대한 노출계수는 환경유해인자의 위해성 평가를 위한 절차와 방법 등에 관한 지침 [별표 19]를 참고하여 선정한다.

4 소비자노출평가

① 시나리오 접근법

  ㉠ 소비자 제품은 제품의 수, 사용용도 등이 매우 다양하여 제품별로 구체적인 노출시나리오를 개발하기 어렵기 때문에 비교적 간소화시킨 최악의 조건을 가정한 노출시나리오를 사용한다.

  ㉡ 최악의 시나리오 접근을 위하여 생활화학제품 및 살생물제의 안전관리에 관한 법률 및 화학물질의 등록 및 평가에 관한 법률에서 제시된 노출 시나리오를 활용하여 노출량을 추정하여야 한다.

② **노출경로별 노출알고리즘** : 노출시나리오에 따라 노출경로별 노출알고리즘을 활용하여 적절한 노출계수를 선정하고 노출량을 산정한다.

[노출경로별 노출량 계산식(생활화학제품 위해성 평가의 대상 및 방법 등에 관한 규정 별표 5)]

경로	시나리오			노출알고리즘
흡입	공기 중 방출형	일정속도 휘발	초 기	$C_a = \dfrac{A_e \times W_f/tr}{N \times V}$
			상 세	$C_a = \dfrac{A_e \times W_f \times F/tr}{N \times V} \times [1 - e^{(-N \times t)}], \ (t < tr)$ $C_a = \dfrac{A_e \times W_f \times F/tr}{N \times V} \times [1 - e^{(-N \times t)}] \times e^{-N \times (t - tr)}, \ (t > tr)$
	비분사형	표면 휘발	초 기	$C_a = \dfrac{A_p \times W_f \times F}{V}$
			상 세	$C_a = \dfrac{A_p \times W_f \times F}{N \times V} \times [1 - e^{(-N \times t)}]/t$
	분사형	스프레이 분사	초 기	$C_a = \dfrac{A_p \times W_f}{V}$
			상 세	$C_a = \dfrac{A_p \times W_f \times F_{air}}{V} \times e^{-(N + v_s/h) \times t}$
		즉각적 배출	상 세	$C_a = \dfrac{A_p \times W_f \times F}{V} \times e^{(-N \times t)}$
		일정시간 분무	상 세	$C_a = \dfrac{R_S \times w_f \times F_{air}}{V \times (N + v_s/h)} \times [1 - e^{-(N + v_s/h) \times t}], \ (t < tr)$ $C_a = \dfrac{R_S \times w_f \times F_{air}}{V \times (N + v_s/h)} \times [(1 - e^{-(N + v_s/h) \times tr}) \times e^{-(N + v_s/h) \times (t - tr)}],$ $(t > tr)$
	노출농도 (노출량)			노출농도 $C_{inh}\,(\text{mg/m}^3) = C_a \times t \times n/24$
				노출량 $D_{inh}\,(\text{mg/kg-d}) = C_a \times IR \times t \times n/BW$
	노출계수			C_a : 공기 중 농도(mg/m^3) A_p : 제품 사용량(mg) W_f : 제품 중 성분비(–) A_e : 제품 방출량(mg) tr : 제품 사용시간(h) V : 공간 체적(m^3) IR : 호흡률(m^3/h) F_{air} : 부유비율(–) t : 노출시간(h/회) n : 사용빈도(회/day) F : 공기 중 방출비율(–) BW : 체중(kg) N : 환기율(회/h) $R_S(A_{p(e)}/tr)$: 물질배출속도(Mass Generation Rate)(mg/h) h : 공간의 높이(m) d_p : 초기입자 직경(중간값)(m) p : 입자의 밀도(g/m^3) v_s : Stokes' 입자침강속도 η : 공기점성(0.0181g/m/s) $v_s = g\rho d_p^2/18\eta\,(\text{m/h})$

경 로	시나리오		노출알고리즘	
경 피	총 사용량 접촉 (예) 모든 접촉 가능 제품)	초 기	$L_d = A_p \times W_f$	
	액상형 접촉 (예) 합성세제 손세탁)	상 세	$L_d = \dfrac{A_p \times W_f}{V_p \times D} \times TH \times A_s$	
	반고상형 접촉 (예) 광택 및 본드 사용)		$L_d = A_c \times W_f \times A_s$	
	분사 중 접촉 (예) 스프레이 사용)		$L_d = R \times tr \times W_f$	
	섬유를 통한 접촉 (예) 섬유유연제 사용)		$L_d = A_p \times W_f \times F_1 \times F_2 \times F_3$	
	노출량		$D_{der}(\text{mg/kg}-\text{d}) = L_d \times abs \times n / BW$	
	노출계수		L_d : 피부 접촉량(mg)	W_f : 제품 중 성분비(−)
			A_p : 제품 사용량(mg)	V_p : 사용제품의 부피(cm^3)
			D : 제품 희석률(−)	TH : 피부접촉 두께(0.01cm)
			A_s : 피부접촉 면적(cm^2)	A_c : 면적당 점착량(mg/cm^2)
			R : 분사 시 피부점착량(mg/min)	tr : 제품 사용시간(min/회)
			F_1 : 사용량 중 섬유잔류비(−)	F_2 : 섬유잔류량 중 방출비(−)
			F_3 : 섬유의 피부접촉비(−)	n : 사용빈도(회/day)
			abs : 체내 흡수율(−)	BW : 체중(kg)
섭 취	제품의 섭취 (예) 제품의 비의도적 섭취)		$D_{oral} = A \times W_f \times abs \times n / BW$	
	노출계수		D_{oral} : 노출량(mg/kg−d)	A : 제품 섭취량(mg)
			W_f : 제품 중 성분(−)	abs : 체내 흡수율(−)
			n : 사용빈도(회/day)	BW : 체중(kg)

[어린이용품 특성을 고려한 노출알고리즘
(환경유해인자의 위해성 평가를 위한 절차와 방법 등에 관한 지침 별표 18)]

경 로	시나리오	제품의 특성	노출알고리즘
경 구	시나리오 Ⅰ : 빨거나 씹음	빨거나 씹을 수 있는 제품 또는 부품	$ADD = \dfrac{M \times ET \times SA}{BW}$ ADD : 일일 섭취량(mg/kg·day) M : 유해물질의 인체 전이율(mg/cm²·min) ET : 접촉시간(min/day) SA : 접촉면적(cm²) BW : 어린이의 체중(kg)
	시나리오 Ⅱ : 삼킴	액상 제품, 크기가 작은 제품, 코팅된 제품 등	$ADD = \dfrac{C \times IR}{BW}$ C : 제품 내 함유된 유해물질의 농도(mg/g) IR : 일일섭취하는 제품의 양(g/day)
	시나리오 Ⅲ : 손을 입으로 가져감	일반적으로 손으로 만질 수 있는 제품(목재, 플라스틱 등의 고형 제품, 표면 코팅 제품, 섬유제품 등)	$ADD = \dfrac{M \times ET \times SA \times (1-abs)}{BW}$ ET : 접촉시간(min/day) abs : 피부흡수율(-)
		피부에 흡착되는 제품(점토, 크레파스 등)	$ADD = \dfrac{C \times ET \times A \times SA \times (1-abs)}{BW}$ ET : 접촉시간(min/day) A : 단위시간당 손에 묻은 제품의 양(g/min/cm²)
흡 입	시나리오 Ⅳ, Ⅴ : 휘발성 물질 흡입, 먼지 흡입	휘발물질 또는 먼지를 방출하는 제품	$ADD = \dfrac{C \times BR \times ET}{BW}$ C : 공기 중 유해물질의 농도(mg/m³) BR : 어린이의 호흡률(m³/hr) ET : 노출공간에서 활동시간(hr/day)
경 피	시나리오 Ⅵ : 제품의 피부 접촉	일반적인 피부 접촉 가능 제품(목재, 플라스틱 등의 고형 제품, 표면 코팅 제품, 섬유제품 등)	$ADD = \dfrac{M \times S \times ET \times abs}{BW}$ S : 접촉면적(cm²) ET : 접촉시간(min/day)
		피부에 흡착되는 제품(점토, 크레파스 등)	$ADD = \dfrac{C \times ET \times A \times SA \times abs}{BW}$ ET : 접촉시간(min/day) A : 단위시간당 피부에 묻은 제품의 양(g/min·cm²)
		유체 제품(화장품, 물감 등)	$ADD = \dfrac{C \times Q \times EF \times abs}{BW}$ C : 제품 내 함유된 화학물질의 농도(mg/g) Q : 제품의 사용량(g/회) EF : 제품의 사용빈도(회/day)

③ 소비자노출평가 모델 : 노출평가 모델은 정해진 노출시나리오, 노출계수, 노출알고리즘을 활용하여 노출량이 추정 가능하도록 만들어진 도구(Tool)로, 각각의 모델은 노출평가의 목적과 특징에 따라 대상 제품과 노출평가 단계에 차이가 있다.

ㄱ ECETOC-TRA(https://www.ecetoc.org)

- 유럽 화학물질 생태독성 및 독성 센터(ECETOC ; European Centre for Ecotoxicology and TOxicology of Chemicals)에 의해 개발된 TRA(Targeted Risk Assessment)는 초기단계(Tier 1)의 노출평가 모델로서 Excel 프로그램 파일 형태로 개발되었으며, 유럽 REACH에서 화학물질을 등록할 때 공식적으로 활용되고 있다.
- TRA는 소비자 전용 모델과 통합형(사업장, 소비자, 환경) 모델로 구분되어 있는데 소비자용 TRA의 대상 제품은 유럽 화학물질청(ECHA ; European CHemical Agency)에서 분류한 카테고리를 근거로 하고 있다. 대상 인구집단을 성인과 어린이로 구분하며 노출알고리즘은 흡입, 경구, 경피 모두 한 종류뿐인 단순한 형태이다.

ㄴ ConsExpo(https://www.rivm.nl)

- ConsExpo는 2016년에 네덜란드 국립공중보건환경연구소(RIVM)가 Webpage 형태로 개발한 다음 ANSES(France), BfR(Germany), FOPH(Switzerland), Health Canada와 함께 발전시키는 프로그램으로, 소비자노출평가 모델이다.
- 대표적인 상세단계(Tier 2) 노출평가 모델로서, 7개 제품군에 대한 노출계수보고서(Fact Sheets)가 있고 세분화된 노출알고리즘을 제시하고 있다.

ㄷ CEM(https://www.epa.gov)

- CEM(Consumer Exposure Model)은 미국 환경청이 개발한 소비자노출평가 모델로서, MS Access Database File 형태이다.
- CEM은 위해성 스크리닝을 목적으로 ConsExpo보다 단순한 형태의 노출평가를 지향하고 있다.

ㄹ K-CHESAR(http://kchesar.kcma.or.kr)

- K-CHESAR(Korea CHEmical Safety Assessment and Reporting tool)는 우리나라의 한국 화학물질관리협회에서 제공하는 위해성 자료 작성지원 프로그램으로, 프로그램 자체에 노출평가 모델이 내장되어 환경, 인체, 소비자의 개별 노출평가 모델을 각각 구동해야 하는 번거로움을 해소하였다.
- 유해성 자료 입력부터 안전성 확인까지 위해성 자료 작성에 필요한 각 단계에 맞는 평가 및 보고서 작성이 가능하다.

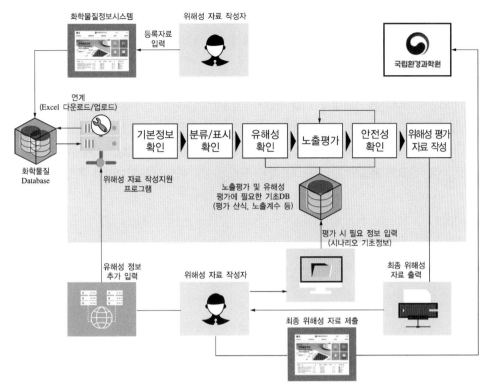

[K-CHESAR 구성도]

출처 : https://kchesar.kcma.or.kr/pubs/KChesar/KChesarPage

④ 제품함유 화학물질의 위해도 결정

　㉠ 비발암독성에 대한 위해도 판단

　　• 환경보건법 내 환경 위해성 평가지침에 따르면, 만성 노출인 NOAEL값을 적용한 경우 노출한계
가 100 이하이면 위해가 있다고 판단한다. 만약, 만성 독성시험에 의한 값이 아닌 경우에는
불확실성계수를 반영하여야 한다.

　　• 불확실성계수(UF)는 동물시험 자료를 사람에게 적용할 경우, 여러 불확실성(종, 성, 개인 간
차이, 내성 등)이 존재하므로 인체노출안전율로써 불확실성계수를 대입한다.

　　• 노출평가와 용량-반응 평가 결과를 바탕으로 인체노출 위해수준을 추정한다. 위해지수(HI)가
1 이상일 경우는 유해영향이 발생하며, 1 이하일 경우에는 유해영향이 없는 것으로 추정한다.

　㉡ 발암성에 대한 위해도 판단

　　• 발암위해도의 경우 노출한계가 10^4 이하인 경우 위해가 있다고 판단한다.

　　• 초과발암위해도(ECR)는 평생 동안 발암물질 단위용량(mg/kg・day)에 노출되었을 때 잠재적
인 발암가능성을 초과할 확률을 의미한다. 즉, 초과발암확률이 10^{-4} 이상인 경우 발암위해도가
있으며, 10^{-6} 이하는 발암위해도가 없는 것으로 판단한다.

　　• 발암잠재력(발암력, CSF)은 노출량-반응(발암률) 곡선에서 95% 상한값에 해당하는 기울기로,
평균 체중의 성인이 발암물질 단위용량(mg/kg・day)에 평생 동안 노출되었을 때 이로 인한
초과발암확률의 95% 상한값에 해당된다.

ⓒ 환경에 미치는 위해도 판단
- 정성적 생태위해도 결정은 생태영향 분류에 따라 일반생태독성과 이차독성으로 구분하여 평가할 수 있다.
- 정량적 생태위해도 결정방법은 생태위해도를 별도의 확률분포로 나타내지 아니할 경우 위해지수로 유해수준을 나타내며, 이때 위해지수가 1보다 클 경우에는 해당 물질의 노출로 인한 생태위해의 가능성이 있다고 간주한다.
- 일반적으로 전체 생물종의 95%를 보호할 수 있는 수준을 생태위해도 허용수준으로 제시하지만 이와 별도로 용도별 관리목표에 따라 생태위해도 허용수준을 다양하게 정할 수 있다.

01 다음 중 제품노출평가에 대한 설명으로 틀린 것은?

① 소비자가 제품을 사용할 때 발생하는 유해물질의 노출량을 정량적으로 추정하는 과정이다.

② 물리적 기작을 통한 위험성을 포함한다.

③ 독성기작에 따라 유해성이 발생되는 화학물질의 양을 추정한다.

④ 대상 제품으로는 생활화학제품, 살생물제품, 살생물처리제품, 어린이제품, 생활용품, 위생용품 등이 있다.

해설

제품노출평가는 소비자가 제품을 사용할 때 발생하는 유해물질의 노출량을 정량적으로 추정하는 과정으로, 독성기작에 따라 유해성이 발생되는 화학물질의 양을 추정한다. 물리적 기작을 통한 위험성은 제품노출평가의 범위에 포함되지 않는다.

02 다음 중 일상적인 생활공간에서 사람이나 환경에 화학물질의 노출을 유발할 가능성이 있는 제품은 어느 것인가?

① 살생물제품   ② 위생용품

③ 생활용품   ④ 생활화학제품

해설

생활화학제품 및 살생물제의 안전관리에 관한 법률 제3조(정의)

03 다음 중 소비자 제품의 위해성 평가에 대한 설명으로 틀린 것은?

① 제품에 함유되어 있는 화학물질과 유해한 영향은 별개의 문제로 함유되어 있는 화학물질이 인체로 전이되지 않는 경우 인체는 실질적으로 노출되지 않기 때문에 위해성이 없을 수 있다.

② 전이량은 함량에 비하여 비교적 시험이 쉽고, 노출평가에 쉽게 적용할 수 있는 장점이 있다.

③ 함량은 화학물질의 질량 대 제품질량의 비율로서 mg/kg, %의 단위로 표시한다.

④ 전이량의 단위는 제품의 표면적과 제품 사용시간을 고려하여 $mg/cm^2 \cdot min$으로 나타낸다.

해설

② 함량은 전이량에 비하여 비교적 시험이 쉽고, 노출평가에 쉽게 적용할 수 있는 장점이 있다.

04 다음 중 어린이용 목재 제품에 대한 사용제한 환경유해인자는 어느 것인가?

① Di-n-Octyl Phthalate(DNOP)

② Tributyltin Compounds

③ Nonylphenol

④ DiIsoNonyl Phthalate(DINP)

> **해설**
>
> 어린이용품 환경유해인자 사용제한 등에 관한 규정 [별표] 사용제한 환경유해인자 명칭 및 제한 내용
> ① · ④ 어린이용 플라스틱 제품 제한 환경유해인자
> ③ 어린이용 잉크 제품 제한 환경유해인자

05 어린이제품 공통안전기준상 합성수지제에 사용되는 프탈레이트 가소제 7종의 총합 허용치는 얼마인가?

① 0.05% 이하

② 0.1% 이하

③ 0.5% 이하

④ 1.0% 이하

> **해설**
>
> 어린이제품 공통안전기준
> 유해화학물질 안전요건-프탈레이트계 가소제

항 목	허용치
DEHP(Di-2-EthylHexyl Phthalate)	
DBP(DiButyl Phthalate)	
BBP(Benzyl Butyl Phthalate)	
DINP(DiIsoNonyl Phthalate)	총합 0.1% 이하
DIDP(DiIsoDecyl Phthalate)	
DnOP(Di-n-Octyl Phthalate)	
DIBP(DiIsoButyl Phthalate)	

> 비고 : 합성수지제(섬유 또는 가죽 등에 코팅된 것을 포함)에 적용한다.

06 다음 중 제품 내 화학물질의 노출경로에 따른 주요 노출시나리오로 잘못된 것은?

① 합성세제 손세탁 – 섬유를 통한 접촉
② 섬유유연제 – 섬유를 통한 접촉
③ 스프레이 – 분사 중 접촉
④ 광택 및 본드 – 반고상형 접촉

해설
① 합성세제 손세탁 – 액상형 접촉

07 다음 중 안전확인대상생활제품 함유금지 물질인 알데하이드류의 주시험법은 무엇인가?

① ICP-MS
② GC-MS
③ LC-MS
④ LC-ICP-MS

해설
안전확인대상생활화학제품 시험·검사 기준 및 방법 등에 관한 규정 [별표] 안전확인대상생활화학제품 안전기준 확인을
위한 표준시험절차
안전확인대상생활제품 함유금지 물질 주시험법

항목명		주시험법
알데하이드류	폼알데하이드	액체크로마토그래피–질량분석법
	아세트알데하이드	
	글루타르알데하이드	

08 다음 중 제품노출평가 시 노출계수 선정에 관한 내용으로 잘못된 것은?

① 노출량 결정과 관련된 계수로, 신뢰성이 높고 대표성이 있는 것을 사용해야 한다.
② 제품의 용도가 동일하면 같은 노출계수를 갖는 것으로 판단하므로 그 제품의 향기, 색상 등을
고려하여 결정하여야 한다.
③ 화학물질 및 제품의 용도에 따라 노출계수는 달라진다.
④ 일반노출계수 및 제품노출계수는 생활화학제품 위해성 평가의 대상 및 방법 등에 관한 규정을
참고하고, 어린이용품에 대한 노출계수는 환경유해인자의 위해성 평가를 위한 절차와 방법
등에 관한 지침을 참고하여 선정한다.

해설
② 제품의 용도가 동일하면 같은 노출계수를 갖는 것으로 판단하므로 그 제품의 브랜드, 향기, 색상 등은 고려하지
않는다.

09 어떤 화학물질이 일정 속도로 휘발되는 거치식 방향제가 비치된 욕실에 대한 노출계수값이 다음과 같다면, 화학물질에 대한 흡입노출량(μg/kg · day)은 얼마인가?(단, 욕실에는 하루 2회 머문다)

구 분	노출계수
욕실 내 화학물질 농도(μg/m³)	20
체내 흡수율	0.5
호흡률(m³/day)	20
체중(kg)	70
노출시간(min/회)	10

① 0.02

② 0.04

③ 0.08

④ 0.12

해설

$C_a = (20\mu\text{g/m}^3) \times 0.5 = 10\mu\text{g/m}^3$

∴ $D_{inh}(\text{mg/kg} \cdot \text{day}) = C_a \times IR \times t \times n / BW$

$$= \frac{10\mu\text{g}}{\text{m}^3} \mid \frac{20\text{m}^3}{\text{day}} \mid \frac{10\text{min}}{\text{회}} \mid \frac{2\text{회}}{\text{day}} \mid \frac{1}{70\text{kg}} \mid \frac{\text{day}}{1,440\text{min}}$$

$$= 0.04\mu\text{g/kg} \cdot \text{day}$$

10 공동주택의 실내공기질을 분석한 결과 폼알데하이드가 0.04mg/m³ 검출되었다. 이 주택에서 매일 8시간씩 6개월을 거주한 성인의 폼알데하이드 일일평균흡입노출량(mg/kg · day)은 얼마인가? (단, 체내 흡수율은 1, 호흡률은 20m³/day, 체중은 70kg으로 한다)

① 0.0038

② 0.0091

③ 0.0229

④ 0.0914

해설

$D_{inh}(\text{mg/kg} \cdot \text{day}) = C_a \times IR \times t \times n / BW$

$$= \frac{0.04\text{mg}}{\text{m}^3} \mid \frac{20\text{m}^3}{\text{day}} \mid \frac{8\text{h}}{\text{day}} \mid \frac{1}{70\text{kg}} \mid \frac{\text{day}}{24\text{h}}$$

$$= 0.0038\text{mg/kg} \cdot \text{day}$$

11 실내공기 중 폼알데하이드로부터 흡입에 의한 인체노출계수는 다음과 같다. 전 생애 인체노출량 (mg/kg · day)은 얼마인가?

- 평균 수명 : 60년
- 실내 체류율 : 30%
- 평균 체중 : 60kg
- 실내 폼알데하이드 농도 : $250\mu g/m^3$
- 호흡률 : $15m^3/day$
- 인체 흡수율 : 100%

---

① 0.113   ② 0.105

③ 0.029   ④ 0.019

해설

$$E_{inh}(\text{mg/kg} \cdot \text{day}) = \sum \frac{C_{air} \times RR \times IR \times EF \times ED \times abs}{BW \times AT}$$

$$= \frac{250\mu g}{m^3} \mid \frac{15m^3}{day} \mid \frac{60 \times 0.3yr}{} \mid \frac{}{60kg} \mid \frac{}{60yr} \mid \frac{mg}{1,000\mu g}$$

$$= 0.019\text{mg/kg} \cdot \text{day}$$

12 다음 중 소비자노출평가에 관한 내용으로 잘못된 것은?

① 환경유해인자의 위해성 평가를 위한 절차와 방법 등에 관한 지침에 제시된 어린이용품의 특성을 고려한 노출알고리즘은 빨거나 씹을 수 있는 제품 또는 부품에 대해서만 경구섭취 시나리오를 대상으로 시행하고 있다.

② 생활화학제품 위해성 평가의 대상 및 방법 등에 관한 규정에 제시된 생활화학제품의 노출알고리즘에서는 제품의 섭취인 경우에는 비의도적인 섭취에 대해서만 노출알고리즘을 제시하고 있다.

③ 소비자 제품은 제품의 수, 사용용도 등이 매우 다양하여 제품별로 구체적인 노출시나리오를 개발하기 어렵기 때문에 비교적 간소화시킨 최악의 조건을 가정한 노출시나리오를 사용한다.

④ 최악의 시나리오 접근을 위하여 생활화학제품 및 살생물제의 안전관리에 관한 법률 및 화학물질의 등록 및 평가에 관한 법률에서 제시된 노출시나리오를 활용하여 노출량을 추정하여야 한다.

해설

환경유해인자의 위해성 평가를 위한 절차와 방법 등에 관한 지침 [별표 18] 어린이용품 특성을 고려한 노출알고리즘

경 로	시나리오
경 구	시나리오 Ⅰ : 빨거나 씹음
	시나리오 Ⅱ : 삼킴
	시나리오 Ⅲ : 손을 입으로 가져감

② 생활화학제품 위해성 평가의 대상 및 방법 등에 관한 규정 [별표 5] 노출경로별 노출량 계산식

13 다음 중 미국 환경청이 개발한 소비자노출평가 모델로서 위해성 스크리닝을 목적으로 이용되는 것은?

① CEM
② ConsExpo
③ ECETOC–TRA
④ K–CHESAR

> **해설**
> ② ConsExpo : 네덜란드 국립공중보건환경연구소
> ③ ECETOC–TRA : 유럽 화학물질 생태독성 및 독성 센터
> ④ K–CHESAR : 한국화학물질관리협회

14 다음 중 제품함유 화학물질의 위해도 결정에 관한 내용으로 잘못된 것은?

① 비발암독성의 경우, 만성 노출인 NOAEL값을 적용한 경우 노출한계가 100 이하이면 위해가 있다고 판단한다.
② 발암위해도의 경우 노출한계가 10,000 이하인 경우 위해가 있다고 판단한다.
③ 초과발암확률이 10^{-6} 이상인 경우 발암위해도가 있다고 판단한다.
④ 환경에 미치는 위해도 판단은 위해지수가 1보다 클 경우 생태위해의 가능성이 있다고 판단한다.

> **해설**
> ③ 초과발암확률이 10^{-4} 이상인 경우 발암위해도가 있다고 판단한다.

15 어린이용 물놀이기구, 어린이 놀이기구, 자동차용 어린이 보호장치, 어린이용 비비탄총이 해당되는 기준은 다음 중 어느 것인가?

① 안전인증대상
② 안전확인대상
③ 공급자적합성확인대상
④ 안전기준대상

> **해설**
> 어린이제품 안전 특별법 시행규칙 [별표 1] 안전인증대상어린이제품의 종류 및 적용 안전기준

안전인증대상어린이제품	적용 안전기준
어린이용 물놀이기구	• 어린이제품 공통안전기준 • 어린이용 물놀이기구 안전기준
어린이 놀이기구	• 어린이제품 공통안전기준 • 어린이 놀이기구 안전기준
자동차용 어린이 보호장치	• 어린이제품 공통안전기준 • 자동차용 어린이 보호장치 안전기준
어린이용 비비탄총	• 어린이제품 공통안전기준 • 어린이용 비비탄총 안전기준

16 환경 매체 간의 거동을 모형화하여 인간과 환경에 대한 화학물질의 위해성을 평가하는 모델로서 Screening 모델로는 적합하지만 시간별·지역별 농도변화를 관찰할 수 없는 단점이 있는 것은?

① CEM
② EUSES
③ ConsExpo
④ ECETOC-TRA

해설
EUSES(European Union System for the Evaluation of Substances) 모델의 특징이다.

17 무색, 무미, 무취의 기체로서 상온에서 제일 밀도가 높은 비활성기체이고 흡입할 경우 폐암을 유발할 수 있는 물질은 어느 것인가?

① 라 돈
② 아르곤
③ 네 온
④ 제 논

해설
라돈은 불안정한 상태의 방사성 원소로 사람의 폐에 들어가게 되면 세포를 파괴, 유전자를 변형시켜 폐암을 유발할 수 있다.

18 안전확인대상생활화학제품 시험·검사 등의 기준 및 방법 등에 관한 규정에서 제시된 함량제한물질과 주 시험법의 연결이 옳지 않은 것은?

① 비소, 카드뮴 – AAS
② 폼알데하이드 – LC-MS
③ 휘발성유기화합물 – GC-MS
④ 차아염소산 – 적정법

해설
비소, 카드뮴 – ICP-MS

19 다음 중 안전확인대상생활화학제품이 아닌 것은?

① 섬유유연제   ② 수정테이프

③ 초   ④ 화장품

해설

안전확인대상생활화학제품 지정 및 안전·표시기준 [별표 1] 안전확인대상생활화학제품의 종류

분 류	품 목	
세정제품	• 세정제	• 제거제
세탁제품	• 세탁세제 • 섬유유연제	• 표백제
코팅제품	• 광택코팅제 • 녹 방지제 • 다림질보조제 • 경화제	• 특수목적코팅제 • 윤활제 • 마감제
접착·접합제품	• 접착제 • 경화촉진제	• 접합제
방향·탈취제품	• 방향제	• 탈취제
염색·도색제품	• 물체 염색제	• 물체 도색제
자동차 전용 제품	• 자동차용 워셔액	• 자동차용 부동액
인쇄 및 문서 관련 제품	• 인쇄용 잉크·토너 • 수정액 및 수정테이프	• 인 주
미용제품	• 미용 접착제	• 문신용 염료
여가용품 관리제품	운동용품 세정광택제	
살균제품	• 살균제 • 가습기용 항균·소독제	• 살조제 • 감염병예방용 방역 살균·소독제
구제제품	• 기피제 • 보건용 기피제 • 감염병 예방용 살서제	• 보건용 살충제 • 감염병 예방용 살충제
보존·보존처리제품	• 목재용 보존제	• 필터형 보존처리제품
기 타	• 초 • 인공 눈 스프레이 • 가습기용 생활화학제품	• 습기제거제 • 공연용 포그액

20 어린이용품 사용제한 환경유해인자와 그 용도가 옳게 연결된 것은?

① 다이-n-옥틸프탈레이트 – 어린이용 플라스틱 제품
② 다이아이소노닐프탈레이트 – 어린이용 목재 제품
③ 트라이뷰틸주석 – 어린이용 잉크 제품
④ 노닐페놀 – 어린이용 플라스틱 제품

해설

어린이용품 환경유해인자 사용제한 등에 관한 규정 [별표] 사용제한 환경유해인자 명칭 및 제한 내용

환경유해인자 명칭 (영문명, CAS 번호)	제한내용	용 도
다이-n-옥틸프탈레이트 (Di-n-octyl Phthalate ; DNOP, 000117-84-0)	경구노출에 따른 전이량 $9.90\times10^{-1}\mu g/cm^2/min$ 및 경피노출에 따른 전이량 $5.50\times10^{-2}\mu g/cm^2/min$을 초과하지 않아야 함	어린이용품 (어린이용 플라스틱 제품)
다이아이소노닐프탈레이트 (Diiosononyl Phthalate ; DINP, 028553-12-0)	경구노출에 따른 전이량 $4.01\times10^{-1}\mu g/cm^2/min$ 및 경피노출에 따른 전이량 $2.20\times10^{-2}\mu g/cm^2/min$을 초과하지 않아야 함	어린이용품 (어린이용 플라스틱 제품)
트라이뷰틸주석 (Tributyltin Compounds, 688-73-3)	트라이뷰틸 주석 및 이를 0.1% 이상 함유한 혼합물질 사용을 금지	어린이용품 (어린이용 목재 제품)
노닐페놀 (Nonylphenol, 025154-52-3)	노닐페놀 및 이를 0.1% 이상 함유한 혼합물질 사용을 금지	어린이용품 (어린이용 잉크 제품)

환경노출평가
(공기, 음용수, 토양)

1 시료채취 및 분석

① 전체 오염물질의 농도를 대표할 수 있도록 균질화된 시료를 수집해야 한다.

  ㉠ 균질화된 시료를 채취하기 어려울 경우 무작위적(임의적) 시료채취법(Random Sampling)을 이용할 수 있다.

  ㉡ 무작위적 시료채취법은 다양한 변이가 있는 환경매체 내에서 평균값에 가까운 측정값을 얻을 수 있다.

  ㉢ 환경매체의 오염도에 대한 추가 정보가 있는 경우 특정 지점으로 제한하여 시료를 채취할 수 있으며, 이 방법을 작위적 시료채취법(Judgemental Sampling)이라 한다.

  ㉣ 시료채취 장소 및 지점, 시료의 종류, 시료의 양, 시료 수, 시료채취에 필요한 도구 및 장비, 시료채취법을 고려하여 시료채취 계획을 수립하여야 한다.

② 시료채취 방법

  ㉠ 시료채취 장소 및 지점에 따라 오염물질의 농도가 다를 수 있으므로, 적절한 장소 및 지점을 선정해야 한다.

  ㉡ 시료채취 방법(시료 수집의 형태)

   • 용기시료(Grab Sample) : 일반적인 방법으로, 특정 장소와 특정 시간에 채취된 시료를 의미한다. 상대적으로 시료채취가 쉬워 모든 환경매체에 적용이 가능하지만 해당 매체에 대해서는 단편적인 정보만 제공한다는 단점이 있다.

   • 복합시료(Composite Sample) : 환경매체 내 용기시료 여러 개를 채취 후 혼합하여 하나의 시료로 균질화한 것으로, 특정 기간이나 공간 내의 오염도에 대해서 평균값을 얻을 수 있다. 여러 개의 용기시료를 분석하는 것보다 하나의 균질화된 시료를 분석하기 때문에 비용과 시간을 절감할 수 있다는 장점이 있지만 오염도에 대한 시간적, 공간적 변화에 대한 세부적인 정보를 얻기 어렵다.

   • 현장측정시료(In Situ Sample) : 현장에서 분석장비를 해당 매체에 직접 설치하고 실시간으로 시료를 채취하여 오염도를 관찰하는 것으로, 이 방법은 환경매체의 오염도가 시간에 따라 지속적으로 변하는 경우에 적용한다.

  ㉢ 시료의 양

   • 환경매체의 특성과 오염도를 고려하여 시료의 양을 적절히 채취하여야 한다.

   • 무작위적 시료채취 방법을 통하여 시료를 채취할 경우 오염도가 너무 높거나 너무 낮은 지점에서 적은 양의 시료를 채취하게 되면 환경매체에 대한 조성 및 오염도에 대한 대표성이 떨어질 수 있고, 반대로 시료를 너무 많이 채취하는 경우에는 시료의 전처리와 분석에 많은 시간과 비용이 소요된다.

- 시료의 전처리 및 분석방법에 따라 요구되는 시료의 양이 다를 수 있으므로 분석방법에 대한 사전 확인이 필요하며, 특히 분석대상 물질의 농도가 기기의 검출한계보다 낮을 경우 시료에 대한 농축이 필요할 수 있으므로 충분한 양의 시료를 채취하여야 한다.

[대기 시료채취 방법]

가스상 물질	
직접채취법	• 시료를 분석장치(측정기)에 직접 도입하여 현장에서 분석하는 방법이다. • 채취관 – 분석장치 – 흡입펌프로 구성한다.
용기채취법	• 시료를 일정한 용기에 채취한 후 실험실로 운반하여 분석하는 방법이다. • 채취관 – 용기 또는 채취관 – 유량조절기 – 흡입펌프 – 용기로 구성한다.
용매채취법	• 측정대상 기체와 선택적으로 흡수 또는 반응하는 용매에 시료가스를 일정 유량으로 통과시켜 채취하는 방법이다. • 채취관 – 여과재 – 채취부 – 흡입펌프 – 유량계(가스미터)로 구성한다.
고체흡착법	• 활성탄, 실리카겔과 같은 고체분말 표면에 기체가 흡착되는 것을 이용하는 방법이다. • 흡착관 – 유량계 – 흡입펌프로 구성한다.
저온농축법	• 탄화수소와 같은 기체성분을 냉각제로 냉각·응축시켜 공기로부터 분리 채취하는 방법으로, 주로 기체크로마토그래프(GC)나 GC/MS 분석기에 이용한다. • 여과지홀더(여과지 장착) – 흡입펌프 – 유량계로 구성한다.
입자상 물질	
저용량 공기채취법	• 기류를 여과지에 통과시켜 여과지상의 대기 중에 부유하고 있는 $10\mu m$ 이하의 입자상 물질을 채취한다. • 흡입펌프 – 분립장치 – 여과지홀더 – 유량측정부로 구성한다.
고용량 공기채취법	• 기류를 여과지에 통과시켜 여과지상의 대기 중에 부유하고 있는 $0.1{\sim}100\mu m$의 입자상 물질을 채취한다. • 공기흡입부 – 여과지홀더 – 유량측정부 – 보호상자로 구성한다.

[수질 시료채취 방법]

배출허용기준 적합 여부 판정을 위한 시료채취	
수동 및 자동 채취방법	• 수동으로 시료를 채취할 경우에는 30분 이상 간격으로 2회 이상 채취하여 일정량의 단일시료로 한다. 단, 부득이한 사유로 6시간 이상 간격으로 채취한 시료는 각각 측정분석한 후 산술평균하여 결과값을 산출한다. • 자동시료채취기로 시료를 채취할 경우에는 6시간 이내에 30분 이상 간격으로 2회 이상 채취하여 일정량의 단일시료로 한다.
측정항목에 따른 채취방법	• 수소이온농도(pH), 수온 등 현장에서 즉시 측정하여야 하는 항목인 경우에는 30분 이상 간격으로 2회 이상 측정한 후 산술평균하여 측정값을 산출한다. • 사이안(CN), 노말헥세인추출물질, 대장균군 등 시료채취기구 등에 의하여 시료의 성분이 유실 또는 변질 등의 우려가 있는 경우에는 30분 이상 간격으로 2개 이상의 시료를 채취하여 각각 분석한 후 산술평균하여 분석값을 산출한다.
복수시료채취 방법 적용을 제외할 수 있는 경우	• 환경오염사고 또는 취약시간대(18:00~09:00)의 환경오염감시 등 신속한 대응이 필요한 경우 제외할 수 있다. • 사업장 내에서 발생하는 폐수를 회분식(Batch Type) 등 간헐적으로 처리하여 방류하는 경우 제외할 수 있다. • 기타 부득이 복수시료채취 방법으로 시료를 채취할 수 없을 경우 제외할 수 있다.

하천수 및 지하수 수질조사를 위한 시료채취	
하천수	• 시료는 시료의 성상, 유량, 유속 등의 시간에 따른 변화(폐수의 경우 조업상황 등)를 고려하여 현장물의 성질을 대표할 수 있도록 채취하여야 한다. • 수질 또는 유량의 변화가 심하다고 판단될 때에는 오염상태를 잘 알 수 있도록 시료의 채취횟수를 늘려야 하며, 이때에는 채취 시의 유량에 비례하여 시료를 서로 섞은 다음 단일시료로 한다.
지하수	• 지하수 침전물로부터 오염을 피하기 위하여 보존 전에 현장에서 여과($0.45\mu m$)하는 것을 권장한다. • 단, 기타 휘발성 유기화합물과 민감한 무기화합물질을 함유한 시료는 그대로 보관한다.

[토양 시료채취 방법]

일반 지역	
시료채취 지점 선정	• 대상지역을 대표할 수 있는 토양시료를 채취하기 위하여 농경지의 경우는 대상지역 내에서 지그재그형으로 5~10개 지점을 선정한다. • 공장지역, 매립지역, 시가지지역 등 농경지가 아닌 기타 지역의 경우 대상지역의 중심이 되는 1개 지점과 주변 4방위의 5~10m 거리에 있는 1개 지점씩 총 5개 지점을 선정하되, 대상지역에 시설물 등이 있어 각 지점 간의 간격의 불충분할 경우 간격을 적절히 조절할 수 있다.
시료채취 방법	• 토양오염도 검사를 위해서는 표토층(0~15cm) 또는 필요에 따라 일정 깊이 이하의 토양시료를 채취할 수 있다. • 토양시료 채취 시 토양 표면의 잡초나 유기물 등 이물질 층을 제거한 후 토양시료채취기로 약 0.5kg을 채취한다. • 채취한 토양시료 중 약 300g을 분취하여 pH, 중금속 및 플루오린 시험용 시료는 폴리에틸렌 봉투에, 사이안 및 유기물질 시험용 시료는 입구가 넓은 유리병에 넣어 보관한다.

토양오염관리대상시설 지역	
시료채취 지점 선정	• 토양오염관리대상시설 부지의 경계선으로부터 1m 이내의 지역 중 해당 시설이 아닌 다른 오염원으로부터 오염되었을 개연성이 없다고 판단되는 1개 지점에서 부지 내의 시료채취 지점 중 깊이가 가장 깊은 곳을 기준으로 하고, 그 깊이는 표토에서 해당 깊이까지로 한다.
시료채취 방법	• 토양시료는 직경 2.5cm 이상의 시료채취 봉이 들어 있는 타격식이나 나선 형식의 토양시추장비로 채취한다. • 이때 사용하는 시추장비는 시추 중에 물이나 기름이 유입되지 않는 것이어야 한다. • 시료채취 봉을 꺼내어 오염의 개연성이 가장 높다고 판단되는 부위 ±15cm를 시료 부위로 하지만, 오염의 개연성이 판단되지 않을 경우 제일 하부의 토양 30cm를 시료 부위로 사용한다.

 ㉣ 시료의 수
  • 참값에 가까운 측정값을 얻기 위해서는 채취하는 시료의 양뿐만 아니라 충분한 개수의 시료가 수집되어야 한다.
  • 참값과 평균값, 시료개수 간의 관계(토양오염물질 위해성 평가 지침 서식 1)

$$C_s = x + t_{95\%df}\frac{\sigma}{\sqrt{n_2}}$$

$$n_2 \geq \left(\frac{1.645 + 0.842}{D}\right)^2 + 0.5 \times 1.645^2$$

  여기서, C_s : 노출농도(mg/kg), 참값

     x : 오염농도 측정치 평균값

    $t_{95\%df}$: 95% t-통계값

     σ : 표준편차

     n_1 : 실제 시료채취 개수

     n_2 : 통계학적 시료채취 개수

     D : 비교기준치 민감도[$D = \dfrac{0.4}{CV}$, CV : 변동계수($CV = \dfrac{\sigma}{x}$)]

  시료의 수(n_1)가 증가하면 평균 측정값은 점진적으로 참값에 가까워지지만, 시료의 수가 너무 많으면 시간과 비용이 증가되기 때문에 시료의 특성과 분석의 목적에 따라 적절한 시료 수를 결정해야 한다.

  • 환경분야 시험·검사 등에 관한 법률 제6조(환경오염공정시험기준)에 환경매체별로 요구되는 적정 또는 최소 시료 수가 규정되어 있지만, 환경오염공정시험기준은 환경매체(물, 공기, 토양 등)의 보전을 위한 기준의 적합 여부를 시험 또는 판정이 그 목적이다.
  • 환경노출평가를 목적으로 하는 시료의 수를 결정할 때에는 환경오염공정시험기준을 참고로 하되, 환경매체의 예상 농도 및 노출경로 등을 고려하여 적절한 시료의 수를 결정하여야 한다.

③ 시료의 보관·운반

 ㉠ 시료를 채취한 다음 가능한 빠른 시간 내에 분석하여야 하며, 만약 그렇지 못할 경우 환경매체별·측정항목별 시료의 보존방법에 따라 전처리하여야 하고 규정된 시간 내에 분석하여야 한다.
  • 모든 시료는 분석 전까지 냉장보관하여야 한다.
  • 시료를 시료채취 장소에서 다른 장소로 운송할 때에는 시료의 손실이나 파괴가 없도록 물리적·화학적 충격을 최소화하여야 하며, 이를 위하여 충전(Packing)을 하고 시료의 변질을 막기 위하여 충전 시에 냉장팩을 사용한다.
  • 액체시료의 경우에는 운송 전후에 시료 용액이 담긴 용기의 바깥쪽에 높이를 표시하고, 시료가 캐니스터(Canister)에 담겨 있을 때에는 운송 전후에 캐니스터의 압력을 기록하여 운송 시에 손실이 없음을 확인한다.

ⓛ 환경대기시료(대기오염공정시험기준, ES 01115)
- 습기에 민감한 고체시료는 고체 건조제를 시료 용기의 밑에 넣고 뚜껑을 닫아 밀봉하고, 시료가 채취된 여과지는 채취면을 위로 하여 플라스틱 시료채취 주머니에 넣어 밀봉한다.
- 수용성 액체시료는 햇빛에 민감한 경우 갈색병에 담아서 보관하여야 하며, 보관 시에는 유리용기보다는 가능한 폴리에틸렌병을 사용하도록 한다.
- 흡착관은 스테인리스강 또는 파이렉스(Pyrex) 유리로 된 관에 측정 대상 성분에 따라 흡착제를 선택하여 각 흡착제의 파과부피(Breakthrough Volume)를 고려하여 일정량 이상으로 충전한 후에 사용한다. 각 흡착제는 반드시 지정된 최고온도범위와 기체유량을 고려하여 사용하여야 하며, 흡착관은 사용하기 전에 반드시 컨디셔닝(Conditioning) 단계를 거쳐야 한다. 컨디셔닝 후에 테플론 마개나 테플론 관접합부(Ferrule)을 사용하여 양 끝을 막고 24시간 이내에 사용하지 않을 경우 4℃의 냉암소에 보관한다. 흡착관은 반드시 시료 채취 방향을 표시해 주고 고유번호를 적도록 한다.

ⓒ 수질시료(수질오염공정시험기준, ES 04130.1e)
- 채취한 시료를 즉시 분석할 수 없는 경우에는 수질오염공정시험기준 'ES 04130.1e 표 1. 보존방법'에 따라 보존하고 어떠한 경우에도 보존기간 이내에 분석을 실시하여야 한다.
- 클로로필a 분석용 시료는 즉시 여과하여 여과한 여과지를 알루미늄 포일로 싸서 −20℃ 이하에서 보관하며, 여과한 여과지는 상온에서 3시간까지 보관할 수 있고 냉동 보관 시에는 25일까지 가능하다. 만약, 즉시 여과할 수 없다면 시료를 빛이 차단된 암소에서 4℃ 이하로 냉장하여 보관하고 채수 후 24시간 이내에 여과하여야 한다.
- 사이안 분석용 시료에 잔류염소가 공존할 경우 시료 1L당 아스코르브산 1g을 첨가하고, 산화제가 공존할 경우에는 사이안을 파괴할 수 있으므로 채수 즉시 이산화비소산나트륨 또는 싸이오황산나트륨을 시료 1L당 0.6g을 첨가한다.
- 암모니아성 질소 분석용 시료에 잔류염소가 공존할 경우 증류과정에서 암모니아가 산화되어 제거될 수 있으므로 시료채취 즉시 싸이오황산나트륨 용액(0.09%)을 첨가한다.
- 페놀류 분석용 시료에 산화제가 공존할 경우 채수 즉시 황산암모늄철 용액을 첨가한다.
- 비소와 셀레늄 분석용 시료를 pH 2 이하로 조정할 때에는 질산(1+1)을 사용할 수 있으며, 시료가 알칼리화되어 있거나 완충효과가 있다면 첨가하는 산의 양을 질산(1+1) 5mL까지 늘려야 한다.
- 저농도 수은(0.0002mg/L 이하) 분석용 시료는 보관기간 동안 수은이 시료 중의 유기성 물질과 결합하거나 벽면에 흡착될 수 있으므로 가능한 빠른 시간 내에 분석하여야 하고, 용기 내 흡착을 최대한 억제하기 위하여 산화제인 브로민산/브로민 용액(0.1N)을 분석하기 24시간 전에 첨가한다.
- 다이에틸헥실프탈레이트 분석용 시료에 잔류염소가 공존할 경우 시료 1L당 싸이오황산나트륨 80mg을 첨가한다.

- 1,4-다이옥산, 염화바이닐, 아크릴로나이트릴 및 브로모폼 분석용 시료에 잔류염소가 공존할 경우 시료 40mL(잔류염소 농도 5mg/L 이하)당 싸이오황산나트륨 3mg 또는 아스코르브산 25mg을 첨가하거나 시료 1L당 염화암모늄 10mg을 첨가한다.
- 휘발성 유기화합물 분석용 시료에 잔류염소가 공존할 경우 시료 1L당 아스코르브산 1g을 첨가한다.
- 식물성 플랑크톤을 즉시 시험하는 것이 어려울 경우 포르말린 용액을 시료의 3~5% 가하여 보존해야 하며, 침강성이 좋지 않은 남조류나 파괴되기 쉬운 와편모조류와 황갈조류 등은 글루타르알데하이드나 루골용액을 시료의 1~2% 가하여 보존한다.

ⓔ 토양시료(토양오염공정시험기준, ES 07130.c)
- 채취한 토양시료 중 약 300g을 분취하여 수소이온농도, 중금속 및 플루오린 시험용 시료는 폴리에틸렌 봉투에, 사이안 및 유기물질 시험용 시료는 입구가 넓은 유리병에 넣어 보관한다.
- 벤조(a)피렌, 석유계 총탄화수소, 벤젠, 톨루엔, 에틸벤젠, 자일렌 및 트라이클로로에틸렌, 테트라클로로에틸렌, 1,2-다이클로로에테인 시험용 시료는 시료채취 즉시 한쪽이 터진 10mL 부피의 테플론, 스테인리스, 알루미늄 또는 유리재질의 주사기 또는 코어샘플러를 사용하여 3곳에서 각각 약 2mL씩 채취한 5~10g의 토양을 미리 준비한 시험관에 넣고, 마개로 막아 밀봉한 후 0~4℃의 냉장상태로 실험실로 운반한다.
- 채취한 토양시료 중 나머지는 입구가 넓은 200mL 이상 용량의 유리병에 가득 담고 마개로 막아 밀봉한 후 0~4℃의 냉장상태로 실험실로 운반하여 수분보정용 시료로 사용한다.
- 시료용기에는 채취날짜, 위치, 시료명, 토양깊이, 채취자 등 시료내역을 기재해야 하며, 특히 석유계 총탄화수소 시험용 시료의 시료용기에는 저장시설에 보관된 유류의 종류 및 제조회사명을 기재한다.

④ 환경시료 분석
ⓖ 분석방법
- 건식분석 : 분석하고자 하는 물질을 가열 또는 건조, 태워서 성분을 분석하는 방법으로 광물 내의 원소분석이나 분말가루의 정성분석에 이용한다.
- 습식분석 : 수용액 상태로 존재하는 화학물질을 분석하기 위하여 시료에 시약을 넣어 반응시킨 다음 발생된 반응물을 분석하는 방법이다.
- 기기분석법 : 분석하고자 하는 물질의 물리·화학적 특성을 측정하여 성분을 분석하는 방법이다. 분석기기는 신호발생장치(Signal Generator), 검출기(Detector), 신호처리기(Signal Processor), 출력장치(Readout) 등으로 구성되고 분리기법, 질량분석법, 분광분석법, 전기화학분석법, 혼성분석기법 등의 종류가 있다. 최근에는 기기분석법의 발달로 측정값의 정확도와 정밀도가 높아졌으며, 기기의 조작이 자동화·신속화·연속화되어 사람에 의한 오차가 줄어들어 측정값에 대한 신뢰도가 향상되었다.

[기기분석법의 종류]

분석방법	내 용
분리기법 (Separation Process)	혼합되어 있는 물질에서 각 화학물질별 다양한 흡착 및 이동능력을 이용하여 물질을 분리해 내는 방법으로 기체크로마토그래피(GC), 액체크로마토그래피(LC)가 있다.
질량분석법 (Mass Spectroscopy)	환경시료 안에 있는 화학물질의 분자를 이온화시킨 후 전자기장을 이용하여 질량에 따라 분리시키고 질량/이온화비(m/z, mass to charge)를 검출하여 분석하는 방법이다.
분광분석법 (Spectroscopy)	환경시료 안에 있는 분자의 종류에 따라 전자기파의 상호작용이 다르다는 특성을 이용하여 시료의 화학물질을 분리하는 방법으로 원자흡수분광법(AAS ; Atomic Absorption Spectroscopy), 유도결합플라스마법(ICP ; Inductively Coupled Plasma), 적외선/가시광선 분광법(UV-Visible Spectroscopy), 적외선 분광법(IR ; Infrared Spectroscopy), X-ray 형광분광법(Fluorescence Spectroscopy) 등이 있다.
전기화학분석법 (Electrochemical Analysis)	분석대상 물질의 전위(Electric Potential)를 측정하는 방법으로, 이온전극법(Electrode Method)이 있다.
혼성분석기법 (Hybrid Analytical Techniques)	몇 가지 분석기법을 같이 사용하여 분석하는 것으로, 단일분석기법보다 높은 정확도와 신뢰도를 가질 수 있다. 기체크로마토그래피-질량분석기(GC-MS), 액체크로마토그래피-질량분석기(LC-MS), 유도결합플라스마-질량분석기(ICP-MS) 등이 있다.

[기기분석법의 전처리 방법]

전처리 방법		내 용
추출 (Extrac- tion)	속슬렛(Soxhlet) 추출	고체시료에 용매를 작용시켜 표적물질을 시료로부터 분리하는 방법이다.
	액-액 추출(LLE)	액체시료에 용제를 작용시켜 표적물질을 시료로부터 분리하는 방법이다.
	고체상 추출(SPE)	고형 흡착제에 표적물질을 흡착시켜 시료로부터 분리하는 방법이다.
농축 (Concen- tration)	가열농축	시료에 열을 가하여 용매를 증발시키고 용질을 축적시키는 방법이다.
	감압농축	대기압 이하에서 시료에 열을 가하여 용매를 증발시키고 용질을 축적시키는 방법이다.
	통풍농축	시료에 열풍, 질소 등을 통과시켜 용매를 증발시키고 용질을 축적시키는 방법이다.
	냉동농축	시료를 냉동시켜 용매는 얼음 고체로 되고, 용질은 액체로 분리되어 농축되는 방법이다.
정제(Purification)		시료 중 불순물을 제거하는 방법으로 활성탄, 실리카겔, 플로리실(Florisil) 등을 충진제로 정제한다.

2 분석 정도관리

① 바탕시료(Blank)
  ㉠ 방법바탕(Method Blank)시료는 시료와 유사한 매질을 사용하여 시료를 제조한 후 추출, 농축, 정제 및 분석과정에 따라 분석한 것을 정도관리에 적용한다.
  ㉡ 시약바탕(Reagent Blank)시료는 시약과 매질을 사용하여 시료를 제조한 후 추출, 농축, 정제 및 분석과정에 따라 분석한 것을 정도관리에 적용한다.
    • 매질, 실험절차, 시약 및 측정장비 등으로부터 발생하는 오염물질을 확인할 수 있다.
② 검정곡선(검량선, Calibration Curve) : 분석물질의 농도변화에 따른 측정값의 변화를 수식으로 나타낸 것이다. 시료 중 분석대상 물질의 농도범위가 포함되도록 범위를 설정하고, 검정곡선 작성용 표준용액은 가급적 시료의 매질과 비슷하게 제조하여야 한다.
  ㉠ 외부검정곡선법(External Standard Method)
    • 시료의 농도와 측정값의 상관관계를 검정곡선식에 대입하여 계산하는 방법이다.
    • 검정곡선은 직선성이 유지되는 농도범위 내에서 표준물질 농도 3~5개를 사용하여 1차 방정식으로 표현하는 방법으로, 시료의 측정값을 1차 방정식에 대입하여 농도값을 역으로 산출한다.
    • 검정곡선의 감응계수가 상대표준편차의 허용범위를 벗어나면 재작성한다.

$$감응계수 = R/C$$

여기서, C : 표준용액의 농도, R : 반응값

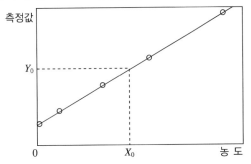

[외부검정곡선법을 이용한 검정곡선]

  ㉡ 표준물첨가법(Standard Addition Method)
    • 시료와 동일한 매질에 일정량의 표준물질을 첨가하여 검정곡선을 작성하는 방법이다.
    • 매질효과가 큰 시험 분석방법에서 분석대상 시료와 동일한 매질의 표준시료를 확보하지 못한 경우에 매질효과를 보정하여 분석할 수 있는 방법이다.

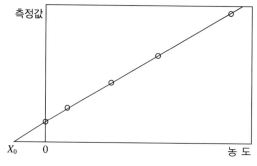

[표준물첨가법을 이용한 검정곡선]

ⓒ 내부표준법(Internal Standard Calibration)

- 시료와 검정곡선 작성용 표준용액에 동일한 양의 내부표준물질을 첨가하여 시험분석 절차, 기기 또는 시스템의 변동으로 발생하는 오차를 보정하기 위해 사용하는 방법이다.
- 시험 분석하려는 성분과 물리 · 화학적 성질은 유사하지만, 시료에는 없는 순수물질을 내부표준 물질로 선택한다.
- 일반적으로 내부표준물질로는 분석하려는 성분에 동위원소가 치환된 것을 많이 사용한다.

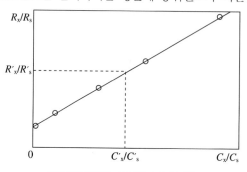

[내부표준법을 이용한 검정곡선]

③ 검출한계 : 시험분석 대상을 검출할 수 있는 최소 농도 또는 양이다.

ㄱ 기기검출한계(IDL ; Instrument Detection Limit)

- 일반적으로 신호-잡음비(S/N비, Signal to Noise Ratio)를 구하여 2~5배 농도 또는 바탕시료를 반복 측정 분석한 결과의 표준편차에 3을 곱한(3배) 값 등을 의미한다.
- 잡음(Noise)이란 분석기기에서 시료를 주입하지 않았을 때 바탕선이 흔들리는 크기를 의미한다.

ㄴ 방법검출한계(MDL ; Method Detection Limit)

- 시료와 비슷한 매질 중에서 시험분석 대상을 검출할 수 있는 최소한의 농도이다.
- 제시된 정량한계 부근의 농도를 포함하도록 준비한 n개의 시료를 반복 측정하여 얻은 결과의 표준편차(σ)에 99%(유의수준 $a = 0.01$) 신뢰도에서의 t-분포값을 곱한 것이다.

$$MDL = t_{(n-1, \, a = 0.01)} \times \sigma$$

※ 자유도에 따른 t-분포값

자유도($n-1$)	2	3	4	5	6	7	8	9
t-분포값 [$t_{(n-1,\ a=0.01)}$]	6.96	4.54	3.75	3.36	3.14	3.00	2.90	2.82

    예 5회 반복 측정값의 표준편차(σ)가 10이라고 한다면 t-분포값은 3.75이므로 방법검출한계는 37.5가 된다.

ⓒ 정량한계(LOQ ; Limit Of Quantification)
- 시험분석 대상을 정량화할 수 있는 최소 농도이다.
- 제시된 정량한계 부근의 농도를 포함하도록 시료를 준비하고 이를 반복 측정하여 얻은 결과의 표준편차(σ)에 10을 곱한(10배) 값을 사용한다.

$$LOQ = 10 \times \sigma$$

ⓓ 현장 이중시료(Field Duplicate)
- 동일 위치에서 동일한 조건으로 중복 채취한 시료로서 독립적으로 분석하여 비교한다.
- 현장 이중시료는 필요시 하루에 20개 이하의 시료를 채취할 경우에는 1개를, 그 이상의 시료를 채취할 때에는 시료 20개당 1개를 추가로 채취한다.
- 동일한 조건에서 측정한 두 시료의 측정값 차이를 두 시료 측정값의 평균값($\overline{x}$)으로 나누어 상대편차백분율(RPD ; Relative Percent Difference)을 산정한다.

$$RPD(\%) = \frac{C_2 - C_1}{\overline{x}} \times 100$$

ⓔ 정밀도(Precision)
- 시험분석 결과의 반복성을 나타내는 것으로, 반복시험하여 얻은 결과를 상대표준편차(RSD ; Relative Standard Deviation)로 나타낸다.
- 연속적으로 n회 측정한 결과의 평균값($\overline{x}$)과 표준편차(σ)로 구한다.

$$정밀도(\%) = \frac{\sigma}{\overline{x}} \times 100$$

ⓕ 정확도(Accuracy)
- 시험분석 결과가 참값에 얼마나 근접하는가를 나타내는 것으로 동일한 매질의 인증시료를 확보할 수 있는 경우에 표준절차서(SOP ; Standard Operational Procedure)에 따라 인증표준물질을 분석한 결과값(C_M)과 인증값(C_C)의 상대백분율로 산정한다.
- 인증시료를 확보할 수 없는 경우에는 해당 표준물질을 첨가하여 시료를 분석한 분석값(C_{AM})과 첨가하지 않은 시료의 분석값(C_S)과의 차이를 첨가농도(C_A)의 상대백분율 또는 회수율로 산정한다.

$$정확도(\%) = \frac{C_M}{C_C} \times 100 = \frac{C_{AM} - C_S}{C_A} \times 100$$

[정밀도, 정확도, 오차]

정밀도	재현성(Reproducibility)과 관련되며 측정값들이 서로 얼마나 가까운가를 나타낸다.
정확도	측정값이 실제값에 얼마나 가까운지를 나타낸다.
구조적 오차 (Systematic Error)	실제값보다 항상 높거나 혹은 항상 낮은 값들을 만드는데, 이 오차는 실험 시스템의 일부이다(잘못된 측정도구나 측정값을 읽는 실수).
임의적 오차 (Random Error)	구조적 오차가 없을 때 실제값보다 높거나 낮은 값을 만들어 내는 것으로, 측정자의 숙련도와 기기의 정밀도가 원인이다.

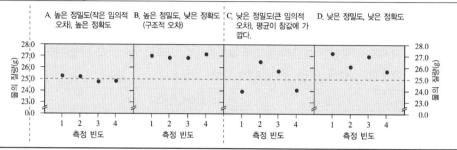

01 다음 중 환경매체의 오염도가 시간에 따라 지속적으로 변하는 경우 가장 적합한 시료채취 방법은 무엇인가?

① 용기시료
② 분할시료
③ 현장측정시료
④ 복합시료

02 다음 중 탄화수소와 같은 기체성분을 냉각제로 냉각·응축시켜 공기로부터 분리 채취하는 방법으로, 주로 GC나 GC-MS 분석에 이용되는 방법은 무엇인가?

① 저온농축법
② 고체흡착법
③ 용매채취법
④ 용기채취법

해설
가스상 물질의 대기 시료채취 방법에는 직접채취법, 용기채취법, 용매채취법, 고체흡착법, 저온농축법이 있다.

03 다음 중 환경매체인 토양의 시료채취 방법으로 옳지 않은 것은?

① 토양오염관리대상시설 지역의 토양시료는 직경 2.5cm 이상의 시료채취 봉이 들어 있는 타격식이나 나선 형식의 토양시추장비를 이용한다.
② 일반지역의 토양오염도 검사를 위해서는 표토층 또는 필요에 따라 일정 깊이 이하의 시료를 채취할 수 있다.
③ 토양 표면의 잡초나 유기물 등 이물질 층을 제거한 후 토양시료채취기로 약 3kg을 채취한다.
④ 채취한 토양시료 중 약 300g을 분취하여 pH, 중금속 및 플루오린 시험용 시료는 폴리에틸렌 봉투에, 사이안 및 유기물질 시험용 시료는 입구가 넓은 유리병에 넣어 보관한다.

해설
③ 토양 표면의 잡초나 유기물 등 이물질 층을 제거한 후 토양시료채취기로 약 0.5kg을 채취한다.

04 다음 중 환경매체 시료의 수 결정에 대한 설명으로 가장 옳지 않은 것은?

① 참값에 가까운 측정값을 얻기 위해서는 채취하는 시료의 양뿐만 아니라 충분한 개수의 시료가 수집되어야 한다.

② 시료의 수가 증가하면 평균 측정값은 점진적으로 참값에 가까워지지만, 시료의 수가 너무 많으면 시간과 비용이 증가되기 때문에 시료의 특성과 분석의 목적에 따라 적절한 시료 수를 결정해야 한다.

③ 환경노출평가를 목적으로 하는 시료의 수를 결정할 때에는 환경오염공정시험기준을 참고로 하되, 환경매체의 예상 농도 및 노출경로 등을 고려하여 적절한 시료의 수를 결정하여야 한다.

④ 토양오염물질 위해성 평가 지침에 의하면 통계학적 시료의 수를 결정하기 위한 식으로 $n_2 \geq \left(\dfrac{1.645 + 0.842}{D} \right)^2 + 0.5 \times 1.645^2$ 을 제시하고 있으며, 여기서 D는 변동계수를 의미한다.

> **해설**
>
> ④ D는 비교기준치 민감도 $\left(D = \dfrac{0.4}{CV} \right)$ 이며, CV는 변동계수 $\left(CV = \dfrac{\sigma}{x} \right)$ 를 나타낸다.

05 다음 중 채취한 수질시료 내에 존재하는 방해물질이 다른 목적 성분은 어느 것인가?

① 페놀류

② 사이안(CN)

③ 암모니아성 질소

④ 휘발성 유기화합물

> **해설**
>
> 목적 성분에 대한 방해물질
> - 잔류염소 : 사이안, 암모니아성 질소, 다이에틸헥실프탈레이트, 1,4-다이옥산, 염화바이닐, 아크릴로나이트릴, 브로모폼, 휘발성 유기화합물
> - 산화제 : 페놀류

06 다음 중 분자의 종류에 따라 전자기파의 상호작용이 다르다는 특성을 이용하여 환경시료 내에 있는 목적 성분을 분석하는 기기분석법은 어느 것인가?

① 분리기법
② 질량분석법
③ 분광분석법
④ 전기화학분석법

해설
분광분석법으로는 AAS, ICP, UV–Vis, IR, X–ray 등이 있다.

07 다음 중 기기분석법의 전처리 방법이 아닌 것은?

① 추출(Extraction)
② 농축(Concentration)
③ 정제(Purification)
④ 분리(Separation)

해설
기기분석법의 전처리 방법으로는 크게 추출, 농축, 정제가 있다.

08 기기분석의 정도관리에 있어서 외부검정곡선법을 적용할 경우 검정곡선의 감응계수가 상대표준편차의 허용범위를 벗어나면 재작성해야 한다. 다음 중 감응계수를 옳게 표현한 것은?(단, C : 표준용액의 농도, R : 반응값)

① $\dfrac{R}{C}$

② $\dfrac{C}{R}$

③ $R \times C$

④ $\dfrac{\sqrt{R}}{C}$

09 다음 중 기기분석의 정도관리에 있어서 분석대상 시료와 동일한 매질의 표준시료를 확보하지 못한 경우 매질효과를 보정하여 분석할 수 있는 방법은 어느 것인가?

① 외부검정곡선법
② 표준물첨가법
③ 내부표준법
④ 습식분석법

해설

기기분석의 검정곡선법에는 외부검정곡선법, 표준물첨가법, 내부표준법이 있으며, 매질효과가 큰 시험 분석방법에서 시료와 동일한 매질에 일정량의 표준물질을 첨가하여 검정곡선을 작성하는 방법은 표준물첨가법이다.

10 다음 중 시험분석 절차, 기기 또는 시스템의 변동으로 발생하는 오차를 보정하기 위해서 목적 성분에 동위원소가 치환된 표준물질을 사용하여 검정곡선을 작성하는 방법은 무엇인가?

① 외부검정곡선법
② 표준물첨가법
③ 내부표준법
④ 습식분석법

11 다음 중 검출한계에 대한 설명으로 잘못된 것은?

① 기기검출한계는 일반적으로 신호-잡음비를 구하여 2~5배 농도 또는 바탕시료를 반복 측정 분석한 결과의 표준편차에 10을 곱한 값 등을 의미한다.
② 방법검출한계는 시료와 비슷한 매질 중에서 시험분석 대상을 검출할 수 있는 최소한의 농도이다.
③ 정량한계는 시험분석 대상을 정량화할 수 있는 최소 농도이다.
④ 현장 이중시료는 동일 위치에서 동일한 조건으로 중복 채취한 시료를 말한다.

해설

① 기기검출한계는 일반적으로 신호-잡음비를 구하여 2~5배 농도 또는 바탕시료를 반복 측정 분석한 결과의 표준편차에 3을 곱한 값 등을 의미한다.

12 다음 중 시험분석 대상을 정량화할 수 있는 최소 농도인 정량한계(LOQ)를 가장 정확하게 표현한 것은?

① $LOQ = 2 \times \sigma$

② $LOQ = 3 \times \sigma$

③ $LOQ = 5 \times \sigma$

④ $LOQ = 10 \times \sigma$

【해설】
정량한계 부근의 농도가 포함된 시료를 반복 측정하여 얻은 결과의 표준편차의 10배 값이다.

13 시험분석 결과의 반복성을 나타내는 것으로, 반복시험하여 얻은 결과를 상대표준편차로 나타내는 정도관리요소는 무엇인가?

① 정확도

② 정밀도

③ 정량한계

④ 검출한계

14 정밀도를 옳게 표현한 것은?(단, 평균값은 연속적으로 n회 측정한 결과의 평균)

① 정밀도(%) = (평균값 / 표준편차) × 100

② 정밀도(%) = (표준편차 / 평균값) × 100

③ 정밀도(%) = (상대편차 / 평균값) × 100

④ 정밀도(%) = (평균값 / 상대편차) × 100

15 다음 중 정밀도(Precision)와 정확도(Accuracy)에 대한 설명으로 잘못된 것은?

① 정밀도는 반복시험하여 얻은 결과를 상대표준편차로 나타낸다.
② 연속적으로 n회 측정한 결과의 평균값과 표준편차로 정밀도를 구할 수 있다.
③ 정확도는 측정값이 실제값과 얼마나 가까운지를 나타낸다.
④ 측정자의 숙련도와 기기의 정밀도가 원인인 구조적 오차가 발생할 수 있다.

해설

구조적 오차는 실험 시스템의 일부로서 잘못된 측정도구나 측정값을 읽는 실수를 말하며, 임의적 오차는 구조적 오차가 없을 때 실제값보다 높거나 낮은 값을 만들어 내는 것으로 측정자의 숙련도와 기기의 정밀도가 원인이다.

16 다음 중 몇 가지 분석기법을 같이 사용하여 분석하는 것으로, 단일분석기법보다 높은 정확도와 신뢰도를 가질 수 있는 기기분석법은?

① 질량분석법   ② 분광분석법
③ 혼성분석기법   ④ 전기화학분석법

17 다음 중 시료에 열풍, 질소 등을 통과시켜 용매를 증발시키고 용질을 축적시키는 전처리 방법은?

① 가열농축   ② 감압농축
③ 통풍농축   ④ 냉동농축

18 무작위적 환경시료채취법에 대한 설명으로 옳은 것은?

① 환경매체의 오염도에 대한 추가 정보가 있는 경우
② 균질화된 시료의 채취가 가능할 경우
③ 특정 장소를 제한하여 시료채취가 가능할 경우
④ 다양한 변이가 있는 환경매체에서 평균값에 가까운 측정값을 얻고자 할 경우

15 ④ 16 ③ 17 ③ 18 ④ **정답**

19 동일한 조건에서 측정한 두 시료의 측정값이 각각 45mg/L 및 65mg/L이었다. 상대편차백분율은 얼마인가?

① 36.4%
② 40.2%
③ 55.0%
④ 62.5%

해설

$$상대편차백분율(RPD, \%) = \frac{C_2 - C_1}{\bar{x}} \times 100 = \frac{65 - 45}{55} \times 100$$
$$= 36.4\%$$

여기서, $\bar{x}$: 평균값

20 다음은 토양시료의 보관에 관한 내용이다. 빈칸에 들어갈 용어로 옳은 것은?

> 채취한 토양시료 중 약 (가)을 분취하여 수소이온농도, 중금속 및 플루오린 시험용 시료는 (나)에, 사이안 및 유기물질 시험용 시료는 입구가 넓은 (다)에 넣어 보관한다.

	가	나	다
①	500g	폴리에틸렌 봉투	유리병
②	500g	유리병	폴리에틸렌 봉투
③	300g	폴리에틸렌 봉투	유리병
④	300g	유리병	폴리에틸렌 봉투

해설

토양오염공정시험기준 ES 07130.c

21 중금속 분석의 전처리인 질산-과염소산 분해법에 있어서 질산이 공존하지 않는 상태에서 과염소산을 넣을 경우 발생할 수 있는 문제로 옳은 것은?

① 킬레이트 형성으로 분해효율이 저하됨
② 급격한 가열반응으로 휘산됨
③ 폭발 가능성이 있음
④ 중금속의 응집침전이 발생함

해설

수질오염공정시험기준 ES 04150.1b
과염소산을 넣을 경우 질산이 공존하지 않으면 폭발할 위험이 있으므로 반드시 질산을 먼저 넣어 주어야 한다.

22 다음은 현장 이중시료(Field Duplicate)에 대한 설명이다. 빈칸에 공통으로 해당되는 것은?

> 필요시 하루에 (   )개 이하의 시료를 채취할 경우에는 1개를, 그 이상의 시료를 채취할 때에는 시료 (   )개당 1개를 추가로 채취하며, 동일한 조건에서 측정한 두 시료의 측정값 차이를 두 시료 측정값의 평균값으로 나누어 상대편차백분율을 구한다.

① 5

② 10

③ 20

④ 30

23 다음 중 방법바탕시료에 대한 설명으로 옳은 것은?

① 분석물질의 농도변화에 따른 측정값의 변화를 수식으로 나타낸 것이다.

② 시약과 매질을 사용하여 시료를 제조한 후 추출, 농축, 정제 및 분석과정에 따라 분석한 것이다.

③ 시험분석 대상을 검출할 수 있는 최소 농도 또는 양이다.

④ 시료와 유사한 매질을 사용하여 시료를 제조한 후 추출, 농축, 정제 및 분석과정에 따라 분석한 것이다.

해설
① 검정곡선(검량선)
② 시약바탕시료
③ 검출한계

24 기기분석법의 전처리 방법으로 속슬렛(Soxhlet) 추출방법의 설명으로 옳은 것은?

① 액체시료에 용제를 작용시켜 표적물질을 시료로부터 분리하는 방법이다.

② 고형 흡착제에 표적물질을 흡착시켜 시료로부터 분리하는 방법이다.

③ 시료 중 불순물을 제거하는 방법으로 활성탄, 실리카겔 등을 충진제로 정제한다.

④ 고체시료에 용매를 작용시켜 표적물질을 시료로부터 분리하는 방법이다.

해설
① 액-액 추출(LLE)
② 고체상 추출(SPE)
③ 정제(Purification)

PART 04

위해성 평가

환경유해인자의 위해성 평가, 위해도 결정

1 환경유해인자의 인체노출

(1) 환경유해인자의 인체노출 구분

① 직접적인 노출평가 : 개인 모니터링이나 바이오 모니터링을 통하여 노출량을 측정 또는 추정하는 것이다.

   ㉠ 개인 모니터링 : 노출이 일어나는 특정 시점에 직접 측정하여 외적 노출량을 정량하는 방법이다.

   ㉡ 바이오 모니터링 : 소변, 혈액 등 생체지표의 농도를 측정하여 내적 노출량을 추정하는 방법이다.

② 간접적인 노출평가 : 환경 모니터링이나 설문조사를 하여 노출량을 측정 또는 추정하는 것이다.

   ㉠ 환경 모니터링 : 환경매체의 농도를 측정하여 수용체에 흡수되는 외적 노출량을 추정하는 방법이다.

(2) 권고치와 참고치의 결과해석

① 권고치(Guidance Value)

   ㉠ 인체시료에서 측정된 농도가 그 농도 이상의 유해물질에 노출되었을 때 건강에 나쁜 영향을 나타 내는 농도를 의미한다.

   ㉡ 권고치의 대표적인 예

   • 독일 환경청의 HBM(Human BioMonitoring)값

   – 독일 인체바이오모니터링위원회(CHBM ; Commission of Human Biological Monitoring)가 독성학적·역학적 연구로부터 산출한 생물학적 노출한도인 HBM값을 HBM-Ⅰ과 HBM-Ⅱ로 설정하였는데, 이는 민감한 사람에게 영향을 미칠 수 있는 수준의 권고기준으로 초과 시에는 노출저감, 건강검진, 의료감시가 필요하다.

   – HBM-Ⅰ 이하는 건강 유해영향이 없어 조치가 불필요한 수준을 의미하며, HBM-Ⅱ 이상은 건강 유해영향이 있어 조치가 필요한 수준이다.

   – HBM-Ⅰ 이상 HBM-Ⅱ 이하는 검증이 필요하며, 노출이 맞다면 적절한 조치가 필요한 수준 이다.

   • 미국 환경청의 BE(Biomonitoring Equivalents)값

   – 미국 국가연구의회(NRC ; National Research Council)의 권고에 따라 미국 환경청에서 개발한 BE값은 유해물질의 규제를 위하여 설정된 섭취량으로 ADI, TDI, RfD, RfC 등을 생체시료에서의 유해물질이나 대사체의 농도인 생체지표값으로 환산한 값이다.

   – BE값은 동물의 독성학적 연구에서 설정한 NOAEL, LOAEL 등을 독성값(POD)으로 정한 다음, 여기에 동물이나 인체 PBPK(Physiologically-Based PharmacoKinetics)연구를 활 용하여 내적용량을 추산함으로써 도출할 수 있다.

- 인체 바이오 모니터링 결과, 소변이나 혈액에서 분석된 카드뮴 농도가 제시된 BE값보다 작을수록 우선순위가 낮음을 의미하고, 반대로 BE값보다 높게 나타났을 경우에는 공중보건학적으로 이 물질을 우선 관리할 필요가 있음을 의미한다.

② 참고치

ㄱ 인구집단의 인체시료에서 측정된 농도를 통계적인 방법으로 추정한 값을 나타낸다.

ㄴ 참고치는 인구집단에서 측정된 유해물질 농도의 분포를 기준으로 설정하는데, 일반적으로 농도 분포의 90% 또는 95%값을 사용한다.

ㄷ 국가나 지역, 오염상태 등 환경에 따라 참고치값은 계속 변할 수 있으며, 독일의 HBM은 인구집단의 적절한 생체시료에서 분석한 유해화학물질 농도의 95%값을 참고치로 사용하고 있다.

ㄹ 참고치를 이용하면 일반적인 수준보다 높은 수준의 유해물질에 노출된 사람들을 판별할 수는 있으나, 이 값은 권고치와 달리 독성학적 또는 의학적 의미를 가지지 않는다는 한계점이 있다.

(3) 환경유해인자 노출과 생체지표의 상관성

① 노출 생체지표는 인구집단 연구에서 인체가 유해인자에 노출되었다는 명확한 증거와 함께 체내에 남아 있는 인자의 양에 대한 정량적인 정보를 제공한다.

② 노출 생체지표는 중요한 기관이나 세포, 분자에서의 내적용량을 이해하는 데 도움을 주며, 이런 노출 생체지표를 활용할 때의 장점과 한계점은 다음과 같다.

ㄱ 장 점

- 생체지표는 시간에 따라 누적된 노출을 반영할 수 있다.
- 흡입, 경구 섭취, 피부 접촉 등 모든 노출경로를 반영할 수 있다.
- 노출 생체지표는 생리학 및 생물학적으로 이용된 산물이다.
- 어떤 유해물질의 경우 생체시료에 잘 축적되어 환경시료보다 분석이 용이할 수 있다.
- 특정한 개인의 시료는 노출 생체지표와 위해영향 또는 민감성 생체지표 간의 상관성을 파악하는 데 중요한 정보를 제공할 수 있다.

ㄴ 한계점

- 분석 시점 이전의 노출수준이나 변이를 이해하기 어렵고, 특히 반감기가 짧은 물질의 경우 최근의 노출이나 제한된 기간의 노출수준만을 반영할 수 있다.
- 동일한 유해인자에 대해서도 복합적인 노출원이 존재할 수 있으므로 생체지표로는 주요 노출원을 파악하기 어렵다.
- 생체시료를 통하여 파악한 노출수준은 노출용량, 내적용량이나 표적기관의 용량, 생물학적 용량 등과 다를 수 있으며, 초기 건강영향이나 질병의 종말점과 직접적으로 연계하기 어려울 수 있다.

(4) 노출량 산출

① 내적 노출량(생체지표 기반 노출평가)

　㉠ 바이오 모니터링 연구에서 확보한 생체지표를 활용하여 유해인자가 호흡, 섭취, 피부 접촉을 통하여 체내로 흡수되어 표적기관에 남아 있는 양, 즉 내적 노출량을 산출할 수 있다.

　㉡ 생체지표를 이용한 내적 노출량 산출 방식은 실제 발생한 유해물질에 대한 노출과 흡수량을 나타낼 수 있으므로 과거의 노출에 대한 양호한 지표가 될 수 있지만, 모든 유해물질에 적용이 불가능하고 아직 측정방법이 확립되지 않았으며 비용이 많이 소요된다는 한계가 있다.

　㉢ 소변시료 중 카드뮴의 내적용량을 이용한 내적 노출량 산출방법

$$DI = \frac{UC \times UV}{Fue \times BW}$$

　여기서, DI : 일일섭취량(Daily Intake) [μg/kg · day]

　　　　　UC : 소변 중 카드뮴 농도(Urinary Concentration) [μg/L]

　　　　　UV : 일일소변배출량(Urinary Volume) [L/day]

　　　　　Fue : 카드뮴이 소변으로 배출되는 몰분율(Mole Fraction of Urinary Excretion)

　　　　　BW : 체중(Body Weight) [kg]

　㉣ 여러 유해화학물질들은 체내에 흡수되어 대사된 뒤 대사체의 형태로 소변으로 배출되는데, 노출 생체지표로 소변 중의 대사체의 농도가 사용될 경우 모분자의 분자량과 대사체의 분자량을 이용하여 노출량을 산출할 수 있다.

$$DI = \frac{UC \times UV}{Fue \times BW} \times \frac{MW_p}{MW_m}$$

　여기서, MW_p : 모분자의 분자량(MW of Parent Compound) [g]

　　　　　MW_m : 대사체의 분자량(MW of Metabolite) [g]

　㉤ 만약 소변 중 유해인자의 농도가 크레아티닌(Creatinine) 보정값으로 존재할 경우, 이를 이용하여 소변으로 배출된 유해인자의 양을 산출할 수 있다.

$$DI = \frac{UE \times CE}{Fue} \times \frac{MW_p}{MW_m}$$

　여기서, UE : 크레아티닌으로 보정한 유해인자의 농도[μg/g Creatinine]

　　　　　CE : 일일크레아티닌배출량[g Creatinine/kg BW · day]

② 외적 노출량(노출시나리오 기반 노출평가)

　㉠ 생체지표를 이용한 내적 노출량 산출 방식은 시간과 비용이 많이 소요된다는 한계가 있어, 노출시나리오를 가정하여 노출경로별로 유해인자의 외적 노출량을 산출하는 방법이 함께 사용되고 있다.

　㉡ 노출시나리오를 가정하여 인체의 노출수준을 추정하기 위해서는 특정한 환경매체에서 유해인자의 오염도와 함께 노출수준에 영향을 미치는 다양한 생리학적, 문화적, 행위적 요인인 노출계수(Exposure Factor)에 대한 정보가 요구된다.

ⓒ 일일평균노출량(ADD)

$$ADD = \frac{C_{medium} \times IR \times EF \times ED \times abs}{BW \times AT}$$

여기서, ADD : 일일평균노출량(Average Daily Dose) [μg/kg · day]

　　　C_{medium} : 모니터링 및 모형예측 결과를 통한 특정 매체의 오염도(Medium Concentration)

　　　　　　　[공기(μg/m^3), 물(μg/L), 토양/식품(mg/kg)]

　　　IR : 접촉률(Intake Rate) [공기(m^3/day), 토양/식품(mg/kg), 물(L/day)]

　　　EF : 연간 노출빈도(Exposure Frequency) [days/year]

　　　ED : 노출기간(Exposure Duration) [years]

　　　abs : 흡수계수(Absorption Factor) [−] → 흡입율, 흡수율이 결정되지 않은 물질은

　　　　　　인체에 노출된 양의 100%가 흡수된다고 가정한다.

　　　BW : 평균 체중(Body Weight) [kg] → 성인/어린이 등 연령별, 성별로 구분하여

　　　　　　적용한다.

　　　AT : 평균 노출시간(Average Time) [days]

(5) 개인노출 및 집단노출

① **개인노출평가** : 개인이 노출되는 다양한 노출경로들에 대해 직접 조사하여 개인별 총 노출량을 평가하는 방법이다.

ⓐ 외적 노출량 산출

- 개인이 노출될 수 있는 환경매체 중 특정 유해물질의 농도를 분석한다.
- 노출특성(예 특정 유해물질이 비스페놀 A라면 주로 식품 섭취에 의한 노출, 영수증이나 지폐 접촉에 의한 노출 등)을 분석한다.
- 노출방식별 노출시나리오를 제안하고, 노출시나리오를 기반으로 하는 노출량 산정식을 구축한다.
- 개인별 노출계수를 산정한다.
  - 개인별 노출특성별 환경매체(예 식품, 영수증, 지폐 등)를 수집하여 이들 내의 특정유해물질을 분석한다.
  - 설문조사 또는 직접 계량을 실시한다(예 개인별 일일 식품 또는 음용수 섭취량, 섭취빈도, 체중 등).
- 노출량 산정식을 이용한 개인의 인체노출량을 산출한다.

ⓑ 내적 노출량 산출

- 생체지표(혈액, 소변)를 활용하여 특정 유해물질의 농도를 분석한다.
  예 특정 유해물질이 비스페놀 A라면, 비스페놀 A는 체내에 흡수된 뒤 대부분 빠르게 소변으로 배출되므로 참여자의 소변시료를 수집하여 소변시료 내의 비스페놀 A 농도를 분석한다.

- 개인별 일일소변배출량과 체중을 조사한다.
- 노출량 산정식을 이용한 개인의 인체노출량을 산출한다.

② 집단노출평가
  ㉠ 해당 집단의 가능한 노출정보와 함께 인구집단의 노출계수 자료를 활용하여 시나리오 기반 집단의 노출량을 평가하는 방법이다.
  - 국내외 문헌 검토를 통하여 국가 수준의 환경 모니터링이나 바이오 모니터링 자료를 확보한다.
    예 우리나라 국민의 식품 섭취를 통한 비스페놀 A 노출량을 평가하고자 한다면, 우선 우리나라 식품 중 비스페놀 A의 농도 자료를 확보한다.
  ㉡ 적절한 노출시나리오에 대입하여 노출량을 산정한다.
  - 결정론적 방법(Deterministic Exposure Assessment) : 전형적 또는 일반적인 노출집단과 고노출 집단에서의 노출 수준을 각각 예측하기 위하여 노출량을 중심경향노출수준(CTE ; Central Tendency Estimate)과 합리적인 최고노출수준(RME ; Reasonable Maximum Estimate)으로 구분하여 산출할 수 있다. CTE값은 해당 집단의 평균이나 전형적인 개인의 노출을 예측하는 값으로 일반적으로 집단의 평균이나 중앙값을 사용하고, RME값은 해당 집단에서 고노출에 속하는 개인을 예측하기 위한 값으로 일반적으로 90% 이상, 최댓값 미만의 값을 사용한다.
  - 확률론적 방법(Probabilistic Exposure Assessment) : 유해인자의 농도나 노출계수 등 각각의 지표가 가지고 있는 자료 분포를 활용하여 노출량의 분포를 새롭게 도출하는 것으로, 노출의 확률분포를 추정하기 위하여 리스크 분석 소프트웨어를 활용하여 몬테카를로 시뮬레이션(Monte Carlo Simulation)방법을 이용할 수 있다.
  ㉢ 상대적으로 적은 비용과 시간으로 집단노출을 파악할 수 있다는 장점이 있지만 많은 가정(Assumption)과 외삽(Extrapolation)을 필요로 하므로 사용한 자료의 변수나 모형, 시나리오의 불확실성에 대한 근거가 필요하다.

2 위해성 평가 방법

(1) 발암성 물질

① 발암력 및 단위위해도
  ㉠ 발암력(발암잠재력, CSF ; Cancer Slope Factor)은 인체 위해성 평가에서 해당 화학물질의 어떤 주어진 용량에 대한 노출의 결과로 한 개인이 평생 동안 암 발생 가능성의 상한 경계를 추정하기 위하여, 즉 단위용량당 초과적으로 발생하는 암 발생을 추정하기 위하여 사용된다.
  ㉡ CSF값은 발암을 나타내는 용량-반응 함수의 기울기로서, 하루에 체중 1kg당 1mg만큼의 화학물질에 노출되었을 때 증가하는 발암의 확률을 의미한다.

ⓒ mg/kg · day의 단위로 표현되는 CSF값은 평균 체중의 건강한 성인이 일생에 걸쳐 잠재적인 발암물질의 특정 수준에 노출되었을 때 발암 가능성이 초과할 확률을 계산한 다음 그 확률의 95% 상한값으로 결정한다.

ⓔ 인체를 대상으로 발암 가능성을 실험을 통하여 평가할 수 없으므로 급성 고농도 독성 실험값을 이용하여 만성 저농도 인체 독성자료로 외삽하여 산출한다.

ⓜ 경구, 흡입, 피부 접촉 등 노출경로에 따라 CSF값이 달라지므로, 대상 화학물질 및 노출경로에 따른 그 기울기값을 찾아 적용하여야 한다.

ⓗ CSF는 노출용량을 기본 단위로 하는 개념이므로, 환경매체나 섭취물의 오염 농도를 기준으로 얼마나 증가하는지는 파악하기 어렵다. 따라서 대상 인구집단을 기준으로 물 또는 공기의 오염수준이 1단위(μg/L 또는 μg/m^3) 증가할 때마다 대상 인구집단의 발암확률이 증가하는 정도를 나타내는 단위위해도(URF ; Unit Risk Factor)로 환산되기도 한다.

② 초과발암위해도(ECR ; Excess Cancer Risk)

ⓗ 초과발암위해도는 주어진 발암성 화학물질에 대한 노출에 따른 추가적인 발암 발생확률을 의미한다.

ⓛ ECR값이 10^{-4} 이상인 경우 발암위해도가 있으며, 10^{-6} 이하는 발암위해도가 없다고 판단한다.

$$ECR = \frac{LADD}{CSF(\text{or } URF)}$$

여기서, $LADD$: 평생일일평균노출량(Lifetime Average Daily Dose) [mg/kg · day]

(2) 비발암성 물질

① 독성참고용량 및 벤치마크용량 하한값

ⓗ 비발암성 물질로 판단되는 화학물질은 해당 화학물질의 위해성을 정량적으로 계산하여 위해지수(HI ; Hazard Index)를 제시하고 노출한계(MOE ; Margin Of Exposure)를 결정한다.

ⓛ 독성참고용량(RfD ; Reference Dose)은 비발암물질의 위해도 산정의 기준으로 사용된다.

[비발암물질의 RfD 추정 시 사용하는 불확실성계수]

불확실성계수	자 료
10	인체집단 내 개인 간의 민감도 차이를 반영(민감군 보호)
10	동물실험 자료로부터 사람에게 미치는 영향을 추정
10	급성 또는 아만성 시험에서 얻은 결과로 만성 노출결과를 추정
10	NOAEL 자료가 없는 경우 LOAEL을 사용
10	동물실험 자료가 불충분할 경우(실험동물의 수가 부족할 때)

ⓒ RfD는 수집된 자료에서 NOAEL 또는 LOAEL 중 가장 낮은 농도인 독성값을 이용하여 NOAEL 또는 LOAEL을 도출하고 이 값에 불확실성계수(UF)를 곱하여 결정한다.

② UF의 불확실성을 보완하기 위해 보정계수(MF ; Modifying Factor)라는 질적인 평가계수를 적용할 수 있다. 보통 0.1~10 범위의 값인 MF의 결정은 UF를 적용하고도 과학적 근거에 따른 보정이 추가적으로 필요하다고 판단되는 경우 신중하게 결정하여 사용하여야 한다.

$$RfD = \frac{NOAEL \text{ or } LOAEL}{UF \times MF}$$

◎ 용량–반응 곡선에서 점 추정(Point Estimate)값인 RfD나 NOAEL은 실험계획에서의 노출농도 설정에 따라 용량–반응의 관계가 달라질 수 있는 한계를 고려하기 위한 확률론적 접근법으로, 기준용량 하한값인 BMDL(BenchMark Dose Lower bound) 값을 사용할 수도 있다. 즉, 용량–반응 곡선에서 점 추정치의 신뢰한계를 구하고 해당 범위에서 기준(Benchmark)이 되는 값을 신뢰한계 5% 또는 10%가 되는 하한값을 외삽하여 도출할 수 있다.

② 위해지수

㉠ 비발암물질의 위해도를 정량화한 값으로서 단일화학물질에 대한 위해지수(HQ ; Hazard Quotient), 혼합화학물질에 대한 위해지수(HI ; Hazard Index)로 구분할 수 있다.

$$HQ = \frac{EED}{RfD}$$

여기서, EED : 추정된 노출량(Estimated Exposure Dose) [mg/kg·day]

㉡ HQ가 1을 초과할 경우 위해성 평가 대상 인구가 현재 대상 화학물질 노출로 인한 잠재적 위해가 있는 상태(Potential Risk)로 판단한다.

㉢ 대상 인구집단이 한 종류의 비발암물질이 아닌 여러 종류의 비발암물질에 동시에 노출되는 경우 화학물질별로 계산된 HQ값을 총합하여 HI를 구한다.

$$HI = \sum_{i}^{n}(HQ)_i = HQ_1 + HQ_2 + \cdots + HQ_n$$

㉣ 위해지수(HI)를 구하기 위한 전제조건
- 해당 비발암물질들의 독성에 대한 가산성(可算性)을 가정할 수 있는 경우
- 각각 물질들의 위해수준이 충분히 작을 경우
- 각각 물질들의 영향이 서로 독립적으로 작용하는 경우
- 각각 물질들의 영향에 대한 표적기관과 독성기작이 같고 유사한 노출량–반응 특성을 나타내는 경우

③ 노출한계

㉠ 단일화학물질의 위해지수(HQ)값이 1이 넘지 않을 경우 스크리닝 수준에서 잠재적 위해가 존재하지 않는다고 판단하지만 추가적인 정량적 정보를 획득할 수 없어 상대적인 위해도 차이를 나타내기 위하여 노출한계(MOE ; Margin Of Exposure) 또는 노출안전역(MOS ; Margin Of Safety) 개념을 사용하기도 한다.

ⓛ MOE와 MOS는 실제 노출농도 또는 추정된 노출량과 독성참고치 간의 비로 나타내는데, 독성실험에서 산출한 NOAEL이나 BMDL값을 사용한 경우는 MOE, 기준값을 인체노출평가에 사용되는 독성기준치(RfD, TDI 등)를 사용한 경우에는 MOS라고 한다. 추정된 노출량인 EED값이 독성참고치인 RfD값보다 작을수록 노출한계값은 커지게 된다.

$$MOE = \frac{NOAEL \text{ or } RfD}{EED}$$

여기서, EED : 추정된 노출량(Estimated Exposure Dose)

ⓒ MOE값은 규제를 위한 관심 대상물질을 결정하는 데 활용된다. MOE값이 상대적으로 크다면 규제를 위한 대상물질로서의 관심이 적어질 수 있고, MOE값이 상대적으로 작아질수록 관심 대상물질로 결정될 가능성이 커지게 된다.

ⓔ 선행 위해성 평가 결과나 정책적으로 MOE가 몇 이하이면 관심대상물질로 결정할지 기준을 정할 수도 있다.

　　예 환경보건법의 위해성 평가 지침에 의하면 MOE값이 100 이하이면 위해가 있다고 판단하는데, 이때 사용하는 NOAEL값은 만성 노출을 반영한 독성참고치이어야 한다.

3 환경 위해도

위해성 평가 대상 화학물질의 노출이 환경에 미치는 위해도를 산출하기 위해서는 생물종에 미치는 영향, 환경 중 화학물질의 예측농도를 각각 산출하여 비교하여야 한다.

(1) 결정론적 방법

① 위해성 평가 단계 중 유해성 확인 단계에서 해당 물질의 특성과 유해성이 어느 정도 정성적으로 확인되었다면, 그 정도를 정량화하여 예측무영향농도(PNEC)를 결정하여야 한다.

② 생태독성 영향 평가에서 일반 생태독성 특성을 갖는 화학물질의 경우 물, 토양, 퇴적물 등 환경매체별 PNEC를 산출하여야 하며, 이차독성 특성을 갖는 경우 먹이사슬에 따른 이차독성 PNEC를 도출하여야 한다.

③ 생태독성 자료의 수집 및 평가

ⓐ 인체 위해성 평가 단계 중 유해성 확인 및 용량-반응 평가 단계와 동일하다.

ⓑ 공신력 있는 독성데이터베이스를 이용하여 해당 물질의 독성 자료를 수집한다.

ⓒ 환경매체별로 서식하는 생물종을 파악하고 환경매체별 독성 자료를 정리한다. 가급적 독성값은 OECD 시험지침에 명시된 생물종이나 국내에 서식하는 생물종을 이용하여 얻은 값을 사용한다.

ⓓ 해당 화학물질의 생태 독성 작용 방식(기관독성, 성장저해, 발암성, 변이원성, 생식 독성 등)에 따라 분류하여 정리한다.

ⓔ 이차독성이 예상되는 화학물질의 경우에는 섭취를 통한 독성영향 자료도 확인한다.

ⓕ 독성 자료가 부족하다면 독성실험을 수행하여야 한다.

④ 예측무영향농도(PNEC)의 산출

㉠ PNEC값은 화학물질 위해성 평가의 구체적 방법 등에 관한 규정에 따라 우선적으로 종민감도분포를 이용하여 확률론적으로 산출하도록 규정되어 있으나, 이용 가능한 독성정보가 종민감도분포 방법을 이용하기에 적합하지 않은 경우 결정론적 방법을 이용하여 PNEC값을 산출할 수 있다.

㉡ 생태독성값 중에서 가장 낮은 농도(민감한)의 독성값을 평가계수(AF)로 나누어 산출한다.

$$PNEC = \frac{Lowest\ LC_{50}\ or\ NOEC}{AF}$$

여기서, $NOEC$: 무영향관찰농도(No Observed Effect Concentration)

(2) 확률론적 방법

① 종민감도분포 평가

㉠ PNEC값은 화학물질 위해성 평가의 구체적 방법 등에 관한 규정에 따라 우선적으로 종민감도분포를 이용하여 산출한다.

㉡ 종민감도분포 함수(SSD ; Species Sensitivity Distribution)를 구한 다음 LC_{50} 또는 EC_{50}에 해당하는 독성값을 산출하여 종(Species) 또는 속(Genus)별로 정리하고 계산한다.

② 예측무영향농도(PNEC)의 산출

㉠ 종민감도분포 평가를 통하여 특정 %의 생물종을 보호하기 위한 수질기준을 도출할 수 있는데, 만성 노출 시 5%의 생물종이 영향을 받을 가능성이 있는 유해농도(HC_5, 5% Hazardous Concentration)를 산출하여 해당 환경매체 내에서 95% 정도의 생물종을 보호하기 위한 농도로 결정할 수 있다.

㉡ 종민감도분포 함수를 산출하기 위한 SSD Generator를 활용하면 HC값을 구할 수 있다 (https://www.epa.gov).

③ 환경위해지수(HQ ; Hazard Quotient)

㉠ 위해성 평가 대상 화학물질의 실측환경농도(MEC ; Measured Environmental Concentration) 또는 예측환경농도(PEC ; Predicted Environmental Concentration)를 구하여 현재 생태계 내의 생물들이 대상 화학물질에 어느 정도 노출되고 있는지를 정량적으로 파악한다.

㉡ 실제 측정된 자료인 MEC는 전국 노출수준을 반영할 수 있는 대표성 있는 자료가 존재하거나 좁은 범위의 지역을 대상으로 위해성 평가를 수행할 때 활용이 가능하다.

㉢ 일반적으로 MEC는 전국의 모든 환경매체 내의 노출량을 대표하기 어렵고, 특히 수질환경 중 화학물질의 검출수준은 계절적 및 주변 오염원의 변화 등 다양한 변수에 영향을 받기 때문에 보수적인 PEC를 결정하여 위해성 평가에 활용하는 것을 권고한다.

㉣ 보수적인 PEC를 결정하기 위해서는 기존 환경 중 측정된 오염수준의 분포를 고려하여 결정할 수 있다. 이를 위해서는 각 지점의 농도별 누적검출빈도율(Cumulative Detection Frequency, %)을 구한 다음 대표값을 평균 PEC 또는 평균 PEC의 95% 상한값을 사용한 보수적인 PEC를 결정할 수 있다.

[누적검출빈도율 계산(예)]

검출수준(농도)	검출빈도	누적검출빈도	누적검출빈도율(%)
1~5	2	2	$2/64 \times 100 = 3.1$
6~10	8	10	$10/64 \times 100 = 15.6$
11~15	20	30	$30/64 \times 100 = 46.9$
16~20	22	52	$52/64 \times 100 = 81.2$
21~25	11	63	$63/64 \times 100 = 98.4$
26~30	1	64	$64/64 \times 100 = 100$
계	64		

ⓜ 생태 위해성 평가의 판단기준인 위해지수(HQ)는 PEC값을 PNEC값으로 나누어 산출하는데, 이때 HQ값이 1보다 클 경우에는 해당 물질의 노출로 인한 생태계의 위해가능성이 있다고 판정한다.

ⓗ 생태 위해성 평가에서 HQ값 자체는 스크리닝을 위한 것으로 보수적인 값을 사용하는 것이 바람직하며, 고노출 PEC값과 최댓값 등은 고농도 노출가능성을 의미하므로 위해성 평가의 결과보다는 참고하는 경우가 많다.

(3) 불확실성 평가

① 불확실성

ㄱ 불확실성은 위해성 평가의 전 단계에 걸쳐 사용되는 다양한 가정, 사용된 변수의 불완전성 등 때문에 발생하는 것으로, 현재의 지식 한계 또는 현실을 반영하지 못하는 과학적 기술이나 지식 간의 격차 때문에 발생할 수 있으므로 추가 연구를 통하여 낮출 수 있다.

ㄴ 위해성 평가는 다양한 자료와 수용체를 대상으로 하기 때문에 모든 단계에서 불확실성은 필연적으로 발생할 수 밖에 없으며, 반드시 유해성 확인, 노출평가, 위해도 결정 등의 단계별로 불확실성을 평가하여 기술하여야 한다.

• 자료의 불확실성
  - 측정을 위한 시료의 채취나 측정과정에서 발생하는 불확실성과 측정결과의 선택과정에서 불완전하거나 부적절한 자료를 이용하여 추정하였거나 사용하는 자료가 불완전한 경우에 발생한다.
  - 위해성 평가 시 제공받은 정보가 특정 그룹에게서 얻어진 결과일 경우, 이 정보는 상당히 편향적일 수 있으므로 불명확한 자료 수집보다는 무작위 또는 층화된 자료 수집방법을 적용해야 한다.

• 모델의 불확실성
  - 평가에 사용한 모델 자체의 정확성에 대한 문제로서 사용한 모델이 현실을 제대로 반영하였는지 또는 모델에 사용되는 화학물질의 거동과 관련된 수학적 모형이 정확한지에 대한 불확실성이 발생한다.

- 또한 평가자가 해당 모델을 정확하게 사용하는 방법에 대한 지식의 부족이나 사용과정에서의 오류로 발생할 수 있다.
- 입력변수의 변이 : 모델의 입력변수로 사용되는 측정값이나 샘플링 자료의 오류로 인하여 발생되는 변이이다.
  ※ 변이 : 실제로 존재하는 분산 때문에 발생하는 현상으로, 추가 연구를 통하여 더 정확히 이해할 수 있는 현상이지만 변이 크기 자체를 줄일 수는 없으며 장소, 시간, 수용체에 따른 변이로 구분할 수 있다.
- 노출시나리오의 불확실성 : 위해도 평가를 위한 노출시나리오 수립 시 노출시나리오에 모든 요소를 반영할 수 없어 발생한다. 시나리오 기반 노출평가의 경우 시나리오 설정에서의 불확실성, 활용된 노출계수 및 노출자료에서의 불확실성이 해당될 수 있으며, 용량–반응 평가에서도 위해도 평가의 기준이 되는 참고값에 대한 불확실성이 해당된다.
- 평가의 불확실성
  - 자료, 모델, 입력변수, 노출시나리오의 불확실성이 동시에 작용하여 전체적으로 노출수준 평가의 불확실성에 기여한다.
  - 유사한 특성의 자료가 동시에 사용되는 경우에도 불확실성이 증가하여 편향된 결과가 도출될 수 있으며, 자료가 적은 경우에도 불확실성은 증가할 수 있다.

② 민감도 분석
  ㉠ 불확실성 평가의 2~3단계에서 수행하는 민감도 분석은 주로 노출수준의 예측값에 잠재된 불확실성을 정량적으로 파악하기 위하여 수행한다.
  ㉡ 초기 위해성 평가 결과 잠재적인 위해성이 큰 경우에 민감도 분석을 수행하게 되며, 점 추정과 확률론적 접근법 모두에서 사용되는데 민감도 분석을 통하여 실제 존재하는 개인 간의 분산을 시뮬레이션을 활용하여 그 분포를 확인할 수 있다.
  ㉢ 또한 민감도 분석은 위해도값을 결정하는 개별인자의 불확실성 분포를 결합하여 혼합 불확실성 분포를 도출하는 몬테카를로 시뮬레이션을 사용한다.

[불확실성 평가를 위한 단계적 접근]

단 계	내 용
전단계(스크리닝)	• 초기 위해성 단계에서 가정의 적절성 • 예측 노출수준과 위해도 평가에 사용된 결과값들의 검토
1단계(정성적 평가)	• 불확실성의 정도와 방향에 따른 정성적 평가의 기술 • 불확실성 요인별 과학적 근거 및 주관성에 대한 판단
2단계(결정론적/정량적 평가)	• 점 추정값에 대한 정량적 불확실성 분석 • 민감도 분석을 통한 입력값의 상대기여도
3단계(확률론적/정량적 평가)	• 확률론적 평가를 통한 위해도 분포 확인 • 민감도 분석/상관분석을 통한 입력값의 분포 및 상대기여도 • 확률론적 노출평가를 통한 불확실성의 정도와 신뢰구간 제시

4 역학연구

(1) 역학(Epidemiology)의 정의

① 인간집단에 관한 연구로서 전염병, 질병 등이 발생했을 때 발생원인, 발생특성 등을 조사하여 밝히는 것을 의미한다.

② 오늘날의 역학은 인간집단에서 발생하는 질병 또는 생리적 상태의 빈도와 분포, 그러한 분포를 결정짓는 요인들에 관하여 연구하는 의과학의 한 분야로서, 환경보건법에서는 역학을 특정 인구집단이나 특정 지역에서 환경유해인자로 인한 건강피해가 발생하였거나 발생할 우려가 있는 경우에 질환과 사망 등 건강피해의 규모를 파악하고 환경유해인자와 질환 사이의 상관관계를 확인하여 그 원인을 규명하기 위한 활동으로 정의하고 있다.

(2) 역학연구 방법

크게 기술역학과 분석역학 2가지로 분류한다.

① 기술역학

    ㉠ 질병만을 보는 것으로 질병의 빈도와 분포를 시간적, 인적, 지역적 변수에 따라 기술한다.

    ㉡ 기술역학에서 질병의 빈도를 나타내는 대표적 지표로는 발생률(Incidence)과 유병률(Prevalence)이 있다. 발생률은 특정 관찰기간의 인구집단을 분모로 사용하여 해당 인구에서 새로 발생된 질병의 빈도를 표현하는 것이며, 유병률은 발생 시기와 관계없이 이환되어 있는 모든 사람의 빈도를 표현한다.

$$유병률(P) = 발생률(I) \times 평균\ 이환기간(D)$$

    ※ 이환(Morbidity, Affect) : 병에 걸리는 정도를 표시하는 통계적 지표로서, 어떤 감염에 대한 접촉 또는 방사선 등에 폭로되었을 때 어떤 병이나 손상을 입게 될 정도이다.

② 분석역학

    ㉠ 기술역학을 통하여 파악한 질병상황을 기초로 하여 수립한 새로운 가설을 검증하는 과정으로, 환경과 질환 간의 연관성을 확인하기 위한 연구방법이다.

    ㉡ 분석역학 연구방법으로 단면연구(Cross-Sectional Study), 환자-대조군 연구(Case-Control Study), 코호트 연구(Cohort Study)가 있다.

      • 단면연구 : 질병에 대한 위해요인과 질병 간의 관계를 분석하는 역학적 연구 형태이다(요인-질병 간의 관련성).

        - 비교적 쉽게 수행할 수 있고, 다른 역학적 연구방법에 비해 비용이 상대적으로 적게 소요된다.

        - 희귀한 질병 및 노출에 해당하는 인구집단을 조사하기에는 부적절한 역학적 연구형태이다.

        - 유병기간이 아주 짧은 질병은 질병 유행기간이 아닌 이상 단면연구가 부적절하다.

        - 노출요인과 유병의 선후관계가 명확하지 않으므로, 통계적인 유의성이 있다고 할지라도 질병 발생과의 인과성으로 해석해서는 안 된다.

- 환자–대조군 연구 : 질병이 있는 환자군과 질병이 있는 대조군에서 위해요인에 대한 두 집단의 노출비율을 비교하는 연구 형태이다.
  - 이미 질병이 있는 환자군과 대조군을 비교하므로, 비용과 시간적 측면에서 효율적이다.
  - 연구 특성상 희귀질환, 긴 잠복기를 가진 질병에 적합하다.
  - 노출요인과 유병의 시간적 선후관계가 명확하지 않다.
- 코호트 연구 : 위해요인이 확인된 인구집단을 장기적으로 추적 관찰하여 질병 또는 사망 발생률을 비교하는 연구 형태이다.
  - 위험요인에 대한 질병 전 과정을 관찰할 수 있다.
  - 노력, 시간, 비용이 많이 소요된다.
  - 노출요인과 유병의 시간적 선후관계가 명확하다.
  - 위험요인에 대한 환경노출이 드문 경우에도 연구가 가능하다.
  - 질병 발생률이 낮은 경우에는 연구에 어려움이 있다.

5 위험도 종류

(1) 코호트 연구의 경우

① 시간적 개념이 포함된 것으로, 아직 질병이 발생되지 않은 모집단을 위험인자에 노출된 집단과 위험인자에 노출되지 않은 집단으로 구분하여 추적·관찰하므로 위험인자 노출 모집단과 비노출 모집단을 파악할 수 있고, 이에 따라 상대위험도를 통해 위험인자와 질병 발생 간의 연관성을 추정할 수 있다.

② 상대위험도(RR ; Relative Risk)

㉠ 코호트 연구에서 해당 요인과 질병과의 연관성을 관찰하기 위한 지표로서, 노출군의 발병률 $\left(\dfrac{A}{A+B}\right)$ 과 비노출군의 발병률 $\left(\dfrac{C}{C+D}\right)$ 의 비로 표현한다.

$$RR = \frac{\dfrac{A}{A+B}}{\dfrac{C}{C+D}}$$

노 출	질 병	
	환자군	대조군
유	A	B
무	C	D

㉡ 상대위험도가 1 이상이면 해당 요인에 노출되면 질병의 위험도가 증가한다는 의미로, 해당 요인과 연관성이 있다고 해석할 수 있다. 통계적 유의성을 고려하여 해당 요인이 질병을 일으키는 원인으로 판단할 수 있다.

ⓒ 상대위험도가 1이라면 비노출군의 발병률과 노출군의 발병률이 같다는 의미로, 해당 요인과 질병 간에 연관성이 없다고 해석할 수 있다.

(2) 환자-대조군 연구의 경우

① 특정 시점에서의 결과를 나타내는 것으로, 이미 질병이 발생한 환자군과 질병이 발생하지 않은 대조군을 모집한 후 위험인자 노출 여부를 특정 시점 이후로 조사하여 위험인자와 질병 발생 간의 연관성을 추정한다. 이러한 경우에는 특정 시점에서의 집단 수만 파악할 수 있기 때문에, 위험인자에 노출된 전체 모집단과 노출되지 않은 전체 모집단을 파악할 수가 없으므로 교차비를 사용할 수밖에 없다.

② 교차비(OR ; Odds Ratio, 승산비, 오즈비) : 환자-대조군 연구에서 해당 요인과 질병과의 연관성을 관찰하기 위한 지표로서, 위험요인에 노출된 집단의 발병률이 비노출된 집단의 발병률에 비하여 몇 배나 되는지를 확인하는 방법이다.

$$\text{교차비} = \frac{A/B}{C/D} = \frac{A \times D}{B \times C}$$

(3) 역학연구의 바이어스(Bias)

역학연구에서 해당 요인과 질병과의 연관성을 잘못 측정하는 것을 바이어스(편견)라고 한다.

① 선정(Selection) 바이어스 : 연구대상 선정과정에서의 편견
② 정보(Information) 바이어스 : 연구자료를 수집(측정 혹은 분류)하는 과정에서 발생하는 편견
③ 교란(Confounding) 바이어스 : 자료분석과 결과해석 과정에서 교란변수에 의한 편견

01 적중예상문제

01 다음 중 환경유해인자의 인체노출에 관한 설명으로 옳지 않은 것은?

① 개인 모니터링은 노출이 일어나는 특정 시점에 직접 측정하여 외적 노출량을 정량하는 방법이다.

② 바이오 모니터링은 소변, 혈액 등 생체지표의 농도를 측정하여 내적 노출량을 추정하는 방법이다.

③ 환경 모니터링은 환경매체의 농도를 측정하여 수용체에 흡수되는 외적 노출량을 추정하는 방법이다.

④ 집단 모니터링은 해당 집단의 가능한 노출정보와 함께 인구집단의 노출계수 자료를 활용하여 시나리오를 기반으로 하는 집단의 내적 노출량을 추정하는 방법이다.

해설

환경유해인자의 인체노출은 직접적인 노출평가와 간접적인 노출평가로 구분할 수 있으며, 직접적인 노출평가에는 개인 모니터링, 바이오 모니터링이 있고, 간접적인 노출평가에는 환경 모니터링, 설문조사가 있다.

02 인체노출수준인 권고치(Guidance Value)에 관한 설명으로 옳지 않은 것은?

① 인체시료에서 측정된 농도가 그 농도 이상의 유해물질에 노출되었을 때 건강에 나쁜 영향을 나타내는 농도를 의미한다.

② 권고치의 대표적인 예로 독일 환경청의 HBM(Human BioMonitoring)값과 미국 환경청의 BE(Biomonitoring Equivalents)값 등이 있다.

③ HBM-Ⅰ 이상은 건강 유해영향이 있어 조치가 필요한 수준이다.

④ 인체 바이오 모니터링 결과, 소변이나 혈액에서 분석된 카드뮴 농도가 제시된 BE값보다 높게 나타났을 경우에는 공중보건학적으로 이 물질을 우선 관리할 필요가 있음을 의미한다.

해설

③ HBM-Ⅰ 이하는 건강 유해영향이 없어 조치가 불필요한 수준을 의미하며, HBM-Ⅱ 이상은 건강 유해영향이 있어 조치가 필요한 수준이다.

03 다음 중 노출 생체지표를 활용할 때 한계점이 아닌 것은?

① 특정한 개인의 시료는 노출 생체지표와 위해영향 또는 민감성 생체지표 간의 상관성을 파악하는
데 중요한 정보를 제공할 수 없다.

② 분석 시점 이전의 노출수준이나 변이를 이해하기 어렵고, 특히 반감기가 짧은 물질의 경우
최근의 노출이나 제한된 기간의 노출수준만을 반영할 수 있다.

③ 동일한 유해인자에 대해서도 복합적인 노출원이 존재할 수 있으므로 생체지표로는 주요 노출원
을 파악하기 어렵다.

④ 생체시료를 통하여 파악한 노출수준은 노출용량, 내적용량이나 표적기관의 용량, 생물학적 용
량 등과 다를 수 있으며, 초기 건강영향이나 질병의 종말점과 직접적으로 연계하기 어려울
수 있다.

해설

① 특정한 개인의 시료는 노출 생체지표와 위해영향 또는 민감성 생체지표 간의 상관성을 파악하는 데 중요한 정보를
제공할 수 있는 장점이 있다.

04 다음 중 신장 기능을 평가할 수 있는 지표로서, 유해인자의 농도를 보정하여 내적 노출량을 추정할
수 있는 물질은 무엇인가?

① Phenylglyoxylate

② N-methylformamide

③ 2,5-hexanedione

④ Creatinine

해설

크레아티닌은 근육에서 생성되는 노폐물로, 대부분 신장을 통해 배출되기 때문에 신장 기능의 좋은 지표가 된다.

05 소변시료 내의 유해인자 농도를 크레아티닌(Creatinine)의 농도로 구하였다. 항생제 성분인 트라이메토프림(Trimethoprim)의 내적 노출량(μg/kg·day)은 얼마인가?

- 크레아티닌 배출량 : 18mg/kg·day
- 소변시료 내 크레아티닌 농도 : 160mg/dL
- 소변시료 내 트라이메토프림 농도 : 80ng/mL
- 트라이메토프림 몰분율 : 0.6

① 1.5

② 1.8

③ 2.0

④ 2.3

해설

$$UE = \frac{80\text{ng}}{\text{mL}} \mid \frac{100\text{mL}}{\text{dL}} \mid \frac{\text{dL}}{160\text{mg}} = 50\text{ng/mg Creatinine}$$

$$\therefore DI = \frac{UE \times CE}{Fue} = \frac{50\text{ng}}{\text{mg Creatinine}} \mid \frac{18\text{mg}}{\text{kg}\cdot\text{day}} \mid \frac{\mu\text{g}}{0.6 \times 1,000\text{ng}} = 1.5\mu\text{g/kg}\cdot\text{day}$$

06 소변시료 내의 MEHP(Mono-2-EthylHexyl Phthalate)의 농도가 2.0μg/L, 크레아티닌(Creatinine)의 농도가 100mg/dL로 분석되었다. 크레아티닌의 일일배출량은 0.015g/kg·day, DEHP(Di-2-EthylHexyl Phthalate)가 MEHP로 배출되는 몰분율이 0.06일 때 DEHP의 내적 노출량(μg/kg·day)은 얼마인가?(단, DEHP와 MEHP의 분자량은 각각 390.6 및 278.3이다)

① 0.622

② 0.702

③ 0.724

④ 0.800

해설

$$UE = \frac{2.0\mu\text{g}}{\text{L}} \mid \frac{100\text{mL}}{\text{dL}} \mid \frac{\text{dL}}{100\text{mg}} \mid \frac{\text{L}}{1,000\text{mL}} = 0.002\mu\text{g/mg Creatinine}$$

$$\therefore DI = \frac{UE \times CE}{Fue} \times \frac{MW_p}{MW_m} = \frac{0.002\mu\text{g}}{\text{mg}} \mid \frac{0.015\text{g}}{\text{kg}\cdot\text{day}} \mid \frac{1,000\text{mg}}{\text{g}} \mid \frac{390.6\text{g}}{\text{mol}} \mid \frac{1}{0.06} \mid \frac{\text{mol}}{278.3\text{g}} = 0.702\mu\text{g/kg}\cdot\text{day}$$

07 소변시료 내의 BPA(Bisphenol A)의 농도는 1.142μg/L, 소변 배출률은 100%이다. 체중이 60kg인 성인의 소변 배출량이 1,600mL/day라고 할 때 BPA의 내적 노출량(μg/kg · day)은 얼마인가?

① 0.012
② 0.030
③ 0.042
④ 0.050

해설

$$DI = \frac{UE \times UV}{Fue \times BW} = \frac{1.142\mu g}{L} \mid \frac{1,600mL}{day} \mid \frac{1}{60kg} \mid \frac{L}{1,000mL} = 0.030\mu g/kg \cdot day$$

08 대상 인구집단을 기준으로 물 또는 공기의 오염수준이 1μg/L 또는 μg/m³ 증가할 때마다 대상 인구집단의 발암확률이 증가하는 정도를 나타내는 것은?

① 발암잠재력(CSF)
② 최고노출수준(RME)
③ 초과발암위해도(ECR)
④ 단위위해도(URF)

해설

CSF를 URF로 환산하여 나타낸다.

09 다음 중 발암력(CSF)과 초과발암위해도(ECR)에 대한 설명으로 옳지 않은 것은?

① CSF값은 발암을 나타내는 용량–반응 함수의 기울기로서, 하루에 체중 1kg당 1mg만큼의 화학 물질에 노출되었을 때 증가하는 발암의 확률을 의미한다.
② CSF와 ECR의 단위는 mg/kg · day로 나타낸다.
③ 경구, 흡입, 피부 접촉 등 노출경로에 따라 CSF값은 달라진다.
④ ECR값이 10^{-4} 이상인 경우 발암위해도가 있으며, 10^{-6} 이하는 발암위해도가 없다고 판단한다.

해설

② ECR의 단위는 무차원이다.

10 다음 중 비발암물질의 위해도 산정기준으로 사용되지 않는 것은?

① 단위위해도(URF)
② 위해지수(HI)
③ 노출한계(MOE)
④ 독성참고용량(RfD)

해설

URF는 CSF값을 환산한 값으로, 발암성 물질의 위해도를 산정한다.

11 다음 중 위해지수(HI)값을 구하기 위한 전제조건으로 틀린 것은?

① 각각 물질들의 위해수준이 충분히 작을 경우
② 각각 물질들의 영향이 서로 독립적으로 작용하는 경우
③ 각각 물질들의 영향에 대한 표적기관과 독성기작이 같거나 유사한 노출–반응 특성을 나타내는 경우
④ 각각 물질들의 독성에 대한 가산성(可算性)을 가정할 수 없는 경우

해설

④ 각각 물질들의 독성에 대한 가산성(可算性)을 가정할 수 있는 경우

12 다음 중 잠재적 위해가 존재하지 않는다고 판단하지만 추가적인 정량적 정보를 획득할 수 없는 경우 비발암물질에 대한 상대적인 위해도 차이를 나타내는 개념은 무엇인가?

① 단위위해도(URF)
② 위해지수(HI)
③ 노출한계(MOE)
④ 독성참고용량(RfD)

13 다음 중 노출한계(MOE)에 대한 설명으로 옳지 않은 것은?

① 단일화학물질의 위해지수(HQ)값이 1을 초과할 경우 상대적인 위해도 차이를 나타낸다.

② 실제 노출농도 또는 추정된 노출량과 독성참고치 간의 비이다.

③ NOAEL이나 BMDL값을 사용한다.

④ 규제를 위한 관심 대상물질을 결정하는 데 활용된다.

> **해설**
> ① 단일화학물질의 위해지수(HQ) 값이 1을 넘지 않을 경우 상대적인 위해도 차이를 나타낸다.

14 다음 중 노출한계(MOE)에 대한 설명으로 옳지 않은 것은?

① 실제 노출농도 또는 추정된 노출량과 독성참고치 간의 비를 나타낸다.

② 독성실험에서 산출한 RfD, TDI값 등을 사용하여 노출안전역(MOS)으로도 나타낸다.

③ 환경보건법의 위해성 평가 지침에 의하면 MOE값이 100 이하이면 위해가 있다고 판단한다.

④ 추정된 노출량(EDD)값이 독성참고치인 RfD값보다 클수록 MOE값은 커지게 된다.

> **해설**
> ④ 추정된 노출량(EED)값이 독성참고치인 RfD값보다 작을수록 MOE값은 커지게 된다.

15 환경 위해도 평가에서 1개 영양단계에 대한 급성 독성값 1개 자료만이 확보되었을 때 적용하는 평가계수로 적절한 것은?

① 1,000   ② 100

③ 50   ④ 10

> **해설**
> 평가계수 사용지침
>
> | 평가계수(AF) | 가용 자료 |
> | --- | --- |
> | 1,000 | 급성 독성값 1개(1개 영양단계) |
> | 100 | 급성 독성값 3개(3개 영양단계 각각) |
> | 100 | 만성 독성값 1개(1개 영양단계) |
> | 50 | 만성 독성값 2개(2개 영양단계 각각) |
> | 10 | 만성 독성값 3개(3개 영양단계 각각) |
>
> 영양단계 분류 : 1단계 – 조류, 2단계 – 물벼룩, 3단계 – 어류

16 환경 위해도 평가에서 예측무영향농도(PNEC)에 대한 설명으로 옳지 않은 것은?

① 일반 생태독성 특성을 갖는 화학물질의 경우 물, 토양, 퇴적물 등 환경매체별로 산출한다.
② 이차독성 특성을 갖는 경우 먹이사슬에 따른 이차독성값을 산출하여야 한다.
③ 생태독성값 중에서 가장 높은 농도의 독성값을 평가계수로 나누어 산출한다.
④ 화학물질 위해성 평가의 구체적 방법 등에 관한 규정에 따라 우선적으로 종민감도분포를 이용하여 산출한다.

[해설]
③ 생태독성값 중에서 가장 낮은 농도(민감한)의 독성값을 평가계수로 나누어 산출한다.

17 다음 중 위해성 평가 대상 화학물질의 실측환경농도(MEC) 또는 예측환경농도(PEC)에 대한 설명으로 옳지 않은 것은?

① 일반적으로 MEC는 전국의 모든 환경매체 내의 노출량을 대표한다.
② 보수적인 PEC를 결정하기 위하여 기존 환경 중 측정된 오염수준의 분포를 고려한다.
③ 생태 위해성 평가의 판단기준인 위해지수(HQ)는 PEC값을 PNEC값으로 나누어 산출한다.
④ 고노출 PEC값과 최대값 등은 고농도 노출가능성을 의미하므로 위해성 평가의 결과보다는 참고하는 경우가 많다.

[해설]
① 일반적으로 MEC는 전국의 모든 환경매체 내의 노출량을 대표하기 어렵다.

18 다음 중 불확실성의 원인으로 가장 부적절한 것은?

① 자료의 불확실성
② 모델의 불확실성
③ 민감도의 불확실성
④ 노출시나리오의 불확실성

[해설]
불확실성의 원인으로는 자료의 불확실성, 모델의 불확실성, 입력변수의 변이, 노출시나리오의 불확실성, 평가의 불확실성이 있다.

19 불확실성 평가를 위한 단계적 접근을 가장 바르게 나열한 것은?

① 스크리닝 → 정성적 평가 → 결정론적/정량적 평가 → 확률론적/정량적 평가
② 스크리닝 → 정성적 평가 → 확률론적/정량적 평가 → 결정론적/정량적 평가
③ 스크리닝 → 결정론적/정량적 평가 → 확률론적/정량적 평가 → 정성적 평가
④ 스크리닝 → 결정론적/정량적 평가 → 정성적 평가 → 확률론적/정량적 평가

20 역학연구는 기술역학과 분석역학으로 분류할 수 있다. 다음 중 기술역학에 해당하는 용어는 무엇인가?

① 단면연구
② 코호트 연구
③ 유병률 연구
④ 환자-대조군 연구

해설
기술역학에는 발생률과 유병률 연구가 있다.

21 다음 중 질병에 대한 위해요인과 질병 간의 관계를 분석하는 역학적 연구 형태는 무엇인가?

① 환자-대조군 연구
② 유병률 연구
③ 코호트 연구
④ 단면연구

해설
분석역학에는 단면연구, 환자-대조군 연구, 코호트 연구가 있다. 이 중 단면연구는 질병에 대한 위해요인과 질병 간의 관계를 분석하는 역학적 연구 형태로, 비교적 쉽게 수행할 수 있고 다른 역학적 연구방법에 비해 비용이 상대적으로 적게 소요된다.

22 다음 중 상대위험도에 대한 설명으로 옳지 않은 것은?

① 상대위험도는 환자-대조군 연구에서 해당 요인과 질병과의 연관성을 관찰하기 위한 지표이다.
② 상대위험도가 1 이상이면 해당 요인에 노출되면 질병의 위험도가 증가한다는 의미이다.
③ 상대위험도가 1이라면 해당 요인과 질병 간에 연관성이 없다고 해석한다.
④ 노출군의 발병률과 비노출군의 발병률의 비로 표현한다.

[해설]
상대위험도(RR ; Relative Risk)는 코호트 연구에서 활용된다.

23 다음은 100명의 환자군과 100명의 대조군을 선정하여 흡연과 폐암의 관계를 규명하고자 조사한 결과이다. 상대위험도와 교차비는 각각 얼마인가?

구 분	흡연자(노출)	비흡연자(비노출)	합 계
환자군(폐암)	90(A)	10(C)	100(A + C)
대조군	70(B)	30(D)	100(B + D)
합 계	160(A + B)	40(C + D)	200

① 2.25, 3.85 ② 0.44, 0.26
③ 2.25, 0.26 ④ 0.44, 3.85

[해설]
• $RR = \dfrac{A/(A+B)}{C/(C+D)} = \dfrac{90/160}{10/40} = 2.25$
• $OR = \dfrac{A \times D}{B \times C} = \dfrac{90 \times 30}{70 \times 10} = 3.85$

24 역학연구에서 해당 요인과 질병과의 연관성을 잘못 측정하는 바이어스(편견)에 해당되지 않는 것은?

① 선정(Selection)
② 실험(Test)
③ 정보(Information)
④ 교란(Confounding)

[해설]
역학연구의 바이어스에는 선정 바이어스, 정보 바이어스, 교란 바이어스가 있다.

25 사람의 소변에서 크레아티닌이 6.8μg/L 검출되었다. 이 사람의 체중은 58kg이고 일일소변배출량은 1,600mL/day이었다. 체내에 들어온 니코틴에 대한 크레아티닌의 몰분율이 0.7이라고 가정할 때, 이 사람의 니코틴에 대한 내적노출량(μg/kg · day)은 얼마인가?(단, 니코틴 분자량 : 162.2g/mol, 크레아티닌 분자량 : 113.1g/mol)

① 0.19

② 0.24

③ 0.38

④ 0.43

해설

$$내적노출량 = \frac{6.8\mu g}{L} \left| \frac{1,600mL}{day} \right| \frac{1}{58kg} \left| \frac{1}{0.7} \right| \frac{162.2}{113.1} \left| \frac{L}{10^3 mL} \right. = 0.38\mu g/kg \cdot day$$

26 정량적 불확실성의 평가가 필요한 경우로 옳지 않은 것은?

① 모델 변수로 단일 값을 이용한 위해성 평가와 잠재적인 오류를 확인할 필요가 있는 경우

② 보수적인 점 추정값을 활용한 초기 위해성 평가 결과 추가적인 확인 조치가 필요하다고 판단되는 경우

③ 오염지역, 오염물질, 노출경로, 독성, 위해성 인자 중에서 우선순위 결정을 위해 추가적인 연구가 필요한 경우

④ 초기 위해성 평가 결과에서 위해성이 낮다고 판단되는 경우

해설

④ 초기 위해성 평가 결과는 매우 보수적으로 도출되기 때문에 오류가 있을 가능성이 높으므로, 초기 위해성 평가에서 위해성이 높다고 판단되는 경우에는 정량적 불확실성 평가를 통해 추가 연구를 위한 정보를 제공해야 한다.

27 역학연구 방법 중 분석역학의 단면연구(Cross-sectional Study)에 대한 설명으로 옳지 않은 것은?

① 희귀한 질병 및 노출에 해당하는 인구집단을 조사하기에는 부적절한 역학적 연구형태이다.

② 유병기간이 아주 짧은 질병은 질병 유행기간이 아닌 이상 단면연구가 부적절하다.

③ 비교적 쉽게 수행할 수 있고, 다른 역학적 연구방법에 비해 비용이 상대적으로 적게 소요된다.

④ 노출요인과 유병의 선후관계가 명확하여 통계적인 유의성이 질병 발생과의 인과관계로 해석할 수 있다.

해설

④ 단면연구는 노출요인과 유병의 선후관계가 명확하지 않으므로 통계적인 유의성이 있다고 할지라도 질병 발생과의 인과성으로 해석해서는 안 된다.

28 위해성 평가의 불확실성 평가에 대한 설명으로 옳지 않은 것은?

① 변이의 크기는 추가 연구를 통해 줄일 수 있다.
② 변이란 실제로 존재하는 분산 때문에 발생하는 현상이다.
③ 불확실성은 위해성 평가의 전 단계에 걸쳐 발생할 수 있다.
④ 불확실성 평가는 정성적 및 정량적 평가방법으로 나눌 수 있다.

[해설]
변이는 실제로 존재하는 분산 때문에 발생하는 현상으로 추가 연구를 통하여 더 정확히 이해할 수 있는 현상이지만 변이 크기 자체를 줄일 수는 없으며, 장소, 시간 수용체에 따른 변이로 구분할 수 있다.

29 다음 중 코호트 연구와 가장 관계가 깊은 용어는?

① 유병율   ② 상대위험도
③ 이 환   ④ 교차비

[해설]
상대위험도(Relative Risk)는 코호트 연구에서 해당 요인과 질병과의 연관성을 관찰하기 위한 지표로서, 노출군의 발병률 $\left(\dfrac{A}{A+B}\right)$ 과 비노출군의 발병률 $\left(\dfrac{C}{C+D}\right)$ 의 비로 표현한다.

30 생물재해를 방지하거나 최소화하기 위한 생물안전의 기본 요소로 옳지 않은 것은?

① 적절한 물리적 밀폐(Physical Containment)의 확보
② 연구자 또는 연구기관의 위해성 평가 능력
③ 의도적으로 발생할 수 있는 감염사고 및 병원체 유출 사전 차단
④ 안전관리를 위한 운영 체계 구축

[해설]
생물안전의 개념 및 원리
생물안전이란 생명과학분야에서의 연구 활동과 관련하여 사람과 환경에 대한 안전성을 확보하기 위한 일련의 활동(Safety with Respect to the Effects of Biological Research on Humans and the Environment)이라 정의할 수 있다. 즉, 잠재적 감염 우려가 있는 미생물이 갖고 있는 인체 위해성을 평가하고 생물학적 지식과 실험기술, 그리고 장비 및 시설 등의 적정한 사용을 통하여 실험종사자, 지역 사회 및 환경을 보호하기 위한 일련의 활동을 의미한다. 생물재해를 방지하거나 최소화하기 위한 생물안전의 기본적인 요소는 적절한 물리적 밀폐(Physical Containment)의 확보, 연구자 또는 연구기관의 위해성 평가(Risk Assessment) 능력, 안전관리를 위한 운영 체계 구축(Risk Management Operation)이 있다.

02 건강영향평가

건강영향평가(HIA ; Health Impact Assessment)란 수행되는 정책(Policy), 계획(Plan), 프로그램 및 프로젝트 등이 인체 건강에 미치는 영향을 분석, 평가, 방법, 절차 또는 그 조합으로 정의하며, 대상사업의 시행으로 나타날 수 있는 긍정적인 건강영향은 최대화하고 부정적인 건강영향은 최소화하는 것으로 표현할 수 있다. 우리나라의 경우는 건강영향평가의 대상이 환경영향평가대상사업 중 일부로 결정되어 있기 때문에 정책, 계획, 프로그램은 포함되어 있지 않으며, 환경영향평가서에서 위생·공중보건 항목으로 수행되고 있다.

1 기능 및 필요성

① 기 능
    ㉠ 정보 제공 기능 : 해당 사업에 대한 정보를 지방자치단체 또는 지역주민에게 제공한다.
    ㉡ 주민의견 수렴 기능 : 주민의견 수렴으로 문제점을 도출하여 해당 사업에 반영한다.
    ㉢ 대안 제시 기능 : 각 분야 전문가의 참여로 문제점에 대한 대안을 제공한다.
    ㉣ 사회적 합의점 도출 기능 : 설명회·공청회, 주민의견 청취 등으로부터 합리적인 합의점을 도출한다.
    ㉤ 합리적 정책 결정 기능 : 주민의견 수렴, 전문가의 대안 제시로 합리적인 정책 결정을 유도한다.
    ㉥ 사전 예방적 기능 : 설명회·공청회 등으로 해당 사업에 따른 건강영향을 사전에 예방한다.
    ㉦ 건강친화적인 사업의 개발 기능 : 해당 사업의 계획단계에서 문제점에 대한 대안의 도출로 건강친화적인 사업이 가능하다.
    ㉧ 환경친화적인 사업의 개발 기능 : 환경문제와 국민건강에 미치는 영향을 사전에 차단하여 새로운 패러다임으로 전환한다.
② 필요성
    ㉠ 환경의 질이 건강에 미치는 영향에 대한 국민적 인식이 증대된다.
    ㉡ 환경유해인자와 질환 간의 밀접한 인과관계를 지속적으로 발표한다.
    ㉢ 환경문제와 국민건강에 미치는 영향을 고려하는 사전 예방적 환경보건정책의 새로운 패러다임으로의 전환이 가능하다.
    ㉣ 건강영향평가 제도 수행에 따른 환경유해인자의 사전 평가가 가능하다.
    ㉤ 건강영향이 예상되는 주민과 계획수립기관·사업자 간의 직접적인 논의를 통하여 사업 시행으로 인한 건강영향의 불확실성과 미흡한 자료를 보완할 수 있는 제도적 장치를 마련함으로써 위해성 소통(Risk Communication)을 가능하게 한다.
    ㉥ 환경유해인자가 건강에 미치는 영향을 사전에 검토 및 평가하여 사업자로 하여금 적극적인 오염물질 저감대책과 모니터링 계획을 수립하는 데 기여한다.

③ 건강결정 요인

    ㉠ 개인적 요인 : 흡연, 음주, 운동, 개인안전, 여가활동 등

    ㉡ 물리적 요인 : 수질, 대기, 폐기물, 소음·진동, 폐기물, 토양, 사고 등

    ㉢ 생물학적 요인 : 성, 연령, 체중, 유전자 등

    ㉣ 사회·경제적 요인 : 주거, 수입, 고용, 교육, 훈련, 공공서비스, 의료, 레저, 교통 등

2 대상 및 대상사업

① 건강영향평가의 대상 인구집단은 민감계층 및 취약계층을 포함한 모든 사람이다.

② 환경보건법 제13조(건강영향 항목의 추가·평가 등)에 근거하여 환경영향평가 대상 중에서 대통령령으로 정하는 행정계획 및 개발사업은 환경유해인자가 건강에 미치는 영향을 추가하여 평가, 협의하여야 한다.

③ 건강영향평가 대상사업은 환경보건법 시행령 [별표 1]의 규정에 따른 대통령령으로 정하는 행정계획 및 개발사업을 의미한다.

[건강영향평가 대상사업]

구 분	대상사업의 범위
산업입지 및 산업단지의 조성	• 산업입지 및 개발에 관한 법률에 따른 국가산업단지, 일반산업단지 또는 도시첨단산업단지 개발사업으로서 개발면적이 15만㎡ 이상인 사업 • 산업집적활성화 및 공장설립에 관한 법률에 따른 공장의 설립사업으로서 조성면적이 15만㎡ 이상인 사업. 다만, 위의 내용에 해당하여 협의를 한 공장용지에 공장을 설립하는 경우는 제외한다.
에너지 개발	• 전원개발 촉진법에 따른 전원개발사업 중 발전시설용량이 1만kW 이상인 화력발전소의 설치사업 • 전기사업법에 따른 전기사업 중 발전시설용량이 1만kW 이상인 화력발전소의 설치사업

폐기물처리시설, 분뇨처리시설 및 가축분뇨처리시설의 설치	• 폐기물관리법에 따른 폐기물처리시설 중 다음의 어느 하나에 해당하는 시설의 설치사업
	  – 최종처분시설 중 폐기물매립시설의 조성면적이 30만㎡ 이상이거나 매립용적이 330만㎥ 이상인 매립시설
	  – 최종처분시설 중 지정폐기물 처리시설의 조성면적이 5만㎡ 이상이거나 매립용적이 25만㎥ 이상인 매립시설
	  – 중간처분시설 중 처리능력이 1일 100ton 이상인 소각시설
	  – 재활용시설 중 1일 시설규격(능력)이 100ton 이상인 시멘트 소성로
	• 가축분뇨의 관리 및 이용에 관한 법률에 따른 처리시설 또는 공공처리시설로서 처리용량이 1일 100kL 이상인 시설의 설치사업. 다만, 하수도법에 따른 공공하수처리시설로 분뇨 또는 가축분뇨를 유입시켜 처리하는 처리시설은 제외한다.

[건강영향 항목의 검토 및 평가방법(건강영향 항목의 검토 및 평가에 관한 업무처리지침 별표)]

내 용	항 목	방 법
현황조사	조사항목	사업지역 및 주변지역의 인구, 사망률, 유병률, 인구집단분석(인구추이, 연령별·성별 인구), 어린이, 노인 등 환경취약계층의 분포 현황
	조사범위	사업시행으로 인하여 건강영향이 미칠 것으로 예상되는 지역의 범위를 과학적으로 예측·분석하여 평가대상지역을 설정한다.
건강영향 예측	예측항목	예측항목은 해당 사업의 시행으로 발생하는 오염물질 중 건강에 영향을 미칠 것으로 예상되는 물질로서 다음과 같다. • 대기질 　– 산업단지 : 아황산가스(SO_2), 이산화질소(NO_2), 미세먼지(PM_{10}), 오존(O_3), 납(Pb), 벤젠, 일산화탄소(CO), 폼알데하이드, 스타이렌, 사이안화수소, 염화수소(HCl), 암모니아(NH_3), 황화수소(H_2S), 니켈(Ni), 6가크로뮴(Cr^{+6}), 염화바이닐, 카드뮴(Cd), 비소(As), 수은(Hg) 　　※ 산업단지 내 석유정제시설의 경우 톨루엔, 에틸벤젠, m-자일렌, n-헥세인, 사이클로헥세인을 추가 　– 발전소 : 아황산가스(SO_2), 이산화질소(NO_2), 미세먼지(PM_{10}), 오존(O_3), 납(Pb), 벤젠, 일산화탄소(CO), 비소(As), 베릴륨(Be), 카드뮴(Cd), 6가크로뮴(Cr^{+6}), 수은(Hg), 니켈(Ni) 　– 소각장 : 아황산가스(SO_2), 이산화질소(NO_2), 미세먼지(PM_{10}), 오존(O_3), 염화수소, 납(Pb), 벤젠, 일산화탄소(CO), 다이옥신, 암모니아(NH_3), 황화수소(H_2S) 아세트알데하이드, 수은(Hg), 비소(As), 카드뮴(Cd), 6가크로뮴(Cr^{+6}), 니켈(Ni) 　– 매립장 : 이산화질소(NO_2), 미세먼지(PM_{10}), 황화수소(H_2S), 암모니아(NH_3), 벤젠, 톨루엔, 에틸벤젠, 자일렌, 1,2-다이클로로에테인, 클로로폼, 트라이클로로에틸렌, 염화바이닐, 사염화탄소 　– 분뇨처리시설·가축분뇨(공공)처리시설 : 복합악취, 암모니아(NH_3), 황화수소(H_2S), 아세트알데하이드, 스타이렌 • 수질 : 구리(Cu), 납(Pb), 수은(Hg), 사이안(CN), 비소(As), 유기인, 6가크로뮴(Cr^{+6}), 카드뮴(Cd), 테트라클로로에틸렌(PCE), 트라이클로로에틸렌(TCE), 페놀, 폴리클로리네이티드바이페닐(PCB), 1,2-다이클로로에테인, 벤젠, 클로로폼, 안티모니 　※ 해당 사업의 시행으로 발생되는 폐수의 처리수가 상수원보호구역이나 취수장, 정수장이 있는 하천·호소로 유입되는 경우에 한하여 평가(단, 처리수를 공공하수처리장으로 유입·처리하는 경우나 공업용 상수원으로 유입되는 경우에는 제외)

내 용	항 목			방 법
건강영향 예측	예측범위			예측범위는 조사범위를 준용한다.
	예측방법	스코핑		스코핑 매트릭스(별지 서식)를 이용하여 설정한 평가항목, 내용, 방법 등을 서술한다.
		정성적 평가		사업 시행이 야기할 수 있는 잠재적인 건강영향을 검토하여 긍정적·부정적 건강영향 종류, 정도, 가능성 등을 종합적으로 분석한다.
		정량적 평가		건강결정 요인별로 정량적으로 평가한다.
			대기질 (악취)	• 대기오염물질 및 악취물질별 배출량 산정 • 영향 예상지역에서의 오염물질 농도 예측(대기확산모델 이용) • 대기오염물질별 C-R함수를 이용하여 건강영향을 개략적으로 검토 • 국내 역학조사 결과와의 비교 검토 • 비발암성 물질의 경우 위해도 지수 산정 • 발암성 물질의 경우 발암위해도 산정
			수 질	• 수질오염물질 발생량 산정 • 상수원보호구역이나 취수장 원수 중 건강영향 추가평가 항목의 현황 농도 확인 • 상수원보호구역이나 취수장에서의 오염물질 농도 예측(수질모델링 등을 이용) • 오염물질별로 평가기준과 비교하여 위해도 지수를 계산 ※ 정량적 평가자료가 부족할 경우 정성적으로 평가
			소음· 진동	• 사업시행으로 인하여 발생 가능한 소음 예측(소음예측모델을 이용) • 산출된 예측소음도와 소음환경기준을 우선 비교하여 소음으로 인한 건강영향을 분석 ※ 정량적 평가자료가 부족할 경우 정성적으로 평가
저감방안	–			건강결정 요인(대기질, 수질, 소음·진동)별 평가결과를 바탕으로 건강영향을 최소화할 수 있는 저감대책을 수립한다. • 발암성 물질은 발암위해도가 10^{-6}을 초과할 경우, 비발암성 물질은 위해도 지수가 1을 초과할 경우 저감대책을 수립한다. 단, 발암성 물질의 경우에 국내외 수준을 고려하여 가능한 모든 대안을 검토한 이후에도 10^{-6}을 초과하는 경우에는 평가기준을 10^{-5}으로 적용할 수 있다.
사후환경 영향조사	–			모니터링 계획은 환경영향평가서 작성방법내용 사후환경영향조사계획의 내용을 준용한다.
불가피한 건강영향	–			대상사업의 시행에 따라 건강에 영향을 미칠 것으로 예상되는 사항 중 그 저감대책이 현실적으로 곤란한 사항에 대하여는 항목별로 구분하여 분석·기재한다.

3 건강영향평가 절차

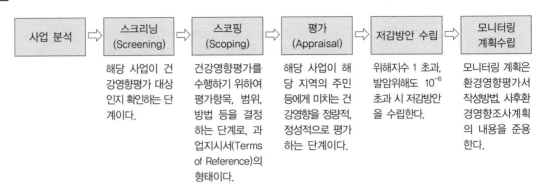

사업 분석	⇨	스크리닝 (Screening)	⇨	스코핑 (Scoping)	⇨	평가 (Appraisal)	⇨	저감방안 수립	⇨	모니터링 계획수립
		해당 사업이 건강영향평가 대상인지 확인하는 단계이다.		건강영향평가를 수행하기 위하여 평가항목, 범위, 방법 등을 결정하는 단계로, 과업지시서(Terms of Reference)의 형태이다.		해당 사업이 해당 지역의 주민 등에게 미치는 건강영향을 정량적, 정성적으로 평가하는 단계이다.		위해지수 1 초과, 발암위해도 10^{-6} 초과 시 저감방안을 수립한다.		모니터링 계획은 환경영향평가서 작성방법, 사후환경영향조사계획의 내용을 준용한다.

4 유해물질 저감대책

① 저감대책 수립단계는 건강영향평가 결과를 근거로 하여 긍정적 영향은 최대화하고 부정적 영향은 최소화하기 위한 저감대책을 수립하는 단계로서, 평가단계에서 검토되었던 다양한 저감방안의 효과를 분석하여 최적의 저감대책을 제안한다.

② 저감대책의 종류

　㉠ 회피(Avoiding) : 어떤 사업이나 사업의 일부를 하지 않음으로써 영향이 발생하지 않도록 하는 것이다.

　㉡ 최소화(Minimizing) : 그 사업과 사업 실행의 정도 혹은 규모를 제한함으로써 영향을 최소화하는 것이다.

　㉢ 조정(Rectifying) : 영향을 받은 환경을 교정·복원하거나 복구함으로써 그 영향을 교정하는 것이다.

　㉣ 감소(Reducing) : 대상사업을 진행하는 동안 보전하고 유지함으로써 시간이 지난 후 영향을 감소시키거나 제거하는 것이다.

　㉤ 보상(Compensation) : 대체하거나 대체자원 또는 대체환경을 제공함으로써 영향에 대한 보상을 하는 것이다.

5 정성적·정량적 건강영향평가 기법

① 정성적 방법 : 체크리스트, 매트릭스, 인과관계 그물, 척도 순위 등이 있다.
② 정량적 방법 : 환경매체별 규제기준과의 비교, 허용위해도 수준과의 비교 등이 있다.

[정성적 · 정량적 건강영향평가 기법]

방 법	장 점	단 점
매트릭스 (Matrix)	• 단순하다. • 다른 종류의 사업이나 영향에 대해 적용이 가능하다. • 가중치나 서열화를 포함하여 변경이 가능하다.	• 공간적·시간적 고려사항이 잘 반영되지 않는다. • 가중치나 서열화가 없으면 영향의 크기를 나타내지 못한다.
지도그리기 (Mapping) [GIS 포함]	• 공간적 고려가 잘된다. • 시간적 고려가 시계열적 분석을 통해 가능하다. • 단일 또는 다수의 원인으로부터 영향을 통합할 수 있다.	• 원인과 결과 관계가 명확하지 않다. • 공간 관련 자료가 많이 필요하다. • 유용한 정보를 만들기 위해서는 시간과 자원이 많이 소요된다.
위해도 평가 (Risk Assessment)	• 원인과 결과의 상관관계와 확률함수를 나타내는 데 용이하다. • 과학적으로 납득이 가능하다.	• 공간적 고려가 어렵다. • 일부 건강영향에만 적용이 가능하다. • 검증하기가 어렵다.
설문조사 (Survey)	• 기초 건강 정보를 얻기에 용이하다. • 대중적 관심사에 대한 정보를 얻을 수 있다. • 잠재적으로 영향을 받을 수 있는 사람들을 포함할 수 있다.	• 시간과 자원 측면에서 비용이 많이 소요된다. • 대표성을 가지는 결과를 위해서는 다량의 무작위인 표본들이 필요하다. • 조사자가 결과에 편차를 제공할 수 있다. • 대답하는 비율이 중요하다. • 대조군이 필요할 수도 있다.
네트워크 분석 및 흐름도 (Network Analysis & Flow Diagram)	• 단순하고 비용이 적게 소요된다. • 원인과 결과를 관련 짓기 용이하다.	• 공간적·시간적 고려가 적절히 안 된다. • 영향의 크기를 알 수 없다. • 매우 복잡하고 번거로울 수 있다.
그룹방식 (Group Methods)	• 기초상태를 결정하거나 영향을 예측하는데 활용할 수 있다. • 잠재적으로 영향을 받는 사람을 포함할 수 있다. • 대립되는 견해에 대한 합의를 이루고 균형을 잡을 수 있다.	• 참가자들이 의견 일치를 보는 데 상당한 시간이 소요될 수 있다. • 대개 대표성을 띄지 않을 수 있다. • 조사자들이 쉽게 결과에 대해 편견을 부여할 수 있다.
전문가 방식 (Expert Methods)	• 전문지식과 경험을 활용할 수 있다. • 시간이나 자원이 한정되어 있을 때 유효하다. • 대립되는 견해에 대한 합의를 이루고 균형을 잡을 수 있다.	• 선택되는 전문가가 누군지에 따라 결과가 달라질 수 있다.

[환경매체별 정량적 건강영향평가 기법]

매 체	구 분	평가지표	평가기준	비 고
대기질	비발암성 물질	위해지수	1	
	발암성 물질	발암위해도	$10^{-6} \sim 10^{-4}$	10^{-6}이 원칙
악 취	악취물질	위해지수	1	
수 질	수질오염물질	국가환경기준		
소음·진동	소 음	국가환경기준		

6 환경영향평가

① 환경에 영향을 미치는 계획 또는 사업을 수립·시행할 때에 해당 계획과 사업이 환경에 미치는 영향을 미리 예측·평가하고 환경보전방안 등을 마련하도록 하여 친환경적이고 지속가능한 발전과 건강하고 쾌적한 국민생활을 도모함을 목적으로 한다.

② '환경영향평가'란 환경에 영향을 미치는 실시계획·시행계획 등의 허가·인가·승인·면허 또는 결정 등을 할 때에 해당 사업이 환경에 미치는 영향을 미리 조사·예측·평가하여 해로운 환경영향을 피하거나 제거 또는 감소시킬 수 있는 방안을 마련하는 것이다.

③ 환경영향평가 절차

평가협의회 구성 및 운영(주민대표, 시민단체, 민간전문가 등 참여)

⇩

평가서 초안 작성(공람)

⇩

주민 등 의견수렴(설명회, 공청회)

⇩

평가서 작성, 협의

⇩

협의내용 이행

⇩

협의내용 관리·감독

적중예상문제

01 다음 중 건강영향평가에 관한 설명으로 옳지 않은 것은?

① 수행되는 정책, 계획, 프로그램 및 프로젝트 등이 인체 건강에 미치는 영향을 분석, 평가, 방법, 절차 또는 그 조합으로 정의한다.

② 대상 사업의 시행으로 나타날 수 있는 긍정적인 건강영향은 최대화하고 부정적인 건강영향은 최소화하는 것이다.

③ 우리나라의 경우 건강영향평가의 대상이 환경영향평가대상사업 중 일부로 결정되어 있기 때문에 정책, 계획, 프로그램은 포함되어 있지 않다.

④ 건강결정 요인은 물리적, 화학적, 생물학적, 사회·경제적 요인으로 구분할 수 있다.

해설

④ 건강결정 요인은 개인적, 물리적, 생물학적, 사회·경제적 요인으로 구분할 수 있다.

02 다음 중 건강영향평가 대상사업으로 옳지 않은 것은?

① 수자원 개발
② 산업단지의 조성
③ 에너지 개발
④ 폐기물처리시설의 설치

해설

환경보건법 시행령 [별표 1] 건강영향 항목의 추가·평가 대상사업
구분 : 산업입지 및 산업단지의 조성, 에너지 개발, 폐기물처리시설·분뇨처리시설 및 가축분뇨처리시설의 설치

03 다음 중 분뇨처리시설의 건강영향 예측항목으로 옳지 않은 것은?

① 사이안화수소
② 아세트알데하이드
③ 암모니아
④ 황화수소

해설

건강영향 항목의 검토 및 평가에 관한 업무처리지침 [별표] 건강영향 항목의 검토 및 평가방법
분뇨처리시설의 건강영향 예측항목 : 복합악취, 암모니아, 황화수소, 아세트알데하이드, 스타이렌

04 건강영향평가 절차를 가장 바르게 나타낸 것은?

① 모니터링 계획수립 → 사업 분석 → 스코핑 → 스크리닝 → 평가 → 저감방안 수립
② 모니터링 계획수립 → 사업 분석 → 스크리닝 → 스코핑 → 평가 → 저감방안 수립
③ 사업 분석 → 스코핑 → 스크리닝 → 평가 → 저감방안 수립 → 모니터링 계획수립
④ 사업 분석 → 스크리닝 → 스코핑 → 평가 → 저감방안 수립 → 모니터링 계획수립

> **해설**
> 사업 분석 → 스크리닝(Screening) → 스코핑(Scoping) → 평가(Appraisal) → 저감방안 수립 → 모니터링 계획수립

05 건강영향평가 절차 중 스코핑(Scoping)에 관한 설명으로 옳은 것은?

① 해당 사업이 건강영향평가 대상인지 확인하는 단계이다.
② 건강영향평가를 수행하기 위하여 평가항목, 범위, 방법 등을 결정하는 단계이다.
③ 모니터링 계획을 수립하는 단계이다.
④ 건강영향을 정성적, 정량적으로 평가하는 단계이다.

> **해설**
> 스코핑은 건강영향평가를 수행하기 위하여 평가항목, 범위, 방법 등을 결정하는 단계로, 과업지시서의 형태이다.
> ① 스크리닝(Screening)
> ③ 모니터링 계획수립
> ④ 평가(Appraisal)

06 다음 중 건강영향평가에서 유해물질 저감대책으로 가장 적절하지 않은 것은?

① 회피(Avoiding)
② 최소화(Minimizing)
③ 보상(Compensation)
④ 처리(Treatment)

> **해설**
> 건강영향평가에서 유해물질 저감대책으로는 회피, 최소화, 조정(Rectifying), 감소(Reducing), 보상이 있다.

07 다음 중 원인과 결과의 상관관계와 확률함수를 나타내는 데에는 용이하지만 공간적 고려 및 검증이 어려운 건강영향평가 기법은 어느 것인가?

① 매트릭스(Matrix)
② 위해도 평가(Risk Assessment)
③ 전문가 방식(Expert Methods)
④ 설문조사(Survey)

해설
정성적 · 정량적 건강영향평가 기법

방 법	장 점	단 점
위해도 평가 (Risk Assessment)	• 원인과 결과의 상관관계와 확률함수를 나타내는 데 용이하다. • 과학적으로 납득이 가능하다.	• 공간적 고려가 어렵다. • 일부 건강영향에만 적용이 가능하다. • 검증하기가 어렵다.

08 다음 중 단순하고 다른 종류의 사업이나 영향에 대해 적용이 가능하지만, 가중치나 서열화가 없으면 영향의 크기를 나타내지 못하는 건강영향평가 기법은 어느 것인가?

① 매트릭스(Matrix)
② 네트워크 분석(Network Analysis) 및 흐름도
③ 전문가 방식(Expert Methods)
④ 그룹방식(Group Method)

해설
정성적 · 정량적 건강영향평가 기법

방 법	장 점	단 점
매트릭스 (Matrix)	• 단순하다. • 다른 종류의 사업이나 영향에 대해 적용이 가능하다. • 가중치나 서열화를 포함하여 변경이 가능하다.	• 공간적 · 시간적 고려사항이 잘 반영되지 않는다. • 가중치나 서열화가 없으면 영향의 크기를 나타내지 못한다.

09 건강영향평가에서 환경매체별 정량적 평가지표의 연결이 잘못된 것은?

① 대기오염물질(비발암성 물질) – 위해지수
② 악취물질 – 위해지수
③ 수질오염물질 – 위해지수
④ 소음 – 국가환경기준

[해설]
③ 수질오염물질 - 국가환경기준
① 대기오염물질 : 발암성 물질 – 발암위해도, 비발암성 물질 – 위해지수
② 악취물질 – 위해지수
④ 소음·진동 - 국가환경기준

10 건강영향평가에서 비발암성인 대기오염물질의 위해지수 평가기준은 얼마인가?

① 1
② 2
③ 3
④ 4

[해설]
환경매체별 정량적 건강영향평가 기법

매 체	구 분	평가지표	평가기준	비 고
대기질	비발암성 물질	위해지수	1	
	발암성 물질	발암위해도	$10^{-6} \sim 10^{-4}$	10^{-6}이 원칙

비발암성인 대기오염물질의 위해지수가 1보다 클 경우 유해영향이 발생하는 것으로 판단한다.

PART 05

위해도
결정 및 관리

위해성 저감, 위해성 소통

1 위험성 및 노출 위해성 저감

(1) 발생원 노출 저감대책

① 사업장에서는 작업과정에서의 유해인자 발생원을 명확하게 파악한 후 노출 저감대책을 수립해야
하며, 사업장에서의 화학물질 노출농도는 산업안전보건법에 따라 유해인자의 노출정도가 허용기준
이하로 유지되어야 한다.

② 유해인자별 노출농도의 허용기준(산업안전보건법 시행규칙 별표 19)

　　㉠ 최고노출기준(C, Ceiling) : 근로자가 1일 작업시간 동안 잠시라도 노출되어서는 아니 되는 기준
을 말하며, 노출기준 앞에 'C'를 붙여 표시한다.

　　㉡ 시간가중평균값(TWA ; Time-Weighted Average) : 1일 8시간 작업을 기준으로 한 평균노출농
도이다.

$$TWA = \frac{C_1 T_1 + C_2 T_2 + \cdots + C_n T_n}{8}$$

　　여기서, C : 유해인자의 측정농도[ppm, mg/m³ 또는 개/cm³]

　　　　　　T : 유해인자의 발생시간[h]

　　㉢ 단시간 노출값(STEL ; Short-Term Exposure Limit) : 15분 간의 시간가중평균값으로서, 노출농도
가 시간가중평균값(TWA)을 초과하고 단시간 노출값(STEL) 이하인 경우는 다음과 같다.

　　　• 1회 노출 지속시간이 15분 미만이어야 한다.

　　　• 이러한 상태가 1일 4회 이하로 발생해야 한다.

　　　• 각 회의 간격은 60분 이상이어야 한다.

[유해인자별 노출농도의 허용기준]

유해인자		허용기준			
		시간가중평균값(TWA)		단시간 노출값(STEL)	
		ppm	mg/m³	ppm	mg/m³
6가크로뮴[18540-29-9] 화합물 (Chromium VI compounds)	불용성	−	0.01	−	−
	수용성		0.05		
납[7439-92-1] 및 그 무기화합물(Lead and its inorganic compounds)		−	0.05	−	−
니켈[7440-02-0] 화합물(불용성 무기화합물로 한정한다)(Nickel and its insoluble inorganic compounds)		−	0.2	−	−
니켈카르보닐(Nickel carbonyl ; 13463-39-3)		0.001	−	−	−
다이메틸폼아마이드(Dimethylformamide ; 68-12-2)		10	−	−	−

유해인자	허용기준			
	시간가중평균값(TWA)		단시간 노출값(STEL)	
	ppm	mg/m³	ppm	mg/m³
다이클로로메테인(Dichloromethane ; 75-09-2)	50	–	–	–
1,2-다이클로로프로페인(1,2-Dichloro propane ; 78-87-5)	10	–	110	–
망간[7439-96-5] 및 그 무기화합물(Manganese and its inorganic compounds)	–	1	–	–
메탄올(Methanol ; 67-56-1)	200	–	250	–
메틸렌 비스(페닐 아이소사이아네이트)[Methylene bis(Phenyl isocyanate) ; 101-68-8 등]	0.005	–	–	–
베릴륨[7440-41-7] 및 그 화합물(Beryllium and its compounds)	–	0.002	–	0.01
벤젠(Benzene ; 71-43-2)	0.5	–	2.5	–
1,3-뷰타다이엔(1,3-Butadiene ; 106-99-0)	2	–	10	–
2-브로모프로페인(2-Bromopropane ; 75-26-3)	1	–	–	–
브로민화메틸(Methyl bromide ; 74-83-9)	1	–	–	–
산화에틸렌(Ethylene oxide ; 75-21-8)	1	–	–	–
석면(제조·사용하는 경우만 해당한다) (Asbestos ; 1332-21-4 등)	–	0.1개/cm³	–	–
수은[7439-97-6] 및 그 무기화합물(Mercury and its inorganic compounds)	–	0.025	–	–
스타이렌(Styrene ; 100-42-5)	20	–	40	–
사이클로헥사논(Cyclohexanone ; 108-94-1)	25	–	50	–
아닐린(Aniline ; 62-53-3)	2	–	–	–
아크릴로나이트릴(Acrylonitrile ; 107-13-1)	2	–	–	–
암모니아(Ammonia ; 7664-41-7 등)	25	–	35	–
염소(Chlorine ; 7782-50-5)	0.5	–	1	–
염화바이닐(Vinyl chloride ; 75-01-4)	1	–	–	–
이황화탄소(Carbon disulfide ; 75-15-0)	1	–	–	–
일산화탄소(Carbon monoxide ; 630-08-0)	30	–	200	–
카드뮴[7440-43-9] 및 그 화합물(Cadmium and its compounds)	–	0.01 (호흡성 분진인 경우 0.002)	–	–
코발트[7440-48-4] 및 그 무기화합물 (Cobalt and its inorganic compounds)	–	0.02	–	–
콜타르피치[65996-93-2] 휘발물(Coal tar pitch volatiles)	–	0.2	–	–
톨루엔(Toluene ; 108-88-3)	50	–	150	–
톨루엔-2,4-다이아이소사이아네이트 (Toluene-2,4-diisocyanate ; 584-84-9 등)	0.005	–	0.02	–

유해인자	허용기준			
	시간가중평균값(TWA)		단시간 노출값(STEL)	
	ppm	mg/m^3	ppm	mg/m^3
톨루엔-2,6-다이아이소사이아네이트 (Toluene-2,6-diisocyanate ; 91-08-7 등)	0.005	–	0.02	–
트라이클로로메테인(Trichloromethane ; 67-66-3)	10	–	–	–
트라이클로로에틸렌(Trichloroethylene ; 79-01-6)	10	–	25	–
폼알데하이드(Formaldehyde ; 50-00-0)	0.3	–	–	–
n-헥세인(n-Hexane ; 110-54-3)	50	–	–	–
황산(Sulfuric acid ; 7664-93-9)	–	0.2	–	0.6

③ 작업장의 유해인자 특성 파악 과정

사업장 유해인자 파악	인화성, 폭발성, 반응성, 부식성, 산화성, 발화성 등 목록을 도출한다.

⇩

노출경로 파악	피부노출, 흡입노출, 경구노출 가능성을 확인한다.

⇩

건강영향 파악	확인된 노출방식을 통해 건강영향을 일으킬 수 있는지를 파악한다.

④ 사업장에서의 노출 저감대책

　㉠ 공정개선

　　• 화학적 작업공정 : 공정과정에서의 위험물질을 대체하거나 위험물질의 사용을 최소화하도록 공정을 변경한다.

　　• 기계적 작업공정 : 기계 및 위험한 도구의 사용 등 작업자가 물리적 위해에 노출될 수 있는 상황에서 미끄러짐, 낙상, 추락 등 신체적 손상을 최소화하는 관리방안을 제시한다.

　　• 생물학적 작업공정 : 감염의 위험이 존재하므로 주사바늘에 의한 감염, 공기 감염, 동물이나 곤충에 의한 감염 등으로부터 공정을 개선하는 방안을 마련한다.

(2) 작업장 유해물질 저감시설

① 배기장치

　㉠ 작업장의 유해물질을 작업장 외부로 배출시키는 장치로써, 작업장의 환경을 개선하기 위하여 기본적으로 설치되어야 한다.

　㉡ 작업장의 먼지, 가스, 증기, 흄 등의 유해물질을 작업장 외부로 배출시키는 장치로 국소배기장치, 환기장치가 있다.

　㉢ 국소배기장치는 작업대의 상부 또는 노동자와 마주한 방향에서 흡기가 이루어지도록 설치한다.

② 저감장치

   ⑤ 원심력 여과기 : 원심력을 이용하여 $10\mu m$ 이상의 고체·액체의 먼지를 제거한다.

   ⑥ 백필터 여과장치 : 함진가스를 여재에 통과시켜 입자를 관성충돌, 직접 차단, 확산 등에 의해 분리·포집하는 장치로, 90% 이상의 집진효율을 가지며 $0.5\mu m$ 이상의 입자에 대해서는 99% 이상의 집진효율을 가진다.

   ⓒ 전기집진장치 : 전기적 인력에 의해 전자를 띤 입자를 제거하는 장치로, 주로 $0.1{\sim}0.9\mu m$의 작은 입자를 제거하는데 효율적이다.

   ② 흡수에 의한 저감장치 : 세정액으로 가스상 오염물질을 흡수하는 장치이다.

   ⑩ 흡착에 의한 저감장치 : 활성탄 등 고체 매질의 흡착을 통해 제거하는 저감장치로, 주로 오염물질의 농도가 낮은 유해가스에 사용된다.

(3) 작업장 안전교육

① 근로자는 스스로 개인보호구를 착용함으로써 노출을 방지하여야 하며, 개인보호구에는 안전모, 안전화, 보안경 등이 있다.

② 작업장에서는 근로자들에 대한 안전교육을 하여야 한다.

③ 산업안전보건법 및 화학물질관리법에 따라 사업주는 사업장의 근로자에 대하여 정기적으로 안전보건교육 및 유해화학물질 안전교육을 실시해야 한다.

[안전보건교육 교육대상별 교육내용(산업안전보건법 시행규칙 별표 5)]

근로자 정기교육	관리감독자 정기교육
• 산업안전 및 사고 예방에 관한 사항 • 산업보건 및 직업병 예방에 관한 사항 • 위험성 평가에 관한 사항 • 건강증진 및 질병 예방에 관한 사항 • 유해·위험 작업환경 관리에 관한 사항 • 산업안전보건법령 및 산업재해보상보험 제도에 관한 사항 • 직무스트레스 예방 및 관리에 관한 사항 • 직장 내 괴롭힘, 고객의 폭언 등으로 인한 건강장해 예방 및 관리에 관한 사항	• 산업안전 및 사고 예방에 관한 사항 • 산업보건 및 직업병 예방에 관한 사항 • 위험성 평가에 관한 사항 • 유해·위험 작업환경 관리에 관한 사항 • 산업안전보건법령 및 산업재해보상보험 제도에 관한 사항 • 직무스트레스 예방 및 관리에 관한 사항 • 직장 내 괴롭힘, 고객의 폭언 등으로 인한 건강장해 예방 및 관리에 관한 사항 • 작업공정의 유해·위험과 재해 예방대책에 관한 사항 • 사업장 내 안전보건관리체제 및 안전·보건조치 현황에 관한 사항 • 표준안전 작업방법 결정 및 지도·감독 요령에 관한 사항 • 현장근로자와의 의사소통능력 및 강의능력 등 안전보건 교육 능력 배양에 관한 사항 • 비상시 또는 재해 발생 시 긴급조치에 관한 사항 • 그 밖의 관리감독자의 직무에 관한 사항

2 제품 위해성 저감

(1) 소비자 제품 위해성 파악

① 비발암성에 대한 위해도 판단

  ㉠ 환경보건법 내 환경위해성 평가 지침에 따르면, 만성 노출인 NOAEL값을 적용한 경우 노출한계가 100 이하이면 위해가 있다고 판단한다. 만약, 만성 독성시험에 의한 값이 아닌 경우에는 불확실성계수를 반영한다.

  ㉡ 불확실성계수(UF)는 동물시험 자료를 사람에 적용할 경우, 여러 불확실성(종, 성, 개인 간 차이, 내성 등)이 존재하므로 인체노출안전율로써 대입한다.

  ㉢ 노출평가와 용량-반응 평가 결과를 바탕으로 인체노출안전수준을 추정한다. 위해지수(HI)가 1 이상일 경우에는 유해영향이 발생하며, 위해지수(HI)가 1 이하일 경우에는 안전하다.

② 발암성에 대한 위해도 판단

  ㉠ 발암위해도의 경우 노출한계가 10^4 이하일 때 위해가 있다고 판단한다.

  ㉡ 초과발암위해도(ECR)값은 대상집단(작업자, 일반인 등)에 기준하여 10^{-6}, 10^{-5}, 10^{-4}로 구분하며 10^{-4}를 초과하는 경우 위해성이 있는 것으로 판단하여 노출 저감방안을 마련해야 한다.

(2) 소비자 제품 노출 최소화 방안

저감대상 제품 선정	저감대상 후보 목록을 작성하고, 저감대상 우선순위를 결정한다.
⇩	
저감방법	대체물질·대체제품을 사용하고, 제품 사용방법을 개선한다.
⇩	
저감대책 수립	물질별 저감대책을 수립한다.

(3) 소비자 유해성 정보 전달

① 소비자에게 유해성 정보를 전달하여 소비자가 자발적으로 제품을 선택하고 사용하는 패턴이 변화할 수 있도록 유도한다.

② 소비자 유해성의 정보는 주로 제품 라벨, 설명서 등을 통해 이루어진다.

3 환경 위해성 저감

(1) 배출량 저감대책

① 사업장 환경 위해성 저감대책

사업장 화학물질 파악	사업장 취급물질 목록을 작성하고, 각 공정에서 사용되는 물질의 종류와 양을 파악한다.

⇩

환경 위해성 평가	물질별 매체별 배출량 및 노출량을 파악하고, 물질별 유해성을 확인한다.

⇩

저감대책 수립	우선순위 저감대상 물질 목록을 작성하고, 물질별 저감대책을 수립한다.

② 사업장 유해화학물질 배출량 저감대책

전 공정관리	화학물질 도입과정에서 위해성을 저감시킨다.

⇩

성분관리	취급물질의 특성에 따라 대체물질 사용을 검토한다.

⇩

공정관리	공정별 배출을 최소화한다.

⇩

환경오염방지시설 설치를 통한 관리	최종 환경배출을 차단한다.

③ 사업장 환경 위해성 평가 수행 시 파악할 내용
  ㉠ 환경 중으로 배출되는 화학물질의 종류와 배출량
  ㉡ 화학물질의 이동 등 노출경로
  ㉢ 화학물질로 인해 영향받는 대상(인간 및 생태계)
  ㉣ 영향받는 대상이 노출되는 방식 및 그로 인한 건강영향
  ㉤ 위해성 평가 결과에 따른 물질별 저감목표

(2) 노출시나리오 작성 과정

① 노출시나리오 작성 시 고려사항(등록신청자료의 작성방법 및 유해성심사 방법 등에 관한 규정 제10조)
  ㉠ 노출시나리오는 위해성 보고서 작성을 위한 핵심절차이며, 이 작성절차는 반복될 수 있다.
  ㉡ 초기 노출시나리오에서 인체 건강 및 환경에 대한 위해성이 충분히 통제되지 않는다고 판정되면, 위해성이 충분히 통제됨을 입증할 목적으로 유해성 평가 및 노출평가에서 하나 또는 다수의 요소를 수정하는 반복 과정이 필요하다.
  ㉢ 유해성 평가를 수정하기 위해서는 보다 노출기간이 긴 만성 시험자료 또는 보다 상위 개념의 유전독성 시험자료 확보 등 추가적인 유해성 정보의 확보가 필요하다.
  ㉣ 노출평가를 수정하기 위해서는 노출시나리오에서 취급조건 및 위해성 관리대책을 적절히 변경하거나 보다 정밀한 노출량을 추정하는 과정이 필요하다.

ⓗ 화학물질 공정과 이에 따른 노출정도, 소비자노출, 환경배출 등 전 생애에 걸친 다음과 같은 취급조건에 대한 설명을 포함하여야 한다.

- 화학물질의 제조, 가공 또는 사용되는 물리적 형태를 포함한 관련 공정
- 공정과 관련된 작업자의 활동 및 화학물질에 대한 작업자의 노출기간, 빈도
- 소비자의 활동 및 화학물질에 대한 소비자의 노출기간, 빈도
- 다른 환경영역과 하수처리시설로의 화학물질 배출기간, 빈도 및 유입되는 환경영역에서의 희석

ⓑ 화학물질이 인체(작업자 및 소비자를 포함) 및 다른 환경영역에 직·간접적으로 노출되는 것을 줄이거나 피하기 위한 위해성 관리대책을 기술한다.

② 노출평가 수행단계

전 생애 단계 또는 용도별 시나리오 작성	제조, 혼합, 산업적 사용, 전문적 사용, 소비자 사용
⇩	
각 대상별 노출 예측	환경배출, 환경을 통한 인체 간접노출, 소비자노출, 작업자노출

③ 초기 노출시나리오 작성단계

초기 노출시나리오 작성	수집된 자료에 기초하여 작성한다. 물질의 전 생애 단계(제조, 조제, 산업적 사용, 전문적 사용, 소비자 사용), 용도, 공정
⇩	
초기 노출시나리오 확인 (하위사용자 대상 소통단계)	하위사용자, 판매자를 대상으로 초기 노출시나리오에 기술된 내용에 대한 확인 작업을 수행한다.
⇩	
노출량 수정 및 위해도 결정	작성된 초기 노출시나리오를 통해 노출량을 추정하고 위해도를 결정한다.
⇩	
초기 노출시나리오 정교화	초기 노출시나리오를 바탕으로 안전성 확인이 이뤄지지 않을 경우 유해성 평가 또는 노출평가를 재수행한다.
⇩	
통합 노출시나리오 도출	안전성 확인이 이루어진 경우, 노출시나리오 내 모든 취급조건 및 위해성 관리대책을 연결하여 통합 노출시나리오를 도출한다.

④ 하위사용자 소통

ⓐ 하위사용자란 영업활동과정에서 화학물질 또는 혼합물을 사용하는 자(화학물질 또는 혼합물을 제조, 수입, 판매하는 자 또는 소비자는 제외)로 정의한다.

ⓑ 노출시나리오 작성을 위해서는 초기 노출시나리오 작성 5단계 중 2단계에서 하위사용자와 소통이 필요하다.

ⓒ 하위사용자 및 판매자와의 정보 공유

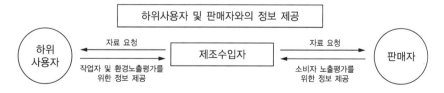

⑤ 위해성 자료의 작성

• 위해성 관리대책의 요약
• 화학물질의 식별정보 및 물리적·화학적 특성
• 제조 및 확인된 용도
• 분류 및 표시
• 물리적·화학적 위험성 평가

- 폭발성
- 인화성
- 산화성

• 환경에 대한 유해성(분해성 및 농축성 등 거동) 평가
• 환경에 대한 유해성(생태영향) 평가

- 수생 환경영역(침전물 포함)
- 육생 환경영역
- 하수처리시설의 미생물 활성

• 인체 건강에 대한 유해성 평가

- 급성 독성
- 자극성·부식성
- 과민성
- 반복투여독성
- 변이원성
- 발암성
- 생식독성
- 다른 영향
- 무영향수준 또는 독성참고치 도출

• 잔류성·축적성 평가
• 노출평가

- 노출시나리오 1의 제목
  ⓐ 노출시나리오
  ⓑ 노출예측
- 노출시나리오 2의 제목
  ⓐ 노출시나리오
  ⓑ 노출예측
  ....(노출시나리오에 따라 추가)

• 안전성 확인

- 노출시나리오 1의 제목
  ⓐ 환 경
  ⓑ 인체 건강
- 노출시나리오 2의 제목
  ⓐ 환 경
  ⓑ 인체 건강
  ....(노출시나리오에 따라 추가)
- 전체적인 노출(관련된 모든 배출/유출원의 조합)
  ⓐ 환 경
  ⓑ 인체 건강

위의 규정에서 정한 사항 외에 화학물질의 위해성에 관한 자료의 작성방법에 관한 세부사항은 국립환경과학원장이
정하여 고시한다.

4 위해성 소통

(1) 위해성 소통의 구성요소

위해요인 인지 및 분석	위해상황을 분석하고 해당 위해의 특별범주를 결정한다.

⇩

위해성 소통의 목적 및 대상자 선정	위해성 소통의 수행목적 및 그에 따른 전략을 수립하고, 의사결정 과정에 참여하거나 정보를 제공받는 대상자를 선정한다.

⇩

위해성 소통에 활용할 정보·매체·소통방법 선정	정보소통과 이해관계자 간 의사소통 시 사용할 매체를 선정한다.

⇩

위해성 소통의 수행·평가·보완	수행된 이행방안에 따라 위해성 소통, 지속적 모니터링을 통해 수행결과를 평가하고, 단계별 미흡한 부분을 보완한다.

(2) 사업장 위해성 소통

① 사업장 위해성 평가를 수행할 때 고려사항
  ㉠ 유해인자가 가지고 있는 유해성
  ㉡ 사용하는 유해물질의 시간적 빈도와 기간
  ㉢ 사용하는 유해물질의 공간적 분포
  ㉣ 노출대상의 특성
  ㉤ 유해물질 사용 사업장의 조직적 특성
② 사업장 위해성 소통의 기본원칙
  ㉠ 신속성이 실현될 수 있어야 한다.
  ㉡ 신뢰성을 확보하기 위해 조직의 최고 책임자를 활용할 수 있도록 계획한다.
  ㉢ 일관성을 유지할 수 있도록 계획한다.
  ㉣ 개방성을 가지고 최대한 공개하고 공유할 수 있도록 한다.
  ㉤ 공감을 얻을 수 있도록 피해자의 관심과 위로를 반영한 계획을 수립한다.
③ 사업장 위해성 소통 관련 법규
  ㉠ 산업안전보건법에 따른 작업환경조건
  ㉡ 산업안전보건법에 따른 위해성 관리대책
  ㉢ 화학물질의 등록 및 평가 등에 관한 법률에 따른 화학물질의 위해성

(3) 소비자 위해성 소통

① 화학물질의 등록 및 평가 등에 관한 법률에 따른 제품에 함유된 중점관리물질의 신고, 제품 내 함유 화학물질의 정보 제공
② 생활화학제품 및 살생물제의 안전관리에 관한 법률에 따른 실태조사, 위해성 평가, 안전확인대상 생활화학제품의 안전기준, 안전기준의 확인 및 표시 등

(4) 지역사회 위해성 소통

① 화학물질의 등록 및 평가 등에 관한 법률에 따른 허가물질의 지정
② 화학물질의 등록 및 평가 등에 관한 법률에 따른 유해성 심사 결과의 공개
③ 화학물질관리법에 따른 화학물질 조사결과 및 정보의 공개
④ 화학물질관리법에 따른 사고대비물질의 지정
⑤ 화학물질관리법에 따른 화학사고예방관리계획서의 작성 및 제출

(5) 공급망 위해성 소통

① 공급망 위해성 소통 관련 법규
  ㉠ 화학물질의 등록 및 평가 등에 관한 법률에 따른 화학물질의 정보 제공, 하위사용자 등의 정보 제공, 화학물질의 정보 제공을 위한 통보 등
  ㉡ 화학물질관리법에 따른 운반계획서 관련 사항
② 운반계획서 작성 대상(화학물질관리법 제15조) : 유해화학물질을 운반하는 자가 1회에 다음의 양을 초과하여 운반하고자 하는 경우에는 사전에 해당 유해화학물질의 운반자, 운반시간, 운반경로·노선 등을 내용으로 하는 운반계획서를 작성하여 환경부장관에서 제출하여야 한다.
  ㉠ 유독물질 : 5,000kg
  ㉡ 허가물질, 금지물질, 제한물질, 사고대비물질 : 3,000kg

01 다음 중 발생원 노출 저감대책에 관한 설명으로 옳지 않은 것은?

① 사업장에서의 화학물질 노출농도는 산업안전보건법에 따라 유해인자의 노출정도가 허용기준 이하로 유지되어야 한다.

② 산업안전보건법 시행규칙에 따라 유해인자별 노출농도의 허용기준은 시간가중평균값과 단시간 노출값으로 규정하고 있다.

③ 시간가중평균값은 1일 8시간 작업을 기준으로 한 평균노출농도를, 단시간 노출값은 30분 간의 시간가중평균값으로 나타낸다.

④ 사업장의 작업공정에서 위험물질을 대체하거나 위험물질의 사용을 최소화하도록 공정을 변경한다.

해설

산업안전보건법 시행규칙 [별표 19] 유해인자별 노출농도의 허용기준

단시간 노출값(STEL ; Short-Term Exposure Limit)은 15분 간의 시간가중평균값이다.

02 노출농도가 시간가중평균값을 초과하고 단시간 노출값 이하인 경우가 아닌 것은?

① 1회 노출 지속시간이 15분 미만이어야 한다.

② 이러한 상태가 1일 4회 이하로 발생한다.

③ 각 회의 간격은 60분 이상이어야 한다.

④ 혼합물이 아닌 단일물질에 노출되어야 한다.

해설

산업안전보건법 시행규칙 [별표 19] 유해인자별 노출농도의 허용기준

단시간 노출값(STEL, Short-Term Exposure Limit)이란 15분 간의 시간가중평균값으로서, 노출농도가 시간가중평균값을 초과하고 단시간 노출값 이하인 경우에는 1회 노출 지속시간이 15분 미만이어야 하고, 이러한 상태가 1일 4회 이하로 발생해야 하며, 각 회의 간격은 60분 이상이어야 한다.

03 어떤 작업자가 오전 8시부터 오후 5시까지 근로를 하며, 오후 12시부터 오후 1시까지는 점심시간으로 작업장에 머무르지 않았다. 다음에 주어진 시간대별 유해인자의 농도 변화를 고려하여 작업자가 유해인자에 노출된 시간가중평균값(TWA, ppm)을 산정하시오.

Time	Concentration(ppm)	ΔT(h)	Average Concentration(ppm)
08:00	110	–	–
09:00	130	1	120
10:00	143	1	137
11:00	162	1	153
12:00	142	1	152
13:00	157	0	150
14:00	159	1	158
15:00	165	1	162
16:00	153	1	159
17:00	130	1	142

① 131

② 148

③ 167

④ 296

해설

산업안전보건법 시행규칙 [별표 19] 유해인자별 노출농도의 허용기준

$$TWA = \frac{C_1 T_1 + C_2 T_2 + \cdots + C_n T_n}{8}$$

$$= \frac{120 \times 1 + 137 \times 1 + 153 \times 1 + 152 \times 1 + 150 \times 0 + 158 \times 1 + 162 \times 1 + 159 \times 1 + 142 \times 1}{8}$$

$$= 148 \text{ppm}$$

04 산업안전보건법 시행규칙에 근거한 유해인자별 노출농도의 허용기준은 시간가중평균값과 단시간 노출값으로 제시되어 있다. 다음 중 시간가중평균값으로만 기준이 설정되어 있는 항목은 어느 것인가?

① 다이클로로메테인(Dichloromethane)

② 메탄올(Methanol)

③ 스타이렌(Styrene)

④ 일산화탄소(Carbon Monoxide)

해설

산업안전보건법 시행규칙 [별표 19] 유해인자별 노출농도의 허용기준

유해인자	허용기준			
	시간가중평균값(TWA)		단시간 노출값(STEL)	
	ppm	mg/m³	ppm	mg/m³
다이클로로메테인(Dichloromethane ; 75-09-2)	50	–	–	–
메탄올(Methanol ; 67-56-1)	200	–	250	–
스타이렌(Styrene ; 100-42-5)	20	–	40	–
일산화탄소(Carbon monoxide ; 630-08-0)	30	–	200	–

05 산업안전보건법 시행규칙에 근거한 유해인자별 노출농도의 허용기준은 시간가중평균값과 단시간 노출값으로 제시되어 있다. 다음 중 시간가중평균값을 기준으로 노출농도의 허용기준이 가장 낮은 항목은 어느 것인가?

① 다이클로로메테인(Dichloromethane)

② 메탄올(Methanol)

③ 스타이렌(Styrene)

④ 폼알데하이드(Formaldehyde)

해설

산업안전보건법 시행규칙 [별표 19] 유해인자별 노출농도의 허용기준

유해인자	허용기준			
	시간가중평균값(TWA)		단시간 노출값(STEL)	
	ppm	mg/m³	ppm	mg/m³
폼알데하이드(Formaldehyde ; 50-00-0)	0.3	–	–	–

06 산업안전보건법 시행규칙에 근거한 유해인자별 노출농도의 허용기준은 시간가중평균값과 단시간 노출값으로 제시되어 있다. 다음 중 시간가중평균값과 단시간 노출값 모두에 대해서 노출농도의 허용기준이 규정되어 있는 항목은 어느 것인가?

① 납 및 그 무기화합물
② 산화에틸렌
③ 메탄올
④ 이황화탄소

[해설]
산업안전보건법 시행규칙 [별표 19] 유해인자별 노출농도의 허용기준

유해인자	허용기준			
	시간가중평균값(TWA)		단시간 노출값(STEL)	
	ppm	mg/m³	ppm	mg/m³
납[7439-92-1] 및 그 무기화합물(Lead and its inorganic compounds)	–	0.05	–	–
메탄올(Methanol ; 67-56-1)	200	–	250	–
산화에틸렌(Ethylene oxide ; 75-21-8)	1	–	–	–
이황화탄소(Carbon disulfide ; 75-15-0)	1	–	–	–

07 다음 중 작업장 유해물질 저감시설에 관한 설명으로 옳지 않은 것은?

① 배기장치는 작업장의 환경을 개선하기 위하여 기본적으로 설치되어야 한다.
② 작업장의 먼지, 가스, 증기, 흄 등의 유해물질을 작업장 외부로 배출시키는 장치가 필요하다.
③ 국소배기장치는 작업대의 상부 또는 노동자의 뒤에서 흡기가 이루어지도록 설치한다.
④ 작업장에서 배기장치에 의하여 배출된 오염물질에 대한 저감장치가 설치되어야 한다.

[해설]
③ 국소배기장치는 작업대의 상부 또는 노동자와 마주한 방향에서 흡기가 이루어지도록 설치한다.

08 함진가스를 여재에 통과시켜 입자를 관성충돌, 직접 차단, 확산 등에 의하여 분리·포집하는 작업장 유해물질 저감장치는 무엇인가?

① 원심력 여과기
② 백필터 여과장치
③ 스크러버
④ 흡착탑

[해설]
백필터 여과장치는 90% 이상의 집진효율을 가지며, 0.5μm 이상의 입자에 대해서는 99% 이상의 집진효율을 가진다.

09 사업주는 근로자 및 관리감독자로 구분하여 안전보건교육을 실시해야 한다. 다음 중 근로자를 대상으로 실시하는 정기교육내용에만 해당되는 것은?

① 산업안전 및 사고 예방에 관한 사항
② 산업보건 및 직업병 예방에 관한 사항
③ 건강증진 및 질병 예방에 관한 사항
④ 직무스트레스 예방 및 관리에 관한 사항

> **해설**
> 산업안전보건법 시행규칙 [별표 5] 안전보건교육 교육대상별 교육내용

근로자 정기교육	관리감독자 정기교육
• 산업안전 및 사고 예방에 관한 사항 • 산업보건 및 직업병 예방에 관한 사항 • 위험성 평가에 관한 사항 • 건강증진 및 질병 예방에 관한 사항 • 유해·위험 작업환경 관리에 관한 사항 • 산업안전보건법령 및 산업재해보상보험 제도에 관한 사항 • 직무스트레스 예방 및 관리에 관한 사항 • 직장 내 괴롭힘, 고객의 폭언 등으로 인한 건강장해 예방 및 관리에 관한 사항	• 산업안전 및 사고 예방에 관한 사항 • 산업보건 및 직업병 예방에 관한 사항 • 위험성 평가에 관한 사항 • 유해·위험 작업환경 관리에 관한 사항 • 산업안전보건법령 및 산업재해보상보험 제도에 관한 사항 • 직무스트레스 예방 및 관리에 관한 사항 • 직장 내 괴롭힘, 고객의 폭언 등으로 인한 건강장해 예방 및 관리에 관한 사항 • 작업공정의 유해·위험과 재해 예방대책에 관한 사항 • 사업장 내 안전보건관리체제 및 안전·보건조치 현황에 관한 사항 • 표준안전 작업방법 결정 및 지도·감독 요령에 관한 사항 • 현장근로자와의 의사소통능력 및 강의능력 등 안전보건교육 능력 배양에 관한 사항 • 비상시 또는 재해 발생 시 긴급조치에 관한 사항 • 그 밖의 관리감독자의 직무에 관한 사항

10 다음 중 소비자 제품 위해성 저감에 관한 설명으로 옳지 않은 것은?

① 소비자 제품의 위해성 파악을 위해 비발암성 물질과 발암성 물질로 구분하여 위해도를 판단한다.
② 소비자 제품의 노출을 최소화하기 위하여 저감대상 제품을 선정하고 저감방법을 모색하며 저감대책을 수립하여야 한다.
③ 소비자에게 유해성 정보를 전달하여 소비자가 자발적으로 제품을 선택하고 사용하는 패턴이 변화될 수 있도록 유도한다.
④ 소비자 유해성의 정보는 주로 제품에 대한 광고로 이루어진다.

> **해설**
> ④ 소비자 유해성의 정보는 주로 제품 라벨, 설명서 등을 통해 이루어진다.

11 다음 중 사업장 환경 위해성 평가 수행 시 파악할 내용으로 가장 적절하지 않은 것은?

① 적정 환경오염방지시설 설치
② 화학물질의 이동 등 노출경로
③ 환경 중으로 배출되는 화학물질의 종류와 배출량
④ 화학물질 노출로 인한 건강영향

[해설]

사업장 환경 위해성 평가 수행 시 파악할 내용
• 환경 중으로 배출되는 화학물질의 종류와 배출량
• 화학물질의 이동 등 노출경로
• 화학물질로 인해 영향받는 대상(인간 및 생태계)
• 영향받는 대상이 노출되는 방식 및 그로 인한 건강영향
• 위해성 평가 결과에 따른 물질별 저감목표

12 다음 중 노출시나리오 작성 시 고려사항으로 옳지 않은 것은?

① 초기 노출시나리오에서 인체 건강 및 환경에 대한 위해성이 충분히 통제되지 않는다고 판정되면, 위해성이 충분히 통제됨을 입증할 목적으로 유해성 평가 및 노출평가에서 하나 또는 다수의 요소를 수정하는 과정이 필요하다.
② 유해성 평가를 수정하기 위해서는 보다 노출기간이 긴 만성 시험자료 또는 보다 상위 개념의 유전독성 시험자료 확보 등 추가적인 유해성 정보의 확보가 필요하다.
③ 노출시나리오는 위해성 보고서 작성을 위한 핵심절차로서 결정이 되면, 수정하기에는 많은 비용과 예산이 소요되므로 작성절차가 반복되기 어렵다.
④ 화학물질이 인체(작업자 및 소비자를 포함) 및 다른 환경영역에 직·간접적으로 노출되는 것을 줄이거나 피하기 위한 위해성 관리대책을 기술한다.

[해설]

③ 노출시나리오는 위해성 보고서 작성을 위한 핵심절차이며, 이 작성절차는 반복될 수 있다(등록신청자료의 작성방법 및 유해성심사 방법 등에 관한 규정 제10조).

13 초기 노출시나리오 작성 시 하위사용자와 소통이 필요한 단계로 옳은 것은?

① 초기 노출시나리오 확인단계
② 초기 노출시나리오 작성단계
③ 초기 노출시나리오 정교화단계
④ 통합 노출시나리오 도출단계

해설

초기 노출시나리오 작성단계

초기 노출시나리오 작성 → 초기 노출시나리오 확인(하위사용자 대상 소통단계) → 노출량 수정 및 위해도 결정 → 초기 노출시나리오 정교화 → 통합 노출시나리오 도출

14 화학물질관리법상 운반계획서를 작성해야 하는 유독물질의 최소 운반중량으로 가장 적절한 것은?

① 2,000kg
② 3,000kg
③ 4,000kg
④ 5,000kg

해설

화학물질관리법 제15조(유해화학물질의 진열량·보관량 제한 등)

유해화학물질을 운반하는 자가 1회에 환경부령으로 정하는 일정량을 초과하여 운반하고자 하는 경우에는 환경부령으로 정하는 바에 따라 사전에 해당 유해화학물질의 운반자, 운반시간, 운반경로·노선 등을 내용으로 하는 운반계획서를 작성하여 환경부장관에게 제출하여야 한다.

화학물질관리법 시행규칙 제11조(유해화학물질 운반계획서 작성·제출 등)

'환경부령으로 정하는 일정량'이란 다음의 구분에 따른 양을 말한다.

• 유독물질 : 5,000kg
• 허가물질, 제한물질, 금지물질 또는 사고대비물질 : 3,000kg

15 어떤 작업자에 대한 근무 시간대별 유해인자의 농도변화가 다음 표와 같다. 작업자가 유해인자에 노출된 시간가중평균값(ppm)은 얼마인가?

유해인자 측정농도(ppm)	137	158	162	142
노출시간(min)	120	180	120	60

① 143
② 152
③ 165
④ 174

해설

$TWA = \dfrac{C_1 T_1 + C_2 T_2 + \cdots + C_n T_n}{8}$ (여기서, C : 유해인자의 측정농도, T : 유해인자의 발생시간[h])

$= \dfrac{137 \times 2 + 158 \times 3 + 162 \times 2 + 142 \times 1}{8} = 151.8 = 152 \text{ppm}$

16 다음 중 캐노피형 후드(Hood)가 포함되는 종류로 옳은 것은?

① 리버스식

② 포위식

③ 외부장착식

④ 리시버식

> [해설]
> 작업환경 중 유해물질이 근처의 공간으로 비산되는 것을 방지하기 위하여 비산 범위 내의 오염공기를 발생원에서 직접 포집하기 위한 국소배기장치의 입구부를 후드(Hood)라고 한다. 후드는 작업형태, 오염물질의 특성 및 발생특성, 작업공간의 크기 등에 따라 달라지는데 오염물질 발생원을 기준으로 '포위식'과 '외부식', '리시버식'으로 구분한다. '포위식'에는 포위형, 장갑부착상자형, 드래프트체임버형, 건축부스형 등이 있고, '외부식'으로는 슬롯형, 그리드형, 푸시풀형 등 있다. 또한 '리시버식'으로는 그라인드커버형, 캐노피형 등이 있다(산업환기설비에 관한 기술지침).

17 화학물질이 인체와 환경에 미치는 위해수준을 평가하고자 할 때 위해성평가 절차로 옳은 것은?

① 유해성 확인 → 노출량–반응 평가 → 노출평가 → 위해도 결정

② 유해성 확인 → 노출평가 → 노출량–반응 평가 → 위해도 결정

③ 유해성 확인 및 독성평가 → 노출평가 → 위해성평가 → 위해도 결정 및 관리

④ 유해성 확인 및 독성평가 → 용량–반응 평가 → 노출평가 → 위해도 결정 및 관리

> [해설]
> 화학물질 위해성평가의 구체적 방법 등에 관한 규정 제4조(위해성평가 절차)
> 1. 유해성 확인, 2. 노출량–반응 평가/종민감도분포 평가, 3. 노출평가, 4. 위해도 결정

18 산업안전보건법에 따라 사업주가 근로자에게 실시해야 하는 안전보건교육은 근로자 · 관리감독자 정기교육, 채용 시 교육, 작업내용 변경 시 교육 그리고 특별교육 대상 작업별 교육이 있다. 다음 중 정기교육, 채용 시 교육, 작업내용 변경 시 교육에 모두 포함된 교육내용은 무엇인가?

① 건강증진 및 질병예방에 관한 사항

② 작업공정의 유해 · 위험과 재해 예방대책에 관한 사항

③ 직장 내 괴롭힘, 고객의 폭언 등으로 인한 건강장해 예방 및 관리에 관한 사항

④ 작업 개시 전 점검에 관한 사항

> [해설]
> 산업안전보건법 시행규칙 [별표 5] 안전보건교육 교육대상별 교육내용 참고

19 다음 중 지역사회 위해성 소통과 가장 거리가 먼 것은?

① 화학물질관리법에 따른 화학사고예방관리계획서 작성 및 제출
② 화학물질관리법에 따른 화학물질 조사결과 및 정보의 공개
③ 화학물질관리법에 따른 사고대비물질 지정
④ 화학물질관리법에 따른 운반계획서 작성·제출

해설

지역사회 위해성 소통
• 화학물질관리법에 따른 화학사고예방관리계획서 작성 및 제출
• 화학물질관리법에 따른 화학물질 조사결과 및 정보의 공개
• 화학물질관리법에 따른 사고대비물질 지정
• 화학물질의 등록 및 평가 등에 관한 법률에 따른 허가물질의 지정
• 화학물질의 등록 및 평가 등에 관한 법률에 따른 유해성 심사 결과의 공개

20 다음 중 옳지 않은 것은?

① 국립환경과학원장은 화학물질 통계조사와 화학물질 배출량조사를 완료한 때에는 지체 없이 그 결과를 공개하여야 한다.
② 관계 중앙행정기관의 장과의 협의와 환경보건위원회의 심의를 거쳐 환경부장관은 환경보건종합계획을 10년마다 수립하여야 한다.
③ 화학물질의 등록·신고 및 평가, 제품에 들어있는 중점관리물질의 신고 등에 관한 기본계획을 환경부장관은 5년마다 수립하여야 한다.
④ 위해성평가를 한 결과 위해성이 있다고 인정되면 환경부장관은 관계 중앙행정기관의 장과 협의하고 관리위원회의 심의를 거쳐 해당 생활화학제품을 안전확인대상생활화학제품으로 지정·고시한다.

해설

① 환경부장관은 화학물질 통계조사와 화학물질 배출량조사를 완료한 때에는 사업장별로 그 결과를 지체 없이 공개하여야 한다(화학물질관리법 제12조).
② 환경보건법 제6조
③ 화학물질의 등록 및 평가 등에 관한 법률 제6조
④ 생활화학제품 및 살생물제의 안전관리에 관한 법률 제8조

관련 법규

1 환경보건법

(1) 목적(환경보건법 제1조)

환경오염과 유해화학물질 등이 국민건강 및 생태계에 미치는 영향 및 피해를 조사·규명 및 감시하여 국민건강에 대한 위협을 예방하고, 이를 줄이기 위한 대책을 마련함으로써 국민건강과 생태계의 건전성을 보호·유지할 수 있도록 함을 목적으로 한다.

(2) 용어 정의(환경보건법 제2조, 환경보건법 시행규칙 제2조)

① **환경보건** : 환경정책기본법에 따른 환경오염과 화학물질관리법에 따른 유해화학물질 등(이하 '환경유해인자'라 한다)이 사람의 건강과 생태계에 미치는 영향을 조사·평가하고 이를 예방·관리하는 것을 말한다.

② **환경성 질환** : 역학조사(疫學調査) 등을 통하여 환경유해인자와 상관성이 있다고 인정되는 질환으로서 환경보건위원회 심의를 거쳐 환경부령으로 정하는 질환을 말한다.

    ㉠ 물환경보전법에 따른 수질오염물질로 인한 질환

    ㉡ 화학물질관리법에 따른 유해화학물질로 인한 중독증, 신경계 및 생식계 질환

    ㉢ 석면으로 인한 폐질환

    ㉣ 환경오염사고로 인한 건강장해

    ㉤ 실내공기질 관리법에 따른 오염물질 및 대기환경보전법에 따른 대기오염물질과 관련된 호흡기 및 알레르기 질환

    ㉥ 가습기살균제[미생물 번식과 물때 발생을 예방할 목적으로 가습기 내의 물에 첨가하여 사용하는 제제(製劑) 또는 물질을 말한다]에 포함된 유해화학물질(화학물질관리법의 유독물질로 고시된 것만 해당한다)로 인한 폐질환

③ **위해성 평가** : 환경유해인자가 사람의 건강이나 생태계에 미치는 영향을 예측하기 위하여 환경유해인자에의 노출과 환경유해인자의 독성(毒性) 정보를 체계적으로 검토·평가하는 것을 말한다.

④ **역학조사** : 특정 인구집단이나 특정 지역에서 환경유해인자로 인한 건강피해가 발생하였거나 발생할 우려가 있는 경우에 질환과 사망 등 건강피해의 발생 규모를 파악하고 환경유해인자와 질환 사이의 상관관계를 확인하여 그 원인을 규명하기 위한 활동을 말한다.

⑤ **환경매체** : 환경유해인자를 수용체(受容體)에 전달하는 대기, 물, 토양 등을 말한다.

⑥ **수용체** : 환경매체를 통하여 전달되는 환경유해인자에 따라 영향을 받는 사람과 동식물을 포함한 생태계를 말한다.

⑦ 어린이 : 13세 미만인 사람을 말한다.

⑧ 어린이 활동공간 : 어린이가 주로 활동하거나 머무르는 공간으로서 어린이놀이시설, 어린이집 등 영유아 보육시설, 유치원, 초등학교 등 대통령령으로 정하는 것을 말한다.

(3) 기본이념(환경보건법 제4조)

① 사전예방 : 환경유해인자와 수용체의 피해 사이에 과학적 상관성이 명확히 증명되지 아니하는 경우에도 그 환경유해인자의 무해성(無害性)이 최종적으로 증명될 때까지 경제적·기술적으로 가능한 범위에서 수용체에 미칠 영향을 예방하기 위한 적절한 조치와 시책을 마련하여야 한다.

② 민감 취약계층의 우선보호 : 어린이 등 환경유해인자의 노출에 민감한 계층과 환경오염이 심한 지역의 국민을 우선적으로 보호하고 배려하여야 한다.

③ 수용체 중심의 접근 : 수용체 보호의 관점에서 환경매체별 계획과 시책을 통합·조정하여야 한다.

④ 참여와 알권리의 보장 : 환경유해인자에 따라 영향을 받는 인구집단은 위해성 등에 관한 적절한 정보를 제공받는 등 관련 정책의 결정과정에 참여할 수 있어야 한다.

(4) 환경보건종합계획의 수립(환경보건법 제6조)

① 환경부장관은 관계 중앙행정기관의 장과의 협의와 환경보건위원회의 심의를 거쳐 환경유해인자가 수용체에 미치는 영향과 피해를 조사·예방 및 관리함으로써 국민의 건강을 증진시키기 위하여 환경보건종합계획(이하 '종합계획'이라 한다)을 10년마다 세워야 한다.

② 종합계획에는 다음의 사항이 포함되어야 한다.

  ㉠ 환경보건에 관한 기본적 시책과 목표

  ㉡ 환경유해인자가 국민건강에 미치는 영향과 환경성 질환 및 그 밖에 환경유해인자에 대한 적절한 시책 마련과 조치가 필요한 질환의 발생 현황

  ㉢ 환경유해인자가 생태계에 미치는 영향 및 피해에 관한 사항

  ㉣ 환경유해인자의 위해성 평가에 관한 사항

  ㉤ 환경유해인자가 국민건강에 미치는 영향에 관한 조사·연구·분석·예방 및 관리 방안

  ㉥ 어린이, 노인, 임산부 등 환경유해인자의 노출에 민감한 계층에 대한 특별관리 대책

  ㉦ 산업단지, 폐광지역, 교통밀집지역, 폐기물처리시설 등의 인근 주민 등 환경오염에 취약한 지역 주민에 대한 특별관리 대책

  ㉧ 수용체 중심의 통합적 환경기준 마련에 관한 사항

  ㉨ 환경유해인자로 인한 국민의 건강피해를 예방·관리하기 위하여 필요한 행정적·재정적 지원

  ㉩ 환경보건 관련 재원의 조달 방안

  ㉪ 환경보건 관련 국제협력에 관한 사항

  ㉫ 그 밖에 환경보건을 증진시키기 위하여 필요한 사항

③ 환경부장관은 종합계획을 세운 날부터 5년이 지나거나 관계 중앙행정기관의 장의 요청 등에 따라 종합계획을 변경할 필요가 있다고 인정하는 경우에는 환경보건위원회의 심의를 거쳐 종합계획을 변경할 수 있다.

(5) 환경보건위원회(환경보건법 제9조)

① 환경보건의 증진에 관한 주요 사항을 심의하기 위하여 환경부장관 소속으로 환경보건위원회(이하 '위원회'라 한다)를 둔다.

② 위원회는 다음의 사항을 심의한다.

　　㉠ 환경성 질환의 지정

　　㉡ 종합계획의 수립과 변경

　　㉢ 환경보건의 증진에 관한 시책

　　㉣ 위해성이 있다고 인정되는 새로운 기술 적용 또는 물질 사용의 제한

　　㉤ 환경유해인자의 생체 내 농도 기준

　　㉥ 건강영향조사 청원(請願)의 처리

　　㉦ 환경유해인자의 사용 제한

　　㉧ 어린이의 건강에 영향을 주는 환경유해인자의 종류 및 유해성

　　㉨ 그 밖에 위원장이 심의에 부치는 사항

(6) 환경 관련 건강피해의 건강영향조사 등(환경보건법 제15조)

환경부장관은 다음의 자에 대하여 환경유해인자가 건강에 미치는 영향을 지속적으로 조사·평가하여야 한다.

① 어린이, 노인, 임산부 등 환경유해인자의 노출에 민감한 계층

② 산업단지, 폐광지역, 교통밀집지역 등 환경유해인자로 인한 건강영향의 우려가 큰 지역에 거주하는 주민 등 특정 인구집단

③ 미세먼지 등 환경유해인자가 환경정책기본법에 따른 환경기준을 초과하는 등 환경오염이 현저하거나 현저할 우려가 있는 지역에 거주하는 주민 등 특정 인구집단

2 산업안전보건법

(1) 목적(산업안전보건법 제1조)

산업 안전 및 보건에 관한 기준을 확립하고 그 책임의 소재를 명확하게 하여 산업재해를 예방하고 쾌적한 작업환경을 조성함으로써 노무를 제공하는 사람의 안전 및 보건을 유지·증진함을 목적으로 한다.

(2) 용어 정의(산업안전보건법 제2조)

① **산업재해** : 노무를 제공하는 사람이 업무에 관계되는 건설물·설비·원재료·가스·증기·분진 등에 의하거나 작업 또는 그 밖의 업무로 인하여 사망 또는 부상하거나 질병에 걸리는 것을 말한다.

② **중대재해** : 산업재해 중 사망 등 재해 정도가 심하거나 다수의 재해자가 발생한 경우로서 고용노동부령으로 정하는 재해를 말한다(※ 참고 : 중대재해처벌법).

③ **근로자** : 직업의 종류와 관계없이 임금을 목적으로 사업이나 사업장에 근로를 제공하는 사람을 말한다(근로기준법 제2조).

④ **사업주** : 근로자를 사용하여 사업을 하는 자를 말한다.

⑤ **근로자대표** : 근로자의 과반수로 조직된 노동조합이 있는 경우에는 그 노동조합을, 근로자의 과반수로 조직된 노동조합이 없는 경우에는 근로자의 과반수를 대표하는 자를 말한다.

⑥ **도급** : 명칭에 관계없이 물건의 제조·건설·수리 또는 서비스의 제공, 그 밖의 업무를 타인에게 맡기는 계약을 말한다.

⑦ **도급인** : 물건의 제조·건설·수리 또는 서비스의 제공, 그 밖의 업무를 도급하는 사업주를 말한다. 다만, 건설공사발주자는 제외한다.

⑧ **수급인** : 도급인으로부터 물건의 제조·건설·수리 또는 서비스의 제공, 그 밖의 업무를 도급받은 사업주를 말한다.

⑨ **관계수급인** : 도급이 여러 단계에 걸쳐 체결된 경우에 각 단계별로 도급받은 사업주 전부를 말한다.

⑩ **건설공사발주자** : 건설공사를 도급하는 자로서 건설공사의 시공을 주도하여 총괄·관리하지 아니하는 자를 말한다. 다만, 도급받은 건설공사를 다시 도급하는 자는 제외한다.

⑪ **건설공사** : 다음의 어느 하나에 해당하는 공사를 말한다.
　　㉠ 건설산업기본법 제2조제4호에 따른 건설공사
　　㉡ 전기공사업법 제2조제1호에 따른 전기공사
　　㉢ 정보통신공사업법 제2조제2호에 따른 정보통신공사
　　㉣ 소방시설공사업법에 따른 소방시설공사
　　㉤ 국가유산수리 등에 관한 법률에 따른 국가유산 수리공사

⑫ **안전보건진단** : 산업재해를 예방하기 위하여 잠재적 위험성을 발견하고 그 개선대책을 수립할 목적으로 조사·평가하는 것을 말한다.

⑬ **작업환경측정** : 작업환경 실태를 파악하기 위하여 해당 근로자 또는 작업장에 대하여 사업주가 유해인자에 대한 측정계획을 수립한 후 시료(試料)를 채취하고 분석·평가하는 것을 말한다.

(3) 사업주 등의 의무(산업안전보건법 제5조)

① 사업주(특수형태근로종사자로부터 노무를 제공받는 자와 물건의 수거·배달 등을 중개하는 자를 포함한다)는 다음의 사항을 이행함으로써 근로자(특수형태근로종사자와 물건의 수거·배달 등을 하는 사람을 포함한다)의 안전 및 건강을 유지·증진시키고 국가의 산업재해 예방정책을 따라야 한다.

  ㉠ 산업안전보건법과 산업안전보건법에 따른 명령으로 정하는 산업재해 예방을 위한 기준
  ㉡ 근로자의 신체적 피로와 정신적 스트레스 등을 줄일 수 있는 쾌적한 작업환경의 조성 및 근로조건 개선
  ㉢ 해당 사업장의 안전 및 보건에 관한 정보를 근로자에게 제공

② 다음의 어느 하나에 해당하는 자는 발주·설계·제조·수입 또는 건설을 할 때 산업안전보건법과 산업안전보건법에 따른 명령으로 정하는 기준을 지켜야 하고, 발주·설계·제조·수입 또는 건설에 사용되는 물건으로 인하여 발생하는 산업재해를 방지하기 위하여 필요한 조치를 하여야 한다.

  ㉠ 기계·기구와 그 밖의 설비를 설계·제조 또는 수입하는 자
  ㉡ 원재료 등을 제조·수입하는 자
  ㉢ 건설물을 발주·설계·건설하는 자

(4) 안전보건관리책임자(산업안전보건법 제15조)

① 사업주는 사업장을 실질적으로 총괄하여 관리하는 사람에게 해당 사업장의 다음의 업무를 총괄하여 관리하도록 하여야 한다.

  ㉠ 사업장의 산업재해 예방계획의 수립에 관한 사항
  ㉡ 안전보건관리규정의 작성 및 변경에 관한 사항
  ㉢ 안전보건교육에 관한 사항
  ㉣ 작업환경측정 등 작업환경의 점검 및 개선에 관한 사항
  ㉤ 근로자의 건강진단 등 건강관리에 관한 사항
  ㉥ 산업재해의 원인 조사 및 재발 방지대책 수립에 관한 사항
  ㉦ 산업재해에 관한 통계의 기록 및 유지에 관한 사항
  ㉧ 안전장치 및 보호구 구입 시 적격품 여부 확인에 관한 사항
  ㉨ 그 밖에 근로자의 유해·위험 방지조치에 관한 사항으로서 고용노동부령으로 정하는 사항

② ①의 업무를 총괄하여 관리하는 사람(이하 '안전보건관리책임자'라 한다)은 안전관리자와 보건관리자를 지휘·감독한다.

(5) 안전보건관리 규정을 작성해야 할 사업의 종류와 사업장의 상시근로자 수(산업안전보건법 시행규칙 별표 2)

사업의 종류	상시근로자 수
• 농 업 • 어 업 • 소프트웨어 개발 및 공급업 • 컴퓨터 프로그래밍, 시스템 통합 및 관리업 • 정보서비스업 • 금융 및 보험업 • 임대업(부동산 제외) • 전문, 과학 및 기술 서비스업(연구개발업은 제외한다) • 사업지원 서비스업 • 사회복지 서비스업	300명 이상
• 위의 사업을 제외한 사업	100명 이상

(6) 유해위험방지계획서의 작성·제출 등(산업안전보건법 제42조)

사업주는 다음의 어느 하나에 해당하는 경우에는 산업안전보건법 또는 산업안전보건법에 따른 명령에서 정하는 유해·위험 방지에 관한 사항을 적은 계획서(이하 '유해위험방지계획서'라 한다)를 작성하여 고용노동부령으로 정하는 바에 따라 고용노동부장관에게 제출하고 심사를 받아야 한다. 다만, ③에 해당하는 사업주 중 산업재해발생률 등을 고려하여 고용노동부령으로 정하는 기준에 해당하는 사업주는 유해위험방지계획서를 스스로 심사하고, 그 심사결과서를 작성하여 고용노동부장관에게 제출하여야 한다.

① 대통령령으로 정하는 사업의 종류 및 규모에 해당하는 사업으로서 해당 제품의 생산 공정과 직접적으로 관련된 건설물·기계·기구 및 설비 등 전부를 설치·이전하거나 그 주요 구조 부분을 변경하려는 경우

② 유해하거나 위험한 작업 또는 장소에서 사용하거나 건강장해를 방지하기 위하여 사용하는 기계·기구 및 설비로서 대통령령으로 정하는 기계·기구 및 설비를 설치·이전하거나 그 주요 구조 부분을 변경하려는 경우

③ 대통령령으로 정하는 크기, 높이 등에 해당하는 건설공사를 착공하려는 경우

(7) 공정안전보고서의 작성·제출(산업안전보건법 제44조)

사업주는 사업장에 대통령령으로 정하는 유해하거나 위험한 설비가 있는 경우 그 설비로부터의 위험물질 누출, 화재 및 폭발 등으로 인하여 사업장 내의 근로자에게 즉시 피해를 주거나 사업장 인근 지역에 피해를 줄 수 있는 사고로서 대통령령으로 정하는 사고(이하 '중대산업사고'라 한다)를 예방하기 위하여 대통령령으로 정하는 바에 따라 공정안전보고서를 작성하고 고용노동부장관에게 제출하여 심사를 받아야 한다. 이 경우 공정안전보고서의 내용이 중대산업사고를 예방하기 위하여 적합하다고 통보받기 전에는 관련된 유해하거나 위험한 설비를 가동해서는 아니 된다.

(8) 유해인자의 유해성ㆍ위험성 분류기준(산업안전보건법 시행규칙 별표 18)

① 화학물질의 분류기준

ㄱ 물리적 위험성 분류기준

• 폭발성 물질 : 자체의 화학반응에 따라 주위환경에 손상을 줄 수 있는 정도의 온도ㆍ압력 및 속도를 가진 가스를 발생시키는 고체ㆍ액체 또는 혼합물

• 인화성 가스 : 20℃, 표준압력(101.3kPa)에서 공기와 혼합하여 인화되는 범위에 있는 가스와 54℃ 이하 공기 중에서 자연발화하는 가스를 말한다(혼합물을 포함한다).

• 인화성 액체 : 표준압력(101.3kPa)에서 인화점이 93℃ 이하인 액체

• 인화성 고체 : 쉽게 연소되거나 마찰에 의하여 화재를 일으키거나 촉진할 수 있는 물질

• 에어로졸 : 재충전이 불가능한 금속ㆍ유리 또는 플라스틱 용기에 압축가스ㆍ액화가스 또는 용해가스를 충전하고 내용물을 가스에 현탁시킨 고체나 액상입자로, 액상 또는 가스상에서 폼ㆍ페이스트ㆍ분말상으로 배출되는 분사장치를 갖춘 것

• 물반응성 물질 : 물과 상호작용을 하여 자연발화되거나 인화성 가스를 발생시키는 고체ㆍ액체 또는 혼합물

• 산화성 가스 : 일반적으로 산소를 공급함으로써 공기보다 다른 물질의 연소를 더 잘 일으키거나 촉진하는 가스

• 산화성 액체 : 그 자체로는 연소하지 않더라도, 일반적으로 산소를 발생시켜 다른 물질을 연소시키거나 연소를 촉진하는 액체

• 산화성 고체 : 그 자체로는 연소하지 않더라도 일반적으로 산소를 발생시켜 다른 물질을 연소시키거나 연소를 촉진하는 고체

• 고압가스 : 20℃, 200kPa 이상의 압력하에서 용기에 충전되어 있는 가스 또는 냉동액화가스 형태로 용기에 충전되어 있는 가스(압축가스, 액화가스, 냉동액화가스, 용해가스로 구분한다)

• 자기반응성 물질 : 열적(熱的)인 면에서 불안정하여 산소가 공급되지 않아도 강렬하게 발열ㆍ분해하기 쉬운 액체ㆍ고체 또는 혼합물

• 자연발화성 액체 : 적은 양으로도 공기와 접촉하여 5분 안에 발화할 수 있는 액체

• 자연발화성 고체 : 적은 양으로도 공기와 접촉하여 5분 안에 발화할 수 있는 고체

• 자기발열성 물질 : 주위의 에너지 공급 없이 공기와 반응하여 스스로 발열하는 물질(자기발화성 물질은 제외한다)

• 유기과산화물 : 2가의 -O-O- 구조를 가지고 1개 또는 2개의 수소원자가 유기라디칼에 의하여 치환된 과산화수소의 유도체를 포함한 액체 또는 고체 유기물질

• 금속부식성 물질 : 화학적인 작용으로 금속에 손상 또는 부식을 일으키는 물질

ㄴ 건강 및 환경 유해성 분류기준

• 급성 독성 물질 : 입 또는 피부를 통하여 1회 투여 또는 24시간 이내에 여러 차례로 나누어 투여하거나 호흡기를 통하여 4시간 동안 흡입하는 경우 유해한 영향을 일으키는 물질

- 피부 부식성 또는 자극성 물질 : 접촉 시 피부조직을 파괴하거나 자극을 일으키는 물질(피부 부식성 물질 및 피부 자극성 물질로 구분한다)
- 심한 눈 손상성 또는 자극성 물질 : 접촉 시 눈 조직의 손상 또는 시력의 저하 등을 일으키는 물질(눈 손상성 물질 및 눈 자극성 물질로 구분한다)
- 호흡기 과민성 물질 : 호흡기를 통하여 흡입되는 경우 기도에 과민반응을 일으키는 물질
- 피부 과민성 물질 : 피부에 접촉되는 경우 피부 알레르기 반응을 일으키는 물질
- 발암성 물질 : 암을 일으키거나 그 발생을 증가시키는 물질
- 생식세포 변이원성 물질 : 자손에게 유전될 수 있는 사람의 생식세포에 돌연변이를 일으킬 수 있는 물질
- 생식독성 물질 : 생식기능, 생식능력 또는 태아의 발생·발육에 유해한 영향을 주는 물질
- 특정 표적장기 독성 물질(1회 노출) : 1회 노출로 특정 표적장기·전신에 독성을 일으키는 물질
- 특정 표적장기 독성 물질(반복 노출) : 반복적인 노출로 특정 표적장기·전신에 독성을 일으키는 물질
- 흡인 유해성 물질 : 액체 또는 고체 화학물질이 입이나 코를 통하여 직접적으로 또는 구토로 인하여 간접적으로, 기관 및 더 깊은 호흡기관으로 유입되어 화학적 폐렴, 다양한 폐 손상이나 사망과 같은 심각한 급성 영향을 일으키는 물질
- 수생 환경 유해성 물질 : 단기간·장기간의 노출로 수생생물에 유해한 영향을 일으키는 물질
- 오존층 유해성 물질 : 오존층 보호 등을 위한 특정물질의 관리에 관한 법률에 따른 특정물질
  ※ 특정물질 : 오존층 파괴물질에 관한 몬트리올 의정서에 따른 제1종 특정물질(오존층 파괴물질)과 제2종 특정물질(수소불화탄소) 114종이며, 이 특정물질에는 특정물질의 이성체, 혼합물에 들어 있는 특정물질, 저장이나 운반 등을 위하여 사용되는 용기 내에 들어 있는 특정물질의 하나에 해당하는 것을 포함한다. 다만, 특정물질을 사용하여 생산된 제품에 포함된 특정물질·혼합물에 들어 있는 특정물질은 제외한다.

② 물리적 인자의 분류기준
  ㉠ 소음 : 소음성 난청을 유발할 수 있는 85dB(A) 이상의 시끄러운 소리
  ㉡ 진동 : 착암기, 손망치 등의 공구를 사용함으로써 발생되는 백랍병·레이노 현상·말초순환장애 등의 국소 진동 및 차량 등을 이용함으로써 발생되는 관절통·디스크·소화장애 등의 전신 진동

> **참고** • 백랍병(White Finger Disease) : 진동공구에서 발생하는 진동이 공구를 들고 있는 손의 혈관에 영향을 주어서 말단혈관장애로 손가락이 창백해지는 질병이다.
> • 레이노 현상(Raynaud's Phenomenon) : 추위나 스트레스에 의해 손가락이나 발가락, 코, 귀 등의 말초혈관이 수축을 일으키거나 혈액순환장애를 일으키는 것이다(손 저림증).

  ㉢ 방사선 : 직접·간접으로 공기 또는 세포를 전리하는 능력을 가진 알파선·베타선·감마선·엑스선·중성자선 등의 전자선
  ㉣ 이상기압 : 게이지압력이 $1kg/cm^2$ 초과 또는 미만인 기압
  ㉤ 이상기온 : 고열·한랭·다습으로 인하여 열사병·동상·피부질환 등을 일으킬 수 있는 기온

③ 생물학적 인자의 분류기준

    ㉠ 혈액매개 감염인자 : 인간면역결핍바이러스, B형·C형간염바이러스, 매독바이러스 등 혈액을 매개로 다른 사람에게 전염되어 질병을 유발하는 인자

    ㉡ 공기매개 감염인자 : 결핵·수두·홍역 등 공기 또는 비말감염 등을 매개로 호흡기를 통하여 전염되는 인자

    ㉢ 곤충 및 동물매개 감염인자 : 쯔쯔가무시증, 렙토스피라증, 유행성 출혈열 등 동물의 배설물 등에 의하여 전염되는 인자 및 탄저병, 브루셀라병 등 가축 또는 야생동물로부터 사람에게 감염되는 인자

3 화학물질관리법

참고 • 화학물질관리법 연혁

일 시	법 령	목 적	주요 내용
1964.03.14	독물 및 극물에 관한 법률 제정	독극물 중심의 화학물질 관리	• 중독사고 예방을 위한 급성 독성물질 위주 관리 • 독극물 제조·수출입업 및 판매업의 등록 의무화
1987.04.01	환경보전법 개정	화학물질의 환경보전법 복수관리	• 환경보전법에 합성화학물질 조항 추가 • 합성화학물질 제조 또는 수입자의 신고 의무화
1990.08.01	유해화학물질관리법 제정	본격적인 화학물질 관리제도 시행	• 신규 화학물질의 유해성 심사제도 도입 • 유독물 지정관리, 취급시설 유독물 표시 등
1997.07.01	유해화학물질관리법 1차 개정	화학물질관리 선진화 기반 조성	• OECD 가입 조건부로 GLP, 배출량 공개제도 도입 • 유통량 조사, 관찰물질제도 도입
2006.01.01	유해화학물질관리법 2차 개정	선진화된 화학물질 제도 정착·시행	• 취급 제한·금지물질 지정, 확인제도 도입 • 사고대비물질 지정·관리 등
2015.01.01	유해화학물질관리법 3차 개정	글로벌화 및 안전관리 강화·시행	• 화학물질의 등록 및 평가 등에 관한 법률과 화학물질관리법으로 분리 • 화학물질 평가 및 안전관리 강화 등

- 유해화학물질관리법 3차 전부 개정의 배경 : 가습기 살균제 사건 및 구미 플루오린화수소산 누출사고 등으로 국민들의 불안감이 가중되고, 현행 유해화학물질관리법으로는 화학물질 관리 및 화학사고 대응에 한계가 있다는 지적이 제기되었다.

    ⓐ 가습기 살균제 사건(2011)

        → 화학물질의 유해성과 위해성 자료 확보 및 국제적 흐름에 맞는 등록·평가제도 도입

        → 유해화학물질관리법에서 화학물질의 등록·평가 등에 관한 부분이 화학물질의 등록 및 평가 등에 관한 법률로 분리·제정(2013.05.22)

    ⓑ 구미 플루오린화수소산 누출사고(2012.09.27)

        → 화학물질의 체계적인 관리를 통하여 화학사고 철저 예방 및 신속 대응체계 구축

        → 유해화학물질관리법을 화학물질관리법으로 변경하고 전부 개정(2013.06.04)

- 유해화학물질관리법 3차 전부 개정의 주요 내용
  ⓐ 법 정의, 규정 등을 보완하여 화학사고 대응 등에 관한 법 체계 정립
  ⓑ 화학물질의 조사 확대·개편 및 조사결과의 정보공개절차 마련
  ⓒ 유해화학물질 취급자의 개인보호장구 착용 등에 관한 근거 마련
  ⓓ 화학사고예방관리계획 제도 도입 및 취급시설의 검사 실시
  ⓔ 화학사고예방관리계획서의 지역사회 고지 의무화
  ⓕ 취급시설의 배치·설치 및 관리 기준 강화
  ⓖ 영업허가 시 화학사고예방관리계획서 제출 및 설치검사 등의 검토를 거치도록 절차 강화
  ⓗ 관리자 외 기술인력, 취급 담당자와 종사자까지 유해화학물질 안전교육 확대
  ⓘ 화학사고 발생 초기 대응체계 강화 및 즉시 관계기관에 신고 의무화
• 화학물질관리법의 구성
  - 정보체계를 구축하고 취급 및 설치·운영기준 구체화 등으로 안전관리 강화
  - 화학사고예방관리계획 및 영업허가 제도 등의 도입으로 예방관리체계 강화
  - 사고대비물질 관리 강화 및 사고 즉시 신고의무 부여 등으로 화학사고 대비·대응체계 구축

(1) 목적(화학물질관리법 제1조)

화학물질로 인한 국민건강 및 환경상의 위해(危害)를 예방하고 화학물질을 적절하게 관리하는 한편, 화학물질로 인하여 발생하는 사고에 신속히 대응함으로써 화학물질로부터 모든 국민의 생명과 재산 또는 환경을 보호하는 것을 목적으로 한다.

(2) 용어 정의(화학물질관리법 제2조)

① 화학물질 : 원소·화합물 및 그에 인위적인 반응을 일으켜 얻어진 물질과 자연상태에서 존재하는 물질을 화학적으로 변형시키거나 추출 또는 정제한 것을 말한다.

② 유독물질 : 유해성(有害性)이 있는 화학물질로서 대통령령으로 정하는 기준에 따라 환경부장관이 정하여 고시한 것을 말한다.

③ 허가물질 : 위해성(危害性)이 있다고 우려되는 화학물질로서 환경부장관의 허가를 받아 제조, 수입, 사용하도록 환경부장관이 관계 중앙행정기관의 장과의 협의와 화학물질의 등록 및 평가 등에 관한 법률에 따른 화학물질평가위원회의 심의를 거쳐 고시한 것을 말한다.

④ 제한물질 : 특정 용도로 사용되는 경우 위해성이 크다고 인정되는 화학물질로서 그 용도로의 제조, 수입, 판매, 보관·저장, 운반 또는 사용을 금지하기 위하여 환경부장관이 관계 중앙행정기관의 장과의 협의와 화학물질의 등록 및 평가 등에 관한 법률에 따른 화학물질평가위원회의 심의를 거쳐 고시한 것을 말한다.

⑤ 금지물질 : 위해성이 크다고 인정되는 화학물질로서 모든 용도로의 제조, 수입, 판매, 보관·저장, 운반 또는 사용을 금지하기 위하여 환경부장관이 관계 중앙행정기관의 장과의 협의와 화학물질의 등록 및 평가 등에 관한 법률에 따른 화학물질평가위원회의 심의를 거쳐 고시한 것을 말한다.

⑥ 사고대비물질 : 화학물질 중에서 급성 독성(急性毒性)·폭발성 등이 강하여 화학사고의 발생 가능성이 높거나 화학사고가 발생한 경우에 그 피해 규모가 클 것으로 우려되는 화학물질로서 화학사고 대비가 필요하다고 인정하여 환경부장관이 지정·고시한 화학물질을 말한다.

⑦ 유해화학물질 : 유독물질, 허가물질, 제한물질 또는 금지물질, 사고대비물질, 그 밖에 유해성 또는 위해성이 있거나 그러할 우려가 있는 화학물질을 말한다.

⑧ 유해화학물질 영업 : 유해화학물질 중 허가물질 및 금지물질을 제외한 나머지 물질에 대한 영업을 말한다.

⑨ 유해성 : 화학물질의 독성 등 사람의 건강이나 환경에 좋지 아니한 영향을 미치는 화학물질 고유의 성질을 말한다.

⑩ 위해성 : 유해성이 있는 화학물질이 노출되는 경우 사람의 건강이나 환경에 피해를 줄 수 있는 정도를 말한다.

> **참고** 위해성(Risk) = 유해성(Hazard) × 노출(Exposure)시간

⑪ 취급시설 : 화학물질을 제조, 보관·저장, 운반(항공기·선박·철도를 이용한 운반은 제외한다) 또는 사용하는 시설이나 설비를 말한다.

⑫ 취급 : 화학물질을 제조, 수입, 판매, 보관·저장, 운반 또는 사용하는 것을 말한다.

⑬ 화학사고 : 시설의 교체 등 작업 시 작업자의 과실, 시설 결함·노후화, 자연재해, 운송사고 등으로 인하여 화학물질이 사람이나 환경에 유출·누출되어 발생하는 모든 상황을 말한다.

(3) 화학물질 취급자의 책무(화학물질관리법 제5조)

① 화학물질을 취급하는 자는 화학물질로 인한 국민건강상 또는 환경상의 위해가 발생하지 아니하도록 적절한 시설·설비의 유지, 종업원의 교육, 기술개발 및 정보의 교환 등 필요한 조치를 하여야 하며, 화학물질의 적절한 관리를 위한 국가의 시책에 참여하고 협력하여야 한다.

② 화학물질을 취급하는 자는 해당 화학물질의 안전한 관리에 관한 책임을 진다.

(4) 화학물질확인(화학물질관리법 제9조, 화학물질관리법 시행규칙 제2조, 화학물질확인 제외기준 제2조)

① 화학물질을 제조하거나 수입하려는 자(수입을 수입 대행자에게 위탁한 경우에는 그 위탁한 자를 말한다)는 환경부령으로 정하는 바에 따라 해당 화학물질이나 그 성분이 다음의 어느 하나에 해당하는지를 확인(이하 '화학물질확인'이라 한다)하고, 그 내용을 환경부장관에게 제출하여야 한다.

　㉠ 화학물질의 등록 및 평가 등에 관한 법률에 따른 기존화학물질

　㉡ 화학물질의 등록 및 평가 등에 관한 법률에 따른 신규화학물질

　㉢ 유독물질

　㉣ 허가물질

　㉤ 제한물질

ⓗ 금지물질

ⓢ 사고대비물질

② 화학물질확인은 다음의 어느 하나에 해당하는 서류에 따라 하여야 한다.

    ㉠ 제조하거나 수입하려는 제품을 구성하는 화학물질명, 화학물질의 함량, CAS(Chemical Abstracts Service) 번호 등을 적은 서류(이하 '성분명세서'라 한다)

    ⓛ 제조자·수출자 또는 확인을 위임받은 자가 제공하는 화학물질확인 관련 서류

    ⓒ 화학물질 관리에 관한 협회의 장이 발급한 화학물질확인 증명서

③ ②에 따라 화학물질확인을 한 자는 확인명세서에 ②의 서류 중 화학물질확인에 이용한 자료를 첨부하여 화학물질 관리에 관한 협회(이하 '협회'라 한다)에 제출하여야 한다. 이 경우 시험용·연구용·검사용 시약이나 시범생산용 등 시장출시에 직접적으로 관계되지 아니하는 화학물질의 경우에는 제조 또는 수입 후 30일 이내에 제출할 수 있다.

④ ①에도 불구하고 특정한 고체 형태로 일정한 기능을 발휘하는 제품에 들어 있어 그 사용과정에서 유출되지 아니하는 등 환경부장관이 정하여 고시하는 기준에 해당하는 경우에는 그러하지 아니하다.

    ㉠ 특정한 고체 형태로 일정한 기능을 발휘하는 제품에 함유되어 그 사용과정에서 함유된 화학물질이 유출되지 않는 경우

    ⓛ 기계에 내장되어 수입되는 화학물질 및 시험운전용으로 기계 또는 장치류와 함께 수입되는 화학물질에 해당하는 경우(단, 별도로 화학물질 그 자체로 수입하는 경우는 제외한다)

    ⓒ 다른 화학물질을 제조하는 과정에서 생성되어 그 화학공정에서 전량 사용되는 화학물질로서 제조되는 설비로부터 의도적으로 제거·분리되지 않는 경우

    ⓔ 공기, 수분, 미생물 또는 햇빛과 같은 환경적 요인에 노출되어 우발적으로 일어나는 화학반응으로부터 생성되는 경우

    ⓜ 자연에 존재하는 물질 등 등록 또는 신고 면제대상 화학물질의 [별표 1]에서 정하는 물질인 경우(단, [별표 1]에 해당하는 화학물질의 수화물 및 유해화학물질인 경우는 제외한다)

    ⓗ 포도당, 녹말 등 등록 또는 신고 면제대상 화학물질의 [별표 2]에서 정하는 물질인 경우(단, [별표 2]에 해당하는 화학물질의 수화물 및 활성탄[Activated Charcoal ; 64365-11-3, Activated Carbon ; 7440-44-0]은 제외한다)

    ⓢ 개인이 일상생활에서 소비할 목적으로 수입하는 경우(단, 유해화학물질인 경우는 제외한다)

(5) 화학물질 통계조사(화학물질관리법 제10조, 화학물질관리법 시행규칙 제4조)

① 환경부장관은 2년마다 화학물질의 취급과 관련된 취급현황, 취급시설 등에 관한 통계조사(이하 '화학물질 통계조사'라 한다)를 실시하여야 한다. 이 경우 통계의 조사·작성에 관하여는 통계법의 관계 규정을 준용한다.

② 화학물질 통계조사의 대상은 다음과 같다.

    ㉠ 대기환경보전법 또는 물환경보전법에 따라 배출시설의 설치 허가를 받거나 설치 신고를 한 사업장

    ⓛ 화학물질을 제조·보관·저장·사용하거나 수출입하는 사업장

ⓒ 그 밖에 환경부장관이 화학물질 통계조사가 필요하다고 인정하여 고시한 대상

③ 화학물질 통계조사의 내용은 다음과 같다.

　　㉠ 업종, 업체명, 사업장 소재지, 유입수계(流入水系) 등 사업자의 일반 정보

　　㉡ 제조·수입·판매·사용 등 취급하는 화학물질의 종류, 용도, 제품명 및 취급량

> **참고 취급량**
> - 유해화학물질 : 연간 100kg 초과
> - 일반화학물질 : 연간 1,000kg 초과

　　㉢ 화학물질의 입·출고량, 보관·저장량 및 수출입량 등의 유통량

　　㉣ 화학물질 취급시설의 종류, 위치 및 규모 관련 정보

　　㉤ 그 밖에 환경부장관이 화학물질 통계조사를 위하여 필요하다고 인정하여 고시하는 정보

(6) 화학물질 배출량조사(화학물질관리법 제11조, 화학물질관리법 시행령 제6조, 화학물질의 배출량조사 및 산정계수에 관한 규정 제12조)

① 환경부장관은 화학물질 배출로부터 국민의 건강 및 환경을 보호하고 사업장으로 하여금 자발적인 화학물질 배출의 저감을 유도하기 위하여 매년 대통령령으로 정하는 화학물질을 취급하는 사업장에 대하여 해당 화학물질을 취급하는 과정에서 배출되는 화학물질 현황 등의 조사(이하 '화학물질 배출량 조사'라 한다)를 실시하여야 한다.

② ①에서 '대통령령으로 정하는 화학물질'이란 다음의 어느 하나에 해당하는 것을 말한다.

　　㉠ 유해화학물질

　　㉡ 대기환경보전법에 따른 대기오염물질 중 화학물질

　　㉢ 대기환경보전법에 따른 휘발성 유기화합물

　　㉣ 물환경보전법에 따른 수질오염물질 중 화학물질

　　㉤ 국제적인 전문기관이나 국제기구에서 지정한 발암성·생식독성 또는 유전독성 등을 가진 화학물 질로서 관리위원회의 심의를 거쳐 환경부장관이 국민의 건강 및 환경을 보호하기 위하여 필요하다 고 인정하는 화학물질

③ 화학물질 배출량 조사대상 사업자는 전년도 자료를 근거로 조사표를 작성하고, 매년 4월 30일까지 지방환경관서의 장에게 제출하여야 한다.

(7) 화학물질 배출저감계획서 작성·제출(화학물질관리법 제11조의2, 화학물질관리법 시행규칙 제5조의2, 화학물질 배출저감계획서의 작성 등에 관한 규정 제3조)

① 화학물질 배출량조사 대상 사업장 중 유해성이 높은 화학물질을 연간 일정량 이상 배출하는 등 환경부 령으로 정하는 사업장은 5년마다 화학물질 배출저감계획서(이하 '배출저감계획서'라 한다)를 작성하 여 환경부장관에게 제출하여야 한다.

② ①에서 '환경부령으로 정하는 사업장'이란 다음의 요건을 모두 갖춘 사업장을 말한다.
　　㉠ 환경부장관이 고시하여 정하는 화학물질 중 어느 하나를 연간 1ton 이상 배출하는 사업장
　　㉡ 종업원이 30명 이상인 사업장
③ ②의 ㉠에 따른 '환경부장관이 고시하여 정하는 화학물질'은 화학물질 배출저감계획서의 작성 등에
　　관한 규정 [별표 1]의 화학물질(415종)을 말한다.

(8) 화학물질 조사결과 및 정보의 공개(화학물질관리법 제12조)

환경부장관은 화학물질 통계조사와 화학물질 배출량조사를 완료한 때에는 사업장별로 그 결과를 지체
없이 공개하여야 한다. 다만, 다음의 어느 하나에 해당하는 경우에는 그러하지 아니한다.

① 공개할 경우 국가안전보장·질서유지 또는 공공복리에 현저한 지장을 초래할 것으로 인정되는 경우
② 조사결과의 신뢰성이 낮아 그 이용에 혼란이 초래될 것으로 인정되는 경우
③ 기업의 영업비밀과 관련되어 일부 조사결과를 공개하지 아니할 필요가 있다고 인정되는 경우

[유해화학물질 실적보고시스템(한국화학물질관리협회)]

출처 : http://chemical.kcma.or.kr/mastart/mastart.asp

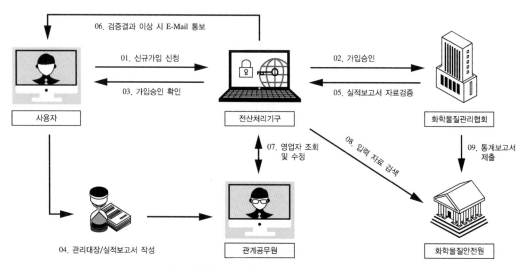

[유해화학물질 실적보고시스템의 구성도]

출처 : http://chemical.kcma.or.kr/sub01/1_1.asp

(9) 화학물질 종합정보시스템 구축·운영(화학물질관리법 제48조)

① 환경부장관은 유해화학물질 취급시설 설치현황 등 화학물질의 안전관리, 화학사고 발생 이력(履歷)
및 화학사고 대비·대응 등과 관련된 정보를 수집·보급하기 위하여 화학물질 종합정보시스템을
구축·운영하여야 한다.

② 환경부장관은 ①에 따른 화학물질 종합정보시스템에 의하여 확보된 화학물질의 안전관리 등과 관련
된 정보를 대통령령으로 정하는 바에 따라 화학물질을 취급하는 자, 지방자치단체·관할 소방관서의
장 등 화학사고 대응 관계 기관 및 국민에게 제공하여야 한다.

③ ①의 화학물질 종합정보시스템의 구축·운영 등에 필요한 사항은 환경부령으로 정한다.

[화학물질 종합정보시스템(화학물질안전원)]

출처 : https://icis.me.go.kr/main.do

(10) 보고 및 검사 등(화학물질관리법 제49조, 화학물질관리법 시행규칙 제53조)

① 환경부장관은 다음에 해당하는 자에 대하여 각각 환경부령으로 정하는 바에 따라 필요한 보고를 명하거나 자료를 제출하게 하거나, 관계 공무원으로 하여금 해당 사업장 또는 시설에 출입하여 화학물질을 채취하게 하거나 관련 서류·시설 및 장비 등을 검사하게 할 수 있다. 이 경우 시험을 위하여 필요한 최소량의 화학물질 및 시료를 무상으로 수거하게 할 수 있다.

    ㉠ 화학물질확인을 하여야 하는 자

    ㉡ 금지물질의 제조·수입·판매 허가를 받아야 하는 자

    ㉢ 허가물질의 제조·수입·사용 허가를 받아야 하는 자

    ㉣ 제한물질의 수입허가를 받아야 하는 자

    ㉤ 유독물질의 수입신고를 하여야 하는 자

    ㉥ 제한물질·금지물질의 수출승인을 받아야 하는 자

    ㉦ 화학사고예방관리계획서를 이행하여야 하는 자

    ㉧ 유해화학물질의 영업허가를 받아야 하는 자

    ㉨ 유해화학물질에 해당하는 시험용·연구용·검사용 시약을 판매하는 자

    ㉩ 유해화학물질 영업자의 권리·의무 승계신고를 하여야 하는 자

    ㉪ 사고대비물질의 관리기준을 지켜야 하는 자

    ㉫ 화학사고를 신고하여야 하는 자

    ㉬ 환경부장관으로부터 업무를 위탁받은 자

② ①에 따라 실적보고서에 세부실적보고서를 첨부하여 매년 8월 31일까지 협회에 제출해야 한다. 다만, 화학물질 통계조사를 위하여 지방환경관서의 장에게 일부 자료를 제출한 경우에는 이미 제출한 자료를 제외하고 제출할 수 있다.

③ 협회는 ②의 본문에 따라 제출된 전년도 실적보고서를 종합·분석하여 매년 10월 31일까지 화학물질안전원장에게 제출해야 한다.

(11) 서류의 기록·보존(화학물질관리법 제50조)

다음의 어느 하나에 해당하는 자는 해당 화학물질의 취급과 관련된 사항을 5년간 환경부령으로 정하는 바에 따라 기록·보존하여야 한다.

① 화학물질확인을 한 자

② 금지물질의 제조·수입·판매 허가를 받은 자

③ 허가물질의 제조·수입·사용 허가를 받은 자

④ 제한물질의 수입허가를 받은 자나 유독물질의 수입신고를 한 자

⑤ 제한물질·금지물질의 수출승인을 받은 자

⑥ 유해화학물질 영업허가를 받은 자

⑦ 유해화학물질에 해당하는 시험용·연구용·검사용 시약을 판매하는 자

⑧ 사고대비물질을 취급하는 자

(12) 과태료(화학물질관리법 제64조)

① 1천만원 이하의 과태료

㉠ 화학물질확인 내용을 제출하지 아니하거나 거짓으로 제출한 자

㉡ 화학물질 통계조사에 필요한 자료제출 명령에 따르지 아니하거나 거짓으로 제출한 자

㉢ 화학물질 배출량조사에 필요한 자료제출 명령에 따르지 아니하거나 거짓으로 제출한 자

㉣ 배출저감계획서를 제출하지 아니하거나 거짓으로 제출한 자

② 300만원 이하의 과태료 : 배출저감계획서를 수정·보완하여 제출하지 아니한 자

4 화학물질의 등록 및 평가 등에 관한 법률(약칭 : 화학물질등록평가법)

(1) 목적(화학물질등록평가법 제1조)

화학물질의 등록·신고 및 유해성(有害性)·위해성(危害性)에 관한 심사·평가, 유해화학물질 지정에 관한 사항을 규정하고, 화학물질에 대한 정보를 생산·활용하도록 함으로써 국민건강 및 환경을 보호하는 것을 목적으로 한다.

(2) 용어 정의(화학물질등록평가법 제2조)

① 화학물질 : 원소·화합물 및 그에 인위적인 반응을 일으켜 얻어진 물질과 자연 상태에서 존재하는 물질을 화학적으로 변형시키거나 추출 또는 정제한 것을 말한다.

② 혼합물 : 두 가지 이상의 물질로 구성된 물질 또는 용액을 말한다.

③ 기존화학물질 : 다음의 화학물질을 말한다.

㉠ 1991년 2월 2일 전에 국내에서 상업용으로 유통된 화학물질로서 환경부장관이 고용노동부장관과 협의하여 고시한 화학물질

㉡ 1991년 2월 2일 이후 종전의 유해화학물질 관리법에 따라 유해성 심사를 받은 화학물질로서 환경부장관이 고시한 화학물질

④ 신규화학물질 : 기존화학물질을 제외한 모든 화학물질을 말한다.

⑤ 유독물질 : 유해성이 있는 화학물질로서 대통령령으로 정하는 기준에 따라 환경부장관이 지정하여 고시한 것을 말한다.

⑥ 허가물질 : 위해성이 있다고 우려되는 화학물질로서 환경부장관의 허가를 받아 제조·수입·사용하도록 환경부장관이 관계 중앙행정기관의 장과의 협의와 화학물질평가위원회의 심의를 거쳐 고시한 것을 말한다.

⑦ 제한물질 : 특정 용도로 사용되는 경우 위해성이 크다고 인정되는 화학물질로서 그 용도로의 제조, 수입, 판매, 보관·저장, 운반 또는 사용을 금지하기 위하여 환경부장관이 관계 중앙행정기관의 장과의 협의와 화학물질평가위원회의 심의를 거쳐 고시한 것을 말한다.

⑧ 금지물질 : 위해성이 크다고 인정되는 화학물질로서 모든 용도로의 제조, 수입, 판매, 보관·저장, 운반 또는 사용을 금지하기 위하여 환경부장관이 관계 중앙행정기관의 장과의 협의와 화학물질평가위원회의 심의를 거쳐 고시한 것을 말한다.

⑨ 유해화학물질 : 유독물질, 허가물질, 제한물질 및 금지물질을 말한다.

⑩ 중점관리물질 : 다음의 어느 하나에 해당하는 화학물질 중에서 위해성이 있다고 우려되어 화학물질평가위원회의 심의를 거쳐 환경부장관이 정하여 고시하는 것을 말한다.

  ㉠ 사람 또는 동물에게 암, 돌연변이, 생식능력 이상 또는 내분비계 장애를 일으키거나 일으킬 우려가 있는 물질

  ㉡ 사람 또는 동식물의 체내에 축적성이 높고, 환경 중에 장기간 잔류하는 물질

  ㉢ 사람에게 노출되는 경우 폐, 간, 신장 등의 장기에 손상을 일으킬 수 있는 물질

  ㉣ 사람 또는 동식물에게 ㉠부터 ㉢까지의 물질과 동등한 수준 또는 그 이상의 심각한 위해를 줄 수 있는 물질

⑪ 유해성 : 화학물질의 독성 등 사람의 건강이나 환경에 좋지 아니한 영향을 미치는 화학물질 고유의 성질을 말한다.

⑫ 위해성 : 유해성이 있는 화학물질이 노출되는 경우 사람의 건강이나 환경에 피해를 줄 수 있는 정도를 말한다.

⑬ 총칭명(總稱名) : 자료보호를 목적으로 화학물질의 본래의 이름을 대체하여 명명한 이름을 말한다.

⑭ 사업자 : 영업의 목적으로 화학물질을 제조·수입·사용·판매하는 자를 말한다.

⑮ 제품 : 소비자기본법에 따른 소비자가 사용하는 물품 또는 그 부분품이나 부속품으로서 소비자에게 화학물질의 노출을 유발할 가능성이 있는 다음의 것을 말한다.

  ㉠ 혼합물로 이루어진 제품

  ㉡ 화학물질이 사용과정에서 유출되지 아니하고 특정한 고체 형태로 일정한 기능을 발휘하는 제품

⑯ 하위사용자 : 영업활동 과정에서 화학물질 또는 혼합물을 사용하는 자(법인의 경우에는 국내에 설립된 경우로 한정한다)를 말한다. 다만, 화학물질 또는 혼합물을 제조·수입·판매하는 자 또는 소비자는 제외한다.

⑰ 판매 : 화학물질, 혼합물 또는 제품을 시장에 출시하는 행위를 말한다.

⑱ 척추동물대체시험 : 화학물질의 유해성, 위해성 등에 관한 정보를 생산하는 과정에서 살아 있는 척추동물의 사용을 최소화하거나 부득이하게 척추동물을 사용하는 경우 불필요한 고통을 경감시키는 시험을 말한다.

(3) 화학물질의 평가 등에 관한 기본계획(화학물질등록평가법 제6조)

① 환경부장관은 화학물질의 등록·신고 및 평가, 제품에 들어 있는 중점관리물질의 신고 등에 관한 기본계획(이하 '기본계획'이라 한다)을 5년마다 수립하여야 한다.

② 환경부장관은 기본계획을 수립하는 경우 미리 관계 중앙행정기관의 장과 협의한 후 화학물질평가위원회의 심의를 거쳐야 한다. 기본계획을 변경하려는 경우에도 또한 같다.

③ 기본계획에는 다음의 사항이 포함되어야 한다.

ㄱ 화학물질의 등록·신고, 유해성 심사·위해성 평가, 제품에 들어 있는 중점관리물질의 신고 등을 하기 위한 방법 및 계획

ㄴ 화학물질의 등록·신고, 제품에 들어 있는 중점관리물질의 신고, 유해성·위해성에 관한 심사·평가에 필요한 기술 개발 등에 관한 사항

ㄷ 화학물질의 유해성·위해성 관련 조사·연구, 안전관리 및 국제협력에 관한 사항

ㄹ 화학물질로 인한 국민건강상 또는 환경상의 피해를 예방하기 위한 산업계 활동, 노동자 및 소비자 안전 지원과 교육에 관한 사항

ㅁ 그 밖에 화학물질의 등록·신고 및 유해성 심사·위해성 평가 등을 추진하기 위하여 필요한 사항

(4) 화학물질평가위원회(화학물질등록평가법 제7조)

화학물질의 등록·신고, 제품에 들어 있는 중점관리물질의 신고, 유해성·위해성에 관한 심사·평가 등과 관련한 사항을 심의하기 위하여 환경부장관 소속으로 화학물질평가위원회(이하 '평가위원회'라 한다)를 둔다.

(5) 화학물질의 등록 등(화학물질등록평가법 제10조)

연간 100kg 이상 신규화학물질 또는 연간 1ton 이상 기존화학물질을 제조·수입하려는 자[연간 100kg 이하로 제조되거나 수입되는 신규화학물질 또는 신규화학물질이 아닌 화학물질로만 구성된 고분자화합물질로서 환경부장관이 정하여 고시하는 신규화학물질에 대하여 종전의 유해화학물질 관리법(법률 제11862호로 개정되기 전의 것을 말한다)에 따라 유해성 심사 면제확인을 받은 자로서 그 면제확인을 받은 바에 따라 해당 신규화학물질을 제조·수입하려는 자는 제외한다]는 제조 또는 수입 전에 환경부장관에게 등록하여야 한다.

(6) 화학물질의 용도분류체계(화학물질등록평가법 시행령 별표 2)

용도분류	내 용
흡수 및 흡착제(Absorbents and Adsorbents)	가스나 액체를 흡수 또는 흡착하는 물질
접착제 · 결합제(Adhesive · Binding Agents)	두 물체의 접촉면을 접합시키는 물질 또는 두 개의 개체를 결합시키는 물질
에어로졸 추진제(Aerosol Propellants)	압축가스 또는 액화가스로서, 용기에서 가스를 분사함으로써 내용물을 분출시키는 물질
응축방지제(Anti-condensation Agents)	물체의 표면에서 액체가 응축되는 것을 방지할 목적으로 사용하는 물질
부동액(Anti-freezing Agents)	냉각에 의해서 고화되는 것을 방지하기 위해 사용하는 액체
접착방지제 (Anti-set-off and Anti-adhesive Agents)	두 개체 접촉면의 접착을 방지할 목적으로 사용하는 물질
정전기 방지제(Anti-static Agents)	정전기 발생을 방지하거나 저감하는 물질
표백제(Bleaching Agents)	섬유 등 착색물체의 색깔을 화학적인 방법으로 분해 · 제거함으로써 백색 · 무색으로 하는 물질
세정 및 세척제(Cleaning and Washing Agents)	표면에 오염물이나 불순물을 제거하는 데 사용하는 물질
착색제(Colouring Agents)	다른 물질을 발색하도록 하는 물질
착화(錯化)제(Complexing Agents)	주로 중금속 이온인 다른 물질에 배위자(配位子)로서 배위되어 착물(복합체)을 형성하는 물질
전도제(Conductive Agents)	섬유류와 플라스틱류의 대전 성능을 개선하기 위해서 제조공정에서 첨가 · 도포하는 물질
건축용 물질 및 첨가제 (Construction Materials Additives)	건축물의 품격을 높이고 유지 · 보존을 목적으로 건축용 자재에 사용하는 물질
부식방지제(Corrosion Inhibitors)	공기를 비롯한 화학물질, 옥외노출 등으로 생기는 부식을 방지하기 위해 첨가하는 물질
화장품(Cosmetics)	화장품 및 세면용품에 사용하는 물질
분진결합제(Dust Binding Agents)	분진의 발생 · 분산을 방지하기 위해 첨가하는 물질
전기도금제(Electroplating Agents)	금속표면의 세척 및 세정을 위해서 쓰이는 물질 및 도금공정에서 도금강도를 증가시키기 위해 첨가하는 물질
화약, 폭발물(Explosives)	화학적 안전성이 있으나 화학적 변화를 거침으로써 폭발 또는 팽창을 동반한 다량의 에너지 및 가스를 매우 빠르게 발생시키는 물질
비료(Fertilizers)	식물에 영양을 주거나 식물의 재배를 돕기 위해 흙에서 화학적 변화를 가져오게 하는 물질
충전제(Fillers)	고무, 플라스틱, 페인트, 세라믹 등에 광택, 인장, 발색 등 기능 향상을 위해 첨가하는 물질
정착제(Fixing Agents)	섬유의 염료와 반응하여 색이 정착하도록 하는 물질
내화 · 방연제 및 난연제(Flame Retardants and Fire Preventing Agents)	주로 섬유 및 플라스틱의 연소 방지 · 지연 효과를 위해 작업공정 중에 첨가 · 반응시키는 물질
부유제(Flotation Agents)	광물질의 제련공정 중에서 광물질을 농축 · 수거하기 위해 사용하는 물질
주물용 융(融)제(Flux Agents for Casting)	광물질을 녹이는 공정에서 산화물이 형성되는 것을 방지하기 위해 첨가하는 물질
발포제 · 기포제(Foaming Agents)	주로 플라스틱이나 고무 등에 첨가해서 작업공정 중 가스를 발생시켜 기포를 형성하게 하는 물질

용도분류	내 용
식품 및 식품첨가물 (Food · Foodstuff Additives)	식품(의약으로 섭취하는 것은 제외한다) 및 식품을 제조·가공 또는 보존하는 과정에서 식품에 넣거나 첨가하는 물질
연료(Fuel)	연소반응을 통해 에너지를 얻을 수 있는 물질
연료첨가제(Fuel Additives)	연소효율, 에너지효율을 높이기 위하여 연료에 첨가하는 물질
열전달제(Heat Transferring Agents)	열을 전달하고 열을 제거하는 물질
유압유 및 첨가제 (Hydraulic Fluids and Additives)	각종 압축기에 넣는 액체(기름) 및 압력 전달효율을 높이기 위해 첨가하는 물질
함침(含浸)제(Impregnation Agents)	가공성 제품의 품질 향상, 형태 유지 등을 목적으로 소재에 미리 처리하여 놓는 물질
절연제(Insulating Materials)	전기기기에 있어서 도체 이외의 부분을 전류가 통과하지 못하도록 작용하는 물질
중간체(Intermediates)	다른 화학물질을 합성하는 데 사용하는 물질
실험실용 물질(Laboratory Chemicals)	과학적 실험, 분석 또는 연구를 목적으로 실험실에서 사용하는 물질
윤활유 및 첨가제(Lubricants and Additives)	두 표면 사이의 마찰을 줄이기 위해 투입하는 물질
비농업용 농약 및 소독제(Non-agricultural Pesticides and Disinfectants)	유해한 생물을 죽이거나 활동을 방해·저해하는 물질. 다만, 농약, 의약품·의약외품이나 동물용 의약품·동물용 의약외품은 제외한다.
향료(Odor Agents)	향을 내는 물질
산화제(Oxidizing Agents)	특수한 조건에서 산소를 쉽게 발생시켜 다른 물질을 산화시키는 물질, 수소를 제거하는 물질 또는 화학반응에서 전자를 쉽게 받아들이는 물질
pH 조절제(pH-Regulating Agents)	수소이온농도(pH)를 조절하거나 안정화하는 데 사용하는 물질
농약(Pesticides)	농작물을 균, 곤충, 응애, 선충, 바이러스, 잡초, 그 밖의 병해충으로부터 방제하는 데 사용하는 물질. 다만, 비료는 제외한다.
의약품(Pharmaceuticals)	의약품·의약외품이나 동물용 의약품 및 동물용 의약외품의 활성성분인 물질
사진현상재료 등 광화학물(Photochemicals)	영구적인 사진 이미지를 만드는 데 사용하는 물질
공정속도조절제(Process Regulators)	화학반응 속도를 조절함으로써 공정속도를 제어할 목적으로 사용하는 물질
환원제(Reducing Agents)	주어진 조건에서 산소를 제거하거나 또는 화학반응에서 전자를 제공하는 물질
복사용 물질(Reprographic Agents)	전자복사기 등에 쓰여 영구적인 이미지 생성에 사용하는 물질
반도체용 물질(Semiconductors)	규소단결정체처럼 절연체와 금속의 중간 정도의 전기저항을 갖는 물질로서 빛, 열 또는 전자기장에 의해 기전력을 발생하는 물질
연화제(Softners)	일반적으로 직물, 가죽, 종이 등을 부드럽게 하거나 고무 등의 경도를 높이기 위해 배합해 쓰는 가교결합약제 등의 물질
용제(Solvents)	녹이거나 희석시키거나 추출, 탈지를 위해 사용하는 물질
안정제(Stabilizers)	제조공정이나 사용 중에 열, 빛, 산소, 오존 등에 의해서 열화가 일어나 모양, 색깔, 물성이 변하는 것을 방지할 목적으로 사용하는 물질
계면활성제·표면활성제 (Surface-active Agents)	한 분자 내에 친수기와 소수기를 지닌 화합물로서, 액체의 표면에 부착해서 표면장력을 크게 저하시켜 활성화해주는 물질
타닌제(Tanning Agents)	타닝제, 가죽마감제, 가죽케어 등 가죽 처리 물질
점도조정제(Viscosity Adjusters)	수지 등 고분자화합물을 용해한 점성재료의 농도를 안정화시켜 사용하기 쉽도록 해주는 물질

용도분류	내용
가황(加黃)제·가황촉진제(Vulcanizing Agents)	고무와 같은 화합물에 가교반응을 일으켜 탄성을 부여하는 동시에 단단하게 하는 물질
용접제(Welding and Soldering Agents)	금속류의 용접 및 납땜질을 할 때 사용하는 물질
기타(Others)	위에서 규정한 물질 외의 물질

(7) 화학물질의 등록 등 면제(화학물질등록평가법 제11조)

다음의 어느 하나에 해당하는 자는 등록 또는 신고를 하지 아니하고 화학물질을 제조·수입할 수 있다.

① 다음의 어느 하나에 해당하는 화학물질을 제조·수입하려는 자

　　㉠ 기계에 내장(內藏)되어 수입되는 화학물질

　　㉡ 시험운전용으로 사용되는 기계 또는 장치류와 함께 수입되는 화학물질

　　㉢ 특정한 고체 형태로 일정한 기능을 발휘하는 제품에 들어 있어 그 사용과정에서 유출되지 아니하는 화학물질

② 위해성이 매우 낮은 화학물질로서 평가위원회의 심의를 거쳐 환경부장관이 지정·고시하는 화학물질을 제조·수입하려는 자

③ 그 밖에 국외로 전량 수출하기 위하여 제조하거나 수입하는 화학물질 등 대통령령으로 정하는 화학물질로서 환경부장관으로부터 등록 또는 신고의 면제 확인(이하 '등록 등 면제확인'이라 한다)을 받은 화학물질을 제조·수입하려는 자

(8) 위해성 평가(화학물질등록평가법 제24조)

환경부장관은 등록한 화학물질 중 다음의 어느 하나에 해당하는 화학물질에 대하여 유해성 심사 결과를 기초로 환경부령으로 정하는 바에 따라 위해성 평가를 하고 그 결과를 등록한 자에게 통지하여야 한다.

① 제조 또는 수입되는 양이 연간 10ton 이상인 화학물질

② 유해성 심사 결과 위해성 평가가 필요하다고 인정하는 화학물질

(9) 제품에 들어 있는 중점관리물질의 신고(화학물질등록평가법 제32조)

중점관리물질이 들어 있는 제품을 생산하거나 수입하는 자는 다음의 요건에 모두 해당하는 경우에는 환경부령으로 정하는 바에 따라 해당 제품에 들어 있는 중점관리물질의 명칭, 함량 및 유해성 정보, 노출정보, 제품에 들어 있는 중점관리물질의 용도에 대하여 생산 또는 수입 전에 환경부장관에게 신고하여야 한다.

① 제품 1개당 개별 중점관리물질의 함유량이 0.1wt%를 초과할 것

② 제품 전체에 들어 있는 중점관리물질의 물질별 총량이 연간 1ton을 초과할 것

5 **생활화학제품 및 살생물제의 안전관리에 관한 법률(약칭 : 화학제품안전법)**

(1) 목적(화학제품안전법 제1조)

생활화학제품의 위해성(危害性) 평가, 살생물물질(殺生物物質) 및 살생물제품의 승인, 살생물처리제품의 기준, 살생물제품에 의한 피해의 구제 등에 관한 사항을 규정함으로써 국민의 건강 및 환경을 보호하고 공공의 안전에 이바지하는 것을 목적으로 한다.

(2) 생활화학제품 및 살생물제 관리의 기본원칙(화학제품안전법 제2조)

① 생활화학제품 및 살생물제와 사람, 동물의 건강과 환경에 대한 피해 사이에 과학적 상관성이 명확히 증명되지 아니하는 경우에도 그 생활화학제품 및 살생물제가 사람, 동물의 건강과 환경에 해로운 영향을 미치지 아니하도록 사전에 배려하여 안전하게 관리되어야 한다.

② 어린이, 임산부 등 생활화학제품 또는 살생물제로부터 발생하는 화학물질 등의 노출에 취약한 계층을 우선적으로 배려하여 관리되어야 한다.

③ 오용과 남용으로 인한 피해를 예방하기 위하여 생활화학제품 및 살생물제의 안전에 관한 정보가 정확하고 신속하게 제공되어야 한다.

(3) 용어 정의(화학제품안전법 제3조)

① **화학물질** : 원소·화합물 및 그에 인위적인 반응을 일으켜 얻은 물질과 자연상태에서 존재하는 물질을 화학적으로 변형시키거나 추출 또는 정제한 것을 말한다.

② **위해성** : 화학물질 또는 살생물물질이 노출될 경우 사람의 건강이나 환경에 피해를 줄 수 있는 정도를 말한다.

③ **생활화학제품** : 가정, 사무실, 다중이용시설 등 일상적인 생활공간에서 사용되는 화학제품으로서 사람이나 환경에 화학물질의 노출을 유발할 가능성이 있는 것을 말한다.

④ **안전확인대상생활화학제품** : 환경부장관이 위해성 평가를 한 결과 위해성이 있다고 인정되어 지정·고시한 생활화학제품을 말한다.

⑤ **유해생물** : 사람이나 동물에게 직접적 또는 간접적으로 해로운 영향을 주는 생물을 말한다.

⑥ **살생물제(殺生物劑)** : 살생물물질, 살생물제품 및 살생물처리제품을 말한다.

⑦ **살생물물질** : 유해생물을 제거, 무해화(無害化) 또는 억제(이하 '제거 등'이라 한다)하는 기능으로 사용하는 화학물질, 천연물질 또는 미생물을 말한다.

⑧ **살생물제품** : 유해생물의 제거 등을 주된 목적으로 하는 다음의 어느 하나에 해당하는 제품을 말한다.
  ㉠ 한 가지 이상의 살생물물질로 구성되거나 살생물물질과 살생물물질이 아닌 화학물질·천연물질 또는 미생물이 혼합된 제품
  ㉡ 화학물질 또는 화학물질·천연물질 또는 미생물의 혼합물로부터 살생물물질을 생성하는 제품

⑨ **살생물처리제품** : 제품의 주된 목적 외에 유해생물 제거 등의 부수적인 목적을 위하여 살생물제품을 사용한 제품을 말한다.

⑩ **나노물질** : 다음의 어느 하나에 해당하는 물질을 말한다.
　㉠ 3차원의 외형치수 중 최소 1차원의 크기가 1nm에서 100nm인 입자의 개수가 50% 이상 분포하는 물질
　㉡ 3차원의 외형치수 중 최소 1차원의 크기가 1nm 이하인 풀러렌(Fullerene), 그래핀 플레이크(Graphene Flake) 또는 단일벽 탄소나노튜브
⑪ **물질동등성** : 서로 다른 살생물물질 간에 화학적 조성(組成), 위해성 및 유해생물 제거 등의 효과·효능이 기술적으로 동등한 성질을 말한다.
⑫ **제품유사성** : 서로 다른 살생물제품 간에 동일한 살생물물질(물질동등성을 인정받은 것을 포함한다)이 들어 있고, 살생물제품에 들어 있는 물질의 성분·배합비율, 살생물제품의 용도, 위해성 및 유해생물 제거 등의 효과·효능이 유사한 성질을 말한다.

[안전확인대상생활화학제품의 종류
(안전확인대상생활화학제품 지정 및 안전·표시기준 별표 1)]

분 류	품 목
세정제품	• 세정제 • 제거제
세탁제품	• 세탁세제 • 표백제 • 섬유유연제
코팅제품	• 광택 코팅제 • 특수목적코팅제 • 녹 방지제 • 윤활제 • 다림질보조제 • 마감제 • 경화제
접착·접합제품	• 접착제 • 접합제 • 경화촉진제
방향·탈취제품	• 방향제 • 탈취제
염색·도색제품	• 물체 염색제 • 물체 도색제
자동차 전용 제품	• 자동차용 워셔액 • 자동차용 부동액
인쇄 및 문서 관련 제품	• 인쇄용 잉크·토너 • 인 주 • 수정액 및 수정테이프
미용제품	• 미용 접착제 • 문신용 염료
여가용품 관리제품	운동용품 세정광택제

분 류	품 목
살균제품	• 살균제 • 살조제 • 가습기용 항균·소독제 • 감염병 예방용 방역 살균·소독제
구제제품	• 기피제 • 보건용 살충제 • 보건용 기피제 • 감염병 예방용 살충제 • 감염병 예방용 살서제
보존·보존처리제품	• 목재용 보존제 • 필터형 보존처리제품
기 타	• 초 • 습기제거제 • 인공 눈 스프레이 • 공연용 포그액 • 가습기용 생활화학제품

[품목별 화학물질에 관한 안전기준-제품 내 함유금지물질
(안전확인대상생활화학제품 지정 및 안전·표시기준 별표 2)]

연 번	물질명	적용 제형[1]
1	폴리헥사메틸렌구아니딘(PHMG)	분사형
2	염화에톡시에틸구아니딘(PGH)	분사형
3	폴리(헥사메틸렌비구아니드)하이드로클로라이드(PHMB)	분사형
4	메틸아이소싸이아졸리논(MIT)	분사형
5	5-클로로메틸아이소싸이아졸리논(CMIT)	분사형
6	염화벤잘코늄류[2]	분사형
7	이염화아이소사이아눌산나트륨(NaDCC)	분사형
8	잔류성 오염물질 관리법 등 관련 법령에서 사용을 금지하고 있는 물질	전제형

1) 방향제는 모든 제형에 적용함
2) 염화벤잘코늄류(C12~C18, 알킬벤질다이메틸암모늄염화물)

적중예상문제

01 다음 중 환경유해인자와 상관성이 있다고 인정되는 질환인 환경성 질환과 가장 관계가 적은 법률은?

① 건설산업기본법 ② 물환경보전법

③ 대기환경보전법 ④ 실내공기질 관리법

해설

환경보건법 제2조(정의)

환경성 질환 : 역학조사(疫學調查) 등을 통하여 환경유해인자와 상관성이 있다고 인정되는 질환으로서 환경보건위원회 심의를 거쳐 환경부령으로 정하는 질환을 말한다.

환경보건법 시행규칙 제2조(환경성 질환의 종류)

• 물환경보전법에 따른 수질오염물질로 인한 질환

• 화학물질관리법에 따른 유해화학물질로 인한 중독증, 신경계 및 생식계 질환

• 석면으로 인한 폐질환

• 환경오염사고로 인한 건강장해

• 실내공기질 관리법에 따른 오염물질 및 대기환경보전법에 따른 대기오염물질과 관련된 호흡기 및 알레르기 질환

• 가습기살균제[미생물 번식과 물때 발생을 예방할 목적으로 가습기 내의 물에 첨가하여 사용하는 제제(製劑) 또는 물질을 말한다]에 포함된 유해화학물질(화학물질관리법의 유독물질로 고시된 것만 해당한다)로 인한 폐질환

02 다음 중 환경보건법상 용어에 대한 설명으로 옳지 않은 것은?

① 역학조사란 특정 인구집단이나 특정 지역에서 환경유해인자로 인한 건강피해가 발생하였거나 발생할 우려가 있는 경우에 질환과 사망 등 건강피해의 발생 규모를 파악하고 환경유해인자와 질환 사이의 상관관계를 확인하여 그 원인을 규명하기 위한 활동을 말한다.

② 어린이 활동공간이란 어린이가 주로 활동하거나 머무르는 공간으로서 어린이놀이시설, 어린이 집 등 영유아 보육시설, 유치원, 초등학교 등 대통령령으로 정하는 것을 말하며, 어린이는 12세 미만인 사람을 말한다.

③ 수용체란 환경매체를 통하여 전달되는 환경유해인자에 따라 영향을 받는 사람과 동식물을 포함한 생태계를 말한다.

④ 환경매체란 환경유해인자를 수용체(受容體)에 전달하는 대기, 물, 토양 등을 말한다.

해설

환경보건법 제2조(정의)

어린이 : 13세 미만인 사람을 말한다.

03 다음 중 환경보건법의 기본이념으로 옳지 않은 것은?

① 참여와 알권리의 보장
② 수용체 중심의 접근
③ 산업 안전 및 보건에 관한 기준 확립
④ 민감 취약계층 우선 보호

해설

환경보건법 제4조(기본이념)

• 환경유해인자와 수용체의 피해 사이에 과학적 상관성이 명확히 증명되지 아니하는 경우에도 그 환경유해인자의 무해성(無害性)이 최종적으로 증명될 때까지 경제적·기술적으로 가능한 범위에서 수용체에 미칠 영향을 예방하기 위한 적절한 조치와 시책을 마련하여야 한다.
• 어린이 등 환경유해인자의 노출에 민감한 계층과 환경오염이 심한 지역의 국민을 우선적으로 보호하고 배려하여야 한다.
• 수용체 보호의 관점에서 환경매체별 계획과 시책을 통합·조정하여야 한다.
• 환경유해인자에 따라 영향을 받는 인구집단은 위해성 등에 관한 적절한 정보를 제공받는 등 관련 정책의 결정 과정에 참여할 수 있어야 한다.
③ 산업안전보건법 제1조(목적)

04 다음 중 환경보건법상 환경보건종합계획의 수립과 관련된 설명으로 틀린 것은?

① 환경부장관은 관계 중앙행정기관의 장과의 협의와 환경보건위원회의 심의를 거쳐 환경보건종합계획을 10년마다 세워야 한다.
② 환경유해인자가 수용체에 미치는 영향과 피해를 조사·예방 및 관리함으로써 국민의 건강을 증진시키기 위하여 환경보건종합계획을 세워야 한다.
③ 환경부장관은 종합계획을 세운 날부터 10년이 지나거나 관계 중앙행정기관의 장의 요청 등에 따라 종합계획을 변경할 필요가 있다고 인정하는 경우에는 환경보건위원회의 심의를 거쳐 종합계획을 변경할 수 있다.
④ 환경보건종합계획에는 환경유해인자가 국민건강에 미치는 영향과 환경성 질환 및 그 밖에 환경유해인자에 대한 적절한 시책 마련과 조치가 필요한 질환의 발생 현황이 포함된다.

해설

환경보건법 제6조(환경보건종합계획의 수립)
환경부장관은 종합계획을 세운 날부터 5년이 지나거나 관계 중앙행정기관의 장의 요청 등에 따라 종합계획을 변경할 필요가 있다고 인정하는 경우에는 환경보건위원회의 심의를 거쳐 종합계획을 변경할 수 있다.

05 다음 중 환경보건위원회의 심의사항이 아닌 것은?

① 환경성 질환의 지정
② 위해성이 있다고 인정되는 새로운 기술 적용 또는 물질 사용의 제한
③ 환경유해인자의 사용 제한
④ 산업 안전 및 보건 관련 단체 등에 대한 지원 및 지도·감독

[해설]
④ 산업안전보건법 제4조(정부의 책무)
환경보건법 제9조(환경보건위원회)
위원회는 다음의 사항을 심의한다.
• 환경성 질환의 지정
• 종합계획의 수립과 변경
• 환경보건의 증진에 관한 시책
• 위해성이 있다고 인정되는 새로운 기술 적용 또는 물질 사용의 제한
• 환경유해인자의 생체 내 농도 기준
• 건강영향조사 청원(請願)의 처리
• 환경유해인자의 사용 제한
• 어린이의 건강에 영향을 주는 환경유해인자의 종류 및 유해성
• 그 밖에 위원장이 심의에 부치는 사항

06 다음 중 노무를 제공하는 사람의 안전 및 보건을 유지·증진하기 위하여 제정된 법률은 어느 것인가?

① 산업안전보건법
② 화학물질관리법
③ 환경보건법
④ 탄소중립기본법

[해설]
산업안전보건법 제1조(목적)
산업 안전 및 보건에 관한 기준을 확립하고 그 책임의 소재를 명확하게 하여 산업재해를 예방하고 쾌적한 작업환경을 조성함으로써 노무를 제공하는 사람의 안전 및 보건을 유지·증진함을 목적으로 한다.

07 다음 중 산업안전보건법상 용어에 대한 설명으로 틀린 것은?

① '산업재해'란 노무를 제공하는 사람이 업무에 관계되는 건설물・설비・원재료・가스・증기・분진 등에 의하거나 작업 또는 그 밖의 업무로 인하여 사망 또는 부상하거나 질병에 걸리는 것을 말한다.

② '안전보건진단'이란 작업환경 실태를 파악하기 위하여 해당 근로자 또는 작업장에 대하여 사업주가 유해인자에 대한 측정계획을 수립한 후 시료(試料)를 채취하고 분석・평가하는 것을 말한다.

③ '근로자대표'란 근로자의 과반수로 조직된 노동조합이 있는 경우에는 그 노동조합을, 근로자의 과반수로 조직된 노동조합이 없는 경우에는 근로자의 과반수를 대표하는 자를 말한다.

④ '중대재해'란 산업재해 중 사망 등 재해 정도가 심하거나 다수의 재해자가 발생한 경우로서 고용노동부령으로 정하는 재해를 말한다.

> [해설]
> 산업안전보건법 제2조(정의)
> • 안전보건진단 : 산업재해를 예방하기 위하여 잠재적 위험성을 발견하고 그 개선대책을 수립할 목적으로 조사・평가하는 것을 말한다.
> • 작업환경측정 : 작업환경 실태를 파악하기 위하여 해당 근로자 또는 작업장에 대하여 사업주가 유해인자에 대한 측정계획을 수립한 후 시료(試料)를 채취하고 분석・평가하는 것을 말한다.

08 다음 중 산업안전보건법상 산업재해를 예방하기 위하여 잠재적 위험성을 발견하고 그 개선대책을 수립할 목적으로 조사・평가하는 것을 무엇이라 하는가?

① 산업시설기술진단
② 작업환경측정
③ 안전보건진단
④ 위해도진단

> [해설]
> 산업안전보건법 제2조(정의)

09 산업안전보건법상 다음 (   ) 안에 들어갈 내용으로 옳은 것은?

> 사업주는 사업장에 유해하거나 위험한 설비가 있는 경우 그 설비로부터의 위험물질 누출, 화재 및 폭발 등으로 인하여 사업장 내의 근로자에게 즉시 피해를 주거나 사업장 인근 지역에 피해를 줄 수 있는 사고로서 중대산업사고를 예방하기 위하여 (   )를 작성하고 고용노동부장관에게 제출하여 심사를 받아야 한다.

① 공정안전보고서
② 유해위험방지계획서
③ 중대산업사고예방계획서
④ 산업안전보고서

해설

산업안전보건법 제44조(공정안전보고서의 작성·제출)
사업주는 사업장에 대통령령으로 정하는 유해하거나 위험한 설비가 있는 경우 그 설비로부터의 위험물질 누출, 화재 및 폭발 등으로 인하여 사업장 내의 근로자에게 즉시 피해를 주거나 사업장 인근 지역에 피해를 줄 수 있는 사고로서 대통령령으로 정하는 사고(이하 '중대산업사고'라 한다)를 예방하기 위하여 대통령령으로 정하는 바에 따라 공정안전보고서를 작성하고 고용노동부장관에게 제출하여 심사를 받아야 한다.

10 산업안전보건법상의 유해인자 중 열적(熱的)인 면에서 불안정하여 산소가 공급되지 않아도 강렬하게 발열·분해하기 쉬운 액체·고체 또는 혼합물을 무엇이라 하는가?

① 자기반응성 물질
② 폭발성 물질
③ 자기발열성 물질
④ 물반응성 물질

해설

산업안전보건법 시행규칙 [별표 18] 유해인자의 유해성·위험성 분류기준
화학물질의 분류기준–물리적 위험성 분류기준
• 자기반응성 물질 : 열적(熱的)인 면에서 불안정하여 산소가 공급되지 않아도 강렬하게 발열·분해하기 쉬운 액체·고체 또는 혼합물
• 폭발성 물질 : 자체의 화학반응에 따라 주위환경에 손상을 줄 수 있는 정도의 온도·압력 및 속도를 가진 가스를 발생시키는 고체·액체 또는 혼합물
• 자기발열성 물질 : 주위의 에너지 공급 없이 공기와 반응하여 스스로 발열하는 물질(자기발화성 물질은 제외한다)
• 물반응성 물질 : 물과 상호작용을 하여 자연발화되거나 인화성 가스를 발생시키는 고체·액체 또는 혼합물

11 다음 중 산업안전보건법상 '유해인자의 유해성·위험성 분류기준'에 따른 용어의 설명으로 틀린 것은?

① 인화성 액체란 표준압력(101.3kPa)에서 인화점이 93℃ 이하인 액체이다.

② 고압가스란 20℃, 표준압력(101.3kPa) 이상의 압력하에서 용기에 충전되어 있는 가스를 말한다.

③ 산화성 액체란 그 자체로는 연소하지 않더라도, 일반적으로 산소를 발생시켜 다른 물질을 연소시키거나 연소를 촉진하는 액체이다.

④ 폭발성 물질이란 자체의 화학반응에 따라 주위환경에 손상을 줄 수 있는 정도의 온도·압력 및 속도를 가진 가스를 발생시키는 고체·액체 또는 혼합물이다.

해설

산업안전보건법 시행규칙 [별표 18] 유해인자의 유해성·위험성 분류기준

화학물질의 분류기준-물리적 위험성 분류기준

고압가스 : 20℃, 200kPa 이상의 압력하에서 용기에 충전되어 있는 가스 또는 냉동액화가스 형태로 용기에 충전되어 있는 가스(압축가스, 액화가스, 냉동액화가스, 용해가스로 구분한다)

12 다음 중 공구에서 발생하는 진동이 공구를 들고 있는 손의 혈관에 영향을 주어서 손가락이 창백해지는 현상과 가장 관련 있는 질병은?

① 레이노 현상　　　　　　　　② 방아쇠 수지 증후군

③ 백랍병　　　　　　　　　　④ 류마티스 관절염

13 산업안전보건법상의 유해인자 중 태아의 발생·발육에 유해한 영향을 주는 물질은 어느 것인가?

① 생식세포 변이원성 물질　　　② 특정 표적장기 독성 물질(반복 노출)

③ 생식독성 물질　　　　　　　④ 급성 독성 물질

해설

산업안전보건법 시행규칙 [별표 18] 유해인자의 유해성·위험성 분류기준

화학물질의 분류기준-건강 및 환경 유해성 분류기준

• 생식세포 변이원성 물질 : 자손에게 유전될 수 있는 사람의 생식세포에 돌연변이를 일으킬 수 있는 물질

• 특정 표적장기 독성 물질(반복 노출) : 반복적인 노출로 특정 표적장기 또는 전신에 독성을 일으키는 물질

• 생식독성 물질 : 생식기능, 생식능력 또는 태아의 발생·발육에 유해한 영향을 주는 물질

• 급성 독성 물질 : 입 또는 피부를 통하여 1회 투여 또는 24시간 이내에 여러 차례로 나누어 투여하거나 호흡기를 통하여 4시간 동안 흡입하는 경우 유해한 영향을 일으키는 물질

14 다음 중 산업안전보건법상의 유해인자인 오존층 유해성 물질이 아닌 것은?

① Methyl Chloroform
② Carbon Tetrachloride
③ Methane
④ Bromochloromethane

[해설]
산업안전보건법 시행규칙 [별표 18] 유해인자의 유해성·위험성 분류기준
건강 및 환경 유해성 분류기준
오존층 유해성 물질 : 오존층 보호 등을 위한 특정물질의 관리에 관한 법률에 따른 특정물질
오존층 보호 등을 위한 특정물질의 관리에 관한 법률 제2조(정의)
특정물질 : 오존층 파괴물질에 관한 몬트리올 의정서에 따른 제1종 특정물질(오존층 파괴물질)과 제2종 특정물질(수소불화탄소) 중 대통령령으로 정하는 것을 말한다.
오존층 보호 등을 위한 특정물질의 관리에 관한 법률 시행령 [별표 1] 제1종 특정물질의 종류 및 오존 파괴지수
Carbon Tetrachloride, Methyl Chloroform, Bromochloromethane 등 96종이 있다.

15 다음 중 산업안전보건법상의 생물학적 유해인자가 아닌 것은?

① 수인성 감염인자
② 혈액매개 감염인자
③ 곤충 및 동물매개 감염인자
④ 공기매개 감염인자

[해설]
산업안전보건법 시행규칙 [별표 18] 유해인자의 유해성·위험성 분류기준
생물학적 인자의 분류기준 : 혈액매개 감염인자, 공기매개 감염인자, 곤충 및 동물매개 감염인자

16 다음 중 화학물질로 인한 국민건강 및 환경상의 위해(危害)를 예방하고 화학물질을 적절하게 관리하는 한편, 화학물질로 인하여 발생하는 사고에 신속히 대응함으로써 화학물질로부터 모든 국민의 생명과 재산 또는 환경을 보호하는 것을 목적으로 제정된 법률은 어느 것인가?

① 화학물질의 등록 및 평가 등에 관한 법률
② 생활화학제품 및 살생물제의 안전관리에 관한 법률
③ 산업안전보건법
④ 화학물질관리법

[해설]
화학물질관리법 제1조(목적)

17 다음 중 화학물질관리법상 용어의 설명으로 틀린 것은?

① 취급시설이란 화학물질을 제조, 보관·저장, 운반(항공기·선박·철도를 이용한 운반을 포함한다) 또는 사용하는 시설이나 설비를 말한다.

② 유해화학물질이란 유독물질, 허가물질, 제한물질 또는 금지물질, 사고대비물질, 그 밖에 유해성 또는 위해성이 있거나 그러할 우려가 있는 화학물질을 말한다.

③ 사고대비물질이란 화학물질 중에서 급성 독성(急性毒性)·폭발성 등이 강하여 화학사고의 발생 가능성이 높거나 화학사고가 발생한 경우에 그 피해 규모가 클 것으로 우려되는 화학물질로서 화학사고 대비가 필요하다고 인정하여 환경부장관이 지정·고시한 화학물질을 말한다.

④ 화학사고란 시설의 교체 등 작업 시 작업자의 과실, 시설 결함·노후화, 자연재해, 운송사고 등으로 인하여 화학물질이 사람이나 환경에 유출·누출되어 발생하는 모든 상황을 말한다.

[해설]
화학물질관리법 제2조(정의)
취급시설 : 화학물질을 제조, 보관·저장, 운반(항공기·선박·철도를 이용한 운반은 제외한다) 또는 사용하는 시설이나 설비를 말한다.

18 다음 중 위해성의 정의를 옳게 표현한 것은?

① 유해성 + 노출시간　　　　　② 유해성 - 노출시간
③ 유해성 × 노출시간　　　　　④ 유해성 ÷ 노출시간

19 다음 중 화학물질의 통계조사 및 배출량조사에 관한 설명으로 틀린 것은?

① 환경부장관은 3년마다 화학물질의 취급과 관련된 취급현황, 취급시설 등에 관한 통계조사를 실시한다.

② 환경부장관은 통계조사와 배출량조사를 완료한 때에는 사업장별로 그 결과를 지체 없이 공개하여야 하지만 조사결과의 신뢰성이 낮아 그 이용에 혼란이 초래될 것으로 인정되는 경우 공개하지 않을 수 있다.

③ 통계조사는 대기환경보전법이나 물환경보전법에 따라 배출시설의 설치 허가를 받거나 설치 신고를 한 사업장 및 화학물질을 제조·보관·저장·사용하거나 수출입하는 사업장을 대상으로 한다.

④ 통계조사에는 화학물질 취급시설의 종류, 위치 및 규모 관련 정보가 포함되어야 한다.

[해설]
화학물질관리법 제10조(화학물질 통계조사 및 정보체계 구축·운영)
환경부장관은 2년마다 화학물질의 취급과 관련된 취급현황, 취급시설 등에 관한 통계조사를 실시하여야 한다.
② 화학물질관리법 제12조(화학물질 조사결과 및 정보의 공개)
③·④ 화학물질관리법 시행규칙 제4조(화학물질 통계조사 등)

20 다음 중 화학물질관리법상 화학물질 조사결과 및 정보의 공개에 관한 내용으로 옳지 않은 것은?

① 환경부장관은 화학물질 통계조사와 화학물질 배출량조사를 완료한 때에는 사업장별로 그 결과를 7일 이내에 공개하여야 한다.

② 환경부장관은 화학물질 통계조사와 화학물질 배출량조사 결과를 공개할 경우 국가안전보장·질서유지 또는 공공복리에 현저한 지장을 초래할 것으로 인정되는 경우에는 그 결과를 공개하지 않아도 된다.

③ 환경부장관은 화학물질 통계조사와 화학물질 배출량조사 결과의 신뢰성이 낮아 그 이용에 혼란이 초래될 것으로 인정되는 경우에는 그 결과를 공개하지 않아도 된다.

④ 환경부장관은 화학물질 통계조사와 화학물질 배출량조사를 완료했을 때 기업의 영업비밀과 관련되어 일부 조사결과를 공개하지 아니할 필요가 있다고 인정되는 경우에는 그 결과를 공개하지 않아도 된다.

해설

화학물질관리법 제12조(화학물질 조사결과 및 정보의 공개)

환경부장관은 화학물질 통계조사와 화학물질 배출량조사를 완료한 때에는 사업장별로 그 결과를 지체 없이 공개하여야 한다.

21 다음 중 화학물질의 등록 및 평가 등에 관한 법률상 하위사용자로 옳은 것은?

① 일반 소비자

② 화학물질 제조자

③ 화학물질 판매자

④ 영업활동 과정에서 화학물질 또는 혼합물을 사용하는 자

해설

화학물질의 등록 및 평가 등에 관한 법률 제2조(정의)

하위사용자 : 영업활동 과정에서 화학물질 또는 혼합물을 사용하는 자(법인의 경우에는 국내에 설립된 경우로 한정한다)를 말한다. 다만, 화학물질 또는 혼합물을 제조·수입·판매하는 자 또는 소비자는 제외한다.

22 다음 중 화학물질의 등록 및 평가 등에 관한 법률상의 유해화학물질에 포함되지 않는 것은?

① 사고대비물질
② 제한물질
③ 금지물질
④ 허가물질

해설
화학물질의 등록 및 평가 등에 관한 법률 제2조(정의)
유해화학물질 : 유독물질, 허가물질, 제한물질 및 금지물질을 말한다.

23 다음 중 화학물질의 등록 및 평가 등에 관한 법률상의 화학물질 평가 등에 관한 기본계획에 관한 설명으로 틀린 것은?

① 환경부장관은 화학물질의 등록·신고 및 평가, 제품에 들어 있는 중점관리물질의 신고 등에 관한 기본계획을 5년마다 수립하여야 한다.
② 환경부장관은 유해화학물질 취급시설 설치현황 등 화학물질의 안전관리, 화학사고 발생 이력 (履歷) 및 화학사고 대비·대응 등과 관련된 정보를 수집·보급하기 위하여 화학물질 종합정보 시스템을 구축·운영하여야 한다.
③ 기본계획에는 화학물질의 등록·신고, 유해성 심사·위해성 평가, 제품에 들어 있는 중점관리 물질의 신고 등을 하기 위한 방법 및 계획이 포함되어야 한다.
④ 기본계획에는 화학물질로 인한 국민건강상 또는 환경상의 피해를 예방하기 위한 산업계 활동, 노동자 및 소비자 안전 지원과 교육에 관한 사항이 포함되어야 한다.

해설
①·③·④ 화학물질의 등록 및 평가 등에 관한 법률 제6조(화학물질의 평가 등에 관한 기본계획)
② 화학물질관리법 제48조(화학물질 종합정보시스템 구축·운영)

24 다음 중 화학물질의 유해성·위해성에 관한 심사·평가 등과 관련된 사항을 심의하기 위하여 화학물 질평가위원회를 두도록 규정되어 있는 법률은?

① 생활화학제품 및 살생물제의 안전관리에 관한 법률
② 환경보건법
③ 화학물질의 등록 및 평가 등에 관한 법률
④ 화학물질관리법

해설
화학물질의 등록 및 평가 등에 관한 법률 제7조(화학물질평가위원회)
화학물질의 등록·신고, 제품에 들어 있는 중점관리물질의 신고, 유해성·위해성에 관한 심사·평가 등과 관련한 사항을 심의하기 위하여 환경부장관 소속으로 화학물질평가위원회를 둔다.

22 ① 23 ② 24 ③ **정답**

25 화학물질의 등록 및 평가 등에 관한 법률상 환경부장관이 등록한 화학물질 중 유해성 심사 결과를 기초로 위해성 평가를 해야 하는 화학물질은 제조 또는 수입되는 양이 연간 얼마 이상이어야 하는가?

① 100kg

② 1ton

③ 10ton

④ 100ton

해설

화학물질의 등록 및 평가 등에 관한 법률 제24조(위해성 평가)

환경부장관은 등록한 화학물질 중 제조 또는 수입되는 양이 연간 10ton 이상인 화학물질에 대하여 유해성심사 결과를 기초로 환경부령으로 정하는 바에 따라 위해성평가를 하고 그 결과를 등록한 자에게 통지하여야 한다.

26 다음 중 화학물질의 등록 및 평가 등에 관한 법률상 화학물질의 등록 및 면제, 제품에 들어 있는 중점관리물질의 신고에 관한 설명으로 틀린 것은?

① 연간 100kg 이상 신규화학물질 또는 연간 1ton 이상 기존화학물질을 제조·수입하려는 자는 제조 또는 수입 전에 환경부장관에게 등록하여야 한다.

② 기계에 내장(內藏)되어 수입되는 화학물질이나 시험운전용으로 사용되는 기계 또는 장치류와 함께 수입되는 화학물질을 제조·수입하려는 자는 등록을 하지 아니하고 화학물질을 제조·수입할 수 있다.

③ 중점관리물질이 들어 있는 제품을 생산하거나 수입하는 자는 제품 1개당 개별 중점관리물질의 함유량이 0.1wt%를 초과하는 경우 해당 제품에 들어 있는 중점관리물질의 명칭, 함량 및 유해성 정보, 노출정보, 제품에 들어 있는 중점관리물질의 용도에 대하여 생산 또는 수입 전에 환경부장관에게 신고하여야 한다.

④ 중점관리물질이 들어 있는 제품을 생산하거나 수입하는 자는 제품 전체에 들어 있는 중점관리물질의 물질별 총량이 연간 1ton을 초과하는 경우 해당 제품에 들어 있는 중점관리물질의 명칭, 함량 및 유해성 정보, 노출정보, 제품에 들어 있는 중점관리물질의 용도에 대하여 생산 또는 수입 전에 환경부장관에게 등록하여야 한다.

해설

화학물질의 등록 및 평가 등에 관한 법률 제32조(제품에 들어 있는 중점관리물질의 신고)

중점관리물질이 들어 있는 제품을 생산하거나 수입하는 자는 다음의 요건에 모두 해당하는 경우에는 환경부령으로 정하는 바에 따라 해당 제품에 들어 있는 중점관리물질의 명칭, 함량 및 유해성 정보, 노출정보, 제품에 들어 있는 중점관리물질의 용도에 대하여 생산 또는 수입 전에 환경부장관에게 신고하여야 한다.

• 제품 1개당 개별 중점관리물질의 함유량이 0.1wt%를 초과할 것

• 제품 전체에 들어 있는 중점관리물질의 물질별 총량이 연간 1ton을 초과할 것

① 화학물질의 등록 및 평가 등에 관한 법률 제10조(화학물질의 등록 등)

② 화학물질의 등록 및 평가 등에 관한 법률 제11조(화학물질의 등록 등 면제)

27 다음 중 생활화학제품 및 살생물제의 안전관리에 관한 법률의 목적으로 가장 최근에 추가된 사항은 무엇인가?

① 살생물제품에 의한 피해의 구제
② 살생물물질(殺生物物質) 및 살생물제품의 승인
③ 살생물처리제품의 기준
④ 생활화학제품의 위해성(危害性) 평가

[해설]
생활화학제품 및 살생물제의 안전관리에 관한 법률 제1조(목적)
생활화학제품의 위해성(危害性) 평가, 살생물물질(殺生物物質) 및 살생물제품의 승인, 살생물처리제품의 기준, 살생물제품에 의한 피해의 구제 등에 관한 사항을 규정함으로써 국민의 건강 및 환경을 보호하고 공공의 안전에 이바지하는 것을 목적으로 한다.
※ 저자의견 : 살생물제품에 의한 피해의 구제는 2021년 5월 18일 개정에 의해 추가된 사항이다.

28 다음 중 생활화학제품 및 살생물제 관리의 기본원칙과 가장 거리가 먼 것은?

① 사전 배려로 안전관리 원칙
② 취약계층 우선 배려 관리 원칙
③ 오용과 남용으로 인한 피해를 예방하기 위한 정확하고 신속한 정보 제공의 원칙
④ 과학적인 위해성 평가의 원칙

[해설]
생활화학제품 및 살생물제의 안전관리에 관한 법률 제2조(생활화학제품 및 살생물제 관리의 기본원칙)
• 생활화학제품 및 살생물제와 사람, 동물의 건강과 환경에 대한 피해 사이에 과학적 상관성이 명확히 증명되지 아니하는 경우에도 그 생활화학제품 및 살생물제가 사람, 동물의 건강과 환경에 해로운 영향을 미치지 아니하도록 사전에 배려하여 안전하게 관리되어야 한다.
• 어린이, 임산부 등 생활화학제품 또는 살생물제로부터 발생하는 화학물질 등의 노출에 취약한 계층을 우선적으로 배려하여 관리되어야 한다.
• 오용과 남용으로 인한 피해를 예방하기 위하여 생활화학제품 및 살생물제의 안전에 관한 정보가 정확하고 신속하게 제공되어야 한다.

29 다음 중 생활화학제품 및 살생물제의 안전관리에 관한 법률에서 규정하지 않은 용어는 어느 것인가?

① 안전확인대상생활화학제품
② 물질동등성
③ 제품유사성
④ 척추동물대체시험

해설

생활화학제품 및 살생물제의 안전관리에 관한 법률 제3조(정의)

• 안전확인대상생활화학제품 : 환경부장관이 위해성 평가를 한 결과 위해성이 있다고 인정되어 지정·고시한 생활화학제품을 말한다.
• 물질동등성 : 서로 다른 살생물물질 간에 화학적 조성(組成), 위해성 및 유해생물 제거 등의 효과·효능이 기술적으로 동등한 성질을 말한다.
• 제품유사성 : 서로 다른 살생물제품 간에 동일한 살생물물질(물질동등성을 인정받은 것을 포함한다)이 들어 있고, 살생물제품에 들어 있는 물질의 성분·배합비율, 살생물제품의 용도, 위해성 및 유해생물 제거 등의 효과·효능이 유사한 성질을 말한다.

화학물질의 등록 및 평가 등에 관한 법률 제2조(정의)

척추동물대체시험 : 화학물질의 유해성, 위해성 등에 관한 정보를 생산하는 과정에서 살아 있는 척추동물의 사용을 최소화하거나 부득이하게 척추동물을 사용하는 경우 불필요한 고통을 경감시키는 시험을 말한다.

30 다음 중 생활화학제품 및 살생물제의 안전관리에 관한 법률에서 규정하지 않은 용어는 무엇인가?

① 중점관리물질
② 유해생물
③ 물질동등성
④ 제품유사성

해설

생활화학제품 및 살생물제의 안전관리에 관한 법률 제3조(정의)

• 유해생물 : 사람이나 동물에게 직접적 또는 간접적으로 해로운 영향을 주는 생물을 말한다.
• 물질동등성 : 서로 다른 살생물물질 간에 화학적 조성(組成), 위해성 및 유해생물 제거 등의 효과·효능이 기술적으로 동등한 성질을 말한다.
• 제품유사성 : 서로 다른 살생물제품 간에 동일한 살생물물질(물질동등성을 인정받은 것을 포함한다)이 들어 있고, 살생물제품에 들어 있는 물질의 성분·배합비율, 살생물제품의 용도, 위해성 및 유해생물 제거 등의 효과·효능이 유사한 성질을 말한다.

화학물질의 등록 및 평가 등에 관한 법률 제2조(정의)

중점관리물질 : 다음의 어느 하나에 해당하는 화학물질 중에서 위해성이 있다고 우려되어 화학물질평가위원회의 심의를 거쳐 환경부장관이 정하여 고시하는 것을 말한다.

• 사람 또는 동물에게 암, 돌연변이, 생식능력 이상 또는 내분비계 장애를 일으키거나 일으킬 우려가 있는 물질
• 사람 또는 동식물의 체내에 축적성이 높고, 환경 중에 장기간 잔류하는 물질
• 사람에게 노출되는 경우 폐, 간, 신장 등의 장기에 손상을 일으킬 수 있는 물질
• 사람 또는 동식물에게 위의 3가지 물질과 동등한 수준 또는 그 이상의 심각한 위해를 줄 수 있는 물질

31 다음 중 생활화학제품 및 살생물제의 안전관리에 관한 법률에서 규정한 살생물처리제품에 대한 정의로 옳은 것은?

① 유해생물을 제거, 무해화(無害化) 또는 억제하는 기능으로 사용하는 화학물질, 천연물질 또는 미생물

② 한 가지 이상의 살생물물질로 구성되거나 살생물물질과 살생물물질이 아닌 화학물질·천연물질 또는 미생물이 혼합된 제품

③ 제품의 주된 목적 외에 유해생물 제거 등의 부수적인 목적을 위하여 살생물제품을 사용한 제품

④ 화학물질 또는 화학물질·천연물질 또는 미생물의 혼합물로부터 살생물물질을 생성하는 제품

> [해설]
>
> 생활화학제품 및 살생물제의 안전관리에 관한 법률 제3조(정의)
> • 살생물물질 : 유해생물을 제거, 무해화(無害化) 또는 억제(이하 '제거 등'이라 한다)하는 기능으로 사용하는 화학물질, 천연물질 또는 미생물을 말한다.
> • 살생물제품 : 유해생물의 제거 등을 주된 목적으로 하는 다음의 어느 하나에 해당하는 제품을 말한다.
>   – 한 가지 이상의 살생물물질로 구성되거나 살생물물질과 살생물물질이 아닌 화학물질·천연물질 또는 미생물이 혼합된 제품
>   – 화학물질 또는 화학물질·천연물질 또는 미생물의 혼합물로부터 살생물물질을 생성하는 제품
> • 살생물처리제품 : 제품의 주된 목적 외에 유해생물 제거 등의 부수적인 목적을 위하여 살생물제품을 사용한 제품을 말한다.

32 다음 중 생활화학제품 및 살생물제의 안전관리에 관한 법률에서 정의한 나노물질에 대한 설명으로 가장 옳은 것은?

① 3차원의 외형치수 중 최소 1차원의 크기가 10nm 이하인 풀러렌(Fullerene), 그래핀 플레이크(Graphene Flake)

② 3차원의 외형치수 중 최소 1차원의 크기가 10nm 이하인 단일벽 탄소나노튜브

③ 3차원의 외형치수 중 최소 1차원의 크기가 1nm에서 10nm인 입자의 개수가 80% 이상 분포하는 물질

④ 3차원의 외형치수 중 최소 1차원의 크기가 1nm에서 100nm인 입자의 개수가 50% 이상 분포하는 물질

> [해설]
>
> 생활화학제품 및 살생물제의 안전관리에 관한 법률 제3조(정의)
> 나노물질 : 다음의 어느 하나에 해당하는 물질을 말한다.
> • 3차원의 외형치수 중 최소 1차원의 크기가 1nm에서 100nm인 입자의 개수가 50% 이상 분포하는 물질
> • 3차원의 외형치수 중 최소 1차원의 크기가 1nm 이하인 풀러렌(Fullerene), 그래핀 플레이크(Graphene Flake) 또는 단일벽 탄소나노튜브

33 다음 중 분사형 안전확인대상생활화학제품 내 함유금지물질로 지정되지 않은 것은?

① 폴리헥사메틸렌구아니딘(PHMG)
② 염화에톡시에틸구아니딘(PGH)
③ 알킬벤질다이메틸암모늄염화물
④ 메틸에틸케톤(MEK)

[해설]

안전확인대상생활화학제품 지정 및 안전·표시기준 [별표 2] 품목별 화학물질에 관한 안전기준
제품 내 함유금지물질

연 번	물질명	적용 제형[1)
1	폴리헥사메틸렌구아니딘(PHMG)	분사형
2	염화에톡시에틸구아니딘(PGH)	분사형
3	폴리(헥사메틸렌비구아니드)하이드로클로라이드(PHMB)	분사형
4	메틸아이소싸이아졸리논(MIT)	분사형
5	5-클로로메틸아이소싸이아졸리논(CMIT)	분사형
6	염화벤잘코늄류[2)	분사형
7	이염화아이소사이아눌산나트륨(NaDCC)	분사형
8	잔류성 오염물질 관리법 등 관련 법령에서 사용을 금지하고 있는 물질	전제형

1) 방향제는 모든 제형에 적용함
2) 염화벤잘코늄류(C12~C18, 알킬벤질다이메틸암모늄염화물)

34 다음 중 사업자가 취급하는 화학물질로 인한 '바람직하지 않은 영향'의 구분으로 가장 거리가 먼 것은?

① 환경 위해성
② 작업자 위해성
③ 건강 위해성
④ 사고 위해성

[해설]

사업자가 취급하는 화학물질로 인한 '바람직하지 않은 영향'은 크게 작업자의 위해성, 환경을 통한 위해성, 제품을 통한 위해성, 사고발생 시 위해성으로 구분한다.

교육이란 사람이 학교에서 배운 것을 잊어버린 후에 남은 것을 말한다.

– 알버트 아인슈타인 –

부록

과년도 + 최근 기출복원문제

※ 법령 관련 문제는 잦은 개정으로 인하여 내용이 도서와 달라질 수 있으며, 가장 최신 법령의 내용은 국가법령정보센터(https://www.law.go.kr/)를 통해서 확인이 가능합니다.

제1과목 | 유해성 확인 및 독성평가

01 수서생물에 대한 생태독성 자료의 수집 및 평가에 대한 설명으로 옳지 않은 것은?

① 수서생물의 유해성은 조류, 물벼룩류, 어류의 급·만성 독성시험을 통해 평가한다.

② 수서독성 시험은 시험물질을 시험수에 녹여 노출하기 때문에 시험수 내의 시험물질 농도를 적절하게 유지시켜 주어야 한다.

③ 급성 독성은 단기간 노출되었을 때에 나타나는 독성으로, 1~3주 동안 노출한 후 유해성의 정도를 표시하는 지표를 산출한다.

④ 물질의 특성을 고려하여 유수식(Flow-through), 지수식(Static), 반지수식(Semi-static) 등의 노출방법을 결정한다.

[해설]

수서생물에 대한 유해성은 조류, 물벼룩류, 어류에 대한 급·만성 독성시험을 통하여 평가한다. 급성 독성은 유해물질에 단기간 노출되었을 때에 나타나는 독성으로, 시험방법에는 LC_{50}, LD_{50}, EC_{50}이 있다. 일반적으로 단기노출시간으로는 조류 72시간, 물벼룩 48시간, 어류는 24, 48, 72, 96시간 경과 시의 유해영향을 평가한다.

02 화학물질의 분류 및 표시에 관한 세계조화시스템(GHS)에 대한 설명으로 옳지 않은 것은?

① H200~H290은 건강 유해성에 관한 유해·위험문구이다.

② 물리적 위험성, 건강 유해성, 환경 유해성으로 분류한다.

③ GHS를 통해 화학물질의 유해·위험성을 명확한 기준에 따라 적절하게 분류할 수 있게 되었다.

④ 세계적으로 통일된 분류기준에 따라 화학물질의 유해성·위험성을 분류하고, 통일된 형태의 경고표지 및 MSDS로 정보를 전달하는 방법을 말한다.

[해설]

① H200~H290은 물리적 위험성에 관한 유해·위험문구이다.

03 발암성 물질의 평가에 활용되는 독성지표로 옳지 않은 것은?

① 단위위해도(URF)

② 발암잠재력(CSF)

③ 최소영향수준(DMEL)

④ 무영향관찰농도(PNEC)

해설

비발암성 물질의 독성지표로는 NOEL, NOAEL, PNEC 등이 있다.

※ 단위위해도(URF ; Unit Risk Factor)는 발암잠재력을 대상 인구집단을 기준으로 물 또는 공기의 오염수준이 1단위 (μg/L 또는 μg/m^3) 증가할 때마다 대상 인구집단의 발암확률이 증가하는 정도로 환산하여 나타낸 것이다.

04 다음 중 토양 내 잔류성 유기오염물질이 속하는 유해인자로 옳은 것은?

① 물리적 인자

② 화학적 인자

③ 생물학적 인자

④ 인간공학적 인자

해설

잔류성 유기오염물질(POPs ; Persistent Organic Pollutants)은 농약 살포, 산업생산 공정 등에서 주로 발생하며, 농약, 다이옥신, PCBs, 브로민화난연제, 과플루오린화화합물 등이 대표적인 물질이다. 대기, 수질, 토양, 퇴적물 등 모든 환경매체에서 존재하며, 자연상태에서 쉽게 분해되지 않고 생물 조직에 축적되어 면역체계 교란, 중추신경계 손상 등을 일으킨다.

05 어떤 화학물질의 용량별 치사율의 독성실험 결과가 다음과 같을 때 최소영향관찰용량(mg/kg/day)은?

용량(mg/kg/day)	0	10	50	100	500
치사율(%)	0	0	5	30	60

① 10

② 50

③ 100

④ 400

해설

최소영향관찰용량(LOAEL)은 최소영향관찰농도(LOEC)라고도 하며, 노출량에 대한 반응이 처음으로 관찰되기 시작하는 통계적으로 유의한 영향을 나타내는 최소한의 노출량이다.

06 물질안전보건자료(MSDS)에 대한 설명으로 옳지 않은 것은?

① 화학물질의 물리·화학적 특성 등 물질 상세정보가 포함되어 있다.
② 누출사고 등 응급/비상 시 대처법에 대한 내용이 포함되어 있다.
③ 16개 항목별 포함되어야 할 사항이 GHS에 의해 규정되어 있다.
④ H-code는 유해성, P-code는 위험성에 관한 문구를 나타낸다.

[해설]

④ H-code는 유해·위험문구(Hazard Statement), P-code는 예방조치문구(Precautionary Statement)이다.

07 다음의 목적을 가지는 법률로 옳은 것은?

> 화학물질로 인한 국민건강 및 환경상의 위해를 예방하고 화학물질을 적절하게 관리하는 한편, 화학물질로
> 인하여 발생하는 사고에 신속히 대응함으로써 화학물질로부터 모든 국민의 생명과 재산 또는 환경을
> 보호하는 것을 목적으로 한다.

① 환경보건법
② 화학물질관리법
③ 화학물질의 등록 및 평가 등에 관한 법률
④ 생활화학제품 및 살생물제의 안전관리에 관한 법률

[해설]

화학물질관리법 제1조(목적)

08 발암성 분류기준 중 '인간 발암우려물질'인 경우, 해당 기관과 분류의 구분이 옳지 않은 것은?

① 국제암연구소(IARC) – Group 2B
② 미국 국립독성프로그램(NTP) – R
③ 유럽연합(EU) – Category 2
④ 미국 산업위생전문가협의회(ACGIH) – Group A2

[해설]

① 인간 발암우려물질(IARC) – Group 2A

09 생태독성을 평가하는 지표 중 급성 독성의 지표와 그 내용으로 옳은 것은?

① EC$_{10}$(10%영향농도) : 수중 노출 시 시험생물의 10%에 영향이 나타나는 농도
② EC$_{50}$(반수영향농도) : 수중 노출 시 시험생물의 50%에 영향이 나타나는 농도
③ LOEC(최소영향농도) : 수중 노출 시 생체에 영향이 나타나는 최소 농도
④ NOEC(최대무영향농도) : 수중 노출 시 생체에 아무런 영향이 나타나지 않는 최대 농도

> [해설]
> 급성 독성(Acute Toxicity)은 위해물질에 단기노출로 독성이 발생하며 시험방법에는 LC$_{50}$, LD$_{50}$, EC$_{50}$이 있다.

10 화학물질의 등록 및 평가 등에 관한 법령상 화학물질의 용도분류체계 중 용도분류와 그 내용이 옳지 않은 것은?

① 열전달제 : 연소반응을 통해 에너지를 얻을 수 있는 물질
② 비농업용 농약 및 소독제 : 유해한 생물을 죽이거나 활동을 방해·저해하는 물질
③ 세정 및 세척제 : 표면에 오염물이나 불순물을 제거하는 데 사용하는 물질
④ 계면활성제·표면활성제 : 한 분자 내에 친수기와 소수기를 지닌 화합물로 액체의 표면에 부착해서 표면장력을 크게 저하시켜 활성화해 주는 물질

> [해설]
> 화학물질의 등록 및 평가 등에 관한 법률 시행령 [별표 2] 화학물질 용도분류체계

용도분류	내 용
열전달제(Heat Transferring Agents)	열을 전달하고 열을 제거하는 물질

11 VEGA 모델에서 제공하는 독성 예측값으로 적절하지 않은 것은?

① 유전독성(Mutagenicity)
② 발생독성(Developmental Toxicity)
③ 피부 감작성(Skin Sensitization)
④ 생존 가능성(Alive Possibility)

> [해설]
> VEGA 모델은 인체독성 예측모델로 유전독성, 발암성, 발생독성(Developmental Toxicity), 내분비계 독성(Estrogen Toxicity), 피부 감작성에 대한 독성 예측값을 제공한다.

12 다음 보기가 설명하는 유해화학물질로 옳은 것은?

> **[보기]**
>
> 화학물질관리법상 위해성이 있다고 우려되는 화학물질로서 환경부장관의 허가를 받아 제조, 수입, 사용하도록 환경부장관이 관계 중앙행정기관의 장과의 협의와 화학물질평가위원회의 심의를 거쳐 고시한 물질이다.

① 화학물질
② 허가물질
③ 혼합물질
④ 방사선 물질

해설
화학물질관리법 제2조(정의)

13 토양독성시험방법 중 여과지 접촉시험(Filter Paper Contact Test)에 대한 설명으로 옳지 않은 것은?

① 시험이 비교적 쉽고 빠르며, 재현성이 좋다.
② 토양 독성을 평가하기 위한 스크리닝 방법이다.
③ 지렁이를 시험물질에 48시간 동안 노출시킨 후 치사율을 관찰한다.
④ 지렁이를 시험물질에 6시간 동안 노출시킨 후 성장과 번식을 관찰한다.

해설
국제적으로 인정되고 있는 지렁이 급성 독성시험법은 여과지 접촉시험, 인공토양시험이 활용되고 있다. 여과지 접촉시험은 *Eisenia sp.* 지렁이 10마리를 시험물질 용액에 적신 여과지를 이용하여 48시간 노출시킨 후 치사율을 관찰하는 것으로, 비교적 시험이 쉽고 빠르며 재현성은 좋지만 스크리닝시험으로 토양에서의 독성치로 활용하기에는 한계가 있다.

14 화학물질관리법상 유해화학물질의 정의로 옳지 않은 것은?

① 금지물질 - 위해성이 크다고 인정되는 화학물질

② 제한물질 - 특정 용도로 사용되는 유해성이 크다고 인정되는 화학물질

③ 유독물질 - 유해성이 있는 화학물질로서 대통령령으로 정하는 기준에 따라 환경부장관이 고시한 물질

④ 사고대비물질 - 화학물질 중에서 급성 독성과 폭발성이 강하여 화학사고의 발생 가능성이 높거나 화학사고가 발생한 경우 그 피해 규모가 클 것으로 우려되는 화학물질

> **[해설]**
>
> **화학물질관리법 제2조(정의)**
>
> '제한물질'이란 특정 용도로 사용되는 경우 위해성이 크다고 인정되는 화학물질로서 그 용도로의 제조, 수입, 판매, 보관·저장, 운반 또는 사용을 금지하기 위하여 환경부장관이 관계 중앙행정기관의 장과의 협의와 화학물질의 등록 및 평가 등에 관한 법률에 따른 화학물질평가위원회의 심의를 거쳐 고시한 것을 말한다.

15 다음 중 생태독성시험법에 대한 설명으로 옳은 것은?

① 가장 둔감한 동물종의 독성값을 통해 예측무영향농도(PNEC)를 산출한다.

② 수서독성시험은 시험동물의 먹이를 통해 시험물질을 체내로 강제 투입한다.

③ 퇴적물독성시험은 주로 박테리아류를 대상으로 이루어진다.

④ 토양독성 평가는 주로 곰팡이, 지렁이 등을 이용하여 수행된다.

> **[해설]**
>
> 퇴적물독성시험은 주로 깔따구(*Chironomidae*, *Dipera*) 종을 10일 또는 21일간 노출시켜 치사, 유충의 발생, 성장 등에 대한 독성값을 산출한다. 토양독성 평가는 주로 박테리아, 곰팡이, 토양무척추동물(원생동물, 지렁이 등), 관속 식물종 등을 이용한다.

16 발암성 물질의 평가에 활용되는 독성지표와 단위로 옳지 않은 것은?

① Oral Slope Factor$[(mg/kg/day)^{-1}]$ ② Inhalation Unit Risk$[(\mu g/m^3)^{-1}]$

③ Derived Minimal Effect Level$[mg/kg/day]$ ④ Derived No Effect Level$[mg/kg/day]$

> **[해설]**
>
> **독성지표 단위**
>
> | 발암성 | 비발암성 |
> | --- | --- |
> | • Oral Slope Factor$[(mg/kg \cdot day)^{-1}]$ | • Derived No Effect Level$[mg/kg \cdot day, mg/m^3]$ |
> | • Inhalation Unit Risk$[(\mu g/m^3)^{-1}]$ | • Reference Concentration$[mg/m^3]$ |
> | • Derived Minimal Effect Level$[mg/kg \cdot day, mg/m^3]$ | • Reference Dose$[mg/kg \cdot day]$ |
> | | • Acceptable Daily Intake$[mg/kg \cdot day]$ |
> | | • Tolerable Daily Intake$[mg/kg \cdot day]$ |

17 비발암물질의 용량–반응 평가에서 도출된 유해성 지표(NOAEL, LOAEL)와 독성참고치(RfD)의 용량 관계를 바르게 나타낸 것은?

① LOAEL > RfD > NOAEL ② LOAEL > NOAEL > RfD
③ RfD > LOAEL > NOAEL ④ RfD > NOAEL > LOAEL

해설

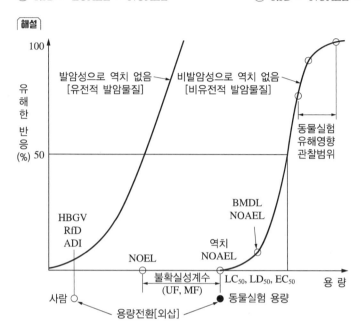

18 화학물질관리법규상 유해화학물질의 취급기준으로 옳지 않은 것은?

① 용기는 온도, 압력, 습도와 같은 대기조건에 영향을 받지 않도록 할 것
② 고체 유해화학물질을 용기에 담아 이동할 때에는 용기 높이의 80% 이상을 담지 않도록 할 것
③ 고체 유해화학물질은 밀폐한 상태로 보관하고 액체, 기체인 경우에는 완전히 밀폐상태로 보관할 것
④ 인화성을 지닌 유해화학물질은 자기발열성 및 자기반응성 물질과 함께 보관하거나 운반하지 말 것

해설

화학물질관리법 시행규칙 [별표 1] 유해화학물질의 취급기준
고체 유해화학물질을 용기에 담아 이동할 때에는 용기 높이의 90% 이상을 담지 않도록 할 것
※ ④는 화학물질관리법 시행규칙 개정에 따라 삭제됨

19 수서 생태독성에 영향을 주는 인자에 대한 설명으로 옳지 않은 것은?

① 온도가 낮아지면 아연의 독성이 증가한다.
② pH가 낮아지면 금속물질의 용해도가 증가한다.
③ 카드뮴과 구리는 경도가 증가함에 따라 독성이 감소한다.
④ 산소의 포화수준이 높아지면 암모니아의 수서독성이 감소한다.

[해설]
① 온도가 증가하면 아연의 독성이 증가한다.

20 NOAEL(No Observed Adverse Effect Level)에 대한 설명으로 옳지 않은 것은?

① 무영향관찰용량이라 한다.
② 임상시험을 통해 인체에 영향을 미치지 않는 투여용량이다.
③ 동물시험에서 유해한 영향이 확인되지 않는 최고투여용량이다.
④ 독성자료로부터 얻은 화학물질의 NOAEL에 불확실성변수 또는 외삽변수를 적용하여 인간 혹은 환경에서 예상되는 예측무영향수준을 산출한다.

[해설]
② 동물실험의 노출량에 대한 반응이 관찰되지 않고 영향이 없는 최대 노출량이다.

※ 2021년 4월 1일 이후 장외영향평가와 위해관리계획을 통합하여 화학사고예방관리계획으로 운영되고 있어, 정답이 도서에 기재된 정답(당시 확정답안)과 달라질 수 있습니다.

21 장외영향평가서 내의 원하지 않는 사고의 빈도나 강도를 감소시키기 위하여 독립방호계층의 효용성을 평가하는 분석도구로 옳은 것은?

① LOPA(Layer Of Protection Analysis)
② IPL(Independent Protection Layer)
③ IPLA(Independent Protection Layer Analysis)
④ IPLOA(Independent Protection Layer Of Analysis)

〔해설〕
화학사고예방관리계획의 위험도 분석기법에는 해당 단위공장의 특성에 따라 LOPA 또는 OGP(Oil & Gas Producer)가 적용되고 있으나 OGP 방식은 완화장치가 설치되어 있다고 가정되어 있는 빈도이기 때문에 LOPA 방식보다 낮게 산정되는 경향이 있다.

22 장외영향평가서 작성 시 유해화학물질의 유해성을 알리기 위한 정보 중 유해화학물질의 일반정보로 옳지 않은 것은?

① 물질명
② 조성농도
③ CAS 번호
④ 물질 사용 공정명

〔해설〕
화학사고예방관리계획서 작성 등에 관한 규정 [별지 제7호] 유해화학물질의 유해성 정보
취급물질의 일반정보
• 물질명
• 화학물질식별번호(CAS 번호)
• 유해화학물질 고유번호
• 농도(또는 함량 %)
• 최대보관량

23 화학물질관리법상 유해화학물질 취급기준에 대한 설명으로 옳은 것은?

① 유해화학물질 취급 중에는 음료수 외에는 섭취하지 않는다.

② 폭발성 물질과 같이 불안정한 물질은 절대 취급하지 않도록 한다.

③ 유해화학물질을 버스, 철도 등 대중 교통수단을 이용하여 운반할 때에는 누출되지 않도록 밀폐하여야 한다.

④ 유해화학물질이 묻어 있는 표면에 용접을 하지 않는다. 다만, 화기 작업허가 등 안전조치를 취한 경우에는 그러하지 아니한다.

[해설]

화학물질관리법 시행규칙 [별표 1] 유해화학물질의 취급기준
- 유해화학물질의 취급 중에 음식물, 음료 등을 섭취하지 말 것
- 폭발성 물질과 같이 불안정한 물질은 폭발 반응을 방지하는 방법으로 보관할 것
- 버스, 철도, 지하철 등 대중 교통수단을 이용하여 유해화학물질을 운반하지 말 것

24 화학물질의 분류 및 표시 등에 관한 규정상 인화성 액체를 분류하는 3가지 기준에 해당하지 않는 것은?

① 인화점이 23℃ 미만이고 초기 끓는점이 35℃를 초과하는 액체

② 인화점이 23℃ 미만이고 초기 끓는점이 35℃ 이하인 액체

③ 인화점이 23℃ 이상 60℃ 이하인 액체

④ 인화점이 100℃ 이상인 액체

[해설]

화학물질의 분류 및 표시 등에 관한 규정 [별표 1] 화학물질의 분류 및 표시사항
인화성 액체의 분류기준

구 분	분류기준
1	인화점이 23℃ 미만이고 초기 끓는점이 35℃ 이하인 액체
2	인화점이 23℃ 미만이고 초기 끓는점이 35℃를 초과하는 액체
3	인화점이 23℃ 이상 60℃ 이하인 액체

25 동일한 실내공간 내에 A와 B 2대의 제조시설이 위치한 공장이 있다. 개별 취급시설별로 취급하는 유해화학물질의 일일 취급량 및 기준이 다음 표와 같을 때 소량기준값과 소량 여부 판단결과의 연결이 옳은 것은?

제조시설	취급물질 정보			
	물질명	일일취급량(kg)	일일취급기준(kg)	보관·저장기준(kg)
A	a	50	50	750
B	b	50	100	1,500

① 0.1 – 소량기준 초과
② 0.1 – 소량기준 미만
③ 1.5 – 소량기준 초과
④ 1.5 – 소량기준 미만

해설

※ 저자의견 : 유해화학물질 소량 취급시설에 관한 고시 [별표 1] 유해화학물질 소량기준에 유해화학물질(424종)별로 소량기준(순간 최대 체류기준, 보관·저장기준)이 제시되어 있으며, [별표 1]에서 규정하고 있지 않은 유해화학물질의 소량은 유해성 분류기준에 따라 [별표 2]에 규정되어 있다. 화학물질관리법 시행규칙 [별표 3의2]에 따라 유해화학물질별 수량기준을 상위규정수량과 하위규정수량으로 구분하여 관리하고 있다.

참고 유해화학물질별 소량기준에 관한 규정 폐지(2021.05) 전에는 동일한 공간에 2대 이상의 제조·사용·저장시설이 위치하는 경우에는 개별 취급시설별로 취급하는 유해화학물질의 일일 취급량 또는 보관·저장량을 구한 다음 아래 공식에 따라 산출한 값(R)이 1 미만일 때 소량기준 미만으로 판단하였다.

$$R = \frac{\text{일일 취급량}}{\text{일일 취급기준}} = \frac{C_1}{T_1} + \frac{C_2}{T_2} \cdots \frac{C_n}{T_n}$$

$$\therefore R = \frac{50\text{kg}}{50\text{kg}} + \frac{50\text{kg}}{100\text{kg}} = 1.5 > \text{소량기준 초과}$$

26 장외영향평가에서 기존시설의 공정위험성을 분석할 때 기존 분석결과를 활용하거나 해당 공정에 적합한 분석기법을 적용할 수 있는데, 이때 적용할 수 있는 분석기법과 가장 거리가 먼 것은?

① 체크리스트 기법
② 사건수 분석기법
③ 상대위험순위 결정기법
④ 화학공정 정량적 위험성 평가기법

해설

공정위험성 분석은 체크리스트 기법, 상대위험순위 결정기법, 작업자 실수분석기법, 사고예상 질문분석기법, 위험과 운전분석기법, 이상위험도 분석기법, 결함수 분석기법, 사건수 분석기법, 원인결과 분석기법, 예비위험 분석기법 중 적정한 기법을 선정하여 분석한다.

27 효과적인 화학물질의 관리를 위해 위해성이 높은 물질은 우선순위를 부여하여 관리할 수 있다. 이때 관리대상 우선순위의 분류기준으로 가장 거리가 먼 것은?

① 화학물질 유해성 분류 및 표시 대상물질
② 생활화학제품에서 많이 사용하는 것이 확인된 물질
③ 화학안전 규제에 따라 허가, 제한, 금지 등으로 분류된 물질
④ 직업적 노출로 인한 사망 사례나 직업병 발생 사례 등이 확인된 물질

28 유해화학물질이 시험생산용일 경우 유해화학물질 취급시설 운영자가 작성하는 화학물질의 시범생산계획서에 포함되지 않는 내용은?

① 취급물질 정보
② 취급시설 정보
③ 시범생산공정의 주요 내용
④ 지방환경관서 허가 절차도

29 화학물질관리법상 유해성에 대한 정의로 옳은 것은?

① 병원균이 질병을 일으킬 수 있는 능력
② 화학물질을 통해 사망이나 심각한 질병이 유발될 수 있는 정도
③ 특정 화학물질에 노출되어 사람의 건강이나 환경에 피해를 줄 수 있는 정도
④ 화학물질의 독성 등 사람의 건강이나 환경에 좋지 아니한 영향을 미치는 화학물질 고유의 성질

[해설]
화학물질관리법 제2조(정의)

30 물질안전보건자료(MSDS) 작성의 원칙으로 옳지 않은 것은?

① 정보가 부족한 경우나 이용 가능하지 않은 경우에는 기재하지 않는다.
② 물질안전보건자료에 포함되는 정보는 명확하게 작성되어야 한다.
③ 물질안전보건자료에서 사용되는 용어는 은어, 두문자어 및 약어의 사용을 피해야 한다.
④ 물질안전보건자료에는 법적으로 정해진 기재사항이 모두 포함되어야 한다.

[해설]
① 정보가 이용 가능하지 않거나 부족한 경우에는 이러한 사실을 명확히 기재하여야 하며, 어떠한 공란도 포함되어서는 안 된다.

31 화학물질관리법상 유해화학물질 취급자가 안전사고 예방을 위해 해당 유해화학물질에 적합한 개인 보호구를 착용해야 하는 경우로 옳지 않은 것은?

① 85dB의 소음이 발생하는 시설인 경우
② 기체의 유해화학물질을 취급하는 경우
③ 액체의 유해화학물질에서 증기가 발생할 우려가 있는 경우
④ 고체상태의 유해화학물질에서 분말이나 미립자 형태 등이 체류하거나 비산할 우려가 있는 경우

[해설]
화학물질관리법 제14조(취급자의 개인보호장구 착용)
유해화학물질을 취급하는 자는 다음 어느 하나에 해당하는 경우 해당 유해화학물질에 적합한 개인보호장구를 착용하여야 한다.
• 기체의 유해화학물질을 취급하는 경우
• 액체 유해화학물질에서 증기가 발생할 우려가 있는 경우
• 고체상태의 유해화학물질에서 분말이나 미립자 형태 등이 체류하거나 날릴 우려가 있는 경우
• 그 밖에 환경부령으로 정하는 경우

32 장외영향평가 시 작성해야 할 취급시설 입지정보 중 전체배치도에 포함되지 않는 내용은?

① 건물 및 설비 위치
② 주요 기기의 설치 높이
③ 건물과 건물 사이의 거리
④ 건물과 단위설비 간의 거리

[해설]
화학사고예방관리계획서 작성 등에 관한 규정 제16조(취급시설 입지정보)
전체배치도는 사업장, 단위공장, 설비배치도 순으로 위치와 규모를 파악할 수 있도록 다음의 내용을 포함하여 작성해야 한다.
• 사업장 전체배치도는 건물단위로 단위공장, 사무동, 화학물질 보관·저장창고 등의 위치 및 거리를 개략적으로 작성해야 한다.
• 유해화학물질 취급 단위공장별 배치도는 다음의 내용을 포함하여 작성해야 한다.
  – 건물과 유해화학물질 취급시설의 위치
  – 건물과 건물 사이 거리
  – 단위공정 간 거리
  – 유해화학물질 보관·저장창고 위치
  – 조정실, 사무실 등 기타시설의 위치
• 설비배치도는 단위공장 내 유해화학물질 취급시설의 위치를 표기하여 제출해야 한다.

33 최악의 사고시나리오에 대한 설명으로 옳지 않은 것은?

① 최악의 사고시나리오 분석 시 대기온도는 25℃, 대기습도는 50%를 적용한다.

② 최악의 사고시나리오에 대한 영향범위를 분석할 때의 대기조건은 초당 1.5m의 풍속으로 하고 대기안정도는 'D'(중립)로 한다.

③ 유해화학물질이 최대로 저장된 단일 저장용기 또는 배관 등에서 화재·폭발 및 유출·누출되어 사람이나 환경에 미치는 영향범위가 최대인 사고시나리오이다.

④ 모든 독성물질의 누출사고를 대표할 수 있는 사고시나리오와 모든 인화성 물질의 화재·폭발사고를 대표할 수 있는 사고시나리오를 각각 하나씩 선정하여야 한다.

해설

시나리오 분석조건

구 분	최악의 사고시나리오	대안 사고시나리오
정 의	유해화학물질이 최대로 저장된 단일 저장용기 또는 배관 등에서 화재·폭발 및 유출·누출되어 사람 및 환경에 미치는 영향범위가 최대인 경우의 사고시나리오이다. • 모든 인화성 물질의 화재·폭발사고를 대표할 수 있는 사고시나리오를 1개 선정한다. • 모든 독성물질의 누출사고를 대표할 수 있는 사고시나리오를 1개 선정한다.	최악의 사고시나리오보다 현실적으로 발생 가능성이 높고, 사람이나 환경에 미치는 영향이 사업장 밖까지 미치는 경우의 시나리오 중에서 영향범위가 최대인 경우의 사고시나리오이다. • 화재·폭발사고는 유해화학물질 중 과압, 복사열의 영향범위가 가장 큰 경우를 1개 선정한다. • 유출·누출사고는 유해화학물질별로 독성 영향범위가 가장 큰 경우를 각각 선정한다.
풍 속	1.5m/s	실제 기상조건
대기안정도	F(매우 안정)	D(중립)
대기온도	25℃	최소 1년간 지역의 평균 온도
대기습도	50%	최소 1년간 지역의 평균 습도
누출원의 높이	지표면	실제 누출 높이
지표면 굴곡도	도시 또는 전원지형	도시 또는 전원지형
누출물질 온도	• 냉동액체 : 운전온도 • 이외의 액체 : 낮의 최고온도	운전온도

34 장외영향평가에서 공정개요 작성에 해당되지 않는 내용은?

① 화학반응 및 처리방법
② 사고대비물질의 운전조건
③ 사고대비물질의 안전조건
④ 사고대비물질의 반응조건

> **해설**
>
> 유해화학물질을 취급하는 단위공정 또는 단위설비에 대한 공정개요는 공정설명, 운전조건 및 반응조건의 내용을 포함하여 작성하여야 한다.

35 화학물질관리법상 장외영향평가서를 작성해야 하는 경우로 옳지 않은 것은?

① 신규시설 설치 시
② 화학사고 발생 시
③ 공정의 50% 이상 변경 시
④ 기존시설 범위를 벗어난 시설의 증설 시

> **해설**
>
> • 동일 사업장 내 단위설비 용량의 100분의 50 이상 증설
> • 유해화학물질 취급시설을 설치·운영하고자 하는 사업장
> • 동일한 사업장 내의 취급시설 증설
> • 사업장 부지 경계로 취급시설의 위치 변경
> • 취급하는 유해화학물질의 변경
> ※ 확정답안은 ②번으로 발표되었으나, 법 개정으로 해당 내용 삭제되어 정답 없음

36 화학물질관리법상 유해화학물질의 취급행위에 해당하지 않는 것은?

① 제 조
② 사 용
③ 저 장
④ 항공기를 통한 운반

> **해설**
>
> 화학물질관리법 제27조(유해화학물질 영업의 구분)
> 유해화학물질 운반업 : 유해화학물질 중 허가물질 및 금지물질을 제외한 나머지 물질을 운반(항공기·선박·철도를 이용한 운반은 제외한다)하는 영업

37 장외영향평가서 작성내용 중 기본평가 정보에 해당하지 않는 것은?

① 기상정보
② 공정정보
③ 사업장 일반정보
④ 취급시설의 인·허가 정보

해설

화학사고예방관리계획서 작성 등에 관한 규정 제3조(화학사고예방관리계획서 작성원칙 등)

화학사고예방관리계획서는 화학물질관리법 시행규칙 별표 4에서 정한 작성기준에 따라 다음의 항목을 포함하여 작성해야 한다.

- 기본정보
- 시설정보
- 장외평가정보
- 사전관리방침
- 내부 비상대응계획
- 외부 비상대응계획

화학물질관리법 시행규칙 [별표 4] 화학사고예방관리계획서의 작성내용 및 방법

- 기본정보
  - 사업장 일반정보
  - 유해화학물질의 목록 및 유해성 정보
  - 취급시설의 입지정보
- 시설정보
  - 공정안전정보
  - 안전장치 현황
- 장외평가정보
  - 사고시나리오 선정
  - 사업장 주변지역 사고영향평가
  - 위험도 분석
- 사전관리방침
  - 안전관리계획
  - 비상대응체계
- 내부 비상대응계획
  - 사고대응 및 응급조치계획
  - 화학사고 사후조치
- 외부 비상대응계획
  - 지역사회 공조계획
  - 주민보호 및 대피계획
  - 지역사회 고지계획

38 최악의 사고시나리오, 대안의 사고시나리오 및 사고시나리오에 따라 발생할 수 있는 사고에 대한 응급조치계획 작성 시 포함되는 내용으로 옳지 않은 것은?

① 사고복구 및 응급의료 비용 확보계획
② 내·외부 확산 차단 또는 방지대책
③ 방재자원(인원 또는 장비) 투입 등의 방재계획
④ 사고시설의 자동차단시스템 혹은 비상운전(단계별 차단) 계획

해설

응급조치계획서

구 분	세부내용
사고시설의 자동차단시스템 혹은 비상운전(단계별 차단) 계획	자동차단시스템·자동 긴급차단밸브·자동 인터록 작동, 중앙제어설비 수동 조작 공정, 설비 가동중지
내·외부 확산 차단 또는 방지대책	저압·고압 누출원 봉쇄, 기체·액체 확산방지, 화재·폭발 확대방지
방재자원(인원 또는 장비) 투입 등의 방재계획	방재인원 투입, 방재장비 투입, 개인보호구 착용
비상대피 및 응급의료계획	비상대피 계획, 응급의료 계획

39 위해관리계획서에서 유해성 정보의 구성 항목으로 옳지 않은 것은?

① 취급방법
② 사고예방 정보
③ 취급물질의 일반정보
④ 안정/반응 위험 특성

해설

화학사고예방관리계획서 작성 등에 관한 규정 [별지 7] 유해화학물질의 유해성 정보
• 취급물질의 일반정보
  – 물질명
  – 화학물질식별번호(CAS 번호)
  – 유해화학물질 고유번호
  – 농도(또는 함량 %)
  – 최대보관량
• 인체 유해성
• 물리적 위험성
• 환경 유해성
• 출 처

40 공정위험성 분석자료 작성 시 공정안전정보에 포함되는 것으로 옳은 것은?

① 공정개요
② 방재장비
③ 유해성 정보
④ 사고대비물질 목록

41 노출시나리오를 통한 인체노출평가의 과정을 순서대로 옳게 나열한 것은?

> (ㄱ) 노출시나리오 작성
> (ㄴ) 대상 인구집단 파악 및 특성 평가
> (ㄷ) 중요한 노출원의 오염수준 결정
> (ㄹ) 중요한 노출방식에 의한 오염물질 섭취량 추정
> (ㅁ) 중요한 이동경로 및 노출방식 결정
> (ㅂ) 노출계수 파악

① (ㄱ)→(ㄷ)→(ㅁ)→(ㄹ)→(ㅂ)→(ㄴ)
② (ㅂ)→(ㄱ)→(ㄴ)→(ㄷ)→(ㅁ)→(ㄹ)
③ (ㄱ)→(ㄴ)→(ㅁ)→(ㄷ)→(ㅂ)→(ㄹ)
④ (ㅂ)→(ㄱ)→(ㄴ)→(ㅁ)→(ㄹ)→(ㄷ)

42 분석의 정도관리를 위해 검정곡선을 작성할 때의 설명으로 틀린 것은?

① 외부검정곡선법은 시료의 농도와 측정값의 상관관계를 검정곡선식에 대입하여 계산하는 방법이다.
② 검정곡선식은 측정대상물질의 농도축과 측정값축에 2차 방정식으로 상관성을 표현한다.
③ 표준물첨가법은 일정량의 표준물질을 시료와 같은 매질에 첨가하여 검정곡선을 작성하는 방법이다.
④ 내부표준법은 시료와 검정곡선 작성용 표준용액에 같은 양의 내부표준물질을 첨가하여 분석시스템에 대한 오차를 보정하는 방법이다.

[해설]
② 검정곡선법은 시료의 농도와 지시값의 상관성을 검정곡선식에 대입하여 작성하는 방법이다.

43 벼농사를 짓는 농경지가 유기인계 농약인 파라티온(Parathion)으로 오염되어 있다. 이 지역주민들의 오염된 쌀 섭취를 통해 노출되는 파라티온의 일일평균노출량(mg/kg/day)으로 옳은 것은?

> • 쌀의 파라티온 농도 : 1.6mg/kg
> • 쌀 섭취량 : 200g/day
> • 노출빈도 : 365day/year
> • 노출기간 : 25years
> • 평균 체중 : 60kg

① 1.00×10^{-5}

② 1.54×10^{-5}

③ 2.07×10^{-5}

④ 5.33×10^{-3}

해설

$$일일평균노출량 = \frac{1.6mg}{kg} \; \Big| \; \frac{0.2kg}{day} \; \Big| \; \frac{1}{60kg} = 0.0053mg/kg \cdot day$$

44 환경시료 안에 있는 화학물질의 분자를 이온화시킨 후 전자기장을 이용하여 질량에 따라 분리시키고 질량/이온화비(m/z)를 검출하여 분석하는 방법으로 옳은 것은?

① 질량분석법

② 분광분석법

③ 혼성분석기법

④ 전기화학분석법

해설

기기분석법의 종류

분석방법	내 용
분리기법	혼합되어 있는 물질에서 각 화학물질마다 다양한 흡착 및 이동능력을 이용하여 물질을 분리해 내는 방법으로 기체크로마토그래피, 액체크로마토그래피가 있다.
질량분석법	환경시료 안에 있는 화학물질의 분자를 이온화시킨 후 전자기장을 이용하여 질량에 따라 분리시키고 질량/이온화비(m/z)를 검출하여 분석하는 방법이다.
분광분석법	환경시료 안에 있는 분자의 종류에 따라 전자기파의 상호작용이 다르다는 특성을 이용하여 시료의 화학물질을 분리하는 방법으로 원자흡수분광법, 유도결합플라스마법 등이 있다.
전기화학분석법	분석대상물질의 전위를 측정하는 방법이다.
혼성분석기법	몇 가지 분석기법을 같이 사용하여 분석하는 것으로, 단일분석기법보다 높은 정확도와 신뢰도를 가질 수 있다.

45 노출계수를 수집하기 위한 방법으로 시간과 비용이 많이 들지만 응답자가 이해하지 못한 문항에 대해 설명이 가능하여 신뢰성이 높은 응답을 얻을 수 있는 설문조사 방법은?

① 관찰조사
② 서면조사
③ 면접조사
④ 온라인조사

[해설]

노출계수 조사방법 및 특징

조사방법	특 징
면접조사	• 조사자가 대상자를 직접 방문하여 조사하는 방법이다. • 조사자가 응답자의 신뢰도, 응답환경 등을 직접적으로 관찰 가능하다. • 조사자가 직접 설명하므로, 신뢰성이 높은 응답을 얻을 수 있다. • 조사원의 영향이 크게 작용하며, 시간과 비용면에서 비효율적이다.
전화조사	• 넓은 지역에 적용이 가능하다. • 시간적 측면에서 효율적이다. • 그림이나 도표 등의 질문 내용에 제한이 있다. • 표본의 대표성 유지가 어렵다.
우편조사	• 표본에 대한 정보를 어느 정도 알고 있는 경우에 적용한다. • 최소의 비용으로 광범위한 조사가 가능하다. • 응답자가 충분한 시간을 가지고 응답할 수 있어 신뢰성이 높다. • 시간과 회수율 측면에서 비효율적이다.
온라인조사	• 인터넷이나 전자메일을 이용하여 수행한다. • 단기간에 저렴한 비용으로 조사가 가능하다. • 응답자가 관심 집단에 국한될 수 있어 표본의 대표성과 신뢰성이 낮다.
관찰조사	• 조사자가 직접 관찰하며 수행한다. • 시간과 비용 측면에서 비효율적이지만, 정확한 값을 얻을 수 있다.

46 환경시료 내 물리·화학적 특성을 가진 물질을 용해할 수 있는 용매를 이용하여 표적물질을 분리해 내는 전처리 과정은?

① 여과(Filtration)
② 정제(Purification)
③ 추출(Extraction)
④ 농축(Concentration)

[해설]

추출은 용매를 이용해 시료 내 표적물질을 분리해 내는 방법으로 속슬렛 추출, 액-액 추출, 고체상 추출이 있다.

47 인체노출평가 계획 시 반드시 고려해야 할 요인이 아닌 것은?

① 이동매체
② 노출빈도
③ 노출인구
④ 건강보험료

48 제품노출평가의 범주로 옳지 않은 것은?

① 기본 대상은 소비자 제품이다.
② 대상 인구집단은 일반 대중(소비자)이다.
③ 물리적 기작에 의한 제품의 위험성을 포함한다.
④ 독성학적 기작에 따라 유해성이 발생하는 화학물질의 양을 추정한다.

해설
③ 물리적 기작을 통한 위험성은 제품노출평가의 범위에 포함되지 않는다.

49 사람의 일일평균노출량(ADD ; Average Daily Dose) 산정을 위해 고려해야 할 사항으로 가장 거리가 먼 것은?

① 접촉률
② 평균 키
③ 노출기간
④ 특정 매체의 오염도

50 A화학물질이 포함된 방충제품이 비치된 드레스룸 노출정보가 다음과 같을 때 A화학물질 흡입노출량 (μg/kg/day)은?[단, 드레스룸에는 하루에 두 번(아침, 저녁) 머문다]

구 분	노출계수값
드레스룸 물질 A농도	$10\mu g/m^3$
체내 흡수율(abs)	1
호흡률(IR)	$20m^3/day$
체중(BW)	60kg
1회 노출시간	10min

① 0.023
② 0.046
③ 1.111
④ 2.785

[해설]

$$흡입노출량 = \frac{10\mu g}{m^3} \mid \frac{1}{} \mid \frac{20m^3}{day} \mid \frac{}{60kg} \mid \frac{10min}{회} \mid \frac{2회}{day} \mid \frac{day}{1,440min} = 0.046\mu g/kg \cdot day$$

51 환경보건법상 수행하는 국민환경보건기초조사에서 중금속의 인체노출평가를 위해 혈액시료에서만 분석하는 물질로 옳은 것은?

① 납(Pb)
② 비소(As)
③ 수은(Hg)
④ 구리(Cu)

52 환경매체의 오염도가 시간에 따라 지속적으로 변하는 경우 적용할 수 있는 시료로 가장 적절한 것은?

① 복합시료
② 분할시료
③ 현장측정시료
④ 용기채취시료

[해설]

환경시료의 종류

시료종류	특 징
용기시료	특정 장소와 특정 시간에 채취된 시료를 의미한다. 모든 환경매체에 적용이 가능하지만 해당 매체에 대해서 단편적인 정보만 제공한다는 단점이 있다.
복합시료	환경매체 내 용기시료 여러 개를 채취 후 혼합하여 하나의 시료로 균질화한 것이다.
현장측정시료	실시간으로 시료를 직접 채취하여 오염도를 관찰하며, 오염도가 시간에 따라 지속적으로 변하는 경우에 적용한다.

53 생활화학제품에 대한 설명으로 옳은 것은?

> 1. 생활화학제품은 사람이나 환경에 화학물질 노출을 유발할 가능성이 있다.
> 2. 생활화학제품의 위해성은 산업통상자원부에서 관리한다.
> 3. 안전확인대상생활화학제품은 위해성 평가 결과 위해성이 인정되어 안전관리가 필요한 제품이다.
> 4. 문신용 염료는 화장품으로서 식품의약품안전처에서 관리한다.

① 1, 2
② 1, 3
③ 2, 4
④ 3, 4

해설

1. '생활화학제품'이란 가정, 사무실, 다중이용시설 등 일상적인 생활공간에서 사용되는 화학제품으로서 사람이나 환경에 화학물질의 노출을 유발할 가능성이 있는 것을 말한다[생활화학제품 및 살생물제의 안전관리에 관한 법률 제3조(정의)].
2. 생활화학제품의 위해성은 환경부에서 관리한다(생활화학제품 및 살생물제의 안전관리에 관한 법률 참고).
3. '안전확인대상생활화학제품'이란 환경부장관이 위해성 평가를 한 결과 위해성이 있다고 인정되어 지정·고시한 생활화학제품을 말한다[생활화학제품 및 살생물제의 안전관리에 관한 법률 제3조(정의)].
4. 문신용 염료는 미용제품으로서 환경부에서 관리한다(안전확인대상생활화학제품 지정 및 안전·표시기준 별표 1 참고)

54 인체시료의 전처리에 대한 설명으로 옳지 않은 것은?

① 전처리 방법으로서 침전, 액-액 추출, 초임계 유체 추출 등이 있다.
② 전기영동법은 비슷한 전하를 가진 분자들이 용해도에 따라 분리되는 전처리 방법이다.
③ 전처리를 하는 이유는 생체시료 내의 유기물을 제거하거나 분석법에 적합하도록 만들기 위해 시행하는 것이다.
④ 고체상 추출법은 액체 또는 기체시료가 선택적으로 고체상 흡착제에 흡착되게 하는 전처리 방법이다.

해설

② 전기영동법은 비슷한 전하를 가진 분자들이 매질을 통해 가진 크기에 따라 분리되게 하는 전처리 방법이다.

55 제품 내 화학물질에 대한 노출경로가 흡입일 때의 노출시나리오로 옳지 않은 것은?

① 지속적 방출
② 먼지 흡입
③ 분사 중 접촉
④ 공기 중 분사

해설

제품 내 화학물질의 노출경로에 따른 노출시나리오

노출경로	주요 노출시나리오
흡 입	지속적 방출, 공기 중 분사, 표면휘발, 휘발성 물질 흡입, 먼지 흡입
경 구	제품의 섭취(제품의 비의도적 섭취), 빨거나 씹음, 손을 입으로 가져감(제품 내 유해물질이 손에 묻어 입으로 섭취)
경 피	액체형 접촉, 반고상형 접촉, 분사 중 접촉, 섬유를 통한 접촉

56 환경 경유 인체노출량 산정방법에 대한 설명으로 틀린 것은?

① 인체의 환경매체에 대한 노출계수 산정 시 노출경로별 오염물질 농도, 접촉률, 몸무게, 노출기간 등이 고려된다.
② 일일평균노출량(ADD)은 주어진 기간 동안의 노출량 추정치로서 성인을 대상으로 추정하거나 연령군별로 계산된다.
③ 인체노출량평가는 환경매체 중 간접측정이나 환경 내 거동모형을 활용하여 얻어진 노출농도 결과를 사용한다.
④ 환경오염물질의 인체노출평가는 대상물질의 정성 및 정량적 자료를 이용하여 화학물질이 인체 내부로 유입되는 노출량을 추정하는 과정이다.

해설

④ 인체노출평가(Exposure Assessment)는 정량적 위해성 평가 단계이다.

57 어린이제품 공통안전기준상 입에 넣어 사용할 용도로 제작된 어린이제품에 적용하는 유해원소 용출 유해물질의 kg당 허용치가 가장 높은 물질은?

① 바륨(Ba)
② 비소(As)
③ 셀레늄(Se)
④ 안티모니(Sb)

58 제품 내 유해물질을 분석하기 위한 대상 제품의 시료채취 방법으로 옳지 않은 것은?

① 액체류는 시료를 잘 혼합한 후 한 번에 일정량씩 채취한다.
② 채취한 시료는 전체의 시료 성질을 대표할 수 있도록 균질하게 잘 흔들어 혼합한다.
③ 스프레이류는 잘 혼합하여 용기에 분사한 후 바로 시료를 채취한다.
④ 고체류는 전체의 성질을 대표할 수 있도록 두 지점에서 채취한 다음 혼합하여 일정량을 시료로 사용한다.

59 EUSES(European Union System for the Evaluation of Substances) 모델을 이용하여 환경 중 농도를 예측할 때 필요한 정보가 아닌 것은?

① 배출량 정보

② 일일평균섭취량

③ 화학물질의 물리·화학적 특성

④ 대상 화학물질의 매체 분배 및 분해계수

해설

EUSES는 대기·지표수·저질·토양 등 매체 간의 거동을 모형화하여 인간과 환경에 대한 화학물질의 위해성을 평가하는 모델이다. 계산속도가 빨라 Screening 모델로 적합하지만 시간별·지역별 농도변화를 관찰할 수 없는 단점이 있다.

60 공동주택의 실내공기를 수집하여 에틸벤젠 농도를 분석한 결과 0.03mg/m^3로 검출되었다. 이 주택에서 매일 8시간씩 3개월간 지낸 남성의 에틸벤젠 일일평균흡입노출량(mg/kg/day)으로 옳은 것은?(단, 호흡률은 $20\text{m}^3\text{/day}$, 체중은 60kg으로 가정한다)

① 0.00083

② 0.0033

③ 0.01

④ 0.02

해설

$$\text{일일평균흡입노출량} = \frac{0.03\text{mg}}{\text{m}^3} \mid \frac{8\text{hr}}{\text{day}} \mid \frac{20\text{m}^3}{\text{day}} \mid \frac{1}{60\text{kg}} \mid \frac{\text{day}}{24\text{hr}} = 0.0033\text{mg/kg} \cdot \text{day}$$

61 다음 중 인체 노출·흡수 메커니즘에 대한 설명으로 옳지 않은 것은?

① 인체의 주요 노출 방식에는 흡입, 경구섭취, 피부 접촉이 있다.

② 발생원에서부터 노출되는 수용체에 도달하기까지의 물리적 경로를 노출경로(Exposure Pathway)라고 한다.

③ 내적용량이란 섭취를 통해 들어온 인자가 체내의 흡수막에 직접 접촉한 양을 의미한다.

④ 잠재용량은 노출된 유해인자가 소화기 또는 호흡기로 들어오거나 피부에 접촉한 실제 양을 의미한다.

> **해설**
> • 내적용량 : 흡수막을 통과하여 체내에서 대사, 이동, 저장, 제거 등의 과정을 거치게 되는 인자의 양이다.
> • 적용용량 : 섭취를 통해 들어온 인자가 체내의 흡수막에 직접 접촉한 양이다.

62 환경 위해도 중 2개 영양단계 각각에 대한 만성 생태독성값이 존재할 때 적용하는 평가계수로 옳은 것은?

① 10

② 50

③ 100

④ 1,000

> **해설**
> 평가계수 사용지침
>
> | 평가계수 | 가용 자료 |
> | --- | --- |
> | 1,000 | 급성 독성값 1개(1개 영양단계) |
> | 100 | 급성 독성값 3개(3개 영양단계 각각) |
> | 100 | 만성 독성값 1개(1개 영양단계) |
> | 50 | 만성 독성값 2개(2개 영양단계 각각) |
> | 10 | 만성 독성값 3개(3개 영양단계 각각) |

63 건강영향평가 시 건강영향 예측을 위한 방법 중 정량적 평가항목으로 옳지 않은 것은?

① 수 질
② 방사선
③ 소음 · 진동
④ 대기질(악취)

해설

환경매체별 정량적 건강영향평가 기법

매 체	구 분	평가지표	평가기준
대기질	비발암성 물질	위해지수	1
	발암성 물질	발암위해도	$10^{-6} \sim 10^{-4}$
악 취	악취물질	위해지수	1
수 질	수질오염물질	국가환경기준	
소음 · 진동	소 음	국가환경기준	

64 환경영향평가 중 건강영향평가에서 대기질(비발암성 물질)의 위해도지수 평가기준으로 옳은 것은?

① 1
② 2
③ 3
④ 4

65 생체 모니터링을 통해 측정되는 유해물질의 농도기준인 권고치 또는 참고치에 대한 설명으로 틀린 것은?

① HBM-Ⅰ은 건강 위해영향이 커서 조치가 필요한 수준이다.

② 권고치의 대표적인 예로 독일의 HBM(Human BioMonitoring)값과 미국의 BE(Biomonitoring Equivalents) 등이 있다.

③ 참고치는 기준인구에서 유해물질에 노출되는 정상범위의 상위한계를 통계적인 방법으로 추정한 값이다.

④ 참고치를 이용하면 일반적인 수준보다 높은 수준의 유해물질에 노출된 사람들을 판별할 수 있으나, 이 값은 권고치와 달리 독성학적 또는 의학적 의미를 가지지 않는다는 한계점이 있다.

해설

① HBM-Ⅰ 이하는 건강 유해영향이 없어 조치가 불필요한 수준을 의미하며, HBM-Ⅱ 이상은 건강 유해영향이 있어 조치가 필요한 수준이다. 또한 HBM-Ⅰ 이상 HBM-Ⅱ 이하는 검증이 필요하며, 노출이 맞다면 조치가 필요한 수준이다.

66 비발암성 물질의 노출한계에 대한 설명 중 틀린 것은?

① 노출한계는 추정된 노출량(EED)과 무영향관찰용량(NOAEL)를 이용하여 도출된다.

② 위해도를 설명하는 다른 접근법으로 노출한계 또는 안전역 개념이 상대적인 위해도 차이를 나타내기 위하여 사용되기도 한다.

③ 환경보건법 내 환경 위해성 평가 지침에 따르면, 노출한계가 100 이상인 경우 위해가 있다고 판단한다.

④ 노출한계값은 규제를 위한 관심대상 물질을 결정하는 데에도 활용될 수 있다.

[해설]
③ 환경보건법의 환경 위해성 평가 지침에 따르면, 만성 노출인 NOAEL값을 적용한 경우 노출한계(또는 노출안전역)이 100 이하이면 위해가 있다고 판단한다.

67 환경보건법규상 환경성 질환의 범위에 해당되지 않는 것은?

① 석면으로 인한 폐질환

② 가습기살균제에 포함된 유해화학물질로 인한 폐질환

③ 유해화학물질로 인한 중독증, 신경계 및 생식계 질환

④ 공기오염으로 인한 결핵균에 의해 전염되는 감염성 질환

[해설]
환경보건법 제2조(정의)
'환경성 질환'이란 역학조사(疫學調査) 등을 통하여 환경유해인자와 상관성이 있다고 인정되는 질환으로서 환경보건위원회 심의를 거쳐 환경부령으로 정하는 질환을 말한다.
환경보건법 시행규칙 제2조(환경성 질환의 종류)
'환경부령으로 정하는 질환'이란 특정 지역이나 특정 인구집단에서 다발하는 다음의 질환으로서 감염질환이 아닌 것을 말한다.
• 물환경보전법에 따른 수질오염물질로 인한 질환
• 화학물질관리법에 따른 유해화학물질로 인한 중독증, 신경계 및 생식계 질환
• 석면으로 인한 폐질환
• 환경오염사고로 인한 건강장해
• 실내공기질 관리법에 따른 오염물질 및 대기환경보전법에 따른 대기오염물질과 관련된 호흡기 및 알레르기 질환
• 가습기살균제[미생물 번식과 물때 발생을 예방할 목적으로 가습기 내의 물에 첨가하여 사용하는 제제(製劑) 또는 물질을 말한다]에 포함된 유해화학물질(화학물질관리법의 유독물질로 고시된 것만 해당한다)로 인한 폐질환

68 화력발전소의 건강영향평가 대상물질로 옳지 않은 것은?

① 벤 젠
② 스타이렌
③ 아황산가스
④ 이산화질소

해설

건강환경영향평가 대상사업별 추가 · 평가 대상물질

대상사업	평가 대상물질
산업단지	PM_{10}, SO_2, NO_2, O_3, CO, Pb, C_6H_6, Hg, As, Cd, Cr^{6+}, Ni, 암모니아, 황화수소, 폼알데하이드, 염화수소, 사이안화수소, 스타이렌, 염화바이닐, 석유정제시설의 경우 BTEX
화력발전소	PM_{10}, SO_2, NO_2, O_3, CO, Pb, C_6H_6, Hg, As, Cd, Cr^{6+}, Ni, Be
소각장	PM_{10}, SO_2, NO_2, O_3, CO, Pb, C_6H_6, Hg, As, Cd, Cr^{6+}, Ni, 암모니아, 황화수소, 아세트알데하이드, 염화수소, 다이옥신
매립장	PM_{10}, 암모니아, 황화수소, 이산화질소, BTEX, 염화바이닐, 사염화탄소, 클로로폼, 1,2-다이클로로에테인, 트라이클로로에틸렌
분뇨 · 가축분뇨처리시설	복합악취, 암모니아, 황화수소, 아세트알데하이드, 스타이렌

69 다음 중 환경영향평가서에 위생 · 공중보건 항목의 건강영향평가 대상 사업으로 옳지 않은 것은?

① 에너지 개발
② 도시 및 수자원 개발
③ 산업입지 및 산업단지의 조성
④ 폐기물처리시설, 분뇨처리시설 및 축산폐수공공처리시설의 설치

해설

환경보건법 시행령 [별표 1] 건강영향평가 항목의 추가 · 평가 대상사업
• 산업입지 및 산업단지의 조성
• 에너지 개발
• 폐기물처리시설, 분뇨처리시설 및 가축분뇨처리시설의 설치
※ 저자의견 : 법 개정(20.12.31)으로 '축산폐수공공처리시설'이 '가축분뇨처리시설'로 변경되었다.

70 하루 물 섭취량이 2L이고, 체중이 70kg인 성인 남성의 소변에서 검출된 비스페놀 A 농도가 4.1μg/L 일 때 이 남성의 비스페놀 A에 대한 내적 노출량(μg/kg/day)은 약 얼마인가?[단, 남성 일일소변배 출량 1,600mL/day, Fue(Fraction of Urinary Excretion)＝1로 가정]

① 0.047

② 0.094

③ 0.105

④ 0.117

해설

$$\text{내적 노출량} = \frac{4.1\mu g}{L} \mid \frac{1}{70kg} \mid \frac{1,600mL}{day} \mid \frac{L}{1,000mL} = 0.0937\mu g/kg \cdot day$$

71 성인 여성의 소변에서 DEHP의 대사산물인 MEHP가 6.8μg/L 검출되었다. 이 여성의 체중은 58kg 이고 일일소변배출량은 1,300mL/day이었다. 체내에 들어온 DEHP의 70%가 소변으로 배출되었다고 가정할 때, 이 여성의 DEHP에 대한 내적 노출량(μg/kg/day)으로 옳은 것은?(단, DEHP 분자량 : 390.6g/mol, MEHP 분자량 : 278.3g/mol)

① 0.16

② 0.22

③ 0.31

④ 0.61

해설

$$\text{내적 노출량} = \frac{6.8\mu g}{L} \mid \frac{1}{58kg} \mid \frac{1,300mL}{day} \mid \frac{1}{0.7} \mid \frac{390.6}{278.3} \mid \frac{L}{1,000mL} = 0.305\mu g/kg \cdot day$$

72 정량적 불확실성의 평가가 필요한 경우로 옳지 않은 것은?

① 모델 변수로 단일값을 이용한 위해성 평가와 잠재적인 오류를 확인할 필요가 있는 경우

② 보수적인 점 추정값을 활용한 초기 위해성 평가 결과 추가적인 확인 조치가 필요하다고 판단되는 경우

③ 오염지역, 오염물질, 노출경로, 독성, 위해성 인자 중에서 우선순위 결정을 위해 추가적인 연구 가 필요한 경우

④ 초기 위해성 평가 결과가 매우 보수적으로 도출됨에도 불구하고 초기 위해성 평가에서 위해성이 낮다고 판단되는 경우

해설

④ 초기 위해성 평가 결과는 매우 보수적으로 도출되기 때문에 오류가 있을 가능성이 높으므로, 초기 위해성 평가에서 위해성이 높다고 판단되는 경우 정량적 불확실성 평가를 통해 추가 연구를 위한 정보를 제공해야 한다.

73 건강영향평가 절차 중 스코핑(Scoping)에 대한 설명으로 옳은 것은?

① 해당 사업이 건강영향평가 대상인지를 확인하는 행위
② 건강영향평가를 위하여 평가 항목, 범위, 방법 등을 결정하는 행위
③ 해당 사업이 영향예상지역의 주민에게 미치는 건강영향을 정량적, 정성적으로 평가하는 단계
④ 건강영향평가 결과를 토대로 긍정적 영향은 최대화하고, 부정적 영향은 최소화하기 위한 저감대책을 수립하는 단계

[해설]
스코핑(Scoping) : 건강영향평가를 수행하기 위하여 평가항목, 범위, 방법 등을 결정하는 단계로, 과업지시서(Terms of Reference)의 형태이다.

74 다음 중 경구섭취를 통해 인체에 들어가는 유해인자 양의 크기를 순서대로 나열한 것은?

① 적용용량 > 내적용량 > 잠재용량
② 잠재용량 > 적용용량 > 내적용량
③ 내적용량 > 적용용량 > 잠재용량
④ 적용용량 > 잠재용량 > 내적용량

[해설]
인체 내적 노출량

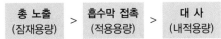

75 생체지표에 대한 설명으로 옳지 않은 것은?

① 특정 화학물질 노출에 반응하는 개인의 유전적 또는 후천적인 능력을 나타내는 것은 민감성 생체지표이다.
② 혈액 내 아세틸콜린에스터레이스 활성은 신경독성에 대한 생체지표로, 농약중독의 초기 위해영향 생체지표에 포함된다.
③ 노출 생체지표 활용으로는 분석시점 이전의 노출수준을 알아내기 어렵다.
④ 프탈레이트처럼 체내에서 빠르게 대사되는 물질의 노출 생체지표 분석을 위해 많이 활용되는 매질은 혈액이다.

[해설]
④ 프탈레이트처럼 체내에서 빠르게 대사되는 물질의 노출 생체지표 분석을 위해 많이 활용되는 매질은 소변이다. 벤젠에 노출되었을 경우 매질은 혈액 또는 소변이다.

76 발암잠재력(CSF ; Cancer Slope Factor)에 대한 설명으로 틀린 것은?

① 단위위해도(Unit Risk)로 환산할 수 있다.
② 경구, 흡입, 피부 접촉 등 노출경로에 따라 발암물질의 CSF가 달라진다.
③ CSF는 공기 혹은 섭취매체 중 오염농도를 기준으로 얼마나 증가하는지를 파악할 수 있다.
④ CSF값은 용량-반응 함수의 기울기로서 단위체중당 단위용량만큼의 화학물질 노출에 의한 발암 확률을 의미한다.

> **해설**
> 발암잠재력(CSF ; Cancer Slope Factor)는 노출량-반응(발암률) 곡선에서 95% 상한값에 해당하는 기울기로, 평균 체중의 성인이 발암물질 단위용량(μg/kg · day)에 평생 동안 노출되었을 때 이로 인한 초과발암확률의 95% 상한값에 해당된다.

77 개인 및 집단노출평가에 대한 설명으로 옳지 않은 것은?

① 개인노출평가 시 생체지표를 활용하여 개인의 내적 노출량을 추정할 수 있다.
② 집단노출평가에 따라 집단의 노출수준을 파악할 때 막대한 비용과 시간이 소요된다.
③ 집단노출평가 시 확률론적 방법은 유해인자의 농도나 노출계수 등 각각의 지표가 갖고 있는 자료 분포를 활용하여 노출량의 분포를 새롭게 도출한다.
④ 개인노출평가는 개인이 노출되는 다양한 노출경로들에 대해 직접 조사하여 개인별 총 노출량을 평가하는 접근이다.

> **해설**
> ② 집단노출평가에 따라 집단의 노출수준을 파악할 때 적은 비용과 시간이 소요된다.

78 역학연구에서 분류하는 바이어스(Bias)와 거리가 먼 것은?

① 교란변수에 의한 바이어스
② 공간 차이에 의한 바이어스
③ 연구대상 선정과정의 바이어스
④ 연구자료 측정과정 혹은 분류과정의 바이어스

> **해설**
> 역학연구에서 해당 요인과 질병과의 연관성을 잘못 측정하는 것을 바이어스라고 하며, 대표적으로 연구대상 선정과정의 바이어스, 연구자료 측정과정 혹은 분류과정의 바이어스, 교란변수에 의한 바이어스가 있다.

79 충분한 수의 랫드를 사용한 만성 경구독성실험에서 5mg/kg/day의 NOAEL값을 구했을 때 이를 인체 위해성 평가를 위한 RfD로 변환한 양(mg/kg/day)은?(단, MF는 0.75를 사용한다)

① 0.0007

② 0.007

③ 0.07

④ 0.7

[해설]

$$RfD = \frac{NOAEL \text{ or } LOAEL}{UF \times MF}$$

만성 유해영향이 관찰되지 않는 경우 불확실성계수는 1,000을 적용하므로,

$$\therefore \ RfD = \frac{5\text{mg}}{\text{kg} \cdot \text{day}} \ \Big| \ \frac{1}{0.75} \ \Big| \ \frac{1}{1,000} = 0.0067\text{mg/kg} \cdot \text{day}$$

80 역학연구 방법 중 분석역학의 단면연구(Cross-Sectional Study)에 대한 설명으로 옳지 않은 것은?

① 드문 질병 및 노출에 해당하는 인구집단을 조사하기에 부적절한 역학적 연구 형태이다.

② 유병기간이 아주 짧은 질병은 질병 유행기간이 아닌 이상 단면연구가 부적절하다.

③ 비교적 쉽게 수행할 수 있고, 다른 역학적 연구방법에 비해 비용이 상대적으로 적게 소요된다.

④ 노출요인과 유병의 선후관계가 명확하여 통계적인 유의성이 질병 발생과의 인과관계로 해석할 수 있다.

[해설]

④ 노출요인과 유병의 선후관계가 명확하지 않으므로, 통계적인 유의성이 있다고 할지라도 질병 발생과의 인과성으로 해석해서는 안 된다.

81 사업장 위해성 평가를 수행할 때 반드시 고려해야 할 사항으로 옳지 않은 것은?

① 유해인자가 가지고 있는 유해성
② 유해물질 사용 사업장의 조직적 특성
③ 유해물질 취급자의 건강 정보
④ 사용하는 유해물질의 시간적 빈도와 기간

해설

사업장 위해성 평가를 수행할 때 고려사항
• 유해인자가 가지고 있는 유해성
• 유해물질 사용 사업장의 조직적 특성
• 사용하는 유해물질의 시간적 빈도와 기간
• 유해물질의 공간적 분포
• 노출대상의 특성

82 환경보건법의 기본이념으로 옳지 않은 것은?

① 사전예방주의 원칙
② 수용체 중심 접근의 원칙
③ 참여와 알권리 보장의 원칙
④ 취약 민감계층 보호 우선의 원칙

해설

환경보건법 제4조(기본이념)
• 환경유해인자와 수용체의 피해 사이에 과학적 상관성이 명확히 증명되지 아니하는 경우에도 그 환경유해인자의 무해성(無害性)이 최종적으로 증명될 때까지 경제적·기술적으로 가능한 범위에서 수용체에 미칠 영향을 예방하기 위한 적절한 조치와 시책을 마련하여야 한다.
• 어린이 등 환경유해인자의 노출에 민감한 계층과 환경오염이 심한 지역의 국민을 우선적으로 보호하고 배려하여야 한다.
• 수용체 보호의 관점에서 환경매체별 계획과 시책을 통합·조정하여야 한다.
• 환경유해인자에 따라 영향을 받는 인구집단은 위해성 등에 관한 적절한 정보를 제공받는 등 관련 정책의 결정 과정에 참여할 수 있어야 한다.
※ 저자의견 : 정답 없음

83 화학물질의 등록 및 평가 등에 관한 법률상 하위사용자로 옳은 것은?

① 일반 소비자
② 화학물질 제조자
③ 화학물질 판매자
④ 영업활동과정에서 화학물질 또는 혼합물을 사용하는 자

> **해설**
> 화학물질의 등록 및 평가 등에 관한 법률 제2조(정의)
> '하위사용자'란 영업활동 과정에서 화학물질 또는 혼합물을 사용하는 자(법인의 경우에는 국내에 설립된 경우로 한정한다)를 말한다. 다만, 화학물질 또는 혼합물을 제조·수입·판매하는 자 또는 소비자는 제외한다.

84 살생물제의 구성으로 적절하지 않은 것은?

① 관리대상물질   ② 살생물처리제품
③ 살생물제품   ④ 살생물물질

> **해설**
> 생활화학제품 및 살생물제의 안전관리에 관한 법률 제3조(정의)
> 살생물제(殺生物劑) : 살생물물질, 살생물제품 및 살생물처리제품

85 사업장 발생원의 노출량 저감대책에 대한 설명으로 옳지 않은 것은?

① 시간가중평균값(TWA)은 1일 8시간 작업을 기준으로 한 평균 노출농도이다.
③ 저감 대상물질 목록이 도출되면 공정개선과 저감시설 설치로 발생원 노출량을 저감하기 위해 노력해야 한다.
③ 유해인자의 노출농도를 허용기준 이하로 유지하기 위하여 발생원 노출 저감대책을 마련해야 한다.
④ 노출농도가 시간가중평균값(TWA)을 초과하고 단시간 노출값(STEL) 이하인 경우에는 1회 노출 지속시간이 15분 미만이고 이러한 상태가 1일 3회 이하로 발생해야 한다.

> **해설**
> 산업안전보건법 시행규칙 [별표 19] 유해인자별 노출농도의 허용기준
> 노출농도가 시간가중평균값을 초과하고 단시간 노출값 이하인 경우에는 1회 노출 지속시간이 15분 미만이어야 하고, 이러한 상태가 1일 4회 이하로 발생해야 하며, 각 회의 간격은 60분 이상이어야 한다.

86 작업공정을 개선하여 노출을 저감하는 방법에 대한 설명으로 옳지 않은 것은?

① 작업자가 개인보호구 착용 등으로 노출을 차단할 수 있도록 안전교육을 강화한다.
② 위험요소가 있는 화학물질을 사용하는 공정에서는 위험물질을 대체하도록 공정을 변경한다.
③ 기계의 사용 등으로 작업자가 물리적 위해에 노출될 경우 신체적 손상을 최소화 하도록 공정을 개선한다.
④ 미생물 등 생물학적 요인에 노출되어 감염의 위험이 존재할 경우 작업공정에서 감염원에의 노출 가능한 과정을 확인하여 공정을 개선한다.

[해설]
① 작업자가 개인보호구 착용 등으로 노출을 차단할 수 있도록 하는 안전교육의 강화는 작업장 안전교육에 해당한다.

87 안전확인대상생활화학제품에 대한 소비자 위해성 소통의 단계를 순서대로 나타낸 것으로 옳은 것은?

> ㉠ 위해성 소통에 활용할 정보, 매체 소통방법 선정
> ㉡ 위해성 소통의 목적 및 대상자 선정
> ㉢ 위해성 소통의 수행 및 평가
> ㉣ 위해요인 인지 및 분석

① ㉠ → ㉡ → ㉢ → ㉣
② ㉠ → ㉣ → ㉡ → ㉢
③ ㉣ → ㉠ → ㉢ → ㉡
④ ㉣ → ㉡ → ㉠ → ㉢

[해설]
위해성 소통의 구성요소

위해요인 인지 및 분석	위해상황을 분석하고 해당 위해의 특별범주를 결정한다.
위해성 소통의 목적 및 대상자 선정	위해성 소통의 수행목적 및 그에 따른 전략을 수립하고, 의사결정 과정에 참여하거나 정보를 제공받는 대상자를 선정한다.
위해성 소통에 활용할 정보 · 매체 · 소통방법 선정	정보소통과 이해관계자 간 의사소통 시 사용할 매체를 선정한다.
위해성 소통의 수행 · 평가 · 보완	수행된 이행방안에 따라 위해성 소통, 지속적 모니터링을 통해 수행결과를 평가하고, 단계별 미흡한 부분을 보완한다.

88 작업장 위해성 감소를 위한 유해물질 저감시설에 대한 설명으로 옳지 않은 것은?

① 배기장치는 작업장의 유해물질을 작업장 외부로 배출시키는 장치로써, 작업장의 환경을 개선하기 위하여 기본적으로 설치되어야 한다.

② 국소배기장치는 작업대의 상부 또는 노동자와 마주한 방향에서 흡기가 이루어지도록 설치된다.

③ 백필터 여과장치는 함진가스를 여재에 통과시켜 입자를 관성충돌, 직접 차단, 확산 등에 의해 분리, 포집하는 장치이다.

④ 전기집진장치는 전기적 인력에 의하여 전하를 띤 입자를 제거하는 장치로, 주로 $10\mu m$ 이상의 입자를 제거하는 데 효율적이다.

> **해설**
> ④ 전기집진장치는 전기적 인력에 의하여 전하를 띤 입자를 제거하는 장치로, 주로 $0.1 \sim 0.9\mu m$ 이상의 입자를 제거하는 데 효율적이다.

89 노출시나리오 작성 시 하위사용자와 소통이 필요한 단계로 옳은 것은?

① 작성된 초기 노출시나리오 확인 단계
② 노출량 추정 및 위해도 결정 단계
③ 초기 시나리오 정교화 작업 단계
④ 통합 노출시나리오 도출 단계

> **해설**
> 초기 노출시나리오 작성 단계

초기 노출시나리오 작성	수집된 자료에 기초하여 작성한다. 물질의 전 생애 단계(제조, 조제, 산업적 사용, 전문적 사용, 소비자 사용), 용도, 공정
⇩	
초기 노출시나리오 확인 (하위사용자 대상 소통단계)	하위사용자, 판매자를 대상으로 초기 노출시나리오에 기술된 내용에 대한 확인 작업을 수행한다.
⇩	
노출량 수정 및 위해도 결정	작성된 초기 노출시나리오를 통해 노출량을 추정하고 위해도를 결정한다.
⇩	
초기 노출시나리오 정교화	초기 노출시나리오를 바탕으로 안전성 확인이 이뤄지지 않을 경우 유해성 평가 또는 노출평가를 재수행한다.
⇩	
통합 노출시나리오 도출	안전성 확인이 이루어진 경우, 노출시나리오 내 모든 취급조건 및 위해성 관리대책을 연결하여 통합 노출시나리오를 도출한다.

90 작업장의 안전교육을 위하여 사업주가 관리감독자 및 근로자에게 실시해야 하는 교육으로 구분할 때, 다음 중 근로자를 대상으로 실시하는 교육내용에 해당하는 것은?

① 산업안전 및 사고 예방에 관한 사항
② 산업보건 및 직업병 예방에 관한 사항
③ 표준안전 작업방법 및 지도 요령에 관한 사항
④ 작업공정의 유해·위험과 재해 예방대책에 관한 사항

해설

산업안전보건법 시행규칙 [별표 5] 안전보건교육 교육대상별 교육내용

근로자 정기교육	관리감독자 정기교육
• 산업안전 및 사고 예방에 관한 사항 • 산업보건 및 직업병 예방에 관한 사항 • 위험성 평가에 관한 사항 • 건강증진 및 질병 예방에 관한 사항 • 유해·위험 작업환경 관리에 관한 사항 • 산업안전보건법령 및 산업재해보상보험 제도에 관한 사항 • 직무스트레스 예방 및 관리에 관한 사항 • 직장 내 괴롭힘, 고객의 폭언 등으로 인한 건강장해 예방 및 관리에 관한 사항	• 산업안전 및 사고 예방에 관한 사항 • 산업보건 및 직업병 예방에 관한 사항 • 위험성 평가에 관한 사항 • 유해·위험 작업환경 관리에 관한 사항 • 산업안전보건법령 및 산업재해보상보험 제도에 관한 사항 • 직무스트레스 예방 및 관리에 관한 사항 • 직장 내 괴롭힘, 고객의 폭언 등으로 인한 건강장해 예방 및 관리에 관한 사항 • 작업공정의 유해·위험과 재해 예방대책에 관한 사항 • 사업장 내 안전보건관리체제 및 안전·보건조치 현황에 관한 사항 • 표준안전 작업방법 결정 및 지도·감독 요령에 관한 사항 • 현장근로자와의 의사소통능력 및 강의능력 등 안전보건 교육 능력 배양에 관한 사항 • 비상시 또는 재해 발생 시 긴급조치에 관한 사항 • 그 밖의 관리감독자의 직무에 관한 사항

※ 저자의견 : 확정답안은 ①번으로 발표되었으나 법 개정(21.01.19)으로 정답은 ①, ②번이다.

91 화학물질의 등록 및 평가 등에 관한 법률상 작성해야 하는 노출시나리오에 대한 설명으로 옳지 않은 것은?

① 노출시나리오는 위해성 보고서 작성을 위한 핵심절차이며, 이 작성절차는 반복될 수 있다.

② 유해성 평가를 수정하기 위해서는 반드시 노출기간이 짧은 급성 시험자료를 포함한 추가적인 유해성 정보의 확보가 필요하다.

③ 초기 노출시나리오에서 인체 건강 및 환경에 대한 위해성이 충분히 통제되지 않는다고 판정되면, 위해성이 충분히 통제됨을 입증할 목적으로 유해성 평가 및 노출평가에서 하나 또는 다수의 요소를 수정하는 반복 과정이 필요하다.

④ 화학물질이 인체(작업자 및 소비자를 포함) 및 다른 환경영역에 직·간접적으로 노출되는 것을 줄이거나 피하기 위한 위해성 관리대책을 기술한다.

> **해설**
> ② 유해성 평가를 수정하기 위해서는 보다 노출기간이 긴 만성 시험자료를 또는 보다 상위 개념의 유전독성 시험자료 확보 등 추가적인 유해성 정보의 확보가 필요하다(등록신청자료의 작성방법 및 유해성심사 방법 등에 관한 규정 제10조).

92 화학물질에 대한 소비자노출의 대표적인 노출방식(Exposure Route)으로 옳지 않은 것은?

① 흡입노출 ② 침습노출
③ 경구노출 ④ 경피노출

> **해설**
> 침습 : 질병이나 병원균이 체내에 조직으로 직접 들어가는 것이다(의료행위, 혈액매개 감염인자).

93 지역사회 위해성 소통의 수행과 가장 거리가 먼 것은?

① 화학물질관리법에 따른 사고대비물질을 지정한다.
② 화학물질관리법에 따른 위해관리계획서를 작성 및 제출한다.
③ 안전확인대상생활화학제품에 대한 소비자 위해성 소통계획을 수립한다.
④ 화학물질의 등록 및 평가 등에 관한 법률에 따른 유해성 심사 결과를 공개한다.

> **해설**
> 지역사회 위해성 소통
> • 화학물질의 등록 및 평가 등에 관한 법률에 따른 허가물질의 지정
> • 화학물질의 등록 및 평가 등에 관한 법률에 따른 유해성 심사 결과의 공개
> • 화학물질관리법에 따른 화학물질 조사결과 및 정보의 공개
> • 화학물질관리법에 따른 사고대비물질 지정
> • 화학물질관리법에 따른 화학사고예방관리계획서 작성 및 제출

94 화학물질의 등록 및 평가 등에 관한 법률상 화학물질등록 대상으로 옳은 것은?(단, 화학물질의 등록 등 면제에 해당하는 경우는 제외)

① 연간 1ton 이상의 기존화학물질을 제조·수입하는 자
② 연간 1ton 미만의 기존화학물질을 제조·수입하는 자
③ 연간 100kg 미만의 신규화학물질을 제조·수입·사용하는 자
④ 연간 100kg 이상의 기존화학물질을 제조·수입·사용하는 자

해설
화학물질의 등록 및 평가 등에 관한 법률 제10조(화학물질의 등록 등)
연간 100kg 이상 신규화학물질 또는 연간 1ton 이상 기존화학물질을 제조·수입하려는 재[연간 100kg 이하로 제조되거나 수입되는 신규화학물질 또는 신규화학물질이 아닌 화학물질로만 구성된 고분자화합물질로서 환경부장관이 정하여 고시하는 신규화학물질에 대하여 종전의 유해화학물질 관리법(법률 제11862호로 개정되기 전의 것을 말한다)에 따라 유해성 심사 면제확인을 받은 자로서 그 면제확인을 받은 바에 따라 해당 신규화학물질을 제조·수입하려는 자는 제외한다]는 제조 또는 수입 전에 환경부장관에게 등록하여야 한다.

95 화학물질관리법규상 운반계획서 작성에 대한 내용으로 옳은 것은?

① 비소는 허가물질로써 3,000kg 이상 시 운반계획서를 작성한다.
② 염화바이닐은 유독물질로써 3,000kg 이상 시 운반계획서를 작성한다.
③ 황화니켈은 제한물질로써 5,000kg 이상 시 운반계획서를 작성한다.
④ 다이클로로벤지딘은 금지물질로써 5,000kg 이상 시 운반계획서를 작성한다.

해설
화학물질관리법 제15조(유해화학물질의 진열량·보관량 제한 등)
유해화학물질을 운반하는 자가 1회에 환경부령으로 정하는 일정량을 초과하여 운반하고자 하는 경우에는 환경부령으로 정하는 바에 따라 사전에 해당 유해화학물질의 운반자, 운반시간, 운반경로·노선 등을 내용으로 하는 운반계획서를 작성하여 환경부장관에게 제출하여야 한다.
화학물질관리법 시행규칙 제11조(유해화학물질 운반계획서 작성·제출 등)
'환경부령으로 정하는 일정량'이란 다음의 구분에 따른 양을 말한다.
• 유독물질 : 5,000kg
• 허가물질, 제한물질, 금지물질 또는 사고대비물질 : 3,000kg

96 환경 위해도 결정의 방법에 따라 환경 위해성 평가 수행 시 파악할 내용으로 옳지 않은 것은?

① 화학물질의 이동 등 노출경로
② 영향받는 대상의 피해복구 종료시점 결정
③ 환경 중으로 배출되는 화학물질의 종류와 배출량
④ 영향받는 대상이 노출되는 방식 및 그로 인한 건강 위해

97 다음 중 유해성의 확인과정에 포함되지 않는 자료는?

① 감수성 자료
② 생체 내 동물시험자료
③ 기존의 동물독성시험자료
④ 인구집단에서 나타나는 역학연구 자료

98 화학물질관리법규상 운반계획서를 작성해야 하는 유독물질의 최소 운반중량(kg)으로 옳은 것은?

① 2,000
② 3,000
③ 4,000
④ 5,000

해설

화학물질관리법 제15조(유해화학물질의 진열량·보관량 제한 등)
유해화학물질을 운반하는 자가 1회에 환경부령으로 정하는 일정량을 초과하여 운반하고자 하는 경우에는 환경부령으로 정하는 바에 따라 사전에 해당 유해화학물질의 운반자, 운반시간, 운반경로·노선 등을 내용으로 하는 운반계획서를 작성하여 환경부장관에게 제출하여야 한다.

화학물질관리법 시행규칙 제11조(유해화학물질 운반계획서 작성·제출 등)
'환경부령으로 정하는 일정량'이란 다음의 구분에 따른 양을 말한다.
• 유독물질 : 5,000kg
• 허가물질, 제한물질, 금지물질 또는 사고대비물질 : 3,000kg

99 유해물질의 노출 및 독성에 근거하여 유해한 결과가 나타날 확률로 정의된 용어로 옳은 것은?

① 독 성
② 위험성
③ 유해성
④ 위해성

100 환경 위해성 저감대책 수립 후 사업장에서 유해화학물질 배출량 저감을 위한 최종 관리단계는?

① 성분관리
② 공정관리
③ 도입과정관리
④ 환경오염방지시설 설치를 통한 관리

해설

사업장 유해화학물질 배출량 저감대책

전 공정관리	화학물질 도입과정에서 위해성을 저감시킨다.
⇩	
성분관리	취급물질의 특성에 따라 대체물질 사용을 검토한다.
⇩	
공정관리	공정별 배출을 최소화한다.
⇩	
환경오염방지시설 설치를 통한 관리	최종 환경배출을 차단한다.

01 화학물질관리법령상 환경부장관이 실시하는 화학물질 통계조사 주기로 옳은 것은?

① 1년

② 2년

③ 3년

④ 4년

해설

화학물질관리법 제10조(화학물질 통계조사 및 정보체계 구축·운영)

환경부장관은 2년마다 화학물질의 취급과 관련된 취급현황, 취급시설 등에 관한 통계조사('화학물질 통계조사'라 한다)를 실시하여야 한다.

02 다음 보기가 나타내는 수서생물의 급·만성 독성시험의 대상 생물로 옳은 것은?

[보기]

구 분	지 표	독성영향 관찰
급성 독성	24시간 또는 48시간 EC_{50}, LC_{50}	유영저해, 치사
만성 독성	7일간 이상 시험의 NOEC	치사, 번식, 성장

① 어류(Fish)

② 조류(Algae)

③ 박테리아(Bacteria)

④ 물벼룩류(Invertebrate)

해설

수서생물의 급·만성 독성시험 분류

구 분	급성 독성		만성 독성	
조 류	72h, 96h, EC_{50}	성장저해	72h, 96h, NOEC, EC_{10}	성장저해
물벼룩류	24h, 48h, EC_{50}, LC_{50}	유영저해	7일 이상, NOEC	치사, 번식, 성장
어 류	96h, LC_{50}	치 사	21일 이상, NOEC, EC_{10}	치사, 번식, 성장, 발달

03 다음 화학물질 건강 유해성 그림문자가 의미하는 것으로 옳지 않은 것은?

① 흡입하면 유해함
② 피부에 자극을 일으킴
③ 눈에 심한 자극을 일으킴
④ 종양을 일으킬 것으로 의심됨

해설
① 급성 독성 물질 : 흡입하면 유해함, 삼키면 유해함, 피부와 접촉하면 유해함
② 피부 부식성/자극성 물질 : 피부에 자극을 일으킴
③ 심한 눈 손상/눈 자극성 물질 : 눈에 심한 자극을 일으킴

04 다음 중 산업환경 유해인자 분류가 다른 한 가지는?

① 고압가스　　　　　　　　　② 생식독성 물질
③ 흡인 유해성 물질　　　　　　④ 호흡기 과민성 물질

05 화학물질관리법령상 유해화학물질을 취급하는 자가 해당 유해화학물질의 용기나 포장에 표시해야 할 항목으로 옳지 않은 것은?

① 명 칭　　　　　　　　　　　② 신호어
③ 예방조치문구　　　　　　　　④ 폐기 시 주의사항

해설
화학물질관리법 제16조(유해화학물질의 표시 등)
유해화학물질을 취급하는 자는 해당 유해화학물질의 용기나 포장에 다음의 사항이 포함되어 있는 유해화학물질에 관한 표시를 하여야 한다. 제조하거나 수입된 유해화학물질을 소량으로 나누어 판매하려는 경우에도 또한 같다.
• 명칭 : 유해화학물질의 이름이나 제품의 이름 등에 관한 정보
• 그림문자 : 유해성의 내용을 나타내는 그림
• 신호어 : 유해성의 정도에 따라 위험 또는 경고로 표시하는 문구
• 유해·위험문구 : 유해성을 알리는 문구
• 예방조치문구 : 부적절한 저장·취급 등으로 인한 유해성을 막거나 최소화하기 위한 조치를 나타내는 문구
• 공급자 정보 : 제조자 또는 공급자의 이름(법인인 경우에는 명칭을 말한다)·전화번호·주소 등에 관한 정보
• 국제연합번호 : 유해위험물질 및 제품의 국제적 운송보호를 위하여 국제연합이 지정한 물질분류번호

06 가교원리를 적용하여 혼합물의 유해성을 분류할 때, 가교원리를 적용할 수 있는 기준으로 옳지 않은 것은?

① 배치(Batch)
② 희석(Dilution)
③ 고유해성 혼합물의 농축(Concentration)
④ 하나의 독성구분 내에서의 외삽(Extrapolation)

해설

화학물질의 분류 및 표시 등에 관한 규정 [별표 1] 화학물질의 분류 및 표시사항

분류에 관한 일반 원칙

가교원리 : 희석(Dilution), 배치(Batch), 고유해성 혼합물의 농축(Concentration), 하나의 독성구분 내에서 내삽(Interpolation), 실질적으로 유사한 혼합물, 에어로졸

07 위해성 평가에 활용되는 독성지표 중 최소영향도출수준(DMEL)에 관한 설명으로 틀린 것은?

① 해당 화학물질의 독성 역치가 존재하지 않는 발암물질에 사용된다.
② 노출수준이 DMEL보다 낮으면 위해 우려가 매우 낮다고 판정할 수 있다.
③ DMEL 도출 시 용량-반응 곡선이 선형인 경우 내삽을 통해 T_{25} 대신 BMD_{10}을 산출한다.
④ DMEL 도출 시 1~3단계까지 보정된 값이 T_{25}인 경우, 고용량에서 저용량으로 위해도 외삽인자를 적용한다.

해설

③ DMEL 산출 시 용량-반응 곡선이 선형에 해당하는 경우 T_{25}를 이용하며, 용량-반응 곡선이 급격히 변화하거나 불규칙한 경우에는 BMD_{10}을 산출한다.

08 종민감도분포(SSD)를 활용하여 예측무영향농도(PNEC)를 산출하고자 할 때 다음의 설명 중 옳은 것은?

① 퇴적물 환경은 4개 분류군 최소 5종 이상을 활용해야 한다.
② 물 환경은 3개 분류군에서 최소 4종 이상을 활용해야 한다.
③ 토양 환경은 5개 분류군에서 최소 6종 이상을 활용해야 한다.
④ 종민감도분포를 활용하기 위한 생태독성자료가 부족한 경우 평가계수를 고려할 수 없다.

해설

화학물질 위해성 평가의 구체적 방법 등에 관한 규정 [별표 4] 종민감도분포 이용을 위한 최소 자료 요건

구 분	최소 자료 요건
물	4개 분류군에서 최소 5종 이상(조류, 무척추동물* 2, 어류 등)
토 양	4개 분류군에서 최소 5종 이상(미생물, 식물류, 톡토기류, 지렁이류 등)
퇴적물	4개 분류군에서 최소 5종 이상(미생물, 빈모류, 깔따구류, 단각류 등)

* 무척추동물 : 갑각류, 연체류 등
화학물질 위해성 평가의 구체적 방법 등에 관한 규정 제6조(노출량-반응평가/종민감도분포 평가)
평가계수는 초기 위해성 평가에만 활용하며, 종민감도분포를 활용하기 위한 생태독성자료가 부족한 경우에만 잠정적으로 적용한다.

09 다음 중 수서생물의 유해성의 정도를 표시하는 지표와 설명의 연결이 옳지 않은 것은?

① LC$_{50}$(반수치사농도) : 수중 노출 시 시험생물의 50%에 영향이 나타나는 농도
② EC$_{10}$(10% 영향농도) : 수중 노출 시 시험생물의 10%에 영향이 나타나는 농도
③ LOEC(최소영향관찰농도) : 수중 노출 시 생체에 영향이 나타나는 최소 농도
④ NOEC(무영향관찰농도) : 수중 노출 시 생체에 아무런 영향이 나타나지 않는 최대 농도

해설

① LC$_{50}$(반수치사농도) : 시험용 물고기나 동물에 독성물질을 경구 투여하였을 때 50% 치사농도이다.

10 유럽연합(EU)의 CMR 화학물질 분류의 구분 중 Category 1B의 의미로 옳은 것은?

① CMR 독성물질
② 인체 CMR 독성추정물질
③ 인체 CMR 독성가능물질
④ 모유전이를 통한 생식독성물질

해설

CMR(발암성, 변이원성, 생식독성) 화학물질 분류
• Category 1A : CMR 독성물질
• Category 1B : 인체 CMR 독성추정물질
• Category 2 : 인체 CMR 독성가능물질
• Effects on or via lactation은 모유전이를 통한 생식독성물질이다.

11 화학물질관리법령상 다음 보기가 의미하는 용어로 옳은 것은?

—[보기]———

화학물질 중에서 급성 독성·폭발성 등이 강하여 화학사고의 발생 가능성이 높거나 화학사고가 발생한 경우에 그 피해 규모가 클 것으로 우려되는 화학물질

① 유독물질
② 제한물질
③ 허가물질
④ 사고대비물질

해설

화학물질관리법 제2조(정의)

12 독성 예측모델인 정량적 구조활성모형(QSAR)에 관한 설명으로 옳지 않은 것은?

① 기본적으로 구조가 비슷한 화합물의 활성이 유사할 것이라는 가정에서 시작한다.
② 구조와 활성 간의 상관관계를 찾아 모델을 만들고, 예측하는 데 활용한다.
③ 화학물질의 구조적 특징을 표현해주는 표현자(Descriptor)가 필요하다.
④ 예측된 독성값의 신뢰성과 활용이 가능한 종말점이 충분하다는 장점이 있다.

해설

④ 예측된 독성값의 신뢰성과 활용이 가능한 관찰점이 부족하다는 단점이 있다.

13 다음 중 발암성 물질의 위해성 평가에 활용되는 독성지표로 옳지 않은 것은?

① 발암잠재력
② 단위위해도
③ 일일섭취한계량
④ 최소영향도출수준

해설

발암성 물질의 독성지표로는 단위위해도(URF), 발암잠재력(CSF), 최소영향도출수준(DMEL)이 있으며 비발암성 물질의 독성지표로는 NOEL, NOAEL 등이 있다.

14 퇴적물 환경의 특성과 퇴적물독성시험에 관한 설명으로 옳지 않은 것은?

① 퇴적물을 물에 분산시켜 독성 영향을 평가한다.
② 퇴적물은 수질이나 대기에 비하여 균질하지 않은 특성이 있다.
③ 저서생물의 생존, 성장, 생식능력 등에 대한 영향을 평가한다.
④ 깔따구(*Chironomus reparius*)는 퇴적물독성시험에 사용된다.

[해설]
퇴적물독성시험은 저서생물의 생존, 성장, 생식능력이 퇴적물에 영향을 받았는지 평가하는 시험법으로, 화학물질을 인위적으로 오염시킨 퇴적물(Spike Sediment)을 만들고 여기에 시험생물을 노출시킨다. 주로 깔따구(*Chironomidae*, *Dipera*) 종을 10일 또는 21일간 노출시켜 치사, 유충의 발생, 성장 등에 대한 독성값을 산출한다.

15 화학물질의 분류 및 표지에 관한 세계조화시스템(GHS)에서 건강 유해성에 대한 분류와 설명의 연결이 옳지 않은 것은?

① 발암성 물질 – 암을 일으키거나 암의 발생을 증가시키는 물질
② 생식독성 물질 – 생식기능, 생식능력 또는 태아 발생, 발육에 유해한 영향을 주는 물질
③ 생식세포 변이원성 물질 – 자손에게 유전될 수 있는 사람의 생식세포에 돌연변이를 일으킬 수 있는 물질
④ 급성 독성 물질 – 입 또는 피부를 통해 3회 또는 24시간 이내에 수회로 나누어 물질을 투여하거나 12시간 동안 흡입노출시켰을 때 유해한 영향을 일으키는 물질

[해설]
④ 급성 독성 물질 – 입 또는 피부를 통하여 1회 또는 24시간 이내에 수회로 나누어 투여되거나 호흡기를 통하여 4시간 동안 흡입노출시켰을 때 나타나는 유해한 영향을 일으키는 물질

16 다음 중 유해인자에 관한 설명으로 옳지 않은 것은?

① 유해성이 큰 유해인자는 위해성도 크다.
② 유해인자의 위해성은 유해성에 노출을 곱한 것으로 말한다.
③ 유해인자는 성질에 따라 물리적, 화학적, 생물학적 인자로 구분할 수 있다.
④ 유해인자의 유해성은 물질의 물리·화학적 성상, 기온, 습도 등 노출 당시 환경 등에 따라 다르게 나타난다.

[해설]
유해성은 독성을 말하며, 위해성은 유해성에 노출을 곱한 것을 말한다. 위해성(Risk)은 유해성이 있는 화학물질이 노출되는 경우 사람의 건강이나 환경에 피해를 줄 수 있는 정도로, 노출강도에 의해 결정된다.

17 용량-반응 평가에서 언급되는 유해성 지표에 대한 설명으로 옳지 않은 것은?

① 반수치사량(LD_{50})은 급성 독성을 평가하는 지표이다.

② 무영향관찰용량(NOAEL)은 만성 독성을 평가하는 지표이다.

③ 최소영향관찰용량(LOAEL)은 동물시험에서 유해한 영향이 확인된 최저투여용량을 말한다.

④ 무영향관찰용량(NOAEL)은 동물시험에서 유해한 영향이 확인되지 않은 최저투여용량을 말한다.

해설

④ 무영향관찰용량(NOAEL ; No Observed Adverse Effect Level)은 노출량에 대한 반응이 관찰되지 않고 영향이 없는 최대노출량을 말한다.

18 다음 보기가 설명하는 생태독성에 영향을 주는 인자로 옳은 것은?

[보기]

이것은 수치가 낮은 상태에서는 금속물질의 용해도가 증가하며, 생체이용률이 증가하고, 생체독성이 증가한다.

① 온 도　　　　　　　　　② pH

③ 경 도　　　　　　　　　④ 산소농도

해설

pH가 낮으면 중금속은 용해도가 증가하여 생체이용률과 독성이 증가한다.

19 다음 중 물질안전보건자료(MSDS) 16항목에 포함되지 않는 것은?

① 유해성·위험성
② 노출 및 노출량
③ 취급 및 저장방법
④ 환경에 미치는 영향

해설

화학물질의 분류·표시 및 물질안전보건자료에 관한 기준 제10조(작성항목)
물질안전보건자료 작성 시 포함되어야 할 항목 및 그 순서는 다음에 따른다.
• 화학제품과 회사에 관한 정보
• 유해성·위험성
• 구성성분의 명칭 및 함유량
• 응급조치 요령
• 폭발·화재 시 대처방법
• 누출사고 시 대처방법
• 취급 및 저장방법
• 노출방지 및 개인보호구
• 물리·화학적 특성
• 안정성 및 반응성
• 독성에 관한 정보
• 환경에 미치는 영향
• 폐기 시 주의사항
• 운송에 필요한 정보
• 법적 규제현황
• 그 밖의 참고사항

20 다음 중 환경부 환경통계포털의 화학물질의 통계조사 자료에서 확인할 수 있는 항목이 아닌 것은?

① 화학물질 배출량
② 화학물질 유통 현황
③ 주요 제조 화학물질
④ 주요 발암물질 유통량

해설

화학물질관리법 시행규칙 제4조(화학물질 통계조사 등)
화학물질 통계조사의 내용은 다음과 같다.
• 업종, 업체명, 사업장 소재지, 유입수계(流入水系) 등 사업자의 일반 정보
• 제조·수입·판매·사용 등 취급하는 화학물질의 종류, 용도, 제품명, 취급량
• 화학물질의 입·출고량, 보관·저장량 및 수출입량 등의 유통량
• 화학물질 취급시설의 종류, 위치 및 규모 관련 정보
• 그 밖에 환경부장관이 화학물질 통계조사를 위하여 필요하다고 인정하여 고시하는 정보

※ 2021년 4월 1일 이후 장외영향평가와 위해관리계획을 통합하여 화학사고예방관리계획으로 운영되고 있어, 정답이 도서에 기재된 정답(당시 확정답안)과 달라질 수 있습니다.

21 장외영향평가서 작성 등에 관한 규정상 공정위험성 분석 시 예비위험 분석기법을 적용하여 작성할 때 고려할 사항으로 가장 거리가 먼 것은?

① 용기 또는 배관의 무게
② 유해화학물질의 위험 유형
③ 취급하는 유해화학물질의 종류
④ 운전온도 및 운전압력 등 운전조건

[해설]
배관의 호칭·직경, 분류기호, 재질, 플랜지의 호칭압력 등

22 다음 중 물질안전보건자료 작성 시 유해성 항목에 포함되지 않는 것은?(단, 추가적인 유해성은 제외한다)

① 물리적 위험성
② 건강 유해성
③ 환경 유해성
④ 생태 위해성

23 공정개요 작성 시 포함되는 운전 및 반응조건에 대한 설명으로 옳지 않은 것은?

① 정상상황 시의 운전조건에 대해서만 작성한다.
② 해당 설비가 이상 작동할 때 경계해야 할 운전조건을 포함한다.
③ 온도는 ℃, 압력은 MPa, 수위는 mm의 단위를 주로 사용한다.
④ 공정을 구성하고 있는 단위설비의 온도, 압력, 수위 등에 대한 내용을 포함한다.

[해설]
공정개요는 유해화학물질을 취급하는 공정위주로 해당 공정에서 일어나는 화학반응 및 처리방법, 운전조건, 반응조건 등의 공정안전정보 사항을 포함한다.

24 유해·위험물질을 취급하는 제조공정과 설비를 대상으로 화재·폭발·누출사고의 위험성을 도출하고, 실제 화학사고로 연결될 가능성과 발생 시 피해의 크기를 예측·평가·분석하는 기법으로 옳지 않은 것은?

① 체크리스트 평가기법　　　　　② 사고예상 질문분석기법
③ 절대위험순위 결정기법　　　　④ 위험과 운전분석기법

해설

공정위험성 분석은 체크리스트 기법, 상대위험순위 결정기법, 작업자 실수분석기법, 사고예상 질문분석기법, 위험과 운전분석기법, 이상위험도 분석기법, 결함수 분석기법, 사건수 분석기법, 원인결과 분석기법, 예비위험 분석기법 중 적정한 기법을 선정하여 분석한다.

25 혼합물의 유해성을 산정하기 위한 방법 중 가산방식을 이용하는 유해성 항목으로 옳은 것은?

① 발암성　　　　　　　　　　　② 호흡기 과민성
③ 수생환경 유해성　　　　　　　④ 생식세포 변이원성

해설

수생환경 유해성은 가산방식으로 유해성을 평가한다.

26 다음 보기의 (　)에 들어갈 내용으로 옳은 것은?

┌─[보기]
화학물질관리법령상 유해화학물질 취급시설 운영자가 장외영향평가서를 제출할 때에는 취급시설 설치 공사착공일 (　　　) 이전에 신청서와 장외영향평가서 3부를 화학물질안전원장에게 제출하여야 한다.

① 7일　　　　　　　　　　　　② 15일
③ 30일　　　　　　　　　　　④ 90일

해설

※ 저자의견 : 확정답안은 ③번으로 발표되었으나 화학사고예방관리계획서 작성 등에 관한 규정이 제정(21.04.27)됨에 따라 해당 내용은 취급시설 설치검사일 60일 이전으로 변경되었다.

27 장외영향평가에서 다음 보기가 설명하는 것으로 옳은 것은?

> ┌ [보기]─────────────────────────────────
> 화재, 폭발 및 유출·누출사고로 인한 영향이 사업장 외부에 미치거나, 사업장 외부까지 영향은 미치지
> 않으나 근로자에게 심각한 영향을 줄 수 있는 사고를 가정하여 기술하는 것
> └─────────────────────────────────────

① 장외평가
② 사고시나리오
③ 대안의 사고시나리오
④ 최악의 사고시나리오

해설

화학사고예방관리계획서 작성 등에 관한 규정 제2조(정의)
'사고시나리오'란 유해화학물질 취급시설에서 화재, 폭발 및 유출·누출사고로 인한 영향범위가 사업장 외부로 벗어나,
보호대상에 영향을 줄 수 있는 사고를 기술하는 것을 말한다.

28 사고시나리오 분석조건에서 유해화학물질별 끝점(End Point) 농도 기준은 다음 보기를 적용할
수 있는데, 이때 가장 우선적으로 적용하는 기준은?

> ┌ [보기]─────────────────────────────────
> 가. 미국산업위생학회(AIHA)에서 발표하는 ERPG-2
> 나. 미국 환경보호청(EPA)에서 발표하는 1시간 AEGL-2
> 다. 미국 에너지부(DOE)에서 발표하는 PAC-2
> 라. 미국직업안전보건청(NIOSH)에서 발표하는 IDLH 수치의 10%
> └─────────────────────────────────────

① 가   ② 나
③ 다   ④ 라

해설

유해화학물질별 끝점 농도 기준의 적용 우선순위
- 미국산업위생학회(AIHA)에서 발표하는 ERPG-2
- 미국 환경보호청(EPA)에서 발표하는 1시간 AEGL-2
- 미국 에너지부(DOE)에서 발표하는 PAC-2
- 미국 직업안전보건청(NIOSH)에서 발표하는 IDLH 수치의 10%(IDLH × 0.1)

29 영향범위 내 주민수가 65명이고 사고 발생빈도가 1.4×10^{-2}일 때 영향범위의 위험도로 옳은 것은?

① 0.65

② 65

③ 0.91

④ 91

[해설]

위험도 = 영향범위 내 주민수 × 사고 발생빈도 = $65 \times (1.4 \times 10^{-2}) = 0.91$

30 장외영향평가서 작성 시 주변지역 입지정보에 포함되어야 할 내용으로 옳지 않은 것은?(단, 유해화학물질 취급시설 외벽으로부터 보호대상까지의 안전거리 고시에서 규정하고 있는 보호대상으로 한다)

① 사업장이 위치하고 있는 행정구역

② 주거용 · 상업용 · 공공건물 위치도 및 명세

③ 유해화학물질 취급시설 위치도 및 명세

④ 사업장 주변의 총인구수 · 총가구수 · 농작지 현황

[해설]

화학사고예방관리계획서 작성 등에 관한 규정 제16조(취급시설 입지정보)

주변 환경정보는 영향범위가 가장 큰 시나리오 원점을 기준으로 반경 500m 범위 내에 있는 주변 정보를 다음의 내용이 포함되도록 작성해야 한다.

• 사업장 주변의 총 주민수

• 주거용 · 상업용 · 공공건물 위치도 및 명세

• 농경지, 산림, 하천, 저수지 등 현황

• 상수원 · 취수원 및 자연보호구역 위치도

31 화학물질관리법령상 액체상태의 유해화학물질 제조·사용시설의 사고예방을 위하여 설치해야 하는 설비로 옳지 않은 것은?

① 방지턱
② 방류벽
③ 감압설비
④ 긴급차단설비

> **해설**
>
> 화학물질관리법 시행규칙 [별표 5] 유해화학물질 취급시설 설치 및 관리 기준
> 제조·사용시설의 경우
> • 액체나 기체상태의 유해화학물질은 누출·유출 여부를 조기에 인지할 수 있도록 검지·경보설비를 설치하고, 해당 물질의 확산을 방지하기 위한 긴급차단설비를 설치해야 한다.
> • 액체상태의 유해화학물질 제조·사용시설은 방류벽, 방지턱 등 집수설비(集水設備)를 설치해야 한다.
> ※ 수동적 완화장치(방벽, 방호벽, 방류벽, 배수시설, 저류조 등), 능동적 완화장치(중화설비, 소화설비, 수막설비, 과류방지밸브, 플레어시스템, 긴급차단시스템 등) 등이 있다.

32 공정위험성 분석결과를 토대로 사고시나리오를 선정할 때 영향범위를 평가하기 위한 끝점(종말점)으로 옳지 않은 것은?

① 인화성 가스 및 인화성 액체의 경우 폭발 시 10psi의 과압이 걸리는 지점이다.
② 독성물질의 경우 사고시나리오 선정에 관한 기술지침에서 규정한 끝점 농도에 도달하는 지점이다.
③ 인화성 가스 및 인화성 액체의 경우 화재 시 40초 동안 $5kW/m^2$의 복사열에 노출되는 지점이다.
④ 인화성 가스 및 인화성 액체의 경우 유출 및 누출 시 유출·누출물질의 인화하한농도에 이르는 지점이다.

> **해설**
>
> 인화성 가스 및 인화성 액체의 끝점
> • 폭발 : 1psi의 과압이 걸리는 지점
> • 화재 : 40초 동안 $5kW/m^2$의 복사열에 노출되는 지점
> • 유출·누출 : 유출·누출물질의 인화하한농도에 이르는 지점

33 유해화학물질 검사기관은 유해화학물질 취급시설에 대한 설치검사와 정기·수시검사 및 안전진단을 수행하여 검사결과보고서를 작성하는데, 이 중 안전진단에 대한 결과는 몇 년간 보존해야 하는가?

① 5년

② 10년

③ 15년

④ 20년

해설

유해화학물질 취급시설의 설치·정기·수시검사 및 안전진단의 방법 등에 관한 규정 제7조(검사의 항목 및 방법)
검사기관은 검사결과보고서를 작성하고 설치검사 및 안전진단은 20년간, 정기·수시검사는 5년간 보존하여야 한다.
문서보관은 전자문서로도 가능하다.

34 다음 중 화학물질의 분류 및 표시 등에 관한 규정에서 제시된 그림문자 중 산화성 가스를 나타내는 것은?

해설

화학물질의 분류 및 표시 등에 관한 규정 [별표 2] 그림문자

35 장외영향평가 작성 시 주변지역 입지정보를 작성할 때 포함되는 보호대상 목록 및 명세 내용 중 보호대상의 종류와 그 설명으로 옳지 않은 것은?

① 주택 · 업무시설 – 사람을 수용하는 건축물로서 500명 이상 수용할 수 있거나 바닥면적의 합계가 1,000m² 이상인 것

② 노유자시설 – 어린이집, 아동복지시설, 노인복지시설, 장애인복지시설, 그 밖에 이와 비슷한 것으로서 20명 이상 수용할 수 있는 건축물

③ 관광휴게시설 – 야외음악당, 야외극장, 어린이회관, 공원 · 유원지 또는 관광지에 부수되는 시설로서 바닥면적의 합계가 1,000m² 이상인 것

④ 운수시설 – 여객자동차터미널, 철도역사, 공항터미널, 항만터미널, 그 밖에 이와 유사한 공간으로 일일 300명 이상이 이용하는 시설

[해설]

화학사고예방관리계획서 작성 등에 관한 규정 [별지 8] 사업장 주변 환경 정보

취급시설 입지 내 보호대상 목록 및 명세 : 보호대상 종류는 유해화학물질 취급시설 외벽으로부터 보호대상까지의 안전거리 고시 [별표 2] 및 [별표 3]의 갑종 및 을종 보호대상에 대하여 작성한다.

유해화학물질 취급시설 외벽으로부터 보호대상까지의 안전거리 고시 [별표 2] 갑종 보호대상

구 분	보호대상의 종류
운수시설	여객자동차터미널, 철도역사, 공항터미널, 항만터미널, 그 밖에 이와 유사한 공간으로 일일 300명 이상이 이용하는 시설
노유자시설	어린이집, 아동복지시설, 노인복지시설, 장애인복지시설, 그 밖에 이와 비슷한 것으로서 20명 이상 수용할 수 있는 건축물
관광휴게시설	야외음악당, 야외극장, 어린이회관, 공원 · 유원지 또는 관광지에 부수되는 시설로서 바닥면적의 합계가 1,000m² 이상인 것

유해화학물질 취급시설 외벽으로부터 보호대상까지의 안전거리 고시 [별표 3] 을종 보호대상

구 분		보호대상의 종류
건축물	주택 · 업무시설	단독주택, 공동주택(300명 이상 수용할 수 있는 시설은 제외한다), 공공업무시설, 일반업무시설, 교정시설, 갱생보호시설

36 위해관리계획서에서 사고대비물질의 유해성 정보의 구성 항목으로 옳지 않은 것은?(단, 기타 참고사항은 제외한다)

① 노출계수 정보
② 사고대응 정보
③ 화재폭발 위험 특성
④ 취급물질의 일반 정보

> **해설**
> 화학사고예방관리계획서 작성 등에 관한 규정 [별지 7] 유해화학물질의 유해성 정보
> • 취급물질의 일반정보
> – 물질명
> – 화학물질식별번호(CAS 번호)
> – 유해화학물질 고유번호
> – 농도(또는 함량 %)
> – 최대보관량
> • 인체 유해성
> • 물리적 위험성
> • 환경 유해성
> • 출 처
> ※ 저자의견 : 위해관리계획서 작성 등에 관한 규정이 폐지되고, 화학사고예방관리계획서 작성 등에 관한 규정이 제정(21.04.27)됨에 따라 해당 내용이 위와 같이 변경되었으며, 유해성 정보의 구성 항목으로 가장 옳지 않은 정답은 ①번이다.

37 다음 중 장외영향평가서의 변경 사유로 옳지 않은 것은?

① 동일 사업장 내의 취급시설을 증설하는 경우
② 연간 제조량 또는 사용량의 누적된 증가량이 100분의 50 이상인 경우
③ 시범생산시간이 60일 이내인 시범생산용 유해화학물질이 품목으로 추가되는 경우
④ 업종별 보관·저장시설의 총 용량 또는 운반시설 용량의 누적된 증가량이 100분의 50 이상인 경우

> **해설**
> ③ 시범생산기간이 60일 이내인 경우 화학사고예방관리계획서의 장외평가정보가 변경된 경우에서 제외한다.

38 작업장 내 사용되는 물질의 효과적인 안전관리 수행을 위해 화학물질의 우선순위를 고려하여 관리한다. 이때 사용물질의 우선순위 결정의 근거로 옳은 것은?

① 화학물질의 위해성 자료
② 화학물질 노출평가 자료
③ 화학물질 용량–반응 평가 자료
④ 화학물질의 물리·화학적 특성 자료

[해설]
관리대상 화학물질의 우선순위 분류기준
• 화학물질 유해성 분류 및 표시 대상물질
• 화학안전 규제에 따라 허가, 제한, 금지 등으로 분류된 물질
• 직업적 노출로 인한 사망 사례나 직업병 발생 사례 등이 확인된 물질

39 다음 중 공정위험성 분석을 위한 예비 위험분석 절차로 가장 적합한 것은?

① 위험요인 및 대상설비 파악 → 위험요인별 영향 매트릭스 작성 → 각 시나리오 누출조건 분석
② 위험요인 및 대상설비 파악 → 각 시나리오 누출조건 분석 → 위험요인별 영향 매트릭스 작성
③ 위험요인별 영향 매트릭스 작성 → 위험요인 및 대상설비 파악 → 각 시나리오 누출조건 분석
④ 위험요인별 영향 매트릭스 작성 → 각 시나리오 누출조건 분석 → 위험요인 및 대상설비 파악

40 다음 중 위해관리계획서 구성 항목이 아닌 것은?

① 사업장 공정안전 정보
② 화학사고 발생 시 주민의 소산계획
③ 화학사고대비 교육, 훈련 및 자체 점검 계획
④ 취급하는 사고대비물질 목록 및 유해성 정보

41 스프레이 탈취제에 대한 흡입노출평가 시 사용되는 노출계수로 옳지 않은 것은?

① 분사량

② 노출시간

③ 체표면적

④ 공간체적

[해설]
공기 중 분사 시의 노출계수로는 분사량, 성분비, 부유비율, 공간체적, 환기율, 노출시간 등이 있다.

42 환경시료 내 포함된 분자의 종류에 따라 전자기파(Electromagnetic Radiation)와의 상호작용이 다르다는 특성을 이용하여 시료의 화학물질을 분석하는 방법은?

① 분리기법

② 분광분석법

③ 질량분석법

④ 전기화학분석법

[해설]
기기분석법의 종류

분석방법	내 용
분리기법	혼합되어 있는 물질에서 각 화학물질별 다양한 흡착 및 이동능력을 이용하여 물질을 분리해 내는 방법으로 기체크로마토그래피, 액체크로마토그래피가 있다.
질량분석법	환경시료 안에 있는 화학물질의 분자를 이온화시킨 후 전자기장을 이용하여 질량에 따라 분리시키고 질량/이온화비(m/z)를 검출하여 분석하는 방법이다.
분광분석법	환경시료 안에 있는 분자의 종류에 따라 전자기파의 상호작용이 다르다는 특성을 이용하여 화학물질을 분리하는 방법으로 원자흡수분광법, 유도결합플라스마법 등이 있다.
전기화학분석법	분석대상물질의 전위를 측정하는 방법이다.
혼성분석기법	몇 가지 분석기법을 같이 사용하여 분석하는 것으로, 단일분석기법보다 높은 정확도와 신뢰도를 가질 수 있다.

43 다음 보기가 설명하는 노출평가로 옳은 것은?

┌─[보기]───┐
│ • 수용체가 하나의 화학물질에 대해 여러 노출원과 여러 노출경로를 통해 노출된 경우 노출량의 총합을 │
│   평가하는 것   │
│ • 이것을 위해서는 수용체의 행동학적 양상을 복합적으로 고려하여 노출시나리오를 작성해야 한다.   │
└───┘

① 종합노출평가
② 누적노출평가
③ 통합노출평가
④ 개별노출평가

해설

노출평가 방법의 비교

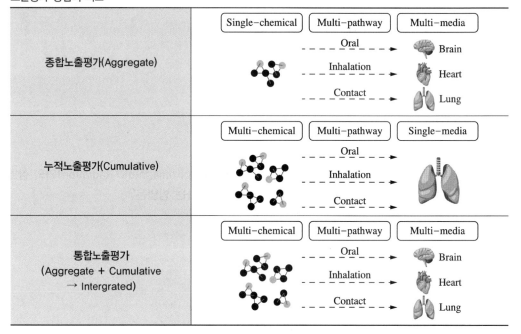

44 인체시료에서 노출을 반영하는 생체지표에 관한 설명으로 옳지 않은 것은?

① 노출 생체지표를 통해 유해인자의 노출원을 쉽게 파악할 수 있다.
② 노출 생체지표는 특정 유해물질에 대한 노출과 내적 노출량을 반영하는 지표이다.
③ 유해물질의 잠재적인 독성에 의해 일어나는 생화학적 변화를 나타내는 지표는 위해영향 생체지표이다.
④ 민감성 생체지표는 특정 유해물질에 민감성을 가지고 있는 개인을 구별하는 데 이용할 수 있다.

[해설]

노출 생체지표의 장단점

장 점	단 점
• 시간에 따라 누적된 노출을 반영할 수 있다. • 흡입, 경구, 피부노출 등 모든 노출 경로를 반영할 수 있다. • 생리학 및 생물학적 이용된 대사산물이다. • 경우에 따라 환경 시료보다 분석이 용이하다. • 특정한 개인의 생체시료는 노출 생체지표와 민감성 생체지표, 위해영향 생체지표의 상관성을 파악하는 데 중요한 정보를 제공한다.	• 분석시점 이전의 노출수준을 이해하기 어렵다. • 특히 반감기가 짧은 물질의 경우 장기적인 노출을 이해하기 어렵다. • 주요 노출원을 파악하기 어렵다. • 생체시료를 통해 파악한 노출수준은 잠재용량, 적용용량, 내적용량 등이 다를 수 있다. • 초기 건강영향이나 질병의 종말점과 직접적으로 연계하기가 어렵다.

45 제품 내 화학물질에 대한 노출경로가 흡입일 때의 노출시나리오로 옳지 않은 것은?

① 표면휘발
② 먼지 흡입
③ 지속적 방출
④ 손을 입으로 가져감

[해설]

제품 내 화학물질의 노출경로에 따른 노출시나리오

노출경로	주요 노출시나리오
흡 입	지속적 방출, 공기 중 분사, 표면휘발, 휘발성 물질 흡입, 먼지 흡입
경 구	제품의 섭취(제품의 비의도적 섭취), 빨거나 씹음, 손을 입으로 가져감(제품 내 유해물질이 손에 묻어 입으로 섭취)
경 피	액체형 접촉, 반고상형 접촉, 분사 중 접촉, 섬유를 통한 접촉

46 환경 경유 인체노출량에 대한 설명으로 가장 거리가 먼 것은?

① 일일평균노출량(ADD)은 주어진 기간 동안 노출량 추정치이다.

② 인체노출량은 노출경로별 오염물질 농도, 접촉률, 몸무게, 노출기간 등을 포함하여 산정한다.

③ 평생일일평균노출량(LADD)은 평생 동안의 일일평균노출량 추정치로서 발암위해도평가에 활용한다.

④ 평생일일평균노출량(LADD) 산정식에서 평균 노출시간(AT)은 반드시 50년을 적용한다.

[해설]

화학물질 위해성 평가의 구체적 방법 등에 관한 규정 [별표 5] 위해성 평가를 위한 인체노출량 계산식

평생일일평균노출량 : 통상 70년을 가정해서 성인 평균 체중을 적용하여 평생 동안의 일일평균노출량 추정치로 발암위해도 평가에 활용한다.

47 5% 리모넨을 함유한 스프레이 방향제를 화장실에서 2mg 분사하였다. 이때 공기 중 리모넨의 농도와 스프레이 분산 후 화장실에서 2시간 동안 머무른 54kg 성인 여성의 리모넨 흡입노출량으로 알맞게 짝지어진 것은?(단, 화장실의 부피 : 4m³, 체내 흡수율 : 100%, 성인 여성 호흡률 : 18m³/day, 스프레이는 하루에 한 번 분사하며, 초기단계의 노출알고리즘을 사용한다)

① $0.025\text{mg/m}^3 - 0.69\mu\text{g/kg/day}$

② $0.025\text{mg/m}^3 - 1.38\mu\text{g/kg/day}$

③ $0.1\text{mg/m}^3 - 0.69\mu\text{g/kg/day}$

④ $0.1\text{mg/m}^3 - 1.38\mu\text{g/kg/day}$

[해설]

• $C_a = \dfrac{A_p \times W_f}{V} = \dfrac{2\text{mg} \times 0.05}{4\text{m}^3} = 0.025\text{mg/m}^3$

• $D_{inh}(\text{mg/kg} \cdot \text{day}) = \dfrac{C_a \times IR \times t \times n}{BW}$

$$= \frac{0.025\text{mg}}{\text{m}^3} \left| \frac{18\text{m}^3}{\text{day}} \right| \frac{2\text{h}}{} \left| \frac{1\text{회}}{\text{day}} \right| \frac{}{54\text{kg}} \left| \frac{\text{day}}{24\text{h}} \right| \frac{10^3\mu\text{g}}{\text{mg}} = 0.69\mu\text{g/kg} \cdot \text{day}$$

48 어린이제품안전특별법상 어린이제품에 함유된 유해화학물질 안전요건 중 유해원소 용출항목이 아닌 것은?

① 납
② 카드뮴
③ 노닐페놀
④ 안티모니

해설

어린이제품 공통안전기준
유해화학물질 안전요건 – 유해원소 용출
항목 : 안티모니(Sb), 비소(As), 바륨(Ba), 카드뮴(Cd), 크로뮴(Cr), 납(Pb), 수은(Hg), 셀레늄(Se)

49 어린이제품 공통안전기준상 유해화학물질인 프탈레이트계 가소제의 허용치 최대 총합(%)의 기준으로 옳은 것은?(단, 타법에서 지정하는 물품 또는 그 부분품이나 부속품은 제외한다. 프탈레이트계 가소제는 DEHP, DBP, BBP, DINP, DIDP, DnOP를 의미한다)

① 0.01% 이하
② 0.1% 이하
③ 1% 이하
④ 10% 이하

해설

어린이제품 공통안전기준
유해화학물질 안전요건 – 프탈레이트 가소제

항 목	허용치
DEHP[Di-(2-EthylHexyl) Phthalate]	
DBP(DiButyl Phthalate)	
BBP(Benzyl Butyl Phthalate)	
DINP(DiIsoNonyl Phthalate)	총합 0.1% 이하
DIDP(DiIsoDecyl Phthalate)	
DnOP(Di-n-Octyl Phthalate)	
DIBP(DiIsoButyl Phthalate)	

비고 : 합성수지제(섬유 또는 가죽 등에 코팅된 것을 포함)에 적용한다.
※ 저자의견 : 기준 개정(22.01.01)으로 프탈레이트 가소제에 'DIBP' 항목도 추가되었다.

50 안전확인대상생활화학제품 시험·검사 등의 기준 및 방법 등에 관한 규정상 금속류 시료의 전처리 방법에 대한 내용으로 옳지 않은 것은?(단, 안전확인대상생활화학제품에 함유될 수 없는 화학물질 확인을 위한 표준시험절차로 한다)

① 시약은 질산, 염산 등이 있다.

② 산분해법은 셀레늄과 수은 분석에 적용된다.

③ 전처리에 사용되는 시약은 목적성분을 함유하지 않은 높은 순도의 시약을 사용한다.

④ 마이크로파를 이용하는 유기물 및 방해물질을 제거하는 방법은 마이크로파 산분해법이다.

[해설]
안전확인대상생활화학제품 시험·검사 기준 및 방법 등에 관한 규정 [별표] 안전확인대상생활화학제품 안전기준 확인을 위한 표준시험절차
금속류-시료의 전처리 방법
산분해법은 셀레늄(Se), 수은(Hg) 분석에 적용하지 않는다.

51 환경시료의 분석법 중 기기분석에 대한 설명으로 옳지 않은 것은?

① 일반적으로 신호발생장치, 검출기, 신호처리기, 출력장치 등으로 구성된다.

② 분광분석법에는 원자흡수분광법, 유도결합플라스마, 적외선 분광법 등이 있다.

③ 기체크로마토그래피는 물, 에탄올을 이동상으로 사용하여 혼합시료의 개별성분을 분리한다.

④ 기체크로마토그래피-질량분석기는 휘발성 유기화합물을, 액체크로마토그래피-질량분석기는 비휘발성 유기화합물 분석에 주로 사용된다.

[해설]
③ 액체크로마토그래피는 물, 에탄올을 이동상으로 사용하여 혼합시료의 개별성분을 분리한다.

52 다음 보기가 설명하는 제품의 노출계수 수집을 위한 설문조사방법은?

┌─ [보기] ───
• 표본에 대한 정보를 어느 정도 알고 있는 경우에 적용
• 최소의 비용과 노력으로 광범위한 조사가 가능하며, 응답자가 충분한 시간을 가지고 응답할 수 있고 자발적인 응답이라 응답의 신뢰성이 높음
└──

① 전화조사방법 　　　　② 관찰조사방법

③ 우편조사방법 　　　　④ 온라인(인터넷)조사방법

53 최근에 신축된 아파트의 실내에서 1급 발암물질로 알려진 폼알데하이드의 농도를 측정하였더니 $200\mu g/m^3$이었다. 노출량 발암위해성 평가를 위한 이 아파트에서 6개월간 거주한 성인 여성의 전 생애 인체노출량(mg/kg/day)은 약 얼마인가?(단, 성인 여성의 호흡률은 $0.53m^3$/h, 평균 체중은 56.4kg, 평균 노출기간인 365day/year $\times$ 70year, 폼알데하이드의 흡수율 및 존재율은 100%로 가정한다)

① 1.34×10^{-4}　　　　　　　　　② 3.22×10^{-4}

③ 1.34×10^{-3}　　　　　　　　　④ 3.22×10^{-3}

[해설]

• 6개월 = 6개월 $\times \dfrac{1year}{12개월} = 0.5year$

• $200\mu g/m^3 = 0.2mg/m^3$

$$\therefore E_{inh} = \sum \frac{C_{air} \times RR \times IR \times EF \times ED \times abs}{BW \times AT}$$

$$= \frac{0.5year}{} \mid \frac{0.2mg}{m^3} \mid \frac{0.53 \times 24m^3}{day} \mid \frac{1}{56.4kg} \mid \frac{1}{70year} \mid \frac{year}{365day} \mid \frac{365day}{year}$$

$$= 3.22 \times 10^{-4} mg/kg \cdot day$$

54 기기분석을 위한 환경시료의 전처리에 대한 설명 중 틀린 것은?

① 냉동농축은 용액의 어는점이 용매의 어는점보다 항상 낮다는 점을 이용한다.

② 고체상 추출법은 수질시료 안에 포함된 일부 화학물질 등이 보이는 흡착 현상을 이용한다.

③ 속슬렛(Soxhlet) 추출장치는 고체에 있는 특정 성분을 용매를 이용하여 추출하는 장치이다.

④ 수질시료 내 비휘발성 유기화합물을 추출하는 경우 주로 액-액 추출법을 사용한다.

[해설]
④ 수질시료 내 비휘발성 유기화합물을 추출하는 경우 주로 고체상 추출법을 사용한다.

55 인체시료 분석을 위한 전처리 방법으로 옳지 않은 것은?

① 투석/여과법　　　　　　　　　　② 크로마토그래피법

③ 고체상 추출(SPE)법　　　　　　　④ 액-액(LLE)법

56 다음 중 시간활동 노출계수에 포함되지 않는 것은?(단, 한국 노출계수 핸드북 기준으로 한다)

① 수 명
② 인구유동성
③ 직업유동성
④ 교통수단 이용시간

해설

한국 노출계수 핸드북, 환경부, 2007
시간활동 노출계수
• 활동별 소요시간
• 장소별 소요시간
• 교통수단 이용시간
• 손씻기, 세수, 샤워, 목욕, 수영시간
• 인구유동성
• 직업유동성
※ 수명은 일반 노출계수에 해당한다.

57 유해화학물질의 환경노출량 산정에 대한 설명으로 틀린 것은?

① 환경노출평가 예측모델 평가 시 민감도 분석(Sensitivity Analysis)은 필요 없다.
② 환경노출평가 모델의 예측값은 여러 단계에서 많은 가정이 있으므로 불확실성(Uncertainty)이 존재한다.
③ 이미 산출되어 있는 노출계수를 이용하여 이와 물리・화학적 특성이 유사한 물질에 적용할 수 있다.
④ 국내 노출계수 데이터베이스가 제한적이지만 유럽연합과 미국 등에서는 공정 또는 산업유형별 환경오염물질에 대한 노출계수를 제공하고 있다.

58 환경시료채취 방법에 대한 설명으로 옳지 않은 것은?

① 시료채취 장소와 지점에 따라 환경 내에서 오염물질의 농도가 다를 수 있다.
② 해당 환경 내에서 전체 오염물질의 농도를 대표할 수 있도록 균질화된 시료를 수집해야 한다.
③ 특정 장소를 제한하여 시료를 채취하는 작위적 시료채취 방법은 환경노출평가에 사용할 수 없다.
④ 다양한 변이가 있는 환경매체에서 평균값에 가까운 측정값을 얻기 위해 무작위적 시료채취법을 이용하여 시료를 채취한다.

해설

③ 환경매체의 오염도에 대한 추가 정보가 있는 경우 특정 지점으로 제한하여 시료를 채취할 수 있으며, 이 방법을 작위적 시료채취법이라 한다.

59 다음 조건을 이용하여 벤젠이 방출되는 오염지역에 15년간 살아온 45세 남성의 평생일일 평균노출량 (LADD, mg/kg/day)은?(단, 흡수율은 100%로 가정한다)

- 대기 중 벤젠의 농도 : $0.003mg/m^3$
- 노출빈도 : 365day/year
- 평균 체중 : 70kg
- 호흡률 : $15m^3/day$

① 1.38×10^{-4}

② 1.38×10^{-3}

③ 2.14×10^{-4}

④ 2.14×10^{-3}

해설

$$평생일일평균노출량 = \frac{오염도 \times 접촉률 \times 노출기간 \times 흡수율}{체중 \times 평균 \, 기간(70년)}$$

$$= \frac{0.003mg}{m^3} \mid \frac{15m^3}{day} \mid \frac{15year}{} \mid \frac{}{70kg} \mid \frac{}{70year} = 1.38 \times 10^{-4} mg/kg \cdot day$$

60 제품의 유해물질 전이량에 대한 설명으로 옳지 않은 것은?

① 전이율에 제품의 표면적과 제품 사용시간을 고려하여 전이량을 추정한다.

② 전이량은 제품에 함유되어 있는 유해물질의 총량 중에서 인체로 실제 이동하는 양이다.

③ 소비자 제품의 위해성 평가는 일반적으로 제품 내 화학물질의 함량과 전이량을 기초로 한다.

④ 전이량은 흡수되는 양과 차이가 없으므로 실제로 전이량은 흡수량으로 대체하여 사용할 수 있다.

해설

④ 전이량은 제품에 함유되어 있는 유해물질의 총량 중에서 인체로 실제 이동하는 양이다.

61 다음 보기가 설명하는 것으로 옳은 것은?

[보기]

다양한 역학의 연구방법들 중에서 질병의 가설을 설정하는 데 기여하는 역학연구의 한 방법으로 질병의 빈도와 분포를 시간적, 인적, 지역적 변수에 의해 서술하는 연구방법

① 기술역학
② 분석역학
③ 환경역학
④ 산업역학

62 건강영향평가 정의에 포함되는 다음 요소 중 우리나라 건강영향평가에서 포함하고 있는 것으로 옳은 것은?

① 계획(Plan)
② 정책(Policy)
③ 프로젝트(Project)
④ 프로그램(Program)

해설

건강영향평가(HIA ; Health Impact Assessment)란 수행되는 정책(Policy), 계획(Plan), 프로그램(Program) 및 프로젝트(Project) 등이 인체 건강에 미치는 영향을 분석, 평가, 방법, 절차 또는 그 조합으로 정의하며, 우리나라의 경우는 건강영향평가의 대상이 환경영향평가대상사업 중 일부로 결정되어 있기 때문에 정책, 계획, 프로그램은 포함되어 있지 않다.

63 다음 중 건강영향평가 대상시설과 평가 대상물질의 연결이 옳지 않은 것은?

① 산업단지 - 복합악취
② 화력발전소 - 납(Pb)
③ 매립장 - 황화수소(H_2S)
④ 분뇨처리장 - 암모니아(NH_3)

해설

건강영향 항목의 검토 및 평가에 관한 업무처리지침 [별표] 건강영향 항목의 검토 및 평가방법

64 환경 위해도 평가 과정에서 불확실성 평가를 위한 단계적 접근법에 대한 설명으로 옳지 않은 것은?

① 0단계 : 예측 노출수준과 위해도 평가에 사용된 결과값들의 검토
② 1단계 : 불확실성 요인별 과학적 근거 및 주관성에 대한 판단
③ 2단계 : 확률론적 평가를 통한 위해도 분포 확인
④ 3단계 : 민감도분석/상관분석을 통한 입력값의 분포 및 상대기여도 제시

해설

불확실성 평가를 위한 단계적 접근

단계 구분	내 용
전단계 (스크리닝)	• 초기 위해성 단계에서 가정의 적절성 • 예측 노출수준과 위해도 평가에 사용된 결과값들의 검토
1단계 (정성적 평가)	• 불확실성의 정도와 방향에 따른 정성적 평가의 기술 • 불확실성 요인별 과학적 근거 및 주관성에 대한 판단
2단계 (결정론적/정량적 평가)	• 점추정 값에 대한 정량적 불확실성 분석 • 민감도분석을 통한 입력값의 상대기여도
3단계 (확률론적/정량적 평가)	• 확률론적 평가를 통한 위해도 분포 확인 • 민감도분석/상관분석을 통한 입력값의 분포 및 상대기여도 • 확률론적 노출평가를 통한 불확실성의 정도와 신뢰구간 제시

65 환경유해인자의 인체 노출수준을 추정하는 방법에 대한 설명으로 옳지 않은 것은?

① 직접적인 노출평가는 개인 모니터링이나 바이오 모니터링 자료를 활용하여 노출량을 측정 또는 추정하는 방법이다.
② 간접적인 노출평가에는 환경 모니터링 자료나 모델링 자료, 설문조사 결과 등이 활용될 수 있다.
③ 개인 모니터링의 경우 노출이 일어나는 특정시점에 개인 모니터링기술을 사용하여 직접적인 노출량을 기록함으로써 내적 노출량을 정량하는 방법이다.
④ 간접적인 노출평가는 환경매체에서 유해인자의 농도를 분석한 뒤, 수용체가 환경매체에 접촉하여 유해요인을 흡수할 수 있는 노출시나리오를 가정하여 외적 노출량을 추정하는 방법이다.

해설

③ 개인 모니터링은 노출이 일어나는 특정 시점에 직접 측정하여 외적 노출량을 정량하는 방법이다.

66 환경유해인자의 인체노출 중 집단노출에 대한 설명으로 틀린 것은?

① 중심경향노출수준(CTE)값은 해당 집단의 평균 노출을 예측하는 값이다.

② 합리적인 최고노출수준(RME)값은 일반적으로 99백분위수 값을 사용한다.

③ 시나리오 기반 노출량 산정방법은 결정론적 방법과 확률론적 방법으로 나눌 수 있다.

④ 해당 집단의 가능한 노출정보와 함께 인구집단의 노출계수정보를 활용하여 집단의 노출량을 평가한다.

해설

② 합리적인 최고노출수준(RME)값은 일반적으로 90백분위수 이상, 최댓값 미만의 값(예 95백분위수)을 사용한다.

67 발암성 물질의 발암위해도와 비발암성 물질의 위해도지수를 고려하여 대기질 건강영향평가에 대한 저감대책을 수립해야 하는 조건(기준)으로 옳은 것은?

① 발암성 물질 : 10^{-6} 초과, 비발암성 물질 : 1 초과

② 발암성 물질 : 10^{-6} 초과, 비발암성 물질 : 1 미만

③ 발암성 물질 : 10^{-4} 초과, 비발암성 물질 : 0.5 초과

④ 발암성 물질 : 10^{-4} 초과, 비발암성 물질 : 0.5 미만

해설

환경매체별 정량적 건강영향평가 기법

매 체	구 분	평가지표	평가기준	비 고
대기질	비발암성 물질	위해지수	1	
	발암성 물질	발암위해도	$10^{-6} \sim 10^{-4}$	10^{-6}이 원칙

68 다음 중 위해성 평가 시 발생 가능한 주요 불확실성 요소에 해당하지 않는 것은?

① 모델 불확실성

② 입력변수 변이

③ 자료의 불확실성

④ 출력변수의 불확실성

해설

불확실성 요소에는 자료의 불확실성, 모델의 불확실성, 입력변수 변이, 노출시나리오의 불확실성, 평가의 불확실성이 있다.

69 위해성 평가의 불확실성 평가에 대한 설명으로 옳지 않은 것은?

① 변이의 크기는 추가 연구를 통해 줄일 수 있다.
② 변이란 실제로 존재하는 분산 때문에 발생한다.
③ 불확실성은 위해성 평가의 전 단계에 걸쳐 발생할 수 있다.
④ 불확실성 평가는 정성적 및 정량적 평가방법으로 나눌 수 있다.

해설
① 변이는 추가 연구를 통해 더 정확히 이해할 수 있는 현상이지만 변이의 크기 자체를 줄일 수 없다.

70 화학물질 위해성 평가의 구체적 방법 등에 관한 규정상 용어에 대한 정의 중 옳지 않은 것은?

① 내부용량(Internal Dose)이란 화학물질 위해성과 관련된 특정한 독성을 정성 및 정량적으로 표현한 것을 말한다.
② 역치(문턱)(Threshold)란 그 수준 이하에서 유해한 영향이 발생하지 않을 것으로 기대되는 용량을 말한다.
③ 노출경로(Exposure Pathway)란 화학물질이 배출원으로부터 사람 또는 환경에 노출될 때까지의 이동 매개체와 그 경로를 말한다.
④ 위해성 평가(Risk Assessment)란 유해성이 있는 화학물질이 사람과 환경에 노출되는 경우 사람의 건강이나 환경에 미치는 결과를 예측하기 위해 체계적으로 검토하고 평가하는 것을 말한다.

해설
화학물질 위해성 평가의 구체적 방법 등에 관한 규정 제2조(정의)
내부용량(Internal Dose)이란 노출된 화학물질이 생체 내로 흡수된 노출량을 말한다.

71 연구자료 측정과정 또는 분류과정의 바이어스에 대한 설명으로 가장 거리가 먼 것은?

① 대상자 정보 수집과정에서 집단 간에 측정 오류가 다르게 나타나서 생길 수 있다.
② 과거의 노출에 관한 조사 시 대상자의 기억에 의존할 때 일어날 수 있다.
③ 노출군이 비노출군에 비해 자신의 병을 과다하게 보고하는 경우에 생길 수 있다.
④ 질병위험 요인과 질병에 동시에 관련되어 있어 이들의 관계를 왜곡시킬 수 있다.

해설
④ 역학연구에서 해당 요인과 질병 간의 연관성을 잘못 측정하거나 선정할 때 발생하는 것을 바이어스라고 하며, 선정 바이어스, 정보 바이어스, 교란 바이어스가 있다.

72 다음 보기가 설명하는 평가기법으로 옳은 것은?

┌─[보기]──┐
│ • 건강영향평가에 사용되는 평가기법으로 공간적 고려가 잘되고 시계열적 분석을 통해 시간적 평가도 │
│   가능하다. │
│ • 다수의 원인에서 오는 영향을 통합할 수 있는 기법이라는 장점은 있지만 원인과 결과 관계를 파악하기 │
│   힘들다는 단점도 있다. │
└──┘

① 설문조사
② 매트릭스
③ 지도그리기
④ 네트워크 분석

해설

정성적 · 정량적 건강영향평가 기법

방 법	장 점	단 점
매트릭스(Matrix)	• 단순하다. • 다른 종류의 사업이나 영향에 대해 적용이 가능하다. • 가중치나 서열화를 포함하여 변경이 가능하다.	• 공간적 · 시간적 고려사항이 잘 반영되지 않는다. • 가중치나 서열화가 없으면 영향의 크기를 나타내지 못한다.
지도그리기(Mapping) [GIS포함]	• 공간적 고려가 잘된다. • 시간적 고려가 시계열적 분석을 통해 가능하다. • 단일 또는 다수의 원인으로부터 영향을 통합할 수 있다.	• 원인과 결과 관계가 명확하지 않다. • 공간 관련 자료가 많이 필요하다. • 유용한 정보를 만들기 위해서는 시간과 자원이 많이 소요된다.
설문조사(Survey)	• 기초 건강 정보를 얻기에 용이하다. • 대중적 관심사에 대한 정보를 얻을 수 있다. • 잠재적으로 영향을 받을 수 있는 사람들을 포함할 수 있다.	• 시간과 자원 측면에서 비용이 많이 소요된다. • 대표성을 가지는 결과를 위해서는 다량의 무작위적인 표본들이 필요하다. • 조사자가 결과에 편차를 제공할 수 있다. • 대답하는 비율이 중요하다. • 대조군이 필요할 수도 있다.
네트워크 분석 및 흐름도 (Network Analysis & Flow Diagram)	• 단순하고 비용이 적게 소요된다. • 원인과 결과를 관련 짓기 용이하다.	• 공간적 · 시간적 고려가 적절히 안 된다. • 영향의 크기를 알 수 없다. • 매우 복잡하고 번거로울 수 있다.

73 인체 노출 · 흡수 메커니즘에 관한 설명으로 옳지 않은 것은?

① 적용용량은 섭취를 통해 들어온 인자가 체내의 흡수막에 직접 접촉한 양을 의미한다.

② 잠재용량은 노출된 유해인자가 소화기 또는 호흡기로 들어오거나 피부에 접촉한 실제 양을 의미한다.

③ 유해인자가 섭취나 흡수를 통해 체내로 들어왔을 때, 즉 실제로 인체에 들어가는 유해인자의 양을 용량(Dose)이라고 한다.

④ 용량의 개념은 유해인자의 생물학적 영향을 예측하는 데에 용이하나, 어떠한 경우라도 섭취량 (Intake)을 용량과 동일한 것으로 가정할 수는 없다.

> **해설**
> ④ 용량의 개념은 유해인자의 생물학적 영향을 예측하는 데에는 용이하지만, 용량의 크기를 파악하기 어려울 경우 보수적으로 섭취량(Intake)을 용량(Dose)과 동일한 것으로 가정할 수 있다.

74 다음 보기의 물질이 포함되어 있는 수돗물을 70kg의 성인이 매일 2L 음용했을 때 총 유해지수(HI)와 유해지수(HQ)가 가장 큰 물질의 연결이 옳은 것은?(단, 모든 물질의 흡수율은 100%로 가정한다)

[보기]

물 질	농도(mg/L)	RfD(mg/kg/day)
A	0.2	0.03
B	0.6	0.05
C	0.08	0.1

① 0.36 - A

② 0.56 - C

③ 0.36 - C

④ 0.56 - B

> **해설**
>
> - 유해지수(Hazard Quotient) $HQ = \dfrac{\text{노출량}}{RfD}$
>
> - $A = \dfrac{1}{70\text{kg}} \mid \dfrac{2\text{L}}{\text{day}} \mid \dfrac{0.2\text{mg}}{\text{L}} \mid \dfrac{\text{kg} \cdot \text{day}}{0.03\text{mg}} = 0.19$
>
> - $B = \dfrac{1}{70\text{kg}} \mid \dfrac{2\text{L}}{\text{day}} \mid \dfrac{0.6\text{mg}}{\text{L}} \mid \dfrac{\text{kg} \cdot \text{day}}{0.05\text{mg}} = 0.34$
>
> - $C = \dfrac{1}{70\text{kg}} \mid \dfrac{2\text{L}}{\text{day}} \mid \dfrac{0.08\text{mg}}{\text{L}} \mid \dfrac{\text{kg} \cdot \text{day}}{0.1\text{mg}} = 0.023$
>
> - 총 유해지수(Hazard Index) $HI = 0.19 + 0.34 + 0.023 = 0.56$

75 세계보건기구 산하 국제암연구소(IARC)의 화학물질 발암원성 분류체계에서 2B 그룹의 설명으로 옳은 것은?

① 사람과 동물실험에서 발암원성에 대한 자료가 존재하지 않음
② 사람에 대한 자료와 동물실험 자료가 불완전하고 제한적임
③ 사람과 동물에서의 충분한 자료가 존재하고 사람역학 자료가 충분함
④ 사람에 대한 자료가 제한적이고 동물실험에서보다 불충분함

76 환경보건법령상 환경성 질환의 범위로 가장 거리가 먼 것은?

① 석면으로 인한 폐질환
② 대기오염물질과 관련된 알레르기 질환
③ 가습기살균제에 포함된 화학물질로 인한 폐질환
④ 잔디밭 야생들쥐의 배설물 흡입으로 인한 신증후군출혈열

> **해설**
> 환경보건법 제2조(정의)
> '환경성 질환'이란 역학조사(疫學調査) 등을 통하여 환경유해인자와 상관성이 있다고 인정되는 질환으로서 환경보건위원회 심의를 거쳐 환경부령으로 정하는 질환을 말한다.
> 환경보건법 시행규칙 제2조(환경성 질환의 종류)
> '환경부령으로 정하는 질환'이란 특정 지역이나 특정 인구집단에서 다발하는 다음의 질환으로서 감염질환이 아닌 것을 말한다.
> • 물환경보전법에 따른 수질오염물질로 인한 질환
> • 화학물질관리법에 따른 유해화학물질로 인한 중독증, 신경계 및 생식계 질환
> • 석면으로 인한 폐질환
> • 환경오염사고로 인한 건강장해
> • 실내공기질 관리법에 따른 오염물질 및 대기환경보전법에 따른 대기오염물질과 관련된 호흡기 및 알레르기 질환
> • 가습기살균제[미생물 번식과 물때 발생을 예방할 목적으로 가습기 내의 물에 첨가하여 사용하는 제제(製劑) 또는 물질을 말한다]에 포함된 유해화학물질(화학물질관리법의 유독물질로 고시된 것만 해당한다)로 인한 폐질환

77 비발암성 물질의 개별 유해지수(HQ)를 합산한 총 유해지수(HI)를 구하기 위해서 충족되어야 하는 사항으로 옳지 않은 것은?

① 각 영향이 서로 독립적으로 작용할 경우
② 각 물질들의 위해수준이 충분히 높을 경우
③ 해당 비발암성 물질들의 독성이 가산성을 가정할 수 있는 경우
④ 각 영향의 표적기관과 독성기작이 같고 유사한 노출량–반응 모형을 보일 경우

> **해설**
> ② 각 물질들의 위해수준이 충분히 작을 경우

78 노출·생체지표를 활용한 환경유해인자의 노출평가에 대한 설명으로 옳지 않은 것은?

① 주요 노출원을 쉽게 파악할 수 있다.
② 분석 시점 이전의 노출수준이나 변이를 이해하기 어렵다.
③ 초기 건강영향이나 질병의 종말점과 직접적으로 연계하기 어려울 수 있다.
④ 반감기가 짧은 물질의 경우 최근의 노출이나 제한된 기간의 노출수준만을 반영할 수 있다.

해설
① 주요 노출원을 파악하기 어렵다.

79 생체 모니터링을 통해 측정되는 유해물질의 농도기준인 권고치와 참고치에 대한 설명으로 가장 거리가 먼 것은?

① 참고치(Reference Value)는 독성학적 또는 의학적 의미를 가진다.
② 권고치(Guidance Value)는 특정 농도 이상으로 유해물질에 노출되었을 때 건강에 나쁜 영향이 나타나는 농도를 의미한다.
③ 인체노출수준이 BE(Biomonitoring Equivalents)값보다 클수록 보건당국이 우선적으로 관리해야 함을 의미한다.
④ 참고치(Reference Value)는 기준인구에서 유해물질에 노출되는 정상범위의 상위 한계를 통계적인 방법으로 추정한 값이다.

해설
① 참고치를 이용하면 일반적인 수준보다 높은 수준의 유해물질에 노출된 사람들을 판별할 수 있으나, 이 값은 권고치와 달리 독성학적 또는 의학적 의미를 가지지 않는다는 한계점이 있다.

80 발암물질 A의 평생일일평균노출량은 0.5μg/kg/day, 발암잠재력은 0.25(mg/kg/day)$^{-1}$일 때, A의 초과발암위해도는?

① 0.125
② 2.0×10^{-3}
③ 0.5×10^{-4}
④ 1.25×10^{-4}

해설
$$ECR = \frac{0.5\mu g}{kg \cdot day} \mid \frac{0.25 kg \cdot day}{mg} \mid \frac{mg}{10^3 \mu g} = 1.25 \times 10^{-4}$$

81 화학물질의 잠재적 위해도의 크기를 평가하기 위해 수행하는 안전성 확인은 무엇으로 정량화되는가?

① 역 치   ② 무영향수준

③ 무영향농도   ④ 위해도결정비

해설

위해수준을 정량적으로 판단하는 것을 위해도 결정(Risk Characterization)이라고 한다.

82 화학물질의 등록 및 평가 등에 관련 법률상 등록유예기간 동안 등록을 하지 않고 기존화학물질을 제조·수입하려는 자가 제조 또는 수입 전에 환경부장관에게 신고해야 하는 사항으로 옳지 않은 것은?(단, 그 밖에 제조 또는 수입하려는 자의 상호 등 환경부령으로 정하는 사항은 제외한다)

① 화학물질의 명칭

② 화학물질의 매출액

③ 화학물질의 분류·표시

④ 연간 제조량 또는 수입량

해설

화학물질의 등록 및 평가 등에 관한 법률 제10조(화학물질의 등록 등)

등록유예기간 동안 등록을 하지 아니하고 제조·수입하려는 자는 환경부령으로 정하는 바에 따라 제조 또는 수입 전에 환경부장관에게 다음의 사항을 신고하여야 한다.

• 화학물질의 명칭

• 연간 제조량 또는 수입량

• 화학물질의 분류·표시

• 화학물질의 용도

• 그 밖에 제조 또는 수입하려는 자의 상호 등 환경부령으로 정하는 사항

83 위험성 및 노출 위해성 저감을 위해 작업공정을 개선하는 방법으로 옳지 않은 것은?

① 화학적 작업공정에서 생성되는 물질의 안전성을 검토하여 관리방안을 제시한다.
② 화학적 작업공정에서는 인화성, 폭발성, 반응성, 부식성, 산화성, 발화성, 휘발성이 있는 물질을 원칙적으로 사용하지 않는다.
③ 기계적 작업공정에서는 기계나 도구에 의한 물리적 위해 및 반복적 행동으로 인한 신체적 손상을 최소화한다.
④ 생물학적 작업공정에서는 감염원의 노출이 가능한 과정을 확인하고 노출 가능성을 차단하도록 공정과정을 개선한다.

84 위해성 보고서 작성을 위한 핵심절차인 노출시나리오의 작성 시 고려사항에 대한 설명으로 옳지 않은 것은?

① 위해성 보고서는 최종의 노출시나리오에 근거하여 작성한다.
② 노출시나리오는 위해성 보고서 작성을 위한 핵심절차이며, 이 작성절차는 반복될 수 있다.
③ 유해성 평가를 수정하기 위해서는 이전보다 노출기간이 짧은 급성 시험자료 및 하위 개념의 유전독성 시험자료가 필요하다.
④ 노출평가를 수정하기 위해서는 노출시나리오에서 취급조건 및 위해성 관리대책을 적절히 변경하는 과정이 필요하다.

> **해설**
> ③ 유해성 평가를 수정하기 위해서는 보다 노출기간이 긴 만성 시험자료 또는 보다 상위 개념의 유전독성 시험자료 확보 등 추가적인 유해성 정보의 확보가 필요하다(등록신청자료의 작성방법 및 유해성심사 방법 등에 관한 규정 제10조).

85 화학물질 노출시나리오 작성 시 고려사항으로 틀린 것은?

① 위해성 보고서는 최종의 노출시나리오에 근거하여 작성한다.
② 노출시나리오는 위해성 보고서 작성을 위한 핵심절차이며, 이 작성절차는 반복될 수 없다.
③ 위해성 보고서는 이용 가능한 모든 유해성 정보, 취급조건 및 위해성 관리대책에 대한 초기 가정에 따른 예상노출량에 근거하여 작성한다.
④ 위해성이 충분히 통제되지 않는다고 판정되면, 위해성이 충분히 통제됨을 입증할 목적으로 다수의 요소를 수정하는 반복 과정이 필요하다.

> **해설**
> ② 노출시나리오는 위해성 보고서 작성을 위한 핵심절차이며, 이 작성절차는 반복될 수 있다(등록신청자료의 작성방법 및 유해성심사 방법 등에 관한 규정 제10조).

86 다음 ( ) 안에 들어갈 용어로 옳은 것은?

> 적절한 정보의 공유는 유해인자에 대한 대응책을 제시하고 불안감을 해소하며 발생 가능한 분쟁의 해결이나 합의를 도출할 수 있는 원천이 될 수 있다. 이러한 정보 공유와 이해를 위해 수행되는 제반의 과정 혹은 체계를 ( )이라 한다.

① 위해성 관리(RM)
② 위해성 융합(RI)
③ 위해성 평가(RA)
④ 위해성 소통(RC)

87 사업장 화학물질 위해성 소통을 위해 다음 보기 중 사업장에서 위해성 평가 시 고려해야 할 사항으로 옳은 것을 모두 고른 것은?

> [보기]
> ㄱ. 유해인자가 가지고 있는 유해성
> ㄴ. 안전확인대상생활화학제품 노출평가
> ㄷ. 시간 빈도 및 공간적 분포
> ㄹ. 사업장의 조직적 특성

① ㄱ, ㄴ
② ㄱ, ㄹ
③ ㄴ, ㄷ, ㄹ
④ ㄱ, ㄷ, ㄹ

해설

사업장 위해성 평가를 수행할 때 고려사항
• 유해인자가 가지고 있는 유해성
• 사용하는 유해물질의 시간적 빈도와 기간
• 사용하는 유해물질의 공간적 분포
• 노출대상의 특성
• 유해물질 사용 사업장의 조직적 특성

88 소비자가 사용하는 제품의 위해성을 발암물질과 비발암물질로 구분하여 결정할 때 고려해야 할 사항으로 옳지 않은 것은?

① 비발암물질일 경우에는 유해지수를 산출하여 위해성을 판단한다.
② 발암물질일 경우에는 초과발암위해도를 산출하여 위해성을 결정한다.
③ 초과발암위해도의 계산은 인체노출량에 발암가중치를 더하여 나타낸다.
④ 유해지수가 1 이상일 경우에는 위해성이 있는 것으로 판단하여 노출 저감방안을 마련해야 한다.

[해설]
③ 초과발암위해도(ECR) = 평생일일평균노출량($LADD$) × 발암력(q)

89 노출시나리오 작성을 위해 작업자 및 환경노출평가를 위해 정보를 제공하는 자로 옳은 것은?

① 하위사용자
② 화학물질 판매자
③ 화학물질 수입자
④ 화학물질 제조자

[해설]
하위사용자 및 판매자와의 정보 공유

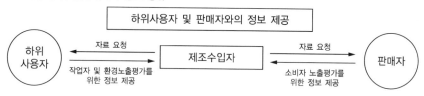

90 산업안전보건법상 사업장에서 다음 화학물질별 노출농도의 허용기준 중 단시간 노출값(STEL)을 가지는 유해인자는?

① 니 켈
② 벤 젠
③ 폼알데하이드
④ 다이메틸폼아마이드

[해설]
산업안전보건법 시행규칙 [별표 19] 유해인자별 노출농도의 허용기준

유해인자	허용기준			
	시간가중평균값(TWA)		단시간 노출값(STEL)	
	ppm	mg/m³	ppm	mg/m³
니켈[7440-02-0] 화합물(불용성 무기화합물로 한정한다)(Nickel and its insoluble inorganic compounds)	–	0.2	–	–
벤젠(Benzene ; 71-43-2)	0.5	–	2.5	–
폼알데하이드(Formaldehyde ; 50-00-0)	0.3	–	–	–
다이메틸폼아마이드(Dimethylformamide ; 68-12-2)	10	–	–	–

91 다음 보기 중 위해성 소통 단계를 올바르게 나열한 것은?

┌─[보기]───┐
│ ㄱ. 위해성 소통에 활용할 정보·매체·소통방법 선정   │
│ ㄴ. 위해성 소통의 수행·평가·보완   │
│ ㄷ. 위해성 소통의 목적 및 대상자 선정   │
│ ㄹ. 위해요인 인지 및 분석   │
└───┘

① ㄱ→ㄴ→ㄹ→ㄷ 　　　　② ㄱ→ㄴ→ㄷ→ㄹ
③ ㄹ→ㄷ→ㄱ→ㄴ 　　　　④ ㄹ→ㄷ→ㄴ→ㄱ

92 다음 중 제품에 대한 소비자노출 중 직접 노출에 해당하지 않는 것은?

① 아기 젖병을 통한 화학물질 노출
② 옷의 염료나 직물에 처리된 화학물질의 노출
③ 샤워나 세안 시 사용되는 화장품을 통한 화학물질 노출
④ 건축자재에서 발생하는 먼지 입자에 흡착된 물질이 포함된 실내공기의 노출

93 환경보건법상 사용되는 용어와 그 정의의 연결이 틀린 것은?

① 환경보건 : 환경정책기본법에 따른 환경오염과 유해화학물질관리법에 따른 유해화학물질 등이
　　사람의 건강과 생태계에 미치는 영향을 조사·평가하고 이를 예방·관리하는 것
② 환경성 질환 : 역학조사 등을 통하여 환경유해인자와 상관성이 있다고 인정되는 질환으로서
　　환경보건위원회 심의와 보건복지부장관과의 협의를 거쳐 환경부령으로 정하는 질환
③ 위해성 평가 : 환경유해인자가 사람의 건강이나 생태계에 미치는 영향을 예측하기 위하여 환경
　　유해인자에의 노출과 환경유해인자의 독성정보를 체계적으로 검토·평가하는 것
④ 수용체 : 환경매체를 통하여 전달되는 환경유해인자에 따라 영향을 받는 사람

[해설]
환경보건법 제2조(정의)
• '환경보건'이란 환경정책기본법에 따른 환경오염과 화학물질관리법에 따른 유해화학물질 등(이하 '환경유해인자'라
　한다)이 사람의 건강과 생태계에 미치는 영향을 조사·평가하고 이를 예방·관리하는 것을 말한다.
• '수용체'란 환경매체를 통하여 전달되는 환경유해인자에 따라 영향을 받는 사람과 동식물을 포함한 생태계를 말한다.
※ 화학물질 위해성 평가의 구체적 방법 등에 관한 규정 제2조(정의) : '수용체(Receptor)'란 화학물질로 인해 영향을
　받을 수 있는 생태계 내의 개체군 또는 해당 종(種)을 말한다.
※ 환경보건법 개정으로 인해 환경성 질환의 정의가 '역학조사 등을 통하여 환경유해인자와 상관성이 있다고 인정되는
　질환으로서 환경보건위원회 심의를 거쳐 환경부령으로 정하는 질환'으로 수정됨

94 생활화학제품 및 살생물제의 안전관리에 관한 법률상 다음 보기가 설명하는 것으로 옳은 것은?

[보기]

유해생물을 제거, 무해화 또는 억제하는 기능으로 사용하는 화학물질, 천연물질 또는 미생물을 말한다.

① 살생물제품 ② 살생물물질
③ 생활화학제품 ④ 살생물처리제품

해설
생활화학제품 및 살생물제의 안전관리에 관한 법률 제3조(정의)

95 사업장에서는 유해화학물질의 배출량 저감기술의 적용과 관련하여 4단계 과정을 수행한다. 순서대로 올바르게 나열한 것은?

ㄱ. 공정과정에서의 배출 최소화
ㄴ. 취급물질의 특성에 따른 대체물질 사용 검토
ㄷ. 화학물질의 도입과정에서의 위해 저감
ㄹ. 환경오염방지시설의 설치를 통하여 최종 환경배출을 저감

① ㄴ → ㄷ → ㄹ → ㄱ
② ㄴ → ㄷ → ㄱ → ㄹ
③ ㄷ → ㄱ → ㄹ → ㄴ
④ ㄷ → ㄴ → ㄱ → ㄹ

96 다음 중 위해성 소통(Risk Communication)에 대한 설명으로 옳은 것을 모두 나열한 것은?

ㄱ. 위해성 소통은 이해관계자 간에 위해와 관련된 정보 및 견해를 소통한다.
ㄴ. 사업장의 위해소통은 사업장 내부의 공정관리에 국한된다.
ㄷ. 위해성 소통의 목적은 공공의 걱정을 감소시키는 것이 아니라 과학적인 방법론이 올바른 정책 결정에 도입이 될 수 있도록 하는 데 있다.
ㄹ. 안전확인대상생활화학제품은 소비자에 대한 위해성 소통 대상이다.
ㅁ. 화학물질 공급망은 위해성 소통의 대상이 아니다.

① ㄱ, ㄷ
② ㄱ, ㄷ, ㄹ
③ ㄴ, ㄹ, ㅁ
④ ㄱ, ㄴ, ㄹ, ㅁ

97 다음 보기에서 환경 위해성 저감대책의 단계를 순서대로 가장 올바르게 나열한 것은?

┌─[보기]─────────────────────────────────────┐
ㄱ. 사업장 취급물질 목록 작성
ㄴ. 우선순위 저감대상 물질 목록 산정
ㄷ. 물질별 저감대책 수립
ㄹ. 물질별 매체별 배출량 파악 및 노출량 산정
└───┘

① ㄱ → ㄹ → ㄴ → ㄷ
② ㄱ → ㄷ → ㄴ → ㄹ
③ ㄷ → ㄴ → ㄹ → ㄱ
④ ㄷ → ㄱ → ㄴ → ㄹ

해설

사업장 환경 위해성 저감대책

사업장 화학물질 파악	사업장 취급물질 목록을 작성하고, 각 공정에서 사용되는 물질의 종류와 양을 파악한다.

⇩

환경 위해성 평가	물질별 매체별 배출량 및 노출량을 파악하고, 물질별 유해성을 확인한다.

⇩

저감대책 수립	우선순위 저감대상 물질 목록을 작성하고, 물질별 저감대책을 수립한다.

98 화학물질관리법상 운반계획서 제출 대상이 아닌 것은?

① 유독물질 4,000kg
② 허가물질 4,000kg
③ 제한물질 4,000kg
④ 금지물질 4,000kg

해설

화학물질관리법 제15조(유해화학물질의 진열량·보관량 제한 등)
유해화학물질을 운반하는 자가 1회에 환경부령으로 정하는 일정량을 초과하여 운반하고자 하는 경우에는 환경부령으로 정하는 바에 따라 사전에 해당 유해화학물질의 운반자, 운반시간, 운반경로·노선 등을 내용으로 하는 운반계획서를 작성하여 환경부장관에게 제출하여야 한다.
화학물질관리법 시행규칙 제11조(유해화학물질 운반계획서 작성·제출 등)
'환경부령으로 정하는 일정량'이란 다음의 구분에 따른 양을 말한다.
• 유독물질 : 5,000kg
• 허가물질, 제한물질, 금지물질 또는 사고대비물질 : 3,000kg

99 사고대비물질을 일정 수량 이상으로 취급하는 사업장의 지역사회 위해성 소통에 대한 설명으로 옳지 않은 것은?

① 사고대비물질을 환경부령으로 정하는 수량 이상으로 취급하는 자는 위해관리계획서를 3년마다 작성하여야 한다.

② 사고대비물질을 취급하는 자는 화학사고 발생 시 영향 범위에 있는 주민에게 취급화학물질의 정보, 주민대피 등을 매년 1회 이상 고지하여야 한다.

③ 위해성 소통의 대상 주민은 위해성의 크기, 화학사고 시 주변지역 영향 범위 등을 고려하여 선정한다.

④ 위해성 소통에 직·간접적으로 참여한 사람들이 평가과정에 함께 참여할 수 있도록 조직한다.

[해설]
① 사고대비물질을 환경부령으로 정하는 수량 이상으로 취급하는 자는 화학사고예방관리계획서를 5년마다 작성한다.
※ 현재 화학물질관리법 개정(2020.03)에 따라 해당 내용은 삭제되었다.

100 화학물질의 등록 및 평가 등에 관한 법률상 ( )에 알맞은 용어는?

> ( )이란 다음의 어느 하나에 해당하는 화학물질 중에서 위해성이 있다고 우려되어 화학물질평가위원회의 심의를 거쳐 환경부장관이 정하여 고시하는 것
> 가. 사람 또는 동물에게 암, 돌연변이, 생식능력 이상 또는 내분비계 장애를 일으키거나 일으킬 우려가 있는 물질
> 나. 사람 또는 동식물의 체내에 축적성이 높고, 환경 중에 장기간 잔류하는 물질
> 다. 사람에게 노출되는 경우 폐, 간, 신장 등의 장기에 손상을 일으킬 수 있는 물질
> 라. 사람 또는 동식물에게 위 3개의 물질과 동등한 수준 또는 그 이상의 심각한 위해를 줄 수 있는 물질

① 유독물질
② 금지물질
③ 제한물질
④ 중점관리물질

[해설]
화학물질의 등록 및 평가 등에 관한 법률 제2조(정의)

제1과목 | 유해성 확인 및 독성평가

01 화학물질관리법령상 환경부장관은 몇 년마다 화학물질 통계조사를 실시해야 하는가?

① 1년

② 2년

③ 4년

④ 5년

해설

화학물질관리법 제10조(화학물질 통계조사 및 정보체계 구축·운영)

환경부장관은 2년마다 화학물질의 취급과 관련된 취급현황, 취급시설 등에 관한 통계조사(이하 '화학물질 통계조사'라 한다)를 실시하여야 한다.

02 혼합물 자체에 대한 자료가 없으나 가교원리를 적용할 수 있는 경우 해당 혼합물의 독성을 분류할 수 있다. 화학물질의 분류 및 표시 등에 관한 규정상 적용할 수 있는 가교원리에 해당하지 않는 것은?

① 희 석

② 에어로졸

③ 고유해성 혼합물의 농축

④ 실질적으로 상이한 혼합물

해설

화학물질의 분류 및 표시 등에 관한 규정 [별표 1] 화학물질의 분류 및 표시사항

분류에 관한 일반 원칙

가교원리 : 희석(Dilution), 배치(Batch), 고유해성 혼합물의 농축(Concentration), 하나의 독성구분 내에서 내삽(Interpolation), 실질적으로 유사한 혼합물, 에어로졸

03 화학물질관리법령상 유해화학물질의 취급기준에 관한 설명으로 옳지 않은 것은?

① 화재, 폭발 등의 위험성이 높은 유해화학물질은 가연성 물질과 접촉되지 않도록 할 것
② 고체 유해화학물질을 용기에 담아 이동할 때에는 용기 높이의 90% 이상을 담지 않도록 할 것
③ 별도의 안전조치를 취하지 않은 경우 유해화학물질이 묻어 있는 표면에 용접을 하지 말 것
④ 유해화학물질을 취급할 때 증기가 발생하는 경우 해당 증기를 포집하기 위한 국소배기장치를 설치하고 사고 발생 시 가동을 시작할 것

해설
화학물질관리법 시행규칙 [별표 1] 유해화학물질의 취급기준
유해화학물질을 계량하고 공정에 투입할 때 증기가 발생하는 경우에는 해당 증기를 포집하기 위한 국소배기장치를 설치하고, 작업 시 상시 가동할 것

04 용량-반응 평가에서 도출된 DNEL값을 최종적으로 사용하는 위해성 평가의 단계는?

① 유해성 확인
② 위해도 결정
③ 노출평가
④ 위해성 소통

해설
위해성 평가는 발암물질과 비발암물질로 구분하여 평가하며, 비발암성인 경우에는 Derived No Effect Level(DNEL), Reference Concentration(RfC), Reference Dose(RfD), Acceptable Daily Intake(ADI), Tolerable Daily Intake(TDI)를 도출하여 활용한다.

05 다음 중 변이원성을 확인하기 위한 시험법에 해당하지 않는 것은?

① 생식독성 시험
② 유전자 변이시험
③ 염색체 손상시험
④ 생체 내 DNA 복구시험

해설
변이원성시험법

구 분		평가내용
유전자 변이시험		
	원핵동물 시험	• 박테리아 돌연변이시험(OECD TG 471)
	진핵동물 시험	• *Saccharomyces cerevisiae* 유전자 돌연변이시험(OECD TG 480) • 시험관 내 포유동물 유전자 돌연변이시험(OECD TG 476) • *Drosophila melanogaster*의 생체 내 성별관련 열성치사시험(OECD TG 477)
염색체 손상시험		
	시험관 내 시험	• 포유동물 세포발생시험(OECD TG 473) • 포유동물 세포의 염색분체교환시험(OECD TG 479)
	생체 내 시험	• 염색체 분석을 위한 포유동물 골수 세포발생시험(OECD TG 475) • 미소핵시험(OECD TG 474)
염색체 손상/복구 및 결합체 형성검정		• 포유동물 세포의 시험관 내 DNA 손상/복구, 미예정 DNA 합성(OECD TG 482) • 1차 간세포에서 DNA 복구시험 • 생체 내 DNA 복구시험

06 반복투여독성시험에 관한 설명으로 옳지 않은 것은?

① 반복투여독성시험(28일)을 아급성 독성시험이라 한다.
② 반복투여독성시험(90일)을 아질성 독성시험이라 한다.
③ 경구 반복투여독성시험, 경피 반복투여독성시험, 흡입 반복투여독성시험으로 구분된다.
④ 포유류에 시험물질을 특정기간 동안 매일 반복투여했을 때 나타나는 생체의 기능 및 형태 변화를 관찰하는 것이다.

해설

반복투여독성시험
- 반복투여독성시험이란 시험물질을 시험동물에 반복투여하여 중·장기간 동안 나타나는 독성의 NOEL, NOAEL 등을 검사하는 시험을 말한다.
- 시험의 대상물질을 동물에게 중·장기간 매일 반복적으로 투여하였을 때 나타나는 독성을 평가하는 시험이다.
- 시험기간을 14일, 28일, 90일(3개월)로서 1년 미만의 투여기간을 가지는 것이 보통이다.
- 시험기간이 1년 미만인 독성시험을 아급성 독성시험 또는 단기 독성시험이라 한다.
- 일반적으로 시험물질을 동물에게 경구로(Oral) 투여하는 방법은 크게 위장관 내 삽입(Gavage)하는 방법과 사료 또는 음수에 혼합하여 자유급식(Feeding)하는 방법이 있다.
- 반복투여독성시험의 평가항목은 기간(시기)에 따라 크게 투여 전 평가, 투여기간 중 평가, 부검일 평가, 부검 후 평가로 나눌 수 있다.

07 시험수 내의 시험물질 농도를 적절하게 유지하기 위한 수서생물의 노출방법에 해당하지 않는 것은?

① 유수식
② 지수식
③ 반지수식
④ 필터식

해설

수서생물의 노출방법에는 유수식, 지수식, 반지수식 시험이 있다.

08 다음 중 인체독성 예측모델은?

① VEGA
② ECOSAR
③ TOPKAT
④ MCASE

해설

모 델	분류군 기반	독성 예측값
ECOSAR	화학물질의 구조	어류, 물벼룩, 조류의 급·만성 독성 예측
TOPKAT	분자구조의 수치화, 암호화	기존 어류, 물벼룩의 독성시험 자료로 예측
MCASE	물리·화학적 특성, 활성/비활성 특성	기존 어류, 물벼룩의 독성시험 자료로 예측
OASIS	화학물질 구조, 생물농축계수	기존의 급성 독성자료로 예측
TEST	화학물질의 구조, CAS 번호	어류, 물벼룩의 LC_{50}, 쥐의 LD_{50}, 생물농축계수 예측
VEGA	인체독성	유전독성, 발생독성, 피부 감작성, 내분비계 독성예측
QSAR	화학물질의 구조/특성, 원자 개수, 분자량	무영향예측농도
ConsExpo	생활화학제품	소비자노출평가

09 화학물질 등록 및 평가 등에 관한 법령상 관계 중앙행정기관 장과의 협의와 화학물질평가위원회의 심의를 거쳐 고시하는 유해화학물질의 종류에 해당하지 않는 것은?

① 제한물질
② 허가물질
③ 금지물질
④ 사고대비물질

해설

화학물질관리법 제2조(정의)
'사고대비물질'이란 화학물질 중에서 급성 독성(急性毒性)·폭발성 등이 강하여 화학사고의 발생 가능성이 높거나 화학사고가 발생한 경우에 그 피해 규모가 클 것으로 우려되는 화학물질로서 화학사고 대비가 필요하다고 인정하여 환경부장관이 지정·고시한 화학물질을 말한다.
①·②·③ 화학물질의 등록 및 평가 등에 관한 법률 제2조(정의)

10 화학물질의 건강 유해성 분류 시 단일물질에 대한 급성 독성 추정값(ATE)을 구하는 지표에 해당하는 것은?

① 반수치사량
② 반수유효량
③ 반수중독량
④ 반수흡입량

해설

급성 독성 추정치(ATE ; Acute Toxicity Estimate)는 추정된 과반수 치사량을 의미한다(LD_{50}, LC_{50}).

11 경구노출에 대한 인체 만성 독성 평가의 기준이 되는 독성지표와 거리가 가장 먼 것은?

① 최소영향관찰용량(LOAEL)
② 잠정주간섭취허용량(PTWI)
③ 독성참고치(RfD)
④ 일일섭취허용량(ADI)

해설

만성 독성 평가의 독성지표는 무영향관찰용량(NOAEL)을 외삽하여 RfD, ADI, PTWI 등을 구한다.

12 발암성 독성지표 중 흡입 Unit Risk의 단위는?

① mg/m^3
② $(\mu g/m^3)^{-1}$
③ $(mg/kg \cdot d)^{-1}$
④ $mg/kg \cdot d$

해설

Inhalation Unit Risk[$(\mu g/m^3)^{-1}$]

13 화학물질의 구조를 기반으로 독성을 예측할 수 있는 모델에 해당하지 않는 것은?

① TOPKAT
② TEST
③ ECOSAR
④ ECETOC-TRA

해설
- ECETOC-TRA : 유럽 화학물질 생태독성 및 독성 센터(ECETOC ; European Centre for Ecotoxicology and TOxicology of Chemicals)에 의해 개발된 TRA(Targeted Risk Assessment)는 초기단계(Tier 1)의 노출평가 모델로서 Excel 프로그램 파일 형태로 개발되었으며, 유럽 REACH에서 화학물질을 등록할 때 공식적으로 활용되고 있는 소비자노출평가 프로그램이다.
- TRA는 소비자 전용 모델과 통합형(사업장, 소비자, 환경) 모델로 구분되어 있는데 소비자용 TRA의 대상 제품은 유럽 화학물질청(ECHA ; European CHemical Agency)에서 분류한 카테고리를 근거로 하고 있다. 대상 인구집단을 성인과 어린이로 구분하고 노출알고리즘은 흡입, 경구, 경피 모두 한 종류뿐인 단순한 형태이다.

14 화학물질 위해성 평가의 구체적 방법 등에 관한 규정상의 종민감도분포 이용을 위한 최소 자료 요건으로 옳은 것은?

① 물 : 3개 분류군에서 최소 4종 이상
② 토양 : 4개 분류군에서 최소 4종 이상
③ 물 : 4개 분류군에서 최소 5종 이상
④ 토양 : 5개 분류군에서 최소 5종 이상

해설
화학물질 위해성 평가의 구체적 방법 등에 관한 규정 [별표 4] 종민감도분포 이용을 위한 최소 자료 요건

구 분	최소 자료 요건
물	4개 분류군에서 최소 5종 이상(조류, 무척추동물* 2, 어류 등)
토 양	4개 분류군에서 최소 5종 이상(미생물, 식물류, 톡토기류, 지렁이류 등)
퇴적물	4개 분류군에서 최소 5종 이상(미생물, 빈모류, 깔따구류, 단각류 등)

* 무척추동물 : 갑각류, 연체류 등

15 화학물질 통계조사 및 화학물질 배출량조사를 완료한 때에 화학물질 종합정보시스템 등에 공개해야 하는 기본 공개범위에 해당하지 않는 것은?

① 업체명, 소재지, 종업원 수 등 사업자의 일반정보
② 유해화학물질 최소 보관·저장량 및 화학사고 발생현황
③ 물질별 연간 입고량, 연간 사용량 등 화학물질 취급현황
④ 자가매립량, 폐기물 이동량 등 배출량조사대상 화학물질별 배출·이동량

[해설]

화학물질 조사결과 및 정보공개제도 운영에 관한 규정 제2조(화학물질 조사결과의 공개)
화학물질안전원장은 화학물질 통계조사(이하 '통계조사'라 한다) 및 화학물질 배출량 조사(이하 '배출량조사'라 한다)를 완료한 때에는 다음의 어느 하나에 해당하는 화학물질에 대한 사업장별 조사 결과를 화학물질 종합정보시스템(이하 '종합정보시스템'이라 한다) 등에 공개해야 한다.
화학물질 조사결과 및 정보공개제도 운영에 관한 규정 [별표 1] 화학물질 조사결과의 공개범위(기본공개)
• 사업자의 일반정보
 – 업체명, 대표자, 소재지, 대표업종, 종업원 수
 – 관할환경청, 산업단지, 농공단지, 유입수계명
 – 상수원 보호구역명, 대기·수질보전 특별대책지역명
 – 배출시설 종류(대기·수질)
• 화학물질 최대 보관·저장량 및 화학사고 발생현황
 – 화학물질 보관·저장현황
 – 화학사고 발생현황 및 사업장 비상연락번호
• 화학물질 취급현황
 – 제품별 명칭 및 혼합물 여부
 – 물질별 연간 입고량, 연간 사용·판매량 범위
• 배출량조사대상 화학물질별 배출·이동량
 – 대기·수계·토양 배출량
 – 자가매립량
 – 폐수·폐기물 이동량

16 화학물질의 표시에 사용하는 그림문자에 관한 설명으로 옳지 않은 것은?

① 그림문자의 모양은 1개의 정점에서 바로 세워진 마름모 형태이어야 한다.
② 해골과 X자형 뼈의 그림문자가 사용되는 경우에는 감탄부호는 사용해서는 안 된다.
③ 그림문자는 흰 배경 위에 검은 심벌을 두고 분명히 보이는 충분한 폭의 적색 테두리로 둘러싸야 한다.
④ 부식성 심벌이 사용되는 경우에는 피부 또는 눈 자극성을 나타내는 감탄부호와 함께 사용해야 한다.

[해설]

화학물질의 분류 및 표시 등에 관한 규정 제9조(그림문자)
부식성 심벌이 사용되는 경우에는 피부 또는 눈 자극성을 나타내는 감탄부호는 사용해서는 안 된다.

17 생태독성 자료의 해석에 관한 설명으로 옳지 않은 것은?

① 급·만성 생태독성에서 얻은 가장 민감한 생물종의 독성값에 적절한 평가계수를 적용하여 예측 무영향관찰농도(PNEC)를 산출한다.

② 만성 생태독성의 지표인 최소영향관찰농도(LOEC), 무영향관찰농도(NOEC)는 용량−반응 곡선에서 찾을 수 있다.

③ 각각의 종말점에 대해 유의한 변화를 초래한 농도군 중 가장 낮은 농도를 무영향관찰농도(NOEC)로 결정한다.

④ 급성 생태독성의 지표인 LC_{50}, EC_{50}는 주로 컴퓨터 프로그램을 이용하여 얻은 점 추정된 값을 의미한다.

> **해설**
> ③ 각각의 종말점에 대해 유의한 변화를 초래한 농도군 중 가장 높은 농도를 무영향관찰농도(NOEC)로 결정한다.

18 화학물질의 등록 및 평가 등에 관한 법령상 화학물질의 용도에 따른 분류와 그에 대한 설명의 연결이 옳지 않은 것은?

① 착화제 : 다른 물질을 발색하도록 하는 물질

② 연료 : 연소반응을 통해 에너지를 얻을 수 있는 물질

③ 전도제 : 섬유류와 플라스틱류의 대전성능을 개선하기 위해서 제조공정에서 첨가·도포하는 물질

④ 가황제 : 고무와 같은 화합물에 가교반응을 일으켜 탄성을 부여하는 동시에 단단하게 하는 물질

> **해설**
> 화학물질의 등록 및 평가 등에 관한 법률 시행령 [별표 2] 화학물질 용도분류체계
>
> | 용도분류 | 내 용 |
> |---|---|
> | 착색제(Colouring Agents) | 다른 물질을 발색하도록 하는 물질 |
> | 착화(錯化)제(Complexing Agents) | 주로 중금속 이온인 다른 물질에 배위자(配位子)로서 배위되어 착물(복합체)을 형성하는 물질 |

19 다음 중 충분한 검토를 거쳐 독성참고치(RfD)와 동일한 개념으로 사용할 수 있는 것을 모두 나열한 것은?(단, 화학물질 위해성 평가의 구체적 방법 등에 관한 규정 기준)

> ㉠ 내용일일섭취량(TDI)
> ㉡ 일일섭취허용량(ADI)
> ㉢ 잠정주간섭취허용량(PTWI)
> ㉣ 흡입노출참고치(RfC)

① ㉠
② ㉠, ㉡
③ ㉠, ㉡, ㉢
④ ㉠, ㉡, ㉢, ㉣

해설

화학물질 위해성 평가의 구체적 방법 등에 관한 규정 제2조(정의)
'독성참고치(Reference Dose, 이하 'RfD'라 한다)'란 식품 및 환경매체 등을 통하여 화학물질이 인체에 유입되었을 경우 유해한 영향이 나타나지 않는다고 판단되는 노출량을 말한다. 내용일일섭취량(TDI ; Tolerable Daily Intake), 일일섭취허용량(ADI ; Acceptable Daily Intake), 잠정주간섭취허용량(PTWI ; Provisional Tolerable Weekly Intake) 또는 흡입독성참고치(RfC ; Reference Concentration)값도 충분한 검토를 거쳐 RfD와 동일한 개념으로 사용할 수 있다.

20 최소영향수준(DMEL)의 도출 과정을 순서대로 나열한 것은?

> 가. 최소영향수준 도출
> 나. T_{25} 및 BMD_{10} 산출
> 다. 시작점 보정
> 라. 용량기술자 선정

① 다 - 나 - 라 - 가
② 나 - 가 - 라 - 다
③ 다 - 라 - 가 - 나
④ 라 - 나 - 다 - 가

21 사고시나리오 선정 시 사용하는 용어 중 다음에서 설명하는 것은?

> 사람이나 환경에 영향을 미칠 수 있는 독성농도, 과압, 복사열 등의 수치에 도달하는 지점

① 끝 점
② 최대량
③ 파과점
④ 한계량

22 물질안전보건자료(MSDS) 작성 시 포함되어야 할 항목과 거리가 가장 먼 것은?

① 응급조치 요령
② 물리·화학적 특성
③ 독성에 관한 정보
④ 위해성에 관한 자료

해설

화학물질의 분류·표시 및 물질안전보건자료에 관한 기준 제10조(작성항목)
물질안전보건자료 작성 시 포함되어야 할 항목 및 그 순서는 다음에 따른다.
• 화학제품과 회사에 관한 정보
• 유해성·위험성
• 구성성분의 명칭 및 함유량
• 응급조치 요령
• 폭발·화재 시 대처방법
• 누출사고 시 대처방법
• 취급 및 저장방법
• 노출방지 및 개인보호구
• 물리·화학적 특성
• 안정성 및 반응성
• 독성에 관한 정보
• 환경에 미치는 영향
• 폐기 시 주의사항
• 운송에 필요한 정보
• 법적 규제현황
• 그 밖의 참고사항

23 사고시나리오 분석에 적용하는 조건에 관한 설명으로 옳은 것은?

① 현지기상을 적용하지 않을 경우 대기온도 25°C, 대기습도 50%를 적용한다.
② 조건에 따라 운전온도가 변하는 경우 영향 범위가 최소가 되는 최저점의 온도를 적용한다.
③ 현지기상을 적용하는 경우 최소 10년간 해당지역의 평균 온도 및 평균 습도를 적용한다.
④ 풍속 또는 대기안정도를 확인할 수 없는 경우 풍속은 10m/s, 대기안정도는 약간 불안정함을 적용한다.

[해설]
• 최악의 사고시나리오 분석
 - 초당 1.5m의 풍속으로 하고, 대기안정도는 사고시나리오 선정에 관한 기술지침 [붙임 2]의 'F'로 한다.
 - 대기온도 25°C, 대기습도 50%를 적용한다.
• 대안의 사고시나리오 분석의 경우
 - 실제 해당 지역의 기상조건을 이용한다. 단, 풍속 및 대기안정도를 확인할 수 없는 경우에는 풍속은 초당 3m로, 대기안정도는 사고시나리오 선정에 관한 기술지침 [붙임 2]의 'D'로 한다.
 - 현지기상을 적용하는 경우에는 최소 1년간 해당 지역의 평균 온도 및 평균 습도를 적용한다.
 - 현지기상을 적용하지 않을 경우에는 대기온도 25°C, 대기습도 50%를 적용한다.

24 다음 중 시간가중평균노출기준(TWA, ppm)이 가장 높은 물질은?

① 나프탈렌
② 나이트로메테인
③ 암모니아
④ 플루오린

[해설]
화학물질 및 물리적 인자의 노출기준 제2조(정의)
'시간가중평균노출기준(TWA)'이란 1일 8시간 작업을 기준으로 하여 유해인자의 측정치에 발생시간을 곱하여 8시간으로 나눈 값을 말하며, 다음 식에 따라 산출한다.

$$TWA = \frac{C_1 T_1 + C_2 T_2 + \cdots + C_n T_n}{8}$$

여기서, C : 유해인자의 측정치(단위 : ppm, mg/m³ 또는 개/cm³)
$\quad\quad\quad T$: 유해인자의 발생시간(단위 : h)
화학물질 및 물리적 인자의 노출기준 [별표 1] 화학물질의 노출기준

유해물질의 명칭	노출기준
	TWA(ppm)
나프탈렌	10
나이트로메테인	20
플루오린	0.1
암모니아	25

25 물질안전보건자료(MSDS)의 작성원칙으로 옳지 않은 것은?

① 물질안전보건자료 작성에 필요한 용어, 기술지침은 한국산업안전보건공단이 정할 수 있다.

② 물질안전보건자료를 작성할 때에는 취급근로자의 건강보호목적에 맞도록 성실하게 작성해야 한다.

③ 물질안전보건자료는 한글로 작성하는 것을 원칙으로 하되 화학물질명, 외국기관명 등의 고유명사는 영어로 표기할 수 있다.

④ 실험실에서 시험·연구목적으로 사용하는 시약으로서 물질안전보건자료가 외국어로 작성된 경우 한국어로 번역하여 작성해야 한다.

[해설]

화학물질의 분류·표시 및 물질안전보건자료에 관한 기준 제11조(작성원칙)

실험실에서 시험·연구목적으로 사용하는 시약으로서 물질안전보건자료가 외국어로 작성된 경우에는 한국어로 번역하지 아니할 수 있다.

26 화학물질관리법령상 유해화학물질 운반시설에 관한 설명으로 옳지 않은 것은?

① 운반차량은 유해화학물질 누출·유출로 인한 피해를 줄일 수 있도록 지정된 곳에 주·정차해야 한다.

② 유해화학물질 누출·유출로 인한 피해를 줄이거나 피해의 확대를 방지할 수 있도록 필요한 조치를 해야 한다.

③ 운반과정에서 운반시설에 적재된 유해화학물질이 쏟아지지 않도록 유해화학물질 및 그 운반용기를 고정해야 한다.

④ 운반시설에 유해화학물질을 적재(積載) 또는 하역(荷役)하려는 경우에는 유해화학물질이 외부로 누출·유출되지 않도록 지정된 장소에서 해야 한다.

[해설]

화학물질관리법 시행규칙 [별표 5] 유해화학물질 취급시설 설치 및 관리 기준

운반시설(유해화학물질 운반차량·용기 및 그 부속설비를 포함한다) : 운반차량은 유해화학물질 누출·유출로 인한 피해를 줄일 수 있도록 안전한 곳에 주·정차해야 한다.

27 화학물질관리법령상 유해화학물질 운반차량 중 1ton 초과 차량에 표시하는 유해·위험성 우선순위가 가장 높은 것은?

① 폭발성 물질
② 자연발화성 물질
③ 인화성 액체
④ 방사성 물질

[해설]
화학물질관리법 시행규칙 [별표 2] 유해화학물질의 표시방법
1ton 초과 운반차량의 경우-유해성·위험성 우선순위
• 방사성 물질
• 폭발성 물질 및 제품
• 가스류
• 인화성 액체 중 둔감한 액체 화약류
• 자체반응성 물질 및 둔감한 고체 화약류
• 자연발화성 물질
• 유기과산화물
• 독성물질 또는 인화성 액체류

28 화학물질관리법령상 유해화학물질 취급시설의 보수 및 시설 변경 등의 작업을 실시할 때에 관한 설명 중 (   ) 안에 가장 적합하지 않은 내용은?

> 유해화학물질 취급시설의 보수 및 시설 변경 등의 작업을 실시하는 경우에는 (   ) 등을 적은 표지를 작업 현장과 인접하여 사람들이 잘 볼 수 있는 곳에 게시해야 한다.

① 시설명 및 공사 규모
② 작업 종류 및 작업 일정
③ 작업 관리자의 성명 및 연락처
④ 유해화학물질 취급설비의 운전조건

[해설]
화학물질관리법 시행규칙 [별표 5] 유해화학물질 취급시설 설치 및 관리 기준
유해화학물질 취급시설의 보수, 시설 변경 등의 작업을 실시하는 경우에는 작업 종류, 작업 일정, 시설명, 공사 규모, 시공자(수급자), 취급하는 유해화학물질명, 작업 관리자의 성명 및 연락처 등을 적은 표지를 작업 현장과 인접하여 사람들이 잘 볼 수 있는 곳에 게시해야 한다.

29 다음과 같은 혼합물 분류기준을 가지는 건강 유해성 항목은?

구 분	구분기준
1A	구분 1A인 성분의 함량이 0.3% 이상인 혼합물
1B	구분 1B인 성분의 함량이 0.3% 이상인 혼합물
2	구분 2인 성분의 함량이 3.0% 이상인 혼합물
수유독성	수유독성을 가지는 성분의 함량이 0.3% 이상인 혼합물

① 발암성
② 생식독성
③ 생식세포 변이원성
④ 특정 표적장기 독성

[해설]
화학물질의 분류 및 표시 등에 관한 규정 [별표 1] 화학물질의 분류 및 표시사항

30 유해화학물질 취급시설의 외벽으로부터 보호대상까지의 안전거리를 결정하기 위해 보호대상을 갑종 보호대상과 을종 보호대상으로 분류할 때, 갑종 보호대상에 해당하지 않는 것은?

① 병원 등 의료시설
② 주유소 및 석유판매소
③ 교회 등 300명 이상 수용할 수 있는 종교시설
④ 영화상영관, 전시장, 그 밖에 이와 유사한 시설로서 300명 이상 수용할 수 있는 시설

[해설]
유해화학물질 취급시설 외벽으로부터 보호대상까지의 안전거리 고시 [별표 2] 갑종 보호대상

구 분	보호대상의 종류
문화·집회시설	영화상영관, 공연장, 예식장·장례식장, 전시장(박물관, 미술관, 과학관, 문화관, 체험관, 기념관, 산업전시장, 박람회장, 그 밖에 이와 비슷한 것), 관람장, 동·식물원, 운동장, 그 밖에 이와 유사한 시설로서 300명 이상 수용할 수 있거나 바닥면적의 합계가 1,000m² 이상인 것
종교시설	교회, 그 밖에 이와 유사한 종교시설로서 300명 이상 수용할 수 있는 건축물
의료시설	병원(종합병원, 병원, 치과병원, 한방병원, 정신병원 및 요양병원과 의원을 포함한다)

유해화학물질 취급시설 외벽으로부터 보호대상까지의 안전거리 고시 [별표 3] 을종 보호대상

구 분		보호대상의 종류
건축물	위험물 저장 및 처리시설	주유소 및 석유판매소, 액화석유가스 충전소·판매소·저장소, 고압가스 충전소·판매소·저장소, 그 밖에 이와 비슷한 시설

31 다음 중 급성 독성 물질을 나타내는 GHS 그림문자는?

①
②
③
④

32 화학물질관리법령상 유해화학물질 표시를 위한 유해성 항목 중 물리적 위험성에 관한 설명으로 옳지 않은 것은?

① 인화성 액체는 인화점이 60℃ 이상인 액체를 말한다.

② 산화성 가스는 산소를 공급함으로써 공기와 비교하여 다른 물질의 연소를 더 잘 일으키거나 연소를 돕는 가스를 말한다.

③ 자기반응성 물질 및 혼합물은 열적으로 불안정해 산소의 공급이 없어도 강하게 발열 분해하기 쉬운 액체·고체물질이나 혼합물을 말한다.

④ 폭발성 물질은 자체의 화학반응에 의해 주위환경에 손상을 입힐 수 있는 온도, 압력과 속도를 가진 가스를 발생시키는 고체·액체물질이나 혼합물을 말한다.

해설
화학물질관리법 시행규칙 [별표 3] 유해화학물질 표시를 위한 유해성 항목
인화성 액체는 인화점이 60℃ 이하인 액체를 말한다.

33 공정위험성 평가기법에 해당하지 않는 것은?

① 체크리스트 기법
② 사고예상 질문분석기법
③ 이상위험도 분석기법
④ 사고시나리오 분석기법

해설
공정위험성 분석은 체크리스트 기법, 상대위험순위 결정기법, 작업자 실수분석 기법, 사고예상 질문분석기법, 위험과 운전분석기법, 이상위험도 분석기법, 결함수 분석기법, 사건수 분석기법, 원인결과 분석기법, 예비위험 분석기법 중 적정한 기법을 선정하여 작성한다.

34 화학물질관리법령상 유해화학물질을 취급하는 자가 유해화학물질을 보관하기 전에 보관계획서를 작성하여 환경부장관의 확인을 받아야 하는 경우에 해당하지 않는 것은?

① 200kg의 허가물질을 보관하고자 할 경우

② 400kg의 금지물질을 보관하고자 할 경우

③ 400kg의 유독물질을 보관하고자 할 경우

④ 200kg의 사고대비물질을 보관하고자 할 경우

해설
화학물질관리법 제15조(유해화학물질의 진열량·보관량 제한 등)
유해화학물질을 취급하는 자가 유해화학물질을 환경부령으로 정하는 일정량을 초과하여 진열·보관하고자 하는 경우에는 사전에 진열·보관계획서를 작성하여 환경부장관의 확인을 받아야 한다.
화학물질관리법 시행규칙 제10조(유해화학물질의 진열량·보관량 제한 등)
'환경부령으로 정하는 일정량'이란 다음의 구분에 따른 양을 말한다.
• 유독물질 : 500kg
• 허가물질, 제한물질, 금지물질 또는 사고대비물질 : 100kg

35 화학물질 및 물리적 인자의 노출기준에서 사용하는 노출기준 종류에 해당하지 않는 것은?

① 최고노출기준(C)

② 장시간노출기준(LTEL)

③ 단시간노출기준(STEL)

④ 시간가중평균노출기준(TWA)

[해설]

화학물질 및 물리적 인자의 노출기준 제2조(정의)

• '최고노출기준(C)'이란 근로자가 1일 작업시간동안 잠시라도 노출되어서는 아니 되는 기준을 말하며, 노출기준 앞에 'C'를 붙여 표시한다.

• '단시간노출기준(STEL)'이란 15분간의 시간가중평균노출값으로서 노출농도가 시간가중평균노출기준(TWA)을 초과하고 단시간노출기준(STEL) 이하인 경우에는 1회 노출 지속시간이 15분 미만이어야 하고, 이러한 상태가 1일 4회 이하로 발생하여야 하며, 각 노출의 간격은 60분 이상이어야 한다.

• '시간가중평균노출기준(TWA)'이란 1일 8시간 작업을 기준으로 하여 유해인자의 측정치에 발생시간을 곱하여 8시간으로 나눈 값을 말한다.

36 공정위험성 분석결과를 토대로 사고시나리오를 선정하기 위해 유해화학물질의 끝점을 결정할 때 적용 기준에 해당하지 않는 것은?

① 미국 에너지부(DOE)의 PAC-2

② 미국산업위생학회(AIHA)의 ERPG-2

③ 미국 환경보호청(EPA)의 1시간 AEGL-2

④ 미국 직업안전보건청(NIOSH)의 IDLH 수치 50%

[해설]

유해화학물질별 끝점 농도 기준의 적용 우선순위

• 미국산업위생학회(AIHA)에서 발표하는 ERPG-2

• 미국 환경보호청(EPA)에서 발표하는 1시간 AEGL-2

• 미국 에너지부(DOE)에서 발표하는 PAC-2

• 미국 직업안전보건청(NIOSH)에서 발표하는 IDLH 수치의 10%(IDLH × 0.1)

37 화학물질관리법령상 유해화학물질을 취급하는 자가 유해화학물질에 관한 표시를 해야 할 대상으로 옳지 않은 것은?

① 유해화학물질의 용기·포장
② 유해화학물질의 보관·저장시설과 진열·보관장소
③ 유해화학물질 운반차량(컨테이너, 이동식 탱크로리 등은 제외)
④ 유해화학물질 취급시설(일정한 규모 미만의 유해화학물질 취급시설은 제외)을 설치·운영하는 사업장

해설
화학물질관리법 시행규칙 제12조(유해화학물질의 표시대상 및 방법)
유해화학물질을 취급하는 자가 유해화학물질에 관한 표시를 해야 할 대상은 다음과 같다.
• 유해화학물질 보관·저장시설과 진열·보관장소
• 유해화학물질 운반차량(컨테이너, 이동식 탱크로리 등을 포함한다)
• 유해화학물질의 용기·포장
• 유해화학물질 취급시설(모든 취급시설이 화학물질안전원장이 정하여 고시하는 규모 미만으로서, 화학사고예방관리계획서의 제출 의무가 없는 사업장의 취급시설은 제외한다)을 설치·운영하는 사업장

38 유해화학물질 취급시설의 안전진단 주기의 기준이 되는 서류는?

① 화학사고예방관리계획서
② 안전진단결과보고서
③ 공정안전보고서
④ 정기검사결과서

해설
화학물질관리법 시행규칙 제24조(안전진단 등)
• 가 위험도 유해화학물질 취급시설 : 화학사고예방관리계획서 검토결과서(이하 '검토결과서'라 한다)를 받은 날부터 매 4년
• 나 위험도 유해화학물질 취급시설 : 검토결과서를 받은 날부터 매 8년
• 다 위험도 유해화학물질 취급시설 : 검토결과서를 받은 날부터 매 12년

39 개별 단위설비에서 보유할 수 있는 유해화학물질의 최대량이 5kg일 때, 최악의 사고시나리오를 작성하기 위해 구한 유해화학물질의 누출률(g/min)은?

① 0.5
② 50
③ 500
④ 5,000

해설

용기나 배관에 있는 화학물질의 최대량이 10분(600초) 동안 누출되어 확산되는 것으로 가정한다.

$$\therefore \text{누출률 } R_R(\text{kg/min}) = \frac{Q_R(\text{kg})}{10} = \frac{5\text{kg}}{10} = 500\text{g/min}$$

40 사고시나리오의 영향범위를 예측하기 위한 모델 중 공기보다 무거운 가스가 누출될 경우 적용 가능한 모델에 해당하지 않는 것은?

① SLAB 모델
② Gaussian Plume 모델
③ BM(Britter & McQuaid) 모델
④ HMP(Hoot, Meroney & Peterka) 모델

해설

사고영향범위 산정에 관한 기술지침

사고시나리오의 영향범위를 예측하기 위한 모델 중 공기보다 무거운 가스가 누출될 경우 적용 가능한 모델에는 SLAB 모델, BM(Britter & McQuaid) 모델, HMP(Hoot, Meroney & Peterka) 모델, Degadis 모델 등이 있다. 한편 공기보다 가벼운 가스의 확산에 대해서는 가우시안 플룸 모델, 가우시안 퍼프(Gaussian Puff) 모델 등이 있다.

41 어떤 물질에 대하여 5회 반복 측정한 값의 표준편차가 5일 때 방법검출한계는?(단, 자유도 = 시료 수 − 1)

자유도($n-1$)	1	2	3	4	5
t−분포값($\alpha=0.01$)	7.5	5.3	4.3	4.1	3.9

① 19.5

② 20.5

③ 21.5

④ 26.5

해설

방법검출한계(MDL ; Method Detection Limit)

• 시료와 비슷한 매질 중에서 시험분석 대상을 검출할 수 있는 최소한의 농도이다.

• 제시된 정량한계 부근의 농도를 포함하도록 준비한 n개의 시료를 반복 측정하여 얻은 결과의 표준편차(s)에 99% 신뢰도에서의 t−분포값을 곱한 것이다.

• 방법검출한계 $= t_{(n-1,\,\alpha=0.01)} \times s = 4.1 \times 5 = 20.5$

  − 표준편차(s) = 5

  − 자유도($n-1$) = 5개 시료 − 1 = 4

  − t−분포값 = 4.1

42 어떤 가정에서 지속적으로 방출되는 거치식 방향제를 50m³ 부피의 거실에서 사용하고 있으며 이 방향제에는 휘발성의 톨루엔이 포함되어 있다. 상세평가할 경우 거실공기 중의 톨루엔 농도(μg/m³)는?

구 분	값
G_d : 일당 방출량(μg/d)	1,000
W_f : 제품 중 성분비	1×10^{-1}
N : 환기율(회/h)	0.5

① 0.12　　　　　　② 0.17

③ 1.2　　　　　　④ 4.0

해설

$$\frac{1}{50\text{m}^3} \mid \frac{1,000\mu\text{g}}{\text{day}} \mid \frac{0.1}{} \mid \frac{\text{h}}{0.5} \mid \frac{\text{day}}{24\text{h}} = 0.1666\mu\text{g/m}^3$$

43 어린이용품 환경유해인자 사용제한 등에 관한 규정상 어린이용품에 사용을 제한하는 환경유해인자에 해당하지 않는 것은?

① 노닐페놀
② 트라이뷰틸주석
③ 다이에틸헥실프탈레이트
④ 다이아이소노닐프탈레이트

해설

어린이용품 환경유해인자 사용제한 등에 관한 규정 [별표] 사용제한 환경유해인자 명칭 및 제한 내용
환경유해인자 명칭 : 다이-n-옥틸프탈레이트, 다이아이소노닐프탈레이트, 트라이뷰틸주석, 노닐페놀

44 제품노출평가 및 위해성 평가를 위한 단계를 순서대로 나열한 것은?

(1) 위해성 평가
(2) 노출시나리오 개발
(3) 유해성 자료 수집
(4) 노출알고리즘 구성
(5) 노출계수 수집

① (1) → (2) → (5) → (4) → (3)
② (2) → (3) → (4) → (5) → (1)
③ (3) → (5) → (2) → (4) → (1)
④ (2) → (5) → (1) → (4) → (3)

45 인체시료를 분석할 때 기기분석의 정도관리에 관한 설명으로 옳지 않은 것은?

① 정량도는 시험분석 결과의 중복성에 대한 척도이다.
② 정밀도는 반복시험하여 얻은 결과들의 상대표준편차 또는 변동계수로 표시한다.
③ 정확도는 매질효과가 잘 보정되어 시험분석 결과가 참값에 얼마나 근접하는지를 나타내는 척도이다.
④ 연구자들은 정확도를 평가하기 위해 인증표준물질이나 동일 매질의 표준물질에 대한 측정을 몇 회 이상 반복하여 관리기준을 산출하고 매 분석 시 Control Chart를 작성한다.

46 생활화학제품 및 살생물제의 안전관리에 관한 법령상의 용어 정의로 옳지 않은 것은?

① 위생용품은 건강 증진을 위해 공업적으로 생산된 물품이다.

② 생활화학제품은 사람이나 환경에 화학물질의 노출을 유발할 가능성이 있는 화학제품이다.

③ 살생물처리제품은 제품의 주된 목적 외에 유해생물 제거 등의 부수적인 목적을 위해 살생물제품을 사용한 제품이다.

④ 살생물제품은 유해생물의 제거 등을 주된 목적으로 하는 화학물질로부터 살생물물질을 생성하는 제품이다.

> **해설**
>
> 위생용품 관리법 제2조(정의)
> '위생용품'이란 보건위생을 확보하기 위하여 특별한 위생관리가 필요한 용품이다.
> ② · ③ · ④ 생활화학제품 및 살생물제의 안전관리에 관한 법률 제3조(정의)

47 어린이제품 안전 특별법령상 안전관리대상어린이제품에 해당하지 않는 것은?

① 안전인증대상어린이제품

② 안전확인대상어린이제품

③ 안전 · 품질표시대상어린이제품

④ 공급자적합성확인대상어린이제품

> **해설**
>
> 어린이제품 안전 특별법 제2조(정의)
> '안전관리대상어린이제품'이란 다음의 어느 하나에 해당하는 어린이제품을 말한다.
> • 안전인증대상어린이제품
> • 안전확인대상어린이제품
> • 공급자적합성확인대상어린이제품

48 노출계수 수집을 위한 설문조사방법의 특징으로 옳지 않은 것은?

① 관찰조사는 조사자가 직접 관찰하거나 비디오 녹화 등을 통해 수행한다.
② 면접조사는 조사원의 영향이 크게 작용하지 않아 응답의 신뢰도가 높다.
③ 전화조사는 우편조사보다 회수율이 우수하며 시간적인 측면에서 효과적이다.
④ 온라인조사는 응답자가 관심 집단에 국한될 수 있어 표본의 대표성 문제를 갖는다.

[해설]
② 면접조사는 조사원의 영향이 크게 작용하며, 응답의 신뢰도가 높다.

49 안전확인대상생활화학제품 시험·검사 등의 기준 및 방법 등에 관한 규정에서 제시된 함량 제한물질과 주시험법의 연결이 옳지 않은 것은?

① 수산화나트륨 : 적정법
② 메탄올 : 기체크로마토그래피법
③ 염화벤잘코늄 : 기체크로마토그래피법
④ 벤질알코올 : 고성능액체크로마토그래피법

[해설]
안전확인대상생활화학제품 시험·검사 기준 및 방법 등에 관한 규정 [별표] 안전확인대상생활화학제품 안전기준 확인을 위한 표준시험절차
안전확인대상생활제품 함량 제한물질, 방출량 제한물질 주시험법
염화벤잘코늄류 : 액체크로마토그래피-질량분석법

50 인체노출평가를 위한 연구집단 선정 시 연구대상에 따른 조사방법에 관한 내용으로 옳지 않은 것은?

① 연구대상 집단의 모든 구성원을 대상으로 실행하는 방법을 전수조사라 한다.
② 연구대상 집단을 대표하는 표본을 선정하여 실행하는 방법을 확률표본조사라 한다.
③ 노출평가를 위한 연구집단 조사방법에는 전수조사, 확률표본조사, 일화적 조사가 있다.
④ 높은 확률을 가질 것으로 기대되는 표본을 선정하여 실행하는 방법을 일화적 조사라 한다.

[해설]
④ 일화적 조사란 연구대상 집단에서 무작위로 표본을 선정하여 실행하는 방법이다.

51 제품 내의 유해물질 분석과 관련하여 함량에 관한 설명으로 옳지 않은 것은?

① 일반적으로 함량은 mg/kg 단위를 사용한다.
② 함량이 높을수록 인체에 대한 위해성이 크다.
③ 함량은 화학물질 질량과 제품 질량의 비율이다.
④ 함량은 전이량에 비해 시험이 비교적 쉽고 노출평가에 쉽게 적용될 수 있다.

해설

② 함량이 높다고 인체에 대한 위해성이 큰 것은 아니다.

52 생활화학제품 위해성 평가의 대상 및 방법 등에 관한 규정에 따른 단계적인 노출평가방식 중 상세평가에 관한 설명으로 옳은 것은?

① 합리적인 최악의 노출상황을 가정하여 수행한다.
② 최대 제품 사용가능 시나리오에 따라 보수적으로 평가를 수행한다.
③ 국내 소비자 사용행태 등 실제적인 노출상황을 최대한 반영하여 수행한다.
④ 제품 사용특성을 반영할 경우에는 노출상황을 최소한 반영하여 수행한다.

해설

생활화학제품 위해성 평가의 대상 및 방법 등에 관한 규정 제9조(노출평가)
노출평가과정은 다음과 같이 초기평가와 상세평가의 단계적 과정을 거쳐 수행한다.
• 초기평가는 합리적 최악의 노출상황을 가정하여 수행하며 최대 제품 사용가능 시나리오에 따라 보수적으로 평가를 수행한다.
• 상세평가는 제품 사용특성 및 국내 소비자 사용행태 등 실제적인 노출상황을 최대한 반영하여 평가를 수행한다.

53 환경시료채취 방법 중 복합시료채취에 관한 내용으로 옳지 않은 것은?

① 오염물질의 시·공간적 변이에 대한 정보를 얻을 수 있다.
② 여러 번 채취한 시료를 혼합하여 하나의 시료로 균질화한 것이다.
③ 용기채취시료에 비해 비용과 시간을 절감할 수 있다.
④ 특정 기간이나 공간 내의 오염도에 대한 평균값을 얻기 위해 사용된다.

해설

① 오염도에 대한 시간적, 공간적 변화에 대한 세부적인 정보를 얻기 어렵다.

54 경피노출의 인체노출량 산정에 필요한 정보에 해당하지 않는 것은?

① 섭취율
② 노출빈도
③ 피부흡수율
④ 피부접촉면적

해설
경피노출의 인체노출량 산정에 필요한 정보 : 사건빈도, 피부접촉면적, 연간 노출빈도, 노출기간, 흡수계수, 평균 체중, 평균 노출시간

55 환경농도 계산에 관한 설명으로 옳지 않은 것은?

① 환경농도 계산은 전국 규모의 평가와 사업장 규모의 평가를 모두 포함한다.
② 전국 규모의 환경농도는 사업장 규모의 환경농도를 계산할 때 배경농도로 사용된다.
③ 전국 규모의 환경농도 예측에는 점오염원과 비점오염원을 모두 고려한다.
④ 사업장 규모의 환경농도 예측에는 굴뚝이나 배출구 등 점오염원만 고려한다.

56 다음 중 어린이제품 공통안전기준상 유해원소 용출기준이 가장 높은 물질은?

① 셀레늄(Se)
② 바륨(Ba)
③ 안티모니(Sb)
④ 납(Pb)

해설
어린이제품 공통안전기준
유해화학물질 안전요건 – 유해원소 용출

항 목	허용치
안티모니(Sb)	60mg/kg 이하
비소(As)	25mg/kg 이하
바륨(Ba)	1,000mg/kg 이하
셀레늄(Se)	500mg/kg 이하

57 바이오 모니터링에서 특정 유해물질에 대한 노출과 내적 노출량을 반영하는 지표는?

① 노출 생체지표
② 독성 생체지표
③ 민감성 생체지표
④ 위해영향 생체지표

해설

바이오 모니터링은 인체시료에서 노출을 반영하는 생체지표의 농도를 측정하는 방법이다. 생체지표는 노출 생체지표, 위해영향 생체지표, 민감성 생체지표가 있으며, 이 중 특정 유해물질에 대한 노출과 내적 노출량을 반영하는 지표는 노출 생체지표이다.

58 전이량에 관한 설명으로 옳지 않은 것은?

① 전이량은 흡입, 경구, 경피의 노출경로별로 다르게 추정된다.
② 제품에 함유된 물질 중 인체에 흡수될 수 있는 최대량을 전이량이라 한다.
③ 전이량은 시간에 따른 면적당 화학물질의 이동비율인 전이율을 바탕으로 추정된다.
④ 직접 섭취에 의한 전이량은 중금속이 대상인 경우 인공위액을 모사한 염산을 이용하여 추출 후 측정한다.

해설

② 전이량은 제품에 함유된 유해물질의 총량 중 실제적으로 인체에 이동한 양이다.

59 사무실 실내공기 중 폼알데하이드 농도가 200μg/m³이다. 이 사무실에서 6개월간 근무한 성인 남성의 폼알데하이드에 대한 평생일일평균노출량(mg/kg/day)은?(단, 성인 남성의 호흡률은 15m³/day, 평균 체중은 70kg, 평균 노출기간 70y, 피부흡수율은 100%)

① 3.67×10^{-3}
② 3.02×10^{-4}
③ 6.12×10^{-4}
④ 6.89×10^{-4}

해설

평생일일평균노출량 $= \dfrac{200\mu g}{m^3} \mid \dfrac{0.5y}{} \mid \dfrac{15m^3}{day} \mid \dfrac{}{70kg} \mid \dfrac{}{70y} \mid \dfrac{mg}{1,000\mu g} = 3.0 \times 10^{-4} mg/kg \cdot day$

60 소비자 제품의 인체노출경로를 결정할 때 고려사항으로 가장 적합하지 않은 것은?

① 제품의 용도
② 제품의 형태
③ 제품의 제조공정
④ 제품의 안전 사용조건

해설

소비자 제품의 인체노출경로는 용도, 형태, 특성, 안전 사용조건, 함유물질의 물리·화학적 특성, 사용 인구집단의 특성 등을 근거로 하여 결정한다.

61 건강영향평가 절차를 순서대로 나열한 것은?

① 스크리닝 → 사업 분석 → 스코핑 → 평가 → 저감방안 수립

② 사업 분석 → 스크리닝 → 평가 → 스코핑 → 저감방안 수립

③ 사업 분석 → 스크리닝 → 스코핑 → 평가 → 저감방안 수립

④ 스코핑 → 스크리닝 → 사업 분석 → 저감방안 수립 → 평가

62 환경유해인자 A의 초과발암위해도(ECR)가 1.6×10^{-5}로 추정되었다. 평균 수명을 80년으로 가정했을 때 100만명이 거주하는 도시에서 환경유해인자 A로 인해 매년 추가로 발생하는 암 사망자 수(명)는?

① 0.1   ② 0.2

③ 1   ④ 2

> **해설**
>
> 초과발암확률이 10^{-4} 이상인 경우 발암위해도가 있으며, 10^{-6} 이하는 발암위해도가 없다고 판단한다.
>
> 초과발암위해도(ECR) = 평생일일평균노출량($LADD$, mg/kg · day) × 발암잠재력[CSF, (mg/kg · day)$^{-1}$]
>
> ∴ 초과발암확률값 = $\dfrac{1.6 \times 10^{-5} \times 10^{6}}{80} = 2 \times 10^{-1}$(95% 상한값, Slope Factor)

63 평균 수명이 70세, 평균 체중이 68.5kg인 성인 남성이 발암물질 A가 0.6mg/kg 들어 있는 식품을 매일 200g씩 40년간 섭취했다고 한다. 발암물질 A의 발암잠재력이 0.5(mg/kg/day)$^{-1}$일 때 초과발암위해도는?(단, 흡수율은 100%)

① 5×10^{-4}

② 6×10^{-4}

③ 5×10^{-3}

④ 6×10^{-3}

> **해설**
>
> 초과발암위해도(ECR) = 평생일일평균노출량($LADD$, mg/kg · day) × 발암잠재력(CSF, (mg/kg · day)$^{-1}$)
>
> $LADD = \dfrac{0.6\text{mg}}{\text{kg}} \left| \dfrac{0.2\text{kg}}{\text{day}} \right| \dfrac{40\text{year}}{} \left| \dfrac{365\text{day}}{} \right| \dfrac{}{68.5\text{kg}} \left| \dfrac{}{70\text{year}} \right| \dfrac{}{365\text{day}}$
>
> $\quad\quad = 1.00 \times 10^{-3} \text{mg/kg · day}$
>
> ∴ $ECR = 1.00 \times 10^{-3} \text{mg/kg · day} \times 0.5 (\text{mg/kg · day})^{-1} = 5 \times 10^{-4}$

64 초기 위해성 평가의 잠재적인 위해성이 큰 경우 예측된 노출수준값에 잠재된 불확실성을 정량적으로 파악하는 방법은?

① 민감도 분석
② 위험도 분석
③ 유해지수 분석
④ 결정론적 분석

65 위해도와 유해지수에 관한 설명으로 옳지 않은 것은?

① 위해도를 정량화한 값을 유해지수라고 한다.
② 유해지수는 추정된 노출량과 독성참고치(RfD)의 비로 나타낸다.
③ 흡입노출의 경우 환경매체 중 노출농도와 독성참고치(RfD)를 이용하여 위해도를 결정해야 한다.
④ 대상 인구집단이 여러 종류의 비발암성 물질에 동시에 노출되고 여러 조건이 충족되는 경우 개별 유해지수의 합인 총 유해지수를 구할 수 있다.

해설
• 독성참고치(RfD ; Reference Dose) : 일생 동안 매일 섭취해도 건강에 무영향수준의 노출량이다.
• 흡입독성참고치(RfC ; Reference Concentration) : 일생 동안 매일 섭취해도 건강에 무영향수준의 노출농도이다.

66 건강영향평가에 사용되는 정성적 평가법 중 매트릭스 평가법에 관한 설명으로 거리가 가장 먼 것은?

① 단순하다.
② 공간적 고려사항이 잘 반영된다.
③ 가중치나 서열화를 포함하여 변경 가능하다.
④ 다른 종류의 사업이나 영향에 적용 가능하다.

해설
② 공간적 · 시간적 고려사항이 잘 반영되지 않는다.

67 건강영향평가 절차 중 평가항목, 범위, 방법 등을 결정하는 단계는?

① 스코핑(Scoping)
② 평가(Appraisal)
③ 스크리닝(Screening)
④ 모니터링(Monitoring)

68 발암잠재력(CSF)에 관한 설명으로 옳지 않은 것은?

① 발암잠재력(CSF)은 단위위해도(Unit Risk)로 환산되기도 한다.
② 발암잠재력(CSF)은 발암을 나타내는 용량–반응 함수의 기울기로 단위는 mg/kg/d이다.
③ 화학물질의 발암잠재력(CSF) 정보가 없을 경우 다른 화학적인 변수를 기준으로 같은 그룹에 분류될 수 있는 다른 화학물질의 정보를 이용한다.
④ 발암잠재력(CSF)은 평균 체중의 건강한 성인이 기대수명 기간 동안 잠재적인 발암물질의 특정 수준에 노출되었을 때 그로 인해 발생할 수 있는 초과발암확률의 80% 하한값이다.

> **해설**
> ② 발암잠재력(CSF)은 발암을 나타내는 노출량–반응 곡선에서 95% 상한값에 해당하는 기울기로 단위는 (mg/kg·day)$^{-1}$이다.
> ④ 발암잠재력(CSF)은 평균 체중의 성인이 잠재적인 발암물질 단위용량(mg/kg·day)에 평생 동안 노출되었을 때 이로 인한 초과발암확률의 95% 상한값에 해당된다.
> ※ 저자의견 : 확정답안은 ④번으로 발표되었으나 정답은 ②, ④번이다.

69 전향적 코호트(Cohort) 연구와 후향적 코호트 연구의 가장 큰 차이점은?

① 질병 종류
② 유해인자 종류
③ 추적조사 시점과 기간
④ 연구집단의 교체 여부

> **해설**
> • 전향적 코호트 연구 : 노출 직후부터 질병 발생을 확인할 때까지 추적하는 연구이다.
> • 후향적 코호트 연구 : 연구 시작 시점에 질병 발생을 파악하고, 노출 여부는 과거 기록을 이용한다.

70 다음에 설명하는 인체노출평가 접근법은?

> - 인체노출평가 접근법 중 직접적인 방법
> - 노출이 일어나는 특정 시점에 직접적인 노출량을 기록함으로써 외적 노출량을 정량하는 방법
> - 예) 사람의 호흡기 주변에 공기 포집장비를 부착하여 노출수준을 파악하는 방법

① 설문지/일지
② 개인 모니터링
③ 매체 모니터링
④ 환경 모니터링/모델링

71 석면노출과 석면폐증의 연관성을 규명하기 위해 환자군 50명과 대조군 250명을 선정하여 조사한 결과이다. 과거에 석면공장에서 일한 직업력이 있는 사람과 그렇지 않은 사람 사이의 석면폐증 발생 교차비는?

구 분	석면폐증 있음	석면폐증 없음
직업력 있음	37	155
직업력 없음	13	95

① 0.57   ② 0.64
③ 1.13   ④ 1.74

[해설]

$$OR = \frac{A \times D}{B \times C} = \frac{37 \times 95}{13 \times 155} = 1.74$$

72 생체지표의 정의와 생체지표를 활용한 노출평가의 특징으로 옳지 않은 것은?

① 정확한 주요 노출원의 파악이 용이하다.
② 시간에 따라 누적된 노출을 반영할 수 있다.
③ 경구 섭취, 흡입, 피부 접촉 등 모든 노출경로를 반영할 수 있다.
④ 생체지표는 화학물질 노출과 관련하여 생체 내에서 측정된 화학물질이나 화학물질의 대사체를 말한다.

[해설]
① 동일한 유해인자에 대해서도 복합적인 노출원이 존재할 수 있으므로 생체지표로는 주요 노출원을 파악하기 어렵다.

73 생체 모니터링을 통해 측정되는 유해물질 농도 기준에 관한 설명으로 옳은 것은?

① 독일 환경청의 HBM값은 참고치(Reference Value)이다.
② 인체노출수준이 미국국가연구의회(NRC)의 BE값보다 작을수록 관리우선순위가 높아진다.
③ 생체지표의 값이 HBM-Ⅱ 이상으로 나타날 경우 위해 가능성이 없으며 별도의 관리조치가 필요하지 않다고 여겨진다.
④ 참고치(Reference Value)는 기준인구에서 유해물질에 노출되는 정상범위의 상위한계를 통계적인 방법으로 추정한 값이다.

해설
④ 참고치는 인구집단의 생체시료에서 측정된 농도를 통계적인 방법으로 추정하는 값이다.

74 유해물질 저감대책의 종류와 그에 관한 설명으로 옳지 않은 것은?

① 보상 - 대체자원 또는 대체환경을 제공하여 영향에 대한 보상을 하는 것
② 감소 - 영향을 받은 환경을 교정, 복원하거나 복구함으로써 그 영향을 교정하는 것
③ 최소화 - 그 사업과 사업 실행의 정도 혹은 규모를 제한함으로써 영향을 최소화하는 것
④ 회피 - 어떤 사업이나 사업의 일부를 하지 않음으로써 영향이 발생하지 않도록 하는 것

해설
건강영향평가 결과에 따른 유해물질의 저감대책 종류

종 류	내 용
회 피	어떤 사업이나 사업의 일부를 하지 않음으로써 영향이 발생하지 않도록 하는 것이다.
최소화	그 사업과 사업 실행의 정도 혹은 규모를 제한(줄임)함으로써 영향을 최소화하는 것이다.
조 정	영향을 받은 환경을 교정·복원하거나 복구함으로써 그 영향을 교정하는 것이다.
감 소	대상 사업을 진행하는 동안 보전하고 유지함으로써 시간이 지난 후 영향을 감소시키거나 제거하는 것이다.
보 상	대체하거나 대체자원 또는 대체환경을 제공함으로써 영향에 대한 보상을 하는 것이다.

75 환경보건법령상 건강영향평가 대상사업에 해당하지 않는 것은?

① 식품 개발 사업
② 에너지 개발 사업
③ 산업입지 및 산업단지의 조성 사업
④ 폐기물처리시설, 분뇨처리시설 및 축산폐수공공처리시설의 설치 사업

[해설]
환경보건법 시행령 [별표 1] 건강영향평가 항목의 추가·평가 대상사업
구분 : 산업입지 및 산업단지의 조성, 에너지 개발, 폐기물처리시설, 분뇨처리시설 및 가축분뇨처리시설의 설치
※ 저자의견 : 법 개정(20.12.31)으로 '축산폐수공공처리시설'이 '가축분뇨처리시설'로 변경되었다.

76 환경유해인자 노출에 따른 생체지표의 분류로 옳지 않은 것은?

① 노출 생체지표
② 민감성 생체지표
③ 반응성 생체지표
④ 위해영향 생체지표

[해설]
생체지표란 생체 내에서의 노출, 위해영향, 민감성을 예측하기 위한 지표로서 노출 생체지표, 위해영향 생체지표, 민감성 생체지표로 구분한다.

77 역학연구에서 바이어스(Bias)에 관한 설명으로 옳지 않은 것은?

① 선택 바이어스는 연구대상을 선정하는 과정에서 발생한다.
② 정보 바이어스는 연구자료를 수집하는 과정에서 발생한다.
③ 교란 바이어스는 독립변수와 종속변수 이외의 제3의 변수에 의해 발생한다.
④ 후향적 코호트 연구는 과거의 기록으로부터 정보를 얻기 때문에 정보 바이어스가 발생할 확률이 낮다.

78 집단노출평가 방법에 관한 설명으로 옳지 않은 것은?

① 집단노출평가에는 인구집단의 노출계수 정보와 국가 수준의 환경 모니터링 정보가 사용된다.

② 시나리오기반 노출량 산정방법 중 결정론적 방법은 유해인자의 농도나 노출계수 등의 자료 분포를 활용하여 노출량을 추정하는 방법이다.

③ 많은 가정과 외삽이 사용되기 때문에 사용한 변수 자료나 모형, 시나리오의 불확실성에 대한 분석을 제시해야 한다.

④ 집단의 평균이나 중앙값을 사용하여 전형적인 개인의 노출을 예측하는 중심경향노출기준(CTE) 값으로 노출량을 추산할 수 있다.

> **해설**
> ② 시나리오기반 노출량 산정방법 중 확률론적 방법은 유해인자의 농도나 노출계수 등의 자료 분포를 활용하여 노출량을 추정하는 방법이다.

79 용량(Dose)에 관한 설명으로 옳지 않은 것은?

① 생물학적 영향용량은 잠재용량 중 표적기관으로 이동하는 양을 의미한다.

② 섭취나 흡수를 통해 실제로 인체에 들어가는 유해인자의 양을 용량이라고 한다.

③ 용량의 크기를 파악하기 어려울 경우 섭취량을 용량과 동일한 것으로 가정할 수 있다.

④ 섭취를 통해 들어온 유해인자가 체내의 흡수막에 직접 접촉한 양을 적용용량이라고 한다.

> **해설**
> ① 생물학적 영향용량은 내적용량 중 표적기관으로 이동하는 양을 의미한다.

80 생체지표(Biomarker)에 관한 설명으로 가장 거리가 먼 것은?

① 노출 생체지표로 가장 많이 분석되는 매질은 혈액과 소변이다.

② 위해영향 생체지표는 유해물질의 잠재적인 독성이 야기되어 나타나는 생화학적, 생리학적, 행동학적 변화 등을 나타내는 지표이다.

③ 노출 생체지표는 생체 내에서 측정된 유해인자나 유해인자의 대사체 혹은 그 물질이 특정 분자나 세포와 작용하여 생성된 물질이다.

④ 유기인계 농약에 노출되면 혈청 아세틸콜린에스터레이스(Acetylcholinesterase) 활성이 낮아질 수 있으므로 이를 농약중독의 초기 민감성 생체지표로 사용할 수 있다.

> **해설**
> ④ 유기인계 농약에 노출되면 혈액 내 아세틸콜린에스터레이스 활성이 낮아지게 되므로 이 변화로부터 초기 농약중독으로 추정한다(위해영향 생체지표).

81 안전확인대상생활화학제품의 소비자 위해성 소통계획 수립단계에서의 고려사항과 거리가 가장 먼 것은?

① 안전확인대상생활화학제품에 대한 사회적인 인식을 증진시키기 위한 위해성 소통을 계획한다.

② 사용 대상자에 따라 위해성이 달라질 수 있으므로 안전확인대상생활화학제품의 품목별 소비자 특성을 분석한다.

③ 시중에 유통되고 있는 안전확인대상생활화학제품을 수거하여 성분비에 관한 측정계획 및 안전 기준 마련 계획을 수립한다.

④ 특정한 공간적인 한계에서 위해성이 더 크게 나타날 수 있기 때문에 공간의 크기, 공기순환 정도, 환기 정도에 따른 위해성 특성을 파악한다.

[해설]
③ 안전확인대상생활화학제품에 대한 소비자 위해성 소통은 위해성 분석, 위해성 평가, 위해성 관리 등으로부터 위해성 관리대책을 수립하는 데 있다.

82 화학물질 노출에 따른 작업자 위해성 평가를 위한 노출시나리오 작성 시 고려해야 할 노출경로로 가장 적합하지 않은 것은?

① 경구 노출

② 흡입 노출

③ 경피 전신노출

④ 경피 국소노출

83 환경보건법령상의 용어 정의에 관한 내용 중 ( ) 안에 알맞은 말을 순서대로 나열한 것은?

> 환경보건이란 (ㄱ)과 유해화학물질 등의 (ㄴ)가 사람의 건강과 (ㄷ)에 미치는 영향을 조사·평가하고 이를 예방·관리하는 것을 말한다.

① ㄱ : 환경오염, ㄴ : 환경위해인자, ㄷ : 자연환경
② ㄱ : 환경공해, ㄴ : 환경위해인자, ㄷ : 생태계
③ ㄱ : 환경공해, ㄴ : 환경유해인자, ㄷ : 자연환경
④ ㄱ : 환경오염, ㄴ : 환경유해인자, ㄷ : 생태계

[해설]
환경보건법 제2조(정의)
'환경보건'이란 환경정책기본법에 따른 환경오염과 화학물질관리법에 따른 유해화학물질 등(이하 '환경유해인자'라 한다)이 사람의 건강과 생태계에 미치는 영향을 조사·평가하고 이를 예방·관리하는 것을 말한다.

84 특수화학설비를 설치하는 경우 내부의 이상상태를 조기에 파악하기 위하여 설치하는 장치에 해당하지 않는 것은?

① 온도계
② 유량계
③ 자동경보장치
④ 통기설비

85 노출농도가 시간가중평균값(TWA)을 초과하고 단시간 노출값(STEL) 이하인 경우 단시간 노출값(STEL)의 정의 및 적용 조건에 관한 내용으로 옳지 않은 것은?

① 1회 노출 지속시간이 15분 미만이어야 한다.
② 주어진 조건의 상태가 1일 4회 이하로 발생해야 한다.
③ 단시간 노출값이란 15분 간의 시간가중평균값을 말한다.
④ 주어진 조건이 발생하는 각 회의 간격이 60분 이하이어야 한다.

[해설]
산업안전보건법 시행규칙 [별표 19] 유해인자별 노출농도의 허용기준
단시간 노출값(STEL ; Short-Term Exposure Limit) : 15분간의 시간가중평균값으로서, 노출농도가 시간가중평균값을 초과하고 단시간 노출값 이하인 경우에는 1회 노출 지속시간이 15분 미만이어야 하고, 이러한 상태가 1일 4회 이하로 발생해야 하며, 각 회의 간격은 60분 이상이어야 한다.

86 환경노출평가를 위해 작성하는 노출시나리오에 관한 설명으로 옳지 않은 것은?

① 정량적 노출량 추정의 기초가 된다.
② 국소배기장치, 특정한 형태의 장갑 등의 위해성 관리대책이 포함된다.
③ 사용된 물질의 양, 운영 온도 등의 취급조건은 포함되지 않는다.
④ 물질의 전 생애 단계에 따라 분류하여 작성하며 각 단계에서 수행되는 용도에 관해 모두 기술해야 한다.

[해설]
③ 사용된 물질의 양, 운영 온도 등 취급조건을 포함한다.

87 화학물질의 등록 및 평가 등에 관한 법령상 위해성에 관한 자료의 작성방법으로 옳지 않은 것은?

① 화학물질의 제조 및 하위 사용자로부터 확인한 용도를 포함한 모든 용도에 따른 화학물질의 전 생애 단계를 고려하여 작성해야 한다.
② 제조·수입하는 화학물질로부터 발생하는 위해성이 제조 또는 사용과정에서 적절한 방법으로 안전하게 통제되고 있는지에 대해 평가를 하고 작성해야 한다.
③ 화학물질의 잠재적 유해성과 권고되는 위해관리수단·취급조건 등을 고려하면서 이미 알고 있거나 합리적으로 예상할 수 있는 사람 또는 환경에 대한 노출수준을 비교하여 작성해야 한다.
④ 구조 유사성으로 인해 물리적·화학적 특성이 유사해 어떤 화학물질에 대한 위해성 자료가 다른 화학물질에 대한 위해성 자료 작성에 충분하다고 판단되는 경우에도 그 자료를 이용해 위해성 자료를 작성하지는 않아야 한다.

[해설]
화학물질의 등록 및 평가 등에 관한 법률 시행규칙 [별표 2] 위해성 관련 자료의 작성방법
구조 유사성으로 인해 물리적·화학적 특성, 인체 및 환경의 유해성이 유사하거나 규칙적인 경향을 가지는 하나의 그룹이나 물질 카테고리로 간주되어 어떤 화학물질에 대한 위해성 자료가 다른 화학물질에 대한 위해성 자료의 작성에 충분하다고 판단되는 경우 그 자료를 이용하여 위해성 자료를 작성할 수 있다. 이 경우 그 타당성에 대한 증거를 함께 제시하여야 한다.

88 위해성 소통의 4단계에 해당하지 않는 것은?

① 물질별 저감대책 수립
② 위해요인 인지 및 분석
③ 위해성 소통의 수행/평가/보완
④ 위해성 소통의 목적 및 대상자 선정

89 다음에서 설명하는 공정에 사용하기 적합하지 않은 공정위험성 평가기법은?(단, 공정안전보고서의
제출·심사·확인 및 이행상태평가 등에 관한 규정 기준)

제조공정 중 반응, 분리(증류, 추출 등), 이송시스템 및 전기·계장시스템 등의 단위공정

---

① 이상위험도 분석기법
② 작업자실수 분석기법
③ 사건수 분석기법
④ 원인결과 분석기법

해설

공정안전보고서의 제출·심사·확인 및 이행상태평가 등에 관한 규정 제29조(공정위험성 평가기법)
제조공정 중 반응, 분리(증류, 추출 등), 이송시스템 및 전기·계장시스템 등의 단위공정
• 위험과 운전분석기법
• 공정위험 분석기법
• 이상위험도 분석기법
• 원인결과 분석기법
• 결함수 분석기법
• 사건수 분석기법
• 공정안전성 분석기법
• 방호계층 분석기법

90 사업장 위해성 평가 수행 시 고려해야 할 사항과 거리가 가장 먼 것은?

① 유해인자의 유해성
② 화학물질의 사용 빈도
③ 작업장 내 오염원의 위치 등의 공간적 분포
④ 화학물질의 등록 및 평가 등에 관한 법령에 따른 화학물질의 등록 여부

91 생활화학제품 및 살생물제의 안전관리에 관한 법령(약칭 : 화학제품안전법)의 적용을 받는 물질 또는 제품에 해당하지 않는 것은?

① 대한민국약전에 실린 물품 중 의약외품이 아닌 것
② 사무실에서 살균, 멸균, 항균 등의 용도로 사용하는 제품
③ 제품의 유통기한을 보장하기 위하여 제품의 보관 또는 보존을 위한 용도로 사용하는 제품
④ 공공수역이 아닌 실내·실외 물놀이시설, 수족관 등 수중에 존재하는 조류의 생육을 억제하여 사멸하는 용도로 사용하는 제품

[해설]
생활화학제품 및 살생물제의 안전관리에 관한 법률 제5조(적용 범위)
생활화학제품 또는 살생물제가 대한민국약전(大韓民國藥典)에 실린 물품 중 의약외품이 아닌 것인 경우에는 이 법을 적용하지 아니한다.

92 화학물질관리법령상 유해화학물질 표시를 위한 유해성 항목 중 물리적 위험성에 해당하지 않는 것은?

① 인화성 가스
② 급성 독성 물질
③ 산화성 가스
④ 자기발열성 물질

[해설]
화학물질관리법 시행규칙 [별표 3] 유해화학물질 표시를 위한 유해성 항목
급성 독성 물질은 건강 유해성에 해당한다.

93 환경 위해성 저감대책을 수립하기 위한 절차를 순서대로 나열한 것은?

① 환경 위해성 평가→사업장 취급 화학물질 파악→저감대책 수립
② 사업장 취급 화학물질 파악→환경 위해성 평가→저감대책 수립
③ 저감대책 수립→사업장 취급 화학물질 파악→환경 위해성 평가
④ 사업장 취급 화학물질 파악→저감대책 수립→환경 위해성 평가

94 지역사회 위해성 소통에 관한 법률과 그 내용의 연결이 옳지 않은 것은?

① 화학물질의 등록 및 평가 등에 관한 법률 – 화학물질의 유해성 심사 및 위해성 평가
② 화학물질의 등록 및 평가 등에 관한 법률 – 허가물질의 지정
③ 화학물질관리법 – 사고대비물질의 지정
④ 화학물질관리법 – 공정안전보고서 작성

해설
④ 산업안전보건법 – 공정안전보고서 작성

95 유해화학물질 배출량 저감기술의 적용 단계를 순서대로 나열한 것은?

> ㄱ. 공정관리
> ㄴ. 전 과정관리
> ㄷ. 성분관리
> ㄹ. 환경오염방지시설 설치를 통한 관리

① ㄱ→ㄴ→ㄷ→ㄹ
② ㄴ→ㄷ→ㄱ→ㄹ
③ ㄴ→ㄱ→ㄷ→ㄹ
④ ㄱ→ㄷ→ㄴ→ㄹ

96 생활화학제품 및 살생물제의 안전관리에 관한 법령상 제품의 주된 목적 외에 유해생물 제거 등의 부수적인 목적을 위해 살생물제품을 사용한 제품을 뜻하는 용어는?

① 살생물처리제품
② 살생물제품
③ 생활화학제품
④ 안전확인대상생활화학제품

해설

생활화학제품 및 살생물제의 안전관리에 관한 법률 제3조(정의)

97 화학물질의 등록 및 평가 등에 관한 법령상의 위해성 평가 대상 화학물질에 대한 설명 중 (   ) 안에 알맞은 숫자는?

> 등록한 화학물질 중 제조 또는 수입되는 양이 연간 (   )ton 이상이거나 유해성 심사 결과 위해성 평가가 필요하다고 인정되는 화학물질에 대해서는 유해성 심사 결과를 기초로 환경부령이 정하는 바에 따라 위해성 평가를 하고 그 결과를 등록한 자에게 통지해야 한다.

① 1
② 10
③ 50
④ 100

해설

화학물질의 등록 및 평가 등에 관한 법률 제24조(위해성 평가)
환경부장관은 등록한 화학물질 중 다음의 어느 하나에 해당하는 화학물질에 대하여 유해성 심사 결과를 기초로 환경부령으로 정하는 바에 따라 위해성 평가를 하고 그 결과를 등록한 자에게 통지하여야 한다.
• 제조 또는 수입되는 양이 연간 10ton 이상인 화학물질
• 유해성 심사 결과 위해성 평가가 필요하다고 인정하는 화학물질

98 화학물질관리법령상의 용어 정의로 옳지 않은 것은?

① 취급이란 화학물질을 제조·수입, 판매, 보관·저장, 운반 또는 사용하는 것을 말한다.

② 유해성이란 화학물질의 독성 등 사람의 건강이나 환경에 좋지 아니한 영향을 미치는 화학물질 고유의 성질을 말한다.

③ 화학사고란 시설 교체 등의 작업 시 작업자의 과실, 시설 결함, 노후화 등으로 인하여 화학물질이 사람이나 환경에 유출·누출되어 발생하는 모든 상황을 말한다.

④ 위해성이란 유해성이 없는 화학물질이 노출되지 않고 사람의 건강이나 환경에 피해를 줄 수 있는 최대 정도를 말한다.

[해설]

화학물질관리법 제2조(정의)

'위해성'이란 유해성이 있는 화학물질이 노출되는 경우 사람의 건강이나 환경에 피해를 줄 수 있는 정도를 말한다.

99 안전확인대상생활화학제품에 대한 소비자 위해성 소통에 관한 내용으로 옳지 않은 것은?

① 안전확인대상생활화학제품의 잠재적인 위험성을 분석한다.

② 안전확인대상생활화학제품을 생산하는 공정정보를 소비자에게 제공한다.

③ 안전확인대상생활화학제품의 유해화학물질 함유량, 취급실태, 소비실태, 평균 사용량 등에 대한 조사를 실시한다.

④ 안전확인대상생활화학제품에 대한 위해성 소통을 평가하고 그 결과를 반영한다.

100 초기 노출시나리오 작성에 필요한 물질의 전 생애 단계를 제조, 조제(혼합), 산업적 사용, 전문적 사용, 소비자 사용으로 구분할 때에 관한 설명으로 옳지 않은 것은?

① 소비자 사용 : 소비자가 제품을 사용하는 것

② 제조 : 화학물질을 제조하여 중간체로 바로 사용하는 것

③ 산업적 사용 : 제조, 조제(혼합)를 제외한 사업장에서 물질을 사용하는 것

④ 조제(혼합) : 대상물질을 내수 구매 또는 수입하여 혼합제로 배합(화학적 구조의 변화는 제외)

01 수서생물에 대한 생태독성 평가에 대한 설명으로 옳지 않은 것은?

① 수서생물의 유해성은 조류, 물벼룩류, 어류의 급·만성 독성시험을 통해 평가한다.
② 만성독성은 유해물질에 장기 노출로 독성이 발생하며, 시험방법으로는 LC_{50}, LD_{50}, EC_{50}이 있다.
③ 물벼룩류에 대한 유해성 평가에서 유영저해란 시험용기를 조용히 움직여 준 다음 약 15초 후에 관찰하였을 때 촉각, 후복부 등의 일부기관은 움직이지만 유영하지 않는 것을 말한다.
④ 원칙적으로 시험조건하에서 시험물질의 물에 대한 용해도 자료 및 적절한 정량분석 방법을 확보하는 것이 필요하다.

해설
만성독성의 시험방법으로는 LOAEL, NOAEL, NOEL이 있다.

02 세계조화시스템(GHS)의 예방조치문구(P-code)에 대한 설명 중 잘못된 것은?

① P2xx는 예방조치에 관한 문구이다.
② P3xx는 대피조치에 관한 문구이다.
③ P4xx는 저장조치에 관한 문구이다.
④ P5xx는 폐기조치에 관한 문구이다.

해설
화학물질의 분류 및 표시 등에 관한 규정 [별표 3]
예방조치문구(P-code) : P101~P103(일반), P201~P284(예방), P301~P391(대응), P401~P420(저장), P501/P502 (폐기)

03 다음에 정의한 발암성 물질에 대한 독성지표는 무엇인가?

> 물 또는 공기의 오염 수준이 증가할 때마다 대상 인구집단의 발암확률이 증가하는 정도

① 단위위해도(URF)
② 발암잠재력(CSF)
③ 최소영향수준(DMEL)
④ 무영향관찰농도(PNEC)

해설

단위위해도(Unit Risk Factor) : 오염물질의 농도 단위당 발암위해도

04 다음의 목적을 가지는 법률로 옳은 것은?

> 화학물질로 인한 국민건강 및 환경상의 위해를 예방하고 화학물질을 적절하게 관리하는 한편, 화학물질로 인하여 발생하는 사고에 신속히 대응함으로써 화학물질로부터 모든 국민의 생명과 재산 또는 환경을 보호하는 것을 목적으로 한다.

① 환경보건법
② 화학물질관리법
③ 화학물질의 등록 및 평가 등에 관한 법률
④ 생활화학제품 및 살생물제의 안전관리에 관한 법률

05 발암성 분류기준 중 '인간발암확정물질'인 경우, 해당기관과 분류의 구분이 옳은 것은?

① IARC – Group 2A
② NTP – K
③ EU – Category 2
④ ACGIH – Group A2

해설

발암물질은 '인간발암확정물질', '인간발암우려물질', '인간발암가능물질', '발암미분류물질', '인간비발암물질'로 분류한다.

06 생태독성을 평가하는 지표 중 급성독성의 지표와 그 내용으로 옳은 것은?

① EC_{10}(10% 영향농도) : 수중 노출 시 시험생물의 10%에 영향이 나타나는 농도
② EC_{50}(반수영향농도) : 수중 노출 시 시험생물의 50%에 영향이 나타나는 농도
③ LOEC(최소영향농도) : 수중 노출 시 생체에 영향이 나타나는 최소 농도
④ NOEC(최대무영향농도) : 수중 노출 시 생체에 아무런 영향이 나타나지 않는 최대 농도

해설
급성독성 지표로는 LC_{50}, LD_{50}, EC_{50} 등이 있다.

07 Vega QSAR 모델의 특징과 가장 관계가 없는 것은?

① REACH 요구조건에 최적화된 예측결과 제공
② 배치(Batch) 공정 적용으로 물질 동시 예측 가능
③ The Chemistry Development Kit(CDK) 자바 오픈 소스 사이트와 화학물질 DB 연동
④ SMILES string을 입력 쿼리(Query)로 사용

해설
③은 EPA의 TEST model 특징이다.

08 비발암성의 용량–반응 평가에서 도출된 독성값의 용량관계를 바르게 나타낸 것은?

① NOAEL > NOEL = RfD
② LOAEL > NOAEL > RfD
③ NOEL = BMDL > ADI
④ HBGV > RfD > LOAEL

해설
LOAEL > BMDL, Threshold > NOAEL > NOEL > RfD

09 화학물질관리법령상 환경부장관이 실시하는 화학물질 통계조사 주기로 옳은 것은?

① 1년
② 2년
③ 3년
④ 5년

해설
화학물질관리법 제10조

10 다음 중 화학물질의 분류 및 표시 등에 관한 규정에서 제시된 그림문자 중 인화성 가스를 나타내는 것은?

①

②

③

④

11 종민감도분포(SSD) 이용을 위한 최소 자료 요건으로 옳은 것은?

① 4개 분류군에서 최소 5종 이상을 활용해야 한다.
② 3개 분류군에서 최소 4종 이상을 활용해야 한다.
③ 5개 분류군에서 최소 6종 이상을 활용해야 한다.
④ 4개 분류군에서 최소 4종 이상을 활용해야 한다.

해설

종민감도분포 이용을 위한 최소 자료 요건

매 체	최소 자료 요건
물	4개 분류군에서 최소 5종 이상(조류, 무척추동물* 2, 어류 등)
토 양	4개 분류군에서 최소 5종 이상(미생물, 식물류, 톡토기류, 지렁이류 등)
퇴적물	4개 분류군에서 최소 5종 이상(미생물, 빈모류, 깔따구류, 단각류 등)

* 무척추동물 : 갑각류, 연체류 등

12 화학물질 중에서 급성독성·폭발성 등이 강하여 화학사고의 발생 가능성이 높거나 화학사고가 발생한 경우에 그 피해 규모가 클 것으로 우려되는 화학물질은 무엇인가?

① 유독물질
② 제한물질
③ 허가물질
④ 사고대비물질

13 독성 예측 모델인 QSAR에서 표현자(Descriptor)로 이용하기에 가장 부적절한 것은?

① 용해도
② 반데르발스 표면적
③ 생성열
④ HOMO

해설

표현자(Descriptor)는 화합물의 구조적 특징을 표현해 줄 수 있는 값으로 원자개수, 결합개수, 반데르발스 표면적/부피, 생성열, HOMO, LUMO 등이 있다.
※ HOMO(LUMO) : Highest(Lowest) Occupied Molecular Orbital

14 화학물질관리법규상 유해화학물질의 취급기준으로 옳지 않은 것은?

① 용기는 온도, 압력, 습도와 같은 대기조건에 영향을 받지 않도록 할 것
② 고체 유해화학물질을 용기에 담아 이동할 때에는 용기 높이의 90% 이상을 담지 않도록 할 것
③ 유해화학물질은 밀폐한 상태로 보관할 것
④ 인화성을 지닌 유해화학물질은 자기발열성 및 자기반응성 물질과 함께 보관하거나 운반하지 말 것

해설

화학물질관리법 시행규칙 [별표 1] 유해화학물질의 취급기준
고체 유해화학물질은 밀폐한 상태로 보관하고 액체, 기체인 경우에는 완전히 밀폐상태로 보관할 것
※ ④는 화학물질관리법 시행규칙 개정에 따라 삭제됨

15 최소영향수준(DMEL)의 도출 과정을 순서대로 나열한 것은?

가. 최소영향수준 도출	나. T_{25} 및 BMD_{10} 산출
다. 시작점 보정	라. 용량기술자 선정

① 라 – 다 – 나 – 가
② 나 – 가 – 라 – 다
③ 다 – 라 – 가 – 나
④ 라 – 나 – 다 – 가

해설

최소영향수준(DMEL)의 도출 과정
용량기술자(Dose Descriptor) 선정 → T_{25} 및 BMD_{10} 산출 → 독성값(시작점) 보정 → DMEL 도출

16 비유전적 발암물질로 분류된 화학물질에 대한 일일평균섭취량이 150g/day인 화학물질의 일일평균 노출량이 0.75μg/kg·day이고 위해도가 0.025이었다. RfD(mg/kg·day)는 얼마인가?(단, 평균 체중은 80kg, 화학물질의 농도는 0.4mg/kg이다)

① 0.03
② 0.00038
③ 0.00015
④ 0.15

해설

$$HI = \frac{일일노출량(\mu g/kg \cdot day)}{RfD(ADI \ or \ TDI)}$$

$$RfD = \frac{일일노출량}{HI} = \frac{0.75\mu g}{kg \cdot day} \mid \frac{1}{0.025} \mid \frac{mg}{1,000\mu g} = 0.03mg/kg \cdot day$$

17 평균 체중이 60kg인 사람이 40년 동안 발암물질 농도가 0.8mg/kg인 식품을 평균 0.1kg/day의 비율로 섭취하였다. 이 사람의 초과발암위해도(ECR)는 얼마인가?[단, 평균수명은 70년, 발암력은 0.4(mg/kg·day)$^{-1}$로 한다]

① 3.0×10^{-3}
② 8.0×10^{-3}
③ 3.0×10^{-4}
④ 8.0×10^{-4}

해설

$$평생일일평균노출량(LADD) = \frac{오염도 \times 접촉률 \times 노출기간 \times 흡수율}{체중 \times 평균수명}$$

$$LADD = \frac{0.8mg}{kg} \mid \frac{0.1kg}{day} \mid \frac{40yr}{} \mid \frac{1}{60kg} \mid \frac{1}{70yr} = 0.00076mg/kg \cdot day$$

초과발암위해도(ECR) = 평생일일평균노출량(LADD) × 발암력(q)

$$ECR = \frac{0.00076mg}{kg \cdot day} \mid \frac{0.4kg \cdot day}{mg} = 3.0 \times 10^{-4}$$

18 선정된 용량기술자의 시험결과 어떤 화학물질의 투여용량이 0.35mg/kg·day일 때 종양이 20% 발생하였다. T$_{25}$는 얼마인가?

① 0.21
② 0.28
③ 0.44
④ 0.58

해설

$$T_{25} = \frac{0.35mg}{kg \cdot day} \mid \frac{25}{20} = 0.44mg/kg \cdot day$$

19 다음에 나타낸 휘발성유기화합물(VOCs)의 유해성 구분이 다른 것은 어느 것인가?

① Formaldehyde

② Benzene

③ Chloroform

④ n-Hexane

> **해설**
>
> 휘발성유기화합물 중에서 발암성이 있는 것은 1,3-Butadiene, Carbon tetrachloride, Benzene, Formaldehyde, Trichloroethylene, Ethylbenzene, Chloroform 등이 있으며, 생식 독성이 있는 것은 Toluene, n-Hexane 등으로 알려져 있다.

20 다음 빈칸에 들어갈 용어는 무엇인가?

> 용매와 용질은 전기적인 성질이 비슷할 경우에 잘 섞인다. 이온 결정이나 (가)을 가진 물질은 물이나 알코올 같은 (나) 용매에 잘 녹고, 분자 결정이나 (다) 물질은 벤젠이나 에테르와 같은 (라) 용매에 잘 녹는다.

	가	나	다	라
①	극 성	비극성	비극성	극 성
②	극 성	극 성	비극성	비극성
③	비극성	비극성	극 성	극 성
④	비극성	극 성	극 성	비극성

> **해설**
>
> 용해의 원리 : 이온결정이나 극성을 가진 물질은 물이나 알코올 같은 극성 용매에 잘 녹고, 분자 결정이나 비극성 물질은 벤젠이나 에테르와 같은 비극성 용매에 잘 녹는다.

21 화학물질관리법상 유해화학물질 취급기준에 대한 설명으로 옳은 것은?

① 유해화학물질 취급 중에는 음료수 외에는 섭취하지 않는다.

② 폭발성 물질과 같이 불안정한 물질은 절대 취급하지 않도록 한다.

③ 유해화학물질을 버스, 철도 등 대중교통 수단을 이용하여 운반할 때에는 누출되지 않도록 밀폐하여야 한다.

④ 유해화학물질이 묻어있는 표면에 용접을 하지 않는다. 다만, 화기 작업허가 등 안전조치를 취한 경우에는 그러하지 아니한다.

[해설]
화학물질관리법 시행규칙 [별표 1] 유해화학물질의 취급기준
• 화학사고 예방 및 응급조치
　－ 유해화학물질 취급 중에 음식물, 음료 등을 섭취하지 말 것
　－ 화재·폭발 등 위험성이 높은 유해화학물질은 가연성 물질과 접촉되지 않도록 하고, 열·스파크·불꽃 등의 점화원을 제거할 것
• 운 반
　－ 버스, 철도, 지하철 등 대중교통 수단을 이용하여 유해화학물질을 운반하지 말 것

22 화학물질의 분류 및 표시 등에 관한 규정상 인화성 액체를 분류하는 3가지 기준에 해당하지 않는 것은?

① 인화점이 23℃ 미만이고 초기끓는점이 35℃를 초과하는 액체

② 인화점이 23℃ 미만이고 초기끓는점이 35℃ 이하인 액체

③ 인화점이 23℃ 이상 60℃ 이하인 액체

④ 인화점이 60℃ 이상인 액체

[해설]
화학물질의 분류 및 표시 등에 관한 규정 [별표 1] 화학물질 분류 및 표시사항
인화성 액체의 분류기준
• 인화점이 23℃ 미만이고 초기끓는점이 35℃ 이하인 액체
• 인화점이 23℃ 미만이고 초기끓는점이 35℃를 초과하는 액체
• 인화점이 23℃ 이상 60℃ 이하인 액체

23 기존시설의 공정위험성을 분석할 때 기존 분석결과를 활용하거나 해당 공정에 적합한 분석기법을 적용할 수 있는데, 이때 적용할 수 있는 분석기법과 가장 거리가 먼 것은?

① 체크리스트 기법
② 사건수 분석 기법
③ 상대위험순위 결정 기법
④ 화학공정 정량적 위험성평가 기법

해설

공정위험성 분석은 체크리스트 기법, 상대위험순위 결정기법, 작업자 실수분석기법, 사고예상 질문분석기법, 위험과 운전분석기법, 이상위험도 분석기법, 결함수 분석기법, 사건수 분석기법, 원인결과 분석기법, 예비위험 분석기법 중 적정한 기법을 선정하여 분석한다.

24 효과적인 화학물질의 관리를 위해 위해성이 높은 물질은 우선순위를 부여하여 관리할 수 있다. 이때 관리대상 우선순위의 분류기준으로 가장 거리가 먼 것은?

① 화학물질 유해성 분류 및 표시 대상물질
② 생활화학제품에서 많이 사용하는 것이 확인된 물질
③ 화학안전 규제에 따라 허가, 제한, 금지 등으로 분류된 물질
④ 직업적 노출로 인한 사망 사례나 직업병 발생 사례 등이 확인된 물질

해설

관리대상 화학물질의 우선순위 분류기준
• 화학물질 유해성 분류 및 표시 대상물질
• 화학안전 규제에 따라 허가, 제한, 금지 등으로 분류된 물질
• 직업적 노출로 인한 사망 사례나 직업병 발생 사례 등이 확인된 물질

25 인화성 액체가 저장탱크 또는 파이프라인으로부터 유출되었을 때 형성된 액체액면에서 액체의 일정부분이 기화되고 기화된 인화성 물질이 발화원을 만나 발생하는 화재와 가장 관계가 깊은 것은?

① Pool Fire
② Jet Fire
③ Fire Ball
④ BLEVE

해설

사고 영향범위 산정에 관한 기술지침

• Pool Fire(액면화재) : 인화성 액체가 저장탱크 또는 파이프라인으로부터 유출되었을 때 액체액면이 형성된다. 액체액면이 형성되면 액체의 일정부분이 기화되고 발화상한과 발화하한 사이의 농도에 있는 기화된 인화성 물질이 발화원을 만나게 되면 액면화재가 발생할 수 있다.
• Jet Fire(고압분출) : 인화성 물질이 고압으로 분출과 동시에 점화되면서 발생하는 화염으로 바람의 영향을 거의 받지 않는다.
• BLEVE(비등액체폭발) : 인화성의 과열된 액체−기체 혼합물이 대기 중에 누출되어 점화원에 의해 점화된 경우에 일어나게 된다. 대부분의 비등액체폭발은 화구에 의한 복사열을 발생시키기 때문에 화구(Fire Ball)라고도 한다.
• VCE(증기운폭발, Vapor Cloud Explosion) : 대기 중에 누출된 인화성 기체가 점화하여 폭발되는 현상으로 높은 과압을 동반하여 사람이나 구조물에 피해를 입히는 현상이다.

26 다음 중 최악의 사고시나리오 분석조건으로 옳은 것은?

	풍속(m/s)	대기안정도	대기온도(℃)	대기습도(%)
①	3.0	F	평균값	평균값
②	3.0	D	20	50
③	1.5	F	25	50
④	1.5	D	평균값	평균값

해설

사고 시나리오 분석조건은 최악의 사고시나리오와 대안 사고시나리오로 구분되며, 최악의 사고시나리오 분석조건은 풍속 1.5m/s, 대기안정도 매우안정(F), 대기온도 25℃, 대기습도 50%이다.

27 사고시나리오에 따라 발생할 수 있는 사고에 대한 응급조치계획 작성 시 포함되는 내용으로 옳지 않은 것은?

① 사고복구 및 2차오염 방지계획
② 내·외부 확산 차단 또는 방지 대책
③ 방재자원(인원 또는 장비) 투입 등의 방재계획
④ 사고시설의 자동차단시스템 혹은 비상운전(단계별 차단) 계획

해설
응급조치계획서
• 사고시설의 자동차단시스템 혹은 비상운전(단계별 차단) 계획
• 내·외부 확산 차단 또는 방지대책
• 방재자원(인원 또는 장비) 투입 등의 방재계획
• 비상대피 및 응급의료계획

28 사고시나리오 분석조건에서 유해화학물질별 끝점농도 기준으로 사용하지 않는 것은?

① PAC-2
② ERPG-2
③ AEGL-2
④ RTDG-2

해설
유해화학물질별 끝점 농도기준의 적용 우선순위
• ERPG-2(Emergency Response Planning Guideline)
• AEGL-2(Acute Exposure Guideline Level)
• PAC-2(Protective Action Criteria)
• IDLH의 10%(Immediately Dangerous to Life or Health)

29 영향범위 내 주민 수가 65명이고 사고 발생빈도가 1.4×10^{-2}일 때 영향범위의 위험도로 옳은 것은?

① 0.65
② 65
③ 0.91
④ 91

해설
위험도 = 영향범위 내 주민 수 × 사고 발생빈도 = $65 \times (1.4 \times 10^{-2}) = 0.91$

30 다음과 같은 혼합물 분류기준을 가지는 건강유해성 항목은?

구 분	분류기준
1A	구분 1A인 성분의 함량이 0.3% 이상인 혼합물
1B	구분 1B인 성분의 함량이 0.3% 이상인 혼합물
2	구분 2인 성분의 함량이 3.0% 이상인 혼합물
수유독성	수유독성을 가지는 성분의 함량이 0.3% 이상인 혼합물

① 발암성   ② 생식독성
③ 생식세포 변이원성   ④ 특정표적장기독성

[해설]

화학물질의 분류 및 표시에 관한 규정 [별표 1] 화학물질의 분류 및 표시사항
건강유해성 혼합물 분류기준
• 발암성/생식세포 변이원성

구 분	분류기준	
1	구분 1인 성분의 함량이 0.1% 이상인 혼합물	
	구분 1A	구분 1A인 성분의 함량이 0.1% 이상인 혼합물
	구분 1B	구분 1B인 성분의 함량이 0.1% 이상인 혼합물
2	구분 2인 성분의 함량이 1.0% 이상인 혼합물	

• 특정표적장기독성–1회노출

구 분	분류기준
1	구분 1인 성분의 함량이 10% 이상인 혼합물
2	① 구분 1인 성분의 함량이 1.0% 이상 10% 미만인 혼합물 또는 ② 구분 2인 성분의 함량이 10% 이상인 혼합물
3	구분 3인 성분의 함량이 20% 이상인 혼합물

• 특정표적장기독성–반복노출

구 분	분류기준
1	구분 1인 성분의 함량이 10% 이상인 혼합물
2	① 구분 1인 성분의 함량이 1.0% 이상 10% 미만인 혼합물 또는 ② 구분 2인 성분의 함량이 10% 이상인 혼합물

31 흡입물질에 대한 급성독성 분류기준에 따른 물질과 단위가 잘못 연결된 것은?

① 가스 – ppm   ② 증기 – mg/L
③ 분진 – $\mu g/m^3$ ④ 미스트 – mg/L

[해설]

분진/미스트 – mg/L

32 다음은 화학물질의 분류 및 표시에 관한 규정에 정의된 용어이다. 틀린 것은?

① 화공품 – 하나 이상의 화공물질 또는 혼합물을 포함한 제품
② 폭굉 – 분해되는 물질에서 생겨난 충격파를 수반하며 발생하는 초음속의 열분해
③ 에어로졸 – 재충전이 불가능한 금속, 유리 또는 플라스틱 용기에 압축가스, 액화가스 또는
  용해가스를 충전하고, 내용물을 가스에 현탁시킨 고체 또는 액상 입자로, 또는 액체나 가스에
  폼, 페이스트 또는 분말상으로 배출하는 분사장치를 갖춘 것
④ 폭연 – 충격파를 방출하면서 급격하게 진행하는 연소

[해설]
폭연 – 충격파를 방출하지 않으면서 급격하게 진행하는 연소

33 유해화학물질의 표시방법에 대한 설명이다. 옳은 것은?

① 바탕은 흰색, 테두리는 빨간색, 글자는 검은색으로 해야 한다.
② 관리책임자와 비상전화의 글자는 빨간색으로 해야 한다.
③ 유해화학물질 등 글자의 높이는 테두리 전체 높이의 65% 이상이 되도록 해야 한다.
④ 유해화학물질의 보관·저장시설 또는 진열·보관 장소의 출구 또는 벽면에 부착해야 한다.

[해설]
화학물질관리법 시행규칙 [별표 2] 유해화학물질의 표시방법
바탕은 흰색, 테두리는 검은색, 글자는 빨간색으로 해야 하고, 관리책임자와 비상전화의 글자는 검은색으로 해야 한다.
유해화학물질의 보관·저장시설 또는 진열·보관 장소의 입구 또는 쉽게 볼 수 있는 위치에 부착해야 한다.

34 유해화학물질 용기의 용량별 표시(용기·내부 포장의 상하면적을 제외한 전체 표면적 기준) 크기에
대한 설명이다. 틀린 것은?

① 5L 이상 50L 미만 – $90cm^2$ 이상
② 50L 이상 200L 미만 – $180cm^2$ 이상
③ 200L 이상 500L 미만 – $360cm^2$ 이상
④ 500L 이상 – $450cm^2$ 이상

[해설]
화학물질관리법 시행규칙 [별표 2] 유해화학물질의 표시방법
200L 이상 500L 미만 – $300cm^2$ 이상

35 다음 중 화학물질의 종류와 물질별로 유통량을 산정하는 식으로 옳은 것은?

① 제조량 + 수입량 − 수출량
② 제조량 + 재고량 + 수입량 − 수출량
③ 제조량 − 수출량
④ 재고량 + 수입량 − 수출량

[해설]
국내 유통되고 있는 화학물질의 종류와 물질별 제조·수입·수출량, 사용용도 등을 조사하여 화학물질 관리대상 우선순위 물질을 선정하고 위해성 평가 및 배출량 조사 등 안전관리를 위한 기초자료로 활용한다.

36 다음은 화학사고 발생 시 신고기준에 대한 설명이다. 틀린 것은?

① 화학물질 유출·누출로 인명 피해(병원입원 또는 병원진단서 등으로 증명)가 발생하면 15분 이내로 신고하여야 한다.
② 사고대비물질이 아닌 화학물질의 유출·누출량이 1kg·L(실험실 100g·mL) 미만이고 인명·환경 피해 없이 방재 조치가 완료된 경우 신고하지 않아도 된다.
③ 화학물질 유출·누출 확대 방지를 위한 긴급조치(밸브 개폐작업 등)를 하는 경우에 신고 가능한 종사자가 없을 경우 해당 사유 해소 시 빠른 시간 내 신고하여야 한다.
④ 유해화학물질이 10kg·L 미만으로 유출·누출된 경우 빠른 시간 내에 신고하여야 한다.

[해설]
유해화학물질이 5kg 또는 5L 미만으로 유출·누출된 경우 빠른 시간 내에 신고하여야 한다(화학사고 즉시 신고에 관한 규정 별표 1).

37 인화성 가스를 3만m³ 저장하는 시설의 외벽으로부터 을종보호대상까지의 안전거리는 얼마인가?

① 14m

② 16m

③ 18m

④ 20m

유해화학물질 취급시설 외벽으로부터 보호대상까지의 안전거리 고시 [별표 1] 인화성 가스 및 인화성 액체

구 분	저장시설	갑종 보호대상	을종 보호대상
인화성 가스[1]	1만m³ 이하	17m	12m
	1만m³ 초과~2만m³ 이하	21m	14m
	2만m³ 초과~3만m³ 이하	24m	16m
	3만m³ 초과~4만m³ 이하	27m	18m
	4만m³ 초과~5만m³ 이하	30m	20m
	5만m³ 초과~99만m³ 이하	30m [저온저장탱크는 $3/25\sqrt{(X^2+10,000)}$]	20m [저온저장탱크는 $2/25\sqrt{(X+10,000)}$]
	99만m³ 초과	30m (인화성 가스 저온저장탱크는 120m)	20m (인화성 가스 저온저장탱크는 80m)
인화성 액체[3]	–	30m	10m

[비 고]
- 인화성 가스란 20℃, 표준압력(101.3kPa)에서 공기와 혼합하여 인화범위에 있는 가스로서 화학물질의 분류 및 표시 등에 관한 규정에서 인화성 가스 구분 1, 구분 2로 분류된 것에 한정한다.
- X는 해당 취급시설의 최대 취급량을 말하며, 압축가스의 경우에는 m³, 액화가스의 경우에는 kg으로 한다.
- 인화성 액체란 인화점이 60℃ 이하인 액체를 말하며, 화학물질의 분류 및 표시 등에 관한 규정에서 인화성 액체 구분 1, 구분 2, 구분 3으로 분류된 것에 한정한다.

38 다음은 위험도에 따른 유해화학물질 취급시설 설치·운영에 대한 이행점검에 관한 내용이다. 옳은 것은?

① '나'위험도는 6년마다 정기진단을 실시한다.

② '다'위험도는 8년마다 정기진단을 실시한다.

③ '가'위험도는 4년마다 정기진단을 실시한다.

④ '다'위험도는 10년마다 정기진단을 실시한다.

'가'위험도는 4년, '나'위험도는 8년, '다'위험도는 12년마다 정기진단을 실시한다.

39 공정배관계장도의 도면에 포함되어야 할 사항으로 가장 거리가 먼 것은?

① 기계·장치류의 이름, 번호, 횟수, Elevation 등
② 모든 배관의 Size, Line Number, 재질, Flange Rating
③ Control Valve의 Size 및 Failure Position
④ 기본 제어논리(Basic Control Logic)

해설

기본 제어논리는 공정흐름도(PFD)에 포함된다.

40 표준상태에서 어떤 이상기체의 밀도가 1.3kg/m³이었다. 압력 변화없이 150℃에서의 밀도(kg/m³)는 얼마인가?

① 1.02
② 0.84
③ 0.68
④ 0.55

해설

$$PV = nRT = \frac{m}{M}RT \rightarrow PM = \frac{m}{V}RT = dRT$$

$$M = \frac{dRT}{P} = \frac{1.3\text{kg}}{\text{m}^3} \mid \frac{}{1\text{atm}} \mid \frac{0.082\text{atm} \cdot \text{L}}{\text{mol} \cdot \text{K}} \mid \frac{273\text{K}}{} \mid \frac{\text{m}^3}{10^3\text{L}} \mid \frac{10^3\text{g}}{\text{kg}} = 29.1\text{g/mol}$$

$$\therefore \ d = \frac{PM}{RT} = \frac{1\text{atm}}{} \mid \frac{29.1\text{g}}{\text{mol}} \mid \frac{\text{mol} \cdot \text{K}}{0.082\text{atm} \cdot \text{L}} \mid \frac{}{(150+273)\text{K}} \mid \frac{\text{kg}}{10^3\text{g}} \mid \frac{10^3\text{L}}{\text{m}^3} = 0.84\text{kg/m}^3$$

41 노출시나리오를 통한 인체 노출평가의 과정을 순서대로 옳게 나열한 것은?

> 가. 노출 시나리오 작성
> 나. 대상인구집단 파악 및 특성 평가
> 다. 중요한 노출원의 오염 수준 결정
> 라. 중요한 노출 방식에 의한 오염물질 섭취량 추정
> 마. 중요한 이동 경로 및 노출 방식 결정
> 바. 노출계수 파악

① 가 → 다 → 마 → 라 → 바 → 나
② 바 → 가 → 나 → 다 → 마 → 라
③ 가 → 나 → 마 → 다 → 바 → 라
④ 바 → 가 → 나 → 마 → 라 → 다

42 환경시료 안에 있는 화학물질의 분자를 이온화시킨 후 전자기장을 이용하여 질량에 따라 분리시키고 질량/이온화비(m/z)를 검출하여 분석하는 방법으로 옳은 것은?

① 질량분석법
② 분광분석법
③ 혼성분석기법
④ 전기화학분석법

43 노출계수를 수집하기 위한 방법으로 시간과 비용 측면에서 비효율적이지만 정확한 값을 얻을 수 있는 설문조사 방법은?

① 관찰조사
② 서면조사
③ 우편조사
④ 온라인조사

44 제품노출평가의 범주로 옳지 않은 것은?

① 기본 대상은 소비자 제품이다.
② 대상 인구집단은 일반 대중(소비자)이다.
③ 물리적 기작에 의한 제품의 위험성을 포함한다.
④ 독성학적 기작에 따라 유해성이 발생하는 화학물질의 양을 추정한다.

> **해설**
>
> 제품노출평가는 소비자가 제품을 사용할 때 발생하는 유해물질의 노출량을 정량적으로 추정하는 과정으로, 독성기작에 따라 유해성이 발생되는 화학물질의 양을 추정하는 것이다. 물리적 기작을 통한 위험성은 제품노출평가의 범위에 포함되지 않는다.

45 A 화학물질이 포함된 표면휘발제에 대한 화장실에서의 노출 정보가 다음과 같을 때 A 물질 흡입노출량(μg/kg/day)은 얼마인가?(단, 화장실에는 하루에 두 번 머문다)

구 분	노출계수 값
화장실 내 물질 A농도	$10\mu g/m^3$
체내 흡수율	1
호흡률	$20m^3/day$
체 중	60kg
1회 노출시간	10min

① 0.023 ② 0.046
③ 1.111 ④ 2.785

> **해설**
>
> $$흡입노출량 = \frac{10\mu g}{m^3} \mid \frac{1}{} \mid \frac{20m^3}{day} \mid \frac{1}{60kg} \mid \frac{10min}{1회} \mid \frac{2회}{day} \mid \frac{day}{1,440min} = 0.046\mu g/kg \cdot day$$

46 현장에서 분석장비를 해당 매체에 직접 설치하고 실시간으로 시료를 채취하여 오염도를 관찰하는 시료채취 방법은 어느 것인가?

① 복합시료 ② 분할시료
③ 현장측정시료 ④ 용기채취시료

47 어린이용 물놀이기구, 어린이 놀이기구, 어린이용 비비탄총, 자동차용 어린이 보호 장치가 해당되는 기준은 다음 중 어느 것인가?

① 안전인증대상
② 안전확인대상
③ 공급자적합성확인대상
④ 안전기준대상

[해설]

어린이제품 안전 특별법 시행규칙 [별표 1] 안전인증대상어린이제품의 종류 및 적용 안전기준

안전인증대상어린이제품	적용 안전기준
어린이용 물놀이기구	• 어린이제품 공통안전기준 • 어린이용 물놀이기구 안전기준
어린이 놀이기구	• 어린이제품 공통안전기준 • 어린이 놀이기구 안전기준
자동차용 어린이 보호장치	• 어린이제품 공통안전기준 • 자동차용 어린이 보호장치 안전기준
어린이용 비비탄총	• 어린이제품 공통안전기준 • 어린이용 비비탄총 안전기준

48 환경 매체 간의 거동을 모형화하여 인간과 환경에 대한 화학물질의 위해성을 평가하는 모델로서 Screening 모델로는 적합하지만 시간별·지역별 농도변화를 관찰할 수 없는 단점이 있는 것은?

① CEM
② EUSES
③ ConsExpo
④ ECETOC-TRA

[해설]

EUSES(European Union System for the Evaluation of Substances) 모델의 특징이다.

49 다음 [보기]가 설명하는 노출평가로 옳은 것은?

[보기]
- 수용체가 하나의 화학물질에 대해 여러 노출원과 여러 노출경로를 통해 노출된 경우 노출량의 총합을 평가하는 것
- 이것을 위해서는 수용체의 행동학적 양상을 복합적으로 고려하여 노출시나리오를 작성해야 한다.

① 종합노출평가
② 누적노출평가
③ 통합노출평가
④ 개별노출평가

50 분석시점 이전의 노출수준을 이해하거나 주요 노출원을 파악하기 어려운 단점이 있는 생체지표는 다음 중 어느 것인가?

① 노출 생체지표
② 생물영향 생체지표
③ 위해영향 생체지표
④ 민감성 생체지표

해설
노출 생체지표의 특징으로 그 외 반감기가 짧은 물질의 경우 장기적인 노출을 이해하기 어려우며, 초기 건강영향이나 질병의 종말점과 직접적으로 연계하기가 어려운 단점이 있다.

51 무색, 무미, 무취의 기체로서 상온에서 제일 밀도가 높은 비활성기체이다. 흡입할 경우 폐암을 유발할 수 있는 물질은 어느 것인가?

① 라 돈
② 아르곤
③ 네 온
④ 제 논

해설
라돈은 불안정한 상태의 방사성 원소로 시림의 폐에 들어가게 되면 세포를 파괴, 유전자를 변형시켜 폐암을 유발할 수 있다.

52 시료에 열풍, 질소 등을 통과시켜 용매를 증발시키고 용질을 축적시키는 전처리 방법은 무엇인가?

① 가 열
② 감 압
③ 통 풍
④ 냉 동

53 폼알데하이드의 농도가 200μg/m^{3}인 공간에서 6개월간 거주한 사람의 전생애 인체노출량 (mg/kg/day)은 얼마인가?(단, 호흡률은 0.53m^3/h, 평균 체중은 58kg, 수명 70년, 폼알데하이드의 흡수율 및 존재율은 100%로 가정한다)

① 1.36×10^{-4}
② 3.13×10^{-4}
③ 1.36×10^{-3}
④ 3.13×10^{-3}

해설

6개월 $= 6/12$월 $= 0.5$yr, 200μg/m$^3 = 0.2$mg/m^3

$$E_{inh}(\text{mg/kg} \cdot \text{day}) = \sum \frac{C_{IA} \times IR \times ET \times EF \times ED \times ABS}{BW \times AT}$$

$$= \frac{0.5\text{yr}}{} \left| \frac{0.2\text{mg}}{\text{m}^3} \right| \frac{0.53 \times 24\text{m}^3}{\text{day}} \left| \frac{}{58\text{kg}} \right| \frac{}{70\text{yr}}$$

$$= 3.13 \times 10^{-4}$$

54 다음 중 노출계수 핸드북으로 이용할 수 없는 것은?

① 한국, 어린이 노출계수 핸드북
② 중국, Highlights of the Chinese Exposure Factors Handbook(Adults)
③ 유럽, European Exposure Factors(ExpoFacts) Sourcebook
④ 미국, Manual of Analytical Methods

55 무작위적 환경시료 채취 방법에 대한 설명으로 옳은 것은?

① 환경매체의 오염도에 대한 추가 정보가 있는 경우
② 균질화된 시료의 채취가 가능할 경우
③ 특정 장소를 제한하여 시료채취 가능
④ 다양한 변이가 있는 환경매체에서 평균값에 가까운 측정값을 얻고자 할 경우

56 안전확인대상생활화학제품 시험·검사 등의 기준 및 방법 등에 관한 규정에서 제시된 함량제한물질과 주 시험법의 연결이 옳지 않은 것은?

① 비소, 카드뮴 – AAS
② 폼알데하이드 – LC–MS
③ 휘발성유기화합물 – GC–MS
④ 차아염소산 – 적정법

해설

비소, 카드뮴 – ICP–MS

57 다음은 인체노출평가의 계획에 관한 내용이다. 틀린 것은?

① 연구목적을 고려하여 가설을 설정하고 연구대상 집단, 연구대상 물질, 측정방법, 노출시기 등을 결정하고 수립된 계획은 의학연구윤리심의회로부터 반드시 승인을 받아야 한다.

② 조사방법으로는 전수조사, 확률표본조사, 일화적 조사가 있다.

③ 검정력 0.80은 유의수준이 0.05(95% 신뢰수준)일 때 노출의 차이를 측정할 수 있는 가능성이 80%라는 뜻이다.

④ 측정한계 및 과학적인 원리에 입각하여 통계적으로 의미가 있는 노출의 가장 작은 차이를 결정하고, 그 근거를 이용하여 필요한 표본수를 결정한다.

[해설]

생명윤리 및 안전에 관한 법률 시행규칙 제13조(기관위원회의 심의를 면제할 수 있는 인간대상연구)

일반 대중에게 공개된 정보를 이용하는 연구 또는 개인 식별정보를 수집·기록하지 않는 연구

• 연구대상자를 직접 조작하거나 그 환경을 조작하는 연구 중 다음의 어느 하나에 해당하는 연구
  – 약물투여, 혈액채취 등 침습적 행위를 하지 않는 연구
  – 신체적 변화가 따르지 않는 단순 접촉 측정장비 또는 관찰장비만을 사용하는 연구
  – 판매 등이 허용되는 식품 또는 식품첨가물을 이용하여 맛 또는 질을 평가하는 연구
  – 안전기준에 맞는 화장품을 이용하여 사용감 또는 만족도 등을 조사하는 연구

• 연구대상자 등을 직접 대면하더라도 연구대상자 등이 특정되지 않고 민감정보를 수집하거나 기록하지 않는 연구

• 연구대상자 등에 대한 기존의 자료나 문서를 이용하는 연구

58 다음은 인체시료에 대한 설명이다. 틀린 것은?

① 소변시료는 일정기간(24시간) 동안 채취하는 것을 원칙으로 하지만 현실적인 한계가 있으므로 실제로는 1회 채취한 소변시료에서 크레아티닌 농도와 비중을 고려하고 희석 정도를 보정한 노출량을 산출하기도 한다.

② 개인이나 그룹 간에 혈액 내 금속의 농도를 비교할 때는 헤모글로빈 또는 적혈구 용적률의 농도로 보정해 주는 작업이 필요하다.

③ 크레아티닌은 근육의 대사산물로 소변 중 일정량이 배출되는데, 희석으로 1.0g/L 이하인 경우 새로운 시료를 채취해야 한다.

④ 혈액 내의 유해물질들은 적혈구나 혈장 단백질과 결합한다.

[해설]

크레아티닌은 근육의 대사산물로 소변 중 일정량이 배출되는데, 희석으로 0.3g/L 이하인 경우 새로운 시료를 채취해야 한다.

59 다음 중 안전확인대상생활화학제품이 아닌 것은?

① 섬유유연제 ② 수정테이프
③ 초 ④ 화장품

해설

안전확인대상생활화학제품 지정 및 안전·표시기준 [별표 1] 안전확인대상생활화학제품의 종류

분 류	품 목	
제1부 세정제품	1. 세정제	2. 제거제
제2부 세탁제품	1. 세탁세제 3. 섬유유연제	2. 표백제
제3부 코팅제품	1. 광택코팅제 3. 녹 방지제 5. 다림질보조제 7. 경화제	2. 특수목적코팅제 4. 윤활제 6. 마감제
제4부 접착·접합제품	1. 접착제 3. 경화촉진제	2. 접합제
제5부 방향·탈취제품	1. 방향제	2. 탈취제
제6부 염색·도색제품	1. 물체 염색제	2. 물체 도색제
제7부 자동차 전용 제품	1. 자동차용 워셔액	2. 자동차용 부동액
제8부 인쇄 및 문서관련 제품	1. 인쇄용 잉크·토너 3. 수정액 및 수정테이프	2. 인 주
제9부 미용제품	1. 미용 접착제	2. 문신용 염료
제10부 여가용품 관리제품	운동용품 세정광택제	
제11부 살균제품	1. 살균제 3. 가습기용 항균·소독제	2. 살조제 4. 감염병예방용 방역 살균·소독제
제12부 구제제품	1. 기피제 3. 보건용 기피제 5. 감염병예방용 살서제	2. 보건용 살충제 4. 감염병예방용 살충제
제13부 보존·보존처리제품	1. 목재용 보존제	2. 필터형 보존처리제품
제14부 기타	1. 초 3. 인공 눈 스프레이 5. 가습기용 생활화학제품	2. 습기제거제 4. 공연용 포그액

60 동일한 조건에서 측정한 두 개의 측정값이 각각 40mg/L 및 60mg/L이었다. 상대편차백분율은 얼마인가?

① 20% ② 40%
③ 60% ④ 80%

해설

$$상대편차백분율(RPD, \ \%) = \frac{C_2 - C_1}{\bar{x}} \times 100 = \frac{60 - 40}{50} \times 100 = 40\%$$

61 건강영향평가에서 비발암성 물질 대기질의 위해도 평가기준에 대한으로 설명이다. 옳은 것은?

① 발암위해도가 10^{-6} 이상인 경우 유해영향이 있다고 판정한다.
② 유해지수가 100 이상인 경우 유해영향이 있다고 판정한다.
③ 발암위해도가 10^{-4} 이상인 경우 유해영향이 있다고 판정한다.
④ 유해지수가 1 이상인 경우 유해영향이 있다고 판정한다.

해설

대기질에 대한 정량적 건강영향평가는 비발암성 물질인 경우 위해지수(유해지수) 1, 발암성물질인 경우에는 발암위해도 $10^{-6}{\sim}10^{-4}(10^{-6}$이 원칙)이 평가기준이다.

62 생체 모니터링을 통해 측정되는 유해물질의 농도 기준인 권고치 또는 참고치에 대한 설명으로 틀린 것은?

① HBM-Ⅱ 이상은 건강 유해영향이 커서 조치가 필요한 수준이다.
② 독일의 HBM값과 미국의 BE값은 권고치이다.
③ 참고치는 기준 인구에서 유해물질에 노출되는 정상 범위의 상위 한계를 통계적인 방법으로 추정한 값이다.
④ 참고치를 이용하면 일반적인 수준보다 높은 수준의 유해물질에 노출된 사람들을 판별할 수 있으며, 이 값은 독성학적 또는 의학적 의미를 가진다.

해설

참고치를 이용하면 일반적인 수준보다 높은 수준의 유해물질에 노출된 사람들을 판별할 수 있으나, 이 값은 권고치와 달리 독성학적 또는 의학적 의미를 가지지 않는다는 한계점이 있다.

63 비발암성 물질의 노출한계에 대한 설명 중 틀린 것은?

① 노출한계는 추정된 노출량과 무영향관찰용량를 이용하여 도출된다.
② 위해도를 설명하는 다른 접근법으로 노출한계 또는 안전역 개념이 상대적인 위해도 차이를 나타내기 위하여 사용되기도 한다.
③ 환경보건법의 환경위해성평가 지침에 따르면, 노출한계가 $10^2{\sim}10^4$인 경우 위해가 있다고 판단한다.
④ 노출한계 값은 규제를 위한 관심 대상 물질을 결정하는 데에도 활용될 수 있다.

해설

화학물질 위해성평가의 구체적 방법 등에 관한 규정 제8조(위해도 결정)
노출한계가 100 이하이면 위해가 있다고 판단한다.

64 다음 중 환경영향평가서에 위생·공중보건 항목의 건강영향평가 대상 사업으로 옳지 않은 것은?

① 에너지 개발
② 도시 및 수자원 개발
③ 산업입지 및 산업단지의 조성
④ 폐기물처리시설, 분뇨 및 가축분뇨처리시설의 설치

65 사람의 소변에서 크레아티닌이 6.8μg/L 검출되었다. 이 사람의 체중은 58kg이고 일일소변배출량은 1,600mL/day이었다. 체내에 들어온 니코틴에 대한 크레아티닌의 몰분율이 0.7이라고 가정할 때, 이 사람의 니코틴에 대한 내적 노출량(μg/kg/day)은 얼마인가?(단, 니코틴 분자량 : 162.2g/mol, 크레아티닌 분자량 : 113.1g/mol)

① 0.19
② 0.24
③ 0.38
④ 0.43

[해설]

$$\text{내적 노출량} = \frac{6.8\mu g}{L} \mid \frac{1,600\text{mL}}{\text{day}} \mid \frac{1}{58\text{kg}} \mid \frac{1}{0.7} \mid \frac{162.2}{113.1} \mid \frac{L}{10^3\text{mL}} = 0.38\mu g/\text{kg} \cdot \text{day}$$

66 정량적 불확실성의 평가가 필요한 경우로 옳지 않은 것은?

① 모델 변수로 단일 값을 이용한 위해성 평가와 잠재적인 오류를 확인할 필요가 있는 경우
② 보수적인 점 추정 값을 활용한 초기위해성평가 결과 추가적인 확인 조치가 필요하다고 판단되는 경우
③ 오염지역, 오염물질, 노출경로, 독성, 위해성 인자 중에서 우선순위 결정을 위해 추가적인 연구가 필요한 경우
④ 초기위해성평가 결과가 매우 보수적으로 도출됨에도 불구하고 위해성이 낮다고 판단되는 경우

[해설]

초기위해성평가 결과는 매우 보수적으로 도출되기 때문에 오류가 있을 가능성이 높으므로, 초기위해성평가에서 위해성이 높다고 판단되는 경우 정량적 불확실성 평가를 통해 추가 연구를 위한 정보를 제공해야 한다.

67 다음 중 경구섭취를 통해 인체에 들어가는 유해인자 양의 크기를 순서대로 나열한 것은?

① 적용용량 > 내적용량 > 잠재용량
② 잠재용량 > 적용용량 > 내적용량
③ 내적용량 > 적용용량 > 잠재용량
④ 적용용량 > 잠재용량 > 내적용량

68 발암잠재력(CSF)의 정의를 옳게 설명한 것은?

① 평생동안 발암물질 단위용량에 노출되었을 때 잠재적인 발암가능성이 초과할 확률
② 유해물질의 노출량에 대한 반응이 관찰되지 않는 무영향관찰용량
③ 사람이 기대수명 동안 잠재적인 발암물질 단위용량에 평생 노출되었을 때 이로 인한 초과발암확률의 95% 상한값
④ 유전적 발암물질에 대한 현재의 노출수준을 판단하는 기준

> [해설]
> ① 초과발암위해도, ② 역치, ④ 노출한계

69 역학연구에서 분류하는 바이어스(Bias)와 거리가 먼 것은?

① 교란변수에 의한 바이어스
② 공간차이에 의한 바이어스
③ 연구대상 선정과정의 바이어스
④ 연구자료 측정 과정 혹은 분류과정의 바이어스

70 충분한 수의 랫드를 사용한 만성경구독성실험에서의 NOAEL값을 이용하여 인체 위해성평가의 결과 RfD가 0.0067mg/kg/day로 나타났다. 실험에서 구한 NOAEL값은 얼마인가?(단, 만성유해영향이 관찰되지 않았으며, MF는 0.75를 사용한다)

① 5.0

② 7.2

③ 8.9

④ 11.7

해설

만성유해영향이 관찰되지 않는 경우 불확실성계수는 1,000을 적용한다.

$$RfD = \frac{NOAEL}{UF \times MF} \rightarrow NOAEL = RfD \times UF \times MF$$

$$= \frac{0.0067mg}{kg \cdot day} \mid \frac{1,000}{} \mid \frac{0.75}{} = 5.03mg/kg \cdot day$$

71 역학연구방법 중 분석역학의 단면연구(Cross-sectional Study)에 대한 설명으로 옳지 않은 것은?

① 드문 질병 및 노출에 해당하는 인구집단을 조사하기에 부적절한 역학적 연구형태이다.

② 유병기간이 아주 짧은 질병은 질병 유행기간이 아닌 이상 단면연구가 부적절하다.

③ 비교적 쉽게 수행할 수 있고 다른 역학적 연구방법에 비해 비용이 상대적으로 적게 소요된다.

④ 노출요인과 유병의 선후관계가 명확하여 통계적인 유의성이 질병발생과의 인과관계로 해석할 수 있다.

72 환경위해도 평가 과정에서 불확실성 평가를 위한 단계적 접근법에 대한 설명으로 옳지 않은 것은?

① 전단계 : 예측노출수준과 위해도 평가에 사용된 결과 값들의 검토

② 1단계 : 불확실성 요인별 과학적 근거 및 주관성에 대한 판단

③ 2단계 : 확률론적 평가를 통한 위해도 분포확인

④ 3단계 : 민감도분석/상관분석을 통한 입력값의 분포 및 상대 기여도 제시

73 위해성평가의 불확실성 평가에 대한 설명으로 옳지 않은 것은?

① 변이의 크기는 추가연구를 통해 줄일 수 있다.
② 변이란 실제로 존재하는 분산 때문에 발생한다.
③ 불확실성은 위해성평가의 전 단계에 걸쳐 발생할 수 있다.
④ 불확실성 평가는 정성적 및 정량적 평가방법으로 나눌 수 있다.

해설
변이는 실제로 존재하는 분산 때문에 발생하는 현상으로 추가 연구를 통하여 더 정확히 이해할 수 있는 현상이지만 변이 크기 자체를 줄일 수는 없다.

74 비발암성 물질의 개별 유해지수(HQ)를 합산한 총 유해지수(HI)를 구하기 위해서 충족되어야 하는 사항으로 옳지 않은 것은?

① 각 영향이 서로 독립적으로 작용할 경우
② 각 물질들의 위해수준이 충분히 높은 경우
③ 해당 비발암성 물질들의 독성이 가산성을 가정할 수 있는 경우
④ 각 영향의 표적기관과 독성기작이 같고 유사한 노출량–반응 모형을 보일 경우

75 환경유해인자 A의 초과발암위해도(ECR)가 1.6×10^{-5}로 추정되었다. 평균수명을 80년으로 가정했을 때 100만명이 거주하는 도시에서 환경유해인자 A로 인해 매년 추가로 발생하는 암 사망자 수(명)는?

① 0.1
② 0.2
③ 1
④ 2

해설
초과발암확률값 $= \dfrac{1.6 \times 10^{-5} \times 10^{6}}{80} = 0.2(95\% \text{ 상한값})$

76 전향적 코호트(Cohort)연구와 후향적 코호트연구의 가장 큰 차이점은?

① 질병종류
② 유해인자 종류
③ 추적조사 시점과 기간
④ 연구집단의 교체 여부

> **해설**
> 전향적 코호트 연구는 노출 직후부터 질병 발생을 확인할 때까지 추적하는 연구이며, 후향적 코호트 연구는 연구시작 시점에 질병발생을 파악하고 노출여부는 과거기록을 이용한다.

77 다음에 설명하는 인체 노출평가 접근법은?

> • 인체 노출 평가 접근법 중 직접적인 방법
> • 노출이 일어나는 특정 시점에 직접적인 노출량을 기록함으로써 외적 노출량을 정량하는 방법
> • 예 사람의 호흡기 주변에 공기 포집장비를 부착하여 노출수준을 파악하는 방법

① 설문지/일지
② 개인 모니터링
③ 매체 모니터링
④ 환경 모니터링/모델링

78 용량(Dose)에 관한 설명으로 옳지 않은 것은?

① 생물학적 영향용량은 잠재용량 중 표적기관으로 이동하는 양을 의미한다.
② 섭취나 흡수를 통해 실제로 인체에 들어가는 유해인자의 양을 용량이라고 한다.
③ 용량의 크기를 파악하기 어려울 경우 섭취량을 용량과 동일한 것으로 가정할 수 있다.
④ 섭취를 통해 들어온 유해인자가 체내의 흡수막에 직접 접촉한 양을 적용용량이라고 한다.

> **해설**
> ① 생물학적 영향용량은 내적용량 중 표적기관으로 이동하는 양을 의미한다.

79 다음에 설명하는 분석역학의 연구방법은 무엇인가?

> • 비용과 시간적 측면에서 효율적이다.
> • 희귀질환, 긴 잠복기를 가진 질병에 적합하다.
> • 노출요인과 유병의 시간적 선후관계가 명확하지 않다.

① 유병률 연구   ② 단면 연구
③ 환자-대조군 연구   ④ 코호트 연구

80 기존의 유효한 노출량-반응 정보가 없고 동물 유해성시험 자료나 역학 자료를 이용하여 새로이 노출량-반응 관계를 추정하고자 할 때 고려할 사항과 거리가 먼 것은?

① 노출량-반응 평가를 수행하고자 할 경우 별도의 입증된 과학적 근거가 없는 한 노출에 따른 역치를 가지고 있는 영향과 역치가 없는 영향을 구분하여 수행한다.

② 예측무영향농도(PNEC) 추정은 종민감도분포를 이용하여 전체 종의 95%를 보호할 수 있는 수준으로 추정한다. 이것이 불가능할 경우 중요 분류군에 대한 생태독성자료 중 가장 민감한 것으로부터 평가계수를 고려하여 안전수준을 결정할 수 있다.

③ 만성독성, 생식·발달독성, 신경·행동 이상 등 어느 한 노출수준 이하에서 유해성이 관찰되지 않는 유해성 항목은 역치를 가지는 건강영향으로 가정한다.

④ 돌연변이성, 유전독성으로 인한 발암성 등 모든 노출수준에서 유해 가능성을 보이는 유해성 항목은 역치가 없는 건강영향으로 가정한다.

해설

화학물질 위해성평가의 구체적방법 등에 관한 규정 제6조(노출량-반응평가)

기존의 유효한 노출량-반응 정보가 없고 동물 유해성시험 자료나 역학 자료를 이용하여 새로이 노출량-반응 관계를 추정하고자 할 때에는 다음에 정한 사항을 고려한다.

• 노출량-반응 평가를 수행하고자 할 경우 별도의 입증된 과학적 근거가 없는 한 노출에 따른 역치를 가지고 있는 영향과 역치가 없는 영향을 구분하여 수행한다.

• 만성독성, 생식·발달독성, 신경·행동 이상 등 어느 한 노출수준 이하에서 유해성이 관찰되지 않는 유해성항목은 역치를 가지는 건강영향으로 가정한다.

• 돌연변이성, 유전독성으로 인한 발암성 등 모든 노출수준에서 유해 가능성을 보이는 유해성항목은 역치가 없는 건강영향으로 가정한다.

81 다음은 유해인자별 노출농도의 허용기준에 관한 내용이다. 빈칸에 들어갈 적절한 내용은 무엇인가?

> 노출농도가 시간가중평균값을 초과하고 단시간 노출값 이하인 경우에는 1회 노출 지속시간이 (가)이고 이러한 상태가 1일 (나)이하로 발생해야 하며, 각 회의 간격은 (다)이어야 한다.

	가	나	다
①	15분 미만	3회	60분 미만
②	15분 미만	4회	60분 이상
③	15분 이상	3회	60분 미만
④	15분 이상	4회	60분 이상

해설
산업안전보건법 시행규칙 [별표 19] 유해인자별 노출농도의 허용기준

82 어떤 작업자가 근무 시간대별 유해인자의 농도변화를 아래에 나타내었다. 작업자가 유해인자에 노출된 시간가중평균값(ppm)은 얼마인가?

유해인자 농도(ppm)	137	158	162	142
노출시간(min)	120	180	120	60

① 143

② 152

③ 165

④ 174

해설

$$TWA = \frac{CT + C_1 T_1 + \cdots + C_n T_n}{8}$$

$$= \frac{137 \times 2 + 158 \times 3 + 162 \times 2 + 142 \times 1}{8} = 151.8 = 152 \text{ppm}$$

83 다음 중 후드(Hood)의 종류가 아닌 것은?

① 리버스형　　　　　　　　　　② 포위형
③ 외부장착형　　　　　　　　　　④ 리시버형

> **해설**
> 작업환경 중 유해물질이 근처의 공간으로 비산되는 것을 방지하기 위하여 비산 범위 내의 오염공기를 발생원에서 직접 포집하기 위한 국소배기장치의 입구부를 후드(Hood)라고 한다. 후드는 작업형태, 오염물질의 특성 및 발생특성, 작업공간의 크기 등에 따라 달라지는데 오염물질이 발생되는 근원을 기준으로 "포위형(부스형)"과 "외부장착형", "리시버형"으로 구분한다. "포위형"에는 포위형, 장갑부착상자형, 드래프트체임버형, 건축부스형 등이 있고, "외부형"으로는 슬롯형, 그리드형, 푸시풀형 등 있다. 또한 "리시버형"으로는 그라인드커버형, 캐노피형 등이 있다(산업환기설비에 관한 기술지침).

84 화학물질의 등록 및 평가 등에 관한 법률상 화학물질등록 대상으로 옳은 것은?(단, 화학물질의 등록 등 면제에 해당하는 경우는 제외)

① 연간 1ton 이상의 기존화학물질을 제조·수입하는 자
② 연간 1ton 미만의 기존화학물질을 제조·수입하는 자
③ 연간 100kg 미만의 신규화학물질을 제조·수입·사용하는 자
④ 연간 1,000kg 이상의 신규화학물질을 제조·수입·사용하는 자

> **해설**
> 화학물질의 등록 및 평가에 관한 법률 제10조(화학물질의 등록 등)
> 연간 100kg 이상의 신규화학물질 또는 연간 1ton 이상의 기존화학물질을 제조·수입하려는 자는 제조 또는 수입 전에 환경부장관에게 등록하여야 한다.

85 화학물질관리법상 운반계획서 작성에 대한 내용으로 옳은 것은?

① 비소는 허가물질로서 3,000kg 이상 시 운반계획서를 작성한다.
② 염화비닐은 유독물질로서 3,000kg 이상 시 운반계획서를 작성한다.
③ 황화니켈은 제한물질로서 5,000kg 이상 시 운반계획서를 작성한다.
④ 다이클로로벤지딘은 금지물질로서 5,000kg 이상 시 운반계획서를 작성한다.

> **해설**
> 화학물질관리법 시행규칙 제11조(유해화학물질 운반계획서 작성·제출)
> • 유독물질 : 5,000kg
> • 허가물질, 제한물질, 금지물질 또는 사고대비물질 : 3,000kg

86 화학물질의 등록 및 평가 등에 관련 법률상 등록유예기간 동안 등록을 하지 않고 기존화학물질을 제조·수입하려는 자가 제조 또는 수입 전에 환경부장관에게 신고해야 하는 사항으로 옳지 않은 것은?(단, 그 밖에 제조 또는 수입하려는 자의 상호 등 환경부령으로 정하는 사항은 제외한다)

① 화학물질의 명칭   ② 화학물질의 매출액

③ 화학물질의 분류·표시   ④ 연간 제조량 또는 수입량

해설

화학물질의 등록 및 평가 등에 관한 법률 제10조(화학물질의 등록 등)

기존화학물질을 제조·수입하려는 자가 등록유예기간 동안 등록을 하지 아니하고 제조·수입하려면 환경부령으로 성하는 바에 따라 제조 또는 수입 전에 환경부장관에게 다음의 사항을 신고하여야 하며, 신고한 사항 중 대통령령으로 정하는 사항이 변경된 경우에는 환경부령으로 정하는 바에 따라 환경부장관에게 변경신고를 하여야 한다.

• 화학물질의 명칭
• 연간 제조량 또는 수입량
• 화학물질의 분류·표시
• 화학물질의 용도
• 그 밖에 제조 또는 수입하려는 자의 상호 등 환경부령으로 정하는 사항

87 생활화학제품 및 살생물제의 안전관리에 관한 법률상 다음 [보기]가 설명하는 것으로 옳은 것은?

┌─[보기]───┐

유해생물을 제거, 무해화, 또는 억제하는 기능으로 사용하는 화학물질, 천연물질 또는 미생물을 말한다.

└───┘

① 살생물제품   ② 살생물물질

③ 생활화학제품   ④ 살생물처리제품

88 안전확인대상생활화학제품의 소비자 위해성 소통계획 수립단계에서의 고려사항과 거리가 가장 먼 것은?

① 안전확인대상생활화학제품에 대한 사회적인 인식을 증진시키기 위한 위해성소통을 계획한다.

② 사용 대상자에 따라 위해성이 달라질 수 있으므로 안전확인대상생활화학제품의 품목별 소비자 특성을 분석한다.

③ 시중에 유통되고 있는 안전확인대상생활화학제품을 수거하여 성분비에 관한 측정 계획 및 안전 기준 마련 계획을 수립한다.

④ 특정한 공간적인 한계에서 위해성이 더 크게 나타날 수 있기 때문에 공간의 크기, 공기순환정도, 환기정도에 따른 위해성 특성을 파악한다.

89 제조공정 중 반응, 분리, 이송시스템 및 전기·계장시스템 등의 단위공정에 사용하기 적합하지 않은 공정위험성평가기법은?(단, 공정안전보고서의 제출·심사·확인 및 이행상태평가 등에 관한 규정 기준)

① 이상위험도 분석기법
② 작업자실수 분석기법
③ 사건수 분석기법
④ 원인결과 분석기법

해설

작업자실수분석(HEA ; Human Error Analysis) 기법이란 설비의 운전원, 보수반원, 기술자 등의 실수에 의하여 작업에 영향을 미칠 수 있는 요소를 평가하고 그 실수의 원인을 파악·추적하여 정량적으로 실수의 상대적 순위를 결정하는 방법을 말한다.

90 사업장 위해성 평가 수행 시 고려해야 할 사항과 거리가 가장 먼 것은?

① 유해인자의 유해성
② 화학물질의 사용 빈도
③ 작업장 내 오염원의 위치 등의 공간적 분포
④ 화학물질의 등록 및 평가 등에 관한 법령에 따른 화학물질의 등록 여부

91 유해화학물질 배출량저감 기술의 적용 단계를 순서대로 나열한 것은?

① 공정관리 → 전과정관리 → 성분관리 → 환경오염방지시설 설치를 통한 관리
② 전과정관리 → 성분관리 → 공정관리 → 환경오염방지시설 설치를 통한 관리
③ 전과정관리 → 공정관리 → 성분관리 → 환경오염방지시설 설치를 통한 관리
④ 공정관리 → 성분관리 → 전과정관리 → 환경오염방지시설 설치를 통한 관리

92 안전확인대상생활화학제품에 대한 소비자 위해성소통에 관한 내용으로 옳지 않은 것은?

① 안전확인대상생활화학제품의 잠재적인 위험성을 분석한다.
② 안전확인대상생활화학제품을 생산하는 공정정보를 소비자에게 제공한다.
③ 안전확인대상생활화학제품의 유해화학물질 함유량, 취급실태, 소비실태, 평균사용량 등에 대한 조사를 실시한다.
④ 안전확인대상생활화학제품에 대한 위해성 소통을 평가하고 그 결과를 반영한다.

해설

안전확인대상생활화학제품에 대한 소비자 위해성 소통을 위하여 제품의 명칭, 제조 또는 수입하는 자의 성명 또는 상호, 주소 및 연락처, 사용된 주요 성분 등의 정보를 공개하도록 하고 있으며, 제품 생산공정 정보는 정보공개 대상이 아니다(생활화학제품 및 살생물제의 안전관리에 관한 법률 제10조의2).

93 화학물질이 인체와 환경에 미치는 위해수준을 평가하고자 할 경우 위해성평가 절차로 옳은 것은?

① 유해성 확인 → 노출량-반응 평가 → 노출평가 → 위해도 결정
② 유해성 확인 → 노출평가 → 노출량-반응 평가 → 위해도 결정
③ 유해성 확인 및 독성평가 → 노출평가 → 위해성평가 → 위해도 결정 및 관리
④ 유해성 확인 및 독성평가 → 용량-반응 평가 → 노출평가 → 위해도 결정 및 관리

해설

화학물질 위해성평가의 구체적 방법 등에 관한 규정 제4조(위해성평가 절차)
1. 유해성 확인, 2. 노출량-반응 평가/종민감도분포 평가, 3. 노출평가, 4. 위해도 결정

94 사업주가 근로자에게 실시해야 하는 안전보건교육은 근로자·관리감독자 정기교육, 채용 시 교육 및 작업내용 변경 시 교육, 그리고 특별교육 대상 작업별 교육이 있다. 다음 중 정기교육, 채용 시 교육, 작업내용 변경 시 교육에 모두 포함된 작업내용은 무엇인가?

① 건강 증진 및 질병예방에 관한 사항
② 작업공정의 유해·위험과 재해 예방대책에 관한 사항
③ 직장 내 괴롭힘, 고객의 폭언 등으로 인한 건강장해 예방 및 관리에 관한 사항
④ 작업 개시 전 점검에 관한 사항

해설

산업안전보건법 시행규칙 [별표 5] 안전보건교육 교육대상별 교육내용

95 다음 중 지역사회 위해성 소통과 가장 거리가 먼 것은?

① 화학물질관리법에 따른 화학사고예방관리계획서 작성 및 제출
② 화학물질관리법에 따른 화학물질 조사결과 및 정보의 공개
③ 화학물질관리법에 따른 사고대비물질 지정
④ 화학물질관리법에 따른 운반계획서 작성·제출

해설

지역사회 위해성 소통
• 화학물질관리법에 따른 화학사고예방관리계획서 작성 및 제출
• 화학물질관리법에 따른 화학물질 조사결과 및 정보의 공개
• 화학물질관리법에 따른 사고대비물질 지정
• 화학물질의 등록 및 평가 등에 관한 법률에 따른 허가물질의 지정
• 화학물질의 등록 및 평가 등에 관한 법률에 따른 유해성 심사 결과의 공개

96 다음 빈칸에 들어갈 내용으로 옳은 것은?

> 사업주는 사업장에 유해하거나 위험한 설비가 있는 경우 그 설비로부터의 위험물질 누출, 화재 및 폭발 등으로 인하여 사업장 내의 근로자에게 즉시 피해를 주거나 사업장 인근 지역에 피해를 줄 수 있는 사고로서 중대산업사고를 예방하기 위하여 (   )를 작성하고 고용노동부장관에게 제출하여 심사를 받아야 한다.

① 유해위험방지계획서
② 공정안전보고서
③ 중대산업사고예방계획서
④ 배출저감계획서

해설

산업안전보건법 제44조(공정안전보고서의 작성·제출)
① 사업주는 사업장에 대통령령으로 정하는 유해하거나 위험한 설비가 있는 경우 그 설비로부터의 위험물질 누출, 화재 및 폭발 등으로 인하여 사업장 내의 근로자에게 즉시 피해를 주거나 사업장 인근 지역에 피해를 줄 수 있는 사고로서 대통령령으로 정하는 사고(이하 "중대산업사고"라 한다)를 예방하기 위하여 대통령령으로 정하는 바에 따라 공정안전보고서를 작성하고 고용노동부장관에게 제출하여 심사를 받아야 한다. 이 경우 공정안전보고서의 내용이 중대산업사고를 예방하기 위하여 적합하다고 통보받기 전에는 관련된 유해하거나 위험한 설비를 가동해서는 아니 된다.
② 사업주는 제1항에 따라 공정안전보고서를 작성할 때 산업안전보건위원회의 심의를 거쳐야 한다. 다만, 산업안전보건위원회가 설치되어 있지 아니한 사업장의 경우에는 근로자대표의 의견을 들어야 한다.

97 다음 중 틀린 것은?

① 화학물질 통계조사와 화학물질 배출량조사를 완료한 때에는 국립환경과학원장은 지체 없이 그 결과를 공개하여야 한다.

② 관계 중앙행정기관의 장과의 협의와 환경보건위원회의 심의를 거쳐 환경부장관은 환경보건종합계획을 10년마다 수립하여야 한다.

③ 화학물질의 등록·신고 및 평가, 제품에 들어있는 중점관리물질의 신고 등에 관한 기본계획을 환경부장관은 5년마다 수립하여야 한다.

④ 위해성평가를 한 결과 위해성이 있다고 인정되면 환경부장관은 관계 중앙행정기관 장과 협의하고 관리위원회의 심의를 거쳐 해당 생활화학제품을 안전확인대상 생활화학제품으로 고시한다.

해설

① 환경부장관은 화학물질 통계조사와 화학물질 배출량조사를 완료한 때에는 사업장별로 그 결과를 지체 없이 공개하여야 한다(화학물질관리법 제12조).

② 환경보건법 제6조

③ 화학물질의 등록 및 평가 등에 관한 법률 제6조

④ 생활화학제품 및 살생물제의 안전관리에 관한 법률 제8조

98 작업장 유해물질 저감시설에 관한 설명 중 옳지 않은 것은?

① 작업장의 환경을 개선하기 위하여 배기장치는 기본적으로 설치되어야 한다.

② 작업장의 먼지, 가스, 증기, 흄 등의 유해물질을 작업장 외부로 배출시키는 장치가 필요하다.

③ 국소배기장치는 작업대의 상부 또는 노동자의 뒤에서 흡기가 이루어지도록 설치한다.

④ 작업장에서 배기장치에 의하여 배출된 오염물질에 대한 저감장치가 설치되어야 한다.

해설

국소배기장치는 작업대의 상부 또는 노동자와 마주한 방향에서 흡기가 이루어지도록 설치한다.

99 소비자 제품 위해성 저감에 관한 설명 중 옳지 않은 것은?

① 소비자 제품의 위해성 파악을 위하여 비발암성 물질과 발암성 물질로 구분하여 위해도를 판단한다.

② 소비자 제품의 노출을 최소화하기 위하여 저감대상 제품을 선정하고 저감방법을 모색하며 저감대책을 수립하여야 한다.

③ 소비자에게 유해성 정보를 전달하여 소비자가 자발적으로 제품을 선택하고 사용하는 패턴이 변화될 수 있도록 유도한다.

④ 소비자 유해성의 정보는 주로 제품에 대한 광고로 이루어진다.

해설

소비자 유해성의 정보는 주로 제품 라벨, 설명서 등을 통해 이루어진다.

100 다음은 용어에 대한 설명이다. 틀린 것은?

① "산업재해"란 노무를 제공하는 사람이 업무에 관계되는 건설물·설비·원재료·가스·증기·분진 등에 의하거나 작업 또는 그 밖의 업무로 인하여 사망 또는 부상하거나 질병에 걸리는 것을 말한다.

② "안전보건진단"이란 작업환경 실태를 파악하기 위하여 해당 근로자 또는 작업장에 대하여 사업주가 유해인자에 대한 측정계획을 수립한 후 시료(試料)를 채취하고 분석·평가하는 것을 말한다.

③ "근로자대표"란 근로자의 과반수로 조직된 노동조합이 있는 경우에는 그 노동조합을, 근로자의 과반수로 조직된 노동조합이 없는 경우에는 근로자의 과반수를 대표하는 자를 말한다.

④ "중대재해"란 산업재해 중 사망 등 재해 정도가 심하거나 다수의 재해자가 발생한 경우로서 고용노동부령으로 정하는 재해를 말한다.

해설

②는 "작업환경측정"에 관한 정의이다.

산업안전보건법 제2조(정의)

"안전보건진단"이란 산업재해를 예방하기 위하여 잠재적 위험성을 발견하고 그 개선 대책을 수립할 목적으로 조사·평가하는 것을 말한다.

제1과목 | 유해성 확인 및 독성평가

01 벤치마크용량(BMD)을 설명한 것으로 옳은 것은?

① 역치가 있는 비유전적 발암물질의 위해도를 판단하며, 용량–반응평가 및 노출평가 결과를 바탕으로 인체노출위해수준을 추정한다.

② 독성시험의 용량–반응 자료를 수학적 모델에 입력하여 산정된 기준용량값으로 비발암성 물질의 위해성 평가에 활용한다.

③ 유해물질의 노출량에 대한 반응이 관찰되지 않는 무영향관찰용량을 말한다.

④ 만성노출인 NOAEL값을 적용한 경우 비유전적 발암물질의 위해도를 판단할 수 있다.

> 해설
> ① 위해지수(HI)
> ③ 역치(Threshold)
> ④ 노출한계(MOE)

02 건강유해성 GHS 그림문자 중 "위험" 신호어가 아닌 것은?

①   ②

③   ④

> 해설
> ③ "경고"
> ① "위험" 또는 "경고"
> ② "위험"
> ④ "위험"

03 세계조화시스템(GHS)의 유해·위험문구에 대한 설명으로 옳지 않은 것은?

① H220~H227은 폭발성 물질에 대한 유해·위험문구이다.

② H240~H242는 자기반응성 물질 및 혼합물, 유기과산화물에 대한 유해·위험문구이다.

③ H310~H320은 급성독성, 피부부식성/자극성, 피부 과민성, 심한 눈 손상/눈 자극성에 대한 유해·위험문구이다.

④ H400~H413은 수생환경 유해성의 급성 또는 만성에 대한 유해·위험문구이다.

[해설]

① H220~H227은 인화성 가스, 에어로졸, 인화성 액체에 대한 유해·위험문구이다.

04 다음은 발암성 시험에 관한 설명이다. 옳지 않은 것은?

① OECD는 화학물질에 대한 유해성 시험의 지침을 제공하고 있으며, TG 451이 발암성 시험에 해당된다.

② 이유기가 지난 쥐나 생쥐를 시험물질에 전 생애 동안 주기적으로 노출하고 조직병리학적 검사를 시행하여 판단한다.

③ 최대내성용량 이하의 고농도에 동물을 노출시키므로 비역치를 가정한 수학적 모델에 자료를 입력하여 만성, 저농도에 노출 시의 영향을 추정한다.

④ 동물실험에 의한 용량으로 위해성 평가를 위한 발암력을 평가한다.

[해설]

④ 동물실험에 의한 용량을 사람에 해당하는 용량으로 전환하여 위해성 평가를 위한 발암력을 평가한다.

05 위해요소의 비발암성과 발암성에 대한 위험성 확인에 대한 설명이다. 빈칸에 들어갈 용어로 가장 적당한 것은?

> 대상물질의 비발암성과 발암성에 대한 위험성 확인은 (가)로 구분하며, 비발암성과 발암성 물질은 각각 (나) 및 (다)을 사용한다.

	가	나	다
①	역 치	역치모델	비역치모델
②	역 치	비역치모델	역치모델
③	비역치	역치모델	비역치모델
④	비역치	비역치모델	역치모델

해설

위해요소(대상물질)의 비발암성과 발암성에 대한 위험성 확인은 역치물질로, 발암성과 유전독성의 확인은 비역치의 개념을 적용하여 평가한다.

[위해요소(대상물질)의 위해평가 절차]

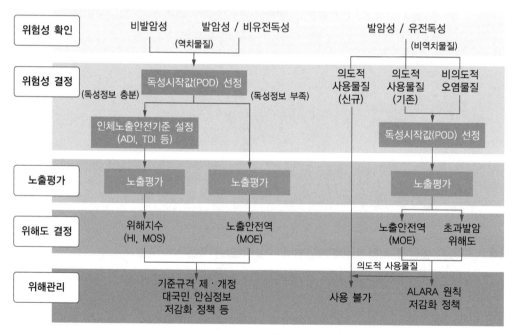

출처 : 인체적용제품 위해성 평가 공통지침서, 식품의약품안전처, 2019

06 혼합물 전체로서 시험된 자료는 없지만, 유사 혼합물의 분류자료 등을 통하여 혼합물 전체로서 판단할 수 있는 근거자료가 있는 경우에는 가교원리를 적용하여 유해성을 분류한다. 다음 중 가교원리에 해당되지 않는 것은?

① 외삽(Extrapolation)
② 고유해성 혼합물의 농축(Concentration)
③ 에어로졸(Aerosol)
④ 배치(Batch)

해설
화학물질의 분류 및 표시 등에 관한 규정 [별표 1] 화학물질의 분류 및 표시사항
분류에 관한 일반 원칙
가교원리 : 희석(Dilution), 배치(Batch), 고유해성 혼합물의 농축(Concentration), 하나의 독성구분 내에서 내삽(Interpolation), 실질적으로 유사한 혼합물, 에어로졸(Aerosol)

07 화학물질의 구조를 분류군 기반으로 독성예측을 하는 평가모델과 가장 거리가 먼 것은?

① MCASE
② QSAR
③ OASIS
④ ECOSAR

해설
MCASE 모델은 화학물질의 물리·화학적, 활성·비활성 특성을 분류군 기반으로 한다.

08 인체 위해성 평가 단계 중 용량–반응 평가단계와 동일하며, 위해지수가 1보다 클 경우 생태계에 영향이 있는 것으로 판단하는 것은 무엇인가?

① 독성단위
② 예측무영향농도
③ 최소영향관찰농도
④ 영향농도(EC_x)

해설
예측무영향농도는 생태독성값 중에서 가장 낮은 농도의 독성값을 평가계수로 나누어 산출하며, 일반 생태독성의 특성을 갖는 화학물질의 경우, 물, 토양, 퇴적물 등 환경매체별 예측무영향농도를 도출하여야 한다.

09 다음 중 발암성 물질의 위해성 평가에 활용되는 독성지표로 옳지 않은 것은?

① Derived Minimal Effect Level
② Oral Slope Factor
③ Inhalation Unit Risk
④ Derived No Effect Level

> **해설**
>
> DNEL(Derived No Effect Level)은 비발암성 물질의 위해성 평가에 사용되는 독성지표이다.

10 pH가 낮아지면 수서생물 독성에 어떠한 영향을 주는가?

① 중금속의 용해도가 증가하여 생체이용률과 독성이 증가한다.
② 경도가 증가하면서 독성이 증가한다.
③ 암모니아의 수서독성이 증가한다.
④ 산화–환원전위가 감소하여 수서독성이 증가한다.

11 환경보건법상 환경부장관은 몇 년마다 환경보건종합계획을 수립해야 하는가?

① 1년   ② 2년
③ 5년   ④ 10년

> **해설**
>
> **환경보건법 제6조(환경보건계획의 수립)**
> 환경부장관은 관계 중앙행정기관의 장과의 협의와 환경보건위원회의 심의를 거쳐 환경유해인자가 수용체에 미치는
> 영향과 피해를 조사·예방 및 관리 함으로써 국민의 건강을 증진시키기 위하여 환경보건종합계획을 10년마다 세워야
> 한다.

12 반복투여 독성시험에 관한 설명으로 옳지 않은 것은?

① 반복투여 독성시험(28일)을 아급성 독성시험이라 한다.
② 반복투여 독성시험(90일)을 장기 독성시험이라 한다.
③ 시험물질을 시험동물에 반복투여하여 중·장기간 동안 나타나는 독성의 NOEL, NOAEL 등을 검사하는 시험이다.
④ 평가항목은 기간에 따라 크게 투여 전 평가, 투여기간 중 평가, 부검일 평가, 부검 후 평가로 나눌 수 있다.

해설
시험기간이 1년 미만인 독성시험을 아급성 독성시험 또는 단기 독성시험이라 한다.

13 선정된 용량기술자의 시험결과 어떤 화학물질의 투여용량이 0.43mg/kg·day일 때 종양이 20% 발생하였다. T_{25}(mg/kg·day)는 얼마인가?

① 0.24   ② 0.34
③ 0.44   ④ 0.54

해설
$$T_{25} = \frac{0.43mg}{kg·day} \mid \frac{25}{20} = 0.54mg/kg·day$$

※ T_{25}는 실험동물 25%에 종양을 일으키는 체중 1kg당 일일용량(mg/kg·day)으로, 예를 들어 종양이 15% 발생하였다면 그 용량에 25/15를 곱하여 발생용량을 산출한다.

14 다음은 예측무영향농도(PNEC)에 관한 내용이다. 옳지 않은 것은?

① 예측무영향농도를 예측환경농도로 나누어 주면 위해지수를 산출할 수 있다.
② 위해지수가 1보다 클 경우에는 생태계에 유해성이 있는 것으로 판단한다.
③ 생태독성값 중에서 가장 낮은 농도의 독성값을 평가계수로 나누어 산출한다.
④ 일반 생태독성의 특성을 갖는 화학물질의 경우 물, 토양, 퇴적물 등 환경매체별로 예측무영향농도를 도출하여야 한다.

해설
① 위해지수(HQ) = 예측환경농도 ÷ 예측무영향농도

15 생태독성을 평가하는 지표 중 급성독성으로 옳지 않은 것은?

① EC_{10} : 수중 노출 시 시험생물의 10%에 영향이 나타나는 농도이다.

② EC_{50} : 수중 노출 시 시험생물의 50%에 영향이 나타나는 농도이다.

③ LD_{50} : 시험동물에 독성물질을 경구 투여하였을 때 50% 치사농도이다.

④ LC_{50} : 시험용 물고기나 동물에 독성물질을 경구 투여하였을 때 50% 치사농도이다.

[해설]

① 만성독성이다.

급성독성은 위해물질에 단기노출로 독성이 발생하는 것으로 시험방법에는 EC_{50}, LD_{50}, LC_{50}이 있다.

16 비발암물질의 용량–반응 평가에서 도출된 유해성지표(NOAEL, LOAEL)와 독성참고치(RfD)의 용량 관계를 바르게 나타낸 것은?

① LOAEL > RfD > NOAEL

② LOAEL > NOAEL > RfD

③ RfD > LOAEL > NOAEL

④ NOAEL > LOAEL > RfD

[해설]

LOAEL > BMDL, Threshold > NOAEL > NOEL > RfD

17 OECD TG에 의한 변이원성을 확인하기 위한 시험법에 해당하지 않는 것은?

① 생식독성 시험

② 미소핵시험

③ 포유동물 세포발생시험

④ 생체 내 DNA 복구시험

[해설]

OECD TG에 의한 변이원성시험법

구 분	시험법	
유전자 변이시험	원핵동물 시험	박테리아 돌연변이 시험
	진핵동물 시험	포유동물 유전자 돌연변이 시험
염색체 손상시험	시험관 내 시험	포유동물 세포발생시험
	생체 내 시험	미소핵시험
	염색체 손상/복구 결합체 형성검정	생체 내 DNA 복구시험

18 화학물질의 등록 및 평가 등에 관한 법령상 화학물질의 용도에 따른 분류와 그에 대한 설명이 옳지 않은 것은?

① 부유제 : 광물질의 제련 공정 중에서 광물질을 농축·수거하기 위해 사용하는 물질
② 발포제 : 주로 플라스틱이나 고무 등에 첨가해서 작업공정 중 가스를 발생시켜 기포를 형성하게 하는 물질
③ 환원제 : 주어진 조건에서 산소를 공급하거나 또는 화학반응에서 전자를 수용하는 물질
④ 접착제 : 두 물체의 접촉면을 접착시키는 물질

해설
환원제 : 주어진 조건에서 산소를 제거하거나 또는 화학반응에서 전자를 제공하는 물질(화학물질의 등록 및 평가 등에 관한 법률 시행령 [별표 2])

19 다음 중 수서생물의 급·만성 독성시험의 대상 생물이 아닌 것은?

① 박테리아   ② 조 류
③ 물벼룩류   ④ 어 류

20 종민감도분포(SSD) 이용을 위한 최소 자료 요건에 대한 설명이다. 옳은 것은?

① 퇴적물 환경은 4개 분류군 최소 3종 이상을 활용해야 한다.
② 물 환경은 4개 분류군에서 최소 4개 종 이상을 활용해야 한다.
③ 토양 환경은 4개 분류군에서 최소 2종 이상을 활용해야 한다.
④ 생태독성자료가 부족한 경우에만 평가계수를 잠정적으로 적용한다.

해설
화학물질 위해성 평가의 구체적 방법 등에 관한 규정 [별표 4] 종민감도분포 이용을 위한 최소 자료 요건

구 분	최소 자료 요건
물	4개 분류군에서 최소 5종 이상(조류, 무척추동물* 2, 어류 등)
토 양	4개 분류군에서 최소 5종 이상(미생물, 식물류, 톡토기류, 지렁이류 등)
퇴적물	4개 분류군에서 최소 5종 이상(미생물, 빈모류, 깔따구류, 단각류 등)

* 무척추동물 : 갑각류, 연체류 등
화학물질 위해성 평가의 구체적 방법 등에 관한 규정 제6조(노출량-반응평가/종민감도분포 평가)
평가계수는 초기 위해성 평가에만 활용하며, 종민감도분포를 활용하기 위한 생태독성자료가 부족한 경우에만 잠정적으로 적용한다.

21 경고표지 작성항목에 대한 설명이다. 옳지 않은 것은?

① '해골과 X자형 뼈' 그림문자와 '감탄부호(!)' 그림문자 모두 해당하는 경우에는 '해골과 X자형 뼈' 그림문자만을 표시한다.

② 신호어는 '위험' 또는 '경고'를 표시한다. 다만 물질안전보건자료 대상물질이 '위험'과 '경고'에 해당되는 경우에는 '경고'만을 표시한다.

③ 5개 이상의 그림문자에 해당되는 경우에는 4개의 그림문자만을 표시할 수 있다.

④ 예방조치문구가 7개 이상인 경우에는 예방·대응·저장·폐기 각 1개 이상을 포함하여 6개만 표시해도 된다.

해설

화학물질의 분류·표시 및 물질안전보건자료에 관한 기준 제6조의2(경고표지 기재항목의 작성방법)
신호어는 '위험' 또는 '경고'를 표시한다. 다만 물질안전보건자료 대상물질이 '위험'과 '경고'에 해당되는 경우에는 '위험'만을 표시한다.

22 다음 오존층 유해성의 혼합물 분류 구분기준으로 옳은 것은?

① 특정물질을 0.1% 이상 포함

② 특정물질을 적어도 한 가지 이상, 0.1% 이상 포함

③ 특정물질을 1.0% 이상 포함

④ 특정물질을 적어도 한 가지 이상, 1.0% 이상 포함

해설

화학물질의 분류·표시 및 물질안전보건자료에 관한 기준 [별표 1] 화학물질 등의 분류
오존층 유해성–혼합물의 분류 구분기준 : 오존층 보호 등을 위한 특정물질의 관리에 관한 법률 제2조제1호에 따른 특정물질을 적어도 한 가지 이상, 0.1% 이상을 포함한 혼합물

23 다음 중 안전확인생활화학제품 내에 함유될 수 없는 물질로 옳지 않은 것은?

① 폴리헥사메틸렌구아니딘(PHMG)
② 메틸아이소싸이아졸리논(MIT)
③ 1,2-다이클로로프로페인(DCP)
④ 이염화아이소사이아눌산나트륨(NaDCC)

해설

③ 1,2-다이클로로프로페인(DCP) : 세정제 함량제한물질
안전확인대상생활화학제품 지정 및 안전 · 표시기준 [별표 2] 품목별 화학물질에 관한 안전기준
제품 내 함유금지물질

연 번	물질명
1	폴리헥사메틸렌구아니딘(PHMG)
2	염화에톡시에틸구아니딘(PGH)
3	폴리(헥사메틸렌비구아니드)하이드로클로라이드(PHMB)
4	메틸아이소싸이아졸리논(MIT)
5	5-클로로메틸아이소싸이아졸리논(CMIT)
6	염화벤잘코늄류
7	이염화아이소사이아눌산나트륨(NaDCC)
8	잔류성 오염물질 관리법 등 관련 법령에서 사용을 금지하고 있는 물질

24 다음 중 유해화학물질 종사자에 대한 안전교육 시간으로 옳은 것은?

① 매 2년마다 16시간   ② 매 2년마다 8시간
③ 매년 34시간   ④ 매년 2시간

해설

화학물질관리법 시행규칙 37조(안전교육의 실시 등)
유해화학물질 영업자는 해당 사업장의 모든 종사자에 대하여 교육기관 또는 유해화학물질관리자가 실시하는 유해화학물질 안전교육(온라인 교육을 포함)을 매년 1회, 2시간 이상 받도록 하여야 한다.
화학물질관리법 시행규칙 [별표 6의2] 유해화학물질 안전교육 대상자별 교육시간
• 유해화학물질 취급시설의 기술인력 : 매 2년마다 16시간
• 유해화학물질관리자 : 매 2년마다 16시간(취급시설이 없는 판매업의 유해화학물질관리자는 매 2년마다 8시간)
• 유해화학물질 취급담당자 : 매 2년마다 16시간(유해화학물질을 운반하는 자는 매 2년마다 8시간)

25 다음은 유해화학물질의 취급기준에 대한 설명이다. 옳지 않은 것은?

① 유해화학물질을 취급하는 경우 콘택트렌즈를 착용하지 말 것. 다만, 적절한 보안경을 착용한 경우에는 그렇지 않음

② 유해화학물질 취급시설이 본래의 성능을 발휘할 수 있도록 적절하게 유지·관리할 것

③ 앞서 저장한 화학물질과 다른 유해화학물질을 저장하는 경우에는 미리 탱크로리, 저장탱크 내부를 깨끗이 청소하고 폐액은 화학물질관리법에 따라 처리할 것

④ 유해화학물질의 취급과정에서 안전사고가 발생하지 아니하도록 예방대책을 강구하고, 화학사고가 발생하면 응급조치를 할 수 있는 방재장비(防災裝備)와 약품을 갖추어 둘 것

[해설]
③ 화학물질 폐액은 폐기물관리법에 따라 처리하여야 한다(화학물질관리법 시행규칙 별표 1).
① 화학물질관리법 시행규칙 별표 1
②·④ 화학물질관리법 제13조

26 다음은 화학사고예방관리계획서의 작성 내용 및 방법에 대한 설명이다. 가장 옳지 않은 것은?

① 취급시설 개요는 사업장 총괄개요와 단위 공장별 세부 취급개요를 구분하여 작성한다.

② 대표 유해성 정보는 유해화학물질의 독성, 장외영향 범위, 누출 시 환경영향 등을 고려하여 사고 유형별 유해성이 가장 큰 대표물질 2종에 대하여 선정 사유 및 인체 유해성, 물리적 위험성, 환경유해성을 포함하여 작성한다.

③ 영향범위가 가장 큰 시나리오 원점을 기준으로 반경 500m 범위 내에 있는 주변 환경정보를 작성한다.

④ 제조·사용 및 저장시설에서의 취급량은 부피단위로 나타내고 유해화학물질을 보관하는 보관 창고 등에서의 취급량은 저장·보관 구획도를 기준으로 유해화학물질별 총합으로 취급량을 산정한다.

[해설]
화학사고예방관리계획서 작성 등에 관한 규정 제19조(사고시나리오 선정)
제조·사용 및 저장시설에서의 취급량은 부피가 아닌 무게단위이므로, 시설의 설계용량과 유해화학물질의 비중을 이용하여 산정하고 유해화학물질을 보관하는 보관창고 등에서의 취급량은 저장·보관 구획도를 기준으로 유해화학물질별 총합으로 취급량(무게단위)을 산정한다.
① 화학사고예방관리계획서 작성 등에 관한 규정 제14조
② 화학사고예방관리계획서 작성 등에 관한 규정 제15조
③ 화학사고예방관리계획서 작성 등에 관한 규정 제16조

27 화학사고예방관리계획서의 안전관리 운영계획에 포함되어야 하는 내용과 가장 거리가 먼 것은?

① 교육·훈련 연간계획
② 사내 안전 문화 정착을 위한 계획
③ 설정된 목표를 달성하기 위한 구체적인 실행과제
④ 시설 자체점검 및 공정운전절차에 대한 계획 수립·사후관리

[해설]

화학사고예방관리계획서 작성 등에 관한 규정 제22조(안전관리계획)
안전관리 운영계획은 화학사고 예방을 위한 사업장의 종합적인 방향을 세우고, 위험도를 줄이기 위한 기술적·관리적 안전관리 방침과 대책 등을 다음 내용을 포함하여 사업장 상황에 맞게 작성한다.
• 사업장의 종합적인 화학사고에 대한 안전관리 방향 및 목표를 작성한다.
• 설정된 목표를 달성하기 위한 구체적인 실행과제를 작성한다.
• 세부추진계획은 관리적·기술적 대책으로 구분하여 작성한다.
  − 관리적 대책 : 사내 안전문화 정착을 위한 계획, 안전관리 운영계획을 실행하기 위한 조직, 화학안전 관련 예산
  − 기술적 대책 : 시설 투자 및 개선 계획, 시설 자체점검 및 공정운전절차에 대한 계획 수립·사후관리

28 화학사고 발생 시 상황전파와 사고신고가 신속하고 정확하게 전달될 수 있도록 사업장 내부 경보전달 체계를 작성하여야 한다. 경보전달체계에 포함되어야 할 사항으로 가장 거리가 먼 것은?

① 사내 경보시설의 종류 및 경보발령지점
② 경보발령 시 근로자 비상대피계획
③ 경보전달체계 및 경보전달 담당자
④ 경보시설 유지관리방법

[해설]

화학사고예방관리계획서 작성 등에 관한 규정 제25조(사고대응 및 응급조치계획)
사업장 내부 경보전달체계는 화학사고 발생 시 상황전파와 사고신고가 신속하고 정확하게 전달될 수 있도록 다음의 내용을 포함하여 작성한다.
• 사내 경보시설의 종류 및 경보발령지점
• 경보전달체계 및 경보전달 담당자
• 경보시설 유지관리방법
• 기타 사업장 내부 경보전달체계에 필요한 사항

29 다음 중 공정안전보고서의 세부내용에 포함해야 할 사항으로 가장 옳지 않은 것은?

① 유해·위험물질에 대한 물질안전보건자료
② 공정위험성평가서
③ 사고대비물질의 안전조건
④ 근로자 등 교육계획

해설

산업안전보건법 시행규칙 제50조(공정안전보고서의 세부 내용 등)
• 공정안전자료(유해·위험물질에 대한 물질안전보건자료 등)
• 공정위험성평가서 및 잠재위험에 대한 사고예방·피해 최소화 대책
• 안전운전계획(근로자 등 교육계획 등)
• 비상조치계획

30 기존 시설의 공정위험성을 평가할 때 사용하는 분석기법으로 옳지 않은 것은?

① 작업자 실수 분석(HEA)
② 위험과 운전 분석(HAZOP)
③ 이상결함위험도 분석(UFMECA)
④ 상대위험순위 결정(Dow and Mond Indices)

해설

산업안전보건법 시행규칙 제50조(공정안전보고서의 세부 내용 등)
공정위험성 분석 및 잠재위험에 대한 사고예방·피해 최소화 대책에는 체크리스트, 상대위험순위 결정, 작업자 실수 분석, 사고 예상 질문 분석, 위험과 운전 분석, 이상위험도 분석(FMECA), 결함 수 분석, 사건 수 분석, 원인 결과 분석 등이 있다.

31 최악의 사고시나리오 분석조건으로 옳은 것은?

	풍속(m/s)	대기온도(℃)	대기습도(%)
①	1.5	25	50
②	1.5	20	40
③	1.0	25	50
④	1.0	20	40

해설

최악의 사고시나리오 분석조건은 풍속 1.5m/s, 대기안정도 F(매우안정), 대기온도 25℃, 대기습도 50%이다.

32 사고시나리오별로 발생할 수 있는 사고에 대한 응급조치계획 작성 시 포함되는 내용으로 옳지 않은 것은?

① 사고복구 및 응급의료 비용 확보계획
② 내·외부 확산 차단 또는 방지대책
③ 방재자원(인원 또는 장비) 투입 등의 방재계획
④ 사고시설의 자동차단시스템 혹은 비상운전(단계별 차단) 계획

해설

응급조치계획서
• 사고시설의 자동차단시스템 혹은 비상운전(단계별 차단) 계획
• 내·외부 확산 차단 또는 방지대책
• 방재자원(인원 또는 장비) 투입 등의 방재계획
• 비상대피 및 응급의료계획

33 사고시나리오 분석조건에서 유해화학물질별 끝점 농도기준으로 옳지 않은 것은?

① PAC-2
② ERPG-2
③ AEGL-2
④ PRTR-2

해설

유해화학물질별 끝점 농도기준의 적용 우선순위[사고시나리오 선정 및 위험도 분석에 관한 기술지침(화학물질안전원지침 제2021-3호)]
• 미국산업위생학회의 ERPG-2(Emergency Response Planning Guideline)
• 미국환경보호청의 1시간 AEGL-2(Acute Exposure Guideline Levels)
• 미국에너지부의 PAC-2(Protective Action Criteria)
• 미국직업안전보건청의 IDLH 수치 10%(Immediately Dangerous to Life or Health)

34 유해화학물질 검사기관은 유해화학물질 취급시설에 대한 설치·정기·수시검사 및 안전진단을 수행하여 검사결과보고서를 작성하는데, 안전진단에 대한 결과는 몇 년간 보존해야 하는가?

① 5년
② 10년
③ 15년
④ 20년

해설

유해화학물질 취급시설의 설치·정기·수시검사 및 안전진단의 방법 등에 관한 규정 제7조(검사의 항목 및 방법)
검사기관은 검사결과보고서를 작성하고 설치검사 및 안전진단은 20년간, 정기·수시검사는 5년간 보존하여야 하며, 문서보관은 전자문서로도 가능하다.

35 화학물질관리법에 따라 1ton 초과 유해화학물질 운반차량에 표시하는 물질 중 유해·위험성 우선순위가 가장 높은 것은?

① 가스류
② 자연 발화성 물질
③ 인화성 액체
④ 유기과산화물

[해설]
화학물질관리법 시행규칙 [별표 2] 유해화학물질의 표시방법
1ton 초과 운반차량의 경우 유해성·위험성 우선순위
• 방사성 물질
• 폭발성 물질 및 제품
• 가스류
• 인화성 액체 중 둔감한 액체 화약류
• 자체 반응성 물질 및 둔감한 고체 화학류
• 자연 발화성 물질
• 유기과산화물
• 독성물질 또는 인화성 액체류

36 염소가스 20m³은 표준상태에서 몇 ppm인가?

① 1,000.63
② 1,000.625
③ 3,171.625
④ 3,171.63

[해설]
$PV = nRT = \dfrac{w}{M}RT$, 표준상태(0℃, 1atm)

$w = \dfrac{PVM}{RT} = $ 1atm $\mid$ 20m³ $\mid \dfrac{71g}{mol} \mid \dfrac{mol \cdot K}{0.082L \cdot atm} \mid \dfrac{1}{273K} \mid \dfrac{10^3 L}{m^3} = 63,432.5g$

∴ 염소가스 20m³의 질량이 63,432.5g이므로 염소가스 농도는 $\dfrac{63,432.5g}{20m^3} = 3,171.625 \dfrac{mg}{m^3}$

∴ $\dfrac{mg}{m^3} = \dfrac{ppm \times MW}{22.4}$ 이므로

$ppm = \dfrac{3,171.625 \times 22.4}{71} = 1,000.625ppm$

37 다음은 화학사고 발생 시 신고기준에 대한 설명이다. 빈칸에 적합한 것은?

> 유해화학물질이 (가)kg·L 미만으로 유출·누출된 경우 빠른 시간 내에 신고하여야 하며, 사고대비물질이 아닌 화학물질의 유출·누출량이 (나)kg·L[실험실 (다)g·mL] 미만이고 인명·환경 피해 없이 방재 조치가 완료된 경우 신고하지 않아도 됨

	가	나	다
①	5	1	100
②	5	0.5	100
③	300	1	100
④	300	0.5	500

[해설]
화학사고 즉시 신고에 관한 규정 [별표 1] 화학사고 발생 시 즉시 신고 기준
- 유해화학물질이 5kg·L 미만으로 유출·누출된 경우 빠른 시간 내에 신고하여야 한다.
- 사고대비물질이 아닌 화학물질의 유출·누출량이 1kg·L(실험실 100g·mL) 미만이고 인명·환경 피해 없이 방재 조치가 완료된 경우 신고하지 않아도 된다.

38 다음 중 유해화학물질 취급시설 외벽으로부터 보호대상까지의 안전거리 고시에서 을종보호대상으로 옳지 않은 것은?

① 병 원
② 공공업무시설
③ 주유소 및 석유판매소
④ 생태·경관 보호지역

[해설]
유해화학물질 취급시설 외벽으로부터 보호대상까지의 안전거리 고시 [별표 3] 을종보호대상

구 분		보호대상의 종류
건축물	주택·업무시설	단독주택, 공동주택(300명 이상 수용할 수 있는 시설은 제외한다), 공공업무시설, 일반업무시설, 교정시설, 갱생보호시설
	근린생활시설	제1종 근린생활시설, 제2종 근린생활시설
	위험물 저장 및 처리시설	주유소 및 석유판매소, 액화석유가스 충전소·판매소·저장소, 고압가스 충전소·판매소·저장소, 그 밖에 이와 비슷한 시설
	기 타	사람을 수용하는 건축물로서 독립된 부분의 연면적이 100m² 이상 1,000m² 미만인 것
생태·경관 보호지역		자연환경보전법에 따라 지정된 생태·경관보호지역

39 공정흐름도(PFD)의 도면에 나타내는 사항으로 옳지 않은 것은?

① 주요 장치 및 기계류의 배열
② 모든 배관의 Size, Line Number, 재질, Flange Rating
③ 물질수지 및 열수지
④ 기본 제어논리(Basic Control Logic)

해설
② 공정배관계장도(P&ID)에 포함되어야 할 사항이다.

40 화학사고예방관리계획서에서 유해화학물질의 유해성 정보 구성 항목으로 옳지 않은 것은?

① 인체유해성
② 물리적 위험성
③ 사고예방 정보
④ 취급물질의 일반정보

해설
화학사고예방관리계획서 작성 등에 관한 규정 [별지 7] 유해화학물질의 유해성 정보
• 취급물질의 일반정보 : 물질명, 화학물질 식별번호(CAS번호), 유해화학물질 고유번호, 농도(또는 함량 %), 최대보관
  량 등
• 인체유해성
• 물리적 위험성
• 환경유해성
• 출 처

41 다음은 집단 노출량 평가에 관한 내용이다. 옳지 않은 것은?

① 개인 노출량 평가에 비하여 상대적으로 많은 비용과 시간이 소요된다.

② 해당 집단의 노출 및 노출계수 정보를 활용하여 집단의 노출량을 평가하는 방법이다.

③ 확률론적 방법은 유해인자의 농도나 노출계수 등 각각의 지표가 가지고 있는 자료 분포를 활용하여 노출량의 분포를 새롭게 도출한다.

④ 결정론적 방법은 전형적이거나 일반적인 노출집단과 고노출집단의 노출수준을 예측하는 데 있다.

해설

집단 노출량 평가는 개인 노출량 평가에 비하여 상대적으로 적은 비용과 시간이 소요된다.

42 다음은 인체시료 중 혈액시료 채취 시 고려사항에 대한 설명이다. 가장 옳지 않은 것은?

① 휘발성 물질시료의 손실을 방지하기 위하여 최대용량을 채취해야 한다.

② 채취 시 고무마개의 혈액 흡착을 고려해야 한다.

③ 생물학적으로 동맥혈을 기준치로 한다.

④ 중금속의 인체노출평가를 위해 납은 혈액시료에서만 분석한다.

해설

③ 생물학적으로 정맥혈을 기준치로 하며, 동맥혈에는 적용할 수 없다.

43 다음은 인체시료 중 소변시료에 대한 설명이다. 옳지 않은 것은?

① 소변은 많은 유해물질의 중요한 배출경로이며, 많은 양을 채취하기 쉽기 때문에 인체노출평가에 시료로 이용된다.

② 비교적 정확하고 안정적인 분석값을 얻기 위해서는 일정기간(24시간) 동안 채취하는 것이 원칙이다.

③ 보존방법은 냉동상태(−20~−10℃)가 원칙이다.

④ 희석으로 인하여 크레아티닌의 농도가 30g/L 이하인 경우 새로운 시료를 채취해야 한다.

해설
크레아티닌(Creatinine)은 근육의 대사산물로 소변 중 일정량이 배출되는데, 희석으로 0.3g/L 이하인 경우 새로운 시료를 채취해야 한다.

44 다음은 인체시료의 전처리에 대한 설명이다. 옳지 않은 것은?

① 인체시료 내의 유기물이나 간섭물질을 제거하기 위하여 시행한다.

② 고체상 추출은 고체나 액체시료의 분석대상 물질을 흡착제에 선택적으로 흡착시키는 방법이다.

③ 액–액 추출은 액체시료의 분석대상 물질을 분배계수의 차이를 이용하는 방법이다.

④ 전기영동법은 비슷한 전하를 가진 분자들이 매질을 통해 크기에 따라 분리되는 것을 이용하는 방법이다.

해설
고체상 추출은 액체나 기체시료의 분석대상 물질을 흡착제에 선택적으로 흡착시켜 전처리하는 방법이다.

45 어린이용품 사용제한 환경유해인자 명칭과 용도가 옳게 연결된 것은?

① 다이-n-옥틸프탈레이트 – 어린이용 플라스틱 제품
② 다이아이소노닐프탈레이트 – 어린이용 목재 제품
③ 트라이뷰틸주석 – 어린이용 잉크 제품
④ 노닐페놀 – 어린이용 플라스틱 제품

[해설]

어린이용품 환경유해인자 사용제한 등에 관한 규정 [별표] 사용제한 환경유해인자 명칭 및 제한 내용

환경유해인자 명칭 (영문명, CAS 번호)	제한내용	용 도
다이-n-옥틸프탈레이트 (Di-n-Octyl Phthalate ; DNOP, 000117-84-0)	경구노출에 따른 전이량 $9.90 \times 10^{-1}\,\mu g/cm^2/min$ 및 경피 노출에 따른 전이량 $5.50 \times 10^{-2}\,\mu g/cm^2/min$을 초과하지 않아야 함	어린이용품 (어린이용 플라스틱 제품)
다이아이소노닐프탈레이트 (DilosoNonyl Phthalate ; DINP, 028553-12-0)	경구노출에 따른 전이량 $4.01 \times 10^{-1}\,\mu g/cm^2/min$ 및 경피 노출에 따른 전이량 $2.20 \times 10^{-2}\,\mu g/cm^2/min$을 초과하지 않아야 함	어린이용품 (어린이용 플라스틱 제품)
트라이뷰틸주석 (Tributyltin Compounds, 688-73-3)	트라이뷰틸주석 및 이를 0.1% 이상 함유한 혼합물질 사용을 금지	어린이용품 (어린이용 목재 제품)
노닐페놀 (Nonylphenol, 025154-52-3)	노닐페놀 및 이를 0.1% 이상 함유한 혼합물질 사용을 금지	어린이용품 (어린이용 잉크 제품)

[비 고]
• 환경유해인자 측정방법은 환경유해인자 공정시험기준에 따른다.
• 어린이제품 공통안전기준의 프탈레이트 가소제 허용 기준을 준수한 어린이용품은 사용제한 환경유해인자(DNOP, DINP)의 제한내용을 준수한 것으로 본다.

46 헤어스프레이를 뿌리다가 손에 묻었을 때의 인체노출경로로 가장 적당한 것은?

① 흡입/경구　　　　　　　　　　　② 흡입/경피

③ 경 구　　　　　　　　　　　　　④ 경 피

해설

제품 내 화학물질의 노출경로에 따른 노출시나리오

노출경로	주요 노출시나리오	대상 제품
흡 입	지속적 방출	거치식 방향제
	공기 중 분사	스프레이 탈취제
	표면휘발	욕실 세정제
	휘발성 물질 흡인	휘발물질 방출 제품
	먼지 흡입	미세입자 방출 제품
경 구	제품의 섭취(제품의 비의도적 섭취)	액상 제품, 크기가 작거나 코팅된 제품
	빨거나 씹음	–
	손을 입으로 가져감(제품 내 유해물질이 손에 묻어 입으로 섭취)	어린이 제품
경 피	액체형 접촉	손세탁(합성세제)
	반고상형 접촉	광택제 및 본드
	분사 중 접촉	스프레이
	섬유를 통한 접촉	섬유유연제

47 다음은 현장 이중시료(Field Duplicate)에 대한 설명이다. 빈칸에 공통으로 해당되는 것은?

> 현장 이중시료는 필요시 하루에 (　)개 이하의 시료를 채취할 경우에는 1개를, 그 이상의 시료를 채취할 때에는 시료 (　)개당 1개를 추가로 채취하며, 동일한 조건에서 측정한 두 시료의 측정값 차이를 두 시료 측정값의 평균값으로 나누어 상대편차백분율을 구한다.

① 5　　　　　　　　　　　　　　　② 10

③ 20　　　　　　　　　　　　　　④ 30

48 다음 중 소비자노출평가 모델이 아닌 것은?

① CEM

② TEST

③ ECETOC-TRA

④ ConsExpo

해설

소비자노출평가 모델은 정해진 노출시나리오, 노출계수, 노출알고리즘을 활용하여 노출량이 추정 가능하도록 만들어진 도구(Tool)로 각각의 모델은 노출평가의 목적과 특징에 따라 대상 제품과 노출평가 단계에 차이가 있다.
- ECETOC-TRA(European Centre for Ecotoxicology and TOxicology of Chemicals-Targeted Risk Assessment)
- ConsExpo
- CEM(Consumer Exposure Model)
- K-CHESAR(Korea CHEmical Safety Assessment and Reporting tool)

49 어린이제품 공통안전기준의 유해화학물질 안전요건에 의하면 합성수지제에 사용되는 프탈레이트 가소제 7종의 허용치(총합)는 얼마인가?

① 0.05% 이하

② 0.1% 이하

③ 0.5% 이하

④ 1.0% 이하

해설

어린이제품 공통안전기준
유해화학물질 안전요건 - 프탈레이트계 가소제

항 목	허용치
DEHP(Di-2-EthylHexyl Phthalate)	
DBP(DiButyl Phthalate)	
BBP(Benzyl Butyl Phthalate)	
DINP(DiIsoNonyl Phthalate)	총합 0.1% 이하
DIDP(DiIsoDecyl Phthalate)	
DnOP(Di-n-Octyl Phthalate)	
DIBP(DiIsoButyl Phthalate)	

비고 : 합성수지제(섬유 또는 가죽 등에 코팅된 것을 포함)에 적용한다.

50 탄화수소와 같은 기체 성분을 냉각제로 냉각 · 응축시켜 공기로부터 분리채취하는 방법으로, 주로 GC나 GC-MS 분석에 이용되는 방법은 무엇인가?

① 저온농축법 ② 고체흡착법
③ 용매채취법 ④ 용기채취법

해설
② 활성탄, 실리카겔과 같은 고체분말 표면에 기체가 흡착되는 것을 이용하는 방법이다.
③ 측정대상 기체와 선택적으로 흡수 또는 반응하는 용매에 시료가스를 일정 유량으로 통과시켜 채취하는 방법이다.
④ 시료를 일정한 용기에 채취한 후 실험실로 운반하여 분석하는 방법이다.

51 실내공기 중 폼알데하이드 흡입에 의한 인체 노출계수가 다음과 같을 때, 전 생애 인체노출량(mg/kg · day)은 얼마인가?

- 평균 수명 : 60년
- 하루 실내 체류시간 : 8hr
- 평균 체중 : 60kg
- 실내 폼알데하이드 농도 : 250μg/m³
- 호흡률 : 15m³/day
- 인체흡수율 : 100%

① 0.113 ② 0.084
③ 0.042 ④ 0.021

해설
$$E_{inh}(\text{mg/kg} \cdot \text{day}) = \sum \frac{C_{air} \times RR \times IR \times EF \times ED \times abs}{BW \times AT}$$

$$= \frac{250\mu g}{m^3} \mid \frac{15m^3}{day} \mid \frac{60 \times 0.33yr}{} \mid \frac{}{60kg} \mid \frac{}{60yr} \mid \frac{mg}{1,000\mu g}$$

$$= 0.021\text{mg/kg} \cdot \text{day}$$

52 다음 중 소비자노출평가에 관한 내용으로 옳지 않은 것은?

① 환경유해인자의 위해성 평가를 위한 절차와 방법 등에 관한 지침에 제시된 어린이용품의 특성을 고려한 노출알고리즘은 빨거나 씹을 수 있는 제품 또는 부품에 대해서만 경구섭취 시나리오를 대상으로 시행하고 있다.

② 생활화학제품 위해성 평가의 대상 및 방법 등에 관한 규정에 제시된 생활화학제품의 노출알고리즘에서는 제품의 섭취인 경우, 비의도적인 섭취에 대해서만 노출알고리즘을 제시하고 있다.

③ 소비자제품은 제품의 수, 용도 등이 매우 다양하여 제품별로 구체적인 노출시나리오를 개발하기 어렵기 때문에 비교적 간소화시킨 최악의 조건을 가정한 노출시나리오를 사용한다.

④ 최악의 시나리오 접근을 위하여 생활화학제품 및 살생물제의 안전관리에 관한 법률 및 화학물질의 등록 및 평가에 관한 법률에서 제시된 노출시나리오를 활용하여 노출량을 추정하여야 한다.

[해설]

환경유해인자의 위해성 평가를 위한 절차와 방법 등에 관한 지침 [별표 18] 어린이용품 특성을 고려한 노출알고리즘

경 로	시나리오
경 구	시나리오 Ⅰ : 빨거나 씹음
	시나리오 Ⅱ : 삼킴
	시나리오 Ⅲ : 손을 입으로 가져감

53 다음은 검출한계에 대한 설명이다. 옳지 않은 것은?

① 기기검출한계는 일반적으로 신호-잡음비를 구하여 2~5배 농도 또는 바탕시료를 반복 측정·분석한 결과의 표준편차에 10을 곱한 값 등을 의미한다.

② 방법검출한계는 시료와 비슷한 매질 중에서 시험분석 대상을 검출할 수 있는 최소한의 농도이다.

③ 정량한계는 시험분석 대상을 정량화할 수 있는 최소 농도이다.

④ 현장 이중시료는 동일 위치에서 동일한 조건으로 중복 채취한 시료를 말한다.

[해설]

① 기기검출한계는 일반적으로 신호-잡음비를 구하여 2~5배 농도 또는 바탕시료를 반복 측정·분석한 결과의 표준편차에 3을 곱한 값 등을 의미한다.

54 다음 중 방법바탕시료에 대한 설명으로 옳은 것은?

① 분석물질의 농도변화에 따른 측정값의 변화를 수식으로 나타낸 것이다.

② 시약과 매질을 사용하여 시료를 제조한 후 추출, 농축, 정제 및 분석과정에 따라 분석한 것이다.

③ 시험분석 대상을 검출할 수 있는 최소 농도 또는 양이다.

④ 대상 시료와 유사한 매질을 사용하여 시료를 제조한 후 추출, 농축, 정제 및 분석과정에 따라 분석한 것이다.

[해설]

① 검정곡선(검량선), ② 시약바탕시료, ③ 검출한계

55 다음 중 안전인증대상 어린이제품으로 옳지 않은 것은?

① 어린이용 물놀이기구

② 어린이용 운동용품

③ 어린이용 비비탄총

④ 자동차용 어린이 보호장치

[해설]

어린이제품 안전 특별법 시행규칙 [별표 1] 안전인증대상 어린이제품의 종류 및 적용 안전기준

• 어린이용 물놀이기구

• 어린이 놀이기구

• 자동차용 어린이 보호장치

• 어린이용 비비탄총

56 다음 중 어린이 노출계수를 수집할 목적으로 가장 신뢰성이 높은 응답을 얻을 수 있는 조사방법은 어느 것인가?

① 부모 면담

② 온라인 조사

③ CCTV 관찰

④ 어린이 면접

57 기기분석법의 전처리 방법 중 속슬렛(Soxhlet) 추출의 설명으로 옳은 것은?

① 액체시료에 용제를 작용시켜 표적물질을 시료로부터 분리하는 방법이다.
② 고형 흡착제에 표적물질을 흡착시켜 시료로부터 분리하는 방법이다.
③ 시료 중 불순물을 제거하기 위하여 활성탄, 실리카겔 등을 충진제로 정제한다.
④ 고체시료에 용매를 작용시켜 표적물질을 시료로부터 분리하는 방법이다.

[해설]
① 액-액 추출(LLE)
② 고체상 추출(SPE)
③ 정 제

58 안전확인대상생활화학제품 시험·검사 기준 및 방법 등에 관한 규정에서 제시된 함량제한물질과 주 시험법의 연결이 옳지 않은 것은?

① 알데하이드류 : 적정법
② 나프탈렌 : 기체크로마토그래피-질량분석법
③ 염화벤잘코늄류 : 액체크로마토그래피-질량분석법
④ 금속류 : 유도결합플라즈마-질량분석법

[해설]
안전확인대상생활화학제품 시험·검사 기준 및 방법 등에 관한 규정 [별표] 안전확인대상생활화학제품 안전기준 확인을 위한 표준시험절차
알데하이드류 : 액체크로마토그래피-질량분석법

59 EUSES 모델에 대한 설명이다. 옳지 않은 것은?

① 대기·지표수·저질·토양 등 매체 간의 거동을 모형화하여 인간과 환경에 대한 화학물질의 위해성을 평가하는 모델이다.

② 시간별, 지역별 농도변화를 관찰할 수 있다.

③ 인간과 환경에 대한 화학물질의 위해성을 평가할 수 있다.

④ 계산속도가 빨라 Screening 모델로 적합하다.

해설

EUSES(European Union System for the Evaluation of Substances)는 대기·지표수·저질·토양 등 매체 간의 거동을 모형화하여 인간과 환경에 대한 화학물질의 위해성을 평가하는 모델으로서 계산속도가 빨라 Screening 모델로 적합하지만 시간별, 지역별 농도변화를 관찰할 수 없는 단점이 있다.

60 화학물질이 포함된 방향제가 비치된 욕실에 대한 노출 정보가 다음과 같을 때, 해당 화학물질의 흡입노출량(μg/kg/day)은 얼마인가?(단, 욕실은 하루에 두 번 사용한다)

구 분	노출계수 값
욕실의 화학물질 농도	10μg/m^3
체내 흡수율(abs)	1
호흡률(IR)	20m^3/day
체중(BW)	60kg
1회 노출시간	10min

① 0.023

② 0.046

③ 1.111

④ 2.785

해설

$$흡입노출량 = \frac{10\mu g}{m^3} \mid \frac{1}{} \mid \frac{20m^3}{day} \mid \frac{}{60kg} \mid \frac{2회 \times 10min}{day} \mid \frac{day}{1,440min} = 0.046\mu g/kg \cdot day$$

61 CSF와 ECR에 대한 설명이다. 옳지 않은 것은?

① ECR값이 10,000 이상인 경우 발암위해도가 있다.

② CSF는 단위용량당 초과적으로 발생하는 암 발생을 추정하기 위하여 사용된다.

③ CSF값은 평균 체중의 건강한 성인이 일생에 걸쳐 잠재적인 발암물질의 특정 수준에 노출되었을 때 발암 가능성이 초과될 확률을 계산한 다음, 그 확률의 95% 상한값으로 결정한다.

④ ECR은 주어진 발암성 화학물질에 대한 노출에 따른 추가적인 발암 발생확률을 의미한다.

해설

ECR(초과발암위해도)값은 10^{-4} 이상인 경우 발암위해도가 있으며, 10^{-6} 이하는 발암위해도가 없다고 판단한다.

62 다음은 단면연구에 대한 설명이다. 옳지 않은 것은?

① 유병기간이 아주 짧은 질병에는 적합하지 않다.

② 노출요인과 유병의 선후관계가 명확하지 않다.

③ 위험요인에 대한 질병 전 과정을 관찰할 수 있다.

④ 비교적 쉽게 수행할 수 있고, 다른 역학적 방법에 비해 비용이 상대적으로 적게 소요된다.

해설

③ 코호트 연구의 특징이다.

63 다음은 500명의 기저질환자와 800명의 질환에 걸리지 않은 사람(대조군)을 선정하여 방사능 물질 라돈과 기저질환의 관계를 규명하고자 조사한 결과이다. 상대위험도는 얼마인가?

구 분	라돈 노출	라돈 비노출
기저질환자	354(A)	146(C)
대조군	290(B)	510(D)

① 0.40　　　　　　　　　　　② 2.47

③ 3.88　　　　　　　　　　　④ 4.26

해설

상대위험도(RR ; Relative Risk)

$$RR = \frac{\dfrac{A}{(A+B)}}{\dfrac{C}{(C+D)}} = \frac{\dfrac{354}{644}}{\dfrac{146}{656}} = \frac{0.5497}{0.2226} = 2.47$$

64 다음은 평가계수(AF) 사용지침에 관한 설명이다. 빈칸에 알맞은 것은?

평가계수(AF)	가용자료
1,000	급성 독성값 1개(1개 영양단계)
( )	급성 독성값 3개(3개 영양단계 각각)
100	만성 독성값 1개(1개 영양단계)
50	만성 독성값 2개(2개 영양단계 각각)
10	만성 독성값 3개(3개 영양단계 각각)

① 750   ② 500

③ 250   ④ 100

65 다음은 미생물과 질병 간의 관계를 나타낸 연구시설의 생물안전등급에 관한 설명이다. 옳지 않은 것은?

① 건강한 성인에게서 질병을 일으키지 않는 생물체를 취급하는 경우 - 1등급
② 사람에게 심각하거나 치명적인 질병을 일으킬 수 있는 생물체이지만 예방과 치료가 가능한 경우 - 2등급
③ 사람에게 심각하거나 치명적인 질병을 일으킬 수 있는 생물체이며 예방과 치료가 거의 어려운 경우 - 4등급
④ 생물안전등급은 4등급으로 분류한다.

해설

생물안전등급(BSL ; BioSafety Level) : BSL 1(최저 위험)부터 BSL 4(최고 위험)까지의 각기 다른 위험을 지닌 유기체를 안전하게 다루는 데 필요한 차폐수준을 말한다.

생물안전등급	생물체의 위험군 분류
BSL 1	건강한 성인에게서 질병을 일으키지 않는 생물체를 취급하는 경우[제1위험군(RG 1)]
BSL 2	사람에게 질병을 일으킬 수 있는 생물체이나 증세가 심각하지 않고 예방과 치료가 용이한 경우[제2위험군(RG 2)]
BSL 3	사람에게 심각하거나 치명적인 질병을 일으킬 수 있는 생물체이지만 예방과 치료가 가능한 경우[제3위험군(RG 3)]
BSL 4	사람에게 심각하거나 치명적인 질병을 일으킬 수 있는 생물체이며 예방과 치료가 거의 어려운 경우[제4위험군(RG 4)]

66 다음은 환경매체별 정량적 건강영향평가 기법에 대한 설명이다. 빈칸에 들어갈 평가지표로 옳은 것은?

매 체	구 분	평가지표
대기질	비발암성 물질	(가)
	발암성 물질	(나)
악 취	악취 물질	(가)

	가	나
①	위해지수	국가환경기준
②	발암위해도	위해지수
③	위해지수	발암위해도
④	발암위해도	국가환경기준

67 성인 남성의 소변에서 DIBP의 대사산물인 MBP가 9.5μg/L 검출되었다. 이 남성의 체중은 75kg이고 일일 소변 배출량은 1,500mL/day일 때 체내에 들어온 DIBP의 70%가 소변으로 배출되었다고 가정하면, 이 남성의 DIBP에 대한 내적노출량(μg/kg·day)은 얼마인가?(단, DIBP 분자량 : 278g/mol, MBP 분자량 : 222g/mol)

① 0.17 　　　　　　　　　② 0.24
③ 0.34 　　　　　　　　　④ 0.47

해설

내적 노출량 $= \dfrac{9.5\mu g}{L} \mid \dfrac{1}{75kg} \mid \dfrac{1,500mL}{day} \mid \dfrac{1}{0.7} \mid \dfrac{278}{222} \mid \dfrac{L}{1,000mL}$

$\qquad\quad = 0.34\mu g/kg \cdot day$

68 환경보건법규에 따른 환경성질환의 종류에 대한 설명이다. 옳지 않은 것은?

① 실내공기질 관리법에 따른 오염물질

② 물환경보전법에 따른 수질오염물질로 인한 질환

③ 가습기살균제에 포함된 화학물질관리법에 따른 유독물질로 인한 폐질환

④ 설치류 매개 감염병 관리지침에 따른 설치류에 의해 전염되는 감염성 질환

[해설]

환경보건법 제2조(정의)

환경성질환이란 역학조사 등을 통하여 환경유해인자와 상관성이 있다고 인정되는 질환으로서 환경부령으로 정하는 질환을 말한다.

• 물환경보전법에 따른 수질오염물질로 인한 질환

• 화학물질관리법에 따른 유해화학물질로 인한 중독증, 신경계 및 생식계 질환

• 석면으로 인한 폐질환

• 환경오염사고로 인한 건강장해

• 실내공기질 관리법에 따른 오염물질 및 대기환경보전법에 따른 대기오염물질과 관련된 호흡기 및 알레르기 질환

• 가습기살균제에 포함된 유해화학물질(화학물질관리법의 유독물질로 고시된 것만 해당)로 인한 폐질환

69 다음 중 건강영향 항목의 추가 · 평가 대상사업이 아닌 것은?

① 개발면적이 15만m² 이상인 도시첨단산업단지의 개발사업

② 발전시설용량이 1만kW 이상인 화력발전소의 설치사업

③ 처리용량이 1일 15만m³ 이상인 공공하수처리시설

④ 중간처분시설 중 처리능력이 1일 100ton 이상인 소각시설

[해설]

환경보건법 시행령 [별표1] 건강영향 항목의 추가 · 평가 대상사업

구 분	대상사업의 범위
산업입지 및 산업단지의 조성	• 산업입지 및 개발에 관한 법률에 따른 국가산업단지, 일반산업단지 또는 도시첨단산업단지 개발사업으로서 개발면적이 15만m² 이상인 사업 • 산업집적활성화 및 공장설립에 관한 법률에 따른 공장의 설립사업으로서 조성면적이 15만m² 이상인 사업. 다만, 위의 내용에 해당하여 협의를 한 공장용지에 공장을 설립하는 경우는 제외한다.
에너지 개발	• 전원개발 촉진법에 따른 전원개발사업 중 발전시설용량이 1만kW 이상인 화력발전소의 설치사업 • 전기사업법에 따른 전기사업 중 발전시설용량이 1만kW 이상인 화력발전소의 설치사업

폐기물처리시설, 분뇨처리시설 및 가축분뇨처리시설의 설치	• 폐기물관리법에 따른 폐기물처리시설 중 다음의 어느 하나에 해당하는 시설의 설치사업
	  – 최종처분시설 중 폐기물매립시설의 조성면적이 30만m² 이상이거나 매립용적이 330만m³ 이상인 매립시설
	  – 최종처분시설 중 지정폐기물 처리시설의 조성면적이 5만m² 이상이거나 매립용적이 25만m³ 이상인 매립시설
	  – 중간처분시설 중 처리능력이 1일 100ton 이상인 소각시설
	  – 재활용시설 중 1일 시설규격(능력)이 100ton 이상인 시멘트 소성로
	• 가축분뇨의 관리 및 이용에 관한 법률에 따른 처리시설 또는 공공처리시설로서 처리용량이 1일 100kL 이상인 시설의 설치사업. 다만, 하수도법에 따른 공공하수처리시설로 분뇨 또는 가축분뇨를 유입시켜 처리하는 처리시설은 제외한다.

70 다음은 실제 인체에 들어가는 유해인자의 양에 대한 설명이다. 옳지 않은 것은?

① 잠재용량과 적용용량을 외적 노출량이라고 한다.
② 생물학적 영향용량은 흡수막을 통과하여 체내에서 대사, 이동, 저장, 제거 등의 과정을 거치게 되는 인자의 양 중에서 일부가 특정 조직으로 이동한 다음 독성반응을 일으키게 되는 양이다.
③ 적용용량이 잠재용량보다 크다.
④ 용량의 개념은 유해인자의 생물학적 영향을 예측하는 데 활용되며, 크기를 파악하기 어려울 경우 섭취량과 동일한 것으로 가정한다.

해설
인체 내적 노출량
잠재용량(총 노출) > 적용용량(흡수막 접촉) > 내적용량(대사)

71 환경유해인자의 인체 노출수준을 추정하는 방법에 대한 설명으로 옳지 않은 것은?

① 간접적인 노출평가에는 환경 모니터링이나 설문조사를 활용할 수 있다.
② 직접적인 노출평가는 개인 모니터링이나 바이오 모니터링을 통하여 노출량을 측정·추정하는 방법이다.
③ 개인 모니터링의 경우 노출이 일어나는 특정 시점에 직접 측정하여 외적 노출량을 정량하는 방법이다.
④ 환경매체의 농도를 측정하여 수용체에 흡수되는 내적 노출량을 추정하는 방법을 환경 모니터링이라고 한다.

해설
환경 모니터링은 환경매체의 농도를 측정하여 수용체에 흡수되는 외적 노출량을 추정하는 방법이다.

72 다음 중 위해성 평가 시 발생 가능한 주요 불확실성 요소에 해당하지 않는 것은?

① 부적절한 자료의 이용
② 모델 운영자의 미숙
③ 측정값의 오류
④ 출력변수의 불확실성

해설
불확실성 요소에는 자료의 불확실성, 모델의 불확실성, 입력변수 변이, 노출시나리오의 불확실성, 평가의 불확실성이 있다.

73 체중 60kg인 성인의 소변 배출량이 1,600mL/day, 소변 시료 내 BPA의 농도가 1.142μg/L라고 할 때, BPA의 내적 노출량(μg/kg·day)은 얼마인가?(단, 소변 배출율은 85%이다)

① 0.026

② 0.036

③ 0.046

④ 0.056

> **해설**
>
> $$DI = \frac{UE \times UV}{Fue \times BW}$$
>
> $$= \frac{1.142\mu g}{L} \mid \frac{1,600mL}{day} \mid \frac{}{0.85} \mid \frac{}{60kg} \mid \frac{L}{1,000mL}$$
>
> $$= 0.036\mu g/kg \cdot day$$

74 화학물질 위해성 평가의 구체적 방법 등에 관한 규정에서 인체유해성 평가 항목 중 면역독성 평가를 위한 세부시험 항목으로 옳지 않은 것은?

① 세포매개성 면역시험

② 동물실험(인체 대상 포함)

③ 대식세포 기능시험

④ 자연살해세포 기능시험

> **해설**
>
> 화학물질 위해성 평가의 구체적 방법 등에 관한 규정 [별표 1]
>
> 면역독성 평가를 위한 세부시험으로는 세포매개성 면역시험, 체액성 면역시험, 대식세포 기능시험, 자연살해세포 기능시험이 있다.

75 평균수명이 80세, 평균 체중이 73.5kg인 성인 남성이 발암물질 A가 0.6mg/kg이 들어 있는 식품을 매일 200g씩 25년간 섭취했다고 한다. 발암물질 A의 발암잠재력이 0.5(mg/kg/d)$^{-1}$일 때 초과발암위해도는?(단, 흡수율은 100%이다)

① 2.55×10^{-4}

② 5.10×10^{-4}

③ 2.55×10^{-3}

④ 5.10×10^{-3}

> **해설**
>
> 초과발암위해도(ECR) = 평생일일평균노출량(LADD, mg/kg·day) × 발암잠재력[발암력, CSF(mg/kg·day)$^{-1}$]
>
> $$LADD = \frac{0.6mg}{kg} \mid \frac{0.2kg}{day} \mid \frac{25years}{73.5kg} \mid \frac{}{80years}$$
>
> $$= 5.10 \times 10^{-4} mg/kg \cdot day$$
>
> $$ECR = 5.10 \times 10^{-4} mg/kg \cdot day \times 0.5(mg/kg \cdot day)^{-1}$$
>
> $$= 2.55 \times 10^{-4}$$

76 석면노출과 석면폐증의 연관성을 규명하기 위해 환자군 50명과 대조군 250명을 선정하여 조사한 결과이다. 과거에 석면공장에서 일한 작업력이 있는 사람과 그렇지 않은 사람 사이의 석면폐증 발생 교차비는?

구 분	석면폐증 있음	석면폐증 없음
작업력 있음	37	155
작업력 없음	13	95

① 0.57

② 0.64

③ 1.13

④ 1.74

[해설]

$$교차비(OR) = \frac{A \times D}{B \times C} = \frac{37 \times 95}{155 \times 13}$$

$$= 1.74$$

77 다음은 화학물질 위해성 평가의 구체적 방법 등에 관한 규정에서 제시한 위해성 평가를 위한 인체 노출량 계산식에 대한 설명이다. 옳지 않은 것은?

① 일일평균노출량은 주어진 기간 동안의 노출량 추정치로 통상 25년 평균거주기간을 가정해서 성인을 대상으로 추정하거나 연령군별로 계산한다.

② 접촉률이란 흡입, 경구 또는 피부 접촉을 통하여 매체와 신체가 접하는 정도로서 일일 음용수 섭취량(L/day), 일일 호흡률(m^3/day) 등으로 가정한다.

③ 흡수율이란 사람과 접촉하여 체내로 들어가는 총 오염물질의 유효 비율로서 일반적으로 흡수율이 결정되지 않은 물질들은 인체에 노출된 양의 90%가 흡수된다고 가정한다.

④ 환경 중 오염물질의 농도는 가능한 충분한 자료수로부터 평균의 신뢰구간 상한값 또는 95 백분위수값 등 보수적으로 산출하도록 한다.

[해설]

③ 일반적으로 흡수율이 결정되지 않은 물질들은 인체에 노출된 양의 100%가 흡수된다고 가정한다(화학물질 위해성 평가의 구체적 방법 등에 관한 규정 별표 5).

78 다음은 환경유해인자의 인체노출에 관한 설명이다. 옳은 것은?

① 독일 환경청의 HBM값은 참고치(Reference Value)이다.
② 인체노출수준이 미국국가연구의회(NRC)의 BE값보다 작을수록 관리우선순위가 높아진다.
③ 생체지표의 값이 HBM-Ⅱ 이상으로 나타날 경우 위해 가능성이 없으며 별도의 관리조치가 필요하지 않다고 여겨진다.
④ 참고치는 기준 인구에서 유해물질에 노출되는 정상 범위의 상위한계를 통계적인 방법으로 추정한 값이다.

[해설]
①·③ HBM(Human BioMonitoring)값은 권고치로서 HBM-Ⅱ 이상은 건강 유해영향이 있어 조치가 필요한 수준이다.
② BE값보다 작을수록 우선순위가 낮음을 의미한다.

79 다음은 정성적·정량적 건강영향기법에 대한 설명이다. 옳지 않은 것은?

① 지도그리기는 시간적 고려가 시계열적 분석을 통하여 가능하고 원인과 결과 관계가 명확하다.
② 위해도 평가는 원인과 결과의 상관관계와 확률함수를 나타내는 데 용이하지만 검증하기가 어렵다.
③ 매트릭스는 단순하여 공간적·시간적 고려사항이 잘 반영되지 않는다.
④ 네트워크 분석 및 흐름도는 원인과 결과를 관련짓기 용이하지만 영향의 크기를 알 수 없다.

[해설]
① 시간적 고려가 시계열적 분석을 통하여 가능하지만 원인과 결과 관계가 명확하지 않다.

80 다음은 노출 생체지표에 대한 설명이다. 옳지 않은 것은?

① 시간에 따라 누적된 노출을 반영할 수 있다.
② 분석 시점 이전의 노출수준이나 변이를 이해하기 어렵다.
③ 흡입, 경구 섭취, 피부 접촉 등 모든 노출경로를 반영할 수 있다.
④ 반감기가 긴 물질의 경우 최근의 노출이나 제한된 기간의 노출수준만을 반영할 수 있다.

[해설]
④ 반감기가 짧은 물질의 경우 최근의 노출이나 제한된 기간의 노출수준만을 반영할 수 있다.

81 다음은 유해인자별 노출농도의 허용기준에서 단시간 노출값(STEL)에 대한 설명이다. 빈칸에 들어갈 시간 조건으로 옳은 것은?

> 15분간의 시간가중평균값으로서, 노출농도가 시간가중평균값을 초과하고 단시간 노출값 이하인 경우에는 1회 노출 지속시간이 (가)이어야 하고, 이러한 상태가 1일 4회 이하로 발생하여야 하며, 각 회의 간격은 (나)이어야 한다.

	가	나
①	15분 이하	60분 이하
②	15분 미만	60분 이상
③	15분 이하	60분 이상
④	15분 미만	60분 이하

[해설]

산업안전보건법 시행규칙 [별표 19] 유해인자별 노출농도의 허용기준
단시간 노출값(STEL ; Short-Term Exposure Limit)이란 15분간의 시간가중평균값으로서, 노출농도가 시간가중평균값을 초과하고 단시간 노출값 이하인 경우에는 1회 노출 지속시간이 15분 미만이어야 하고, 이러한 상태가 1일 4회 이하로 발생하여야 하며, 각 회의 간격은 60분 이상이어야 한다.

82 사업장 유해화학물질 배출량 저감대책에서 취급물질의 특성에 따라 대체물질 사용을 검토하는 단계로 옳은 것은?

① 성분관리
② 공정관리
③ 전 공정관리
④ 환경오염방지시설 설치를 통한 관리

[해설]

사업장 유해화학물질 배출량 저감대책
전 공정관리(화학물질 도입과정에서 위해성 저감) → 성분관리(취급물질의 특성에 따라 대체물질 사용 검토) → 공정관리(공정별 배출 최소화) → 환경오염방지시설 설치를 통한 관리(최종 환경배출 차단)

83 화학물질 통계조사에 관한 항목으로 가장 옳지 않은 것은?

① 업종, 업체명 등 사업자의 일반정보
② 제조·수입 등 취급하는 화학물질의 종류
③ 화학물질 배출량
④ 화학물질 취급시설의 규모 관련 정보

> **해설**
> 화학물질관리법 시행규칙 제4조(화학물질 통계조사 등)
> 화학물질 통계조사의 내용은 다음과 같다.
> • 업종, 업체명, 사업장 소재지, 유입수계 등 사업자의 일반 정보
> • 제조·수입·판매·사용 등 취급하는 화학물질의 종류, 용도, 제품명 및 취급량
> • 화학물질의 입·출고량, 보관·저장량 및 수출입량 등의 유통량
> • 화학물질 취급시설의 종류, 위치 및 규모 관련 정보

84 사업장 위해성 평가 수행 시 고려해야 할 사항으로 가장 적절하지 않은 것은?

① 사용하는 유해물질의 공간적 분포
② 유해물질 사용 사업장의 조직적 특성
③ 유해물질 사고 사례
④ 사용하는 유해물질의 시간적 빈도와 기간

> **해설**
> 사업장 위해성 평가 수행 시 고려사항
> • 유해인자가 가지고 있는 유해성
> • 유해물질 사용 사업장의 조직적 특성
> • 사용하는 유해물질의 시간적 빈도와 기간
> • 사용하는 유해물질의 공간적 분포
> • 노출대상의 특성

85 화학물질의 등록 및 평가 등에 관한 법률에서 규정한 하위사용자의 정의로 옳은 것은?

① 화학물질 또는 혼합물 제조자
② 화학물질 또는 혼합물 판매자
③ 화학물질 또는 혼합물 소비자
④ 영업활동 과정에서 화학물질 또는 혼합물을 사용하는 자

86 유해물질의 발생원에서 이탈하여 작업장 내 비오염지역으로 확산되거나 근로자에게 노출되기 전에 포집·제거·배출하는 장치는?

① 여과장치
② 국소배기장치
③ 배기장치
④ 전기집진장치

해설

③ 작업장의 유해물질을 작업장 외부로 배출시키는 장치로써, 작업장의 환경을 개선하기 위하여 기본적으로 설치되어야 한다.

④ 전기적 인력에 의해 전자를 띤 입자를 제거하는 장치로, 주로 0.1~0.9 μm의 작은 입자를 제거하는 데 효율적이다.

87 다음은 화학물질의 등록 및 평가 등에 관한 법률상 화학물질의 등록에 대한 설명이다. 빈칸에 들어갈 무게로 옳은 것은?

> 연간 (가) 이상 신규화학물질 또는 연간 (나) 이상 기존화학물질을 제조·수입하려는 자는 제조 또는 수입 전에 환경부장관에게 등록하여야 한다.

	가	나
①	1kg	10kg
②	10kg	100kg
③	100kg	1ton
④	1ton	10ton

88 안전확인대상생활화학제품에 대한 소비자 위해성 소통의 구성요소를 순서대로 나타낸 것으로 옳은 것은?

> ㉠ 위해성 소통의 수행·평가·보완
> ㉡ 위해성 소통의 목적 및 대상자 선정
> ㉢ 위해성 소통에 활용할 정보·매체·소통방법 선정
> ㉣ 위해 요인 인지 및 분석

① ㉡→㉢→㉣→㉠
② ㉢→㉣→㉡→㉠
③ ㉣→㉢→㉡→㉠
④ ㉣→㉡→㉢→㉠

해설

위해성 소통의 구성요소

위해요인 인지 및 분석	위해상황을 분석하고 해당 위해의 특별범주를 결정한다.
⇩	
위해성 소통의 목적 및 대상자 선정	위해성 소통의 수행목적 및 그에 따른 전략을 수립하고, 의사결정 과정에 참여하거나 정보를 제공받는 대상자를 선정한다.
⇩	
위해성 소통에 활용할 정보·매체·소통방법 선정	정보소통과 이해관계자 간 의사소통 시 사용할 매체를 선정한다.
⇩	
위해성 소통의 수행·평가·보완	수행된 이행방안에 따라 위해성 소통, 지속적 모니터링을 통해 수행결과를 평가하고, 단계별 미흡한 부분을 보완한다.

89 다음 중 유해화학물질 사업장 종사자에 대한 안전교육내용에 포함되지 않는 것은?

① 화학사고 대피·대응 방법 및 사고 시 행동요령에 관한 사항
② 업종별 유해화학물질 취급방법에 관한 사항
③ 유해화학물질 취급형태별 취급기준에 관한 사항
④ 화학물질의 유해성 및 안전관리에 관한 사항

해설

화학물질관리법 시행규칙 [별표 6의3] 유해화학물질 안전교육 대상자별 교육내용
유해화학물질 사업장 종사자
• 화학물질의 유해성 및 안전관리에 관한 사항
• 화학사고 대피·대응 방법 및 사고 시 행동요령에 관한 사항
• 업종별 유해화학물질 취급방법에 관한 사항

90 화학물질관리법규상 운반계획서를 작성해야 하는 사고대비물질의 최소 운반중량(kg)으로 옳은 것은?

① 2,000

② 3,000

③ 4,000

④ 5,000

[해설]

화학물질관리법 시행규칙 제11조(유해화학물질 운반계획서 작성 · 제출 등)

• 유독물질 : 5,000kg

• 허가물질, 제한물질, 금지물질 또는 사고대비물질 : 3,000kg

91 화학물질의 등록 및 평가 등에 관련 법률상 등록유예기간 동안 등록을 하지 않고 기존화학물질을 제조 · 수입하려는 자가 제조 또는 수입 전에 환경부장관에게 신고해야 하는 사항으로 옳지 않은 것은?

① 화학물질의 용도

② 화학물질의 매출액

③ 화학물질의 분류 · 표시

④ 연간 제조량 또는 수입량

[해설]

화학물질의 등록 및 평가에 관한 법률 제10조(화학물질의 등록 등)

등록유예기간 동안 등록을 하지 아니하고 제조 · 수입하려는 자는 환경부령으로 정하는 바에 따라 제조 또는 수입 전에 환경부장관에게 다음의 사항을 신고하여야 하며, 신고한 사항 중 대통령령으로 정하는 사항이 변경된 경우에는 환경부장관에게 변경신고를 하여야 한다.

• 화학물질의 명칭

• 연간 제조량 또는 수입량

• 화학물질의 분류 · 표시

• 화학물질의 용도

• 그 밖에 제조 또는 수입하려는 자의 상호 등 환경부령으로 정하는 사항

92 생활화학제품 및 살생물제의 안전관리에 관한 법률상 다음 보기가 설명하는 것은?

┌─**보기**┐

유해생물을 제거, 무해화 또는 억제하는 기능으로 사용하는 화학물질, 천연물질 또는 미생물을 말한다.

① 살생물제품

② 살생물물질

③ 생활화학제품

④ 살생물처리제품

93 지역사회 위해성 소통에 관한 법률과 그 내용의 연결로 옳지 않은 것은?

① 화학물질의 등록 및 평가 등에 관한 법률 – 유해성심사 결과의 공개
② 화학물질의 등록 및 평가 등에 관한 법률 – 허가물질의 지정
③ 화학물질관리법 – 사고대비물질의 지정
④ 화학물질관리법 – 공정안전보고서의 작성 · 제출

해설
④ 산업안전보건법 – 공정안전보고서의 작성 · 제출

94 다음 중 지역사회 위해성 소통과 가장 거리가 먼 것은?

① 화학물질관리법에 따른 화학사고예방관리계획서의 작성 · 제출
② 화학물질의 등록 및 평가 등에 관한 법률에 따른 허가물질의 지정
③ 화학물질관리법에 따른 사고대비물질의 지정
④ 화학물질관리법에 따른 운반계획서 작성 · 제출

해설
지역사회 위해성 소통
• 화학물질관리법에 따른 화학사고예방관리계획서의 작성 · 제출
• 화학물질관리법에 따른 화학물질 조사결과 및 정보의 공개
• 화학물질관리법에 따른 사고대비물질의 지정
• 화학물질의 등록 및 평가 등에 관한 법률에 따른 허가물질의 지정
• 화학물질의 등록 및 평가 등에 관한 법률에 따른 유해성심사 결과의 공개

95 안전확인대상생활화학제품에 대한 소비자 위해성 소통에 관한 내용으로 옳지 않은 것은?

① 안전확인대상생활화학제품의 잠재적인 위험성을 분석한다.
② 안전확인대상생활화학제품을 생산하는 공정정보를 소비자에게 제공한다.
③ 안전확인대상생활화학제품의 유해화학물질 함유량, 취급실태, 소비실태, 평균사용량 등에 대한 조사를 실시한다.
④ 안전확인대상생활화학제품에 대한 위해성 소통을 평가하고 그 결과를 반영한다.

해설
안전확인대상생활화학제품에 대한 소비자 위해성 소통을 위하여 제품의 명칭, 제조 또는 수입하는 자의 성명 또는 상호, 주소 및 연락처, 사용된 주요 성분 등의 정보를 공개하도록 하고 있으며, 제품 생산 공정정보는 정보공개 대상이 아니다(생활화학제품 및 살생물제의 안전관리에 관한 법률 제10조의2).

96 다음 빈칸에 적합한 것은?

> 환경부장관은 등록한 화학물질 중 제조 또는 수입되는 양이 연간 (　) 이상인 화학물질에 대하여 유해성 심사 결과를 기초로 환경부령으로 정하는 바에 따라 위해성 평가를 하고 그 결과를 등록한 자에게 통보하여야 한다.

① 10kg   ② 100kg

③ 1ton   ④ 10ton

해설

화학물질의 등록 및 평가 등에 관한 법률 제24조(위해성 평가)

97 화학물질 등록 및 평가 등에 관한 법률에서 정의하는 중점관리물질에 포함되지 않는 물질은?

① 유독물질, 허가물질, 제한물질 및 금지물질
② 사람에게 노출되는 경우 폐, 간, 신장 등의 장기에 손상을 일으킬 수 있는 물질
③ 사람 또는 동식물의 체내에 축적성이 높고, 환경 중에 장기간 잔류하는 물질
④ 사람 또는 동물에게 암, 돌연변이, 생식능력 이상 또는 내분비계 장애를 일으키거나 일으킬 우려가 있는 물질

해설

화학물질 등록 및 평가 등에 관한 법률 제2조(정의)
• 중점관리물질
  – 사람 또는 동물에게 암, 돌연변이, 생식능력 이상 또는 내분비계 장애를 일으키거나 일으킬 우려가 있는 물질
  – 사람 또는 동식물의 체내에 축적성이 높고, 환경 중에 장기간 잔류하는 물질
  – 사람에게 노출되는 경우 폐, 간, 신장 등의 장기에 손상을 일으킬 수 있는 물질
  – 사람 또는 동식물에게 위의 물질과 동등한 수준 또는 그 이상의 심각한 위해를 줄 수 있는 물질
• 유해화학물질 : 유독물질, 허가물질, 제한물질 및 금지물질

98 산업재해 예방을 위하여 잠재적 위험성을 발견하고 그 개선대책을 수립할 목적으로 조사·평가하는 것은?

① 작업환경측정   ② 안전보건진단

③ 공정안전보고서   ④ 유해위험방지계획서

해설

산업안전보건법 제2조(정의)
작업환경측정 : 작업환경 실태를 파악하기 위하여 해당 근로자 또는 작업장에 대하여 사업주가 유해인자에 대한 측정계획을 수립한 후 시료를 채취하고 분석·평가하는 것을 말한다.

99 사고대비물질을 일정 수량 이상으로 취급하는 사업장의 지역사회 위해성 소통에 대한 설명으로 옳지 않은 것은?

① 위해성 소통의 대상 주민은 위해성의 크기, 화학사고 시 주변지역 영향 범위 등을 고려하여 선정한다.

② 사고대비물질을 취급하는 자는 화학사고 발생 시 영향 범위에 있는 주민에게 취급화학물질의 정보, 주민 대피 등을 매년 1회 이상 고지하여야 한다.

③ 사고대비물질을 환경부령으로 정하는 수량 이상으로 취급하는 자는 유해위험방지계획서를 5년 마다 작성해야 한다.

④ 위해성 소통에 직간접적으로 참여한 사람들이 평가과정에 함께 참여할 수 있도록 조직한다.

> **해설**
> ③ 사고대비물질을 환경부령으로 정하는 수량 이상으로 취급하는 자는 화학사고예방관리계획서를 5년마다 작성한다 (화학물질관리법 제23조).

100 환경 위해성 저감을 위한 노출시나리오 작성 시 고려사항으로 가장 옳지 않은 것은?

① 유해성 평가를 수정하기 위해서는 보다 노출기간이 긴 만성시험자료 또는 보다 상위 개념의 유전독성 시험자료 확보 등 추가적인 유해성 정보의 확보가 필요하다.

② 화학물질 공정과 관련된 작업자의 활동 및 화학물질에 대한 작업자의 노출기간, 빈도에 대한 설명이 필요하다.

③ 화학물질이 인체 및 다른 환경영역에 직간접적으로 노출되는 것을 줄이거나 피하기 위한 위해성 관리대책을 포함한다.

④ 노출시나리오는 위해성 보고서 작성을 위한 매우 중요한 절차로서 소비자를 대상으로 기술된 초기 노출시나리오를 바탕으로 안전성을 확인한 다음 통합 노출시나리오를 도출한다.

> **해설**
> ① · ② · ③ 등록신청자료의 작성방법 및 유해성심사 방법 등에 관한 규정 제10조(노출 평가)
> 노출시나리오는 위해성 보고서 작성을 위한 매우 중요한 절차로서 이 작성절차는 반복될 수 있다. 또한 하위사용자, 판매자를 대상으로 기술된 초기 노출시나리오를 바탕으로 안전성을 확인한 다음 통합 노출시나리오를 도출한다.

01 산업안전보건법에 따른 산업환경 유해인자의 분류에서 물리적 인자 4가지를 쓰시오. [4점]

- ·
- ·

- ·
- ·

정답

- 소음·진동
- 방사선
- 이상기압
- 이상기온

해설

산업안전보건법 시행규칙 [별표 18]

02 다음 용어의 정의를 구분하여 작성하시오. [6점]

- 폭 굉 :

- 폭 연 :

- 곱셈계수 :

정답

- 폭굉(Detonation) : 분해물질에서 생겨난 충격파를 수반하며 발생하는 초음속의 열분해
- 폭연(Deflagration) : 충격파를 방출하지 않으면서 급격하게 진행되는 연소
- 곱셈계수 : 수생환경 유해성의 혼합물 분류기준에서 고독성 성분에 적용하는 값

해설

화학물질의 분류 및 표시 등에 관한 규정 제2조

03 MSDS의 작성항목 중 물리화학적 특성에 해당하는 항목을 5가지 이상을 쓰시오.   [5점]

- •
- •
- •

- •
- •

정답

- 외관(물리적 상태, 색 등)
- pH
- 초기끓는점과 끓는점 범위
- 증발 속도
- 인화 또는 폭발 범위의 상한/하한

- 냄새, 냄새 역치
- 녹는점/어는점
- 인화점
- 인화성(고체, 기체)
- 증기압

해설

물리화학적 특성

외관(물리적 상태, 색 등), 냄새, 냄새 역치, pH, 녹는점/어는점, 초기끓는점과 끓는점 범위, 인화점, 증발 속도, 인화성(고체, 기체), 인화 또는 폭발 범위의 상한/하한, 증기압, 용해도, 증기밀도, 비중, n-옥탄올/물 분배계수, 자연발화 온도, 분해 온도, 점도, 분자량 등

04 물질안전보건자료에 작성해야 하는 해당 화학물질의 '환경에 미치는 영향' 항목의 내용 4가지를 쓰시오.   [4점]

- •
- •

- •
- •

정답

- 생태독성
- 생물농축성
- 기타 유해영향

- 잔류성 및 분해성
- 토양 이동성

05 화학적 유해인자인 잔류성 유기오염물질의 특성 4가지를 쓰시오. [4점]

- •
- •
- •
- •

정답

- 독 성
- 생물농축성
- 잔류성
- 장거리이동성

해설

잔류성 유기오염물질은 독성·잔류성·생물농축성 및 장거리이동성 등의 특성을 지니고 사람과 생태계를 위태롭게 하는 물질로 규정하고 있다.

06 산업안전보건법에 따른 산업환경 유해인자의 분류에서 화학적 인자의 물리적 위험성에 대한 다음 용어의 정의를 쓰시오. [4점]

- 물반응성 물질 :

- 유기과산화물 :

정답

- 물반응성 물질 : 물과의 상호작용에 의하여 자연발화되거나 인화성 가스를 발생시키는 액체·고체 물질로서 대기 온도에서 물과 격렬하게 반응하여 자연발화하는 가스를 일으키는 경향이 전반적으로 인정되거나, 대기 온도에서 물과 급속히 반응했을 때의 인화성 가스의 발생 속도가 1분간 물질 1kg에 대해 10L 이상인 물질
- 유기과산화물 : 1개 또는 2개의 수소원자가 유기라디칼에 의하여 치환된 과산화수소의 유도체인 2가의 −O−O− 구조를 가지는 액체 또는 고체 유기물질로서 포장된 상태에서 폭굉하거나 급속히 폭연하는 물질

07 산업보건법상의 유해인자인 오존층 유해성 물질 3가지를 쓰시오. [3점]

- ·
- · ·

- ·

정답

- Methyl chloroform
- Carbon tetrachloride
- Bromochloromethane

해설

오존층 유해성 물질은 몬트리올의정서에 의하여 Methyl chloroform, Carbon tetrachloride, Bromochloromethane 등 114종으로 규정되어 있다.

08 용량-반응 평가에 대하여 간단히 설명하시오. [2점]

- ·

정답

투여하거나 투여 받은 용량과 생물학적인 반응관계를 양적으로 나타내는 과정으로 평가는 개인이나 집단을 기초로 수행한다. 노출강도 및 연령, 성, 투여경로, 종, 노출경로 등의 보정 요소를 포함한다.

다음 빈칸에 알맞은 용어를 쓰시오. [3점]

> 물질의 체내 동태학적 특성은 흡수(Absorption), (   ), (   ), (   )로(으로) 설명되며, 시험 조건이
> 최적화된 경우 생체 내 시험의 적절한 용량 결정 등에서 중요한 요소가 될 수 있다.

- 　
- 　
- 　

정답

- 분포(Distribution)
- 배설(Excretion)
- 대사(Metabolism)

10 다음은 미국 국립화재예방협회에서 규정한 NFPA지수이다. 백색 코드에 표시될 수 있는 기호와 정의를 4가지 쓰시오. [4점]

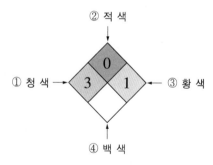

- 　
- 　
- 　
- 　

정답

- W(물반응성)
- COR(부식성)
- POI(독성)
- OX(산화제)
- BIO(생물학적 위험)
- CRY(극저온물질) 등

11 다음 ( ) 안에 알맞은 용어를 쓰시오.   [3점]

> 유해화학물질영업자는 유해화학물질 취급시설의 안전 확보와 유해화학물질의 위해 방지에 관한 직무를
> 수행하게 하기 위하여 (①)에 해당 영업자의 유해화학물질 취급량 및 (②) 등 환경부령으로 정하는
> 기준에 따라 (③)를(을) 선임하여야 한다.

①   ②

③

정답

① 사업개시 전
② 종사자 수
③ 유해화학물질관리자

해설

화학물질관리법 제32조

12 다음에 나타낸 화학사고를 연도순으로 나타내시오.   [3점]

> 이탈리아 ICMESA社 사고, 미국 필립스社 사고, 한국 휴브글로벌社 사고, 미국 Union Carbide社 사고

(   ) → (   ) → (   ) → (   )

정답

이탈리아 ICMESA社 사고 → 미국 Union Carbide社 사고 → 미국 필립스社 사고 → 한국 휴브글로벌社
사고

해설

화학사고 위험(Risk) 관리제도
- 1976년 이탈리아 세베소 ICMESA社 사고(Dioxin) → 1982년 세베소 지침(Seveso-Richtlinie) 제정
- 1984년 인도 보팔 Uinon Carbide社 사고(MIC)
- 1985년 미국 West Virginia주 Uinon Carbide社 사고 → 1986년 EPCRA 제정
- 1989년 미국 필립스社 폭발사고 → 1992년 OSHA, PSM 규정 수립 → 1999년 RMP 시행
- 2012년 한국 구미 휴브글로벌社 불화수소 유출사고 → 2015년 장외영향평가, 위해관리계획 시행 → 2021년 화학사고 예방관리계획 시행

13 유해화학물질 취급시설을 설치·운영하는 자는 주 1회 이상 해당 유해화학물질의 취급시설 및 장비 등에 대하여 정기적으로 자체점검을 실시하여야 한다. 자체점검의 내용 3가지 쓰시오. [3점]

-
-
-

정답

- 유해화학물질의 이송배관·접합부 및 밸브 등 관련 설비의 부식 등으로 인한 유출·누출 여부
- 고체 상태 유해화학물질의 용기를 밀폐한 상태로 보관하고 있는지 여부
- 액체·기체 상태의 유해화학물질을 완전히 밀폐한 상태로 보관하고 있는지 여부
- 유해화학물질의 보관용기가 파손 또는 부식되거나 균열이 발생하였는지 여부
- 탱크로리, 트레일러 등 유해화학물질 운반 장비의 부식·손상·노후화 여부
- 그 밖에 유해화학물질 취급시설 및 장비 등에 대한 안전성 여부

14 화학사고예방관리계획서에 포함되어야 할 내용을 5가지 쓰시오. [5점]

-
-
-
-
-

- 취급하는 유해화학물질의 목록 및 유해성정보
- 화학사고 발생으로 유해화학물질이 사업장 주변 지역으로 유출·누출될 경우 사람의 건강이나 주변 환경에 영향을 미치는 정도
- 유해화학물질 취급시설의 목록 및 방재시설과 장비의 보유현황
- 유해화학물질 취급시설의 공정안전정보, 공정위험성 분석자료, 공정운전절차, 운전책임자, 작업자 현황 및 유의사항에 관한 사항
- 화학사고 대비 교육·훈련 및 자체점검 계획
- 화학사고 발생 시 비상연락체계 및 가동중지에 대한 권한자 등 안전관리 담당조직
- 화학사고 발생 시 유출·누출 시나리오 및 응급조치 계획
- 화학사고 발생 시 영향 범위에 있는 주민, 공작물·농작물 및 환경매체 등의 확인
- 화학사고 발생 시 주민의 소산계획
- 화학사고 피해의 최소화·제거 및 복구 등을 위한 조치계획
- 그 밖에 유해화학물질의 안전관리에 관한 사항

15 사고시나리오 분석조건에서 독성물질과 인화성 액체(가스)의 끝점에 대하여 간단히 쓰시오.

[4점]

- 독성물질 :

- 인화성 액체(가스) :

- 독성물질 : 농도가 끝점 농도에 도달하는 지점(끝점 농도기준의 우선순위 : ERPG → AEGL → PAC → IDHL)
- 인화성 가스 및 인화성 액체 : 폭발(1psi의 과압이 걸리는 지점), 화재(40초 동안 5kW/m² 의 복사열에 노출되는 지점), 유출·누출(인화하한 농도에 이르는 지점)

사고시나리오 분석조건(끝점의 결정)
- 독성물질 : 농도가 끝점 농도에 도달하는 지점(끝점 농도기준의 우선순위 : ERPG → AEGL → PAC → IDHL)
- 인화성 가스 및 인화성 액체 : 폭발(1psi의 과압이 걸리는 지점), 화재(40초 동안 5kW/m² 의 복사열에 노출되는 지점), 유출·누출(인화하한 농도에 이르는 지점)

16 인체노출안전수준(HBGV)을 역치를 고려하여 정의하시오. [3점]

정답

인체노출안전수준(HBGV ; Health Based Guidance Value) : 역치가 있는 비유전적 발암물질의 위해도를 판단하는 것으로 RfD, RfC, ADI(의도적), TDI(비의도적) 등이 있다.

17 다음은 인체노출평가의 과정이다. 빈칸에 알맞은 용어를 쓰시오. [3점]

대상 유해물질의 선정 → 노출경로에 따른 유해성 자료수집 → (①) →(②) → (③) → 노출계수 적용 타당성 평가

①   ②

③

정답

① 노출시나리오 조사·분석
② 노출알고리즘 조사·분석
③ 노출계수 자료수집

18 노출계수 조사방법인 면접조사와 우편조사의 장단점을 간단히 쓰시오. [4점]

   • 면접조사 :

   • 우편조사 :

정답

• 면접조사
  – 조사자가 대상자를 직접 방문하여 조사하는 방법
  – 조사자가 응답자의 신뢰도, 응답환경 등을 직접 관찰가능
  – 조사자가 직접 설명하므로 신뢰성이 높은 응답을 얻을 수 있음
  – 조사원의 영향이 크게 작용하며 시간과 비용면에서 비효율적임
• 우편조사
  – 표본에 대한 정보를 어느 정도 알고 있는 경우에 적용
  – 최소의 비용으로 광범위한 조사 가능
  – 응답자가 충분한 시간을 가지고 응답할 수 있어 신뢰성이 높음
  – 시간과 회수율 측면에서 비효율적임

해설

노출계수 조사방법 및 특징

조사방법	특징 및 주의사항
면접조사	• 조사자가 대상자를 직접 방문하여 조사하는 방법 • 조사자가 응답자의 신뢰도, 응답환경 등을 직접 관찰가능 • 조사자가 직접 설명하므로 신뢰성이 높은 응답을 얻을 수 있음 • 조사원의 영향이 크게 작용하며 시간과 비용면에서 비효율적임
전화조사	• 넓은 지역에 적용 가능 • 시간적 측면에서 효율적 • 그림이나 도표 등의 질문내용에 제한이 있음 • 표본의 대표성 유지가 어려움
우편조사	• 표본에 대한 정보를 어느 정도 알고 있는 경우에 적용 • 최소의 비용으로 광범위한 조사 가능 • 응답자가 충분한 시간을 가지고 응답할 수 있어 신뢰성이 높음 • 시간과 회수율 측면에서 비효율적임
온라인조사	• 인터넷이나 전자메일을 이용하여 수행 • 단기간에 저렴한 비용으로 조사 가능 • 응답자가 관심 집단에 국한될 수 있어 표본의 대표성과 신뢰성이 낮음
관찰조사	• 조사자가 직접 관찰하며 수행 • 시간과 비용 측면에서 비효율적이지만 정확한 값을 얻을 수 있음

19 평균 체중이 65kg인 사람이 유해물질의 농도가 1.8mg/kg인 밭에서 생산된 채소를 30년 동안 매일 200g을 섭취하였다. 이 사람이 유해물질에 오염된 채소의 섭취를 통하여 노출되는 유해물질의 일일평균노출량(mg/kg · day)은 얼마인가?(단, 유해물질의 인체흡수율은 35%라고 가정한다)

[4점]

• 계산과정 :

• 답 :

정답

• 계산과정 : $ADD(\text{mg/kg} \cdot \text{day}) = \dfrac{1.8\text{mg}}{\text{kg}} \mid \dfrac{0.2\text{kg}}{\text{day}} \mid \dfrac{0.35}{} \mid \dfrac{1}{65\text{kg}} = 1.94 \times 10^{-3}\text{mg/kg} \cdot \text{day}$

• 답 : $1.94 \times 10^{-3}\text{mg/kg} \cdot \text{day}$

20 다음의 빈칸에 알맞은 용어를 쓰시오.

[3점]

> 일반적으로 일생 동안 발암확률이 25%인 T_{25}값을 독성값으로 활용한 경우 노출한계가 (①)이면 위해도가 낮다고 판단하며, NOAEL값을 적용한 경우 노출한계가 (②)이면 위해가 있다고 판단한다.

① ②

정답

① 2.5×10^4 이상 ② 100 이하

21 'CMR'물질에 대하여 간단히 설명하시오. [4점]

．

정답

발암성(Carcinogenic), 변이원성(Mutagenic), 생식독성(Reproductive Toxicity)을 초래하는 물질로 독성의 측면에서 구분하기는 하지만 실제로는 동시에 초래하는 경우가 있고 이들 간의 유사성이 크므로 'CMR'이라는 하나의 군으로 묶어 표시한다.

22 국제암연구소(IARC)의 화학물질 발암원성 분류체계에서 Group 1, Group 2A, Group 2B의 평가내 용을 설명하고 각각 대표적인 화학물질 예를 하나씩 쓰시오. [6점]

• Group 1 :

예 :

• Group 2A :

예 :

• Group 2B :

예 :

정답

- Group 1
  - 인체 발암성이 있음
  - 인체 발암성에 대한 충분한 근거자료가 있음

  예 : 콜타르, 석면, 벤젠 등
- Group 2A
  - 인체에 발암성이 있는 것으로 추정
  - 시험동물에서 발암성 자료 충분, 인체 발암성에 대한 자료는 제한적임

  예 : 아크릴아마이드, 폼알데하이드, 디젤엔진 배기가스 등
- Group 2B
  - 인체 발암가능성이 있음
  - 인체 발암성에 대한 자료가 제한적이고 시험동물에서도 발암성에 대한 자료가 충분하지 않음

  예 : DDT, 나프탈렌, 가솔린 등

해설

세계보건기구 산하 국제암연구소(IARC)의 화학물질 발암원성 분류체계

구 분	평가내용	대표적 화학물질
1	• 인체 발암성이 있음 • 인체 발암성에 대한 충분한 근거자료가 있음	콜타르, 석면, 벤젠 등
2A	• 인체에 발암성이 있는 것으로 추정 • 시험동물에서 발암성 자료 충분, 인체 발암성에 대한 자료는 제한적임	아크릴아마이드, 폼알데하이드, 디젤엔진 배기가스 등
2B	• 인체 발암가능성이 있음 • 인체 발암성에 대한 자료가 제한적이고 시험동물에서도 발암성에 대한 자료가 충분하지 않음	DDT, 나프탈렌, 가솔린 등
3	• 인체 발암물질로 분류하기 어려움 • 인체나 시험동물 모두에서 발암성 자료가 불충분함	안트라센, 카페인, 콜레스테롤 등
4	• 인체에 대한 발암성이 없음 • 인체나 시험동물의 발암성에 대한 자료가 없음	카프로락탐 등

23 수서동물에 대한 유해성 정도를 표시하는 만성독성을 판단할 수 있는 평가항목 3가지를 쓰시오.

[3점]

- 　　　　　　　　・ 　　　　　　　　・

- 　　　　　　　　・

정답

- EC_{10}
- LOEC(최소영향농도)
- NOEC(최대무영향농도)

24 시험용 동물에 A라는 독성물질을 경구 투여하여 반복실험한 결과 LC_{50}이 50.2mg/L, 50.4mg/L, 50.5mg/L로 평균 50.37mg/L로 측정되었다. 가용자료는 만성독성 값 2개가 있으며, A 물질의 예측환경농도는 0.8mg/L이었다. A 물질의 유해지수는 얼마인가?

[6점]

- 계산과정 :

- 답 :

정답

- 계산과정 : $PNEC = \dfrac{\text{lowest } LC_{50} \text{ or } NOEC}{AF} = \dfrac{50.2\text{mg}}{\text{L}} \mid \dfrac{}{50} = 1.004\text{mg/L}$

$HQ = \dfrac{\text{예측환경농도}}{PNEC} = \dfrac{0.8\text{mg}}{\text{L}} \mid \dfrac{\text{L}}{1.004\text{mg}} = 0.80$

- 답 : 0.08

해설

예측무영향농도(PNEC ; Predicted No Effect Concentration)
평가계수(AF ; Assessment Factor) : 가용자료에 따른 값 결정[1,000 : 급성 독성값 1개, 100 : 급성 독성값 3개(만성 독성값 1개), 50 : 만성 독성값 2개, 10 : 만성 독성값 3개

25 수서생물의 생태독성은 시험수의 농도로 표기한다. 노출방법의 종류 3가지를 쓰시오.   [3점]

    •   •

    •

정답

- 유수식(Flow-through)
- 지수식(Static)
- 반지수식(Semi-static)

26 생체지표의 종류 3가지를 쓰시오.   [3점]

    •

    •

    •

정답

- 노출 생체지표 : 생체 내에서 측정된 유해인자의 잠재용량이나 대사과정에서 생성된 내적용량을 반영한 지표(혈액, 소변)
- 유해영향 생체지표 : 유해물질의 잠재적인 독성으로부터 나타나는 생화학적인 변화를 나타내는 지표
- 민감성 생체지표 : 특정 유해물질에 민감성을 가지고 있는 개인을 구별하는 데 이용

해설

생체지표(Biomarker/biological Marker)는 생체 내에서의 노출, 위해영향, 민감성을 예측하기 위한 지표이다.

27 인체시료인 소변시료 채취 시 고려사항 4가지를 쓰시오. [4점]

- •
- •
- •
- •

정답
- 비파괴적으로 시료 채취가 가능하다.
- 많은 양의 시료 확보가 가능하다.
- 시료 채취 과정에서 오염될 가능성이 높다.
- 불규칙한 소변 배설량으로 농도보정이 필요하다.
- 채취된 시료는 신속하게 검사하여야 한다.
- 보존방법은 냉동상태(-20~-10℃)가 원칙이다.
- 크레아티닌(Creatinine)은 근육의 대사산물로 소변 중 일정량이 배출되는데, 희석으로 0.3g/L 이하인 경우에는 새로운 시료를 채취해야 한다.

28 인체노출평가의 계획을 수립하기 위해서는 우선 조사방법을 선정한 후 표본수와 검정력에 대하여 고려하여야 한다. 표본수와 검정력의 정의를 쓰시오. [4점]

- 표본수 :

- 검정력 :

정답
- 표본수 : 노출집단과 비노출집단 간에 통계적인 유의성을 보이기 위한 최소한의 연구대상자 수
- 검정력 : 정해진 신뢰수준(주로 95%)에서 그룹 간의 노출 차이를 측정할 수 있는 능력, 표본수가 크면 검정력은 높아진다.

인체노출평가의 계획

• 연구대상 집단의 선정 : 조사방법을 선정한 후 표본수와 검정력에 대하여 고려
  – 조사방법 : 전수조사(모든 구성원), 확률표본조사(대표할 수 있는 표본 선정), 일화적 조사(무작위로 표본 선정)
  – 표본수 : 노출집단과 비노출집단 간에 통계적인 유의성을 보이기 위한 최소한의 연구대상자 수
  – 검정력 : 정해진 신뢰수준(주로 95%)에서 그룹 간의 노출 차이를 측정할 수 있는 능력, 표본수가 크면 검정력은 높아진다.
• 연구계획 : 측정 대상물질, 시료 수집 및 분석방법
• 자료 수집과 저장 : 컴퓨터에 입력하는 과정
• 사전시행연구(Pilot Study) : 본 연구를 수행하기 전에 가장 노출이 많은 집단에서 제한적으로 선정된 노출대상과 대조군을 선정하여 관심대상물질의 노출 정도를 평가해보는 것

29 인체시료의 전처리방법 3가지를 쓰시오. [3점]

•

•

•

정답

• 고체상 추출 : (액체 또는 기체시료) 분석대상 물질을 흡착제에 선택적으로 흡착
• 액–액 추출 : (액체) 분석대상 물질을 분배계수의 차이로 친수성과 소수성으로 분리한 다음 농축
• 전기영동법 : 비슷한 전하를 가진 분자들이 매질을 통해 크기에 따라 분리

30 생물농축과 생물확장의 정의를 간단히 쓰시오. [4점]

- 생물농축 :

- 생물확장 :

정답

- 생물농축(Bioconcentration) : 생물 조직 내 화학물질의 농도가 환경매체 내에서의 농도에 비하여 상대적으로 증가하는 것을 말하며, 이를 농도비로 나타낸 것을 생물농축계수라고 한다.
- 생물확장(Biomagnification) : 화학물질이 생태계의 먹이 연쇄를 통하여 그 물질의 농도가 포식자로 갈수록 증가하는 것을 말한다.

31 다음은 제품노출시나리오 개발 과정이다. 빈칸에 알맞은 용어를 쓰시오. [3점]

노출시나리오 개발 → (①) → (②) → (③) → 위해도 평가

① ②

③

정답

① 유해성 자료수집
② 노출알고리즘 구성
③ 노출계수 수집

32 소비자노출평가 예측모델 종류 3가지를 쓰시오.　　　　　　　　　　　　　　　　　　[3점]

　　•

　　•

　　•

정답

• ECETOC-TRA : 유럽 화학물질 생태독성 및 독성센터-소비자 전용 모델
• ConsExpo : 네덜란드 국립공중보건환경연구소
• CEM : 미국 환경청
• K-CHESAR : 한국화학물질관리협회

33 어떤 화학물질이 포함된 거치식 방향제가 비치된 욕실에 대한 노출계수가 다음과 같다면 화학물질에 대한 흡입노출량(μg/kg · day)은 얼마인가?(단, 욕실에는 하루 2회 머문다)　　[6점]

구 분	노출계수
욕실 내 화학물질 농도(μg/m^3)	20
체내 흡수율	0.5
호흡률(m^3/day)	20
체중(kg)	70
노출시간(min/회)	10

　• 계산과정 :

　• 답 :

정답

• 계산과정 : $D_{inh}\,(\mathrm{mg/kg \cdot day}) = C_a \times IR \times t \times n / BW$

$C_a = (20\mu\mathrm{g/m}^3) \times 0.5 = 10\mu\mathrm{g/m}^3$

$D_{inh} = \dfrac{10\mu\mathrm{g}}{\mathrm{m}^3} \,\Big|\, \dfrac{20\mathrm{m}^3}{\mathrm{day}} \,\Big|\, \dfrac{10\mathrm{min}}{\text{회}} \,\Big|\, \dfrac{2\text{회}}{\mathrm{day}} \,\Big|\, \dfrac{}{70\mathrm{kg}} \,\Big|\, \dfrac{\mathrm{day}}{1,440\mathrm{min}} = 0.04\mu\mathrm{g/kg \cdot day}$

• 답 : $0.04\mu\mathrm{g/kg \cdot day}$

34 공동주택의 실내에서 폼알데하이드가 0.04mg/m³ 검출되었다. 이 주택에서 매일 8시간씩 6개월을 거주한 성인의 폼알데하이드 일일평균흡입노출량(mg/kg · day)은 얼마인가?(단, 체내흡수율 1, 호흡률 20m³/day, 체중은 70kg으로 한다) [5점]

• 계산과정 :

• 답 :

정답

• 계산과정 :

$$D_{inh}(\text{mg/kg} \cdot \text{day}) = C_a \times IR \times t \times n / BW = \frac{0.04\text{mg}}{\text{m}^3} \left| \frac{20\text{m}^3}{\text{day}} \right| \frac{8\text{h}}{\text{day}} \left| \frac{}{70\text{kg}} \right| \frac{\text{day}}{24\text{h}}$$

$$= 0.0038\text{mg/kg} \cdot \text{day}$$

• 답 : 0.0038mg/kg · day

35 실내공기 중 유해물질 A의 흡입에 의한 인체 노출계수는 다음과 같다. 전생애 인체노출량(mg/kg · day)은 얼마인가? [6점]

• 평균수명 60년	• 실내 체류율 30%
• 평균 체중 60kg	• 실내 폼알데하이드 농도 250μg/m³
• 호흡률 15m³/day	• 인체흡수율 100%

• 계산과정 :

• 답 :

정답

- 계산과정 : $E_{inh}(\mathrm{mg/kg \cdot day}) = \sum \dfrac{C_{air} \times RR \times IR \times EF \times ED \times abs}{BW \times AT}$

$$= \frac{250\mu\mathrm{g}}{\mathrm{m}^3} \,\Big|\, \frac{15\mathrm{m}^3}{\mathrm{day}} \,\Big|\, \frac{60 \times 0.3\mathrm{yr}}{} \,\Big|\, \frac{}{60\mathrm{kg}} \,\Big|\, \frac{}{60\mathrm{yr}} \,\Big|\, \frac{\mathrm{mg}}{1{,}000\mu\mathrm{g}}$$

$$= 0.019\mathrm{mg/kg \cdot day}$$

- 답 : 0.019mg/kg · day

36 시료 채취방법 3가지를 쓰시오. [3점]

- ·

- ·

- ·

정답

- 용기시료(Grab Sample) : 특정 장소와 특정 시간에 채취된 시료
- 복합시료(Composite Sample) : 용기시료 여러 개를 채취 후 혼합하여 하나의 시료로 균질화한 것
- 현장측정시료(in Situ Sample) : 현장에서 분석장비를 해당 매체에 직접 설치하고 실시간으로 시료를 채취하여 오염도를 관찰

37 다음 식은 환경매체의 시료채취 시 참값과 평균값, 시료개수 간의 관계를 나타낸 것이다. 여기서, D는 무엇을 나타내는지 설명하시오. [4점]

$$C_s = x + t_{95\% df}\frac{\sigma}{\sqrt{n_2}} \qquad n_2 \geq \left(\frac{1.645 + 0.842}{D}\right)^2 + 0.5 \times 1.645^2$$

정답

비교기준치 민감도$[D = \dfrac{0.4}{CV}, \quad CV : 변동계수(CV = \dfrac{\sigma}{x})]$

여기서, C_s : 노출농도(mg/kg), 참값

x : 오염농도 측정치 평균값

$t_{95\% df}$: 95% t-통계값

σ : 표준편차

n_1 : 실제 시료채취 개수

n_2 : 통계학적 시료채취 개수

38 기기분석법의 전처리방법 중 농축방법 4가지를 쓰시오. [4점]

- • • •

- • • •

정답

- • 가열농축
- • 통풍농축
- • 감압농축
- • 냉동농축

해설

기기분석법의 전처리방법

전처리방법		내 용
추출 (Extraction)	속슬렛(Soxhlet) 추출	고체 시료에 용매를 작용시켜 표적물질을 시료로부터 분리하는 방법
	액-액 추출(LLE)	액체시료에 용제를 작용시켜 표적물질을 시료로부터 분리하는 방법
	고체상 추출(SPE)	고형 흡착제에 표적물질을 흡착시켜 시료로부터 분리하는 방법
농축 (Concentra- tion)	가열농축	시료에 열을 가하여 용매를 증발시키고 용질을 축적시키는 방법
	감압농축	대기압 이하에서 시료에 열을 가하여 용매를 증발시키고 용질을 축적시키는 방법
	통풍농축	시료에 열풍, 질소 등을 통과시켜 용매를 증발시키고 용질을 축적시키는 방법
	냉동농축	시료를 냉동시키면 용매는 얼음고체로 되고, 용질을 액체로 분리되어 농축됨
정제(Purification)		시료 중 불순물을 제거하는 방법으로 활성탄, 실리카겔, 플로리실(Florisil) 등을 충진제로 정제함

39 분석 정도관리에서 검정곡선의 정의를 쓰고 종류 3가지를 쓰시오. [4점]

- • 정 의 :

- • 종 류 :

정답

- • 정의 : 검정곡선(Calibration Curve)이란 분석물질의 농도변화에 따른 측정값의 변화를 수식으로 나타낸 것이다.
- • 종류 : 외부검정곡선법(감응계수, R/C), 표준물첨가법, 내부표준법

40 환경유해인자의 위해성평가에서 권고치와 참고치의 정의를 비교하여 설명하시오. [4점]

　• 권고치 :

　• 참고치 :

정답
- 권고치(Guidance Value) : 인체 시료에서 측정된 농도가 그 농도 이상의 유해물질에 노출되었을 때 건강에 나쁜 영향을 나타내는 농도를 의미한다.
  - 독일 환경청의 HBM(Human Biomonitoring)값, HBM-I 이하는 건강 유해영향이 없어 조치가 불필요한 수준, HBM-Ⅱ 이상은 건강 유해영향이 있어 조치가 필요한 수준이다.
  - 미국 환경청의 BE(Biomonitoring Equivalents)값 : BE값보다 높게 나타나는 경우 공중보건학적으로 이 물질을 우선 관리할 필요가 있음을 의미한다.
- 참고치 : 일반적인 수준보다 높은 수준의 유해물질에 노출된 사람들을 판별할 수 있으나 이 값은 권고치와 달리 독성학적, 의학적 의미를 가지지 않는다는 한계점이 있다.

41 불확실성의 종류 4가지를 쓰시오. [4점]

　• 　　　　　　　　　　　　　　　•

　• 　　　　　　　　　　　　　　　•

정답
- 자료의 불확실성
- 모델의 불확실성
- 입력변수의 변이
- 노출시나리오의 불확실성
- 평가의 불확실성

42 다음은 100명의 환자군과 100명의 대조군을 선정하여 흡연과 폐암의 관계를 규명하고자 조사한 결과이다. 상대위험도와 교차비는 각각 얼마인가? [4점]

구 분	흡연자(노출)	비흡연자(비노출)	합 계
환자군(폐암)	90(A)	10(C)	100(A+C)
대조군	70(B)	30(D)	100(B+D)
합 계	160(A+B)	40(C+D)	200

- 상대위험도 :

- 교차비 :

정답

- 상대위험도 : $RR = \dfrac{A/(A+B)}{C/(C+D)} = \dfrac{90/160}{10/40} = 2.25$
- 교차비 : $OR = \dfrac{A \times D}{B \times C} = \dfrac{90 \times 30}{70 \times 10} = 3.86$

43 건강영향평가 대상사업 3가지를 쓰시오. [3점]

-
-
-

정답

- 산업입지 및 산업단지의 조성
- 에너지 개발
- 폐기물처리시설·분뇨처리시설 및 가축분뇨처리시설의 설치

44 건강영향평가에서 유해물질 저감대책 4가지를 쓰시오. [4점]

- •   •

- •   •

정답

- 회피(Avoiding)
- 조정(Rectifying)
- 보상(Compensation)
- 최소화(Minimizing)
- 감소(Reducing)

45 정성적–정량적 건강영향평가 기법 5가지를 쓰시오. [5점]

- •   •

- •   •

- •

정답

- 매트릭스(Matrix)
- 지도그리기(Mapping)
- 위해도 평가(Risk Assessment)
- 설문조사(Survey)
- 네트워크 분석 및 흐름도(Network Analysis & Flow Diagram)
- 그룹방식, 전문가 방식

46 다음에 주어진 시간대별 유해인자의 농도변화를 고려하여 작업자가 유해인자에 노출된 시간가중평균값(ppm)을 산정하시오. [3점]

Time	Conc. (ppm)	$\triangle T$(h)	Average conc. (ppm)	Time	Conc. (ppm)	$\triangle T$(h)	Average conc. (ppm)
08:00	110	–	–	13:00	157	0	150
09:00	130	1	120	14:00	159	1	158
10:00	143	1	137	15:00	165	1	162
11:00	162	1	153	16:00	153	0	159
12:00	142	1	152	17:00	130	1	142

• 계산과정 :

• 답 :

정답

• 계산과정 : $TWA = \dfrac{C_1 T_1 + C_2 T_2 + \cdots + C_n T_n}{8}$

$= \dfrac{120 \times 1 + 137 \times 1 + 153 \times 1 + 152 \times 1 + 150 \times 0 + 158 \times 1 + 162 \times 1 + 159 \times 0 + 142 \times 1}{8}$

$= 128\text{ppm}$

• 답 : 128ppm

47 노출농도가 시간가중평균값을 초과하고 단시간노출값 이하인 경우 3가지를 쓰시오. [3점]

•   •

•

정답

• 1회 노출 지속시간이 15분 이하이어야 한다.
• 이러한 상태가 1일 4회 이하로 발생되어야 한다.
• 각 회의 간격은 60분 이상이어야 한다.

해설

단시간노출값(STEL ; Short-Term Exposure Limit) : 15분간의 시간가중평균값

48 휴식할 때 사람이 호흡하는 공기에 평균적으로 9.72×10^{21} 정도의 질소 분자를 들이마신다. 몇 몰의 질소 원자를 호흡하였는가?(단, 공기 내 질소는 이원자 분자로 존재한다) [4점]

· 계산과정 :

· 답 :

정답

· 계산과정 : $\dfrac{9.72 \times 10^{21} \, N_2 \, 분자}{} \Big| \dfrac{1 \, mol \, N_2}{6.023 \times 10^{23} \, N_2 \, 분자} \Big| \dfrac{2 \, mol \, N}{1 \, mol \, N_2} = 3.23 \times 10^{-2} \, mol \, N$

· 답 : $3.23 \times 10^{-2} \, mol \, N$

49 자동차 엔진의 실린더 안에서 가솔린의 주성분 중 하나인 탄화수소 옥테인(C_8H_{18})이 공기 중의 산소와 섞여서 연소할 때의 화학반응식을 쓰시오. [4점]

·

정답

$2C_8H_{18}(l) + 25O_2(g) \rightarrow 16CO_2(g) + 18H_2O(g)$

50 0.1016M HCl 용액 50.00mL를 중화시키려면 0.1292M Ba(OH)$_2$는 얼마가 필요한가?(단, 화학반응식은 Ba(OH)$_2$(aq) + 2HCl(aq) → BaCl$_2$(aq) + 2H$_2$O(l)이다)　　　　　　[4점]

· 계산과정 :

· 답 :

정답

화학방정식에 의하면 1mol의 Ba(OH)$_2$당 2mol의 HCl이 반응한다.

· 계산과정 :

$$50.00\,\mathrm{mL} \times \frac{1\,\mathrm{L}}{10^3\,\mathrm{mL}} \;\middle|\; \frac{0.1016\,\mathrm{mol\,HCl}}{1\,\mathrm{L}} \;\middle|\; \frac{2\,\mathrm{mol\,Ba(OH)_2}}{1\,\mathrm{mol\,HCl}} \;\middle|\; \frac{1\,\mathrm{L}}{0.1292\,\mathrm{mol\,Ba(OH)_2}} \middle|\; \frac{10^3\,\mathrm{mL}}{1\,\mathrm{L}}$$

$$= 78.6\,\mathrm{mL\,Ba(OH)_2}$$

· 답 : 78.6mLBa(OH)$_2$

51 부피가 438L의 탱크에 0.885kg의 O$_2$가 채워져 있다. 21℃에서의 O$_2$ 압력(atm)은 얼마인가?　　　　　　[4점]

· 계산과정 :

· 답 :

정답

· 계산과정 : $V = 438\mathrm{L}, \quad T = 21℃ = 294.15\mathrm{K}, \quad n = 0.885\mathrm{kgO_2}$

$$0.885\,\mathrm{kg\,O_2} \times \frac{10^3\,\mathrm{g}}{1\,\mathrm{kg}} \;\middle|\; \frac{1\,\mathrm{mol\,O_2}}{32\,\mathrm{g\,O_2}} = 27.7\,\mathrm{mol\,O_2}$$

$$P = \frac{nRT}{V} = \frac{27.7\,\mathrm{mol\,O_2}}{438\,\mathrm{L}} \;\middle|\; \frac{0.0821\,\mathrm{atm \cdot L}}{\mathrm{mol \cdot K}} \;\middle|\; \frac{294.15\mathrm{K}}{} = 1.53\mathrm{atm}$$

· 답 : 1.53atm

52 STP 조건에서 CO_2의 밀도(g/L)는 얼마인가? [4점]

- 계산과정 :

- 답 :

정답

- 계산과정 : STP : 0℃, 1atm, $PV=nRT$, $PV=\dfrac{m}{M}RT$

$$\dfrac{m}{V}=d=\dfrac{M\times P}{RT}=\dfrac{44.01\,\mathrm{g}}{\mathrm{mol}}\ \bigg|\ \dfrac{1.00\,\mathrm{atm}}{}\ \bigg|\ \dfrac{\mathrm{mol}\cdot\mathrm{K}}{0.0821\,\mathrm{atm}\cdot\mathrm{L}}\ \bigg|\ \dfrac{1}{273\mathrm{K}}=1.96\,\mathrm{g/L}$$

- 답 : 1.96g/L

※ 평균 20문제 정도 출제됨(계산문제 5~7 문제)
※ 수험자의 기억에 의해 문제를 복원하여 실제 시행문제와 일부 상이할 수 있으며, 예상 답안으로 출제자의 의도에 따라 답이 다를 수도 있음을 알려드립니다.

01 MSDS의 작성항목 5가지 이상을 쓰시오. [5점] (2021, 2022)

- ·
- ·
- ·

- ·
- ·

정답

- 화학제품과 회사에 관한 정보
- 구성성분의 명칭 및 함유량
- 폭발·화재 시 대처방법
- 취급 및 저장방법

- 유해성·위험성
- 응급조치 요령
- 누출사고 시 대처방법
- 노출방지 및 개인보호구

해설

화학물질의 분류·표시 및 물질안전보건에 관한 기준 제10조(작성항목)

- 화학제품과 회사에 관한 정보
- 구성성분의 명칭 및 함유량
- 폭발·화재 시 대처방법
- 취급 및 저장방법
- 물리·화학적 특성
- 독성에 관한 정보
- 폐기 시 주의사항
- 법적 규제현황

- 유해성·위험성
- 응급조치 요령
- 누출사고 시 대처방법
- 노출방지 및 개인보호구
- 안정성 및 반응성
- 환경에 미치는 영향
- 운송에 필요한 정보

02 다음은 무엇을 설명한 용어인가?

[4점] (2019)

(①) : 원소, 분자로 이루어진 물질로 인위적인 반응 또는 자연 상태에서 존재하는 화합물

(②) : 화학물질 고유의 독성(Toxicity)으로서, 사람의 건강이나 생태계에 좋지 아니한 영향을 미치는 화학물질

정답

① 화학물질

② 유해성(Hazard)

해설

• 화학물질 : 원소·화합물 및 그에 인위적인 반응을 일으켜 얻어진 물질과 자연상태에서 존재하는 물질을 화학적으로 변형시키거나 추출 또는 정제한 것
• 유해성 : 물리적 위험성, 건강유해성 또는 환경유해성의 고유한 성질

03 유해성과 위해성의 정의를 구분하여 작성하시오.

[2점] (2022)

• 유해성 :

• 위해성 :

정답

• 유해성 : 화학물질의 독성(Toxicity) 등 사람의 건강이나 환경에 좋지 아니한 영향을 미치는 화학물질 고유의 성질
• 위해성 : 유해성이 있는 화학물질이 노출되는 경우 사람의 건강이나 환경에 피해를 줄 수 있는 정도[위해성(Risk) = 유해성(Hazard) × 노출시간(Exposure Time)]

해설

화학물질 위해성의 크기는 "유해성"의 정도와 "노출량"으로 결정한다. 즉, 유해성이 강한 화학물질이라도 노출량이 적으면 위해성은 적으며, 유해성이 약한 화학물질이라도 노출량이 많으면 위해성이 커진다.

04 화학물질관리법에서 정하는 유해화학물질의 종류 5가지를 쓰시오.[5점] (2019, 2020, 2021, 2023)

- 　
- 　
- 　
- 　
- 　

정답

- 유독물질
- 제한물질
- 사고대비물질
- 허가물질
- 금지물질

해설

화학물질관리법 제2조(정의)

유해화학물질이란 유독물질, 허가물질, 제한물질 또는 금지물질, 사고대비물질, 그 밖에 유해성 또는 위해성이 있거나 그러할 우려가 있는 화학물질을 말한다.

참고 **화학물질관리법 제2조(정의)**

- 유독물질 : 유해성이 있는 화학물질로서 대통령령으로 정하는 기준에 따라 환경부장관이 정하여 고시한 것을 말한다.
- 허가물질 : 위해성이 있다고 우려되는 화학물질로서 환경부장관의 허가를 받아 제조, 수입, 사용하도록 환경부장관이 관계 중앙행정기관의 장과의 협의와 화학물질의 등록 및 평가 등에 관한 법률 제7조에 따른 화학물질평가위원회의 심의를 거쳐 고시한 것을 말한다.
- 제한물질 : 특정 용도로 사용되는 경우 위해성이 크다고 인정되는 화학물질로서 그 용도로의 제조, 수입, 판매, 보관·저장, 운반 또는 사용을 금지하기 위하여 환경부장관이 관계 중앙행정기관의 장과의 협의와 화학물질의 등록 및 평가 등에 관한 법률 제7조에 따른 화학물질평가위원회의 심의를 거쳐 고시한 것을 말한다.
- 금지물질 : 위해성이 크다고 인정되는 화학물질로서 모든 용도로의 제조, 수입, 판매, 보관·저장, 운반 또는 사용을 금지하기 위하여 환경부장관이 관계 중앙행정기관의 장과의 협의와 화학물질의 등록 및 평가 등에 관한 법률 제7조에 따른 화학물질평가위원회의 심의를 거쳐 고시한 것을 말한다.
- 사고대비물질 : 화학물질 중에서 급성독성·폭발성 등이 강하여 화학사고의 발생 가능성이 높거나 화학사고가 발생한 경우에 그 피해 규모가 클 것으로 우려되는 화학물질로서 화학사고 대비가 필요하다고 인정하여 환경부장관이 지정·고시한 화학물질을 말한다.

05 산업안전보건법에 따른 산업환경 유해인자의 분류에서 화학적 인자의 물리적 위험성에 대한 다음 용어의 정의를 쓰시오. [6점] (2020, 2022)

- 폭발성 물질 :

- 자기발열성 물질 :

- 인화성 액체 :

- 인화성 가스 :

- 산화성 액체 :

- 고압가스 :

정답

- 폭발성 물질 : 자체의 화학반응에 의하여 주위환경에 손상을 입힐 수 있는 온도·압력 및 속도를 가진 가스를 발생시키는 고체·액체 또는 그 혼합물
- 자기발열성 물질 : 주위에서 에너지를 공급받지 않고 공기와 반응하여 스스로 발열하는 물질(자기발화성 물질은 제외)
- 인화성 액체 : 표준압력(101.3kPa)에서 인화점이 93℃ 이하인 액체
  ※ 화학물질관리법 시행규칙 별표 3 : 인화점이 60℃ 이하인 액체
- 인화성 가스 : 20℃, 표준압력(101.3kPa)에서 공기와 혼합하여 인화범위에 있는 가스와 54℃ 이하 공기 중에서 자연발화 하는 가스(혼합물은 포함)
- 산화성 액체 : 그 자체로는 연소하지 않더라도 일반적으로 산소를 발생시켜 다른 물질을 연소시키거나 연소를 촉진하는 액체
- 고압가스 : 20℃, 200kPa 이상의 압력하에서 용기에 충전되어 있는 가스 또는 냉동액화가스 형태로 용기에 충전되어 있는 가스(압축가스, 액화가스, 냉동액화가스, 용해가스로 구분)

06 다음은 급성독성에 관한 설명이다. ( ) 안에 알맞은 말을 쓰시오. [2점] (2021)

> 입 또는 피부를 통하여 1회 또는 (①) 이내에 수회로 나누어 투여되거나 호흡기를 통하여 (②)
> 동안 노출 시 나타나는 유해한 영향을 말한다.

정답

① 24시간   ② 4시간

07 다음 유해화학물질에 관한 그림문자를 보기에서 찾아 쓰시오.

[개당 1점] (2019, 2020, 2022)

┌─[보기]─────────────────────────────────────┐
│ 산화성가스, 냉동액화가스, 인화성가스, 폭발성물질, 피부과민성, 흡인유해성 │
└──┘

① :   ② :

③ :   ④ :

⑤ :   ⑥ :

정답

① 폭발성물질   ② 인화성가스
③ 산화성가스   ④ 피부과민성
⑤ 냉동액화가스   ⑥ 흡인유해성

08 다음 그림문자가 나타내는 유해화학물질의 유해성 항목에 따른 구분 5가지를 쓰시오.

[5점] (2021)

-
-
-

-
-

09 다음은 미국 화재예방협회에서 규정한 NFPA지수이다. 각각의 번호가 나타내는 유해화학물질의 특징을 쓰시오.

[3점] (2022)

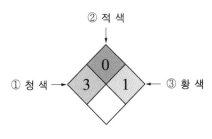

① 청색 → 3 | 0 ② 적색 | 1 ← ③ 황색

①   ②

③

NFPA지수는 미국 화재예방협회(National Fire Protection Association)에서 규정한 유해화학물질 등급기준으로 청색(건강유해성), 적색(인화성), 황색(반응성), 백색(기타 특성)의 4가지 항목으로 구분하고 각각의 항목은 0(위험하지 않음)부터 4(매우 위험)의 5단계로 구분한다.

10 변이원성에 대하여 설명하시오. [4점] (2019)

・

유전자의 DNA 구조가 손상되거나 그 양이 영구적으로 바뀌는 것으로 변이원성 물질은 다양한 세포의 염색체 수, 염색체 구조의 변이를 초래한다.

• 생식세포 변이원성 물질 : 자손에게 유전될 수 있는 사람의 생식세포에 돌연변이를 일으킬 수 있는 물질
• 생식독성 물질 : 생식기능, 생식능력 또는 태아발육에 유해한 영향을 일으키는 물질

11 'CMR' 물질에서 C, M, R이 각각 무엇을 의미하는지 한글로 쓰시오. [4점] (2023)

・C :

・M :

・R :

발암성(Carcinogenic), 변이원성(Mutagenic), 생식독성(Reproductive Toxicity)

12 다음 유럽연합의 CMR 화학물질에 대한 분류 및 내용을 바르게 연결하시오.　　　[4점] (2023)

Category 2　•　　　　　　　　•　인체독성의심물질

Category 1B　•　　　　　　　•　인체독성확인물질

Category 1A　•　　　　　　　•　인체독성추정물질

정답
- Category 1A : 인체독성확인물질
- Category 1B : 인체독성추정물질
- Category 2 : 인체독성의심물질

해설
유럽연합의 CMR 화학물질에 대한 분류 및 내용
- Category 1A : 인체독성확인물질
- Category 1B : 인체독성추정물질
- Category 2 : 인체독성의심물질
- Effects on or via lactation : 모유 수유를 통한 전이가능 생식독성물질

13 유사 혼합물의 유해성 자료만 있는 경우 가교원리를 적용하여 혼합물의 유해성을 분류한다. 가교원리 5가지를 쓰시오.　　　[5점] (2020)

•　　　　　　　　　　　•

•　　　　　　　　　　　•

•

정답
- 희석(Dilution)
- 고유해성 혼합물의 농축(Concentration)
- 실질적으로 유사한 혼합물
- 배치(Batch)
- 하나의 독성구분 내에서 내삽(Interpolation)
- 에어로졸(Aerosol)

14 다음 그림의 빈칸에 알맞은 용어를 보기에서 선택하여 쓰시오. [4점] (2023)

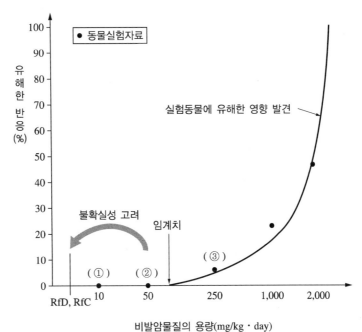

[보기]

ECR, EC_{10}, NOEL, NOAEL, LOAEL, LC_{50}, LD_{50}, EC_{50}, BMDL

- ① :

- ② :

- ③ :

정답

① NOEL
② NOAEL
③ LOAEL

해설

- 무영향용량(NOEL) : 노출량에 대한 반응이 없고 영향도 없는 노출량이다.
- 무영향관찰용량(NOAEL) : 노출량에 대한 반응이 관찰되지 않고 영향이 없는 최대노출량이다.
- 최소영향관찰용량(LOAEL) : 최소영향관찰농도라고도 하며, 노출량에 대한 반응이 처음으로 관찰되기 시작하는 통계적으로 유의한 영향을 나타내는 최소한의 노출량이다.

15 수서동물에 대한 유해성 정도를 나타내는 급성독성과 만성독성 평가의 지표(Endpoint)를 각각 2가지씩 쓰시오. [4점] (2023)

　·급성독성 :

　·만성독성 :

정답

- 급성독성 : LC_{50}, LD_{50}, EC_{50}
- 만성독성 : EC_{10}(10% 영향농도), LOEC(최소영향농도), NOEC(최대무영향농도)

16 발암잠재력(CSF)의 정의와 초과발암확률이 5.63×10^{-4}일 때 초과발암위해도(ECR)에 대해 설명하시오. [6점] (2023)

　·발암잠재력 :

　·초과발암위해도 :

정답

- 발암잠재력 : 용량-반응(발암률) 곡선에서 95% 상한값에 해당하는 기울기로, 평균 체중의 성인이 기대 수명 동안 잠재적인 발암물질 단위용량에 평생 동안 노출되었을 때 이로 인한 초과발암확률의 95% 상한값에 해당되며, 기울기가 클수록 발암력이 크다는 것을 의미한다.
- 초과발암위해도 : 역치가 없는 유전적 발암물질의 위해도를 판단하는 것으로, 평생 동안 발암물질 단위용량에 노출되었을 때 잠재적인 발암가능성이 초과할 확률이다. 초과발암확률이 10^{-4} 이상이므로 발암위해도가 있는 것으로 판단한다.

17 ( ) 안에 알맞은 용어를 각각 2가지 이상 쓰시오. [4점] (2023)

> 위해성 평가는 발암물질과 비발암물질로 구분하여 평가하는데, 발암성인 경우에는 (①), 비발암성인 경우에는 (②)를 도출하여 활용한다.

　·① :

　·② :

정답

① 발암잠재력, 최소영향수준
② 무영향수준, RfD, RfC

18 다음에서 설명하고 있는 독성 예측 모델을 쓰시오. [6점] (2023)

> ① 미국 환경청에서 만든 것으로 화학물질의 구조를 분류군 기반으로 하고 어류, 물벼룩, 조류의 급·만성 독성 예측, 수생태 독성값 예측에 널리 활용된다.
> ② 미국 환경청에서 만든 것으로 화학물질의 구조, CAS 번호를 분류군 기반으로 하고, 어류, 물벼룩의 LC_{50}, 쥐의 LD_{50}, 생물농축계수, 발달독성, 변이원성 등을 예측한다.
> ③ 물리·화학적 특성, 활성/비활성 특성을 분류군 기반으로 하고, 기존 어류, 물벼룩의 독성시험 자료로 예측한다.

- ① :

- ② :

- ③ :

정답

① ECOSAR
② TEST
③ MCASE

19 다음에서 설명하고 있는 소비자노출평가 모델을 쓰시오. [4점] (2023)

> • 2016년에 네덜란드 국립공중보건환경연구소가 Webpage 형태로 개발한 다음 ANSES, BfR, FOPH, Health Canada와 함께 발전시키는 프로그램이다.
> • 대표적인 상세단계(Tier 2) 노출평가 모델로서, 7개 제품군에 대한 노출계수보고서가 있고 세분화된 노출알고리즘을 제시하고 있다.

-

정답

ConsExpo

20 다음에서 설명하고 있는 물질과 종류 수를 쓰시오. [4점] (2019)

급성독성, 폭발성 등이 강하여 화학사고가 발생할 가능성이 높거나, 발생할 경우 그 피해 규모가 클 것으로 우려되는 화학물질로서 화학사고 대비를 위하여 환경부장관이 고시한 것을 말한다.

• 물 질 :

• 종류(수) :

정답

• 물질 : 사고대비물질

• 종류(수) : 97종(2019.12)

해설

화학물질관리법 제2조, 시행규칙 별표 3의2

21 ( ) 안에 알맞은 용어를 쓰시오. [2점] (2020)

• (①)이란 유해화학물질 중 허가물질 및 금지물질을 제외한 나머지 물질에 대한 영업을 말한다.
• (②)이란 급성독성(急性毒性), 폭발성 등이 강하여 화학사고가 발생할 가능성이 높거나, 발생할 경우 그 피해 규모가 클 것으로 우려되는 화학물질로서 화학사고 대비를 위하여 환경부장관이 고시한 것을 말한다.

① ②

정답

① 유해화학물질영업

② 사고대비물질

해설

화학물질관리법 제2조

22 다음 용어의 정의를 쓰시오.

─[보기]───
① 화학사고　　　　　　　　② 단위설비
③ 실 내　　　　　　　　　④ 공사착공일
⑤ 시범생산
───

①

②

③

④

⑤

정답

① 시설의 교체 등 작업 시 작업자의 과실, 시설결함·노후화, 자연재해, 운송사고 등으로 인하여 화학물질이 사람이나 환경에 유출·누출되어 발생하는 모든 상황(※ 화학물질의 화재, 폭발 또는 유출·누출 등으로부터 사람이나 환경에 피해를 야기하는 일체의 상황)

② 탑류, 반응기, 드럼류, 열교환기류, 탱크류, 가열로류 등과 이에 연결되어 있는 펌프, 압축기, 배관 등 부속장치 또는 설비 일체

③ 사면과 천정이 물리적 격벽으로 분리되고 출입구·비상구 등이 상시 닫혀 있는 공간

④ 터파기 등 토목공사 이후에 유해화학물질 취급시설 및 설비를 실제로 설치·이전하는 공사를 시작하는 날

⑤ 기존시설의 공정조건이나 취급하는 물질 등을 변경하여 시제품을 생산하는 것을 말하며, 운전조건 조정을 위한 시운전 등은 시범생산에 해당하지 아니함

23 화학물질의 등록 및 평가 등에 관한 법률에서 규정하고 있는 중점관리물질 3가지를 쓰시오.

[6점] (2020)

-

-

-

정답

① 사람 또는 동물에게 암, 돌연변이, 생식능력 이상 또는 내분비계 장애를 일으키거나 일으킬 우려가 있는 물질
② 사람 또는 동식물의 체내에 축적성이 높고 환경 중에 장기간 잔류하는 물질
③ 사람에게 노출되는 경우 폐, 간, 신장 등의 장기에 손상을 일으킬 수 있는 물질
④ 사람 또는 동식물에게 ①부터 ③까지의 물질과 동등한 수준 또는 그 이상의 심각한 위해를 줄 수 있는 물질

24 화학물질 배출량 및 통계조사에서의 유통량이란 무엇인가?

[4점] (2023)

-

정답

조사 연도의 화학물질 제조량과 수입량의 합에서 수출량을 뺀 것이다.
(유통량 = 제조량 + 수입량 − 수출량)

25 다음 ( ) 안에 알맞은 내용을 쓰시오. [4점] (2019)

> 사고대비물질을 환경부령이 정하는 수량 이상으로 취급하는 자는 「화학물질관리법」에 따라 (①)를(을) 작성하여 (②)마다 환경부장관에게 제출해야 한다.

　　　① 　　　　　　　　　　　　　　　　②

정답

① 화학사고예방관리계획서　　　　　　　② 5년

해설

화학물질관리법의 개정(2020.03.31.)으로 해당 법은 삭제되어 현재는 정답이 없다.

26 다음은 화학사고예방관리계획서에 관한 설명이다. ( ) 안에 알맞은 내용을 쓰시오.

[4점] (2019)

> 유해화학물질 취급시설의 설치를 마친 자는 취급시설 가동 이전 실시 검사기관에서 (①)검사를 받고, 유해화학물질 취급시설을 설치·운영하는 자는 1년마다 (②)검사를 받아야 한다.

정답

① 설 치　　　　　　　　　　　　　　② 정 기

해설

정기검사 : 영업허가 대상은 매년, 영업허가 비대상은 2년마다 실시함

27 화학사고예방관리계획서의 이행점검 종류를 쓰고 설명하시오. [6점] (2020)

- ·

- ·

정답

- 정기이행점검 : 서면점검(1년 주기), 현장점검('가'위험도 해당사업장 : 5년 주기, '나' '다'위험도
사업장 : 자체점검 결과로 갈음)
- 특별이행점검 : 화학사고 발생 사업장, 화학물질안전원장이 현장점검이 필요하다고 인정하는 경우,
자체점검 검토결과 추가 확인이 필요한 경우 등
※ 화학물질관리법이 개정(2020.03.31.)됨에 따라 이행점검의 내용이 변경되었다.

28 화학사고예방관리계획서의 이행점검 시 다음 ( ) 안에 알맞은 내용을 쓰시오.

[4점] (2020)

- 화학물질안전원장은 화학사고예방관리계획서 적합통보를 한 다음 연도부터 (①) 결과를 매년 제출받
는다.
- '가'위험도 사업장은 적합통보를 받은 후 (②)년 이내에 현장점검을 실시하고, 이후는 직전 이행점검
결과 통보일부터 (③)년이 되는 날을 기준으로 (④)개월 내 실시한다.

① ②

③ ④

정답

① 서면점검 ② 5
③ 5 ④ 12
※ 화학물질관리법이 개정(2020.03.31.)됨에 따라 이행점검의 내용이 변경되었다.

29 다음을 설명하시오.

[개당 2점] (2019, 2022)

① 끝점 :

② 함량 :

③ 전이량 :

④ 사고시나리오 :

⑤ 최악의 사고시나리오 :

정답

① 사람이나 환경에 영향을 미칠 수 있는 독성농도, 과압, 복사열 등의 수치에 도달하는 지점이다.
② 화학물질 질량 대 제품 질량의 비율로서 단위는 mg/kg로 표시한다.
③ 제품에 함유된 유해물질이 매개체로부터 수용체에 전달되는 양이다.
④ 유해화학물질 취급시설에서 화재·폭발 및 유출·누출 사고로 인한 영향범위가 사업장 외부로 벗어나 보호대상에 영향을 줄 수 있는 사고를 기술하는 것을 말한다.
⑤ 유해화학물질을 취급하는 개별 단위 설비에서 보유할 수 있는 최대의 양이 일정 조건하에서 10분 동안 모두 유출·누출되어 화재·폭발 및 확산된 것을 가정하여 분석된 시나리오이다.

30 다음 (   ) 안에 알맞은 내용을 쓰시오. [4점] (2019)

> 최악의 사고시나리오는 유해화학물질이 최대로 저장된 단일 저장용기 또는 배관 등에서 화재 · 폭발 및 유출 · 누출되어 사람 및 환경에 미치는 영향범위가 최대인 사고시나리오이다. 분석조건으로 풍속 1.5m/s, 대기온도 25℃, 대기습도 (   )이다.

정답

50%

유사문제

사고시나리오의 위험도 분석에서 최악의 시나리오 조건을 쓰시오. [4점] (2021)

• 풍 속 :

• 대기안정도 :

• 대기온도 :

• 대기습도 :

정답

• 풍속 : 1.5m/s
• 대기안정도 : F(매우 안정)
• 대기온도 : 25℃
• 대기습도 : 50%

31 사고시나리오의 위험도 분석에 따른 위험도를 구하는 공식을 쓰시오. [4점] (2020)

정답

위험도는 위해성을 기반으로 한 사고영향과 사고발생빈도를 모두 고려하여 산정한 위험수준을 말한다.
위험도 = 영향범위 반경 내 주민 수 × 사고 발생빈도[∑(기기고장빈도 × 안전성향상도)]

32 유해화학물질을 취급하는 자는 해당 유해화학물질에 적합한 개인보호장구를 착용하여야 한다. 6가지를 쓰시오.

[6점] (2020)

- •
- •
- •
- •
- •
- •

정답

- • 기체의 유해화학물질을 취급하는 경우
- • 액체 유해화학물질에서 증기가 발생할 우려가 있는 경우
- • 고체 상태의 유해화학물질에서 분말이나 미립자 형태 등이 체류하거나 날릴 우려가 있는 경우
- • 실험실 등 실내에서 유해화학물질을 취급하는 경우
- • 유해화학물질을 다른 취급시설로 이송하는 과정에서 안전조치를 하여야 하는 경우
- • 흡입독성이 있는 유해화학물질을 취급하는 경우

해설

개인보호장구 착용(화학물질관리법 제14조)
- • 기체의 유해화학물질을 취급하는 경우
- • 액체 유해화학물질에서 증기가 발생할 우려가 있는 경우
- • 고체 상태의 유해화학물질에서 분말이나 미립자 형태 등이 체류하거나 날릴 우려가 있는 경우
- • 실험실 등 실내에서 유해화학물질을 취급하는 경우
- • 유해화학물질을 다른 취급시설로 이송하는 과정에서 안전조치를 하여야 하는 경우
- • 흡입독성이 있는 유해화학물질을 취급하는 경우
- • 유해화학물질을 하역(荷役)하거나 적재(積載)하는 경우
- • 눈이나 피부 등에 자극성이 있는 유해화학물질을 취급하는 경우
- • 유해화학물질 취급시설에 대한 정비·보수 작업을 하는 경우

33 $10m^3$, $20m^3$, $30m^3$ 용량의 탱크가 함께 있는 실외 저장시설에 대한 방류벽의 용량은 최소 몇 m^3 이상이어야 하는가? [4점] (2019)

• 계산과정 :

• 답 :

정답

• 계산과정 : $30m^3 \times 1.1 = 33m^3$
• 답 : $33m^3$

해설
유해화학물질 실외 저장시설 설치 및 관리에 관한 고시 [별표 1]
피해저감 시설기준 : 하나의 저장탱크 주위에 설치하는 방류벽의 용량은 당해 탱크 용량의 110% 이상으로 하고, 둘 이상의 저장탱크 주위에 하나의 방류벽을 설치하는 경우에는 방류벽의 용량을 당해 저장탱크 중 용량이 최대인 것의 110% 이상으로 한다.

34 탱크로리 용량 $100cm^3$에서 액체인 급성 독성물질이 순간적으로 누출되어 액체층을 형성하는 경우, 액체층의 표면적(cm^2)은?(단, 방류벽 등과 같은 확산방지 조치가 되어 있지 않으며, 최악의 사고시나리오 조건에 따른다) [4점] (2021)

• 계산과정 :

• 답 :

정답

• 계산과정 : $100cm^3/1cm = 100cm^2$
• 답 : $100cm^2$

해설
사고시나리오 선정 및 위험도 분석에 관한 기술지침(제3장 시나리오 분석)
급성독성물질의 확산(최악의 사고시나리오) : 누출량(10분 동안 최대 보유량)이 전량 확산되어 액체층을 형성함
• 방류벽 등과 같은 확산방지 설비가 되어 있지 않은 경우 액체의 층이 1cm 깊이로 형성되는 것을 가정하여 액체고임면적의 표면적을 계산함
• 방류벽 등과 같은 확산방지 설비가 되어 있는 때에는 그 면적을 액체층의 표면적으로 산정함

35 위해성평가의 절차 4단계를 쓰시오.   [4점] (2021)

(   ) → (   ) → (   ) → (   )

정답

유해성 확인 → 용량–반응 평가 → 노출평가 → 위해도 결정

36 LOAEL과 NOAEL의 정의를 비교하여 설명하시오.   [4점] (2019, 2022)

- 　

- 　

정답

- 최소영향관찰용량(LOAEL ; Lowest Observed Adverse Effect Level)은 최소영향농도(LOEC ; Lowest Observed Effect Concentration)라고도 하며, 노출량에 대한 반응이 처음 관찰되기 시작하는 통계적으로 유의한 영향을 나타내는 최소한의 노출량
- 무영향관찰용량(NOAEL ; No Observed Adverse Effect Level)은 노출량에 대한 반응이 관찰되지 않고 영향이 없는 최대 노출량

37 다음은 비발암성 물질에 대한 만성독성 실험결과이다. 그래프에서 NOAEL, LOAEL 값은 각각 얼마인가? [6점] (2021)

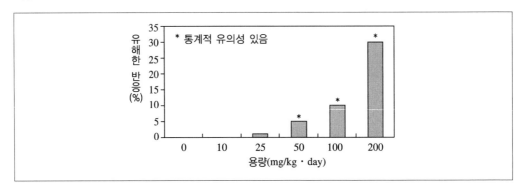

• NOAEL :

• LOAEL :

정답

• NOAEL : 10mg/kg · day

• LOAEL : 50mg/kg · day

38 동물실험결과 만성유해영향이 관찰되지 않는 A물질의 RfD가 0.035mg/kg/day일 때 최소영향관찰용량은 얼마인가? [4점] (2019)

• 계산과정 :

• 답 :

정답

• 계산과정 : $RfD = \dfrac{NOAEL \ or \ LOAEL}{불확실성계수(UF)}$

    – 동물실험결과, 만성유해영향이 관찰되지 않는 경우 불확실성계수는 1,000

    – 동물실험결과, 만성유해영향이 관찰되는 경우 불확실성계수는 100

    – 인체연구 결과 타당성이 인정된 경우 불확실성계수는 10

    ∴ $LOAEL = 0.035\text{mg/kg} \cdot \text{day} \times 1,000 = 35\text{mg/kg} \cdot \text{day}$

• 답 : 35mg/kg · day

39 하루 물섭취량이 3L이고, 만성유해영향이 관찰되는 독성물질 A의 RfD가 0.025mg/kg·day일 때 무영향관찰용량은 얼마인가? [4점] (2020)

- 계산과정 :

- 답 :

정답

- 계산과정 : $RfD = \dfrac{NOAEL \ or \ LOAEL}{불확실성계수(UF)}$

  만성유해영향이 관찰되므로 불확실성계수를 100으로 대입한다.

  $\therefore \ NOAEL = 0.025\text{mg/kg} \cdot \text{day} \times 100 = 2.5\text{mg/kg} \cdot \text{day}$

- 답 : 2.5mg/kg·day

40 평균 체중이 60kg인 사람이 유해물질이 함유된 수돗물을 하루에 2L를 마시고 있다. 유해물질의 RfD가 3.5mg/kg·day라고 한다면 위해지수의 유해성 기준을 초과하지 않는 범위 내에서 마실 수 있는 수돗물의 최대 오염농도는 얼마인가? [4점] (2022, 2023)

- 계산과정 :

- 답 :

정답

- 계산과정 : $HI = \dfrac{일일노출량(\text{mg/kg} \cdot \text{day})}{RfD} < 1$

  $\therefore$ 일일노출량이 3.5mg/kg·day 이하이어야 함

  일일노출량$(3.5\text{mg/kg} \cdot \text{day}) = \dfrac{x\,\text{mg}}{\text{L}} \ \bigg| \ \dfrac{2\text{L}}{\text{day}} \ \bigg| \ \dfrac{}{60\text{kg}}$, $\therefore \ x = 105\text{mg/L}$

- 답 : 105mg/L

41 실내공기 중 오염물질로부터 흡입경로를 통한 인체 노출량은 다음과 같다. 전생애 인체노출량 (mg/kg·day)은 얼마인가? [6점] (2020)

> • 실내거주기간 3개월
> • 호흡률 15m³/day
> • 평균노출기간 365day/yr × 60yr
> • 실내 폼알데하이드 농도 300μg/m³
> • 평균 체중 70kg
> • 평균 수명 60년

• 계산과정 :

• 답 :

[정답]

• 계산과정 : $E_{inh}(\text{mg/kg·day}) = \sum \dfrac{C_{IA} \times IR \times ET \times EF \times ED \times ABS}{BW \times AT}$

$= \dfrac{3\text{month}}{} \left| \dfrac{1\text{yr}}{12\text{month}} \right| \dfrac{300\mu g}{\text{m}^3} \left| \dfrac{\text{mg}}{10^3\mu g} \right| \dfrac{15\text{m}^3}{\text{day}} \left| \dfrac{}{70\text{kg}} \right| \dfrac{}{60\text{yr}} \left| \dfrac{\text{yr}}{365\text{day}} \right| \dfrac{365\text{day}}{\text{yr}}$

$= 2.68 \times 10^{-4}\,\text{mg/kg·day}$

• 답 : $2.68 \times 10^{-4}\,\text{mg/kg·day}$

유사문제

벤젠 농도가 0.001μg/m³인 환경에서 호흡률이 15m³/day인 남자가 20년 동안 노출되었을 경우 노출량은 얼마인가? [4점] (2023)

• 계산과정 :

• 답 :

[정답]

• 계산과정 : $E_{inh} = \dfrac{20\text{year}}{} \left| \dfrac{0.001\mu g}{\text{m}^3} \right| \dfrac{\text{mg}}{10^3\mu g} \left| \dfrac{15\text{m}^3}{\text{day}} \right| \dfrac{365\text{day}}{\text{year}} = 0.11\text{mg}$

• 답 : 0.11mg

[해설]

문제에 남자의 체중이 제시되지 않아 20년간의 노출 총량을 계산할 수밖에 없다. 인체노출량(mg/kg·day)을 계산하라고 질문하였다면 문제 오류로 판단된다.

42 초과발암위해도와 위해지수에 대한 위해성 기준을 쓰시오. [4점] (2021)

① 초과발암위해도의 위해성 기준 :

② 위해지수의 위해성 기준 :

정답

① 초과발암위해도의 위해성 기준은 $10^{-6} \sim 10^{-4}$의 범위에서 환경부장관이 정하는데, 일반적으로 10^{-6}을 기준으로 함. 초과발암확률이 10^{-4} 이상인 경우 발암위해도가 있으며, 10^{-6} 이하는 발암위해도가 없다고 판단함. 즉, 인구 백만명당 1명 이하의 사망은 자연재해로 판단함

② 위해지수(초과발암위해도를 적용할 수 없는 경우)의 위해성 기준은 1로 함. 1 이상일 경우 유해영향이 발생한다는 것을 의미하고, 1 이하일 경우에는 유해영향이 없다는 것을 의미함

43 초과발암위해도(ECR)의 계산식과 관련 함수 2가지에 대하여 설명하시오. [6점] (2021)

① 계산식 :

② 함 수 :

정답

① ECR(Excess Cancer Risk) = 평생일일평균노출량(LADD, $mg/kg \cdot day$) $\times$ 발암력($mg/kg \cdot day$)$^{-1}$

② • 평생일일평균노출량(LADD ; Lifetime Average Daily Dose) : 일생 동안 평균적인 일일노출량
  • 발암잠재력(발암력, CSF ; Cancer Slope Factor) : 노출량–반응(발암률)곡선에서 95% 상한값에 해당하는 기울기로, 평균 체중의 성인이 발암물질 단위용량($mg/kg \cdot day$)에 평생 동안 노출되었을 때 이로 인한 초과발암확률의 95% 상한값에 해당하며, 기울기가 클수록 발암력이 크다는 것을 의미함

44 역치가 있는 비유전적발암물질의 위해도를 판단하는 위해지수(Hazard Index)는 혼합물에서 단일 화학물질 각각의 유해지수를 모두 더하여 나타낸다. 총 유해지수를 구하기 위해서 충족되어야 하는 조건 4가지를 쓰시오. [4점] (2021)

-
-
-
-

정답
- 각각 물질들의 영향이 서로 독립적으로 작용하는 경우
- 각각 물질들의 위해수준이 충분히 작을 경우
- 해당 비발암성 물질들의 독성에 대한 가산성을 가정할 수 있는 경우
- 각각 물질들에 대한 영향의 표적기관과 독성기작이 같고 유사한 노출량-반응 모형을 보일 경우

45 비발암물질과 발암물질을 역치를 기준으로 비교설명하시오. [4점] (2022)

-

정답
- 유전자 변이를 하지 않는 비유전적 발암물질은 어느 정도 용량까지는 노출되어도 반응이 관찰되지 않으므로 역치가 존재한다.
- 유전적 발암물질은 역치가 존재하지 않는다.

해설
역치(Threshold)는 NOAEL과 같은 개념이다.

46 T_{25}의 정의를 쓰고 실험동물 20%에 종양을 일으키는 일일용량이 2.1mg/kg·day라면 T_{25}는 얼마인가? [4점] (2022)

· 정 의 :

· 계산과정 :   · 답 :

정답
· 정의 : T_{25}는 실험동물 25%에 종양을 일으키는 일일용량(mg/kg·day)으로, 예를 들어 종양이 15% 발생하였다면 그 용량에 25/15를 곱하여 발생용량을 산출한다. 일반적으로 일생동안 발암확률이 25%인 T_{25}값을 독성값으로 활용한 경우 노출한계가 2.5×10^4 이상이면 위해도가 낮다고 판단한다.
· 계산과정 : $T_{25} = 2.1mg/kg \cdot day \times 25/20 = 2.63mg/kg \cdot day$
· 답 : $2.63mg/kg \cdot day$

유사문제
일일용량 250mg/kg을 5일 동안 투여하였더니, 실험동물 10%에 종양이 발생하였다. T_{25}는 얼마인가? [4점] (2023)

· 계산과정 :   · 답 :

정답
· 계산과정 : $T_{25} = 250mg/kg \times 25/10 \div 5day = 125mg/kg \cdot day$
· 답 : $125mg/kg \cdot day$

47 최소영향도출수준(DMEL)의 도출 절차 4단계를 쓰시오. [4점] (2021)

(   ) → (   ) → (   ) → (   )

정답
· 용량기술자 선정 : 발암물질의 경우 유전독성, 발암성시험결과로부터 가장 낮은 영향농도를 선정한다.
· T_{25} 또는 BMD_{10} 산출 : 용량–반응 곡선이 선형반응에 해당되는 경우 T_{25}를 이용하고 용량–반응 곡선이 급격히 변화하거나 불규칙한 경우에는 BMD_{10}을 산출한다.
· 시작점을 보정 : 노출경로를 보정한다.
· DMEL 도출 : 1~3단계까지 산출 보정된 값이 T_{25}인 경우, 고용량에서 저용량으로 위해도 외삽인자를 적용한다.

48 독성물질의 역치가 존재하지 않는 발암물질의 경우 최소영향수준(DMEL)을 도출하며, 그 절차는 다음과 같다. 빈칸에 들어갈 수 있는 내용을 쓰시오. [6점] (2019)

1단계 : 용량기술자 선정(BMD, BMDL₁₀ 등)
2단계 : T_{25}, BMD_{10} 산출
3단계 : 시작점 보정, 노출경로를 감안하여 보정한다.
4단계 : DMEL 도출(①), (②)

---

①

②

정답

① 보정값이 T_{25}인 경우, 고용량에서 저용량으로의 외삽인자를 적용하여 DMEL 도출
② 외삽인자는 위해도가 10^{-6}인 경우, $T_{25} = 250,000$, $BMD_{10} = 100,000$ 적용

49 DMEL과 DNEL의 정의를 서로 비교하여 설명하시오. [4점] (2022)

-

-

정답

- 최소영향수준(DMEL ; Derived Minimal Effect Level) : 화학물질의 독성 역치가 존재하지 않는 발암물질의 경우에 도출하며, 사람에게 영향을 나타내는 가장 낮은 수준으로 도출된 값으로 매우 낮은 우려 수준을 나타내기 위한 참고치(mg/kg·day)이다. 만약 노출수준이 DMEL값보다 낮으면 위해 우려가 매우 낮다고 판정할 수 있다.
- 무영향수준(DNEL ; Derived No Effect Level) : 화학물질이 인체에 일정기준 이상 노출되어서는 안 되는 수준을 말한다.

50 다음은 국제공인기관의 발암물질 분류이다. 독성이 강한 것부터 순서대로 나열하시오.

[6점] (2019)

---

① 미국산업위생협의회(ACGIH) : Group A2
② 국제암연구소(IARC) : Group 2B
③ 미국국립독성프로그램(NTP) : K

( ) > ( ) > ( )

정답

③ > ① > ②

해설

국제공인기관의 발암물질 분류체계

기 준	IARC	ACGIH	EU	NTP	USEPA
인간 발암 확정물질(Human Carcinogen) : 충분한 인간 대상 연구와 충분한 동물 실험 자료가 있는 경우	Group 1	Group A1	Category 1	K	A
인간 발암 우려물질(Probable Human Carcinogen) : 제한적 인간 대상 연구와 충분한 동물실험 자료가 있는 경우	Group 2A	Group A2	Category 2	R	B1, B2
인간 발암 가능물질(Possible Human Carcinogen) : 제한적 인간 대상 연구와 불충분한 동물실험 자료가 있는 경우	Group 2B	Group A3	Category 3	–	C
발암 미분류물질(Not Classifiable) : 불충분한 인간 대상 연구와 불충분한 동물실험 자료가 있는 경우	Group 3	Group A4	–	–	D
인간 비발암물질(Probably Not Carcinogen to Human) : 인간에게 발암 가능성이 없으며, 동물실험 자료가 부족한 경우	Group 4	Group A5	–	–	E

51 반수치사농도 LC₅₀에 대하여 설명하시오. [4점] (2019)

•

정답

50% lethal concentration, 용량-반응 시험에서 시험용 물고기나 동물에 독성물질을 경구 투여하였을 때 50% 치사농도이다.

52 생태독성의 영향인자 6가지를 쓰시오. [6점] (2020)

•	•
•	•
•	•

정답

- 산소농도
- 독성물질의 농도
- 경 도
- 온 도
- pH
- 산화-환원전위(ORP)

해설

- 산소농도 : 산소의 농도가 낮으면 암모니아의 수서독성이 증가한다.
- 온도 : 온도가 증가하면 아연의 독성은 증가한다.
- 독성물질의 농도 : Phenol, Permethrin은 농도가 낮으면 독성이 감소한다.
- pH : pH가 낮으면 중금속은 용해도가 증가하여 생체이용률과 독성이 증가한다.
- 경도 : 경도가 증가하면 납, 구리, 카드뮴 등의 중금속은 독성이 감소한다.
- 산화-환원전위(ORP), 이온교환능(Ion Exchange), 유기물함량, 염분 등

53 독성 예측모델 QSAR은 표현자(Descriptor)를 분류군 기반으로 사용한다. 분자 표현자로 이용되는 항목 5가지를 쓰시오. [5점] (2022)

- ·
- ·
- ·
- ·
- ·

정답

- 원자 개수
- 분자 간 거리
- 반데르발스 표면적 등
- 분자량
- 생성열

54 독성평가 예측모델 QSAR의 분류군기반 3가지와 독성예측 값 1가지를 쓰시오. [4점] (2020)

- ·분류군기반 :

- ·독성예측값 :

정답

- 분류군기반 : 화학물질의 구조/특성, 원자개수, 분자량, 분자 간 거리, 생성열, 반데르발스 표면적 등
- 독성예측값 : 무영향예측농도(PNEC)

55 QSAR 모델을 제외한 독성 예측모델 2개를 쓰고 간단히 설명하시오. [4점] (2021)

- •

- •

정답

- ECOSAR
  - 화학물질의 구조
  - 어류, 물벼룩, 조류의 급·만성 독성 예측, 수생태 독성값 예측에 널리 활용
- TOPKAT®
  - 분자구조의 수치화, 암호화
  - 기존 어류, 물벼룩의 독성시험 자료를 이용하여 예측

해설

독성예측모델

모델명	분류군 기반	독성 예측값
QSAR	화학물질의 구조/특성, 원자 개수, 분자량, 생성열, 반데르발스 표면적 등	무영향예측농도
ECOSAR	화학물질의 구조	어류, 물벼룩, 조류의 급·만성 독성 예측, 수생태 독성값 예측에 널리 활용
TOPKAT®	분자구조의 수치화, 암호화	기존 어류, 물벼룩의 독성시험 자료를 이용하여 예측
MCASE	물리화학적 특성, 활성/비활성 특성	기존 어류, 물벼룩의 독성시험 자료로 예측
OASIS	화학물질의 구조/특성, 생물농축계수	기존 급성독성자료로 예측
TEST	화학물질의 구조, CAS 번호	어류, 물벼룩의 LC_{50}, 쥐의 LD_{50}, 생물농축계수, 발달독성, 변이원성 예측

56 다음은 노출시나리오를 통한 인체 노출평가 과정이다. (   ) 안에 알맞은 말을 쓰시오.

[6점] (2019, 2020)

노출시나리오 작성
⇩
대상 인구집단의 특성, 적합성 평가
⇩
(①   )
⇩
(②   )
⇩
(③   )
⇩
오염물질 섭취(용량) 추정

①   ②

③

정답

① 노출경로 결정
② 노출원의 오염수준 결정
③ 노출계수 도출

해설

노출시나리오를 통한 인체 노출평가 과정

• 노출시나리오 작성 : 자료를 수집하여 보수적인 낮은 단계의 단순하고 잠재적인 노출시나리오를 작성한다.
• 대상 인구집단의 특성, 적합성 평가 : 사용자 또는 판매자, 대상 인구집단에 적합한지 확인하고 특성을 평가한다.
• 노출경로 결정 : 노출경로 및 노출방식을 결정한다.
• 노출원의 오염수준 결정 : 노출원의 오염수준을 결정하고 문제가 있다면 수정하여 재평가한다.
• 노출계수 도출 : 체중, 오염도, 노출기간 등 노출계수를 도출한다.
• 오염물질 섭취량(용량) 추정 : 노출방식에 의한 오염물질 섭취량(용량)을 추정한다.

57 노출계수의 종류를 쓰고 간단히 설명하시오. [6점] (2019)

- 　
- 　
- 　

정답

- 일반계수 : 피부흡수, 호흡량, 섭취량, 체중, 수명, 노출기간 등 일반사항
- 섭취계수 : 식품, 과일, 채소, 어류, 육류 등 섭취관련 사항
- 활동계수 : 실내 거주기간, 작업시간, 소비자 제품사용 양상 등 행동 관련 사항

58 노출시나리오를 통한 노출량 산정방법인 종합(Aggregate) 노출평가와 누적(Cumulative) 노출평가를 비교하여 설명하시오. [4점] (2022)

- 종합노출평가 :

- 누적노출평가 :

정답

- 종합노출평가 : 단일 화학물질, 다-경로(섭취, 흡입, 접촉), 다-장기(예 뇌, 심장, 폐 등)
- 누적노출평가 : 여러 가지 화학물질, 다-경로(섭취, 흡입, 접촉), 단일 장기(예 심장 등)

해설

노출량 산정방법은 대상 화학물질의 수(Chemical), 노출경로(Pathway), 영향을 받는 기관(Media)에 따라 종합노출평가, 누적노출평가, 통합(Integrated)노출평가로 구분할 수 있다.

※ 통합노출평가 : 여러 가지 화학물질, 다-경로(섭취, 흡입, 접촉), 다-장기(예 뇌, 심장, 폐 등)

유사문제

비스페놀 A는 영수증 용지, 플라스틱병이나 식품용기 등 다양한 경로로 노출된다. 비스페놀 A 노출량의 총합을 평가하는 방법은 무엇인가? [4점] (2023)

-

정답

종합노출평가

59 다음은 1일평균노출량(ADD) 또는 일일평균섭취량(CDI)의 공식이다. 다음에 나타낸 식의 C, IR, ED, ABS의 명칭과 단위를 쓰시오. [6점] (2019)

$$ADD(\text{mg/kg} \cdot \text{day}) = \frac{C \times IR \times ED \times ABS}{BW \times AT}$$

- C :

- IR :

- ED :

- ABS :

정답

- C ; Medium Concentration : 특정 매체(공기, 물, 토양, 식품)의 오염도(mg/m^3)
- IR ; Intake Rate : 접촉(섭취)률(m^3/day)
- ED ; Exposure Duration : 노출기간(day)
- ABS ; Absorption Rate : 흡수율$(-)$
- ※ 일일평균노출량(ADD ; Average Daily Dose) = 일일평균섭취량(CDI ; Chronic Daily Intake)

60 체중이 60kg인 성인의 소변 내 비스페놀 A 농도가 3μg/L이고, 하루 소변 배출량이 1,500mL인 경우 비스페놀 A의 내적 노출량(μg/kg · day)을 산정하시오(단, 비스페놀 A는 100% 배출된다). [5점] (2019, 2022)

- 계산과정 :

- 답 :

정답

- 계산과정 : $DI(\mu\text{g/kg} \cdot \text{day}) = \dfrac{UE(\mu\text{g/g}) \times UV(\text{L/day})}{Fue \times BW(\text{kg})}$

$$= \frac{3\mu\text{g}}{\text{L}} \mid \frac{1,500\text{mL}}{\text{day}} \mid \frac{1}{60\text{kg}} \mid \frac{10^{-3}\text{L}}{\text{mL}} = 7.5 \times 10^{-2}\mu\text{g/kg} \cdot \text{day}$$

- 답 : $7.5 \times 10^{-2}\mu\text{g/kg} \cdot \text{day}$

61 체중 20kg의 아기가 크레파스를 가지고 놀다가 입으로 200g/day의 비율로 섭취하였다. 일일노출량의 55%가 흡수되며, 크레파스의 납 함량이 0.5mg/kg이라면 아기가 크레파스를 통해 섭취되는 납의 노출량(mg/kg/day)은 얼마인가? [6점] (2021)

• 계산과정 :

• 답 :

정답

• 계산과정 : 노출량 $= \dfrac{}{20\text{kg}} \Big| \dfrac{200\text{g}}{\text{day}} \Big| \dfrac{0.55}{} \Big| \dfrac{0.5\text{mg}}{\text{kg}} \Big| \dfrac{\text{kg}}{1{,}000\text{g}} = 2.75 \times 10^{-3}\text{mg/kg} \cdot \text{day}$

• 답 : $2.75 \times 10^{-3}\text{mg/kg} \cdot \text{day}$

유사문제

체중 15kg의 아기가 크레파스를 가지고 놀다가 입으로 섭취하였다. 크레파스의 납 함량이 0.5mg/kg, 아기의 제품의 면적은 200cm², 납의 전이율이 1mg/cm² · min이라면 아기가 크레파스를 통해 섭취되는 납의 노출량(mg/kg/day)은 얼마인가? [6점] (2022)

• 계산과정 :

• 답 :

정답

• 계산과정 : 노출량 $= \dfrac{}{15\text{kg}} \Big| \dfrac{1\text{mg}}{\text{cm}^2 \cdot \text{min}} \Big| \dfrac{200\text{cm}^2}{} \Big| \dfrac{1{,}440\text{min}}{\text{day}} \Big| \dfrac{0.5\text{mg}}{\text{kg}} \Big| \dfrac{\text{kg}}{10^6\text{mg}}$

$= 9.60 \times 10^{-3}\text{mg/kg} \cdot \text{day}$

• 답 : $9.60 \times 10^{-3}\text{mg/kg} \cdot \text{day}$

62 "안전관리대상어린이제품"을 3가지로 분류하고 각각의 예를 한 가지씩 드시오.

[6점] (2022)

-

  예시 :

-

  예시 :

-

  예시 :

정답
- 안전인증대상어린이제품 : 어린이용 물놀이기구, 어린이 놀이기구, 자동차용 어린이 보호장치, 어린이용 비비탄 총
- 안전확인대상어린이제품 : 유아용 섬유제품, 합성수지제 어린이제품, 어린이용 스포츠보호용품, 어린이용 스케이트 보드, 아동용 이단침대, 완구, 유아용 삼륜차, 유아용 의자, 어린이용 자전거, 학용품, 보행기, 유모차, 유아용 침대, 어린이용 온열팩, 유아용 캐리어, 어린이용 스포츠용 구명복 등
- 공급자적합성확인대상어린이제품 : 어린이용 가죽제품, 어린이용 안경테, 어린이용 물안경, 어린이용 우산 및 양산, 어린이용 바퀴달린 운동화, 어린이용 롤러스케이트, 어린이용 스키용구, 어린이용 스노보드, 쇼핑카트 부속품, 어린이용 장신구, 어린이용 킥보드, 어린이용 인라인 롤러스케이트, 어린이용 가구, 아동용 섬유제품 등

해설
어린이제품안전특별법 시행규칙 [별표 1], [별표 2], [별표 3]

63 노출 생체지표의 장단점에 대하여 간단히 설명하시오. [4점] (2022)

• 장 점 :

• 단 점 :

정답

• 장 점
  - 시간에 따라 누적된 노출을 반영할 수 있음
  - 흡입, 경구, 피부노출 등 모든 노출 경로를 반영할 수 있음
  - 생리학 및 생물학적 이용된 대사산물임
  - 경우에 따라 환경 시료보다 분석이 용이함
  - 특정한 개인의 생체시료는 노출 생체지표와 민감성 생체지표, 위해영향 생체지표의 상관성을 파악하는 데 중요한 정보를 제공함
• 단 점
  - 분석시점 이전의 노출수준을 이해하기 어려움
  - 특히 반감기가 짧은 물질의 경우 장기적인 노출을 이해하기 어려움
  - 주요 노출원을 파악하기 어려움
  - 생체시료를 통해 파악한 노출수준은 잠재용량, 적용용량, 내적용량 등이 다를 수 있음
  - 초기 건강영향이나 질병의 종말점과 직접적으로 연계하기가 어려움

64 다음 용어를 간단히 설명하시오. [6점] (2021)

① 잠재용량 :

② 적용용량 :

③ 내적용량 :

정답

① 잠재용량(Potential Dose) : 노출된 유해인자가 소화기 또는 호흡기로 들어오거나 피부에 접촉한 실제 양을 의미한다.
② 적용용량(Applied Dose) : 섭취를 통해 들어온 인자가 체내의 흡수막에 직접 접촉한 양을 의미한다.
③ 내적용량(Internal Dose) : 흡수막을 통과하여 체내에서 대사, 이동, 저장, 제거 등의 과정을 거치게 되는 인자의 양을 의미한다.

65 나이가 45세인 여성의 소변 시료 내 MEP의 농도가 2.0μg/L, 크레아티닌의 농도가 100mg/dL로 분석되었다. 크레아티닌의 일일배출량(mg/kg·day)은 20−0.08×나이, DEP가 MEP로 배출되는 몰분율이 0.06일 때 DEP의 내적노출량(μg/kg·day)은 얼마인가?(단, DEP와 MEP의 분자량은 각각 390.6 및 278.3이다)

[6점] (2022)

• 계산과정 :

• 답 :

정답

• 계산과정 : $DI = \dfrac{UE \times CE}{Fue} \times \dfrac{MW_p}{MW_m}$

$$UE = \frac{2.0\mu g}{L} \mid \frac{dL}{100mg} \mid \frac{100mL}{dL} \mid \frac{L}{1,000mL} = 0.002\mu g/mg \text{ creatinine}$$

크레아티닌 일일배출량 $= 20 - 0.08 \times 45 = 16.4g/kg \cdot day$

$$\therefore DI = \frac{0.002\mu g}{mg} \mid \frac{16.4mg}{kg \cdot day} \mid \frac{390.6g}{mol} \mid \frac{}{0.06} \mid \frac{mol}{278.3g} = 0.77\mu g/kg \cdot day$$

※ MEP 또는 MEHP(Mono-2-Ethylhexyl Phthalate), DEP 또는 DEHP(Di-2-Ethylhexyl Phthalate)

• 답 : $0.77\mu g/kg \cdot day$

66 생활화학제품 및 살생물제의 안전관리에 관한 다음 용어의 정의를 쓰시오. [6점] (2021)

① 살생물물질 :

② 살생물제품 :

③ 살생물처리제품 :

정답

① 살생물물질 : 유해생물을 제거, 무해화 또는 억제하는 기능으로 사용하는 화학물질, 천연물질 또는 미생물
② 살생물제품 : 유해생물의 제거 등을 목적으로 하는 제품
   • 한 가지 이상의 살생물물질로 구성되거나 살생물물질과 살생물물질이 아닌 화학물질·천연물질 또는 미생물이 혼합된 제품
   • 화학물질 또는 화학물질·천연물질 또는 미생물의 혼합물로부터 살생물물질을 생성하는 제품
③ 살생물처리제품 : 제품의 주된 목적 외에 유해생물 제거 등의 부수적인 목적을 위하여 살생물제품을 사용한 제품

해설

생활화학제품 및 살생물제의 안전관리에 관한 법률 제3조

유사문제

살생물제의 종류 3가지를 쓰시오. [4점] (2023)

- •
- •
- •

정답

- 살생물물질
- 살생물제품
- 살생물처리제품

해설

생활화학제품 및 살생물제의 안전관리에 관한 법률 제3조

---

67 제품에 함유된 유해물질의 분석을 위한 액체시료 및 고체시료의 채취방법에 대하여 간단히 쓰시오.
[6점] (2021)

- • 액체시료 :

- • 고체시료 :

정답

- 액체시료 : 시료를 잘 혼합한 후 한 번에 일정량씩 채취한다.
- 고체시료 : 전체의 성질을 대표할 수 있도록 다섯 지점에서 채취한 다음 혼합하여 일정량을 시료로 사용한다.
- ※ 전체 오염물질의 농도를 대표할 수 있도록 균질화된 시료를 채취해야 한다.

68 인체시료의 전처리 방법 중 고체상 추출(SPE)이란 무엇인가? [4점] (2023)

-

정답

액체 또는 기체시료의 분석대상 물질을 흡착제에 선택적으로 흡착시켜 전처리하는 방법이다.

69 생물학적 노출평가를 위한 인체시료 중 소변시료를 크레아티닌(Creatinine)으로 보정하는 이유는 무엇인가? [4점] (2023)

-

정답

소변시료는 비교적 정확하고 안정적인 분석값을 얻기 위하여 일정 기간(24시간) 동안 채취하는 것을 원칙으로 하지만, 현실적인 한계가 있어 실제로는 1회 채취한 소변시료를 사용하므로 희석 정도를 보정하기 위하여 크레아티닌의 농도와 비중을 고려한다.

※ 크레아티닌은 근육의 대사산물로 소변 중 일정량이 배출되는데, 희석으로 그 농도가 0.3g/L 이하인 경우에는 새로운 시료를 채취하여야 한다.

70 검출한계와 정량한계를 비교설명하시오. [6점] (2019)

• 검출한계 :

• 정량한계 :

정답

• 검출한계 : 시험분석 대상을 검출할 수 있는 최소 농도 또는 양으로서 기기검출한계와 방법검출한계로 구분할 수 있다.
• 정량한계(LOQ ; Limit Of Quantification) : 시험분석 대상을 정량화할 수 있는 최소농도, 제시된 정량한계 부근의 농도를 포함하도록 시료를 준비하고 이를 반복측정하여 얻은 결과의 표준편차에 10배한 값을 사용한다.

71 다음 용어의 정의에 대하여 설명하시오. [6점] (2021)

① 정밀도 :

② 정확도 :

③ 정량한계 :

정답

① 정밀도(Precision) : 시험분석 결과의 반복성을 나타내는 것으로 반복시험하여 얻은 결과를 상대표준편차로 나타냄. 재현성(Reproducibility)과 관련되며, 측정값들이 서로 얼마나 가까운가를 나타냄

※ 상대표준편차(RPD ; Relative Percent Difference)$= \dfrac{C_2 - C_1}{x} \times 100$

② 정확도(Accuracy) : 시험분석 결과가 참값에 얼마나 근접하는가를 나타내는 것
③ 정량한계 : 시험분석 대상을 정량화할 수 있는 최소농도. $LOQ = \sigma \times 10$

72 역학연구에서 환자–대조군 연구와 코호트 연구에 대한 각각의 장점 2가지씩을 쓰시오.

[4점] (2022)

• 환자–대조군 연구 :

• 코호트 연구 :

> **정답**

• 환자–대조군 연구
  - 이미 질병이 있는 환자군과 대조군을 비교하므로 비용과 시간적 측면에서 효율적이다.
  - 연구 특성상 희귀 질환, 긴 잠복기를 가진 질병에 적합하다.
• 코호트 연구
  - 위험요인에 대한 질병 전 과정을 관찰할 수 있다.
  - 노출요인과 유병의 시간적 선후관계가 명확하다.

> **해설**

• 환자–대조군 연구 : 질병이 있는 환자군과 질병이 있는 대조군에서 위해요인에 대한 두 집단의 노출 비율을 비교하는 연구 형태이다.
  - 이미 질병이 있는 환자군과 대조군을 비교하므로 비용과 시간적 측면에서 효율적이다.
  - 연구 특성상 희귀 질환, 긴 잠복기를 가진 질병에 적합하다.
  - 노출–요인과 유병의 시간적 선후관계가 명확하지 않다(단점).
• 코호트 연구 : 위해요인이 확인된 인구집단을 장기적으로 추적 관찰하여 질병 또는 사망발생률을 비교하는 연구 형태이다.
  - 위험요인에 대한 질병 전 과정을 관찰할 수 있다.
  - 노출요인과 유병의 시간적 선후관계가 명확하다.
  - 위험요인에 대한 환경노출이 드문 경우에도 연구가 가능하다.
  - 노력, 시간, 비용이 많이 소요된다(단점).
  - 질병 발생률이 낮은 경우에는 연구에 어려움이 있다(단점).

73 교차비(Odds Ratio)의 정의를 쓰시오. [4점] (2020)

-

정답

OR, 승산비/오즈비, 환자-대조군 연구에서 해당요인과 질병과의 연관성을 관찰하기 위한 지표로서 위험요인에 노출된 집단의 발병률이 비노출된 집단의 발병률에 비하여 몇 배나 되는지 확인하는 방법이다.

74 다음은 100명의 환자군과 100명의 대조군을 선정하여 흡연과 특정 질병 간의 관계를 규명하고자 조사한 결과이다. 상대위험도를 계산하고 상대위험도의 값에 따라 흡연과 특정 질병 간의 관계를 판단하시오. [6점] (2023)

구 분	흡연자	비흡연자	합 계
질병 있음	60	40	100
질병 없음	70	30	100
합 계	130	70	200

- 계산과정 :

- 답 :

정답

- 계산과정 : $RR = \dfrac{A/(A+B)}{C/(C+D)} = \dfrac{60/130}{40/70} = 0.81$

- 답 : 상대위험도가 1 이하이므로 흡연과 특정 질병 간의 연관성은 없다.

75 역학연구에서 해당요인과 질병과의 연관성을 잘못 측정하는 것을 바이어스라 한다. 대표적인 바이어스의 종류 3가지를 쓰고 설명하시오. [6점] (2020)

- ·
- ·
- ·

정답

- 선정(Selective) 바이어스 : 연구대상을 선정하는 과정에서의 편견
- 정보(Information) 바이어스 : 연구자료를 수집하는 과정에서 발생하는 편견
- 교란(Confounding) 바이어스 : 자료분석과 결과해석 과정에서 교란변수에 의한 편견

76 다음 보기를 보고 건강영향평가 절차를 순서대로 쓰시오. [6점] (2019, 2020, 2022)

① 모니터링 계획 수립	② 스크리닝
③ 평 가	④ 스코핑
⑤ 사업분석	⑥ 저감방안 수립

( ) → ( ) → ( ) → ( ) → ( ) → ( )

정답

⑤ → ② → ④ → ③ → ⑥ → ①

77 건강영향평가에서 유해물질 저감대책 4가지를 쓰시오. [4점] (2023)

- ·
- ·
- ·
- ·

정답

- 회피(Avoiding)
- 조정(Rectifying)
- 보상(Compensation)
- 최소화(Minimizing)
- 감소(Reducing)

78 건강영향평가에서 정량적 건강결정요인 4가지를 쓰시오. [4점] (2020)

- ·
- ·
- ·
- ·

정답

- 대기질(비발암성/발암성)
- 수 질
- 악 취
- 소음·진동

해설

건강영향평가 시 건강결정요인 정량적 평가지표 및 기준

건강결정요인	구 분	평가지표	평가기준
대기질	비발암성물질	위해지수	1
	발암성물질	발암위해도	$10^{-6} \sim 10^{-4}$
악 취	악취물질	위해지수	1
수 질	수질오염물질	국가환경기준	
소음·진동	소 음	국가환경기준	

79 소비자제품 노출 최소화 방안의 2단계 저감방법 3가지를 쓰시오. [6점] (2021)

· · ·

· ·

정답

· 대체물질 사용 · 대체제품 사용
· 제품 사용방법 개선

해설

소비자 제품 노출 최소화 방안
· 저감대상 제품 선정 : 저감대상 후보 목록을 작성하고, 저감대상 우선순위를 결정한다.
· 저감방법 : 대체물질·대체제품을 사용하고, 제품 사용방법을 개선한다.
· 저감대책 수립 : 물질별 저감대책을 수립한다.

80 사업장 유해화학물질 배출량 저감 대책 4단계를 쓰시오. [4점] (2021)

①

②

③

④

정답

① 전 공정관리 : 화학물질의 도입과정에서 위해성을 저감시킨다.
② 성분관리 : 취급물질의 특성에 따라 대체물질 사용을 검토한다.
③ 공정관리 : 공정별 배출을 최소화시킨다.
④ 환경오염방지시설 설치를 통한 관리 : 최종 환경배출을 차단한다.

81 한 사업장에서는 연간 제품 10,000ton을 생산한다. 연간 조업일이 300일이라고 할 때 이 사업장에서 하루에 배출하는 오염물질의 총합은 얼마인가?(단, 대기배출계수는 0.001, 수질배출계수는 0.01, 토양오염은 없다) [6점] (2023)

　• 계산과정 :

　• 답 :

정답

• 계산과정 : 오염물질의 총량 = 대기오염물질량 + 수질오염물질량

$$= \frac{10,000\text{ton}}{\text{year}} \mid \frac{\text{year}}{300\text{day}} \mid \frac{0.001\text{kg}}{\text{ton}} + \frac{10,000\text{ton}}{\text{year}} \mid \frac{\text{year}}{300\text{day}} \mid \frac{0.01\text{kg}}{\text{ton}}$$

$$= 0.37\text{kg/day}$$

• 답 : 0.37kg/day

해설

오염물질배출계수는 당해 배출시설의 단위량당(단위연료 사용량, 단위제품 생산량, 단위원료 사용량 등) 발생하는 오염물질량(kg/ton)을 말한다.

얼마나 많은 사람들이 책 한권을 읽음으로써

인생에 새로운 전기를 맞이했던가.

– 헨리 데이비드 소로 –

참 / 고 / 문 / 헌 / 및 / 자 / 료

- 식품의약품안전처(2015), 위해평가보고서 작성 가이드라인.
- 식품의약품안전청(2011), 위해분석 용어 해설집.
- 식품의약품안전평가원(2021), 식품 등의 독성시험법 가이드라인.
- 안전보건공단(2019). 급성독성 화학물질의 유해성 예측프로그램 적용연구.
- 오존층 파괴물질에 관한 몬트리올 의정서(Montreal Protocol on Substances that Deplete the Ozone Layer)(1987).
- 한국화학안전협회(2022), 유해화학물질 안전교육 강의자료.
- 환경부(2005), 화학물질의 분류 및 표지에 관한 세계조화시스템 지침서.
- 환경부(2010), 화학물질 배출량 정보를 이용한 초기위해성 평가 해설서.
- 환경부(2021), 국민환경보건기초조사(5기).
- Joseph P. Reynolds, John S. Jeris, Louis Theodore(2002), Handbook of Chemical and Environmental Engineering Calculations, Wiley Interscience.
- Louis Theodore and R. Ryan Dupont(2012), Environmental Health and Hazard Risk Assessment, CRC Press.
- Martin S. Silberberg and Patricia G. Amateis, Chemistry, 8th edition, McGraw Hill

참 / 고 / 사 / 이 / 트

- 국가법령정보센터 (https://www.law.go.kr)
  - 등록 또는 신고 면제대상 화학물질
  - 등록신청자료의 작성방법 및 유해성심사 방법 등에 관한 규정
  - 산업안전보건법
  - 생명윤리 및 안전에 관한 법률
  - 생활화학제품 및 살생물제의 안전관리에 관한 법률
  - 생활화학제품 위해성 평가의 대상 및 방법 등에 관한 규정
  - 안전확인대상생활화학제품 시험·검사 기준 및 방법 등에 관한 규정
  - 안전확인대상생활화학제품 지정 및 안전·표시기준

- 어린이용품 환경유해인자 사용제한 등에 관한 규정
- 어린이제품 공통안전기준
- 어린이제품 안전 특별법
- 오존층 보호 등을 위한 특정물질의 관리에 관한 법률
- 유독물질, 제한물질, 금지물질 및 허가물질의 규정수량에 관한 규정
- 유해화학물질 취급시설 외벽으로부터 보호대상까지의 안전거리 고시
- 토양오염물질 위해성 평가 지침
- 화학물질 배출저감계획서의 작성 등에 관한 규정
- 화학물질 위해성 평가의 구체적 방법 등에 관한 규정
- 화학물질관리법
- 화학물질의 등록 및 평가 등에 관한 법률
- 화학물질의 배출량조사 및 산정계수에 관한 규정
- 화학물질의 분류 및 표시 등에 관한 규정
- 화학물질의 분류·표시 및 물질안전보건자료에 관한 기준
- 화학물질의 시험방법에 관한 규정
- 화학사고예방관리계획서 작성 등에 관한 규정
- 화학사고 즉시 신고에 관한 규정
- 환경보건법
- 환경분야 시험·검사 등에 관한 법률
- 환경유해인자의 위해성 평가를 위한 절차와 방법 등에 관한 지침

- 미국 국립보건원(NIH) 독성정보제공서비스 (https://www.nlm.nih.gov/toxnet/index.html)
- 식품의약품안전평가원 독성정보제공시스템 (https://www.nifds.go.kr/toxinfo/)
- 안전보건공단 물질안전보건자료시스템 (https://msds.kosha.or.kr/)
- 질병관리청 (https://www.kdca.go.kr/contents.es?mid=a20302070100)
- 한국화학물질관리협회 유해화학물질 실적보고시스템
  (http://chemical.kcma.or.kr/mastart/mastart.asp)
- 화학물질안전원 화학물질 종합정보시스템 (https://icis.me.go.kr/main.do)
- KRAS 위험성평가 시스템 (https://kras.kosha.or.kr/health/health_tab05)
- 화학물질정보처리시스템 (https://kreach.me.go.kr/repwrt/index.do)
- OECD, Guidelines for the Testing of Chemicals, Section 2
  (https://www.oecd.org/chemicalsafety/testing/)

환경위해관리기사 필기+실기 한권으로 끝내기

개정2판1쇄 발행	2024년 05월 10일 (인쇄 2024년 03월 29일)
초 판 발 행	2022년 06월 20일 (인쇄 2022년 06월 10일)
발 행 인	박영일
책 임 편 집	이해욱
편 저	박수영
편 집 진 행	윤진영 · 오현석
표지디자인	권은경 · 길전홍선
편집디자인	정경일 · 심혜림
발 행 처	(주)시대고시기획
출 판 등 록	제10-1521호
주 소	서울시 마포구 큰우물로 75 [도화동 538 성지 B/D] 9F
전 화	1600-3600
팩 스	02-701-8823
홈 페 이 지	www.sdedu.co.kr

I S B N	979-11-383-6895-7(13530)
정 가	30,000원

※ 저자와의 협의에 의해 인지를 생략합니다.
※ 이 책은 저작권법의 보호를 받는 저작물이므로 동영상 제작 및 무단전재와 배포를 금합니다.
※ 잘못된 책은 구입하신 서점에서 바꾸어 드립니다.